建设项目竣工环境保护验收监测
实 用 手 册

下 册

环境保护部环境影响评价司
中 国 环 境 监 测 总 站   编

中国环境科学出版社·北京

目　录

第三章　产业政策

第四章　相关环境标准

第五章　建设项目竣工环境保护验收技术规范

第六章　名　录

建设项目竣工环境保护

验收技术规范

中华人民共和国环境保护行业标准

建设项目竣工环境保护验收技术规范

电解铝

Technical guidelines for environmental protection in elecrtolyzing aluminum capital construction project for check and accept of completed project

HJ/T 254—2006

前 言

为贯彻落实《建设项目环境保护管理条例》(国务院令第 253 号)、《建设项目竣工环境保护验收管理规定》(国家环境保护总局令第 13 号),确保电解铝工业建设项目竣工环境保护验收工作规范化,制定本标准。

本标准由国家环境保护总局科技标准司提出。

本标准由中国环境监测总站、湖南省环境监测中心站起草。

本标准国家环保总局 2006 年 3 月 9 日批准。

本标准自 2006 年 5 月 1 日实施。

本标准附录 A、附录 B 为规范性附录,附录 C、附录 D 为资料性附录。

本标准由国家环境保护总局解释。

本标准首次发布。

1 内容与适用范围

本标准规定了电解铝工业建设项目竣工环境保护验收范围确定、执行标准选择的原则;工程及污染治理、排放分析要点;验收监测布点、采样、分析方法、质量控制及质量保证、监测结果评价技术要求;验收调查主要内容以及验收监测方案、报告编制的要求。

本标准适用于电解铝工业新建、改建、扩建和技术改造项目竣工环境保护验收。

2 规范性引用文件

下列文件中的条款通过本标准的引用而成为本标准的条款。如下列标准被修订,其最新版本适用于本标准。

    GB 12349   工业企业厂界噪声测量方法

    GB/T 14623 城市区域环境噪声测量方法

    GB/T 16157 固定污染源排气中颗粒物测定与气态污染物采样方法

    HJ/T 48   烟尘采样器技术条件

    HJ/T 55   大气污染物无组织排放监测技术导则

    HJ/T 91   地表水和污水监测技术规范《空气和废气监测分析方法》（第四版）
                 《水和废水监测分析方法》（第四版）

3 术语和定义

下列术语和定义适用于本标准。

3.1 工况

装置和设施生产运行的状态。

正常工况：装置或设施按照设计工艺参数进行稳态生产的状态。

非正常工况：装置或设施开工、停工、检修或工艺参数不稳定时的生产状态。

3.2 天窗

电解铝车间通风系统位于厂房顶部的窗户，用于排放车间内的废气及以无组织形式排放的少量氟化物。

3.3 底部侧窗

电解铝车间通风系统位于厂房底部的窗户，换进新鲜空气的同时有少量氟化物（主要为尘氟）被带进车间。

4 验收技术程序

建设项目竣工环境保护验收技术工作按照图 4-1 所示操作程序开展。

4.1 准备阶段

资料查阅、现场勘查。

4.2 编制验收监测方案阶段

在查阅相关资料、现场勘查的基础上确定验收技术工作范围、验收评价标准、验收监测、验收检查及调查内容。

4.3 实施验收监测方案阶段

依据验收监测方案确定的工作内容开展监测、检查及调查。

4.4 编制验收监测报告阶段

汇总监测数据、检查及调查结果，分析评价得出结论，以报告书（表）形式为建设项目竣工环境保护验收提供技术依据。

5 验收技术工作的准备

5.1 资料的查阅、分析

5.1.1 资料查阅

5.1.1.1 报告资料

申请验收建设项目的可行性研究报告、环境影响评价文件、初步设计文件。

5.1.1.2　批复文件

建设项目立项批复、环境影响评价文件的批复、初步设计文件批复、试生产申请批复、重大变更批复。

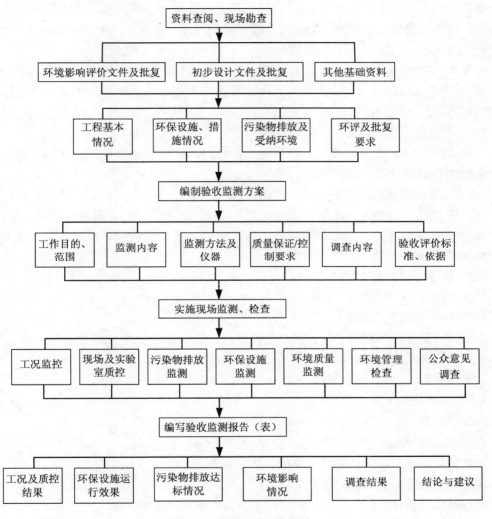

图 4-1　验收技术工作程序

5.1.1.3　图件资料

建设项目地理位置图、平面布设图（应标注主要污染源位置，排水管网及厂界等）、物料及水平衡图、工艺流程及污染产生示意图、污染处理工艺流程图等。

5.1.1.4　环境管理资料

建设单位环境保护执行情况的自查报告、建设单位环境保护组织机构、规章制度、日常监测计划等。

5.1.2　资料分析

对搜集到的资料进行整理、研究、熟悉并掌握以下内容：

5.1.2.1 建设内容及规模

包括主、辅工程，公用与储运工程及环保工程。改、扩建及技术改造项目应查清"以新带老，总量削减"、"淘汰落后生产设备，等量替换"等具体要求，以确定现场勘查的范围。

5.1.2.2 生产工艺流程及污染分析

主要原辅料及产品、生产流程，并按生产流程分析废气、废水、废渣、噪声等的产生情况、主要污染因子、相应配套治理设施、处理流程、去向，落实现场勘查重点内容。

5.1.2.3 厂区总平面布置、气象资料

了解厂区废气有组织、无组织排放源；废水外排口；噪声源等具体位置。确定拟布设的废气无组织、有组织排放监测点、废水排放监测点、厂界噪声监测点、环境保护敏感区监测点。拟定现场勘查的顺序及路线。

5.1.2.4 建设项目周围环境保护敏感区

包括受纳水体、大气敏感点、噪声敏感点、固体废物可能造成的二次污染保护区，确定必要的环境质量监测勘查内容。

5.1.2.5 建设项目环境保护管理

环境保护机构的设置及环保规章制度建立，包括环保监测站的设立及日常监测计划、固体废物的处置处理要求等，并将环保投资计划（包括环保设施、措施、监测设备等）列表待现场勘查时核对。

5.2 现场勘查与调研

5.2.1 生产线的现场勘查

5.2.1.1 电解铝生产系统

冰晶石、氧化铝等储运系统：调查原料组分、贮运及用量；

电解车间电解槽：电解烟气产生及处理、无组织排放情况；

铸造车间铝混合炉、铸造机：铸造烟气产生及处理、铸造循环水。

5.2.1.2 阳极生产系统

石油焦、沥青原料储运系统：调查原料组分、贮运及用量；

石油焦煅烧系统：粉尘、煅烧烟气产生及处理；

沥青熔化系统：粉尘、熔化沥青烟气产生及处理；

混捏、焙烧：焙烧烟气产生及处理；

原料及残极破碎、筛分、配料、阳极组装等：各产尘点含尘废气产生及处理；

石油焦煅烧循环水、阳极组装频炉冷却用水及成型循环冷却水等工艺冷却循环水的处理、溢流排放。

5.2.1.3 阴极生产系统

无烟煤、沥青焦、石墨、焙烧填充料（冶金焦细粒料）、液体煤焦油和杂酚油等原料储运系统：调查原料组分、贮运及用量；

原料无烟煤预碎、煅烧：预碎粉尘及煅烧烟气产生及处理；

原料中碎筛分、配料：粉尘产生及处理；

沥青破碎机、熔化器：粉尘、沥青烟气产生及处理；

混捏、焙烧：焙烧烟气产生及处理；

阴极原料煅烧冷却用水及成型循环冷却等工艺冷却循环水的处理、溢流排放。

5.2.2 污染源的现场勘查

5.2.2.1 废气

排气筒数量、高度、出入口内径、废气来源、主要污染因子及烟气量、治理设施（含效率）、有无预留符合监测规范要求的监测孔、无组织排放及气象条件。

5.2.2.2 废水

生产废水来源、主要污染因子、排放量、处理设施（含处理设施的进出口水水质指标或处理效率）及各类废水汇集、排放或循环利用情况；生活废水来源、排放量处理情况；主要外排口的规范化及受纳水体。

5.2.2.3 噪声

声源在厂区平面布设中的具体位置及与厂界外噪声环境保护敏感点的距离。

5.2.2.4 固体废物

固体废物来源、种类（一般固体废物或危险固体废物）、数量、临时堆场及永久性贮存处理场类型、位置、防渗漏措施、运行管理；贮存处理场可能造成的土壤、地下水的二次污染敏感区域的确定。

5.2.3 环境保护设施的现场勘查

电解铝工业建设项目环境保护设施现场勘查内容，以某种预焙阳极电解铝工艺为例，参照表 5-1 进行。

5.2.4 现场调研

初步调查特征污染物氟对土壤、地下水、农作物及牲畜保护敏感点目标的影响情况。

各原料库、配料仓等贮运污染防护措施。

阳极生产系统多烟囱相对距离的测量及等效单元的合并。

阳极系统工业炉窑无组织排放监测所需常年气象资料的收集。

电解槽大修废料种类、数量、处置方式。建有危险废物贮存、填埋场按 GB 18598、GB 18596 检查，危险废物交由有相应资质机构处理，核查该机构的相应资质及双方签订的处置协议。

各类污染物排放污染控制标准、吨铝排氟指标、总量控制指标及处理设施设计指标。

环境管理机构、监测机构人员、设备水平。

绿化面积、绿化系数。

污染扰民或纠纷情况初步调查。

表 5-1　电解铝工业建设项目环保设施现场勘查内容一览表

污染源	处理设施及措施	现场勘查主要内容
（一）气态污染源及环保处理设施		
1. 电解铝生产系统		
电解槽含氟化物（含气态氟化氢和固态氟化物）、SO_2 及粉尘的烟气	密闭集气，氧化铝吸附 HF 气体，再经收尘分离烟气中的粉尘和含氟氧化铝，含氟氧化铝返回电解槽，烟气经烟囱排放	1. 电解烟气处理系统数目； 2. 烟囱高度； 3. 烟尘、烟气监测预留孔是否符合采样要求，是否具备现场监测的条件

污染源	处理设施及措施	现场勘查主要内容
电解车间无组织废气	通过电解系统通风天窗和侧面窗户无组织排放	1. 密闭集气效率; 2. 电解车间无组织排放情况; 3. 依据电解车间位置及气象条件考虑厂界无组织监测布点
2. 阳极生产系统		
石油焦煅烧窑,含 SO_2 及少量粉尘烟气	余热回收及除尘设备	1. 烟囱高度; 2. 烟气净化装置处理方式、去除效率; 3. 烟尘、烟气监测预留孔是否符合采样要求,是否具备现场监测的条件; 4. 炉窑无组织排放情况; 5. 依据炉窑位置及气象条件考虑厂界无组织监测布点
沥青熔化器产生的沥青烟	沥青烟处理装置	
生阳极焙烧:残极氟气化挥发逸出;填充焦及沥青所含硫燃烧生成 SO_2、沥青挥发性未完全燃烧部分以及填充焦细粉等,均随烟气进入排气系统	冷却、沉降、沥青烟处理装置	
原料贮运、上料、下料、破碎、筛分、球磨、配料、混捏等工序产生的粉尘及阳极整理、组装产尘点	除尘设备	
3. 阴极生产系统		
阴极原料贮运、预碎、生碎,中碎筛分、配料等产尘点	除尘设备	1. 烟囱高度; 2. 烟气净化装置处理方式、去除效率; 3. 烟尘、烟气监测预留孔是否符合采样要求,是否具备现场监测的条件; 4. 炉窑无组织排放情况; 5. 依据炉窑位置及气象条件考虑厂界无组织监测布点
阴极原料无烟煤煅烧烟气	焚烧处理	
阴极沥青熔化器产生的沥青烟	沥青烟处理装置	
阴极配料加热混捏产生的大量的粉尘和焦油烟气	沥青烟净化系统	
阴极糊料焙烧产生的焙烧烟气以沥青烟为主,含少量粉尘及 SO_2 焙烧烟气	电捕焦油除尘设备	
(二)水污染源及环保处理设施		
空压机和电解烟气排烟机冷却用水	电解车间循环冷却塔	1. 铸造循环水除油、沙滤装置的处理方式及处理效率; 2. 除油效率、SS 去除效率监测点位的选取
铸锭循环冷却用水	铸造车间循环水除油、冷却系统	
整流机组冷却用水	整流机组循环水冷却塔	
阳极组装频炉冷却用水	阳极系统循环水冷却塔	
石油焦煅烧循环水	煅烧循环水冷却塔	
阴极原料煅烧冷却用水	煅烧循环水冷却塔	
成型循环水系统	浊循环经沉淀、除油后循环使用于炭块冷却; 清循环水主要用于设备间接冷却	浊循环溢流水监测点位的选取
初期雨水及车间生活废水	生活污水处理站	处理工艺、排放去向及流量、排污口的规范化及受纳水体
(三)噪声污染源及环保治理设施及措施		
电解系统、阳极系统各类风机、空压机及排烟机噪声、各类破碎机、振动筛、冷却塔等噪声	采取出口加设消声器,并对空压机和排烟机采取一定的隔音措施。种植绿化带阻隔衰减,进一步降低噪声	声源在厂区平面布设中的具体位置及与厂界外噪声保护敏感点的距离;厂界的查勘,重点关注敏感点

污染源	处理设施及措施	现场勘查主要内容
（四）固体废物处置措施		
电解槽大修废料，主要为阴极碳块、阴极内衬和保温材料和耐火砖等，吸附氟化物属危险固废；阳极废渣属一般固废	危险废物，需建设危险废物专用填埋场或交由有相应资质的处置机构处理	固体废物来源、种类、数量，按 GB 18598、GB 18596 检查贮存、填埋场是否符合规范；考虑贮存、填埋场周围土壤、植被、地下水监测点

6 验收监测方案编制

《建设项目竣工环境保护验收监测方案》应包括以下具体内容：

6.1 总论

6.1.1 项目由来

项目立项、环评、初设、建设、试生产及审批过程简述，验收技术工作承担单位、现场勘查时间等的叙述。

6.1.2 验收监测工作的目的

通过对建设项目外排污染物达标情况、污染治理效果、必要的环境敏感目标环境质量等的监测以及建设项目环境管理水平及公众意见的调查，为环境保护行政主管部门验收及验收后的日常监督管理提供技术依据。

6.1.3 验收监测工作范围及内容

按照报告资料、批复文件资料核查项目建设内容、建设规模，尤其要注意项目"以新带老，总量控制"、"淘汰落后生产设备，等量替换"需要落实的环保工程或措施，以此确定验收监测工作范围及内容。

6.2 建设项目工程概况

6.2.1 原有工程概述

对于改、扩建项目应详述与验收项目相关的原有工程改造及环保治理要求，并将其确定为验收监测的内容之一。

6.2.2 新建工程建设内容

新建工程建设性质；生产主、辅工程，设备；环保工程、设备等建设情况。工程建设情况应列表说明，参见附录 D 表 1、表 2。

6.2.3 地理位置及平面布设

以图表示。地理位置重点突出项目所处地理区域内有无自然保护区、大气氟污染保护敏感点。平面布设重点标明噪声源、大气无组织排放源所处位置，厂界周围噪声、氟污染保护敏感点与厂界、排放源的相对位置及距离。

6.2.4 主要产品、原辅材料

名称、用量，列表表示。参见附录 D 表 3。

6.2.5 水量平衡

以水量平衡图表示。参见附录 C 图 1。

6.2.6 生产工艺

主要工艺流程、关键的生产单元，以工艺流程及污染产污环节示意图表示。预焙阳极电解铝工艺流程、阳极生产工艺流程示意图、阴极生产工艺流程示意图参见附录 C 图

2、图3、图4。

6.3 主要污染及治理

6.3.1 主要污染源及治理

按照废气、废水、固体废物、噪声四个方面详细分析各污染源产生、治理、排放、主要污染因子、排放量等。污染来源分析及治理情况一览表，参见附录D表4、表5、表6、表7；主要污染源处理工艺流程示意图参见附录C图5、图6、图7、图8。

6.3.2 "三同时"落实情况

6.3.2.1 "以新带老"环保设施建成及措施落实情况（注：改、扩建项目需有此项内容）

包括原有工程改造或新建环保设施以达到"总量削减"；淘汰落后生产设备满足"等量替换"等的执行情况。并列表对比分析环境影响报告书、初步设计提出的要求以及实际建成情况。

6.3.2.2 新建项目"三同时"执行情况

环境保护措施落实情况以及环保设施建成、投资分析及运行状况，并列表对比分析环境影响报告书、初步设计提出的要求以及实际建成情况。

6.3.3 环境保护敏感区分析

依据环评及实地勘查情况分析项目受纳水体、大气敏感点、噪声敏感点及固体废物处置可能造成的二次污染保护目标。

6.4 环评、初设（环境保护专题）回顾及其批复要求

摘录建设项目环境影响评价文件的主要结论及环境影响评价文件批复的要求，或环保行政部门对本项目的环保要求等主要内容，应特别关注粉尘、氟污染及此两项污染的环境保护敏感区，以新带老、总量削减，淘汰落后生产设备、等量替换等要求。

6.5 验收评价标准

按照环境影响评价文件及其批复文件列出有效的国家或地方排放标准、环境质量标准的名称、标准号、标准限值、工程《初步设计》（环境保护专题）的设计指标和环境保护行政主管部门批准的总量控制指标作为验收评价标准。同时，列出相应现行的国家或地方排放标准和质量标准作为参照标准。

6.6 验收监测实施方案

6.6.1 监测期间工况监督

验收监测数据在工况稳定、生产负荷达到设计的75%以上（含75%）、环境保护设施运行正常的情况下有效。监测期间应监控各生产环节的主要原材料的消耗量、成品量，并按设计的主要原、辅料用量，成品产生量核算生产负荷。若生产负荷小于75%，通知监测人员停止监测。

6.6.2 验收监测的内容

6.6.2.1 外排污染物达标情况的监测

废水外排口污染物达标情况监测；废气有组织、无组织排放达标情况监测；厂界噪声监测。

6.6.2.2 各项污染治理设施设计指标的监测

6.6.2.3 "以新带老"技改项目中原有项目已产生大修渣半年以上的项目、厂界噪声超标项目还应对渣场周围土壤、植被、地下水氟化物污染、噪声敏感点的环境质量进行

监测。

6.6.2.4 环境影响评价文件批复中涉及指标

环境影响评价文件批复中需现场监测数据评价的项目和内容及总量控制指标。

6.6.2.5 建设项目竣工验收登记表中需要填写的污染控制指标

新建部分产生量、新建部分处理削减量、处理前浓度、验收期间排放浓度等。

6.6.3 监测点位

根据现场勘查情况及相关技术规范确定各项监测内容的具体监测点位。绘制标明监测点所处厂区具体位置简图、监测点位平面及立面图（废气），涉及采样方式的监测点（例如烟气颗粒物采样点）应给出测点尺寸示意图。电解铝工业建设项目阳极生成废气、电解车间废气、阳极制造楼顶废气、阴极生成废气监测点位参见附录 C 图 9、图 10、图 11、图 12。

6.6.4 验收监测因子及频次

电解铝工业验收监测污染因子及频次见表 6-1。

表 6-1 电解铝工业验收监测污染因子及频次

污染源				监测污染因子、设施设计指标	频次
废气	有组织排放源	电解铝系统	电解烟气排口	氟化物（气氟、尘氟）、颗粒物、SO_2、烟气参数	不少于 2 天，每天 3 次
			含氟及尘烟气处理设施进口、出口	氟、尘去除效率	
		阳极系统	石油焦煅烧 石油焦煅烧回转窑或罐式炉总排口	颗粒物、SO_2、烟气参数	
			煅后料冷却（回转窑或罐式炉）尾气	颗粒物、烟气参数	
			沥青熔化 沥青熔化器出口	沥青烟、烟气参数	
			混捏 （沥青烟）吸附净化加除尘	沥青烟、颗粒物、烟气参数、除尘效率	
			焙烧 焙烧烟气净化	颗粒物、氟化物（气氟、尘氟）、沥青烟、SO_2、苯并[a]芘、烟气参数	
		阴极系统	沥青熔化 沥青熔化器出口	沥青烟、烟气参数	
			混捏 （沥青烟）吸附净化加除尘	沥青烟、颗粒物、烟气参数、除尘效率	不少于 2 天，每天 3 次
			焙烧 焙烧烟气净化	沥青烟、颗粒物、SO_2、烟气参数、除尘效率	
			导热油加热 燃油加热炉	SO_2、氮氧化物、颗粒物烟气参数、黑度	
		各产尘生产装置[1]	除尘设施进、出口[2]	颗粒物、烟气参数、除尘效率	
	无组织排放	厂界无组织排放监测（1 个参照点、3 个监控点）		颗粒物、氟化物、沥青烟、苯并[a]芘	不少于 3 天，每天 4 次

污染源		监测污染因子、设施设计指标	频次
废水	铝电解、阳极、阴极生产基本无废水排放。工业废水主要为铸造铝锭冷却循环溢流废水及阴极成型炭块冷却浊循环水溢流废水	pH、悬浮物、氟化物、COD、挥发酚、石油类、流量	不少于 2 天，每天 4 次
	生活废水	pH、悬浮物、总磷、氨氮、BOD_5、动植物油、LAS、流量	
	敏感点（地表水[3)]）（排污口上、下游监测断面）	pH、COD、氟化物、石油类	3 天，每天 1～2 次
噪声	厂界噪声	等效声级	不少于 2 昼夜，昼间、夜间各 2 次
	敏感点噪声[4)]	等效声级	
固体废物[5)]	渣场周围的土壤监测（1 个清洁对照点和 3 个监测点）	pH、总氟和水溶氟	采样深度 0～20 cm 和 20～40 cm 各 2 个样品
	渣场周围植被监测（与环评本底比较）	植物中氟化物的含量（以粮食、蔬菜为主）	土壤采样点周围采集同一品种植物样品 3～5 个
	渣场周围地下水监测（与环评本底比较）	氟化物	2 次
	吨铝排放量的核算[6)]	氟化物	不少于 2 天，每天 3 次
备注	1）指阳极、阴极原料贮运、上料、下料、破碎、筛分、配料、混捏、残极破碎（加测尘氟）、碳块整理、组装等工序产生粉尘的装置。 2）除尘设备较多时，按同型号、规模选取 50%监测除尘效率。 3）、4）、5）为选测，其中，3）选测的原则是受纳水体为特殊保护区域； 4）选测的原则是厂界噪声超标； 5）选测原则为"以新带老"技改项目中原有项目已产生大修渣半年以上的项目； 6）吨铝排放量的核算方法详见附录 A。		

6.6.5 验收监测分析方法

电解铝工业验收监测常用监测分析方法参见表 6-2。

表 6-2 监测分析方法

监测因子			监测方法及来源
废气	有组织排放	氟化物	离子选择电极法 HJ/T67
		二氧化硫	定电位电解法 HJ/T57 碘量法 HJ/T56
		氮氧化物	定电位电解法 HJ/T43 紫外分光光度法 HJ/T42
	无组织排放	沥青烟	重量法 HJ/T45
		颗粒物	重量法 GB/T16157
		苯并[a]芘	高效液相色谱法 HJ/T40
		颗粒物	重量法 GB/T15432
		苯并[a]芘	高效液相色谱法 GB/T15439
		氟化物	石灰滤纸氟离子选择电极法 GB/T15434
废水		流量	水质采样方案设计技术规范 GB12997
		pH	玻璃电极法 GB6920
		氟化物	氟离子选择电极法 GB7484
			氟试剂分光光度法 GB7483
			茜素磺酸镉目视比色法 GB7482
		COD_{Cr}	重铬酸盐法 GB11914
		BOD_5	稀释与接种法 GB7488

监测因子		监测方法及来源
废水	氨氮	纳氏试剂比色法 GB7479 蒸馏和滴定法 GB 7478 水杨酸分光光度法 GB7481
	挥发酚	蒸馏后溴化容量法 GB 7491
	石油类、动植物油	非分散红外光度法 GB/T 16488
	悬浮物	重量法 GB 11901
固体废物 二次污染	土壤氟化物 植被氟化物	NY/T 395—2000 农田土壤环境质量监测技术规范（离子选择电极法）

6.6.6　监测质量保证和质量控制

电解铝建设项目竣工环境保护验收现场监测按照《环境监测技术规范》（1986）、《环境水质监测质量保证手册》（第四版）、《空气和废气监测质量保证手册》（第四版）、《建设项目环境保护设施竣工验收技术要求》（试行）（环发[2000]38 号文附件）中质量保证与质量控制有关章节要求进行。

6.6.6.1　生产工况监视

严格监视生产工况，保证监测期间生产工况符合国家对验收工况负荷大于 75%设计负荷的要求。

6.6.6.2　监测点位布设、监测因子与频次及抽样率确定

合理规范地设置监测点位、确定监测因子与频次及抽样率，保证监测数据具科学性和代表性。

6.6.6.3　监测方法的选择、人员资质管理及监测仪器检定

监测方法优先采用国标方法，监测采样与测试分析人员均经国家考核合格并持证上岗；监测仪器经计量部门检定并在有效使用期内。

6.6.6.4　监测数据和技术报告执行三级审核制度

6.6.6.5　现场采样、测试质量控制和质量保证

（1）水质监测分析过程中的质量保证和质量控制

采样过程中应采集不少于 10%的平行样；实验室分析过程一般应加不少于 10%的平行样；对可以得到标准样品或质量控制样品的项目，应在分析的同时做 10%的质控样品分析，对无标准样品或质量控制样品的项目，且可进行加标回收测试的，应在分析的同时做 10%加标回收样品分析，或采取其他质控措施。

（2）气体监测分析过程中的质量保证和质量控制

a．分析仪器的选用原则

尽量避免被测排放物中共存污染物因子对仪器分析的交叉干扰；

被测排放物的浓度应在仪器测试量程的有效范围即仪器量程的 30%～70%之间。

b．烟尘采样器校核

烟气监测（分析）仪器在测试前按监测因子分别用标准气体和流量计对其进行校核（标定），在测试时应保证其采样流量。

（3）噪声监测分析过程中的质量保证和质量控制

监测时使用经计量部门检定、并在有效使用期内的声级计；声级计在测试前后用标准发生源进行校准，测量前后仪器的灵敏度相差不大于 0.5 dB，若大于 0.5 dB 则测试数据无效。

（4）固体废物监测分析过程中的质量保证和质量控制

采样过程中应采集不少于 10% 的平行样；实验室样品分析时加测不少于 10% 平行样；对可以得到标准样品或质量控制样品的项目，应在分析的同时做 10% 的质控样品分析，对得不到标准样品或质量控制样品的项目，但可进行加标回收测试的，应在分析的同时做 10% 加标回收样品分析。

6.7 验收检查及调查实施方案

6.7.1 公众意见调查

6.7.1.1 公众意见调查内容

主要针对施工、运行期出现的环境问题以及环境污染治理情况与效果，污染扰民情况征询当地居民意见、建议。

6.7.1.2 公众意见调查方法

问卷填写、访谈、座谈。

6.7.1.3 公众意见调查范围及对象

环境保护敏感区域范围内各年龄段、各层次人群，环评期间参与调查人员比例应尽可能达到 50% 以上。

6.7.2 环境管理检查

6.7.2.1 环境保护法律、法规、规章制度的执行情况

从立项到试生产各阶段，建设项目执行环境保护法律、法规、规章制度的情况。

6.7.2.2 环境保护档案资料

6.7.2.3 环保组织机构及规章管理制度

6.7.2.4 环境保护设施建成及运行记录

6.7.2.5 环境保护措施落实情况及实施效果

主要检查电解槽密闭效果、减少大气无组织排放措施、绿化防护措施等。

6.7.2.6 环境监测计划的实施

6.7.2.7 固体废物

固体废物来源、种类（一般或危险废物）、产生及处理量、最终去向，尤其是电解槽大修残渣属危险固废，若委托处理，应核实处置单位的资质、检查相应委托处置协议及危险废物转移联单；若建设危险废物填埋场，应按 GB 18598 危险废物填埋污染控制标准检查其是否符合要求。

6.7.2.8 "以新带老"环保要求的落实

落后设备的淘汰、关停、拆除及原有工程治理、环保设施改造等。

6.7.2.9 排污口规范化整治情况

6.7.2.10 环评批复卫生防护距离的落实

6.8 工作进度及经费预算

7 验收监测方案实施

7.1 现场监测、检查及调查

在建设项目生产设备、环保设施运行正常，生产工况满足建设项目竣工环境保护验收技术要求的情况下，严格按照经审核确定的《建设项目竣工环境保护验收监测方案》

开展现场监测、检查及调查。

7.1.1　工况监督

现场监测时同时记录各生产设备工况负荷情况。

7.1.2　实施监测

（1）废气有组织排放、废水排放、厂界噪声监测严格按各污染因子监测的操作要求进行采样和分析；

（2）废气无组织排放监测同时记录风向、风速、气温、气压等气象参数。

7.1.3　开展检查与调查

（1）按《建设项目竣工环境保护验收监测方案》中环境管理检查内容进一步核查；

（2）按《建设项目竣工环境保护验收监测方案》中公众意见调查实施方案开展调查，并回收调查问卷进行分析整理。

7.2　监测数据及调查结果整理

7.2.1　监测数据整理

监测数据的整理严格按照《环境监测技术规范》有关章节进行，针对性地注意以下内容：

7.2.1.1　异常数据、超标原因的分析。

7.2.1.2　实测值的换算。 按照评价标准，实测的废气污染物排放浓度应换算为规定的掺风系数或过剩空气系数时的值。

7.2.1.3　等效源的合并。 排放同一种污染物的近距离（距离小于几何高度之和）排气筒按等效源评价。

7.2.2　检查及调查结果整理

8 验收监测报告编制

《建设项目竣工环境保护验收监测报告》应依据国家环境保护总局[2000]38 号文附件《建设项目环境保护设施竣工验收技术要求（试行）》有关要求，结合电解铝行业特点，按照现场监测实际情况，汇总监测数据和检查结果，得出结论。主要包括以下内容：

8.1　前言、总论、建设项目工程概况、建设项目污染及治理、环评与初设回顾及其批复要求、验收评价标准

按 6.1～6.5 章节内容重点补充完善地理位置图、厂区平面图、工艺流程图、物料平衡图、水平衡图、污染治理工艺流程图、监测点位图。尤其应根据监测时的气象参数确定落实无组织排放的监测点位。

8.2　验收监测结果及评价

8.2.1　监测、检查及调查期间工况分析

给出反映工程或设备运行负荷的数据或参数，以文字配合表格叙述现场监测期间企业生产情况、各装置投料量、实际成品产量、设计产量、负荷率。参见附录 D 表 8、表 9。

8.2.2　监测分析质量保证与质量控制

在验收监测实施方案质量保证与质量控制章节的基础上，加入质控数据，并做相应分析。

8.2.3　废水、废气排放、厂界噪声、环保设施效率监测结果

分别从以下几方面对废水、废气（含有组织及无组织排放）、厂界噪声和环保设施效率监测结果进行叙述：

a. 验收监测实施方案确定的监测因子、点位、频次、采样、分析方法；

b. 监测结果以监测结果表表示，参考格式见附录 D 表 10～表 16。

c. 采用相应的国家和地方的标准值、设施的设计值和总量控制指标，进行分析评价；

d. 出现超标或不符合设计指标要求的原因分析。

8.2.4 渣场附近土壤、植被、地下水、厂区周围噪声敏感点噪声监测结果

主要内容包括：

a. 原有项目产生大修渣半年以上情况简述；

b. 环境敏感点可能受到影响的简要描述；

c. 验收监测实施方案确定的监测、因子、频次、监测断面或点位、采样、分析方法；

d. 监测结果以监测结果表表示，参考格式见附录 D 表 17。

e. 用相应的国家和地方的新、旧标准值及环评本底值进行分析评价；

f. 出现超标或不符合环评要求的原因分析等。

8.2.5 国家规定的总量控制污染物排放量核算

根据各排污口的流量和监测浓度，计算并列表统计国家实施总量控制的 8 项指标（COD、石油类、氨氮、工业粉尘、烟尘、SO_2、NO_x、固体废物）及特征污染物氟化物年产生量和年排放量。对改、扩建项目还应根据环境影响报告书列出改扩建工程原有排放量，并根据监测结果计算改扩建后原有工程现在的污染物产生量和排放量。主要污染物总量控制实测值与环评值比较（按年工作时计）。附污染物排放总量核算结果表，格式参见附录 D 表 18。

8.2.6 吨铝排氟量的计算及与环评指标对比评价结果

8.3 验收检查及调查结果分析评价

8.3.1 公众意见调查结果

统计分析问卷、整理访谈、座谈记录，并按被调查者不同职业构成、不同年龄结构、距建设项目不同距离等分类，得出调查结论。

8.3.2 环境管理检查结果

根据验收监测方案所列检查内容，逐条目进行说明。

验收监测环境管理检查篇章应重点叙述和检查环评结论与建议中提到的各项环保设施建成和措施落实情况，尤其应逐项检查和归纳叙述行政主管部门环评批复中提到的建设项目在工程设计、建设中应重点注意问题的落实情况。

8.4 验收监测报告结论及建议

8.4.1 结论

依据监测结果、公众调查结果、环境管理检查结果，综合分析，简明扼要地给出废水、废气排放、厂界噪声达标情况；渣场周围植被、土壤、地下水质影响情况（非必需项目）；公众意见及环境管理水平。

8.4.2 建议

可针对以下几个方面存在的问题提出合理的意见和建议：

a. 未执行"以新带老、总量削减"；"淘汰落后生产设备、等量替换"等要求，拆除、

关停落后设备；

　　b．环保治理设施处理效果未达到原设计指标要求；

　　c．污染物的排放未达到国家或地方标准要求；

　　d．环保治理设施、监测设备及排污口未按规范安装和建成；

　　e．环境保护敏感区的环境质量未达到国家或地方标准或环评预测值；

　　f．国家规定实施总量控制的污染物排放量超过有关环境管理部门规定或核定的总量等；

　　g．未按要求建成危险废物填埋场或交由处理危险废物的单位不具备相应资质。

附录 A（规范性附录）

吨铝排氟量的核算

A.1 电解铝车间氟化物无组织排放量

A.1.1 电解铝车间无组织排放浓度

选择一个有代表性的电解铝车间，在其天窗挡风板内布设 4 个采样点，测定各点氟化物浓度并计算均值；

同时布点监测电解铝车间底部侧窗进气氟化物原始浓度；

以天窗氟化物排放浓度均值扣除底部侧窗进气氟化物原始浓度值为电解铝车间无组织排放浓度值。

A.1.2 电解铝车间无组织排放量的计算

按照测定时气象条件（气温、气压、风速）及测定时车间内气温、气压情况，测算出在自然通风换气条件下的电解铝车间厂房换气量。

用天窗换气量与 A.1.1 计算出的电解铝车间无组织排放浓度计算出电解铝车间氟化物无组织排放量。

A.2 电解铝车间氟化物有组织排放量

测定电解铝车间排气筒氟化物浓度及烟气量，计算出电解铝车间有组织排放量。

A.3 吨铝排氟量的核算

以电解铝车间氟化物无组织排放量及有组织排放量累加计算出吨铝排氟量。

附录 B（规范性附录）

验收监测方案、报告编排结构及内容

B.1 编排结构

　　封面、封二[式样见《建设项目环境保护设施竣工验收监测技术要求（试行）》附录四～附录七]、目录、正文、附件、附表、附图、"三同时"竣工验收登记表、封底。

B.2 验收监测方案主要章节

　　总论
　　建设项目工程概况
　　污染及治理
　　环评、初设回顾及环评批复
　　验收监测评价标准
　　验收监测实施方案
　　验收调查实施方案
　　监测时间安排及经费概算

B.3 验收监测报告章节

　　总论
　　建设项目工程概况
　　污染及治理
　　环评、初设回顾及环评批复
　　验收监测评价标准
　　验收监测结果及分析
　　验收检查、调查结果及分析
　　验收结论与建议

B.4 验收监测方案、报告中的图表

　　B.4.1　图件
　　B.4.1.1　图件内容
　　建设项目地理位置图
　　建设项目厂区平面图
　　工艺流程图
　　物料平衡图

水量平衡图

污染治理工艺流程图

建设项目监测布点图

烟道监测点位图应给出平面图和立面图

B.4.1.2 图件要求

各种图表中均用中文标注，必须用简称的附注释说明。

工艺流程图中工艺设备或处理装置应用框图，并同时注明物料的输入和输出。

验收监测布点图中应统一使用如下标识符：

水和废水：环境水质☆，废水★；

空气和废气：环境空气○，废气◎；

噪声：敏感点噪声△，其他噪声▲；

固体物质和固废：固体物质□，固体废物■。

B.4.2 表格

B.4.2.1 表格内容

工程建设内容一览表

污染源及治理情况一览表

环保设施建成、措施落实情况对比表（环评、初步设计、实际建设、实际投资）

原辅材料消耗情况对比表（环评、初步设计、实际建设）

验收标准及标准限值一览表

监测分析方法及使用仪器使用一览表

工况统计表

监测结果表

污染物排放总量统计表

B.4.2.2 表格要求

所有表格均应为开放式表格

B.5 验收监测方案报告正文要求

正文字体为 4 号宋体

3 级以上字体标题为宋体加黑

行间距为 1.5 倍行间距

B.6 其他要求

验收监测方案、报告的编号方式由各承担单位制定。

页眉中注明验收项目名称，位置居右，小五号宋体，斜体，下画单横线。

页脚注明验收技术报告编制单位，小五号宋体，位置居左。

正文页脚采用阿拉伯数字，居中；目录页脚采用罗马数字并居中。

B.7 附件

建设项目环境保护"三同时"竣工验收登记表。

环境保护行政主管部门对环境影响评价报告书的批复意见。

环境保护行政主管部门对建设项目环境影响评价执行标准的批复意见。

环境保护行政主管部门对建设项目试生产批复。

附录 C　（资料性附录）

验收监测方案、报告附图

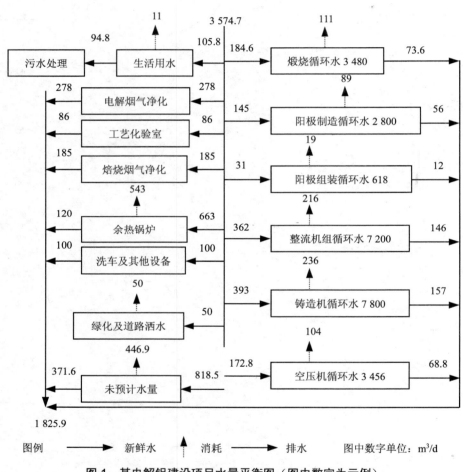

图 1　某电解铝建设项目水量平衡图（图中数字为示例）

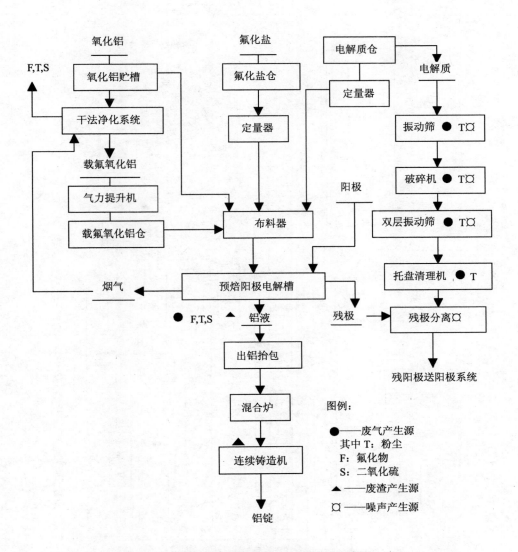

图2 某预焙阳极电解铝生产工艺流程示意图

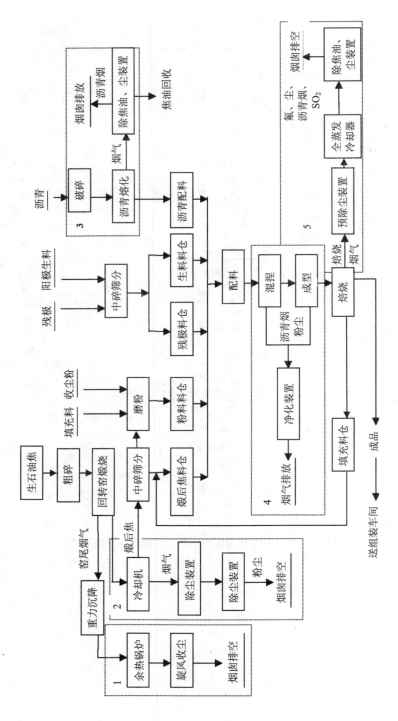

图 3 阳极生产工艺流程及污染物排放治理流程示意图

注: 1~5 为主要产生气态污染物的工艺环节。

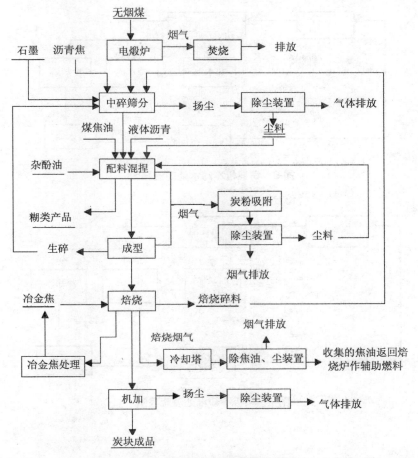

图4　阴极生产污染流程示意图

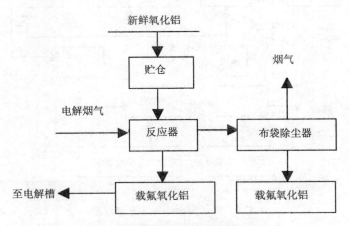

图5　电解槽烟气干法净化流程图

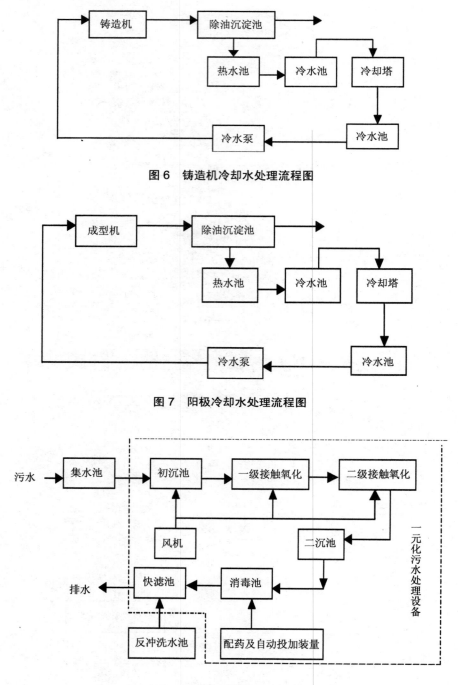

图6 铸造机冷却水处理流程图

图7 阳极冷却水处理流程图

图8 生活污水处理工艺流程图

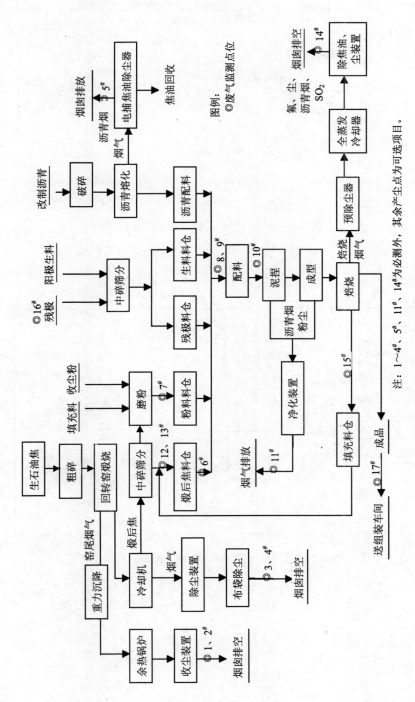

图 9　阳极炭块生产废气监测点位图

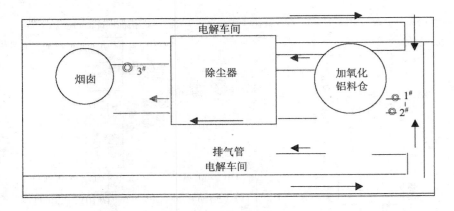

图例：◎废气监测点位

图 10　电解车间废气监测点位示意图

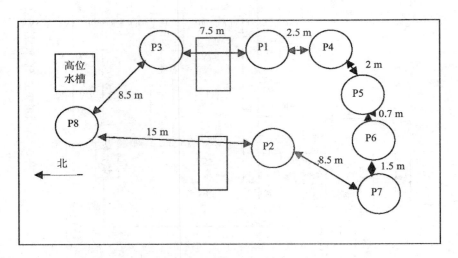

图 11　阳极制造楼顶排气筒分布示意图（图中距离为示例）

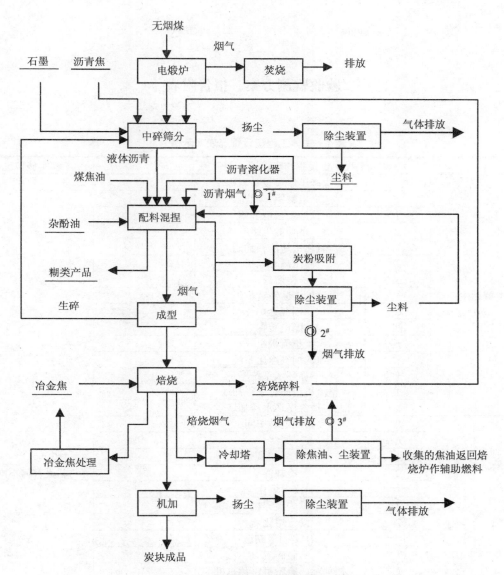

图 12　阴极废气监测点位示意图

附录 D（资料性附录）

验收监测方案、报告附表

表 1 主体工程建设情况表（示例）

工程主要设备初步设计				工程实施情况
生产系统	序号	生产工序及设备名称	数量	
电解铝生产系统	一	电解铝车间		
	1	预焙阳极电解槽		
	2	多功能机组		
	二	氧化铝超浓相输送		
	1	高压离心风机		
	三	铸造部		
	1	铝锭连续铸造机组		
	2	铝混合炉		
	四	配电装置		
	五	整流机组		
	六	电解烟气净化系统		
	七	循环水系统		
	1	整流机组循环水冷却塔		
	2	铸造部循环水冷却塔		
阳极/阴极系统	八	阳极组装车间		与初设有何不同
	九	煅烧		
	1	回转窑/罐式炉		
	2	冷却筒		
	十	沥青熔化		
	1	锤式破碎机		
	2	沥青熔化器		
	十一	阳极/阴极制造		
	1	破碎机		
	2	振动筛、磨粉机、预热机		
	3	混捏机		
	4	沥青溢溜槽		
	5	振动成型机		
	十二	焙烧		
	1	焙烧炉		
	2	焙烧多功能天车		
	十三	焙烧烟气净化		
	十四	残极处理		
	十五	循环水		
	1	煅烧循环水冷却塔		
	2	阳极循环水冷却塔		

表2 环保设施建成情况表（示例）

		环评及批复要求	初步设计	实际建成
废气处理设施		电解烟气干法净化系统		
		电解系统通风除尘		
		煅烧烟气净化设施		
		焙烧烟气净化设施		
		沥青熔化烟气净化		
		混捏成型除尘系统		
		阳极系统通风收尘		
废水处理设施		铸造车间循环水系统		
		整流机组循环水系统		
		电解系统生活污水处理站		
		阳极系统循环水		
噪声防护设施		电解系统噪声治理		
		阳极系统		
绿化		电解系统		
		阳极系统		
渣厂防渗处理				

注：本示例为无阴极生产系统。

表3 主要原辅材料用量统计表

名称	吨铝消耗（kg/t）	年消耗量（t/a）	主要来源
氧化铝			
氟化铝			
冰晶石			
石油焦			
沥青			
天然气			
重油			
交流电			

表4 电解铝生产车间废气来源及环保设施一览表

工程初步设计				实施情况	主要污染物
污染源名称		排气筒高度	污染治理措施		
电解铝生产系统				与初步设计比较	氟化物、SO_2、颗粒物
氧化铝储运系统	Al_2O_3贮槽及输送系统				颗粒物
	超浓相输送				
	Al_2O_3仓库				
炉修车间					颗粒物
铸造车间					CO_2、水蒸气

表5　阳极生产系统废气来源及环保设施一览表

工程初步设计			实施情况	主要污染物
污染源名称	排气筒高度	污染治理措施		
原料仓库				颗粒物
煅前给料室				颗粒物
石油焦煅烧回转窑高温烟气				颗粒物
煅后料冷却烟气				颗粒物
煅后料运输				颗粒物
沥青熔化器				沥青烟
煅后石油焦仓下料			与初步设计比较	颗粒物
球磨系统及粉料仓				颗粒物
配料				颗粒物、尘氟
振动筛及下料管				颗粒物
混捏成型系统				沥青烟、颗粒物
返回料仓				颗粒物
返回料处理工段				颗粒物、尘氟
焙烧车间				颗粒物
焙烧烟气				尘氟、SO_2、沥青烟、颗粒物
阳极导杆组装（含残极处理）				颗粒物、尘氟

表6　固体废物的来源及排放情况

工程初步设计			实施情况	预计排放量
固体废物名称	分类	处理方式		
电解槽大修渣	危险固废 HW32			
阳极废渣	一般固废			

表7　噪声源及其控制措施

工程初步设计		实施情况
车间或工段	控制措施	
阳极生产系统　煅烧		
阳极生产系统　余热锅炉房		
阳极生产系统　沥青熔化		
阳极生产系统　阳极制造		与初步设计比较
阳极生产系统　极处理、阳极组装		
电解烟气净化　主风机		
电解烟气净化　风机		
焙烧烟气净化　净化系统风机		
空压站　空压机		

表8　验收监测期间主要原材料消耗情况

原料名称	单耗（kg/t）		年消耗量/（t/a）		实耗与设计耗之比例
	实际	设计	实际	设计	
氧化铝					
氟化铝					
阳极炭块					

表9　验收监测期间生产负荷统计表

日期	铝锭实际产量/（t/d）	铝锭设计产量/（t/d）	生产负荷/%

表10　电解铝车间烟气净化装置颗粒物监测结果

项目　　　设备名称	频次	测试位置	标干烟气量/（m³/h）	颗粒物浓度/（mg/m³）	颗粒物排放速率/（kg/h）	除尘效率/%
电解车间烟气净化装置	一	进口				
		出口				
	二	进口				
		出口				
	三	进口				
		出口				
	四	进口				
		出口				
	五	进口				
		出口				
	六	进口				
		出口				
烟囱排放最大值（平均除尘效率）						
标准限值						

表 11 电解铝车间烟气净化装置氟化物监测结果

项目 设备名称	频次	测试位置	标干烟气量/（m³/h）	氟化物浓度/（mg/m³）	氟化物排放速率/（kg/h）	脱氟效率/%
电解车间烟气净化装置	一	进口				
		出口				
	二	进口				
		出口				
	三	进口				
		出口				
	四	进口				
		出口				
	五	进口				
		出口				
	六	进口				
		出口				
烟囱排放最大值（平均脱氟效率）						
标准限值						

表 12 沥青熔化器处理设施沥青烟监测结果

项目 设备名称	频次	测试位置	标干烟气量/（m³/h）	沥青烟浓度/（mg/m³）	沥青烟排放速率/（kg/h）
焦油处理装置	一	出口			
	二	出口			
	三	出口			
	四	出口			
	五	出口			
	六	出口			
烟囱排放最大值					
标准限值及设计指标					

表 13 石油焦煅烧回转窑总排口废气排放监测结果

项目 设备名称	频次	测试位置	标干烟气量/（m³/h）	颗粒物		二氧化硫	
				浓度/（mg/m³）	排放速率/（kg/h）	浓度/（mg/m³）	排放速率/（kg/h）
除尘装置	一	出口					
	二	出口					
	三	出口					
	四	出口					
	五	出口					
	六	出口					
烟囱排放最大值							
标准限值及设计指标							

表 14 残极上料废气排放监测结果

设备名称 \\ 项目	频次	测试位置	标干烟气量/（m³/h）	颗粒物		氟化物（尘）		除尘效率/%	除氟效率/%
				浓度/（mg/m³）	排放速率/（kg/h）	浓度/（mg/m³）	排放速率/（kg/h）		
	一	进口							
		出口							
	二	进口							
		出口							
	三	进口							
		出口							
		出口							
烟囱排放最大值									
标准限值及设计指标									

表 15 厂界无组织排放监测气象参数

时间		天气状况	气温/℃	气压/Pa	风向	风速/（m/s）
月日	10:30～11:30					
	14:30～15:30					
	17:30～18:30					
月日	10:30～11:30					
	14:30～15:30					
	17:30～18:30					

表 16 厂界废气无组织排放监测结果

采样地点	采样时间 \\ 项目名称		颗粒物/（mg/m³）	氟化物/（μg/m³）	沥青烟/（mg/m³）	苯并[a]芘/（μg/m³）
○1#（对照）	月日	9:00～10:00				
		11:00～12:00				
		15:00～16:00				
	月日	9:00～10:00				
		11:00～12:00				
		15:00～16:00				
	最大值					
○2#	月日	9:00～10:00				
		11:00～12:00				
		15:00～16:00				
	月日	9:00～10:00				
		11:00～12:00				
		15:00～16:00				
	最大值					
○3#	月日	9:00～10:00				
		11:00～12:00				
		15:00～16:00				
	月日	9:00～10:00				
		11:00～12:00				
		15:00～16:00				
	最大值					

采样地点	采样时间	项目名称	颗粒物/(mg/m³)	氟化物/(µg/m³)	沥青烟/(mg/m³)	苯并[a]芘/(µg/m³)
○4#	月日	9:00~10:00				
		11:00~12:00				
		15:00~16:00				
	月日	9:00~10:00				
		11:00~12:00				
		15:00~16:00				
		最大值				
	标准限值					

注: 气体体积均指标准状态测值。

表 17 土壤监测结果

监测点位	采样深度	pH	总氟/(mg/kg)	水溶氟/(mg/kg)	水溶氟与总氟含量之比/%
环评时 1# 清洁点	0~20 cm				
	20~40 cm				
1#	0~20 cm				
	20~40 cm				
	均值				
2#	0~20 cm				
	20~40 cm				
	均值				
3#	0~20 cm				
	20~40 cm				
	均值				

表 18 污染物排放总量核算结果

项目	产生量	削减量	排放量	总量控制指标
废气				
颗粒物				
氟化物				
SO₂				
沥青烟				
废水				
氟化物				
COD				
BOD₅				
氨氮				
挥发酚				
石油类				
悬浮物				

计算说明: 废气排放总量以 24 h/d 计, 各生产系统按年实际生产时间计;
　　　　　废水排放总量以 365 d/a, 24 h/d 计。

中华人民共和国环境保护行业标准

建设项目竣工环境保护验收技术规范

火力发电厂

Technical guidelines for environmental protection in power plant capital construction
project for check and accept of completed project

HJ/T 255—2006

前 言

为贯彻落实《建设项目环境保护管理条例》(国务院令第 253 号)、《建设项目竣工环境保护验收管理规定》(国家环境保护总局令第 13 号),确保建设项目竣工环境保护验收工作规范化,根据火力发电厂的特点,制定本标准。

本标准由国家环境保护总局科技标准司提出。

本技术规范由中国环境监测总站、湖南省环境监测中心站起草。

本标准国家环境保护总局 2006 年 3 月 9 日批准。

本标准自 2006 年 5 月 1 日实施。

本标准由国家环境保护总局解释。

本标准首次发布。

1 内容与适用范围

本标准规定了火力发电厂建设项目竣工环境保护验收的工作范围确定、执行标准选择、监测点位布设、采样、分析方法、质量控制与质量保证、编制监测方案及监测报告等的技术要求。

本标准适用于单台出力在 65 t/h 以上除层燃炉和抛煤机炉以外的火电厂锅炉;各种容量的煤粉发电锅炉;燃油发电锅炉;各种容量的燃气轮机组的发电厂及采用其他燃料的发电锅炉和热电联产建设项目竣工环境保护验收。

环境影响评价、初步设计(环境保护专题)、建设项目竣工后的日常技术监督管理性监测可参照本技术规范执行。

2 规范性引用文件

下列文件中的条文，通过本标准的引用而成为本标准的条文。如下列标准被修订，其最新版本适用于本标准。

GB 3095—1996	环境空气质量标准
GB 3096—2008	声环境质量标准
GB 5468—1991	锅炉烟尘测试方法
GB 8978	污水综合排放标准
GB 12348—2008	工业企业厂界环境噪声排放标准
GB 12349	工业企业厂界噪声测量方法
GB 13223—2003	火电厂大气污染物排放标准
GB 13271—2001	锅炉大气污染物排放标准
GB 16297	大气污染物综合排放标准
GB 18599—2001	一般工业固体废物贮存、处置场污染控制标准
GB/T 16157—1996	固定污染源排气中颗粒物测定与气态污染物采样方法
HJ/T 48—1999	烟尘采样器技术条件
HJ/T 55—2000	大气污染物无组织排放监测技术导则
HJ/T 75—2007	固定污染源气排放连续监测技术规范（试行）
HJ/T 76—2007	固定污染源烟气排放连续监测系统技术要求及检测方法（试行）
DL 414—2004	火电厂环境监测技术规范

《空气和废气监测分析方法》（第四版）。

3 验收技术程序

火力发电厂建设项目竣工环境保护验收技术工作须遵循以下技术程序，见图 3-1。

3.1 验收技术工作准备阶段

资料查阅、现场勘查。

3.2 编制验收监测方案阶段

在查阅相关资料、现场勘查的基础上确定验收监测工作目的、程序、范围、内容。

3.3 实施验收监测方案阶段

依据验收监测方案确定的工作内容进行监测、检查及调查。

3.4 编制验收监测报告阶段

汇总监测数据和检查结果，得出结论，以报告书（表）形式反映建设项目竣工环境保护验收监测的结果，作为建设项目竣工环境保护验收的技术依据。

4 验收技术工作的准备

4.1 相关资料的查阅和分析

4.1.1 资料查阅

报告资料：建设项目可行性研究报告、初步设计、环境影响评价文件。

文件资料：建设项目立项批复、初步设计批复及环境影响评价文件的批复、试生产申请批复、重大变更批复。

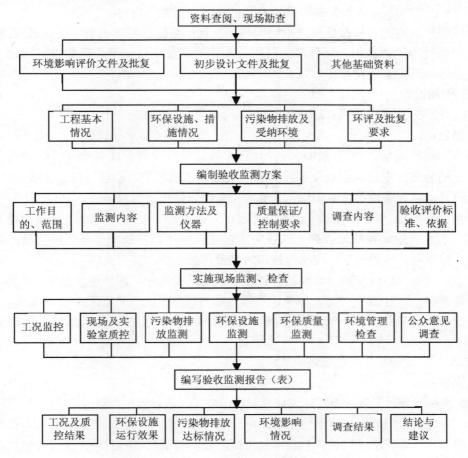

图 3-1　验收技术工作程序

图件资料：建设项目地理位置图、厂区总平面布置图（注明厂区周边环境情况、主要污染源位置、排水管网等）、所在地风向玫瑰图、生产工艺流程及污染产生示意图、物料及水平衡图、污染处理工艺流程图等。

环境管理资料：建设单位环境保护执行报告、建设单位环境保护组织机构、规章制度、日常监测计划等。

4.1.2　资料分析

对技术资料进行整理、研究，熟悉并掌握以下内容：

建设内容（包括主、辅工程及环保工程）、建设规模。若为改、扩建项目应查清"以新带老，总量削减"、"淘汰落后生产设备，等量替换"等具体要求，以确定现场勘查的范围。

生产工艺，主要原、辅料及产品，并按生产工艺流程分析废气、废水、噪声、固体废物等的产生情况、主要污染因子、相应配套治理设施、处理流程，去向，以落实现场勘查重点调查项目。

厂区生产线布设情况，常年主导风向，拟布设的废气无组织、有组织排放监测点、废水排放监测点、厂界噪声监测点，环境保护敏感监测点，以拟订现场勘查的顺序及路线。

建设项目周围环境保护敏感点，包括受纳水体、大气敏感点、噪声敏感点、固体废物可能造成的二次污染保护目标，确定必要的环境质量监测内容。

环境保护机构的设置及环保规章制度建立，包括环保监测站的设立及日常监测计划、固体废物的处理处置要求、环保设施使用及操作的规章制度，并将环保投资计划（包括环保设施、措施、监测设备等）列表统计待现场勘查时核对。

4.2 现场勘查

4.2.1 按工艺流程逐项勘查主要污染源

主要包括：

废气：烟囱数量、高度、内外径；烟道平直段长度及截面几何尺寸；除尘器、脱硫装置、脱硝装置进出口监测点位置；主要污染因子及烟气量、治理设施（含效率）、有无预留监测孔、若有是否符合监测规范的要求；无组织排放及气象条件。

废水：各类生产废水来源、主要污染因子、排放量、处理（含处理设施和处理工艺的进出口水水质指标和处理效率）及各类废水分流汇集、排放或循环利用情况；生活污水来源、排放量、处理情况；废水外排口的规范化及受纳水体。

噪声：声源在厂区平面布设中的具体位置及与厂界外噪声敏感点的方位、距离。

固体废物：固体废物来源、种类、数量、临时堆场及永久性贮存处理场类型、位置、运行管理和处理利用方式；贮存处理场可能造成的大气、土壤、地下水等二次污染敏感点的确定。

4.2.2 生产设施及生产线现场勘查

主要包括：

（1）主机系统：了解火电厂建设规模及机组型式，查看锅炉、凝汽式汽轮机、发电机、磨煤机、给煤机、引风机、汽动给水泵、电动给水泵、油净化处理装置、石灰石粉供应系统及锅炉型号、蒸发量、锅炉数量及运行负荷，查看与调查燃料的种类（设计燃料及校核燃料参数）、质量、产地、用量；了解发电机组冷却水方式及排水处理方式、去向、排放方式及排放量；了解单位发电量、取水量及单位发电量能耗。

（2）输煤系统：查看煤码头、重件码头、油码头、卸船机、带式输送机、堆取料机、筛煤机、碎煤机，除铁器、电子皮带秤、校验装置、自动采样装置、煤取样设备、犁式卸料器、冲洗水泵；燃料贮存设施、燃料的贮运方式。

（3）除灰渣系统：干除灰设备、空压机、灰库气化风机、干/湿灰装车设备、刮板捞渣机、水力喷射器、渣仓、碎渣机、渣泵、高压水泵、低压冲洗水泵、灰库、灰场；锅炉灰渣去除方式、处理处置方式、排放方式、排放数量、收集、运输、贮存及去向，固体废物处理单位的相应资质。

（4）污染物排放及环境保护设施：烟囱、烟道、静电除尘器、烟气脱硫装置、烟气脱硝装置、低氮燃烧器、输煤系统除尘设施、烟气自动连续监测系统、废水处理系统（包括灰渣水处理系统、工业废水处理系统）、灰场防渗设施和措施。

4.2.3 环保设施现场勘查

主要包括：

（1）厂区地理位置、厂区生产布局及厂区周边环境情况，常年主导风向；厂区周边居民分布及噪声敏感点情况。

（2）建设项目废气、废水环保处理设施种类、排污方式及处理工艺、治理、排放等环保设施的设置、运行情况。

（3）建设项目废气的无组织排放监测点、有组织排放监测点、污水排放监测点和厂界噪声监测点的布设和监测点位及数量。

（4）建设项目涉及的烟气连续监测系统的型号、配置、生产厂及最近三个月连续运行记录。

（5）建设项目灰场、渣场及处理设施情况及管理水平，了解灰渣场周围生态环境情况。

（6）主要污染物排放量。

（7）厂区绿化面积。

（8）对照建设项目环境影响评价文件提出的要求、行业主管部门和环境保护管理部门关于建设项目环境影响评价文件批复意见逐一检查建设项目环保设施和措施的建设与落实情况。

建设项目环保设施勘查内容参考表4-1。

表4-1　建设项目环保设施现场勘查类别与内容

类别		现场勘查内容
废气	锅炉废气排放及处理设施	1. 主体工程平面布局 2. 烟气除尘器、脱硫装置及氮氧化物脱除装置的原理、安装位置 3. 烟囱几何高度、烟道平直段长度及截面几何尺寸 4. 烟尘、烟气监测口位置是否符合相关标准、监测现场是否具备监测条件 5. 无组织排放监测点的监测点位 6. 烟尘烟气排放连续监测装置的方法原理、生产单位、型号、配置及安装时间、安装位置和运行情况
工业废水和生活污水	脱硫废水	1. 各类废水处理设施及处理方式 2. 清污分流情况 3. 废水排放去向和流量 4. 外排口的位置及规范性
	电厂综合排放废水	
	灰场（灰池）排水	
	工业废水（含冲渣水）	
	厂区生活污水	
	各类废水处理装置处理后的外排水	
	其他废水	
	初期雨水	
噪声	生产设备噪声	1. 生产设备主要噪声源情况及位置 2. 降噪设施调查 3. 勘查厂界及厂界周围敏感点布局情况
	厂界噪声	
	敏感点噪声	
固体废物	燃料渣	1. 勘查固体废物产生方式及产生量 2. 固体废物的分类 3. 固体废物的贮存设施及对生态环境的影响 4. 固体废物运输的环保措施及处理方式和去向
	废气处理设施产生的灰（渣）	
	废水处理设施产生的污泥	
	固体废物贮存场环保设施及措施	
燃料贮存	燃料贮存场环保设施情况	1. 燃料贮存场的地理位置 2. 燃料贮存场的环保设施情况 3. 燃油和燃气电厂燃料输送和储罐的安全、环保措施

5 编制验收监测方案

《建设项目竣工环境保护验收监测方案》应包括以下内容：

5.1 总论

5.1.1 项目由来

项目立项、环评、初设、建设、试生产及审批过程简述，验收技术工作承担单位、现场勘查时间等的叙述。

5.1.2 验收监测的目的

通过对建设项目外排污染物达标情况、污染治理效果、必要的环境敏感目标环境质量等的监测以及建设项目环境管理水平及公众意见的调查，为环境保护行政主管部门验收及验收后的日常监督管理提供技术依据。

5.1.3 监测工作范围及内容

按照报告资料、批复文件资料核查项目建设内容、建设规模，尤其要注意项目"以新带老、总量控制"、"淘汰落后生产设备、等量替换"需要落实的环保工程或措施，以此确定验收监测工作范围及内容。

5.2 建设项目工程概况

5.2.1 原有工程概述

对于改、扩建项目应详述与验收项目相关的原有工程改造及环保治理要求，并将其确定为验收监测的内容之一。

5.2.2 新建工程建设内容

新建工程建设性质；工程建设地点、占地面积、投资情况；生产主、辅工程，设备；环保工程、设备等建设情况。

5.2.3 地理位置及平面布设

以图件表示。地理位置重点突出项目所处地理区域内有无自然保护区。平面布设重点标明噪声源、废气无组织排放源所处位置，厂界周围噪声敏感点与厂界、排放源的相对位置及距离。

5.2.4 设计燃料和校核燃料情况列表表示

5.2.5 水量平衡以水量平衡图表示

5.2.6 生产工艺以生产工艺流程图表示

5.3 主要污染及治理

5.3.1 主要污染源及治理

按照废气、废水、固体废物、噪声四个方面详细分析各污染源产生、治理、排放、主要污染因子、排放量等。附污染来源分析及治理情况一览表。

5.3.2 "三同时"落实情况

5.3.2.1 改扩建项目带动的"以新带老"，"淘汰落后生产设备"落实情况

由原有工程改造或扩建而带动的"以新带老，总量削减"、"淘汰、拆除、关停落后生产设备，等量替换"等要求的落实情况。并列表对比分析环境影响报告书、初步设计提出的要求及实际建成情况。

5.3.2.2 新建项目"三同时"执行情况

环境保护措施落实情况以及环保设施建成、投资分析及运行状况，并列表对比分析环境影响报告书、初步设计提出的要求及实际建成情况。

5.3.3 环境保护敏感区分析

依据环评及实地勘查情况分析项目受纳水体、大气敏感点、噪声敏感点及固体废物处置可能造成的二次污染保护目标。

5.4 环评、初设回顾及其批复要求

摘录建设项目环境影响评价文件的主要结论及环境影响评价文件批复的要求，或环保行政部门对本项目的环保要求等主要内容，以新带老、总量削减；淘汰落后生产设备、等量替换等要求。

5.5 验收监测评价标准

按照环境影响评价文件及其批复文件的要求列出有效的国家或地方排放标准、环境质量标准的名称、标准号、标准的等级和限值、工程《初步设计》（环保篇）的设计指标和环境保护行政主管部门提出的总量控制指标，作为验收评价标准。同时，列出相应现行的国家或地方排放标准和环境质量标准的名称、标准号、标准的等级和限制作为参照标准。

5.6 验收监测实施方案

5.6.1 监测期间工况监督

验收监测数据在工况稳定、生产负荷达到设计的 75%以上（含 75%）、环境保护设施运行正常的情况下有效。监测期间监控各生产环节的生产负荷，火电厂实际生产负荷以发电量衡量，热电厂实际生产负荷以蒸发量衡量。若生产负荷小于 75%，通知监测人员停止监测。

5.6.2 验收监测的内容火力发电厂建设项目验收监测

内容包括以下几个方面：

（1）废气、废水外排口污染物的达标排放情况监测、厂界噪声监测；

（2）煤破、输煤系统、煤堆场及灰场的有组织和无组织排放监测；

（3）各项污染治理设施设计指标的监测；

（4）灰（渣）场周围土壤、植被的环境质量监测；

（5）环境影响评价文件批复中需现场监测数据评价的项目和内容及总量控制指标；

（6）工程验收登记表中需要填写的污染控制指标：新建部分产生量、新建部分处理削减量、处理前浓度、实际排放浓度等。

5.6.3 监测点位

根据现场勘查情况及相关的技术规范确定各项监测内容的具体监测点位并绘制各监测点所在的厂区位置图、各监测点位的平面图，涉及采样方式的监测点（例如，烟尘烟气采样点）应给出测点尺寸示意图。

5.6.4 验收监测因子及频次

火力发电厂验收监测污染因子见表 5-1。

5.6.5 火力发电厂验收污染物排放连续监测设施的参比评价

火力发电厂验收污染物排放连续监测设施的参比评价方法见表 5-2，烟气连续监测系统参比评价标准参照 HJ/T 76《固定污染源烟气排放连续监测系统技术要求及监测方法》

中复检要求。

表 5-1　火力发电厂验收监测污染因子

污染源类型			监测污染因子	频次
废气	有组织排放	燃煤火电厂	烟尘、二氧化硫、氮氧化物	不少于 2 天，每天 3 次
		燃油火电厂	烟尘、二氧化硫、氮氧化物	
		燃气火电厂	二氧化硫、氮氧化物	
		煤破、输煤系统	烟（粉）尘	
		烟气参数	烟气流速、烟气温度、烟气湿度、烟道静压等	
	无组织排放	燃煤火电厂	颗粒物	不少于 3 天，每天 4 次
		燃油火电厂	非甲烷总烃	
		燃气火电厂	甲烷烃	
		灰场	颗粒物	
环境空气	敏感点	燃煤电厂	颗粒物	
废水	脱硫废水		Pb、Cd、pH、硫化物、氟化物、水温	不少于 2 天，每天 4 次
	外排口		pH、COD、SS、硫化物、石油类、氟化物、氨氮、挥发酚、水温	
	冲灰水		Cu、Pb、Hg、pH、SS	
	敏感点（地下水）		pH、COD、硫化物、氟化物、石油类、总硬度	1～3 天，每天 1～2 次
噪声	厂界噪声		等效 A 声级	不少于连续 2 天，昼夜各 2 次
	敏感点噪声		等效 A 声级	
	噪声源（必要时测）		等效 A 声级	
灰（渣）场地下水（必要时测）			pH 或酸碱度	不少于 6 次
备注			厂界噪声布点原则： （1）根据厂内主要噪声源距厂界位置布点 （2）根据厂界周围敏感点布点 （3）厂中厂不考核 （4）厂界紧邻海洋、大江、大河、大山（无居民、学校等敏感点时）原则上不布点 （5）厂界紧邻交通干线不布点	

表 5-2　污染物排放连续监测设施的参比评价

连续监测设施类型		参比测试项目	参比方法	频次
废气	烟尘烟气排放连续监测系统	烟尘、二氧化硫、氮氧化物（以 NO_2 计）、烟气流速	要求系统给出每分钟测试值，取参比测试时间段系统打印记录平均值，与排放口监测值对比	与排放口监测同步

5.6.6　验收监测分析方法

火力发电厂污染物分析方法首选国家标准分析方法，当国家标准分析方法不能满足要求时，参考《空气和废气监测分析方法》（第四版）和《水和废水分析方法》（第四版），常见分析方法参考表 5-3。

5.6.7　验收监测仪器

根据被测污染因子特点选择监测分析方法，并确定监测仪器，列出现场监测仪器一览表，参见表 5-4。

表 5-3　分析方法

污染类型		污染物		分析方法
		烟尘		重量法 GB/T16157
废气	有组织排放	SO_2	燃煤火电厂	碘量法 HJ/T56、定电位电解法 HJ/T57、非分散红外法*
			燃油火电厂	非分散红外法*
			燃气火电厂	
		NO_x	燃煤火电厂	紫外分光光度法 HJ/T42、定电位电解法*、非分散红外法*
			燃油火电厂	紫外分光光度法 HJ/T42、非分散红外法*
			燃气火电厂	
	无组织排放	颗粒物		重量法 GB/T16157
废水		非甲烷总烃		气相色谱法 GB/T16046
		pH		玻璃电极法 GB6920
		SS		重量法 GB11901
		COD_{Cr}		重铬酸钾法 GB11914
		石油类		非分散红外光度法 GB/T16488
		硫化物		亚甲基蓝分光光度法 GB/T16489
		氨氮		蒸馏和滴定法 GB7478 、纳氏试剂分光光度法 GB7479
		挥发酚		蒸馏后溴化容量法 GB7491
		氟化物		离子选择电极法 GB7484
		总铜		原子吸收分光光度法 GB7475
		总铅		原子吸收分光光度法 GB7485
		总镉		原子吸收分光光度法 GB7475
		总汞		冷原子吸收光度法 GB7468

备注：*《空气和废气监测分析方法》（第四版）。

表 5-4　现场监测仪器一览表

仪器名称	仪器型号	监测因子	测量量程	分辨率	分析方法	生产厂	检定时间

5.6.8　质量控制与质量保证

火力发电厂建设项目竣工环境保护验收现场监测应按照国家环保总局颁发的《环境监测技术规范》、GB/T 16157《固定污染源排气中颗粒物测定与气态污染物采样方法》、《环境水质监测质量保证手册》（第四版）、《空气和废气监测质量保证手册》（第四版）、《建设项目环境保护设施竣工验收监测技术要求》中质量控制与质量保证有关章节要求进行。

5.6.8.1　人员资质。

参加竣工验收监测采样和测试的人员，应按国家有关规定执证上岗。

5.6.8.2　水质监测分析过程中的质量保证和质量控制。

水样的采集、运输、保存、实验室分析和数据计算的全过程均按照《环境水质监测质量保证手册》（第四版）的要求进行。即做到：采样过程中应采集不少于 10%的平行样；实验室分析过程一般应加不少于 10%的平行样；对可进行加标回收测试的，应在分析的同时做不少于 10%加标回收样品分析，对无法进行加标回收的测试样品，做质控样品分析。

5.6.8.3 气体监测分析过程中的质量保证和质量控制。

（1）分析方法和仪器的选用原则：

a. 尽量避免被测排放物中共存污染物因子对仪器分析的交叉干扰；

b. 被测排放物的浓度应在仪器测试量程的有效范围即仪器量程的 30%～70%之间。

（2）烟尘采样器在进入现场前应对采样器流量计、流速计等进行校核。烟气监测（分析）仪器在测试前按监测因子分别用标准气体和流量计对其进行校核（标定），在测试时应保证其采样流量的准确。

（3）烟尘采样部位的选择应符合 GB/T 16157《固定污染源排气中颗粒物测定与气态污染物采样方法》，当条件不能满足时，选在较长直段烟道上，与弯头或变截面处的距离不得小于烟道当量直径的 1.5 倍。对矩形烟道，其当量直径 D=2AB/（A+B），式中 A、B 为边长。

不满足上述要求时，则监测孔前直管段长度必须大于监测孔后的直管段长度，在烟道弯头和变截面处加装倒流板，并适当增加采样点数和采样频次。

（4）二氧化硫、氮氧化物的采样部位的选择应符合 GB/T 16157《固定污染源排气中颗粒物测定与气态污染物采样方法》，选在脱硫、脱硝装置或系统进入烟囱的烟道上，或烟囱的合适位置，在采样中仅可能避免监测时的相互干扰。

5.6.8.4 噪声监测分析过程中的质量保证和质量控制。

监测时使用经计量部门检定，并在有效使用期内的声级计；声级计在测试前后用标准发生源进行校准，测量前后仪器的灵敏度相差不大于 0.5 dB，若大于 0.5 dB 则测试数据无效。

5.7 公众意见调查实施方案

5.7.1 公众意见调查内容

主要针对施工、运行期出现的环境问题以及环境污染治理情况与效果，污染扰民情况征询当地居民意见、建议。

5.7.2 公众意见调查方法问卷填写、访谈、座谈。

5.7.3 公众意见调查范围及对象

环境保护敏感区域范围内各年龄段、各层次人群，应重视环评期间参与调查的人员比例。

5.8 环境管理检查方案

环境管理检查方案包括以下内容：

5.8.1 从项目立项到试生产各阶段建设项目环境保护法律、法规、规章制度的执行情况。

5.8.2 环境保护审批手续及环境保护档案资料。

5.8.3 环保组织机构及规章管理制度。

5.8.4 环境保护设施建成及运行记录。

5.8.5 环境保护措施落实情况及实施效果。

5.8.6 环境监测计划的实施。

5.8.7 固体废物临时或永久堆场检查及固体废物综合利用情况检查。

5.8.8 排污口规范化、污染源在线监测仪的安装，运行情况检查。

5.8.9 "以新带老"环保要求的落实，落后设备的淘汰、关停、拆除。

5.8.10 建设期间和试生产期间是否发生扰民和污染事故，污染事故防范措施及应急预案检查。

5.8.11 环评批复及卫生防护距离的落实。

5.9 工作进度及经费预算

6 现场监测及数据处理与分析

6.1 现场监测、检查及调查

在建设项目生产设备、环保设施运行正常，生产工况满足建设项目竣工环境保护验收技术要求的情况下，严格按照经审核确定的《建设项目竣工环境保护验收监测方案》开展现场监测、检查及调查。

6.1.1 监控工况现场监测时同时记录各生产设备工况负荷情况

6.1.2 污染物排放监测

6.1.2.1 废气有组织排放、废水排放、厂界噪声监测严格按各污染因子监测的操作要求进行采样和分析。

6.1.2.2 废气无组织排放监测同时记录风向、风速、气温、气压等气象参数。

6.1.3 开展检查与调查

6.1.3.1 按《建设项目竣工环境保护验收监测方案》中环境管理检查内容逐项核查。

6.1.3.2 按《建设项目竣工环境保护验收监测方案》中公众意见调查实施方案开展调查，并回收调查问卷进行分析整理。

6.2 监测数据及调查结果整理

6.2.1 监测数据整理

监测数据的整理严格按照《环境监测技术规范》有关章节进行，针对性地注意以下内容：

6.2.1.1 异常数据、超标原因的分析。

6.2.1.2 实测值的换算。

按照评价标准，实测的废气污染物排放浓度应换算为规定的掺风系数或过剩空气系数时的值。

6.2.1.3 等效源的合并。

排放同一种污染物的近距离（距离小于几何高度之和）排气筒按等效源评价。

6.2.2 检查及调查结果整理

7 验收监测报告编制

《建设项目竣工环境保护验收监测报告》（以下简称《验收监测报告》）应依据国家环

境保护总局[2000]38 号文附件《建设项目环境保护设施竣工验收监测技术要求（试行）》有关要求、结合火电厂特点、按照现场监测实际情况，汇总监测数据和检查结果，得出结论。主要包括以下内容：

7.1 前言、总论、建设项目工程概况、建设项目污染及治理、环评、初设回顾及其批复要求、验收监测评价标准

重点完善建设项目地理位置图、厂区平面图、工艺流程图、物料平衡表、水平衡图、污染治理工艺流程图、监测点位图。根据监测时的气象参数确定无组织排放的监测点位。

7.2 验收监测结果及评价

7.2.1 监测期间工况分析

给出反映工程或设备运行负荷的数据或参数，以文字配合表格叙述现场监测期间企业生产情况、实际产量、设计产量、负荷率。

7.2.2 监测分析质量控制与质量保证

在验收监测方案质量控制与质量保证章节的基础上，加入质控数据，并做相应分析。

7.2.3 废水、废气（含有组织、无组织）排放、厂界噪声、环保设施效率监测结果

分别从以下几方面对废水、废气、厂界噪声、环保设施效率和烟气连续监测系统参比监测结果进行叙述：

a. 验收监测方案确定的验收监测项目、频次、监测断面或监测点位、监测采样、分析方法；

b. 监测结果以监测结果表表示，参考格式见附表；

c. 采用相应的国家和地方的标准值、设施的设计值和总量控制指标，进行分析评价；

d. 出现超过标准限值或总量控制指标要求的原因分析；

e. 附必要的监测结果表。

7.2.4 灰（渣）场附近土壤、植被、地下水、厂区周围噪声敏感点噪声监测

主要内容包括：

a. 环境敏感点可能受到影响的简要描述；

b. 验收监测方案确定的验收监测项目、频次、监测断面或监测点位、监测采样、分析方法；

c. 监测结果；

d. 用相应的国家和地方的新、旧标准值及环评本底值，进行分析评价；

e. 出现超标或不符合环评要求时的原因分析等；

f. 附必要的监测结果表，格式参见附表。

7.2.5 国家规定的总量控制污染物的排放情况

根据各排污口的流量和监测浓度，计算并列表统计国家实施总量控制的 8 项指标（COD、石油类、氨氮、工业粉尘、烟尘、SO_2、NO_x、固体废物）年产生量和年排放量。对改、扩建项目还应根据环境影响报告书列出改扩建工程原有排放量，并根据监测结果计算改扩建后原有工程现在的污染物产生量和排放量。主要污染物总量控制实测值与环评值比较（按年工作时计），附污染物排放总量核算结果表。

7.2.6 单位发电量取水量及单位发电量能耗的计算及与相关指标的评价结果

7.3 公众意见调查结果

统计分析问卷、整理访谈、座谈记录，并按被调查者不同职业构成、不同年龄结构、距建设项目不同距离等分类，得出调查结论。

7.4　环境管理检查结果

根据验收监测方案所列检查内容，逐条说明。

验收监测环境管理检查篇章应重点叙述和检查环评结论与建议中提到的各项环保设施建成和措施落实情况，尤其应逐项检查和归纳叙述行政主管部门环评批复中提到的建设项目在工程设计、建设中应重点注意的问题的落实情况。

7.5　验收监测结论及建议

7.5.1　结论

依据监测结果、公众调查结果、环境管理检查结果，综合分析，简明扼要地给出废水、废气排放、厂界噪声、烟气连续监测系统达标情况；灰（渣）场周围植被、土壤、地下水污染情况；公众意见及环境管理水平。

7.5.2　建议

可针对以下几个方面提出合理的意见和建议：

a. 未执行"以新带老，总量削减"、"上大关小，总量替换"等要求，拆除、关停落后设备；

b. 环保治理设施处理效率或污染物的排放未达到原设计指标和要求；

c. 污染物的排放未达到国家或地方标准要求；

d. 环保治理设施、监测设备及排污口未按规范安装和建成；

e. 环境保护敏感区的环境质量未达到国家或地方标准或环评预测值；

f. 国家规定实施总量控制的污染物排放量超过有关环境管理部门规定或核定的总量等；

g. 未按要求建成危险废物填埋场。

7.6　附件

a. 建设项目环境保护"三同时"竣工验收登记表；

b. 环境保护行政主管部门对环境影响评价报告书的批复意见；

c. 环境保护行政主管部门对建设项目环境影响评价执行标准的批复意见；

d. 固体废物处置合同或协议及承担危险废物处置单位的相关资质证明。

附录 A（规范性附录）

验收监测方案、报告编排结构及内容要求

A.1 编排结构

封面、封二[式样见《建设项目环境保护设施竣工验收监测技术要求（试行）》附录四～附录七]、目录、正文、附件、附表、附图、"三同时"竣工验收登记表、封底。

A.2 验收监测方案章节

前言
总论
建设项目工程概况
污染及治理
环评、初设回顾及环评批复
验收监测评价标准
验收监测内容
公众意见调查
环境管理检查
监测时间安排及经费概算

A.3 验收监测报告章节

前言
总论
建设项目工程概况
污染及治理
环评、初设回顾及环评批复
验收监测评价标准
验收监测结果及分析
公众意见调查结果
环境管理检查结果
验收结论与建议

A.4 监测方案、监测报告中图表

A.4.1 图件
A.4.1.1 图件内容
建设项目地理位置图

建设项目厂区平面图

工艺流程图

水量平衡图

污染治理工艺流程图

建设项目监测布点图

A.4.1.2 图件要求

各种图表中均用中文标注，必须用简称的附注释说明。

工艺流程图中工艺设备或处理装置应用框线框起，并同时注明物料的输入和输出验收监测布点图中应统一使用如下标识符：

水和废水：环境水质☆，废水★；

空气和废气：环境空气〇，废气◎；

噪声：敏感点噪声△，其他噪声▲；

固体物质和固废：固体物质□，固体废物■。

监测点位图应给出平面图和立面图。

A.4.2 表格

A.4.2.1 表格内容

工程建设内容一览表

环保设施建成情况对比表（环评、初步设计及相关批复的要求、实际建设情况）

原辅材料消耗情况对比表（环评、初步设计、实际建设）

物料衡算表

污染源及治理情况一览表

验收标准一览表

监测分析方法及仪器使用一览表

监测结果表

污染物排放总量统计表

A.4.2.2 表格要求

所有表格均应为开放式表格

A.5 验收监测方案、监测报告正文要求

正文字体为 4 号宋体

3 级以上字体标题为宋体加黑

行间距为 1.5 倍行间距

A.6 其他要求

验收监测方案、报告的编号由各环境监测站制定。

页眉中注明验收项目名称，位置居右，小五号宋体，斜体，下画单横线。

页脚注明验收技术报告编制单位，小五号宋体，位置居左。

正文页脚采用阿拉伯数字，居中。

目录页脚采用罗马数字并居中。

验收监测数据统计表参考格式

（以燃煤火电厂为例，其他燃料火电厂以此作参考）

表 1　主要污染源治理措施投资一览表

污染物类别	污染源名称	主要污染物	治理措施及方法	治理投资（万元）	备注
烟尘和气态污染物					
噪声					
灰（渣）场					
废水					
绿化					
其他					

表2　主要环保设施与环评、初步设计、实际建设对照表

序号	装置名称	主要环保设施				备注
		设施名称	环评要求	初步设计要求	实际建设情况	
1	颗粒物和气态污染物治理处理设备					
2	减震防噪设备					
3	废水					
4	绿化					
5	其他					

表3　主要环保设施变更一览表

序号	系统名称	设施型式	数量	变更原因
1				
2				
3				
—				
—				

表4　监测期间企业生产情况统计表

时间		×月 × 日		×月 × 日		×月 × 日		三日全厂平均	本月全厂累计	本年全厂累计
发电机组（MW）			全厂		全厂		全厂			
运行小时（h）										
用煤量	原煤（t）									
	标煤（t）									
发电煤耗[g/（kW·h）]										
低位发热量（kJ/kg）										
收到基灰份（%）										
产灰量（t）										
产渣量（t）										
发电量	设计发电量（kW·h）									
	实际发电量（kW·h）									
	负荷率（%）									
锅炉	设计产气量（t/h）									
	实际产气量（t/h）									
	负荷率（%）									

表5 验收监测期间工况检查

时间	_#机组负荷（MW）	_#机组负荷（MW）	额定负荷
平均负荷			
生产负荷（%）			

表6 验收监测期间煤质分析结果

机组	日期	收到基水分 Mar（%）	收到基灰分 Aar（%）	干燥无灰基挥发分 Vdaf（%）	收到基固定碳 FC.d（%）	收到基全硫 St.d（%）	低位发热量 Qb.d（kJ/kg）
_#、_#机组							

表7 入炉煤质分析月报

月份	收到基水分 Mar（%）	收到基灰分 Aar（%）	干燥无灰基挥发分 Vdaf（%）	收到基固定碳 FC.d（%）	收到基全硫 St.d（%）	低位发热量 Qb.d（kJ/kg）

表8 企业部分环保指标一览表

样品名称与编号	采样时间	采样位置	灰分（%）		硫分（%）	
			一次值	平均值	一次值	平均值

表9 环保设备情况表

	脱硫设备	脱氮设备
型号		
生产厂家		
出厂日期		
原理		
设计去除效率/%		
实际去除效率/%		
设计进口浓度/（mg/m³）		
设计出口浓度/（mg/m³）		

表 10　锅炉废气监测布点及频次

环保设施名称及采样点位	监测项目	烟尘每个断面		SO₂ 及 NOₓ 每个断面	采样频次	烟尘布点总数	SO₂ 及 NOₓ 布点总数
		采样孔数	每孔布采样点个数	采样位置	采样个数		
_# 进口烟道（共 _ 个断面）	烟尘浓度、排放速率、烟气参数						
_# 除尘器出口烟道（共 _ 个断面）	烟尘、SO₂ 及 NOₓ 的浓度、排放速率、烟气参数、黑度、除尘效率						

表 11　除尘、脱硫、脱氮效率监测结果

机组编号	除尘器编号		第一次		第二次		第三次	
			进口	出口	进口	出口	进口	出口
_# 机组	_# 除尘器	烟尘排放浓度（mg/m³）						
		烟尘排放速率（kg/h）						
		除尘效率（%）						
	_# 脱硫器	SO₂ 排放浓度（mg/m³）						
		SO₂ 排放速率（kg/h）						
		脱硫效率（%）						
	_# 脱氮器	NOₓ 排放浓度（mg/m³）						
		NOₓ 排放速率（kg/h）						
		脱氮效率（%）						

表 12　____ 机组 ____ 除尘器烟气监测结果

项目		单位	_ 机组监测结果			
			1# 烟道	2# 烟道	3# 烟道	4# 烟道
平均动压		Pa				
平均静压		kPa				
烟温		℃				
含湿量		%				
标况流量		Nm³/h				
含氧量		%				
过量空气系数		α				
烟尘	实测排放浓度	mg/Nm³				
	折算排放浓度	mg/Nm³				
	实测排放速率	kg/h				
SO₂	实测排放浓度	mg/Nm³				
	折算排放浓度	mg/Nm³				
	实测排放速率	kg/h				
NOₓ	实测排放浓度	mg/Nm³				
	折算排放浓度	mg/Nm³				
	实测排放速率	kg/h				
备注						

注：气体体积均指标准状态下测值。

表 13 烟道总排口排放结果统计表

	项目	1 次	2 次	3 次	最大值	标准值	参照值
烟尘	标况流量（Nm³/h）						
	实测排放浓度（mg/Nm³）						
	折算排放浓度（mg/Nm³）						
	排放速率（kg/h）						
SO_2	实测排放浓度（mg/Nm³）						
	折算排放浓度（mg/Nm³）						
	排放速率（kg/h）						
NO_x	实测排放浓度（mg/Nm³）						
	折算排放浓度（mg/Nm³）						
	排放速率（kg/h）						
烟气黑度（林格曼级）							
备注		注明烟囱高度及采样位置					

注：气体体积均指标准状态下测值。

表 14 无组织排放监测

采样点位	监测项目	监测频次	备注
无组织排放源上风向设 1 个点，下风向浓度最高处设 4 个点	颗粒物	4 次/天，连续 2 天	详细记录天气状况、风向、风速、气温、湿度、大气压

表 15 无组织排放监测结果

单位：mg/m³

监测时间	监测点 1#	监测点 2#	监测点 3#	监测点 4#	参照点 5#	最大差值	标准值
颗粒物							
非甲烷烃							
甲烷烃							
主导风向							

表 16 厂界噪声监测结果

单位：dB（A）

编号	监测点位	昼间		夜间	
		第一天	第二天	第一天	第二天
标准限值					
备注					

表 17 废水监测点位、项目、频次

监测点位	监测项目	监测频次
工业废水总排口		
含油废水处理设施进、出口		
中和池进、出口		4 次/天，2 天
生活污水处理站进、出口		
煤场排水进、出口		

表 18　水和废水总排口监测结果统计表　　　单位：mg/L（pH 除外）

排污口名称	监测因子	第一天					是否达标	第二天					是否达标	评价标准
		第一次	第二次	第三次	第四次	日均值		第一次	第二次	第三次	第四次	日均值		
	pH													
	硫化物													
	氨氮													
	SS													
	COD													
	挥发酚													
	氟化物													
	石油类													
	流量/（m³/h）													
备注														

表 19　含油废水处理设施进出口废水监测结果　　　单位：mg/L

项目	月　日			月　日		
	进口均值	出口均值	去除效率/%	进口均值	出口均值	去除效率/%
石油类						

表 20　中和池进出口废水监测结果

项目	月　日		月　日	
	进口	出口	进口	出口
pH				

表 21　生活污水处理站进出口废水监测结果　　　单位：mg/L（pH 除外）

日期	浓度	pH	COD	SS	BOD$_5$	氨氮	动植物油
	进口日均值						
	出口日均值						
	去除效率/%						
	进口日均值						
	出口日均值						
	去除效率/%						
	标准限值						

表 22　煤场废水沉淀池进出口废水监测结果

项目	月　日			月　日		
	进口	出口	去除效率/%	进口	出口	去除效率/%
SS						

表 23 烟尘烟气排放连续监测系统型号及配置表

名称	型号	测试方法	生产厂
SO$_2$ 分析仪			
NO$_x$ 分析仪			
烟尘监测仪			
流速监测仪			
监测系统型号			

表 24 烟尘烟气排放连续监测系统参比测试结果统计表

项目	第一次		第二次		第三次		最大相对误差/%	评价标准	是否达标
	排放口监测数据	CEMS	排放口监测数据	CEMS	排放口监测数据	CEMS			
烟尘/（mg/m³）									
SO$_2$/（mg/m³）									
NO$_x$/（mg/m³）									
烟气流速/（m/s）									

注：评价标准采用 HJ/T 76《固定污染源排放烟气连续监测系统技术要求及检测方法》复检指标。

表 25 主要污染物排放总量　　　　单位：t/a（按设计年工作日）

污染物	SO$_2$	NO$_x$	烟尘	氨氮
实测值				
环评预测值				
总量控制指标				

中华人民共和国环境保护行业标准

建设项目竣工环境保护验收技术规范

水泥制造

Technical guidelines for environmental protection in cement production industry capital construction project for check and accept of completed project

HJ/T 256—2006

前　言

为贯彻落实《建设项目环境保护管理条例》(国务院令第 253 号)、《建设项目竣工环境保护验收管理规定》(国家环境保护总局令第 13 号),确保建设项目竣工环境保护验收工作规范化,根据水泥制造工业的特点,制定本标准。

本标准由国家环保总局科技标准司提出。

本标准由中国环境监测总站、湖南省环境监测中心站起草。

本标准国家环保总局 2006 年 3 月 9 日批准。

本标准自 2006 年 5 月 1 日实施。

本标准附录 A 为规范性附录,附录 B 为资料性附录。

本标准由国家环境保护总局解释。

本标准首次发布。

1　内容与适用范围

本标准规定了水泥制造工业建设项目竣工环境保护验收的工作范围确定、执行标准选择、监测点位布设、采样、分析方法、质量控制与质量保证、编制监测方案及监测报告等的技术要求。

本标准适用于水泥制造工业(不含矿山开采和现场破碎)建设项目竣工环境保护验收。对于焚烧危险废物的水泥厂,应按照国家有关规定另行组织验收。

环境影响评价、环保设计(环境保护专题)、建设项目竣工后的日常监督管理性监测可参照执行。

2 规范性引用文件

下列文件中的条文，通过本标准的引用而成为本标准的条文。如下列标准被修订，其最新版本适用于本标准。

GB 3095　　　环境空气质量标准
GB 3096　　　城市区域环境噪声标准
GB 3838　　　地表水环境质量标准
GB 4915　　　水泥工业大气污染物排放标准
GB 5468　　　锅炉烟尘测试方法
GB 8978　　　污水综合排放标准
GB 12348　　　工业企业厂界噪声标准
GB 12349　　　工业企业厂界噪声测量方法
GB 13271　　　锅炉大气污染物排放标准
GB 16297　　　大气污染物综合排放标准
GB/T 16157　　固定污染源排气中颗粒物测定与气态污染物采样方法
HJ/T 48　　　烟尘采样器技术条件
HJ/T 55　　　大气污染物无组织排放监测技术导则
HJ/T 76　　　固定污染源排放烟气连续监测系统技术要求及检测方法
《空气和废气监测分析方法》（第四版）

3 验收技术程序

水泥制造工业建设项目竣工环境保护验收技术工作按照图 3-1 所示操作程序开展。

3.1 验收技术工作准备阶段

资料查阅、现场勘查、环保检查。

3.2 编制验收监测方案阶段

在查阅相关资料、现场勘查的基础上确定验收监测工作目的、程序、范围、内容。

3.3 现场监测阶段

依据验收监测方案确定的工作内容进行监测及检查。

3.4 验收监测报告编制阶段

汇总监测数据和检查结果，得出结论，以报告书（表）形式反映建设项目竣工环境保护验收监测的结果。

4 验收技术工作的准备

4.1 相关资料的查阅和分析

4.1.1 资料查阅

报告资料：建设项目可行性研究报告、初步设计、环境影响评价文件。

文件资料：建设项目立项批复、初步设计批复及环境影响评价文件的批复、试生产申请批复、重大变更批复。

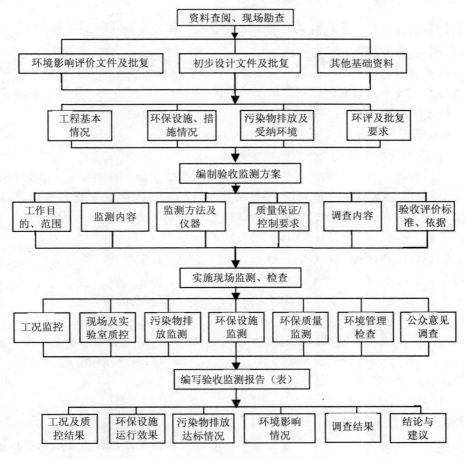

图 3-1　验收技术工作程序

图件资料：建设项目地理位置图、厂区总平面布置图（注明厂区周边环境情况、主要污染源位置、排水管网等）、所在地风向玫瑰图、生产工艺流程及污染产生示意图、物料及水平衡图、污染处理工艺流程图等。

环境管理资料：建设单位环境保护执行报告、建设单位环境保护组织机构、规章制度、日常监测计划等。

4.1.2　资料分析

对技术资料进行整理、研究，熟悉并掌握以下内容：

建设内容（包括主、辅工程及环保工程）、建设规模。若为改、扩建项目应查清"以新带老，总量削减"，"淘汰落后生产设备，等量替换"等具体要求，以确定现场勘查的范围。

生产工艺，主要原、辅料及产品，并按生产工艺流程分析废气、废水、噪声、固体废物等的产生情况、主要污染因子、相应配套治理设施、处理流程，去向，以落实现场勘查重点调查项目。

厂区生产线布设情况，常年主导风向，拟布设的废气无组织、有组织排放监测点、废水排放监测点、厂界噪声监测点，环境保护敏感点监测点，以拟订现场勘查的顺序及路线。

建设项目周围环境保护敏感点，包括受纳水体、大气敏感点、噪声敏感点，确定必要的环境质量监测内容。

环境保护机构的设置及环保规章制度建立，包括环保监测站的设立及日常监测计划、环保设施使用及操作的规章制度并将环保投资计划（包括环保设施、措施、监测设备等）列表统计待现场勘查时核对。

4.2 现场勘查与调研

4.2.1 建设项目生产设施及生产线现场查勘

（1）生料制备系统：水泥熟料生产建设规模、产品品种、原料及配比和燃料品质，查看主要原料破碎/输送/均化/储料场、辅助原料破碎/输送/均化/储料场、原煤破碎/输送/预均化储存场、原料调配系统、原料输送转运系统、原料磨、生料输送系统、生料均化库、除尘设施。

（2）熟料烧成和煤粉制备系统：核查回转窑系统及除尘设施，熟料输送、储存及散装，煤粉制备系统。

（3）水泥制成系统：核查水泥粉磨、输送、储存、包装及散装。

（4）查看上述系统运行负荷。

（5）污染物排放及环境保护设施：查看窑尾除尘器、窑头除尘器及全厂除尘器数量和运行状况，烟气自动连续监测系统，废水处理站，噪声控制设施和措施。

（6）产品外运：装运码头或铁路专用线站台。

4.2.2 建设项目环保设施现场查勘

现场勘查的主要内容：

（1）厂区地理位置、厂区生产布局及厂区周边环境情况，常年主导风向；厂区周边居民分布及噪声敏感点情况。

（2）建设项目废气的无组织排放监测点、有组织排放监测点、污水排放监测点和厂界噪声监测点的布设和监测点位及数量。

（3）生产用水、生产废水、生活污水系统排水的处理方式（设施），节水措施和水重复利用率。

（4）破碎机、磨机、风机、空压机、窑头窑尾风机、均化库罗茨风机及喂煤罗茨风机等主要噪声源的降噪措施、声环境敏感目标及评价标准。

（5）单位产品污染物排放量，颗粒物、二氧化硫、氮氧化物排放总量及废水排放总量。

（6）建设项目涉及的烟气连续监测系统设备的型号、配置、生产厂及最近三个月连续运行记录。

（7）为建设项目竣工环境保护验收监测工作配套的设施、装置、设备（包括测试孔、测试平台、规范的排污口、监测仪器和分析仪器等）。

（8）厂区绿化面积及绿化率。

（9）建设项目采取的生态保护措施，包括生态恢复工程、绿化工程、边坡防护工程等。

（10）对照建设项目环境影响评价文件提出的要求、行业主管部门和环境保护行政主管部门关于建设项目环境影响评价文件批复意见逐一检查建设项目环保设施和措施落实情况。

建设项目环保设施和措施及现场查勘内容参考表 4-1。

表 4-1　建设项目环保设施和措施及现场环境查勘内容

类别		现场查勘内容
废气	颗粒物、气态污染物排放及处理设施	1. 主体工程平面布局； 2. 除尘器装置的原理、数量、安装位置； 3. 烟囱几何高度、烟道平直段长度及截面几何尺寸； 4. 除尘器监测口位置是否符合相关标准、监测现场是否具备监测条件； 5. 无组织排放监测点位； 6. 烟气排放连续监测装置的方法原理、生产单位、型号、配置及安装时间、安装位置和运行情况
废水	工业废水	1. 各类废水处理设施及处理方式； 2. 清污分流情况； 3. 废水排放去向和流量； 4. 外排口的位置及规范化； 5. 流量在线监测仪、COD 在线监测仪的仪器型号、生产单位、运行情况等
	生活污水	
	其他废水	
	各类废水处理装置处理后的外排水	
	初期雨水	
噪声	生产设备噪声	1. 生产设备主要噪声源情况及位置； 2. 降噪设施调查； 3. 勘查厂界及厂界周围敏感点布局情况
	厂界噪声	
	敏感点噪声	
	降噪音设施	
堆场	露天储料场环保设施情况	1. 露天储料场的地理位置； 2. 露天储料场环保设施情况； 3. 物料输送和装卸环保措施

5　验收监测方案编制

《建设项目竣工环境保护验收监测方案》应包括以下内容：

5.1　总论

5.1.1　项目由来

项目立项、环评、初设、建设、试生产及审批过程简述，验收技术工作承当单位、现场勘查时间等的叙述。

5.1.2　验收监测的目的

通过对建设项目外排污染物达标情况、污染治理效果、必要的环境敏感目标环境质量等的监测以及建设项目环境管理水平及公众意见的调查，为环境保护行政主管部门验收及验收后的日常监督管理提供技术依据。

5.1.3　监测工作范围及内容

按照报告资料、批复文件资料核查项目建设内容、建设规模，尤其要注意项目"以新带老，总量控制"、"淘汰落后设备、等量替换"需要落实的环保工程或措施，以此确定验收监测工作范围及内容。

5.2 建设项目工程概况

5.2.1 原有工程概述

对于改、扩建项目应详述与验收项目相关的原有工程改造及环保治理要求，并将其确定为验收监测的内容之一。

5.2.2 新建工程建设内容

新建工程建设性质；工程建设地点、占地面积、投资情况；生产主、辅工程，设备；环保工程、设备等建设情况。

5.2.3 地理位置及平面布设

以图件表示。地理位置重点突出项目所处地理区域内有无自然保护区。平面布设重点标明噪声源、废气无组织排放源所处位置，厂界周围噪声敏感点与厂界、排放源的相对位置及距离。

5.2.4 水量平衡

以水量平衡图表示。

5.2.5 生产工艺

以生产工艺流程图表示。

5.3 主要污染及治理

5.3.1 主要污染源及治理

按照废气、废水、噪声三个方面详细分析各污染源产生、治理、排放、主要污染因子、排放量等。附污染来源分析及治理情况一览表。

5.3.2 "三同时"落实情况

5.3.2.1 改扩建项目带动的"以新带老"、"淘汰落后生产设备"落实情况

由原有工程改造或扩建而带动的"以新带老，总量削减"、"淘汰、拆除、关停落后生产设备，等量替换"等要求的落实情况。并列表对比分析环境影响报告书、初步设计提出的要求及实际建成情况。

5.3.2.2 新建项目"三同时"执行情况环境

保护措施落实情况以及环保设施建成、投资分析及运行状况，并列表对比分析环境影响报告书、初步设计提出的要求及实际建成情况。

5.3.3 环境保护敏感区分析

依据环评及实地勘查情况分析项目受纳水体、大气敏感点、噪声敏感点等环境保护目标。

5.4 环境影响评价、初步设计及其批复要求的落实情况

摘录建设项目环境影响评价文件的主要结论及环境影响评价文件批复的要求，或环保行政部门对本项目的环保要求等主要内容，应特别关注粉尘、氟污染以及此两项污染的环境保护敏感区，以新带老、总量削减，淘汰落后生产设备、等量替换等要求。

5.5 验收监测评价标准

按照环境影响评价文件及其批复文件的要求列出有效的国家或地方排放标准、环境质量标准的名称、标准号、标准的等级和限值、工程《初步设计》（环境保护专题）的设计指标和环境保护行政主管部门提出的总量控制指标，作为验收评价标准。同时，列出

相应现行的国家或地方排放标准和环境质量标准的名称、标准号、标准的等级和限值作为参照标准。

5.6　验收监测实施方案

5.6.1　监测期间工况监督

验收监测数据在工况稳定、生产负荷达到设计的 80%以上、环境保护设施运行正常的情况下有效。监测期间监控各生产环节的生产负荷，若被测设施生产负荷小于 80%，通知监测人员停止监测。

5.6.2　验收监测的内容

水泥制造工业建设项目竣工环境保护验收监测内容包括以下几个方面：

5.6.2.1　废气、废水外排口污染物排放监测，厂界噪声监测

5.6.2.2　输送、装卸系统及露天储料场的有组织和无组织排放监测

5.6.2.3　各项污染治理设施处理效率、效果的监测

5.6.2.4　环境影响评价文件批复中需现场监测数据评价的项目和内容及总量控制指标

5.6.2.5　建设项目竣工环境保护"三同时"验收登记表中需要填写的污染控制指标：原有排放量、新建部分产生量、新建部分处理削减量、处理前浓度、实际排放浓度等

5.6.3　监测点位

根据现场勘查情况及相关的技术规范确定各项监测内容的具体监测点位并绘制各监测点所在的厂区位置图、各监测点位的平面图，涉及采样方式的监测点（例如，气态污染物采样点）应给出测点尺寸示意图。

5.6.4　验收监测因子及频次

水泥制造工业验收监测污染因子及频次见表 5-1。

表 5-1　监测内容

污染源类型		监测污染因子	频次
废气	有组织排放　水泥窑及窑磨一体机	颗粒物、二氧化硫、氮氧化物（以 NO_2 计）、氟化物（以总氟计）	不少于 2 天，每天 3~5 次
	有组织排放　烘干磨、烘干机、煤磨及冷却机	颗粒物	不少于 2 天，每天 3 次
	有组织排放　其他通风生产设备		
	无组织排放		不少于 2 天，每天 4 次
	敏感点		
废水	外排口	pH、SS、COD、BOD、石油类、氟化物、氨氮、总磷、水温	不少于 2 天，每天 4 次
噪声	厂界噪声	等效 A 声级	不少于连续 2 天,昼夜各 2 次
	敏感点噪声		
备注	厂界噪声布点原则： （1）根据厂内主要噪声源距厂界位置布点； （2）根据厂界周围敏感点布点； （3）厂中厂不考核； （4）当面对海洋、大江、大河、大山（无居民、学校等敏感点时）原则上不布点； （5）厂界紧邻交通干线不布点		

5.6.5 水泥制造工业验收废气排放连续监测设施的参比评价

参比评价方法见表 5-2，烟气连续监测系统参比评价标准参照 HJ/T 76《固定污染源排放烟气连续监测系统技术要求及检测方法》中复检要求。

表 5-2　废气排放连续监测设施的参比评价

连续监测设施类型		参比测试项目	参比方法	频次
废气	烟尘烟气排放连续监测系统	颗粒物、二氧化硫、氮氧化物（以 NO_2 计）、烟气流速	要求系统给出每分钟测试值，取参比测试时间段系统的打印记录平均值与排放口监测值对比	与排放口监测同步

5.6.6 验收监测分析方法

水泥制造工业污染物分析方法首选国家标准分析方法，当国家标准分析方法不能满足要求时参考《空气和废气监测分析方法》（第四版）和《水和废水分析方法》（第四版），分析方法参考表 5-3。

表 5-3　分析方法

类别	污染物	分析方法
废气	颗粒物	重量法 GB/T 16157
	SO_2	碘量法 HJ/T 56、定电位电解法 HJ/T 57
	NO_x	紫外分光光度法 HJ/T 42、盐酸萘乙二胺分光光度法 HJ/T 43
	氟化物	离子选择电极法 HJ/T 67
废水	pH	玻璃电极法 GB 6920
	SS	重量法 GB 11901
	COD_{Cr}	重铬酸钾法 GB 11914
	BOD	稀释与接种法 GB 7488
	石油类	非分散红外光度法 GB/T 16488
	氨氮	蒸馏和滴定法 GB 7478、纳氏试剂分光光度法 GB 7479
	氟化物	离子选择电极法 GB 7484
	总磷	钼酸铵分光光度法 GB 11893

5.6.7 验收监测仪器

根据被测污染因子特点选择监测分析方法，并确定监测仪器，列出现场监测仪器一览表，参见表 5-4。

表 5-4　监测仪器一览表

仪器名称	仪器型号与编号	监测因子	测量量程	分辨率	分析方法	生产厂	检定时间

5.6.8 质量控制与质量保证

水泥制造工业建设项目竣工环境保护验收现场监测应按照国家环保总局颁发的《环

境监测技术规范》、GB/T 16157《固定污染源排气中颗粒物测定与气态污染物采样方法》、《环境水质监测质量保证手册》（第四版）、《空气和废气监测质量保证手册》（第四版）、《建设项目环境保护设施竣工验收监测技术要求》中质量控制与质量保证有关章节要求进行。

5.6.8.1　监测点位布设、因子、频次、抽样率

合理规范设置监测点位，确定监测因子与频次，相同种类除尘器监测抽样率大于50%，保证监测数据具有科学性和代表性。

5.6.8.2　验收监测人员资质管理

验收监测采样和测试的人员须经国家考核合格并持证上岗。

5.6.8.3　监测数据和报告执行三级审核制度

5.6.8.4　水质监测分析过程中的质量保证和质量控制

水样的采集、运输、保存、实验室分析和数据计算的全过程均按照《环境水质监测质量保证手册》（第四版）的要求进行。采样过程中应采集不少于 10%的平行样； 实验室分析过程一般应加不少于 10%的平行样；对可进行加标回收测试的，应在分析的同时做不少于10%加标回收样品分析，对无法进行加标回收的测试样品，做质控样品分析。

5.6.8.5　气体监测分析过程中的质量保证和质量控制

（1）分析方法和仪器的选用原则。

a. 尽量避免被测排放物中共存污染物因子对仪器分析的交叉干扰；

b. 被测排放物的浓度应在仪器测试量程的有效范围即仪器量程的30%～70%之间。

（2）颗粒物采样器在进入现场前应对采样器流量计、流速计等进行校核。烟气监测（分析）仪器在测试前按监测因子分别用标准气体和流量计对其进行校核（标定），在测试时应保证其采样流量的准确。

（3）颗粒物采样部位的选择应符合 GB/T 16157《固定污染源排气中颗粒物测定与气态污染物采样方法》，当条件不能满足时，选在较长直段烟道上，与弯头或变截面处的距离不得小于烟道当量直径的 1.5 倍。对矩形烟道，其当量直径 D=2AB/（A+B），式中 A、B 为边长。

不满足上述要求时，则监测孔前直管段长度必须大于监测孔后的直管段长度，在烟道弯头和变截面处加装倒流板，并适当增加采样点数和采样频次。

（4）二氧化硫、氮氧化物的采样部位的选择应符合 GB/T 16157《固定污染源排气中颗粒物测定与气态污染物采样方法》，选在收尘器设备出口段、系统进入烟囱的烟道上，或烟囱的合适位置，在采样中尽可能地避免监测时的相互干扰。

5.6.8.6　噪声监测分析过程中的质量保证和质量控制

监测时使用经计量部门检定，并在有效使用期内的声级计；声级计在测试前后用标准发生源进行校准，测量前后仪器的灵敏度相差不大于 0.5 dB，若大于 0.5 dB 则测试数据无效。

5.7　公众意见调查

5.7.1　公众意见调查内容

主要针对施工、运行期间出现的环境问题以及环境污染治理情况与效果，污染扰民情况征询当地居民意见、建议。

5.7.2 公众意见调查方法

问卷填写、访谈、座谈。

5.7.3 公众意见调查范围及对象

环境保护敏感区域范围内各年龄段、各层次人群，应重视环评期间参与调查人员比例。

5.8 环境管理检查方案

环境管理检查方案包括以下内容：

5.8.1 从项目立项到试生产各阶段建设项目环境保护法律、法规、规章制度的执行情况；

5.8.2 环境保护审批手续及环境保护档案资料；

5.8.3 环保组织机构及规章管理制度；

5.8.4 环境保护设施建成及运行记录；

5.8.5 环境保护措施落实情况及实施效果；

5.8.6 环境监测计划的实施；

5.8.7 露天储料场检查、物料输送和装卸等环保措施检查；

5.8.8 排污口规范化、污染源在线监测仪的安装、运行情况检查；

5.8.9 "以新带老"环保要求的落实，落后设备的淘汰、关停、拆除；

5.8.10 建设期间和试生产阶段是否发生扰民和污染事故，污染事故防范措施及应急预案检查；

5.8.11 环评批复及卫生防护距离的落实。

5.9 工作进度及经费预算

6 现场监测及结果整理

6.1 现场监测、检查及调查

在建设项目生产设备、环保设施运行正常，生产工况满足建设项目竣工环境保护验收技术要求的情况下，严格按照经审核确定的《建设项目竣工环境保护验收监测方案》开展现场监测、检查及调查。

6.1.1 监控工况

现场监测时同时记录各生产设备工况负荷情况。

6.1.2 污染物排放监测

6.1.2.1 废气有组织排放、废水排放、厂界噪声监测严格按各污染因子监测的操作要求进行采样和分析。

6.1.2.2 废气无组织排放监测同时记录风向、风速、气温、气压等气象参数。

6.1.3 开展检查与调查

6.1.3.1 按《建设项目竣工环境保护验收监测方案》中环境管理检查内容逐项核查。

6.1.3.2 按《建设项目竣工环境保护验收监测方案》中公众意见调查实施方案开展调查，并回收调查问卷进行分析整理。

6.2 监测数据及调查结果整理

6.2.1 监测数据整理

监测数据的整理严格按照《环境监测技术规范》有关章节进行，针对性地注意以下内容：

6.2.1.1 异常数据、超标原因的分析

6.2.1.2 实测值的换算

按照评价标准，实测的废气污染物排放浓度应换算为规定的掺风系数或过剩空气系数时的值。

6.2.1.3 等效源的合并

排放同一种污染物的近距离（距离小于几何高度之和）排气筒按等效源评价。

6.2.2 检查及调查结果整理

7 验收监测报告编制

《建设项目竣工环境保护验收监测报告》（以下简称验收监测报告）应依据国家环境保护总局[2000]38 号文附件《建设项目环境保护设施竣工验收监测技术要求（试行）》有关要求、结合水泥工业特点、按照现场监测实际情况，汇总监测数据和检查结果，得出结论。主要包括以下内容：

7.1 前言、总论、建设项目工程概况、建设项目污染及治理、环评、初设回顾及其批复要求、验收监测评价标准

重点完善建设项目地理位置图、厂区平面图、工艺流程图、物料平衡表、水平衡图、污染治理工艺流程图、监测点位图。根据监测时的气象参数确定无组织排放的监测点位。

7.2 验收监测结果及评价

7.2.1 监测期间工况分析

给出反映工程或设备运行负荷的数据或参数，以文字配合表格叙述现场监测期间企业生产情况、实际产量、设计产量、负荷率。

7.2.2 监测分析质量控制与质量保证

在验收监测方案质量控制与质量保证章节的基础上，加入质控数据，并做相应分析。

7.2.3 废水、废气（含有组织、无组织排放）排放、厂界噪声、环保设施效率监测结果

分别从以下几方面对废水、废气、厂界噪声、环保设施效率和气态污染物排放连续监测系统参比监测结果进行叙述：

a. 验收监测方案确定的验收监测项目、频次、监测断面或监测点位、监测采样、分析方法；

b. 监测结果以监测结果表表示，参考格式见附表；

c. 采用相应的国家和地方的标准值、设施的设计值和总量控制指标，进行分析评价；

d. 出现超过标准限值或总量控制指标要求的原因分析；

e. 附必要的监测结果表。

7.2.4 国家规定的总量控制污染物的排放情况

根据各排污口的流量和监测浓度，计算并列表统计国家实施总量控制的 8 项指标（COD、石油类、氨氮、工业粉尘、烟尘、SO_2、NO_x、固体废物）年产生量和年排放量。对改、扩建项目还应根据环境影响报告书列出改扩建工程原有排放量，并根据监测结果

计算改扩建后原有工程现在的污染物产生量和排放量。主要污染物总量控制实测值与环评值比较（按年工作时计），附污染物排放总量核算结果表。

7.3 公众意见调查结果

统计分析问卷、整理访谈、座谈记录，并按被调查者不同职业构成、不同年龄结构、距建设项目不同距离等分类，得出调查结论。

7.4 环境管理检查结果

根据验收监测方案所列检查内容，逐条说明。

验收监测环境管理检查篇章应重点叙述和检查环评结论与建议中提到的各项环保设施建成和措施落实情况，尤其应逐项检查和归纳叙述行政主管部门环评批复中提到的建设项目在工程设计、建设中应重点注意的问题的落实情况。

7.5 验收监测结论及建议

7.5.1 结论

依据监测结果、公众调查结果、环境管理检查结果，综合分析，简明扼要地给出废水、废气排放、厂界噪声、气态污染物排放连续监测系统达标情况；公众意见及环境管理水平。

7.5.2 建议

可针对以下几个方面提出合理的意见和建议：

a. 未执行"以新带老，总量削减"，"上大关小，总量替换"等要求，拆除、关停落后设备；

b. 环保治理、设施处理效率或效果未达到设计指标和要求；

c. 污染物的排放未达到国家或地方标准要求；

d. 环保治理、设施、监测设备及排污口未按规范安装和建成；

e. 环境保护敏感区的环境质量未达到国家或地方标准或环评预测值；

f. 国家规定实施总量控制的污染物排放量超过有关环境管理部门规定或核定的总量等。

7.6 附件

a. 建设项目环境保护"三同时"竣工验收登记表；

b. 环境保护行政主管部门对环境影响评价报告书的批复意见；

c. 环境保护行政主管部门对建设项目环境影响评价执行标准的批复意见；

d. 环境保护行政主管部门对建设项目试生产批复。

附录 A（规范性附录）

验收监测方案、报告格式要求

A.1 验收监测方案、监测报告结构

封面、封二[式样见《建设项目环境保护设施竣工验收监测技术要求（试行）》附录四～附录七]、目录、正文、附件、附表、附图、"三同时"竣工验收登记表、封底。

A.2 验收监测方案章节

前言
总论
建设项目工程概况
污染及治理
环评、初设回顾及环评批复
验收监测评价标准
验收监测内容
公众意见调查
环境管理检查
监测时间安排及经费概算

A.3 验收监测报告章节

前言
总论
建设项目工程概况
污染及治理
环评、初设回顾及环评批复
验收监测评价标准
验收监测结果及分析
公众意见调查结果
环境管理检查结果
验收结论与建议

A.4 验收监测方案、监测报告中图表

A.4.1　图件
A.4.1.1　图件内容

建设项目地理位置图

建设项目厂区平面图

工艺流程图

水量平衡图

污染治理工艺流程图

建设项目监测布点图

A.4.1.2 图件要求

各种图表中均用中文标注，必须用简称的附注释说明

工艺流程图中工艺设备或处理装置应用框线框起，并同时注明物料的输入和输出

验收监测布点图中应统一使用如下标识符

水和废水：环境水质☆，废水★；

空气和废气：环境空气〇，废气◎；

噪声：敏感点噪声△，其他噪声▲；

固体物质和固废：固体物质□，固体废弃物■。

监测点位图应给出平面图和立面图。

A.4.2 表格

A.4.2.1 表格内容

工程建设内容一览表

环保设施建成情况对比表（环评、初步设计、实际建设、实际投资）

原辅材料消耗情况对比表（环评、初步设计、实际建设）

物料投入与成品产出表

污染源及治理情况一览表

验收标准一览表

监测分析方法及仪器使用一览表

监测结果表

污染物排放总量统计表

A.4.2.2 表格要求

所有表格均应为开放式表格

A.5 监测方案、监测报告正文要求

正文字体为 4 号宋体

3 级以上字体标题为宋体加黑

行间距为 1.5 倍行间距

A.6 其他要求

验收监测方案、监测报告的编号由各环境监测站制定。

页眉中注明验收项目名称，位置居右，小五号宋体，斜体，下画单横线。

页脚注明验收技术报告编制单位，小五号宋体，位置居左。

正文页脚采用阿拉伯数字，居中；目录页脚采用罗马数字并居中。

附录 B（参考性附录）

验收监测数据统计表参考格式

表1　废气治理设施建设情况表

序号	系统名称	设备编号	风量/(m³/h)	排气温度/℃	出口高度/m	出口内径/m	除尘器				备注
							名称及规格	台数	入口浓度/(g/m³)	出口浓度/(mg/m³)	
1											
2											
3											
...											
...											

表2　噪声源治理设施建设情况表

序号	名称	规格型号	数量	使用地点	备注
1					
2					
3					

表3　主要污染源治理措施投资一览表

污染源类别	污染源位置	主要污染物	治理措施及方法	治理投资/万元	备注
颗粒物					
噪声					
堆场					
废水					
绿色					

表4 主要环保设施实际建设情况与初步设计、环评及批复要求对照表

序号	类别	环评要求	批复要求	初步设计	实际建设	备注

表5 主要环保设施变更一览表

序号	系统名称	设备型号	台数	变更原因
1				
2				
3				

表6 监测期间主机生产负荷统计表

序号	监测日期	产品名称	实际产量		生产负荷/% （实际产量/额定产量）
			（t/h）	（t/h）	
	平均值				
	设计值				

表7 验收监测期间煤质分析结果

日期	收到基水分 Mar/%	收到基灰分 Aar/%	干燥无灰基挥发分 Vdaf/%	收到基固定碳 FC.d/%	收到基全硫 St.d/%	低位发热量 Qb.d/（Kal/kg）

表 8　入窑（炉）煤质分析月报

月份	收到基水分 Mar/%	收到基灰分 Aar/%	分析基挥发分 Vda/%	收到基固定碳 FC.d/%	收到基全硫 St.d/%	低位发热量 Qb.d/（Kal/kg）

表 9　废气监测布点、监测频次

监测点 编号	生产设备名称	收尘器			监测 项目	进口（断面 数/测孔数）	出口（断面 数/测孔数）	频次
		收尘器名称 （设备编号）	数量/ 台	实测/ 台				
1	原料配料库							
2	原料磨							
3	生料库顶							
4	生料库底							
5	回转窑							
6	冷却机							每天 3 次， 连续 2 天
7	熟料库顶							
8	熟料库底							
9	水泥粉磨							
10	水泥库顶							
11	水泥库底							
12	水泥包装机							
13	散装水泥库							
14	辅助原料及煤破碎							
15	粉煤灰库							
16	码头设施							
	总计							

表 10　废气监测结果

项目		单位	监测结果			
			1#	2#	3#	4#
平均动压		Pa				
平均静压		kPa				
烟温		℃				
含湿量		%				
标态流量		m³/h				
含氧量		%				
过量空气系数		α				
颗粒物	实测排放浓度	mg/m³				
	折算排放浓度	mg/m³				
	排放速率	kg/h				

项目		单位	监测结果			
			1#	2#	3#	4#
SO$_2$	实测排放浓度	mg/m³				
	折算排放浓度	mg/m³				
	排放速率	kg/h				
NO$_x$	实测排放浓度	mg/m³				
	折算排放浓度	mg/m³				
	排放速率	kg/h				
氟化物	实测排放浓度	mg/m³				
	折算排放浓度	mg/m³				
	排放速率	kg/h				
备注						

表 11　窑尾废气排放监测结果

监测日期：

项　目		监测结果	标准限值	达标情况
标态风量（m³/h）				
颗粒物	排放浓度/（mg/m³）			
	排放量/（kg/h）			
	吨产品排放量/（kg/t）			
SO$_2$	排放浓度/（mg/m³）			
	排放量/（kg/h）			
	吨产品排放量/（kg/t）			
NO$_x$（以 NO$_2$ 计、折算到 O$_2$ 含量为 10%状态下浓度）	排放浓度/（mg/m³）			
	排放量/（kg/h）			
	吨产品排放量/（kg/t）			
氟化物（以总氟计）	排放浓度/（mg/m³）			
	排放量/（kg/h）			
	吨产品排放量/（kg/t）			

表 12　除尘效率监测结果

除（收）尘器编号		第一次		第二次		第三次	
		进口	出口	进口	出口	进口	出口
_#除尘器	浓度（mg/m³）						
	排放速率（kg/h）						
	除尘效率（%）						
_#除尘器	浓度（mg/m³）						
	排放速率（kg/h）						
	除尘效率（%）						

表 13　环评对各排放源预测与实际监测结果

生产设备	指标	单位	设计值	监测值
水泥窑及窑磨一体机	颗粒物排放浓度	mg/m³		
	颗粒物吨产品排放量	kg/t		
	NO$_x$ 排放浓度	mg/m³		
	NO$_x$ 吨产品排放量	kg/t		
	SO$_2$ 排放浓度	mg/m³		
	SO$_2$ 吨产品排放量	kg/t		

生产设备	指标	单位	设计值	监测值
生料磨、水泥磨、煤磨、冷却机、烘干机、烘干磨及其他通风生产设备	颗粒物排放浓度	mg/m³		
	颗粒物吨产品排放量	kg/t		

表 14　无组织排放监测内容表

采样点位	监测项目	监测频次	备注
无组织排放源上风向设 1 个点，下风向浓度最高处设 4 个点	颗粒物	4 次/天，2 天	详细记录天气状况、风向、风速、气温、湿度、大气压

表 15　无组织排放监测期间气象统计表

时段	风向	风速/（m/s）	气温/℃	气压/kPa	天气状况

表 16　无组织排放监测结果

监测时间	下风向 1#	下风向 2#	下风向 3#	下风向 4#	参照点	最大差值	标准值
主导风向							

表 17　厂界噪声监测结果统计表　　　　单位：dB（A）

编号	监测地点	昼间		夜间	
		第一天	第二天	第一天	第二天
评价标准					
备注					

表 18　废水监测点位、项目、频次

监测点位	监测项目	监测频次
	pH、COD_{Cr}、BOD_5、SS、石油类、氨氮、磷酸盐、氟化物、硫化物、流量	4 次/天，不少于 2 天

表 19　废水总排口监测结果表　　　　单位：mg/L（pH 除外）

排污口名称	监测因子	第一天					评价标准	是否达标	第二天					评价标准	是否达标
		第一次	第二次	第三次	第四次	日均值			第一次	第二次	第三次	第四次	日均值		
	pH														
	硫化物														
	氨氮														
	SS														
	COD														
	BOD_5														
	氟化物														
	石油类														
	磷酸盐														
	流量（m³/h）														
备注															

表 20　生活污水处理站进出口废水监测结果　　　　单位：mg/L（pH 除外）

日期	浓度	pH	SS	BOD_5	氨氮	动植物油
	进口日均值					
	出口日均值					
	去除效率（%）					
	进口日均值					
	出口日均值					
	去除效率（%）					
	标准限值					

表 21　废气排放连续监测系统型号及配置表

名称	型号	测试方法	生产厂
SO_2 分析仪			
NO_x 分析仪			
颗粒物监测仪			
流速监测仪			
监测系统型号			

表 22　废气排放连续监测系统参比测试结果统计表

项目	第一次		第二次		第三次		最大相对误差（%）	评价标准	是否达标
	排放口监测数据	CEMS	排放口监测数据	CEMS	排放口监测数据	CEMS			
颗粒物（mg/m³）									
SO_2（mg/m³）									
NO_x（mg/m³）									
流速（m/s）									

注：评价标准采用 HJ/T 76《固定污染源排放烟气连续监测系统技术要求及检测方法》复检指标。

表 23 除尘器颗粒物排放量统计结果

监测点位	生产设备	收尘器编号	排放速率		年运行时间（h）	排放量	
			标态风量（m³/h）	颗粒物（kg/h）		标态风量（10⁷m³/a）	颗粒物（t/a）
1							
2							
3							
…							
合计							

表 24 主要污染物排放总量   单位：t/a（按设计年工作日）

污染物	SO$_2$	NO$_x$	颗粒物	氨氮
实测值				
环评预测值				
总量控制指标				

中华人民共和国环境保护行业标准

建设项目竣工环境保护验收技术规范

生态影响类

Technical guidelines for environmental protection in ecological construction projects for check & accept completed project

HJ/T 394—2007

前　言

为贯彻《中华人民共和国环境保护法》、《中华人民共和国环境影响评价法》和《建设项目环境保护管理条例》，规范生态影响类建设项目竣工环境保护验收工作，制定本标准。

本标准的附录 A 和附录 B 均为规范性附录。

本标准为指导性标准。

本标准由国家环境保护总局科技标准司提出。

本标准起草单位：国家环境保护总局环境工程评估中心。

本标准国家环境保护总局 2008 年 12 月 5 日批准。

本标准自 2008 年 2 月 1 日起实施。

本标准由国家环境保护总局解释。

1　主题内容与适用范围

本标准规定了生态影响类建设项目竣工环境保护验收调查总体要求、实施方案和调查报告的编制要求。

本标准适用于交通运输（公路、铁路、城市道路和轨道交通、港口和航运、管道运输等）、水利水电、石油和天然气开采、矿山采选、电力生产（风力发电）、农业、林业、牧业、渔业、旅游等行业和海洋、海岸带开发、高压输变电线路等主要对生态造成影响的建设项目，以及区域、流域开发项目竣工环境保护验收调查工作。其他项目涉及生态影响的可参照执行。

2 规范性引用文件

本标准内容引用了下列文件中的条款。凡是不注日期的引用文件，其有效版本适用于本标准。

HJ/T2.1	环境影响评价技术导则	总纲
HJ/T2.2	环境影响评价技术导则	大气环境
HJ/T2.3	环境影响评价技术导则	地面水环境
HJ/T2.4	环境影响评价技术导则	声环境
HJ/T19	环境影响评价技术导则	非污染生态影响

3 术语和定义

下列术语和定义适用于本标准。

3.1　生态影响类建设项目 Ecological Construction Projects

以资源开发利用、基础设施建设等生态影响为特征的开发建设活动，以及海洋、海岸带开发等主要对生态产生影响的建设项目。

3.2　竣工环境保护验收调查 Environmental Protection Check & Accept for Completion

为环境保护行政主管部门进行生态影响类建设项目竣工环境保护验收而进行的技术调查工作。

3.3　环境影响评价文件 Environmental Impact Assessment Statements

指环境影响报告书和环境影响报告表。

3.4　环境影响评价审批文件 Environmental Impact Assessment Approval Document

指各级环境保护行政主管部门及行业主管部门对环境影响评价文件的审批、审核和预审意见。

3.5　验收调查文件 Check & Acceptance Statements

指工程竣工环境保护验收调查报告和竣工环境保护验收调查表。

3.6　环境保护措施 Environmental Protection Measures

为预防、降低、减缓建设项目对生态破坏和环境污染而采取的环境保护设施、措施和管理制度。

3.7　环境敏感目标 Environment-sensitive Targets

指验收调查需要关注的建设项目影响区域内的环境保护对象。

4 总则

4.1　验收调查工作程序

验收调查工作可分为准备、初步调查、编制实施方案、详细调查、编制调查报告五个阶段。具体工作程序见图 1。

4.1.1　准备阶段

收集、分析工程有关的文件和资料，了解工程概况和项目建设区域的基本生态特征，明确环境影响评价文件和环境影响评价审批文件有关要求，制定初步调查工作方案。

4.1.2　初步调查阶段

核查工程设计、建设变更情况及环境敏感目标变化情况，初步掌握环境影响评价文件和环境影响评价审批文件要求的环境保护措施落实情况、与主体工程配套的污染防治设施完成及运行情况和生态保护措施执行情况，获取相应的影像资料。

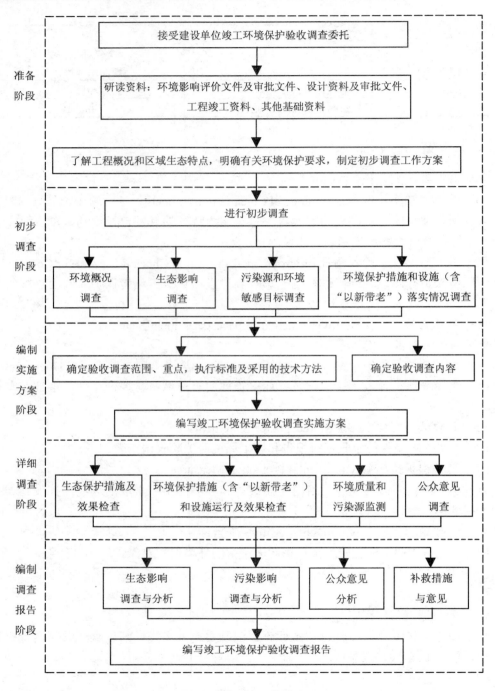

图 1　验收调查工作程序图

4.1.3　编制实施方案阶段

确定验收调查标准、范围、重点及采用的技术方法，编制验收调查实施方案文本。

4.1.4 详细调查阶段

调查工程建设期和试运行期造成的实际环境影响，详细核查环境影响评价文件及初步设计文件提出的环境保护措施落实情况、运行情况、有效性和环境影响评价审批文件有关要求的执行情况。

4.1.5 编制调查报告阶段

对项目建设造成的实际环境影响、环境保护措施的落实情况进行论证分析，针对尚未达到环境保护验收要求的各类环境保护问题，提出整改与补救措施，明确验收调查结论，编制验收调查报告文本。

4.2 验收调查分类管理要求

4.2.1 根据国家建设项目环境保护分类管理的规定，编制环境影响报告书的建设项目应编制建设项目竣工环境保护验收调查报告，其编制要求和格式要求参见附录 A。

4.2.2 根据国家建设项目环境保护分类管理的规定，编制环境影响报告表的建设项目应编制建设项目环境保护验收调查表，其编制要求和格式要求参见附录 B。

4.2.3 根据国家建设项目环境保护分类管理的规定，填报环境影响登记表的建设项目，应填写建设项目竣工环境保护验收登记卡。

4.3 验收调查时段和范围

4.3.1 根据工程建设过程，验收调查时段一般分为工程前期、施工期、试运行期三个时段。

4.3.2 验收调查范围原则上与环境影响评价文件的评价范围一致。当工程实际建设内容发生变更或环境影响评价文件未能全面反映出项目建设的实际生态影响和其他环境影响时，根据工程实际变更和实际环境影响情况，结合现场勘查对调查范围进行适当调整。

4.4 验收调查标准及指标

4.4.1 原则上采用建设项目环境影响评价阶段经环境保护部门确认的环境保护标准与环境保护设施工艺指标进行验收，对已修订新颁布的环境保护标准应提出验收后按新标准进行达标考核的建议。

4.4.2 确定标准及指标的原则

4.4.2.1 环境影响评价文件和环境影响评价审批文件中有明确规定的按其规定作为验收标准。

4.4.2.2 环境影响评价文件和环境影响评价审批文件中没有明确规定的，可按法律、法规、部门规章的规定，参考国家、地方或发达国家环境保护标准。

4.4.2.3 现阶段暂时还没有环境保护标准的可按实际调查情况给出结果。

4.4.3 标准及指标的来源

4.4.3.1 国家和地方已颁布的与环境保护相关的法律、法规、标准（包括环境质量标准、污染物排放标准、环境保护行政主管部门批准的总量控制指标）及法规性文件。

4.4.3.2 生态背景或本底值。以项目所在地及区域生态背景值或本底值作为参照指标，如重要生态敏感目标分布、重要生物物种和资源的分布、植被覆盖率与生物量、土壤背景值、水土流失本底值等。

4.4.4 生态验收调查指标

4.4.4.1 建设项目涉及的指标：工程基本特征、占地（永久占地和临时占地）数量、土石方量、防护工程量、绿化工程量等。

4.4.4.2 建设项目环境影响指标：对于不同行业的生态影响类建设项目的环境影响之间的差异，指标可针对项目的具体影响对象筛选，也可按照环境影响评价文件、环境影响评价审批文件及设计文件中提出的指标开展调查工作。

a）具体的生态指标：野生动植物生境现状、种类、分布、数量、优势物种、国家或地方重点保护物种和地方特有物种的种类与分布等；土壤类型、理化性质、性状与质量、受外环境影响（淋溶、侵蚀）状况、污染水平及水土流失状况等；水资源量与水资源的分配（包括生态用水量）、水生生态因子；生态保护、恢复、补偿、重建措施等。

b）生态敏感目标：指调查范围内的生态敏感目标，包括环境影响评价文件中规定的保护目标、环境影响评价审批文件中要求的保护目标，及建设项目实际工程情况发生变更或环境影响评价文件未能全面反映出的建设项目实际影响或新增的生态敏感对象。具体参见表1。

表1 生态敏感目标一览表

生态敏感目标	主要内容
需特殊保护地区	国家法律、法规、行政规章及规划确定的或经县级以上人民政府批准的需要特殊保护的地区，如饮用水水源保护区、自然保护区、风景名胜区、生态功能保护区、基本农田保护区、水土流失重点防治区、森林公园、地质公园、世界遗产地、国家重点文物保护单位、历史文化保护地等，以及有特殊价值的生物物种资源分布区域
生态敏感与脆弱区	沙尘暴源区、石漠化区、荒漠中的绿洲、严重缺水地区、珍稀动植物栖息地或特殊生态系统、天然林、热带雨林、红树林、珊瑚礁、鱼虾产卵场、重要湿地和天然渔场等
社会关注区	具有历史、文化、科学、民族意义的保护地等

4.5 验收调查运行工况要求

4.5.1 对于公路、铁路、轨道交通等线性工程以及港口项目，验收调查应在工况稳定、生产负荷达到近期预测生产能力（或交通量）75%以上的情况下进行；如果短期内生产能力（或交通量）确实无法达到设计能力75%或以上的，验收调查应在主体工程运行稳定、环境保护设施运行正常的条件下进行，注明实际调查工况，并按环境影响评价文件近期的设计能力（或交通量）对主要环境要素进行影响分析。

4.5.2 生产能力（或交通量）达不到设计能力75%时，可以通过调整工况达到设计能力75%以上再进行验收调查。

4.5.3 国家、地方环境保护标准对建设项目运行工况另有规定的按相应标准规定执行。

4.5.4 对于水利水电项目、输变电工程、油气开发工程（含集输管线）、矿山采选可按其行业特征执行，在工程正常运行的情况下即可开展验收调查工作。

4.5.5 对分期建设、分期投入生产的建设项目应分阶段开展验收调查工作，如水利、水电项目分期蓄水、发电等。

4.6　验收调查的原则和方法

4.6.1　验收调查一般原则

4.6.1.1　调查、监测方法应符合国家有关规范要求。

4.6.1.2　充分利用已有资料，并与现场勘查、现场调研、现状监测相结合。

4.6.1.3　进行工程前期、施工期、试运行期全过程调查，根据项目特征，突出重点、兼顾一般。

4.6.2　验收调查方法

宜采用资料调研、现场调查与现状监测相结合的办法，并充分利用先进的科技手段和方法，如 3S。

4.7　验收调查重点

4.7.1　核查实际工程内容及方案设计变更情况。

4.7.2　环境敏感目标基本情况及变更情况。

4.7.3　实际工程内容及方案设计变更造成的环境影响变化情况。

4.7.4　环境影响评价制度及其他环境保护规章制度执行情况。

4.7.5　环境影响评价文件及环境影响评价审批文件中提出的主要环境影响。

4.7.6　环境质量和主要污染因子达标情况。

4.7.7　环境保护设计文件、环境影响评价文件及环境影响评价审批文件中提出的环境保护措施落实情况及其效果、污染物排放总量控制要求落实情况、环境风险防范与应急措施落实情况及有效性。

4.7.8　工程施工期和试运行期实际存在的及公众反映强烈的环境问题。

4.7.9　验证环境影响评价文件对污染因子达标情况的预测结果。

4.7.10　工程环境保护投资情况。

5　验收调查准备阶段技术要求

5.1　资料收集

5.1.1　环境影响评价文件及环境影响评价审批文件

5.1.1.1　建设项目环境影响评价文件。

5.1.1.2　环境保护行政主管部门对建设项目环境影响评价文件的审批意见。

5.1.1.3　行业主管部门或国家级总公司对建设项目环境影响评价文件的预审意见。

5.1.1.4　建设项目所在地环境保护行政主管部门对环境影响评价文件的审查意见。

5.1.2　工程资料及审批文件

5.1.2.1　建设项目初步设计及其环境保护篇章。

5.1.2.2　建设项目施工设计。

5.1.2.3　建设项目竣工统计资料。

5.1.2.4　施工总结报告（涉及环境保护部分）。

5.1.2.5　工程交工报告、工程监理总结报告（含环境监理）。

5.1.2.6　项目有关合同协议，如农田补偿协议、生态恢复工程合同、委托处理废水、废气、噪声的相关文件和合同等。

5.1.2.7　有关部门管理要求，如水土保持方案报告、有关规划等。

5.1.2.8　建设项目的工程情况，如工程建设内容、规模、生产工艺、原辅材料、工艺流程，实际建设过程中环境保护设施和措施的工艺、流程图等。

5.1.2.9　其他基础资料和各类审批文件：立项批复、初步设计批复、准许开工文件、水保方案批复文件等；项目区域的地方志，环境功能区划，风景区、自然保护区、文物古迹等环境敏感目标的保护内容、保护级别（国家级、省级、市级）及相应管理部门允许穿越的许可文件；各类相应图件；建设项目运行期环境保护设施的操作规程和相应的规章制度；建设项目设计和施工中的变更情况及其相应的报批手续和批复文件；建设项目生产和环境保护设施的工艺或规模发生变更的情况说明、请示及有关环境保护行政主管部门的审批文件等。

5.1.3　申请建设项目竣工环境保护验收的函。

5.2　现场勘查

5.2.1　勘查目的

对建设项目主体工程、生态保护措施及配套建设的环境保护设施逐项进行实地核查，并结合验收调查重点有针对性地制定验收调查方案。

5.2.2　勘查内容

5.2.2.1　在收集、研阅资料的基础上，针对建设项目的建设内容、环境保护设施及措施情况进行现场调查。

5.2.2.2　核实工程技术文件、资料的准确性，包括主体工程的完成及变更情况。

5.2.2.3　逐一核实环境影响评价文件及环境影响评价审批文件要求的环境保护设施和措施的落实情况。

5.2.2.4　调查工程影响区域内环境敏感目标情况，包括规模、与工程的位置关系、受影响情况等。

5.2.2.5　核查工程实际环境影响情况及环境保护设施和措施的完成、运行情况。

5.2.2.6　调查工程所在区域环境状况。

5.2.2.7　调查环境保护管理机构和监测机构设置、人员配置及有关环境保护规章制度和档案建立情况。

6　验收调查技术要求

6.1　环境敏感目标调查

根据表 1 所界定的环境敏感目标，调查其地理位置、规模、与工程的相对位置关系、所处环境功能区及保护内容等，附图、列表予以说明，并注明实际环境敏感目标与环境影响评价文件中的变化情况及变化原因。

6.2　工程调查

6.2.1　工程建设过程：应说明建设项目立项时间和审批部门，初步设计完成及批复时间，环境影响评价文件完成及审批时间，工程开工建设时间，环境保护设施设计单位、施工单位和工程环境监理单位，投入试运行时间等。

6.2.2　工程概况：应明确建设项目所处的地理位置、项目组成、工程规模、工程量、主要经济或技术指标（可列表）、主要生产工艺及流程、工程总投资与环境保护投资（环境保护投资应列表分类详细列出）、工程运行状况等。工程建设过程中发生变更时，应重点说明其具体变更内容及有关情况。

6.2.3　提供适当比例的工程地理位置图和工程平面图（线性工程给出线路走向示意图），明确比例尺，工程平面布置图（或线路走向示意图）中应标注主要工程设施环境保护设施和环境敏感目标。

6.3　环境保护措施落实情况调查

6.3.1　概括描述工程在设计、施工、运行阶段针对生态影响、污染影响和社会影响所采取的环境保护措施，并对环境影响评价文件及环境影响评价审批文件所提各项环境保护措施的落实情况一一予以核实、说明。

6.3.2　给出环境影响评价、设计和实际采取的生态保护和污染防治措施对照、变化情况，并对变化情况予以必要的说明；对无法全面落实的措施，应说明实际情况并提出后续实施、改进的建议。

6.3.3　生态影响的环境保护措施主要是针对生态敏感目标（水生、陆生）的保护措施，包括植被的保护与恢复措施、野生动物保护措施（如野生动物通道）、水环境保护措施、生态用水泄水建筑物及运行方案、低温水缓解工程措施、鱼类保护设施与措施、水土流失防治措施、土壤质量保护和占地恢复措施、自然保护区、风景名胜区、生态功能保护区等生态敏感目标的保护措施、生态监测措施等。

6.3.4　污染影响的环境保护措施主要是指针对水、气、声、固体废物、电磁、振动等各类污染源所采取的保护措施。

6.3.5　社会影响的环境保护措施主要包括移民安置、文物保护等方面所采取的保护措施。

6.4　生态影响调查

6.4.1　根据建设项目的特点设置调查内容，一般包括：

a）工程沿线生态状况，珍稀动植物和水生生物的种类、保护级别和分布状况、鱼类三场分布等。

b）工程占地情况调查，包括临时占地、永久占地，列表说明占地位置、用途、类型、面积、取弃土量（取弃土场）及生态恢复情况等。

c）工程影响区域内水土流失现状、成因、类型，所采取的水土保持、绿化及措施的实施效果等。

d）工程影响区域内自然保护区、风景名胜区、饮用水源保护区、生态功能保护区、基本农田保护区、水土流失重点防治区、森林公园、地质公园、世界遗产地等生态敏感目标和人文景观的分布状况，明确其与工程影响范围的相对位置关系、保护区级别、保护物种及保护范围等。提供适当比例的保护区位置图，注明工程相对位置、保护区位置和边界。

e）工程影响区域内植被类型、数量、覆盖率的变化情况。

f）工程影响区域内不良地质地段分布状况及工程采取的防护措施。

g）工程影响区域内水利设施、农业灌溉系统分布状况及工程采取的保护措施。

h）建设项目建设及运行改变周围水系情况时，应做水文情势调查，必要时须进行水生生态调查。

i）如需进行植物样方、动物通道效果、水生生态、土壤调查，应明确调查范围、位置、因子、频次，并提供调查点位图。

j）上述内容可根据实际情况进行适当增减。

6.4.2 生态影响调查方法

6.4.2.1 文件资料调查

查阅工程有关协议、合同等文件，了解工程施工期产生的生态影响，调查工程建设占用土地（耕地、林地、自然保护区等）或水利设施等产生的生态影响及采取的相应生态补偿措施。

6.4.2.2 现场勘察

a）通过现场勘察核实文件资料的准确性，了解项目建设区域的生态背景，评估生态影响的范围和程度，核查生态保护与恢复措施的落实情况。

b）现场勘察范围应全面覆盖项目建设所涉及的区域。对于建设项目涉及的范围较大、无法全部覆盖的，可根据随机性和典型性的原则，选择有代表性的区域与对象进行重点现场勘察，但需基本能覆盖建设项目所涉及区域的80%以上。

c）勘察区域与勘察对象的选择应按 4.7 进行。

d）为了定量了解项目建设前后对周围生态所产生的影响，必要时需进行植物样方调查或水生生态影响调查。若环境影响评价文件未进行此部分调查而工程的影响又较为突出、需定量时，需设置此部分调查内容；原则上与环境影响评价文件中的调查内容、位置、因子相一致；若工程变更影响位置发生变化时，除在影响范围内选点进行调查外，还应在未影响区选择对照点进行调查。

6.4.2.3 公众意见调查

a）可以定性了解建设项目在不同时期存在的环境影响，发现工程前期和施工期曾经存在的及目前可能遗留的环境问题，有助于明确和分析运行期公众关心的环境问题，为改进已有环境保护措施和提出补救措施提供依据。

b）具体的实施方法见 6.15。

6.4.2.4 遥感调查

a）适用于涉及范围区域较大、人力勘察较为困难或难以到达的建设项目。

b）遥感调查一般包含以下内容：卫星遥感资料、地形图等基础资料，通过卫星遥感技术或 GPS 定位等技术获取专题数据；数据处理与分析；成果生成。

6.4.3 调查结果分析

6.4.3.1 自然生态影响调查结果

a）根据工程建设前后影响区域内重要野生生物（包括陆生和水生）生存环境及生物量的变化情况，结合工程采取的保护措施，分析工程建设对重要动植物生存的影响；调查与环境影响评价文件中预测值的符合程度及减免、补偿措施的落实情况。

b）分析建设项目建设及运行造成的地貌影响及保护措施。

c）分析工程建设对自然保护区、风景名胜区、人文景观等生态敏感目标的影响，并提供工程与环境敏感目标的相对位置关系图，必要时提供图片辅助说明调查结果。

6.4.3.2 农业生态影响调查结果

a）与环境影响评价文件对比，列表说明工程实际占地情况和变化情况，包括基本农田和耕地，明确占地性质、占地位置、占地面积、用途、采取的恢复措施和恢复效果，必要时采用图片进行说明。

b）说明工程影响区域内对水利设施、农业灌溉系统采取的保护措施。

c）分析采取工程、植物、节约用地、保护和管理措施后，对区域内农业生态的影响。

6.4.3.3　水土流失影响调查结果

a）列表说明工程土石方量调运情况，占地位置、原土地类型、采取的生态恢复措施和恢复效果，采取的护坡、排水、防洪、绿化工程等。

b）调查工程对影响区域内河流、水利设施的影响，包括与工程的相对位置关系、工程施工方式、采取的保护措施。

c）调查采取工程、植物和管理措施后，水土资源的保护情况。

d）根据建设项目建设前水土流失原始状况，对工程施工扰动原地貌、损坏土地和植被、弃渣、损坏水土保持设施和造成水土流失的类型、分布、流失总量及危害的情况进行分析。

e）若建设项目水土保持验收工作已结束，可适当参考其验收结果。

f）必要时辅以图表进行说明。

6.4.3.4　监测结果

a）统计监测数据，与原有生态数据或相关标准对比，明确环境变化情况，并分析发生变化的原因。

b）分析工程建设前后对环境敏感目标的影响程度。

6.4.3.5　措施有效性分析及补救措施与建议

a）从自然生态影响、生态敏感目标影响、农业生态影响、水土流失影响等方面分析采取的生态保护措施的有效性。分析指标包括生物量、特殊生境条件、特有物种的增减量、景观效果、水土流失率等；评述生态保护措施对生态结构与功能的保护（保护性质与程度）、生态功能补偿的可达性、预期的可恢复程度等。

b）根据上述分析结果，对存在的问题分析原因，并从保护、恢复、补偿、建设等方面提出具有操作性的补救措施和建议。

c）对短期内难以显现的预期生态影响，应提出跟踪监测要求及回顾性评价建议，并制定监测计划。

6.5　水环境影响调查

6.5.1　根据建设项目的特点设置调查内容，一般包括：

a）与建设项目相关的国家与地方水污染控制的环境保护政策、规定和要求。

b）水环境敏感目标及分布。

c）列表说明建设项目各设施的用水情况、污水排放及处理情况。

d）调查影响范围内地表水和地下水的分布、功能、使用情况及与建设项目的关系，列表说明。

e）调查项目试运行期水环境风险事故应急机制及设施落实情况。

f）附以必要图表。

6.5.2　监测内容

一般仅进行排放口达标监测，但石油和天然气开采、矿山采选等行业的建设项目必要时需进行废水处理设施的效率监测和地下水影响监测，水利水电、港口（航道）项目则应考虑水环境质量、底泥（质）监测，必要时水利水电项目还需考虑水温、水文情势、过饱和气体等的监测。

6.5.3　调查结果分析

6.5.3.1　水环境概况

概括描述建设项目所在区域的水系、河流、水库、水源地、水环境敏感目标分布等基本情况，详细说明与建设项目相关水体的环境功能区划，水利水电项目必要时需说明工程影响区域内的水文情势。重点说明调查范围内河流、水库、水源地与建设项目相对关系，并给出下列图表：

a）建设项目所在区域的河流、水库、水源地、水系分布图；

b）调查范围内水体，包括建设项目废水受纳水体的环境功能区划；

c）建设项目与水库、水源地等敏感水域相对关系图表。

6.5.3.2　水污染源调查结果

a）包括污水产生工艺（或环节）分析和水污染源排放情况调查；

b）列表说明污染物来源、排放量、排放去向、主要污染物及采取的处理方式；

c）提供污水处理工艺流程图，必要时需绘制水平衡图。

6.5.3.3　监测结果分析

a）确定具体的监测点位、监测因子、监测频次、采样要求。

b）绘制监测点位图（包括污染源、水环境质量、底泥等监测），注明监测点位与污染源或建设项目的相对位置关系，监测点的标识采用有关规范用法；

c）统计分析监测结果，与相关标准对比，明确超标达标情况，分析未达标原因；给出污水处理设施去除效率；评估工程建设和污水排放对环境敏感目标的影响程度，分析对受纳水体的影响程度、范围及环境功能区管理目标的可达性。

6.5.3.4　措施有效性分析与建议

a）根据调查、监测结果及达标情况，分析现有环境保护措施和污水处理设施工艺的有效性、先进性、存在的问题及原因。

b）核查环境保护措施满足当地污染物总量控制要求的有效性与可靠性。

c）分析污水处理设施发生事故排放的可能性，评估事故排放应急措施的有效性、可靠性。

d）针对存在的问题提出具有可操作性的整改、补救措施。

6.6　大气环境影响调查

6.6.1　根据建设项目的特点设置调查内容，一般包括：

a）与建设项目相关的国家与地方大气污染控制的环境保护政策、规定和要求；

b）工程影响范围内大气环境敏感目标及分布，列表说明目标名称、位置、规模；

c）工程试运行后的废气排放情况，列表说明废气产生源、排放量、排放特征等；

d）适当收集工程所在区域功能区划、气象资料等；

e）附以必要的图表。

6.6.2　监测内容

一般仅考虑进行有组织排放源和无组织排放源监测，但石油和天然气开采、矿山采选、港口、航运等行业的建设项目必要时需进行废气处理设施效果监测；另外，在环境影响评价文件或环境影响评价审批文件中有特殊要求的情况下，或工程影响范围内有需特别保护的环境敏感目标，或有工程试运行期引起纠纷的环境敏感目标的情况下，需进行环境空气质量监测。

6.6.3　调查结果分析

6.6.3.1　大气环境概况

概括描述与建设项目相关区域的环境功能区划，重点说明调查范围内环境敏感目标与建设项目的相对位置关系，必要时提供图表。

6.6.3.2　大气污染源调查结果

a）包括废气污染流程或无组织排放污染物产生工艺（或环节）分析和大气污染源排放情况调查。

b）列表说明大气污染源来源、排放量、排放方式（包括有组织与无组织排放，间歇与连续排放）、排放去向、主要污染物及采取的处理方式。

c）必要时给出废气或无组织排放污染物产生工艺（或环节）示意图、废气处理工艺流程图。

6.6.3.3　监测结果分析

a）确定具体的监测点位、监测因子、监测频次、采样要求；

b）绘制监测点位图，标注监测点位置，明确与工程的相对位置关系，监测点的标识采用有关规范用法。

c）统计分析监测结果。对比相关标准，必要时应按照大气污染物排放标准要求进行等效计算（有效高度与等效排放速率），说明超标达标情况，并分析未达标原因；如进行了废气处理设施去除效率的监测，需给出去除效率；评估废气排放对环境敏感目标的影响程度，分析对周围环境空气质量影响的程度、范围与环境功能区管理目标的可达性。

6.6.3.4　措施有效性分析与建议

a）根据调查、监测结果及达标情况，分析现有环境保护措施的有效性及废气处理设施工艺的有效性和先进性、存在的问题及原因。

b）核查环境保护措施满足当地污染物总量控制要求的有效性与可靠性。

c）分析项目废气处理设施发生事故排放的可能性，评估事故排放应急措施的有效性、可靠性。

d）针对存在的问题提出具有可操作性的整改、补救措施。

6.7　声环境影响调查

6.7.1　根据建设项目的特点设置调查内容，一般包括：

a）国家和地方与建设项目相关的噪声污染防治的环境保护政策、规定和要求；

b）工程所在区域环境影响评价时和现状声环境功能区划资料；

c）工程影响范围内声环境敏感目标的分布、与工程相对位置关系（包括方位、距离、高差）、规模、建设年代、受影响范围，列表予以说明；

d）工程试运行以来的噪声情况（源强种类、声场特征、声级范围等）；

e）附以必要的图表。

6.7.2　监测内容

a）公路、铁路、城市道路和轨道交通等工程应综合考虑不同路段车流量差别、声环境敏感目标与工程的相对位置关系（高差、距离、垂直分布等）、环境影响评价文件中声环境敏感目标的预测结果，选择有代表性的典型点位进行环境质量监测（包括敏感目标监测、衰减断面监测、昼夜连续监测），并对已采取噪声防治措施的声环境敏感目标进行降噪效果监测。

b）具有明显边界（厂界）的建设项目，应按有关标准要求设置边界（厂界）噪声监测点位。

6.7.3   调查结果分析

6.7.3.1   声环境概况

概述建设项目调查范围内声环境质量总体水平、区域声环境功能区划和噪声污染源特征，列表说明声环境敏感目标与工程的相对位置关系。

6.7.3.2   声环境质量调查

a）调查声环境敏感目标的功能、规模、与工程的相对关系、受影响的范围和规模，附以必要的图表、照片；

b）调查工程降噪措施的实际效果和直接受保护人群数量；

c）调查工程运行状况，如铁路应有运行列车对数、公路应有车流量、管线工程应有输送量等；

d）对工程采取的噪声防护措施进行监测时，应说明降噪措施的完好程度与运行状况。

6.7.3.3   监测结果分析

a）明确具体的监测因子、监测频次、采样要求。

b）列表说明监测点位名称、与工程相对位置关系、监测点布设位置，并附监测点位示意图，公路、铁路、城市道路和轨道交通项目需包括监测点平、剖面示意图和图片，监测点位的标识采用有关规范用法。

c）统计分析监测结果。明确各敏感目标执行的标准和厂界（边界）执行的标准；公路、铁路、城市道路和轨道交通项目需根据断面监测或 24 小时连续监测结果，结合车流分布分析衰减规律和噪声影响规律，并附相应图表；根据定点监测结果、断面衰减规律、交通流量，分析所有声环境敏感目标和具有明显边界（厂界）的建设项目的边界达标情况；对环境影响评价文件中预测超标的声环境敏感目标应根据监测调查结果重点分析。

d）当调查工况不能达到验收条件时，应分析建设项目达到初期设计能力时对环境的影响。

6.7.3.4   措施有效性分析与建议

a）根据监测结果，明确给出声环境保护措施的降噪效果；

b）分析、评估措施是否达到设计要求，声环境敏感目标是否达到相应标准要求；

c）综合分析措施的有效性及存在的问题和原因，提出整改、补救措施与建议。

6.8   环境振动影响调查

6.8.1   根据建设项目的特点设置调查内容，一般包括：

a）调查国家和地方与建设项目相关的振动污染防治的环境保护政策、规定和要求；

b）振动敏感目标分布、与工程相对位置关系、规模、建设年代、受影响范围，列表予以说明；

c）调查工程试运行后的振动情况（源强种类、特征及影响范围等）；

d）附以必要的图表。

6.8.2　监测内容

a）铁路和轨道交通项目需在学校、医院、居民区、各类特殊保护区选择有代表性的点位进行环境振动监测。

b）具有边界振动标准的建设项目，应按有关标准要求设置监测点位。

6.8.3　调查结果分析

6.8.3.1　环境振动概况

概述建设项目所在区域环境振动质量总体水平和振动污染源特征，列表说明振动敏感目标，明确敏感目标所处区域的振动标准限值要求。

6.8.3.2　环境振动质量调查

a）调查振动敏感目标的功能、规模、与工程的相对关系、受影响范围和规模，附以必要的图表和照片；

b）调查工程减振措施的实际效果和直接受保护人群数量；

c）记录工程运行状况；

d）对工程采取的振动防护措施进行监测时，应说明减振措施的完好程度与运行状况。

6.8.3.3　监测结果分析

a）明确监测因子、监测频次、采样要求。

b）列表说明监测点位名称、与工程相对位置关系、监测点位布设位置，并附监测点位图，铁路、轨道交通等工程需包括监测点的平、剖面示意图和图片。

c）统计监测结果。根据定点监测结果、项目的运行工况，分析所有振动敏感目标和具有边界振动标准的建设项目边界达标情况。

d）对环境影响评价文件中预测超标的振动敏感目标应根据监测调查结果对其超达标情况重点分析和论述。

6.8.3.4　措施有效性分析与建议

a）根据监测分析结果，明确给出环境振动保护措施的减振效果；

b）分析、评估环境振动保护措施是否达到设计要求，敏感目标是否满足标准要求；

c）综合分析防振、减振措施的有效性及存在的问题和原因，提出整改、补救措施与建议。

6.9　电磁环境影响调查

6.9.1　输变电项目、电气化铁道和轨道交通项目涉及此项工作内容，涉及的监测因子有工频电场强度、工频磁感应强度、无线电干扰场强、敏感目标电视收视信号场强等。

6.9.2　以图表的方式说明电磁污染源或电磁敏感目标名称、位置。

6.9.3　调查结果分析

6.9.3.1　电磁环境概况

概述建设项目所在区域电磁环境质量总体水平和电磁污染源特征，列表说明电磁敏感目标。

6.9.3.2　电磁环境影响调查

a）调查敏感目标的功能、规模、与工程的相对位置关系及受影响的人数，并以图表、照片形式表示；

b）调查工程电磁防护措施的实际效果和直接受保护人群的数量；

c）监测时应记录工程运行状况，如铁路应有列车牵引种类；

d）对工程采取的电磁防护措施进行监测时，应说明工程电磁防护措施运转状况。

6.9.3.3　监测结果分析

a）明确监测点位置、监测因子、监测频次、采样要求，附监测点位图；

b）统计监测结果，结合敏感目标实际情况，分析达标情况；

c）对环境影响评价文件中预测超标的敏感目标应根据调查和监测结果对其超达标情况进行重点分析和论述。

6.9.3.4　措施有效性分析与建议

a）统计分析监测结果，明确给出电磁防护措施的效果；

b）分析、评估电磁防护措施是否达到设计要求，敏感目标是否达到标准要求；

c）综合分析电磁防护措施的有效性及存在的问题和原因，提出整改、补救措施与建议。

6.10　固体废物影响调查

6.10.1　调查内容

6.10.1.1　工程污染类固体废物处置相关的政策、规定和要求。

6.10.1.2　核查工程建设期和试运行期产生的固体废物的种类、属性、主要来源及排放量，并将危险固体废物、清库、清淤废物列为调查重点。

6.10.1.3　调查固体废物的处置方式，危险固体废物填埋区的防渗措施应作重点调查。

6.10.2　监测内容

石油和天然气开采行业如果采用填埋方式处置危险固体废物和Ⅱ类一般固体废物，必要时须进行地下水监测。

6.10.3　调查结果分析

6.10.3.1　污染源调查

核查工程产生的固体废物的种类、属性、主要来源、排放量、处理（处置）方式，对危险固体废物和Ⅱ类一般固体废物的来源、排放量应重点说明。

6.10.3.2　监测结果分析

a）明确监测点位置、监测因子、监测频次、采样要求；

b）绘制实际的监测点位图，并注明监测点位与污染源的相对位置关系，监测点的标识采用有关规范用法。

6.10.3.3　措施有效性分析与建议

a）分析工程固体废物处置与相关的政策、规定和要求的一致性；

b）根据监测结果，分析现有环境保护措施的有效性及存在的问题及原因；

c）针对存在的问题提出具有操作性的整改、补救措施和建议。

6.11　社会环境影响调查

6.11.1　移民（拆迁）影响调查

6.11.1.1　根据建设项目特点设置调查内容，主要包括：

a）移民（拆迁）区的分布及环境概况；

b）移民（拆迁）安置、迁建企业的实际规模、安置方式；

c）专项设施的影响及复建情况；

d）移民（拆迁）安置区的环境保护措施和设施的落实及其效果。

6.11.1.2　调查结果分析

a）调查与分析移民（拆迁）安置区的环境保护措施落实情况；

b）分析移民（拆迁）安置存在或潜在的环境问题，提出整改措施与建议。

6.11.2　文物保护措施调查

6.11.2.1　调查建设项目施工区、永久占地及调查范围内的具有保护价值的文物，明确保护级别、保护对象、与工程的位置关系等。

6.11.2.2　调查环境影响评价文件及环境影响评价审批文件中要求的环境保护措施的落实情况。

6.12　清洁生产调查

6.12.1　管道输送、石油和天然气开采、矿山采选等行业的建设项目需进行清洁生产调查。

6.12.2　调查生产工艺与装备要求、资源与能源利用指标、污染物产生指标、废物回收利用指标、环境管理要求等清洁生产指标的实际情况。

6.12.3　核查实际清洁生产指标与环境影响评价和设计指标之间的符合度，分析工程的清洁生产水平。

6.13　风险事故防范及应急措施调查

6.13.1　根据建设项目可能存在的风险事故的特点及环境影响评价文件有关内容和要求确定调查内容，一般包括：

a）工程施工期和试运行期存在的环境风险因素调查。

b）施工期和试运行期环境风险事故发生情况、原因及造成的环境影响调查。

c）工程环境风险防范措施与应急预案的制定和设置情况，国家、地方及有关行业关于风险事故防范与应急方面相关规定的落实情况，必要的应急设施配备情况和应急队伍培训情况。

d）调查工程环境风险事故防范与应急管理机构的设置情况。

6.13.2　根据以上调查结果，评述工程现有防范措施与应急预案的有效性，针对存在的问题提出具有可操作性的改进措施与建议。

6.14　环境管理状况及监控计划落实情况调查

6.14.1　调查内容

6.14.1.1　按施工期和运行期两个阶段分别进行调查。

6.14.1.2　建设单位环境保护管理机构及规章制度制定、执行情况、环境保护人员专兼职设置情况。

6.14.1.3　建设单位环境保护相关档案资料的齐备情况。

6.14.1.4　环境影响评价文件和初步设计文件中要求建设的环境保护设施的运行、监测计划落实情况。

6.14.1.5　工程施工期环境监理计划落实与实施情况。

6.14.2　调查结果分析

6.14.2.1　分析建设单位"三同时"制度的执行情况。

6.14.2.2　针对调查发现的问题，提出切实可行的环境管理建议和环境监测计划改进建议。

6.15 公众意见调查

6.15.1 为了了解公众对工程施工期及试运行期环境保护工作的意见，以及工程建设对工程影响范围内的居民工作和生活的影响情况，需开展公众意见调查。

6.15.2 在公众知情的情况下开展，可采用问询、问卷调查、座谈会、媒体公示等方法，较为敏感或知名度较高的项目也可采取听证会的方式。

6.15.3 调查对象应选择工程影响范围内的人群，从性别、年龄、职业、居住地、受教育程度等方面考虑覆盖社会各阶层的意见，民族地区必须有少数民族的代表。

6.15.4 调查样本数量应根据实际受影响人群数量和人群分布特征，在满足代表性的前提下确定。

6.15.5 调查内容可根据建设项目的工程特点和周围环境特征设置，一般包括：

a）工程施工期是否发生过环境污染事件或扰民事件；

b）公众对建设项目施工期、试运行期存在的主要环境问题和可能存在的环境影响方式的看法与认识，可按生态、水、气、声、固体废物、振动、电磁等环境要素设计问题；

c）公众对建设项目施工期、试运行期采取的环境保护措施效果的满意度及其他意见；

d）对涉及环境敏感目标或公众环境利益的建设项目，应针对环境敏感目标或公众环境利益设计调查问题，了解其是否受到影响；

e）公众最关注的环境问题及希望采取的环境保护措施；

f）公众对建设项目环境保护工作的总体评价。

6.15.6 调查结果分析应符合下列规定：

a）给出公众意见调查逐项分类统计结果及各类意向或意见数量和比例。

b）定量说明公众对建设项目环境保护工作的认同度，调查、分析公众反对建设项目的主要意见和原因。

c）重点分析建设项目各时期对社会和环境的影响、公众对项目建设的主要意见和合理性及有关环境保护措施有效性。

d）结合调查结果，提出热点、难点环境问题的解决方案。

6.16 调查结论与建议

6.16.1 调查结论是全部调查工作的结论，编写时需概括和总结全部工作。

6.16.2 总结建设项目对环境影响评价文件及环境影响评价审批文件要求的落实情况。

6.16.3 重点概括说明工程建设成后产生的主要环境问题及现有环境保护措施的有效性，在此基础上，对环境保护措施提出改进措施和建议。

6.16.4 根据调查和分析的结果，客观、明确地从技术角度论证工程是否符合建设项目竣工环境保护验收条件，主要包括：

a）建议通过竣工环境保护验收。

b）限期整改后，建议通过竣工环境保护验收。

6.17 附件

与建设项目相关的一些资料与文件，包括竣工环境保护验收调查委托书、环境影响评价审批文件、环境影响评价文件执行的标准批复、竣工环境保护验收监测报告、"三同时"验收登记表等。

附录 A（规范性附录）

实施方案和调查报告的编制要求

A1 格式要求

A1.1　一般规定

A1.1.1　验收调查实施方案和验收调查报告由下列三部分构成：

A1.1.1.1　前置部分：封面、封二、目录

A1.1.1.2　主体部分：正文

A1.1.1.3　附件：委托书、初步设计审批文件、环境影响评价审批文件等相关文件

A1.1.2　调查报告内容应按实施方案设置的内容进行编制，二者采用的调查标准必须相同。

A.1.2　前置部分

A1.2.1　封面

A1.2.1.1　封面格式见附录 A2。

A1.2.1.2　封面的建设项目名称应与立项文件使用的建设项目名称相同。

A1.2.1.3　封面的调查单位名称应加盖单位公章。

A1.2.2 封二

应给出建设项目名称、委托单位、调查单位、项目负责人、技术审查人、编制人员、协作单位、协作单位参加人员等信息。

A1.2.3　目录

A1.2.3.1　目录通常只需列出两个层次的正文标题和附件。

A1.2.3.2　目录的内容包括：层次序号、标题名称、圆点省略号、页码。

A1.3　主题部分

A1.3.1　实施方案主体部分的编制内容见附录 A3.1。

A1.3.2　调查报告主体部分的编制内容见附录 A3.2。

A1.4　附件部分

A1.4.1　提供有助于帮助理解主体部分的补充信息。

A1.4.2　验收调查实施方案附件按 A3.1.5.9 确定。

A1.4.3　验收调查报告附件按 A3.2.5.12 确定。

A2 封面格式

A2.1　实施方案封面格式

建设项目竣工环境保护验收调查实施方案

项目名称：

委托单位：

编制单位：××××（调查单位名称）

编制日期　××××年×月

A2.2　调查报告封面格式

建设项目竣工环境保护验收调查报告

项目名称：

委托单位：

编制单位：××××（调查单位名称）
编制日期　××××年×月

A3　编写内容

A3.1　实施方案编写内容

A3.1.1　实施方案的编制应以环境影响评价文件及环境影响评价审批文件为基础，根据准备阶段的收集、分析资料和初步调查的工作成果，确定调查工作内容、调查重点和调查深度，明确验收调查工作的具体方法和手段。

A3.1.2　实施方案编制时，如果建设项目运行工况未达到设计能力的 75%，应按实际工况制定调查方案，列出实际工况下的调查内容，并应设置达到设计能力时的环境影响预测内容。

A3.1.3　若有未运行的环境保护设施，应明确是否有条件进行试运行，当有条件时应给出试运行方案，并确定具体的调查内容。

A3.1.4　调查的环境要素应根据工程类型和环境特征选择，对环境不产生直接影响或影响较小的要素可适当简化。

A3.1.5　实施方案一般应包括以下内容：

A3.1.5.1　前言

简要阐述项目概要和项目各建设阶段至试运行期的全过程、建设项目环境影响评价制度执行过程及项目验收条件或工况。

A3.1.5.2　综述

a）明确编制依据、调查目的及原则、调查方法、调查范围、验收标准、环境敏感目标和调查重点等内容。

b）编制依据应包括建设项目须执行的国家、地方性法规及相关规划；建设项目设计及批复文件、工程建设中环境保护设施变更报批及批复文件；环境影响评价文件与环境影响评价审批文件；委托调查文件及其他有关文件等。

c）调查范围参照 4.3.2 确定。

d）验收标准及指标参照 4.4 确定。

e）调查重点参照 4.7 的要求明确具体内容。

A3.1.5.3　工程调查

说明工程的建设过程和工程实际建设内容，重点明确工程与环境影响评价阶段的变化情况。

A3.1.5.4　环境影响报告书回顾

a）明确说明主要环境影响要素、环境敏感目标、环境影响预测结果、采取的环境保护措施和建议、评价结论。

b）说明环境影响评价文件完成及审批时间，简述环境影响评价审批文件中所提出的要求。

A3.1.5.5　竣工验收调查内容

a. 根据建设项目的特点和影响范围，按环境影响要素分别确定详细的调查内容，明确采用的调查方法、开展的监测内容（包括监测点位、因子、频次、采样要求等），提供必要的图表、照片。

b. 初步核查工程在设计、施工、试运行阶段针对生态影响、污染影响和社会影响所采取的环境保护措施，并对环境影响评价文件和环境影响评价审批文件所要求的各项环境保护措施的落实情况予以说明。

A3.1.5.6 组织分工与实施进度

A3.1.5.7 提交成果

A3.1.5.8 经费概算

A3.1.5.9 附件

包括竣工环境保护验收调查委托书、环境影响报告书审批文件、环境影响报告书执行标准的批复及其他相关文件等。

A3.2 调查报告编写内容

A3.2.1 调查报告的编制内容应根据实施方案确定的工作内容、范围和方法进行编制。

A3.2.2 应以环境影响评价文件、环境影响评价审批文件及设计文件、相关工程资料为依据，以现场调查数据、资料为基础，客观、公正地评价环境保护措施的效果，全面、准确地反映工程建设情况及对环境影响的范围和程度，明确提出环境保护的整改、补救措施，并给出工程竣工环境保护验收调查结论。

A3.2.3 应以工程环境保护措施落实及其效果和实际产生的环境影响（含直接与间接）为重点。

A3.2.4 环境影响评价文件的各项预测结果在验收调查报告中应有验证性结论，对于生产能力（或交通量）<75%的项目，应根据环境影响评价文件近期的设计能力（或交通量）对主要环境要素进行影响分析，并提出合理的环境保护措施与建议。

A3.2.5 应按建设项目工程和周围环境特点，选择下列部分或全部内容进行编制。

A3.2.5.1 前言

在实施方案"前言"的基础上，增加验收调查工作过程的说明。

A3.2.5.2 综述

在实施方案"综述"的基础上，结合调查的实际情况，进一步明确、充实和补充编制依据、调查方法、调查范围和验收标准、环境敏感目标及调查重点等内容，对于发生变化的应予以必要的说明。

A3.2.5.3 工程调查

核查实施方案中工程调查的内容是否全面反映了工程实际建设和运行情况。给出环境影响评价、设计和实际工程对照、变化情况，并对工程变化情况予以必要的说明。

A3.2.5.4 环境影响报告书回顾

A3.2.5.5 环境保护措施落实情况调查

描述工程在设计、施工、试运行阶段针对生态影响、污染影响和社会影响所采取的环境保护措施，并列表对环境影响评价文件及环境影响评价审批文件所提各项环境保护措施的落实情况一一予以核实、说明。

A3.2.5.6 环境影响调查

a）生态影响调查

应从生态敏感目标、自然生态影响、农业生态影响、水土流失影响等方面给出调查结果，并针对存在的问题提出补救措施与建议。

b）污染影响调查

根据工程建设特点、周围环境特征、污染源分布情况，结合监测结果，分析环境敏感目标、环境质量和污染源的超达标情况及已采取措施的有效性，并针对存在的问题提出补救措施与建议。

c）社会环境影响调查

给出环境影响评价文件及环境影响评价审批文件中要求的环境保护措施的落实情况。

A3.2.5.7　清洁生产调查

A3.2.5.8　风险事故防范及应急措施调查

A3.2.5.9　环境管理状况及监测计划落实情况调查

A3.2.5.10　公众意见调查

A3.2.5.11　调查结论与建议

A3.2.5.12　附件

包括竣工环境保护验收调查委托书、环境影响报告书审批文件、竣工环境保护验收监测报告、"三同时"验收登记表、环境影响报告书执行标准的批复及其他相关文件等。

验收调查表（格式）

建设项目竣工环境保护验收调查表

项目名称：

委托单位：

编制单位：××××（调查单位名称）

编制日期：××××年×月

编制单位：××

法　　人：

技术负责人：

项目负责人：

编制人员：

监测单位：

参加人员：

编制单位联系方式

电话：

传真：

地址：

邮编：

表 B.1　项目总体情况

建设项目名称			
建设单位			
法人代表		联系人	
通讯地址	省（自治区、直辖市）市（县）		
联系电话	传真		邮编
建设地点			
项目性质	新建□　改扩建□　技改□	行业类别	
环境影响报告表名称			
环境影响评价单位			
初步设计单位			
环境影响评价审批部门	文号		时间
初步设计审批部门	文号		时间
环境保护设施设计单位			
环境保护设施施工单位			
环境保护设施监测单位			
投资总概算（万元）	其中：环境保护投资（万元）		实际环境保护投资占总投资比例
实际总投资（万元）	其中：环境保护投资（万元）		
设计生产能力（交通量）	建设项目开工日期		
实际生产能力（交通量）	投入试运行日期		
调查经费			
项目建设过程简述（项目立项至试运行）			

表 B.2 调查范围、因子、目标、重点

调查范围	
调查因子	
环境敏感目标	
调查重点	

表 B.3 验收执行标准

环境质量标准	
污染物排放标准	
总量控制指标	

表 B.4　工程概况

项目名称	
项目地理位置 （附地理位置图）	
主要工程内容及规模：	
实际工程量及工程建设变化情况，说明工程变化原因：	

生产工艺流程（附流程图）：

工程占地及平面布置（附图）：

工程环境保护投资明细：

与项目有关的生态破坏、污染物排放、主要环境问题及环境保护措施：

表 B.5 环境影响评价回顾

主要环境影响预测结果及评价结论（生态、气、水、声、振动、电磁、固体废物等）：

各级环境保护行政主管部门的审批意见（国家、省、行业）：

表 B.6　环境保护措施执行情况

阶段＼项目		环境影响报告表及审批文件中要求的环境保护措施	环境保护措施的落实情况	措施的执行效果及未采取措施的原因
设计阶段	生态影响			
	污染影响			
	社会影响			
施工期	生态影响			
	污染影响			
	社会影响			
运行期	生态影响			
	污染影响			
	社会影响			

表 B.7　环境影响调查

	生态影响	
施工期	污染影响	
	社会影响	
运行期	生态影响	
	污染影响	
	社会影响	

表 B.8　环境质量及污染源监测（附监测图）

项目	监测时间 监测频次	监测点位	监测项目	监测结果分析
生态				
水				
气				
声				
电磁、振动				
其他				

表 B.9 环境管理状况及监测计划

环境管理机构设置（分施工期和运行期）：

环境监测能力建设情况：

环境影响报告表中提出的监测计划落实情况：

环境管理状况分析与建议：

表 B.10 调查结论与建议

调查结论及建议：

注　释

一、调查表应附以下附件、附图：

附件 1　环境影响报告表审批意见

附件 2　初步设计审批文件

附件 3　其他与环境影响评价有关的行政管理文件，如环境影响评价执行标准的批复、通过环境敏感目标的批准文件等

附图 1　项目地理位置图（应反映行政区划、工程位置、主要污染源位置、主要环境敏感目标等）

附图 2　项目平面布置图

附图 3　反映工程情况或环境保护措施和设施的必要的图表、照片等

二、如果本调查表不能说明建设项目对环境造成的影响及措施实施情况，应根据建设项目的特点和当地环境特征，结合环境影响评价阶段情况进行专项评价，专项评价可按照本标准中相应影响因素调查的要求进行。

中华人民共和国环境保护行业标准

建设项目竣工环境保护验收技术规范

城市轨道交通

Technical guidelines for environmental protection in urban rail
transit for check and accept of completed construction project

HJ/T 403—2007

前　言

为贯彻《中华人民共和国环境保护法》和《建设项目环境保护管理条例》，保护环境，规范城市轨道交通建设项目竣工环境保护验收工作，制定本标准。

本标准规定了城市轨道交通建设项目竣工环境保护验收的有关要求和规范。

本标准的附录 A 为规范性附录。

本标准的附录 B 和附录 C 为资料性附录。

本标准为首次发布。

本标准为指导性标准。

本标准由国家环保总局科技标准司提出。

本标准主要起草单位：中国环境监测总站、上海市环境监测中心。

本标准国家环境保护总局 2007 年 12 月 21 日批准。

本标准自 2008 年 4 月 1 日起实施。

本标准由国家环境保护总局解释。

1 适用范围

本标准规定了城市轨道交通建设项目竣工环境保护验收的一般技术性规范要求。

本标准适用于城市轨道交通的新建、改建、扩建和技术改造项目竣工环境保护的验收。其他与城市轨道交通项目有关的环境影响评价、环境保护工程设计、建设项目竣工后的日常监督管理性监测亦可参照执行。

2 规范性引用文件

文件中的条款通过本标准的引用而成为本标准的条款。凡是不注日期的引用文件，其有效版本适用于本标准。

GB/T 3785　声级计电、声性能及测试方法

GB/T 8702　电磁辐射防护规定

GB/T 9079　工业炉窑烟尘测定方法

GB/T 10071　城市区域环境振动测量方法

GB/T 12349　工业企业厂界噪声测量方法

GB/T 12525　铁路边界噪声限值及其测量方法

GB/T 12997　水质采样方案设计技术规定

GB/T 13618　对空情报雷达站电磁环境防护要求

GB/T 14227　城市轨道交通车站站台声学要求和测量方法

GB/T 14892　城市轨道交通列车噪声限值和测量方法

GB/T 18597　危险废物贮存污染控制标准

GB/T 18598　危险废物填埋污染控制标准

GB/T 18599　一般工业固体废物贮存、处置场污染控制标准

GB/T 3222　声学　环境噪声测量方法

GB/T 5468　锅炉烟尘测试方法

GB/T 14623　城市区域环境噪声测量方法

GB/T 15190　城市区域环境噪声适用区划分技术规范

GB/T 16157　固定污染源排气中颗粒物测定与气态污染物采样方法

HJ/T 10.2　辐射环境保护管理导则　电磁辐射监测仪器和方法

HJ/T 24　500 kV 超高压送变电工程电场磁场环境影响评价技术规范

HJ/T 48　烟尘采样器技术条件

HJ/T 55　大气污染物无组织排放监测技术导则

HJ/T 90　声屏障声学设计和测量规范

HJ/T 91　地表水和污水监测技术规范

HJ/T 103　辐射环境保护管理导则　电磁辐射环境影响评价方法与标准

《关于建设项目环境保护设施竣工验收监测管理有关问题的通知》（环发[2000]38 号）

3 术语和定义

下列术语和定义适用于本标准。

3.1　城市

国家按行政建制设立的直辖市、市和镇。

3.2　城市轨道交通

指采用以轮轨导向系统为主的城市公共客运交通系统。按运量及运营方式的不同，城市轨道交通包括地铁、轻轨、有轨电车、跨座式单轨列车等形式。

3.3　背景噪声

指无城市轨道交通列车通过或者风亭、冷却塔未开启或未工作时测点的环境噪声。

3.4 噪声敏感建筑物

指医院、学校、机关、科研单位、住宅以及其他经管理部门审批需要保持安静的建筑物。

3.5 无组织排放

指大气污染物不经过排气筒的无规则排放。

3.6 恶臭无组织排放源

指没有排气筒或排气筒高度低于 15 m 的恶臭排放源。

3.7 工况

工况是指系统（或）设施运行、生产的状态。包括正常工况和非正常工况。

正常工况是指系统（或）设施按照设计参数（生产达到设计生产能力 75%或负荷率达 75%以上）进行稳定运行、生产时的状态。

非正常工况是指系统（或）设施运行调试、开工、停工、检修或工艺参数不稳定时的状态。

3.8 环境保护敏感区

指具有下列特征的区域：

需特殊保护地区：国家法律、法规、行政规章及规划确定或经县级以上人民政府批准的需要特殊保护的地区，如饮用水水源保护区、自然保护区、风景名胜区、生态功能保护区、基本农田保护区、水土流失重点防治区、森林公园、地质公园、世界遗产地、国家重点文物保护单位、历史文化保护地等。

社会关注区：人口密集区、文教区、党政机关集中的办公地点、疗养地、医院等，以及具有历史、文化、科学、民族意义的保护地等。

4 验收工作技术程序

环境保护验收技术工作应包括验收准备、编制验收技术方案、实施验收技术方案、编制验收技术报告四个阶段。验收工作流程见图 1。

a）准备阶段

资料收集、现场勘察。

b）编制验收技术方案阶段

在查阅相关资料、现场勘察的基础上确定验收监测工作目的、范围、内容。

c）实施验收技术方案阶段

依据验收技术监测方案确定的工作内容进行监测、检查及调查。

d）编制验收技术报告阶段

汇总监测数据和检查结果，得出结论，以报告书（表）形式反映建设项目竣工环境保护验收监测的结果，作为建设项目竣工环境保护验收的技术依据。

验收工作流程见图 1。

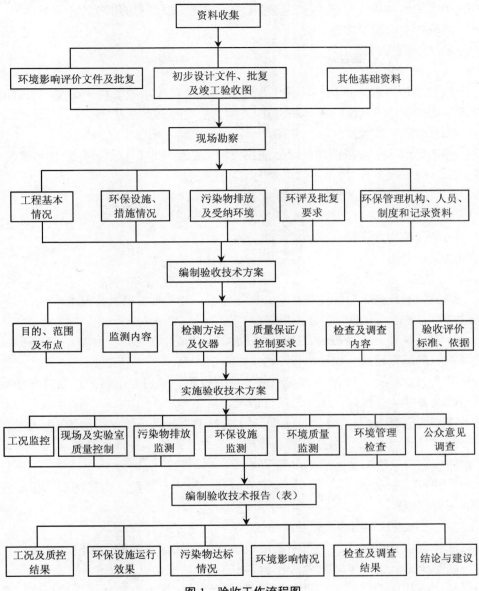

图 1 验收工作流程图

5 验收准备

5.1 资料收集和分析

5.1.1 资料收集

5.1.1.1 报告资料类

——环境影响评价单位编制的建设项目环境影响评价文件。

——设计单位编制的建设项目可行性研究报告、初步设计（环境保护篇）。

——建设单位编制的建设项目环境保护自行检查执行报告等相关报告。

5.1.1.2 批复文件类

——项目立项批复。

——国家和地方环境保护主管部门对环境影响评价报告书的审批和批复。

——项目变更情况的批复。

——试生产/运营申请批复。

5.1.1.3 图件资料类

——项目地理位置图，项目环保工程竣工图，项目线路竣工总平面图，项目沿线走向图（含沿线周边环境情况、各车站位置），项目沿线敏感点位置分布图。

——项目沿线风亭及冷却塔位置图，项目主变电站，牵引变电站位置图。

——停车场或车辆段平面图（应标注主要污染源及排放口位置，厂内排水管网布设、厂界及周边环境情况等），污水，废气处理工艺流程图。

——项目水平衡图，各车站室外给排水总平面图。

——项目所在地风向玫瑰图，水环境功能区划图。

——污染源的相关资料及现场照片的拍摄，收集。

5.1.2 资料分析

5.1.2.1 建设内容及规模

主、辅工程及环保工程的建设规模、变更情况、相关批复等具体要求。

5.1.2.2 城市轨道交通污染分析

——噪声、振动、电场磁场、废气、废水、固体废物等的产生环节、主要污染因子、相应的环境保护治理设施、处理流程，污染物排放去向。

——各车站、风亭、冷却塔、变电站（主变电站、牵引变电站）以及停车场或车辆段布设情况及各项环境保护设施安装运行情况。

——主要废气有组织、无组织排放源产生与排放，废气环境保护治理工程；

——生产废水、生活污水及全线总排放口废水污染物，各处理设施（污）水排放口与总排放口位置以及所配套的废水治理工程。

——噪声源、振动源、电磁源具体位置分布，噪声、振动、电磁污染防治工程及固体废物利用处置情况。

5.1.2.3 建设项目周围环境保护敏感区

根据环境影响评价报告，调查项目沿线现存的居民区、学校、医院、疗养院、党政机关办公区等敏感点受噪声、振动、电场磁场的影响情况，以及敏感点的建设时间。

项目落实环境影响评价文件批复的情况以及厂址区域外主要环境保护目标，确定必要的影响环境质量的监测、勘查内容。

5.1.2.4 气象资料

工程所在地常年平均气温和平均湿度，风向、风速、降水量、蒸发量、日照和主要灾害性天气特征。

5.1.2.5 建设项目环境保护管理

建设项目环境保护机构的设置及环境保护管理规章制度的建立，包括环境监测机构的建设及日常性监督监测计划；

固体废物综合利用处理要求等，并将环境保护投资计划（包括环境保护设施、措施、监测设备等）、项目沿线及所属区域绿化面积及绿化率等有关环境影响评价措施落实情况，列表备查。

5.2　现场勘察与调研

5.2.1　项目运行现场勘察

5.2.1.1　核查内容

a）按照环境影响评价报告，初步设计（环境保护专题）及批复文件核查项目建设内容，建设规模，确定验收监测范围。

b）按照环境影响评价报告及初步设计（环境保护专题）核查项目实际环境影响因素，污染物产生、排放情况，对周围敏感目标的影响情况。

c）噪声、振动、电磁污染防治及固体废物处置等环保措施落实情况，以及废气、废水等环境保护设施的建设运行情况。

d）核查敏感点分布、人口分布情况，试车线位置和长度。

5.2.1.2　勘察内容

5.2.1.2.1　工程设施调查：包括风亭、冷却塔的工作状况，列车运营时段、运行速度、轴重，停车场、车辆段内试车线的工作时间、频次。

5.2.1.2.2　按轨道交通线路、车辆段、车站、停车场、主变电站、牵引变电站以及列车运行和车站营运所需各附属设施逐项勘察主要污染源，主要包括：

a）噪声：车站、停车场、车辆段、变电站、沿线风亭、冷却塔声源的具体位置，所属功能区类别及与边界外噪声敏感点的距离，轨道交通线路沿线两侧噪声敏感点的规划建设时间、性质（建筑物的功能、层数、结构等）、所属功能区类别，与项目工程外侧线路中心的水平距离、与顶面或轨道梁顶面的高差等。

b）振动：轨道交通线路通过处的地质情况，地下轨道线上方及地面、高架线两侧振动敏感点的规划建设时间、性质（建筑物的功能、层数、结构等），所属功能区类别，与项目工程外侧线路中心的水平距离，与顶面或轨道梁顶面的高差等。

c）电磁：变电站中电场磁场源的具体位置，及其与边界外电场磁场敏感点的距离；轨道交通线路沿线电场磁场对周围敏感点的影响情况。

d）废气：停车场、车辆段内锅炉数量、排气筒高度、净化设施进出管道内径，排气管道平直段长度及截面几何尺寸，主要污染因子及排放量，治理设施（含净化效率），监测孔是否符合监测规范要求，生产设施或装置是否存在无组织排放及相应的气象条件，轨道交通线路沿线各风亭的位置、数量、技术参数（如风量、消声设施等）、无组织排放情况，距交通干线及周围敏感点的距离等。

e）废水：停车场、车辆段的生产废水和生活废水，各车站生活污水的来源，主要污染因子，污染物排放量，处理情况（含处理设施的进出口水水质指标或处理效率）及各类废水汇集、排放去向或循环利用情况；外排口的位置及受纳水体情况。

f）固废：固体废物来源、种类、数量、临时堆场及永久性贮存处理场类型、位置、运行管理，贮存处理场可能造成的大气、土壤、地下水等二次污染的情况。

5.2.2　污染源及环保设施现场勘察

5.2.2.1　轨道交通运营设施及停车场现场勘察

a）运营线路

——运营线路的类型（地下、地面、高架、潜埋式），轨道结构和长度，轨道交通线路通过处的地理环境，地质情况，周边敏感建筑的分布。

——沿线所用声屏障型式、结构、性能、高度和安装位置。

——风亭、热泵机组、冷却塔、水泵的规格型号，及其在地面上分布和运行方式。

——高架桥梁结构型式、桩基深度，高架桥和轨道所用减振系统。

——地下隧道埋深、地质状况，减振措施及对振动敏感建筑的影响情况。

——轨道交通所用列车的型号、轴重、高度、长度，车流密度，站区间内车速，营运时段等。

b）车站及地面上附属设施

——车站类型（地面、地下、高架），车站生活污水及消防和冲洗废水处理方式、去向、排放方式及排放量。

——风亭、热泵机组、冷却塔、水泵在地面上分布及运行方式。

——车站、风亭、热泵机组、冷却塔、水泵及地面上附属装置等噪声源的消声、隔声设施，各项设施与项目边界外噪声，振动敏感点的距离。

——车站生活垃圾清扫收集的方式，固体废物集中处理场所及处理单位的相应资质。

5.2.2.2　停车场、车辆段及变电站现场勘察

a）停车场、车辆段

——停车场、车辆段（包括喷漆库、洗车机库等）生产废水、生活废水的处理方式、去向、排放方式及排放量。

——停车场、车辆段内锅炉房的锅炉型号、蒸发量、锅炉数量及运行负荷，所用燃料的种类（设计燃料及校核燃料参数）、质量、产地、用量。

——停车场、车辆段（包括喷漆库、洗车机库、食堂油烟机等）废气排放形式，排气筒高度及排放量。

——锅炉房、喷漆库、洗车机库等的隔声、消声手段及与停车场边界外噪声敏感点的距离。

——停车场维修废物及生活垃圾，污水处理站废弃物的去除方式、处理处置方式、排放方式、排放数量、收集、运输、贮存及去向，固体废物处理单位的相应资质。

b）变电站

——变电站内高压电器设备数量、型号、功率，变电站外墙结构及其对电场磁场的屏蔽作用，变电站与项目边界外电场磁场敏感点的距离。

——变电站的隔声、消声措施及与项目边界外噪声敏感点的距离。

5.2.2.3　环境保护设施勘察

a）轨道交通线路声屏障及各类消声、隔声设施，轨道及高架桥梁的减振系统。

b）废水处理站各项设施，如：预处理设施、沉淀池、处理装置等。

c）废气处理设施，如：排气筒、烟道、除尘器、烟气净化装置等。

d）主要污染源及环境保护设施现场勘查内容参照表1执行。

建设项目污染物来源及现场查勘内容见表1。

5.2.3　其他调研

5.2.3.1　执行国家建设项目环境管理制度情况、环境保护管理规章制度的建立及其执行情况。

5.2.3.2　环境保护机构人员、监测计划及监测设备配置、环境保护档案管理情况。

表1　建设项目污染物来源及现场勘查内容

项目	位置	污染物来源	现场勘查内容
噪声	停车场、车辆段	列车维修噪声；锅炉房、空调、废水处理站等设备运转噪声；试车噪声	生产设备主要噪声源情况及位置
		制冷系统：水泵；冷却塔（风机、喷淋）噪声	降噪设施调查（风亭类型、朝向，风量、各类隔声、消声装置）： a）厂界及厂界周围敏感点布局情况； b）试车频次、试车时段； c）列车沿线敏感点性质、受影响情况； d）列车的行驶噪声，距外轨7.5 m的噪声； e）站台噪声和混响时间
	轨道交通线路	通风系统：沿线活塞风亭噪声、车站新风风亭、排风风亭的风机噪声	
		列车运行时轮轨撞击、摩擦噪声；车辆设备、动力系统噪声；风亭噪声	
	车站	制动噪声	
	变电所	变压器噪声	
振动	轨道交通线路	轮轨撞击振动	a）减振设施调查（道床、钢轨、扣件、隔振垫类型）； b）沿线敏感点性质及受影响情况； c）高架梁结构型式
		轨道及桥振动	
电磁环境	车辆段及线路	受电系统产生的电磁干扰	车辆段、线路两侧各50 m内敏感点
	变电所	高压设备	变电所周围50 m内敏感点
废气	停车场、车辆段	燃油、燃气锅炉	a）排气筒高度、烟道尺寸； b）烟气/油烟净化装置安装位置； c）监测口位置是否符合相关标准、监测现场是否具备监测条件
		喷漆库工艺废气	
		食堂饮食油烟	
	风亭	风亭排放的恶臭、颗粒物	a）风亭几何高度、截面几何尺寸； b）无组织排放监测点的位置； c）风亭距敏感点的位置
		列车车轮与钢轨、受流器与三轨、车体各种元器件摩擦产生含金属粉尘的颗粒物，发生火花时产生的NO_2	
废水	停车场车辆段	生产废水：洗车机库洗车废水	a）各类废水处理设施及处理方式； b）车间废水处理设施排放口位置及规范性； c）清污分流情况
		机加工、维修废水；蓄电池更换、清洗废水；空气压缩机	
		生活污水：办公区	
	车站	生产废水：空调冷却塔系统循环冷却水、结构渗漏水；冲洗废水、消防废水	a）废水排放去向和流量； b）外排口的位置及规范性
		生活污水	
	区间隧道	生产废水：结构渗漏水；泵房冲洗水，隧道及泵房冲洗废水和消防废水	
固体废物	停车场	生产废物、生活垃圾	a）固体废弃物的来源、种类、数量、排放去向； b）危险废物的贮存、填埋场位置； c）委托处理处置单位的营运资质及委托协议
	车站	生活垃圾	固体废物运输的环保措施及处理方式和去向
	建筑工程	工程弃土；建筑垃圾	

5.2.3.3 项目沿线的污染控制区规划范围；环评报告书建议及环评批复要求的落实情况。

5.2.3.4 项目工程绿化植树（草）种类、数量，绿化面积、绿化系数及景观情况。

5.2.3.5 移民与安置情况。

5.2.3.6 环境风险及应急预案应急防护措施。

5.2.3.7 噪声、振动、电场磁场等的扰民污染纠纷情况。

5.2.3.8 污染物排放控制标准、总量控制指标及环境保护设施处理设计指标等。

6 编制验收技术方案

验收监测技术方案依据（环发[2000]38 号）文件的有关要求编制，具体内容应分篇论述。

6.1 总论

6.1.1 项目由来

简述项目立项，环境影响评价，初步设计（环境保护篇），建设过程、试生产过程以及审批过程。

项目建成试运行时间、运行概况。

验收监测工作承担单位、现场勘察时间等。

6.1.2 验收目的

为环境保护行政主管部门验收及日常环境管理提供技术依据。

6.1.3 验收依据

6.1.3.1 建设项目环境保护管理法律、法规、规定；建设项目环境保护竣工验收监测标准及技术规范。

6.1.3.2 建设项目环保技术文件：主要包括环境影响报告书、初步设计（环境保护专题）等。

6.1.3.3 建设项目批复文件：主要包括环境影响报告书的批复、环境保护初步设计的批复、建设项目执行标准、总量控制指标的批复。

6.1.3.4 建设项目设计变更、工程变更的相应批复文件。

6.1.3.5 建设项目环境保护执行情况自行检查报告。

6.1.3.6 其他需要说明的情况的相关文件。

6.1.4 验收范围及内容

按照环境影响评价报告、批复文件等相关资料核查项目建设内容、建设规模、项目变更等需要落实的环保工程或措施，确定验收工作范围及内容。

6.1.5 验收操作程序：参见图1。

6.2 建设项目工程概况

6.2.1 建设过程及建设内容

应对原有工程和新建工程分别予以说明，并明确工程建设过程中是否有变更，若有则应注明工程变更原因、内容等情况。

6.2.1.1 原有工程概述

改建、扩建项目应详述与验收项目相关的原工程改造及环境保护治理要求；说清与原有工程的依托关系，并将其确定为验收监测与环境保护检查内容。

6.2.1.2　新建工程建设内容及建设过程

——工程所处地理位置，气候条件，工程占地面积，绿化面积，新旧工程对比，工程总投资，环保设施投资，敏感目标位置。

——环境影响评价完成单位与时间，初步设计完成单位与时间，环保设施设计单位和施工单位，批复的行政主管部门，投入试运行日期。

——轨道类型和长度，轨道支承结构，车站类型和数量，站间距离，列车型号、尺寸、车速、载量。

——停车场和变电站的功能以及其他需要说明的情况等。

——表格应包括：主辅工程一览表、环保设施投资一览表、环保设施/设备一览表（包括：设备名称、产地、型号、主要技术指标等内容），参见附录 C 表 C.1、表 C.2。

6.2.2　地理位置及平面布设

以图件表示。

地理位置图：重点突出项目所处地理区域内有无自然保护区、噪声、振动等控制敏感区。

平面布设图：重点标明轨道交通线路走向、声屏障及减振设施的位置，车站及附属设施、停车场、变电所位置，监测点位置。

6.2.3　水平衡

以图件表示。

标明供水、耗水及排水情况。

6.2.4　运行方式及产污环节

列车运行方式、列车检修以流程图表示，标明产污环节。

列车运行间隔、车速和运行时段、班次、试车等情况，以及检修周期、种类、停修时间等，用文字或列表表示，注明产污环节。

6.3　污染及治理情况

6.3.1　主要污染源及治理

按照噪声、振动、电场磁场、废气、废水、固体废物六个方面详细分析各污染源产生、治理、排放及主要污染因子。以表格表示，参见表1。

6.3.2　"三同时"落实情况

环境保护措施落实情况以及环保设施建成及运行状况：对比分析环境影响报告书、初步设计提出的要求及实际建成情况，对照环保设计图核实环保措施落实情况，以表格表示（包括：环评要求、初步设计要求、批复要求、实际建设情况等内容）。参见附录 C 表 C.3。

6.3.3　环境保护敏感区影响分析

依据环境影响报告书，通过实地勘察，分析项目建设产生的噪声、振动、电场磁场、废水、废气、固体废弃物对环境保护敏感区可能造成的二次污染。

6.4　环境影响评价、初步设计回顾及其批复要求

6.4.1　建设项目环境影响评价文件的主要结论及环境影响评价文件批复的要求。

6.4.2　当地环保部门或交通主管部门的预审意见。

6.4.3　环境保护初步设计和环保行政部门对本项目的环保要求等主要内容。

6.4.4　其他相关批复的主要内容

应特别关注相关文件对可能会受项目沿线噪声、振动、电磁辐射等影响的环境保护敏感区的批复要求。

6.5　评价标准

以环境影响评价文件及批复文件规定的国家或地方标准作为验收监测评价标准。

以项目初步设计规定的设计指标和环境影响评价提出的总量控制指标或地方环境保护行政主管部门下达的总量控制指标作为验收评价指标或标准。

列出建设项目环境影响评价后新颁布的国家或地方标准作为验收评价参照标准。

若参考引用国外标准或公开发表的已被确认的分析方法，也应进行表述。

6.6　监测内容

6.6.1　项目现场勘察情况概述

6.6.2　监测期间工况要求

轨道交通运行时沿线的噪声、振动的验收监测应在正常工作日（周一至周五、不包括节假日）进行，昼间、夜间各选在代表其列车车辆运行平均密度的某一小时监测，如遇突发情况导致列车班次和行车密度发生变化，应停止监测。

若验收监测时列车流量及编组达不到设计目标时，应根据监测值对原设计目标值进行核算。核算方法可参照附录 B。

废水、废气、厂界噪声、电场磁场的验收监测要求在工况稳定、运行负荷达到设计的 75%以上（含 75%）、环境保护设施运行正常的情况下进行，实在达不到 75%的验收工况，要求注明验收时的实际工况，参见附录 C 表 C.4。

6.6.3　验收监测的内容

a）噪声监测：轨道交通线路两侧、停车场、车辆段、车站周围敏感点噪声监测，停车场、车辆段、变电站厂界噪声及风亭、冷却塔的边界噪声监测。

b）振动监测：轨道交通线路沿线附近敏感点振动监测。

c）电磁辐射监测：变电站、轨道交通线路敏感点电场磁场、无线电干扰监测。

d）废气监测：停车场、车辆段内废气排放的监测，食堂饮食油烟监测。

e）废水监测：停车场、车辆段内生产废水、生活污水的监测；各车站生活污水排放污染物的监测（若排入市政污水管网可不进行监测）。

f）空气质量监测：车站风亭进、出口及车站站台内空气质量监测。

g）各项污染物治理设施效率的监测，必要时进行声屏障隔声效果、减振设施的减振效果测试。

h）环境影响评价报告及批复中特别提出的需现场监测的项目和指标的监测。

6.6.4　监测项目及频次

城市轨道交通建设项目验收基本污染因子参见表 2。

6.6.5　监测分析方法及监测仪器

6.6.5.1　测试及分析方法

参见表 3。

表2　城市轨道交通建设项目验收项目及频次

类别	测点位置		监测项目	监测频次
噪声	厂界噪声		等效A声级 有试车线的厂界：等效A声级，持续时间	不少于2昼夜，昼夜各2次，部分敏感点噪声采用24小时连续监测
	敏感点噪声（包括列车运行噪声、风亭、冷却塔、车站噪声）		等效A声级 有车时：加测持续时间、最大声级	
	噪声源（必要时测）		等效A声级	按频谱测试，传声器应置于距列车运行轨道中心线7.5米、高于轨面1.2米处
振动	敏感点振动		有车时：每列车通过时的VL_{z10} VL_{zmax} 无车时：VL_{z10}	不少于1昼夜，昼夜各1次，每次测试不少于5对列车通过
电磁环境	变电站边界		工频电场强度、工频磁感应强度、无线电干扰场强、综合电场强度	测试1次
	地面轨道边界		对沿线开放式接受天线电视机的影响	
废气	有组织排放源	燃油、燃气、燃煤锅炉	烟尘、二氧化硫、氮氧化物、烟气黑度、燃料含硫量	监测2天、每天3次、每次1～4个样品
		喷漆车间	苯、甲苯、二甲苯、非甲烷总烃、颗粒物	
	无组织排放源		臭气浓度	每2小时1次，1天4次
	空气质量		总悬浮颗粒物、可吸入颗粒物、氮氧化物、一氧化碳、臭氧	采样时间：TSP、PM_{10}每天至少12小时，连续测3天，NO_2、CO、臭氧每小时至少45分钟或至少每天18小时
废水	污水处理站进、出口、外排口		化学需氧量、五日生化需氧量、石油类、pH值、悬浮物、磷酸盐、阴离子表面活性剂、总镉、动植物油、氨氮、苯、甲苯、二甲苯、总铬、六价铬	不少于2天，每天4次

表3　城市轨道交通建设项目监测分析方法

类型	测试项目	分析方法
噪声振动	等效A声级、最大声级、持续时间	铁路边界噪声限值及其测量方法 城市区域环境噪声测量方法
	VL_{zmax}、VL_{z10}	城市区域环境振动测量方法
电磁环境	电场强度、磁感应强度、综合电场强度、干扰场强	辐射环境保护管理导则电场磁场监测仪器和方法
废水	pH值	玻璃电极法、红外分光光度法
	悬浮物	重量法
	石油类动植物油	红外光度法
	化学需氧量	重铬酸钾法
	五日生化需氧量	重铬酸钾紫外光度法
	总镉	原子吸收分光光度法
	磷酸盐	钼蓝比色法
	氨氮	纳氏试剂比色法、蒸馏和滴定法
	阴离子表面活性剂	亚甲基蓝分光光度法
	总铬	高锰酸钾氧化—二苯碳酰二肼分光光度法
	六价铬	二苯碳酰二肼分光光度法
	苯	气相色谱法
	甲苯	气相色谱法
	二甲苯	气相色谱法

类型		测试项目	分析方法
废气	有组织排放	烟尘	重量法
		烟气黑度	林格曼黑度图法、测烟望远镜法、光电测烟仪法
		二氧化硫	碘量法、紫外荧光法、甲醛—盐酸副玫瑰苯胺分光光度法、四氯汞钾—盐酸副玫瑰苯胺分光光度法、定电位电解法
		苯	气相色谱法
		甲苯	气相色谱法
		二甲苯	气相色谱法
		非甲烷总烃	气相色谱法
		氮氧化物	盐酸萘乙二胺分光光度法、紫外分光光度法
	无组织排放	臭气浓度	三点比较式臭袋法
空气质量		可吸入颗粒污染物	重量法、β射线法
		二氧化氮	Saltzman法、化学发光法
		一氧化碳	非分散红外法
		总悬浮颗粒物	重量法、β射线法

6.6.5.2 验收监测仪器

根据被测污染因子特点选择监测分析方法，并确定监测仪器。噪声、振动监测仪器需采用数字式仪器。列出现场监测仪器一览表。参见附录 C 表 C.15。

6.6.6 监测质量控制与质量保证

6.6.6.1 验收监测质量控制应按照相应的《环境监测技术规范》、《建设项目环境保护设施竣工验收监测技术要求》及相关的环境监测质量保证手册中有关要求执行。

6.6.6.2 噪声监测分析过程中的质量保证和质量控制

噪声监测的布点、采样分析、记录按声源性质和类型的不同依据 GB/T 12349、GB/T 12525、GB/T 14623、GB 14227 中的要求执行。

a）监测期间工况

监测期间项目各系统必须处在正常工况下，监测时记录：车速、车用空调运行情况，载客量等，通风设备、制冷设备开启台数，备用台数；停车场、车辆段列车维修、保养车数，设备开启情况，记录车辆运行频次（辆/小时）。

b）监测仪器

噪声仪器应符合国家标准 GB/T 3785 规定的 2 型声级计要求。监测时使用经计量部门检定、并在有效使用期内的声级计；声级计在测试前后用强检合格的声校准器进行校准，若测量前后仪器的校准值误差大于 0.5 dB 则测试数据无效，须重新测试。

c）现场监测

车站、车辆段、停车场、变电站的厂界噪声，风亭、冷却塔边界噪声监测按 GB/T 12349、GB/T 14623 中对监测布点、传声器位置高度的不同要求执行，对不同的声源特性采用不同的测试周期与频次。

测试过程中应避开无关声源的干扰，若实测值和背景值差值小于 3 dB（A），应更换监测时间重新进行测试；当监测点位无法避开交通噪声影响时，可考虑按能量叠加原理估算轨道交通噪声对该点位的污染贡献值。当实测值与背景值之差大于 3 dB（A）、小于 10 dB（A）时，实测值需进行背景值修正。

车站内站台噪声的测量按照 GB 14227 中的相关要求执行。按车站结构、空间形状、列车停放位置来合理布置声源，测量混响时间。

测量列车进出站噪声，避开车门位置，分开记录列车进站到停止、启动到出站的 A 计权等效声级，测量时应避免受到广播等各种非列车运行噪声的干扰。如受到影响，应在监测报告中说明。

轨道交通线路沿线敏感点和声衰减断面噪声监测按照 GB/T 12525、GB/T 14623、GB/T 3222 中要求执行。按轨道高度变化和敏感点周边环境条件，合理布置监测点；选择平均车流密度的时段，设定监测频次和监测时间。

声屏障隔声效率监测，依据 HJ/T 90 的要求布置监测点，同步监测。

6.6.6.3　振动监测分析过程中的质量保证和质量控制

振动监测的布点、采样分析、记录按 GB/T 10071 中的要求执行，监测时使用经计量部门检定、并在有效使用期内的振动监测仪，振动仪器应符合国家标准规定的 2 型仪器要求。

测量时应避免影响环境振动测量值的其他环境因素，如剧烈的温度变化、强电磁场、强风、地震或其他非振动污染源引起的干扰。

监测点位应避开地下有下水道、地下室等影响振动源振动传播规律的设施。

6.6.6.4　电场磁场分析过程中的质量保证和质量控制

按 HJ/T 10.2 中的要求执行。

6.6.6.5　水质监测分析过程中的质量保证和质量控制

水样的采集、运输、保存、实验室分析和数据计算的全过程均按照国家环保总局颁发的 HJ/T 91、《环境水质监测质量保证手册》（第二版）的要求执行。

6.6.6.6　气体监测分析过程中的质量保证和质量控制

污染源有组织排放、无组织排放的采样布点、实验室内质量保证和控制应按 GB/T 16157、《空气和废气监测分析方法》（第四版）中的要求执行。

6.6.6.7　监测数据和验收报告严格执行三级审核制度。

6.7　验收检查

6.7.1　环境管理检查

环境管理检查方案包括以下内容：

6.7.1.1　建设项目从立项到试生产各阶段环境保护法律、法规、规章制度的执行情况

6.7.1.2　环境保护审批手续及环境保护档案资料

6.7.1.3　环保组织机构及规章管理制度

6.7.1.4　环境保护设施建成及运行记录

6.7.1.5　环境保护措施落实情况及实施效果

——项目沿线降噪、减振措施落实情况。

——沿线动拆迁安置工作完成情况，沿线敏感建筑物的功能转置实施情况。

——变电所屏蔽措施的落实情况。

——废气、废水处理设施的落实及运转情况。

6.7.1.6　环境监测计划的实施

6.7.1.7　固体废物临时或永久堆场检查

6.7.1.8　排污口规范化、列车运行工况检查

6.7.2　公众意见调查

公众意见调查实施方案包括以下几部分：

6.7.2.1　调查内容

针对施工、运行期间出现的环境问题、环境污染治理情况与效果、项目运行扰民情况征询公众意见和建议。

6.7.2.2　调查方法

采用问卷填写、访谈、座谈、网上征询等方式进行。

6.7.2.3　调查范围及对象

在环境保护敏感区范围内的居民、工作人员、管理人员等相关人员。根据敏感点距工程的远近及影响人数分布，按一定比例进行随机调查。

7　现场监测及数据分析整理

7.1　现场监测与调查

在建设项目行驶系统、生产设备、环保设施运行正常，各工况满足建设项目竣工环境保护验收监测要求的情况下，严格按照经审核批准的《建设项目竣工环境保护验收监测方案》开展现场监测，监测结果应列表表述。参见附录表 C。

监测期间应做好以下工作：

a）严格监控工况，现场监测时同时记录设备工况负荷情况。

b）噪声、振动监测严格按各测试项目的要求进行测试。

c）电场、磁场监测严格按各测试项目的要求进行测试。

d）废气有/无组织排放监测严格按各污染因子监测的操作要求进行采样和分析。

e）废水排放监测严格按各污染因子监测的操作要求进行采样和分析。

f）按《建设项目竣工环境保护验收监测方案》中环境管理检查内容进一步核查。

7.2　监测数据处理及调查结果整理

7.2.1　监测数据处理

监测数据的处理严格按照《环境监测技术规范》进行，对异常数据需进行分析。

7.2.2　调查结果整理

7.2.2.1　环境管理检查结果整理与分析

7.2.2.2　公众调查结果整理与分析

8　编制验收技术报告

《建设项目竣工环境保护验收监测报告》（以下简称验收监测报告）应依据国家环境保护总局[2000]38 号文附件《建设项目环境保护设施竣工验收监测技术要求（试行）》有关要求、结合城市轨道交通的运行特点，按照现场监测实际情况，汇总监测数据和检查结果，给出结论。验收监测报告应分篇论述。

8.1　总论

——建设项目工程概况，建设项目污染及治理情况，环评、初设回顾及其批复要求，验收监测评价标准。

——地理位置图，项目平面图，水平衡图，污染治理工艺流程图，监测点位图。

——列表表明项目沿线噪声、振动等控制措施的建设情况同环评、批复、初设（环保篇）的比对情况。

8.2　验收监测结果及评价

8.2.1　监测期间工况监控

给出设备运行负荷的数据或参数，以文字配合表格叙述现场监测期间项目运营情况、环保设施运转情况，轨道交通编组情况，车流密度等。

8.2.2　监测分析质量控制与质量保证

在验收监测方案中质量控制与质量保证相关内容的基础上，加入质控数据，并做相应分析。监测仪器要经计量部门检定，并在有效期内使用。

8.2.3　噪声监测结果

厂界噪声、风亭、冷却塔边界噪声、敏感点噪声、车站站台噪声、噪声衰减、声屏障降噪效果（必要时进行）。

8.2.4　振动监测结果

敏感点振动、振动衰减、设施减振效果（必要时进行）。

8.2.5　电场磁场监测结果

变电所厂界：电场强度、磁场强度、综合场强、干扰场强。

项目沿线敏感点：干扰场强。

8.2.6　噪声、振动、电场磁场监测结果的主要内容包括：

a）简要描述测点情况，测点需配有平立面图和照片；

b）验收监测方案中确定的监测项目、频次、监测点位、测试方法；

c）监测结果；

d）以环评及批复的标准作为依据，以当前国家和地方相应的新标准作参考，并参照测试时及环评时的本底值，对相应测试结果进行分析评价；

e）出现超标或不符合环评要求情况的原因分析；

f）附必要的监测结果表，格式参见附录 C 表 C.10～表 C.14。

8.2.7　废水、废气（含有组织、无组织）排放、相应环保设施效率监测结果

监测结果的主要内容包括：

a）验收监测方案确定的监测项目、频次、监测断面或监测点位（配有照片）、监测采样、分析方法（含使用仪器及检测限）；

b）监测结果；

c）以环评及批复的标准作为依据，以当前国家和地方相应的新标准作参考，结合设施的设计值和总量控制指标，进行分析评价；

d）出现超标或不符合设计指标要求的原因分析；

e）附必要的监测结果表，格式参见附录 C 表 C.5～表 C.9。

8.2.8　国家规定的总量控制污染物的排放核算

——根据各排污口的流量和监测浓度，计算并列表统计国家实施总量控制的六项污染物（化学需氧量、石油类、氨氮、烟尘、二氧化硫、氮氧化物）及固体废弃物年产生量和年排放量。

——对改、扩建项目还应根据环境影响报告书列出改扩建工程原有排放量，并根据监测结果计算改扩建后原有工程现在的污染物产生量和排放量。

——主要污染物总量控制实测值与环评值比较（按年工作时计）。

格式参见附录 C 表 C.16 污染物排放总量核算结果表。

8.3　验收调查结果

8.3.1　公众意见调查结果

以问卷、访谈等方式就项目在施工运行期、试运营期间出现的环境问题及环保措施实施情况与效果，征询当地居民意见、建议，按被调查者不同职业构成、不同年龄结构、距建设项目不同距离分类统计，得出调查结论。

可参照《环境影响评价公众参与暂定办法》（环发[2006] 28 号）确定公众参与调查的方式和方法。

8.3.2　环境管理检查结果

根据验收方案所列检查内容，逐条进行说明。

验收环境管理检查篇章应重点叙述在环评结论与建议中提到的各项环保设施建设和环保措施落实情况，尤其应逐项叙述该项目对行政主管部门环评批复中提到的在工程设计、建设及运行中应重点注意的问题的落实情况。

8.4　验收结论及建议

8.4.1　结论

依据监测结果、公众调查结果、环境管理检查结果，综合分析，简明扼要地给出噪声、振动、电场磁场、废水、废气排放达标情况，列出项目建设中重大变更情况、环评或环评批复文件中规定的环保措施未完全落实的情况，并归纳出公众意见调查结果及环境管理情况。

8.4.2　建议

可针对以下几个方面提出合理的意见和建议：

a）对环评或环评批复文件规定的环保措施中未完全落实；

b）环保治理设施处理效率或污染物的排放未达到原设计指标和要求；

c）污染物的排放未达到国家或地方标准要求；

d）环保治理设施、监测设备及排污口未按规范安装和建成；

e）环境保护敏感目标的环境质量未达到国家或地方标准或环评预测值；

f）国家规定实施总量控制的污染物排放量超过有关环境管理部门规定或核定的总量；

g）固体废弃物未按规定要求处理处置；

h）对项目建设过程中发生的重大变更引起的环境影响。

9　验收技术报告附件

9.1　批复文件

包括项目立项批复、国家和地方环境保护主管部门对环境影响评价报告书审批文件、项目变更情况的批复文件及其他批复文件、环境保护行政主管部门对建设项目试生产（运行）批文、其他证明材料。

9.2　建设项目竣工环境保护"三同时"验收登记表

附录 A（规范性附录）

验收技术方案、报告编排结构及内容

A.1　编排结构

封面、封二[式样见《关于建设项目环境保护设施竣工验收监测管理有关问题的通知》附件：建设项目环境保护设施竣工验收监测技术要求（试行）]、目录、正文、附件、附表、附图、"三同时"竣工验收登记表、封底。

A.2　验收技术方案主要章节

A.2.1　总论

A.2.2　建设项目工程概况

A.2.3　污染及治理情况

A.2.4　环境影响评价、初步设计回顾及其批复要求

A.2.5　评价标准

A.2.6　监测内容

A.2.7　验收检查

A.3　验收报告章节

A.3.1　总论

A.3.2　建设项目工程概况

A.3.3　主要污染源及治理情况

A.3.4　环境影响评价、初步设计回顾及其批复要求

A.3.5　验收监测评价标准

A.3.6　验收监测结果及分析

A.3.7　验收调查结果及分析

A.3.8　验收结论与建议

A.4　验收技术方案、报告中的图表

A.4.1　图件

A.4.1.1　图件内容

A.4.1.1.1　建设项目地理位置图

A.4.1.1.2　建设项目轨道及站台分布平面图

A.4.1.1.3　水量平衡图

A.4.1.1.4　污染治理工艺流程图

A.4.1.1.5 建设项目监测布点图

A.4.1.2 图件要求

A.4.1.2.1 各种图表中均用中文标注，必须用简称的附注释说明

A.4.1.2.2 工艺流程图中工艺设备或处理装置应用框线框起，并同时注明物料的输入和输出

A.4.1.2.3 监测点位图应给出测点照片、平面图和立面图。

A.4.1.2.4 验收监测布点图中应统一使用如下标识符

水和废水：环境水质 ☆，废水 ★

空气和废气：环境空气 ○，废气 ◎

噪 声：敏感点噪声 △，其他噪声 ▲

振 动：敏感点振动 ◇，其他振动 ◆

电场磁场：厂界 *，其他 *

固体物质和固废：固体物质□，固体废弃物■

A.4.2 表格

A.4.2.1 表格内容

A.4.2.1.1 工程建设内容一览表

A.4.2.1.2 污染源及治理设施一览表

A.4.2.1.3 环保设施建成情况对比表（环境影响评价、初步设计、实际建设、实际投资）

A.4.2.1.4 原辅材料消耗情况对比表（环评、初步设计、实际建设）

A.4.2.1.5 验收标准及标准限值一览表

A.4.2.1.6 监测分析方法及仪器使用一览表

A.4.2.1.7 工况统计表

A.4.2.1.8 监测结果表

A.4.2.1.9 污染物排放总量统计表

A.4.2.2 表格要求 所有表格均应为开放式表格

A.5 验收技术方案报告正文要求

A.5.1 正文字体为 4 号宋体

A.5.2 3 级以上标题字体为宋体加黑

A.5.3 行间距为 1.5 倍行间距

A.6 其他要求

A.6.1 验收技术方案、报告的编号方式由各承担单位制定

A.6.2 页眉中注明验收项目名称，位置居右，小五号宋体，斜体，下画单横线

A.6.3 页脚注明验收技术报告编制单位，小五号宋体，位置居左

A.6.4 正文页脚采用阿拉伯数字，居中；目录页脚采用罗马数字并居中

A.7　附件

A.7.1　建设项目环境保护"三同时"竣工验收登记表

A.7.2　环境保护行政主管部门对环境影响评价报告书的批复意见

A.7.3　环境保护行政主管部门对建设项目环境影响评价执行标准的批复意见

A.7.4　环境保护行政主管部门对建设项目试运行申请批复

噪声敏感点监测数据统计方法（推荐）

若敏感点不具备 1 小时连续监测条件或轨道交通项目尚未达到设计运能时，可根据轨道列车的最高运行频次并参照以下计算方法进行统计，折算出敏感点的 1 小时等效声级值。

B.1　噪声敏感点 1 小时等效声级 L_{Aeq} 的折算公式

$$L_{Aeq} = 10\lg\left[\sum_{i=1}^{N} t_i \cdot 10^{0.1L_{Ai}} + \left(1 - \sum_{i=1}^{N} t_i\right) \cdot 10^{0.1L_{A0}}\right] \qquad （1）$$

式中：L_{Aeq} ——噪声敏感点 1 小时等效声级，dB（A）；

　　L_{Ai} ——列车经过时噪声敏感点的等效声级，dB（A）；

　　t_i ——列车经过时采样所占的时间百分数或数据百分数，%；

　　L_{A0} ——无列车时噪声敏感点的背景等效声级，dB（A）。

B.2　昼间等效声级、夜间等效声级

$$L_d, L_n = 10\lg\left[\frac{1}{N}\sum_{i=1}^{N}\left(10^{0.1L_{Ai}} - 10^{0.1L_{A0i}}\right)\right] \qquad （2）$$

式中：L_d ——昼间等效噪声级，dB（A）；

　　L_n ——夜间等效噪声级，dB（A）；

　　N ——昼间或夜间轨道交通运行的小时数；

　　L_{Ai} ——第 i 小时噪声敏感点的等效声级，dB（A）；

　　L_{A0i} ——第 i 小时无列车时噪声敏感点的背景等效声级，dB（A）。

附录 C（资料性附录）

验收方案、报告附表

主辅工程建设情况表见表 C.1。

主要环保设施投资情况表见表 C.2。

主要环保设施建成情况表见表 C.3。

监测期间生产负荷表见表 C.4。

废水监测结果汇总表见表 C.5。

废水监测质控数据表见表 C.6。

废水、废气标样测定结果见表 C.7。

烟尘、烟气采样仪及无组织排放监测仪流量校准结果见表 C.8。

环境空气质量监测结果见表 C.9。

厂界噪声监测结果见表 C.10。

敏感点噪声监测结果见表 C.11。

敏感点振动监测结果见表 C.12。

设施减振结果见表 C.13。

电磁环境测试结果见表 C.14。

现场监测仪器一览表见表 C.15。

污染物排放总量见表 C.16。

表 C.1　主辅工程建设情况表

		工程实际情况		初步设计情况	变更情况
	序号	名称	长度/数量		
主体工程	1				
	2				
	3				
	4				
	…				
辅助工程	1				
	2				
	3				
	4				
	…				

表 C.2　主要环保设施投资情况表

类别	设施名称	型号	主要技术指标	产地	价格
噪声防护设施					
振动防护设施					
辐射防护设施					
废气处理设施					
废水处理设施					
绿化					

表 C.3　主要环保设施建成情况表

类别	设施名称	环境影响评价及批复要求	初步设计	实际建成情况	备注
噪声防护设施					
振动防护设施					
辐射防护设施					
废气处理设施					
废水处理设施					
绿化					

表 C.4　监测期间生产负荷表

内容	监测日期	设计生产量	实际生产量	负荷/%
列车运行				
变电站负荷				
废水处理设施				
锅炉运行				

表 C.5　废水监测结果汇总表

监测点位	监测项目	位置	监测日均值/（mg/L）（pH 值除外）	去除率/%	执行标准值	达标率/%
废水处理站		进口				
		出口				
		进口				
		出口				
		进口				
		出口				
		进口				
		出口				
		进口				
		出口				
		进口				
		出口				
		进口				
		出口				
		进口				
		出口				
		出口				
监测日期						

表 C.6　废水监测质控数据表

监测项目	有效数据（个）	平行样分析 mg/L（pH 值除外）			加标回收分析（pH 值除外）		
		平行（对）	双样比（%）	合格率（%）	加标回收（个）	回收率（%）	合格率（%）

表 C.7　废水、废气标样测定结果

项目		标准样品质量/（mg/m³）	测定值	误差/%	仪器型号及编号
废水					
废气					

表 C.8　烟尘、烟气采样仪及无组织排放监测仪流量校准结果

仪器型号、编号	仪器流量示值	标态下累计体积/L	校准结果/L	流量偏差/%

表 C.9　环境空气质量监测结果

测点	时间	质量浓度/（mg/m³）（臭气除外）					标准值	达标率/%
		上午	中午	下午	傍晚	最大值		
监测日期								

表 C.10　厂界噪声监测结果

日期							
点位	主要声源	昼间 L_{Aeq}/dB			夜间 L_{Aeq}/dB		
		实测值	背景值	修正值	实测值	背景值	修正值
GB 12348 标准值							

表 C.11　敏感点噪声监测结果

日期	L_{Aeq}						
点位	主要声源	昼间			夜间		
		实测值	背景值	修正值	实测值	背景值	修正值

表 C.12　敏感点振动监测结果

日期	昼间			夜间		
点位	主要振源	VL_{zmax}	VL_{z10}	主要振源	VL_{zmax}	VL_{z10}
GB 10070 标准值						

表 C.13　设施减振结果（适用于改建项目）

	点位	有减振设施		无减振设施		差值	
		VL_{zmax}	VL_{z10}	VL_{zmax}	VL_{z10}	VL_{zmax}	VL_{z10}^{*}
日期							

表 C.14　电磁环境测试结果

序号	测点位置	工频电场强度（V/m）	工频磁感应强度（μT）		干扰场强（mV/m）	信噪比（dB）
			垂直分量	水平分量		

表 C.15　现场监测仪器一览表

仪器名称	仪器型号	监测因子	测量量程	分辨率	分析方法	生产厂商	现场校准值	零点漂移

表 C.16　污染物排放总量

内容	监测项目	总量控制指标	实际排放总量	是否达总量控制要求
废水				
废气				
固废				

中华人民共和国环境保护行业标准

建设项目竣工环境保护验收技术规范

黑色金属冶炼及压延加工

Technical guidelines for environmental protection in black metal smelting and expansion for check and accept of completed construction project

HJ/T 404—2007

前 言

为贯彻《中华人民共和国环境影响评价法》和《建设项目环境保护管理条例》，保护环境，规范黑色金属冶炼及压延加工建设项目竣工环境保护验收工作，制定本标准。

本标准规定了黑色金属冶炼及压延加工建设项目竣工环境保护验收的有关要求和规范。

本标准为首次发布。

本标准为指导性标准。

本标准由国家环境保护总局科技标准司提出。

本标准起草单位：中国环境监测总站、湖北省环境监测中心站。

本标准国家环境保护总局 2007 年 12 月 21 日批准。

本标准自 2008 年 4 月 1 日起实施。

本标准由国家环境保护总局解释。

1 适用范围

本标准规定了黑色金属冶炼及压延加工建设项目竣工环境保护验收工作一般技术要求。

本标准适用于黑色金属冶炼及压延加工建设项目新建、改建、扩建和技术改造工程项目竣工环境保护的验收和建设项目竣工后的日常监督管理性监测。其他与黑色金属冶炼及压延加工项目有关的铁合金项目竣工验收亦可参照执行。

2 规范性引用文件

本标准内容引用了下列文件中的条款。凡是不注日期的引用文件，其有效版本适用于本标准。

GB 3095 环境空气质量标准

GB 3096 城市区域环境噪声标准

GB 3838 地表水环境质量标准

GB/T 4920 硫酸浓缩尾气 硫酸雾的测定 铬酸钡比色法

GB/T 5084 农田灌溉水质标准

GB/T 6920 水质 pH 值的测定 玻璃电极法

GB/T 7467 水质 六价铬的测定 二苯碳酰二肼分光光度法

GB/T 7472 水质 锌的测定 双硫腙分光光度法

GB/T 7479 水质 铵的测定 纳氏试剂比色法

GB/T 7484 水质 氟化物的测定 离子选择电极法

GB/T 7486 水质 总氰化物的测定 异烟酸-吡唑啉酮光度法

GB 7488 水质 五日生化需氧量的测定 稀释与接种法

GB 7490 水质 挥发酚的测定 蒸馏后 4-氨基安替比林分光光度法

GB 8978 污水综合排放标准

GB 9078 工业炉窑大气污染物排放标准

GB 11890 水质 苯系物的测定 气相色谱法

GB 11901 水质 悬浮物的测定 重量法

GB 11914 水质 化学需氧量的测定 重铬酸钾法

GB 12997 水质采样方案设计技术规定

GB 12348 工业企业厂界噪声标准

GB 12349 工业企业厂界噪声测量方法

GB 13271 锅炉大气污染物排放标准

GB 13456 钢铁工业水污染物排放标准

GB 14554 恶臭污染物排放标准

GB 14623 城市区域环境噪声测量方法

GB 15618 土壤环境质量标准

GB 16171 炼焦炉大气污染物排放标准

GB 16297 大气污染物综合排放标准

GB 18596 危险废物贮存污染控制标准

GB 18598 危险废物填埋污染控制标准

GB 18599 一般工业固体废物贮存、处置场污染控制标准

GB/T 1484 地下水质量标准

GB/T 14668 氨的测定 纳氏试剂分光光度法

GB/T 15262 二氧化硫的测定 甲醛吸收—副玫瑰苯胺分光光度法

GB/T 15432 总悬浮颗粒物的测定 重量法

GB/T 15439　苯并[a]芘的测定　高效液相色谱法

GB/T 16106　固定污染源排气中碱雾的测定　酸碱滴定法

GB/T 16157　固定污染源排气中颗粒物测定与气态污染物采样方法

GB/T 16488　水质　石油类和动植物油的测定　红外分光光度法

GB/T 16489　水质　硫化物的测定　亚甲基蓝分光光度法

HJ/T 27　固定污染源排气中氯化氢的测定　硫氰酸汞分光光度法

HJ/T 29　固定污染源排气中铬酸雾的测定　二苯碳酰二肼分光光度法

HJ/T 43　固定污染源排气中氮氧化物的测定　盐酸萘乙二胺分光光度法

HJ/T 55　大气污染物无组织排放监测技术导则

HJ/T 57　固定污染源排气中二氧化硫的测定　定电位电解法

HJ/T 67　大气固定污染源　氟化物的测定　离子选择电极法

HJ/T 69　燃煤锅炉颗粒物和二氧化硫排放总量核定技术方法——物料衡算法（试行）

HJ/T 76　固定污染源排放烟气连续监测系统技术要求及检测方法

HJ/T 77　多氯代二苯并二噁英和多氯代二苯并呋喃的测定　同位素稀释高分辨率毛
　　　细管气相色谱/高分辨质谱法

HJ/T 91　地表水和污水监测技术规范

HJ/T 92　水污染物排放总量监测技术规范

HJ/T 126　清洁生产标准　炼焦行业

HJ/T 189　清洁生产标准　钢铁行业

HJ/T 354　水污染源在线监测系统验收技术规范

HJ/T 373　固定污染源监测质量保证及质量控制技术规范

《建设项目环境保护设施竣工验收监测技术要求》（环发[2000]38 号）

《污染源自动监控管理办法》（国家环境保护总局令　第 28 号）

3　术语和定义

下列术语和定义适用于本标准。

3.1　黑色金属冶炼及压延加工

本标准所界定的黑色金属冶炼及压延加工项目，特指传统的钢铁工业企业，包括烧结（球团）、炼焦（焦化）、炼铁、炼钢（含连铸）、钢压延加工（含热轧、冷轧）五个相对独立的生产系统。

3.2　烧结（球团）

烧结生产是将铁精矿等含铁原料和燃料、熔剂混合在一起，利用其中的燃料燃烧，使部分烧结料熔融，从而使散料粘结成块状，并具有足够的强度和块度形成烧结矿的过程。球团生产是将铁精矿等原料与适量的膨润土均匀混合后，通过造球机造出生球，然后经过高温焙烧，使其矿粉氧化固结形成球团的过程。

3.3　炼焦（焦化）

指用几种煤配成炼焦用煤，在炼焦炉炭化室中经高温干馏后，产出焦炭和焦油等化学产品，同时得到焦炉煤气的过程。

3.4 炼铁

指用高炉法、直接还原法、熔融还原法等，将铁从矿石等含铁化合物中还原出铁的生产过程。在炼铁生产中，高炉工艺流程是主体，从其上部装入烧结球团和铁矿石，燃料和熔剂向下运动，下部鼓入高温空气使燃料燃烧，产生大量的高温还原性气体向上运动；炉料经过加热、还原、熔化、造渣、渗碳、脱硫等一系列物理化学过程，最后生成炉渣和生铁。

3.5 炼钢

指利用不同来源的氧来氧化炉料（如铁水、废钢）中所含杂质的金属提纯过程。在转炉内，向铁水喷吹氧气，同时添加熔剂，来脱除铁水中的碳，氧化铁水中的硅、锰等杂质。主要涉及的生产工艺包括：铁水预处理、熔炼、炉外精炼（二次冶金）和浇铸（连铸）。

3.6 钢压延加工（热、冷压延加工或轧钢）

指通过热轧、冷加工、锻压和挤压等塑性加工使连铸坯、钢锭产生塑性变形，制成具有一定形状尺寸、表面整洁的钢材产品的生产过程。热压延加工，是将坯料加热至金属再结晶温度以上进行的塑性加工，包括热轧、煅压和挤压等。冷压延加工，是将热压延加工后的钢材在再结晶温度以下继续进行加工使之成为冷压延加工钢材的塑性加工，包括冷轧、冷拔和冷弯等。

3.7 转炉、电炉炼钢（熔炼）

铁水（废钢）熔炼分为转炉和电炉炼钢两大类。转炉炼钢是利用吹入炉内的氧与铁水中的碳、硅、锰、磷元素进行化学反应放出热量进行的冶炼过程。电炉炼钢（主要指电弧炉）是利用电能作热源的冶炼过程。

3.8 炉外精炼

指将经转炉或电炉初炼的钢液转移到一定容器内，通入惰性气体或还原气体进行深度脱气、脱硫、脱碳、去除夹杂物（硅、锰、磷、氧、氮等）和实现成分微调的二次冶炼过程。

3.9 浇铸

指将炼钢过程（包括二次冶炼）生产出的合格液态钢，通过一定的凝固成形工艺制成具有特定要求的固态材料的加工过程，主要有铸钢、浇铸钢锭和连铸。

3.10 一次烟气

指转炉炼钢降罩操作收集的烟气，包括可回收的转炉煤气和不可回收的放散废气。

3.11 二次烟气

指转炉炼钢除一次烟气之外，兑铁水、加料、出渣、出钢等生产过程产生的含尘烟气。

3.12 高炉出铁场

指高炉冶炼出铁时的场所，包括铁口、主沟、砂口、铁沟、渣沟、罐位、流嘴或摆动流嘴、炉前铸铁机等生产设施场所，也称高炉炉前。

3.13 炼铁热风炉

指为高炉送风系统提供热风的专用炉窑。

3.14 炼铁原料系统

指为高炉冶炼准备原料的设施，包括：贮矿仓、贮矿槽、焦槽、熔剂包等槽上运料设备（火车与矿车或皮带）、矿石与焦碳的槽下筛分设备（振动筛）、返矿和返焦运输设备（皮带及转动站）、入炉矿石和焦碳的称量设备、将炉料运送至炉顶的皮带、上料车、炉顶受料斗等。

3.15　炼铁喷吹煤粉系统

指煤烘干磨煤机、煤粉输送设备及管道、高炉贮煤粉罐、混合器、分配调节器、喷枪、压缩空气及安全保护系统等。

3.16　轧钢加热炉

指在钢材热压延加工生产中，利用燃料燃烧或电能转化的热量，将钢坯或工件加热的热工设备。

3.17　压延加工项目酸洗机组

指用酸洗对带钢进行表面除锈、去磷，符合下道工序对钢材表面质量要求而运行的酸洗生产线。

3.18　压延加工项目碱洗机组

指去除冷轧带钢表面附着的轧制油、机油、粉末和灰尘等污物的重要工序，用碱洗脱脂除污，符合下道工序对钢材表面质量要求而运行的连续式碱洗生产线。

3.19　生产工况

指生产装置或设备运行的状态。包括正常和非正常工况两种状况。

正常生产工况是指生产装置或设备按照设计工艺参数进行稳定运行的状态。

非正常生产工况指生产装置或设备开工、停工、检修或工艺参数不稳定时的生产状态。

4　验收工作技术程序

黑色金属冶炼及压延加工项目建设项目竣工环境保护验收技术工作，包括验收准备、编制验收技术方案、实施验收技术方案、编制验收技术报告四个阶段。验收工作流程见图 1。

a）准备阶段

资料查阅、现场勘察，确定项目是否符合竣工验收条件。

b）编制验收技术方案阶段

在查阅相关资料、现场勘察的基础上确定验收范围与内容。

c）实施验收技术方案阶段

依据验收技术方案确定的工作内容进行监测、检查及调查。

d）编制验收技术报告阶段

汇总监测数据和检查结果，得出结论，以报告书（表）形式反映建设项目竣工环境保护验收监测的结果，作为建设项目竣工环境保护验收的技术依据。

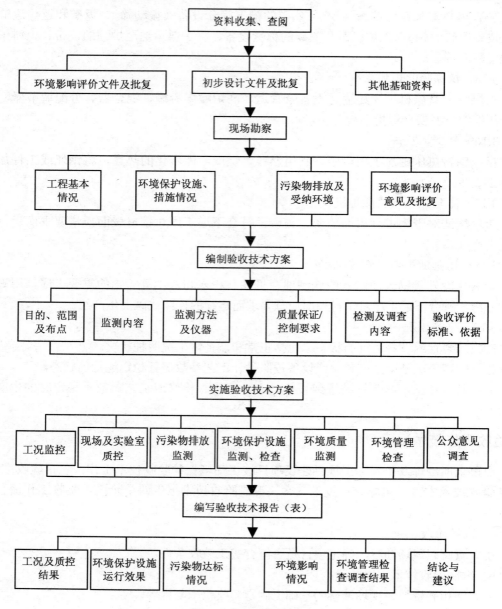

图 1　验收工作流程图

5 验收工作准备

5.1　资料收集与分析

5.1.1　资料收集

5.1.1.1　报告资料类

收集由设计单位编制的建设项目可行性研究报告、初步设计（环境保护篇）；环境影响评价单位编制的建设项目环境影响评价文件；建设单位编制的建设项目环境保护自行检查执行报告等相关报告。

5.1.1.2　批复文件类

收集建设项目立项批复、初步设计批复、环境影响评价文件的批复、环境影响评价执行标准或总量控制指标下达的批复、试生产申请批复、项目设计和施工重大变更报批批复、国家相关的产业政策及清洁生产要求等相关文件。

5.1.1.3　图件资料类

建设项目地理位置图、厂区总平面布置图（应标注有主要污染源位置，排水管网及走向、厂界周边外环境情况、方位与风向玫瑰图等。必要时收集相关区域环境空气、地表水环境质量的图件资料）、物料及水量平衡图、生产工艺流程及污染物产生与排放示意图、污染治理工艺流程图等相关图件。

5.1.2　资料分析

对收集的技术资料进行分析研究，调查熟悉并掌握以下内容：

a）项目建设内容及规模

——新建项目建设内容包括产品、产量、规模，主、辅助工程及环境保护工程。

——改建、扩建及技改项目应查清"以新带老、总量削减"、"淘汰落后生产设备、以大代小、等量替换"等环境保护相关要求。

b）生产工艺及污染分析

——熟悉新建、改建、扩建项目主要原（燃）料、辅料消耗量和成分及主要生产工艺流程。

——按工艺流程分析废气、废水、固体废物、噪声等污染源及污染物产生及排放情况。

——熟悉主要污染因子及配套的环境保护治理设施、污染物处理流程以及污染排放去向等。

c）生产布局及环境保护设施

——熟悉全厂生产线总布局及各项环境保护设施安装运行情况。

——落实主要废气有组织、无组织排放源的产生与排放情况。

——了解所配套的废气环保治理工程；了解各车间生产废水、生活污水及全厂总排放口废水污染物、各车间废（污）水排放口与总排放口位置以及所配套的废水治理工程；落实噪声源位置与分布、噪声污染防治工程。

——了解固体废物利用处置情况。

d）厂址周围外环境与敏感目标

——调查包括纳污水体（地表水、地下水）、环境空气敏感目标、噪声敏感目标分布状况，固体废物可能造成的二次污染。

——落实建设项目环境影响评价文件规定的卫生防护距离以及厂址区域外环境主要环境保护目标，确定必要的环境影响质量监测与勘察内容。

e）环境管理与监测机构

——建设项目环境保护机构的设置、人员的配置；环境保护管理规章制度的建立，包括环境监测机构的建设及日常性监督监测制度等。

——固体废物综合利用与处置管理要求。

——环境保护投资情况（包括环境保护设施、措施、监测设备等）。

——厂区绿化面积及绿化率。

——环境影响评价建议及措施落实情况。

5.2 现场勘察与调研

5.2.1 生产线现场勘察

黑色金属冶炼及压延加工建设项目五大生产系统工艺流程见附录 B 图 B.1，各生产线现场勘察主要内容为：

a）炼焦：炼焦煤贮运及用量；炼焦（焦化）生产工艺；炼焦炉规格、型号，炭化室基本参数；脱硫工艺及硫回收的方式、脱氨工艺方式、焦炉煤气回收利用情况；废气、废水、噪声、污泥的产生及处理；炼焦生产如装煤、炼焦、推焦、筛焦及熄焦生产过程废气泄漏等无组织排放源等。

b）烧结（球团）：烧结原料、辅料贮运及用量；烧结（球团）生产工艺；烧结机规格、型号等基本参数；烧结机头与机尾烟气的排放，烧结矿冷却、整粒过程的环保治理；噪声产生及治理；废气无组织排放源等。

c）炼铁：原料、燃料、熔剂等贮运及用量；高炉炼铁工艺；高炉煤气综合利用；高炉、热风炉等烟气的排放；高炉煤气除尘瓦斯灰（泥）利用、高炉煤气净化方式；炼铁生产废水、高炉煤气洗涤废水；噪声产生及治理；炼铁高炉生产废气（一次除尘、二次除尘）；废气无组织排放源等。

d）炼钢：原料（铁水贮运及预处理、废钢储运与加工）贮运及用量；炼钢生产工艺；转炉、电炉、精炼炉规格、型号等基本参数；电炉炼钢、炉前除尘、上料除尘生产、转炉炼钢一次烟气、二次烟气；废水、钢渣；噪声产生及治理；废气无组织排放源等。

e）钢压延加工：轧钢生产工艺；热态压延加热炉炉型、规格、型号等基本参数；热连轧设备、冷轧机组、酸洗系统、热退火炉基本参数；各加热炉烟气排放、酸（油）、碱雾；乳化液、轧钢废水、酸（碱）洗涤废水、废渣、切头切尾余料；噪声产生及治理。

5.2.2 污染源及环境保护设施现场勘察

废气、废水、噪声、固体废物污染源现场勘察主要内容如下：

a）废气：废气排放源、主要污染因子、烟气量以及废气处理设施情况。有组织高架固定源排气筒数量、内径、几何高度以及分布、相邻排气筒之间的距离、排气筒与周围建筑物之间的距离；烟道进、出口位置与烟道截面几何尺寸；除尘器进、出口监测断面（点）位置及几何尺寸等情况。

b）废水：生产废水、生活污水排放源的分布、主要污染因子及排放量；各环节生产废水的汇集、清浊水分流及排放去向；循环水利用情况；环境保护处理设施进出口、废水总排放口规范化建设以及受纳水体等情况。

c）噪声：主要产生噪声设备的种类、数量及噪声级；产生噪声设备启用时段、开启规律及用备情况；噪声设备在厂区平面布置中的位置；声源与厂界周边环境噪声保护敏感目标的距离与分布等情况。

d）固体废物：固体废物来源、类型、数量、临时堆场及永久性贮存处理场类型、位置、运行管理；固体废物综合利用处理方式；固体废物贮存处理场可能造成的对大气、土壤、农作物、植被及地下水的二次污染等情况。

主要污染源及环境保护设施现场勘察内容参照表 1 执行。

表1 环保设施及现场勘察内容一览表

废气	1. 排气筒高度,烟道几何尺寸,烟道截面积、烟温、烟道压力、烟气量等参数。 2. 颗粒物、烟气监测预留孔是否符合采样要求,是否具备现场监测条件;监测点位置及操作平台是否具安全性和可操作性;排放的易燃易爆气体浓度是否满足安全测试要求。 3. 烟气净化装置数量及主要技术参数、设计净化或去除效率。 4. 排污口的规范化与标识;是否安装自动在线监测系统,在线监测仪器型号、生产厂家、仪器运行情况等。 5. 环保设备质量、安装水平及运行时间与状态以及调试检修等原始记录。 6. 环境保护投资情况。 7. 废气排放源与外环境的距离与影响情况。
废水	1. 各类废水处理设施处理方式及全厂排水管网系统情况。 2. 废水清污分流以及水循环利用情况。 3. 废水排放规律走向和流量;废水处理率、废水处理达标率、排放废水合格率等情况。 4. 排污口的规范化建设情况。 5. 废水在线监测系统的仪器型号、生产单位、运行情况等。 6. 环境保护设施安装及运行时间、加药量、调试检修等运行记录。 7. 废水排放对受纳水体的影响情况。
噪声	1. 主要噪声源设备情况及厂区的布局。 2. 主要降噪设施与投资情况。 3. 厂界外环境噪声敏感目标的方位与距离。 4. 环境保护设施安装落实及运行情况。 5. 环保治理降噪指标、控制水平等情况。
固体废物	1. 固体废物产生方式及产生量。 2. 固体废物的分类。 3. 固体废物的贮存设施。 4. 固体废物运输的环保措施及处理方式和去向。 5. 固体废物综合利用技术与利用水平等情况。 6. 环境保护设施安装落实及运行情况。 7. 固体废物堆存对周围环境的影响情况。

    黑色金属冶炼及压延加工建设项目五大生产系统环境保护设施现场勘察内容参见表2至表6。

表2 烧结生产主要环保设施现场勘察内容一览表

污染源			主要污染因子	处理设施及措施
废气污染源	烧结(球团)设备	烧结机头烟气	颗粒物、二氧化硫、氮氧化物(以 NO_2 计)、氟化物(以总 F 计)、一氧化碳、二噁英类	烟气进入电除尘器、多管除尘器或布袋除尘器
		烧结机尾废气	颗粒物	
	热烧结矿冷却、成品整粒		颗粒物	烟气进入除尘系统
	原料堆场扬尘;露天(或有顶无围墙)		颗粒物	喷水抑尘、喷洒表面固化剂、挡风墙、抑尘网、封闭车间等
	原料储运、准备和产品加工等生产过程排尘		颗粒物	采用密闭、集气袋除尘;隔尘墙(帘);少量通过车间通风天窗和侧面窗户泄漏或排气

污染源		主要污染因子	处理设施及措施
废水污染源	原料堆场抑尘	悬浮物	喷水抑尘废水经沉淀池沉淀后水循环使用
	车间地坪冲洗水	悬浮物、pH	
	湿式除尘水	悬浮物	经处理后回用或外排
	生活污水	悬浮物、氨氮、化学需氧量	经集中处理后回用或外排
噪声	各类除尘风机、破碎机、筛分机产生的机械噪声及空气动力学噪声		设置隔声双层门、窗减噪，在建筑结构上采用隔声处理，基础设减振器，在风机出口设消声器减噪
固体废物	废水处理产生的污泥		集中处理、综合利用
	各除尘系统回收的粉尘		环卫部门清运
	少量的生活垃圾		

表3 炼焦（焦化）生产主要环保设施现场勘察内容一览表

污染源		主要污染因子	处理设施及措施
废气污染源	炼焦煤原料储存场、加工（破碎、整粒）及焦炭储运	颗粒物	原料储存场喷水或覆盖情况；设置隔离墙（帘）等；密闭、集气布袋除尘或湿式洗涤除尘系统
	炼焦炉加热工序（机械化）	颗粒物、二氧化硫、氮氧化物、苯并[a]芘、林格曼黑度等	炼焦炉高烟囱排放
	焦炉装煤	颗粒物、苯并[a]芘、苯可溶物，硫化氢、氨、苯系物	装煤、推焦颗粒物地面站除尘系统。干式除尘装煤车或其他净化车、移动烟罩集尘、高压氨水喷射等
	焦炉荒煤气从炉门、加煤孔盖、上升管盖处等泄漏		
	出焦作业逸散或泄漏		
	干法熄焦焦尘湿法熄焦含尘蒸气	颗粒物、二氧化硫	密闭设备、布袋除尘设施
	煤气净化苯回收管式炉烟气及煤气脱硫工段	颗粒物、二氧化硫、氮氧化物	脱硫或硫回收利用设施
	煤气净化过程中各生产装置与贮槽（罐）逸散或泄漏工艺废气	苯系物、硫化物、氨等	密闭、集气防泄漏系统
	蒸氨、脱硫、脱苯装置	二氧化硫、氮氧化物、氨气、硫化氢、苯及同系物	密闭、集气防泄漏系统
废水污染源	煤气管道冷凝废水	挥发酚、总氰化物、硫化物、化学需氧量、氨氮、石油类、苯并[a]芘	经预处理、生化处理、后处理、深度处理等或经酚氰废水处理站处理
	冲洗地坪水		
	化学产品分离酚氰废水		
	蒸氨生产系统废水		
	生活污水	悬浮物、氨氮、生化需氧量	经处理后回用或外排
噪声	粉碎设备、筛焦设备、通风机组、鼓风机、引风机、蒸汽放散管、空压机、泵类等产生的机械噪声及空气动力学噪声		设置隔声双层门、窗减噪，建筑结构上采用隔声处理，基础设减振器，风机出口设消声器减噪
固体废物	煤气净化产生的焦油渣、沥青渣、循环洗油再生渣、脱硫废液		回收至炼焦煤中进行无害化处理
	预处理、生化处理、后处理、深度处理及酚氰废水处理产生的污泥		
	各除尘系统回收的粉尘		综合利用，回用或外运
	少量的生活垃圾		环卫部门清运

表 4　炼铁生产主要环保设施现场勘察内容一览表

污染源			主要污染因子	处理设施及措施
废气污染源	原料系统	原料堆场	颗粒物	密闭收尘罩集气、加布袋除尘器或加静电除尘器
	煤粉制备喷吹系统	原料、燃料、熔剂等储运矿槽、磨煤机逸散废气	颗粒物	
	高炉出铁	高炉炉顶作业废气	颗粒物、CO 等	密闭集气、除尘器
		高炉炉前出铁、出渣废气	颗粒物、二氧化硫、氮氧化物（以 NO_2 计）	密闭集气、除尘器
		高炉煤气	—	经洗涤净化或除尘器净化后回用
	热风炉（加热炉）	送风系统炉窑（燃气、燃油、燃煤）	颗粒物、二氧化硫、氮氧化物（以 NO_2 计）、一氧化碳	采用高炉、转炉、焦炉煤气或低硫煤粉清洁燃料；密闭集气、除尘器
废水污染源	高炉煤气洗涤废水		悬浮物、酚、总氰化物	经沉淀、冷却、水质稳定后循环使用
	高炉渣的冲渣水		悬浮物、硫化物	经沉淀、冷却后循环使用
	各类冷却水		悬浮物、石油类	经沉淀、除油冷却后循环使用
	生活污水		悬浮物、氨氮、生化需氧量	经处理后外排
噪声	高炉放散、鼓风机、振动筛、中速磨、各类风机、空压机、水泵等产生的机械噪声及空气动力学噪声			设置隔声双层门、窗减噪，在建筑结构上采用隔声处理，基础设减振器，在风机出口设消声器减噪
固体废物	高炉煤气净化瓦斯（灰）泥			集中处理，回炉利用
	炼铁废渣（高炉渣）			作水泥原料、铺路材料、建筑材料
	高炉水处理含铁污泥			作烧结原料利用
	各除尘系统回收的粉尘			返回烧结系统或其他方式综合利用
	少量的生活垃圾			环卫部门清运

表 5　炼钢（转炉、电炉）生产主要环保设施现场勘察内容一览表

污染源		主要污染因子	处理设施及措施
废气污染源	铁水储运、预处理兑铁水辅料上料（含扒渣）等过程	工业粉（颗粒物）	密闭集气、除尘器系统
	混铁炉	工业粉（颗粒物）	密闭集气、除尘器系统
	转炉一次烟气	颗粒物	密闭集气、除尘器系统
	转炉二次烟气	颗粒物、氟化物（特钢生产有此项）	密闭集气、除尘器系统
	电炉	颗粒物二噁英（电炉炼钢有此项）、二氧化硫、氮氧化物、氟化物（特钢生产有此项）	密闭集气罩、除尘器系统
	精炼炉		
	中间罐倾翻、钢水包、连铸火焰清理与切割	颗粒物	密闭集气罩、除尘器系统

污染源		主要污染因子	处理设施及措施
废气污染源	石灰窑焙烧及焙烧原料与成品系统	颗粒物	密闭集气罩、除尘器系统
	其他系统（废钢加工、炼钢辅料加工、钢渣处理等）	工业粉（烟）尘	密闭集气罩、除尘器系统
	原料系统、冶炼炉等其他外炉窑厂房车间；工业炉窑或设备露天或有顶无墙	无组织排放工业粉（烟）尘	—
废水污染源	转炉煤气（一次烟气）洗涤废水	悬浮物	经沉淀、冷却、水质稳定后循环使用
	连铸废水、炉外精炼废水	悬浮物、石油类	经沉淀、除油冷却后循环使用
	转炉、LF 炉、VD 炉、连铸系统冷却水	悬浮物、石油类	经沉淀、除油冷却后循环使用
	生活污水	悬浮物、氨氮、生化需氧量	经生活污水处理站处理后回用或外排
噪声	转炉、电炉、连铸等生产设备以及转炉一、二次烟气除尘风机，铁水预处理系统等除尘系统风机，原料输送中皮带运输机，转炉煤气加压机等运行时产生的机械及空气动力噪声		设置隔声双层门、窗减噪，在建筑结构上采用隔声处理，基础设减振器，在风机出口设消声器减噪
固体废物	钢渣、废钢铁料、含铁尘泥、粉尘、氧化铁皮、污泥、废油脂、钢包的注余渣、溢流罐渣、废耐火砖垃圾		钢渣、废钢铁料回收作钢铁原料，粉尘、钢包的注余渣、溢流罐渣、废砖垃圾等送渣场处理，其余送配料槽或集中回收处理
	少量的生活垃圾		环卫部门清运

表6　轧钢（热轧、冷轧）生产主要环保设施现场勘察内容一览表

污染源		主要污染因子	处理设施及措施
废气污染源	热轧加热炉或其他工业炉窑	二氧化硫、氮氧化物（以 NO_2 计）、颗粒物	高烟囱排放或其他处理方式
	热连轧机组的轧制；拉矫、整精、抛丸、修磨机、焊接机、酸再生等工序	颗粒物	经集气罩，送除尘器净化
	冷轧机组（精轧机）的轧制废气	石油类（油雾）、氧化金属粉尘	油雾捕集装置净化、油雾过滤器
	酸洗机组、废盐酸再生	铬酸雾（以 Cr 计）、硫酸雾、盐酸雾（废盐酸再生）	用密闭罩集气，经洗涤塔净化
	碱洗机组、钝化	碱雾	净化处理装置
	板坯加热、磨辊作业、钢卷精整、酸再生下料等车间厂房	颗粒物	布袋除尘系统或湿式电除尘器
废水污染源	热轧机组轧辊冷却废水、高压除磷废水、轧材冷却水，连铸冲铁皮水	石油类、悬浮物	用旋流井去除大量铁皮后进一步沉淀处理，经除油后再过滤并经冷却后循环使用
	冷轧机、平整机、磨辊间产生的废水	悬浮物、石油类	经超滤装置回收废油后，进入酸碱废水处理系统
	冷轧酸洗机组、酸再生装置及脱盐水站	酸碱废水	酸碱废水处理系统
	生活污水	悬浮物、氨氮、生化需氧量	生活污水处理站处理后回用或外排

	污染源	主要污染因子	处理设施及措施
噪声	真空处理系统噪声、加热炉风机噪声、空压机噪声轧机等产生的机械噪声及空气动力学噪声		设置隔声双层门、窗减噪，在建筑结构上采用隔声处理，基础设减振器，在风机出口设消声器减噪
固体废物	废水处理产生的废油、废乳化液及污泥		集中处理
	除尘系统收集的粉尘		综合利用
	轧制产生的氧化铁皮		
	少量生活垃圾		环卫部门清运

5.2.3　现场其他勘察内容

根据生产系统的具体情况，现场其他勘察一般应包括以下内容：

a）废气、废水、噪声、固体废物对空气、地表水、土壤、地下水、农作物、人群及牲畜保护敏感目标以及其他主要环境保护目标影响情况调查。

b）固体废物（渣、泥、尘、油脂等）的种类、数量、处置方式、最终去向等，一般工业固体废物综合利用及危险废物处置情况。

c）生产系统多烟囱相对距离及等效单元的合并情况。

d）废气无组织排放监测所需相关常年气象资料收集。

e）污染物排放控制标准、总量控制指标及环境保护设施设计处理指标等。

f）环境管理制度、监测机构人员、专责机构计划及监测设备配置水平。

g）绿化植树（草）种类、数量，厂区绿化面积与绿化系数。

h）建设期及试生产运营以来污染纠纷、扰民情况调查。

i）产业政策符合性、清洁生产装备与生产技术水平情况调查。

j）项目周边环境敏感目标质量状况与生态环境调查。

k）环境风险及应急预案应急防护措施、应急物质的储备与落实情况。

l）卫生防护距离以及居民搬迁情况调查。

6　编制验收技术方案

在项目验收准备阶段，通过收集、查阅资料，结合生产线和环保设施现场踏勘调查，编制《黑色金属冶炼及压延加工建设项目竣工环境保护验收技术方案》（以下简称验收技术方案）。验收技术方案应包括以下主要内容。

a）总论

总论应包括以下内容：

——项目由来。应简述项目立项、环境影响评价、初步设计（环境保护篇）、建设、试生产阶段以及审批过程；项目竣工环境保护验收承担单位、生产现场勘察时间、环境保护设施以及环境保护检查情况等。

——验收目的。应表述通过对建设项目污染物达标排放监测、环境保护设施治理效果监测、必要的环境敏感区域（点）环境质量等的监测，以及对建设项目环境管理检查和区域公众意见调查结果，编制建设项目竣工环境保护验收报告书（表），为环境保护行政主管部门验收及日常环境管理提供技术依据。

——验收依据应有以下内容：

1）建设项目环境保护管理法律、法规与规定；建设项目竣工环境保护验收技术规范。

2）建设项目环境保护相关文件，主要包括该项目环境影响报告书（表）、初步设计（环境保护篇）等。

3）建设项目环境保护批复文件，包括环境影响报告书的批复、环境保护初步设计的批复、建设项目执行标准和总量控制指标的批复。

4）建设项目设计、工程变更的相应批复文件。

5）建设项目环境保护执行情况自行检查报告。

6）建设单位验收监测委托文件。

7）其他需要说明情况的相关文件。

b）建设项目工程概况

——建设过程与建设内容应对原有工程和新建工程分别予以说明：

1）对于原有工程进行一般性概述；改建、扩建项目应详述与验收项目相关的原工程改造及环境保护治理要求；说清与原有工程的依托关系，并将其确定为验收监测与环境保护检查内容。

2）对于新建工程应叙述新建工程生产主、辅工程与设备；环境保护工程与设备等建设情况；工程立项、环境影响评价、初步设计、施工建设、试运行阶段报告书、设计完成单位、施工单位、项目环境保护行政主管部门的批复以及项目完成情况。

3）应全面叙述以上工程环境保护设施建设情况，并列表说明主体工程生产设备与环境保护设施建设情况，参见附录 C 表 C.1、表 C.2。

——地理位置及厂区平面布置。项目所在地地理位置及厂区总平面布置均以图件表示。地理位置重点突出项目所处地有无特殊需要保护的区域、标明环境保护敏感目标位置、标明方位与风向玫瑰图。厂区平面布置图标明废气（包括有、无组织）、废水、噪声、固体废物排放源所处位置；叙述（标明）厂界周围环境空气、地表水、噪声敏感目标与排放源的相对位置及距离。

——主要产品、原辅材料：主要产品、原（燃）料、辅料名称、用量等列表表示。参见附录 C 表 C.3。

——水量平衡及物料平衡：水量平衡及物料平衡均以平衡图表示。参见附录 B 图 B.2、图 B.3。

——生产工艺及污染物产生环节。主要生产工艺流程、关键的生产单元均以工艺流程及排污节点示意图表示。图中对各类污染物产生环节按其规定的图例作标识。烧结、球团、炼焦、炼铁、炼钢、钢压延加工生产工艺流程及排污节点示意图参见附录 B 图 B.4、图 B.5、图 B.6、图 B.7、图 B.8、图 B.9 和图 B.10。

c）主要污染源及治理设施

——应叙述废气、废水、固体废物、噪声等污染源的产生、治理、排放以及主要污染因子及排放情况等。

——应列出污染源分析及治理情况一览表。参见附录 C 表 C.4～表 C.6。废气、废水污染治理工艺流程示意图，参见附录 B 图 B.11、图 B.12、图 B.13、图 B.14。

——本规范中未列的其他生产系统图示方法可参照进行。

d）环境影响评价、初步设计回顾及其批复要求

应列出建设项目环境影响评价主要结论、环境影响评价批复文件的要求、环境保护

初步设计和环境保护行政主管部门对该项目有关环境保护的其他特殊要求。

　　e）验收评价标准

　　应以环境影响评价文件及批复文件规定的国家或地方标准作为验收监测评价标准；以项目初步设计规定的设计指标和环境影响评价提出的总量控制指标或地方环境保护行政主管部门下达的总量控制指标作为验收评价指标或标准。同时，列出建设项目环境影响评价后新颁布的国家或地方标准作为验收评价参照标准。执行标准值以表格形式列出，参见附录 C 表 C.8～表 C.12。

　　f）验收监测内容

　　——监测期间工况要求。应要求承担单位派专人在现场监视生产工况，在确保生产工况负荷率大于或等于 75%，且生产和环保设施正常运转时，依据验收技术方案确定的范围与工作内容开展现场监测、环保检查及调查。

　　——验收监测内容。应按照项目环境影响报告资料、批复文件资料核查项目建设内容、建设规模，以及所规定的各项环境保护工程或措施与要求，根据本标准 5.2 所列勘察内容，确定验收工作范围。应注意对扩建、改建项目提出的"以新带老，总量控制"、"淘汰落后生产设备、以大代小、总量替换"等需要落实的环境保护工程、治理措施验收监测与检查范围的确定。验收监测包括以下内容：

　　1）废气（有组织、无组织）污染物达标排放监测。

　　2）各生产环节废水污染物达标排放监测。

　　3）厂界噪声和必要的设备噪声监测。

　　4）废气、废水、噪声等各类环境保护治理设施效率监测。

　　5）固体废物堆场周围土壤、地下水、植被等特征污染物的监测。

　　6）必要的环境空气敏感目标及噪声敏感目标监测（注意在环境空气质量监测的同时进行风向、风速、气温、气压、温度等气象参数的测试），受纳水体及相关的地表水环境质量监测。

　　7）环境影响报告批复文件中涉及的其他需要监测的内容。

　　8）电磁辐射、放射性、振动及其他特征污染物监测（如果有此项）。

　　9）总量控制指标监测及排放总量核算。

　　10）固定污染源连续在线监测系统运行及监测结果比对评价。

　　11）验收监测期间单位产品排放量指标的监测与计算。

　　12）建设项目竣工验收登记表中需要填写的污染控制指标的监测计算（新建部分污染物产生量、新建部分污染物处理削减量、处理前污染物浓度、验收期间污染物排放浓度等）。

　　——监测点位布设。应根据现场勘察情况按照 GB/T 16157 的规定与技术规范要求确定验收监测点位。绘制监测点位所在厂区具体位置简图、监测点位平面或立面图，涉及采样方式的监测点（例如烟气颗粒物采样点）应给出各测点几何尺寸示意图。以转炉炼钢为例，废气有组织排放监测和废水监测点位布设参见附录 B 图 B.15，其他生产系统监测点位布设图示参照执行。根据生产系统的不同，其废气无组织排放监测点位的设置分别执行 GB 16297、GB 9078、GB 16171、HJ/T 55 标准的规定。应分别绘制厂界无组织排放；各类炉窑车间、厂房门窗泄漏浓度最大值（或露天浓度最大值）排放口；焦炉顶煤塔侧第 1 至 4 孔炭化室上升管旁等处废气无组织排放监测点位布设示意图。

——监测频次及因子。常见的污染因子见环发[2000]38 号文件中附录一。某转炉炼钢生产系统验收监测因子及频次列于表 7，其他生产系统可参照执行。

表 7　炼钢厂竣工环境保护验收监测因子及频次一览表（示例）

类别		污染源		监测因子
		排放源位置	监测位置	
废气	有组织排放	转炉一次烟气	除尘器出口	烟（粉）尘
		转炉二次烟气	除尘器进、出口	烟（粉）尘、氟化物（特钢）
		LF/VD 炉烟气	静电除尘器进、出口	烟（粉）尘、氟化物（特钢）
		混铁炉脱硫站、铁水预处理（含扒渣）	除尘器进、出口	烟（粉）尘
		电炉、精炼炉（包括 RH、VOD）、中间罐、倾翻与修砌	除尘器出口	烟（粉）尘、二噁英（电炉）、氟化物（特钢）
		石灰窑焙烧烟气	除尘器出口	烟（粉）尘
		散装料输送及成品系统转运站	除尘器进、出口	粉尘
		其他含尘废气（废钢与炼钢铺料加工、钢渣处理等）	除尘器进、出口	烟（粉）尘
	无组织排放	原料堆场无组织排放监测		颗粒物
		车间、厂房外无组织排放监测		颗粒物（粉尘）、氟化物（有特钢生产）
		厂界无组织排放监测		颗粒物、氟化物（有特钢生产）
废水		转炉煤气洗涤废水	进、出水口	pH、悬浮物、化学需氧量
		VD 炉废水、铁水预处理、炉外精炼废水	进、出水口	pH、悬浮物、化学需氧量、六价铬、总锌、石油类
		连铸系统废水	进、出水口	pH、悬浮物、化学需氧量、石油类
		生活污水	排水口	pH、悬浮物、化学需氧量、氨氮、生化需氧量
		全厂废水外排系统	总外排口	pH、悬浮物、化学需氧量、动植物油、挥发酚、氰化物、硫化物、氨氮
噪声		厂界噪声		等效声级
		环境敏感目标噪声		等效声级

注：a. 二噁英指排放废气（含颗粒物）中的测定均值；
　　b. 特种钢铁生产需加测氟化物（以总 F 计）；
　　c. 监测频次按环发[2000]38 号文及相关标准要求执行。

——监测分析方法及监测仪器。常见项目监测分析方法见表 8。可根据被测污染因子特点选择监测分析方法，并确定所用监测仪器。现场监测仪器一览表参见附录 C 中表 C.13。

表 8　常见项目监测分析方法一览表

		监测因子	监测方法及名称	来源
废气	有组织排放	氟化物（以总 F 计）	离子选择电极法	HJ/T 67
		二氧化硫	定电位电解法	HJ/T 57
		颗粒物	重量法	GB/T 16157
		氮氧化物（以 NO$_2$ 计）	盐酸萘乙二胺分光光度法	HJ/T 43
		烟气黑度	林格曼黑度计法	GB 5468
		碱雾	酸碱滴定法	GB/T 16106
		硫酸雾	铬酸钡比色法	GB 4920
		氯化氢（盐酸雾）	硫氰酸汞分光光度法	HJ/T 27
		铬酸雾	二苯碳酰二肼分光光度法	HJ/T 29
		氨	纳氏试剂分光光度法	GB/T 14668
		二噁英类	同位素稀释高分辨率毛细管气相色谱/高分辨质谱法	HJ/T 77
		苯可溶物	重量法	GB 16171
		苯并[a]芘	高效液相色谱法	GB/T 15439
	无组织排放	总悬浮颗粒物	重量法	GB/T 15432
		二氧化硫	甲醛吸收副玫瑰苯胺分光光度法	GB/T 15262
废水		流量	水质采样方案设计技术规定	GB 12997
		pH	玻璃电极法	GB 6920
		悬浮物	重量法	GB 11901
		氟化物	离子选择电极法	GB 7484
		化学需氧量	重铬酸钾法	GB 11914
		五日生化需氧量	稀释与接种法	GB 7488
		氨氮	纳氏试剂比色法	GB 7479
		挥发酚	4-氨基安替比林光度法	GB 7490
		总氰化物	异烟酸-吡唑啉酮光度法	GB 7486
		石油类和动植物油	红外分光光度法	GB/T 16488
		六价铬	二苯碳酰二肼分光光度法	GB 7467
		锌	双硫腙分光光度法	GB 7472
		硫化物	亚甲基蓝分光光度法	GB/T 16489
		苯及苯系物	气相色谱法	GB 11890
噪声		厂界噪声	工业企业厂界噪声测量方法	GB 12349
		区域环境噪声	城市区域环境噪声测量方法	GB 14623

——监测质量控制及质量保证。按照《环境监测技术规范》、《环境水质监测质量保证手册》、《空气和废气监测质量保证手册》、《地表水和污水监测技术规范》和《建设项目环境保护设施竣工验收监测技术要求》中有关要求进行验收质量控制，主要质量控制措施如下：

1）验收监测期间应由专人负责监视生产工况，在工况稳定、生产能力达到设计生产能力的 75%（含 75%，以下同）或负荷率达到设计指标的 75%以上且环境保护设施正常运行时进行监测。若生产负荷率不足 75%，应进行调整，使其达到设计生产能力的 75%或 75%以上，否则应停止监测。

2）科学合理设置监测点位，保证验收监测数据的准确性和代表性。

3）优先采用国家标准分析方法，参加验收监测采样和测试的技术人员，应按国家有关规定考核合格，并持证上岗。

4）监测分析、采样仪器经计量检定或自校（准），并在检定或校准有效期内使用。

5）水和废水监测质量保证和质量控制措施应包括：

——水样的采集、运输、保存、实验室分析和数据处理全过程均按照 GB 12997 和《环境水质监测质量保证手册》的要求进行；

——水样采集和实验室分析时的平行样均应不少于 10%；

——对有国家标准样品或质量控制样品的项目，应在分析一批样品的同时进行不少于 10%的质控样品分析，对无标准样品或质量控制样品的项目，可加标回收试验进行质量控制，加标回收试验分析样品量不少于同批样品的 10%。

6）空气和废气监测质量保证和质量控制措施应包括：

——尽量避免被测物中共存污染物对分析仪器的交叉干扰；

——被测物的浓度应在仪器测试量程的有效范围即仪器量程的 30%～70%之间；

——颗粒物、废气监测仪在使用前应对采样器流量计进行（自）校准；

——烟气（空气）监测仪在使用前除了对流量计进行校准外，应采用国家有证标准气体对仪器进行标定；

——污染源颗粒物及废气监测采样执行 GB/T 16157；废气无组织排放监测点位布设分别执行 GB 16297、GB 9078 和 GB 16171。

7）噪声监测仪器使用前、后用标准声源发生器进行校准，测量前、后仪器的灵敏度相差不大于 0.5 dB，若大于 0.5 dB 则测试数据无效。

8）固体废物样品的采集应不少于 10%的平行样，其实验室样品分析的质量控制执行本节中 5）的规定。

9）监测数据和验收报告严格执行三级审核制度。

g）公众意见调查实施方案

——调查内容。主要针对项目在建设期、运行期出现的环境问题以及环境污染治理情况与效果，污染扰民情况等。询当地居民意见、建议。

——调查方法。问卷填写、访谈、座谈。明确参与调查者对工程环保工作的总体满意程度。

——公众意见调查范围及对象。环境保护敏感区域范围内各年龄段、各层次人群，环评期间参与调查人员比例应尽可能达到 50%以上。

h）环境管理检查

应从项目立项、建设、试生产至申请验收前对建设单位执行环境保护法律、法规、规章制度情况的全面检查。主要检查内容为：

1）环境保护档案资料。

2）环境保护组织机构及管理规章制度。

3）环境保护设施建成及运行记录。

4）环境保护措施落实情况及实施效果。

5）环境监测计划的实施。

6）固体废物来源、种类（一般或危险废物）、产生及处理量、最终去向：

——对危险废物，若委托处理，应核实处置单位的资质、检查相应委托处置协议及危险废物转移联单；

——若有危险废物填埋场，应按 GB 18598 检查其是否符合要求。

7）"以新带老"等环境保护要求的落实，落后生产工艺、设备的淘汰、关停、拆除及原有工程治理、环境保护设施改造情况。列表说明"以新带老"落实情况。

8）污染物排放标识、排污口规范化建设与整治情况。

9）环境影响评价批复中卫生防护距离的落实情况。

10）环境风险、污染事故应急预案与防护措施的检查。

11）环境保护"三同时"落实情况检查应包括：

——环境保护设施建设、运行状况，应附环境影响报告书、初步设计提出的要求，环境影响报告审批意见、批复要求及实际建成落实情况对比表。

——应说明改建、扩建项目"以新带老、总量削减"、"淘汰落后生产设备、以大代小、等量替换"等环境保护设施建设以及环境管理措施执行情况。

12）清洁生产水平情况检查应包括：

——清洁生产的工艺与装备。

——资源能源的利用指标。

——产品与污染物产生指标。

——废物回收利用指标。

——清洁生产对环境管理的要求等。

13）环境保护敏感区影响情况检查：

依据环境影响评价结果及现场勘察情况，确定该项目受纳水体、环境空气敏感目标、噪声敏感目标及固体废物处置可能造成的二次污染保护目标，进行环境保护敏感区影响分析。

i）工作进度及经费预算

7　实施验收技术方案

7.1　现场监测、检查及调查

7.1.1　监测工况监控

验收期间应派专人负责监控各生产环节的主要原材料的消耗量、成品量等，并按设计的主要原（燃）、辅料用量、成品产生量核算实际生产负荷率，验收对生产工况的要求执行环发[2000]38 号文件规定。应列表表述出与生产运行负荷有关的数据或参数，必要时附验收监测生产工况原始台班记录。验收期间物料、动力消耗及生产工况记录参见附录 C 表 C.14、表 C.15。

7.1.2　现场监测

按《验收技术方案》中规定的监测内容、监测项目、监测频次实施现场监测。

7.1.3　开展检查与调查

——按《验收监测方案》中环境管理检查内容逐项核查；

——按《验收监测方案》中公众意见调查实施方案开展调查并回收调查问卷进行分

析整理。

7.2 监测数据整理与分析

7.2.1 数据整理与分析

a）固定污染源废气有组织排放监测结果应列表表述。参见附录 C 表 C.16～表 C.18。

b）废气无组织排放监测时应同时测量风向、风速、气温、气压等气象参数。应注意监测期间根据风向的变化随时调整监控点和对照点。废气无组织排放监测结果和气象参数测试结果应列表表述。参见附录 C 表 C.19～表 C.21。

c）废水排放监测结果应列表表述。参见附录 C 表 C.22。

d）环境空气、地表水、环境噪声、固体废物及固定污染源自动检测系统参比评价监测结果应列表表述。参见附录 C 表 C.23～表 C.26。

——环境保护设施效率监测结果列表表述。

——实验室分析质量控制评价结果应列表表述。参见附录 C 表 C.27。

——国家总量控制污染物（化学需氧量、氨氮、工业粉尘、颗粒物、二氧化硫、固体废物）和项目特征污染物年排放总量的计算。其排放总量计算值与环境影响评价预测值应列表比较。参见附录 C 表 C.28。

1）根据有组织固定污染源某污染物排放口废气（废水）实测流量和实测浓度计算年排放总量；

2）根据燃料、物料衡算或污染物排放系数对某污染物废气无组织排放量进行估算。

——单位产品排污量的计算结果应列表比较。

7.2.2 监测数据整理中应注意的问题

a）若验收监测数据出现异常，应分析异常数据产生的原因，并按数理统计相关规定进行检验。

b）实测锅炉或炉窑废气污染物排放浓度，应按国家标准规定的过剩空气系数或掺风系数进行折算。

c）排放同种污染物近距离（距离小于几何高度之和）的多个排气筒按等效源合并进行处理与评价。

d）改建、扩建项目污染物排放量的计算，应考虑环境影响报告书中列出的改建、扩建工程原有污染物排放量。

e）主要污染物总量控制指标与环境影响评价预测值应在同一工作时段进行计算与比较。

8 编制验收技术报告

根据现场监测数据和环保检查结果的分析，以报告书的形式反映建设项目竣工环境保护验收结论。《黑色金属冶炼及压延加工建设项目竣工环境保护验收技术报告》（以下简称验收技术报告）应包括 9 个方面的内容，报告编排结构、文字、表格及内容框架参见附录 A。其中总论、建设项目工程概况、主要污染源及治理设施、环境影响评价、初步设计回顾及其环境影响报告批复及评价标准与验收技术方案基本一致，验收报告的重点应是在完善建设项目地理位置图、厂区平面图、工艺流程图、物料平衡表、水平衡图、污染治理工艺流程图、监测点位图的，对验收监测结果、公众意见调查和环境管理检查结果汇总分析，给出验收结论和建议。

a）验收监测结果

验收监测结果应从以下几方面进行汇总分析：

——验收期间生产工况。应根据各生产装置投料量、实际成品产量、设计产量、生产负荷等相关参数，计算实际生产负荷率，并以文字配合表格形式叙述监测期间实际生产负荷是否符合规定要求，确认其验收现场监测工作的有效性。

——污染物排放监测。应将废气、废水、厂界噪声排放监测结果与验收技术方案中确定的标准进行比较评价。若出现污染物超标，应分别给出超标倍数和超标率，并以文字叙述分析超标原因。

——环境保护设施效率监测。应将废气、废水、厂界噪声以及环境保护设施效率监测结果与国家（地方）标准、工程设计值进行比较评价。若环境保护设施效果不符合工程设计指标和要求，应以文字形式进行详细叙述评价。

——环境质量监测。应关注项目对周边环境的影响。对厂区周围环境空气、地表水（纳污水体）、敏感目标噪声以及固体废物堆场周围土壤、植被、地下水监测结果分析评价。若对环境质量或环境敏感目标有影响，则应重点叙述影响原因。

——总量控制污染指标排放量计算。根据固定污染源某污染物排放口废气（废水）实测流量和实测浓度计算年排放总量；根据燃料、物料衡算或污染物产/排污系数对某污染物废气无组织排放量进行估算。应将总量控制污染指标排放量计算值与环境影响评价预测值或地方环境保护行政主管部门规定指标进行比较评述。

b）公众意见调查结果

统计分析公众意见调查表（参见附件 C 表 C.29）、整理访谈、座谈记录，并按被调查者不同职业构成、不同年龄结构、距建设项目不同距离等分类，得出调查结论。

c）环境管理检查结果

根据验收监测方案所列检查内容逐条说明：

——应重点叙述项目环境影响评价结论与建议中提到的各项环境保护设施建成和措施落实情况，尤其应逐项检查和归纳叙述行政主管部门环境影响评价批复中提到的建设项目在工程设计、建设中应注意和重点落实的环境保护问题。

——环境保护验收检查及调查结果整理汇总，除要求文字叙述外，应列出详细的环境保护设施建设对照检查落实情况一览表。参见附录 C 表 C.30。

d）验收结论及建议

——结论。根据现场监测结果、环境管理检查及公众意见调查结果的综合分析，按本标准所设置的专题内容进行简明扼要的评价叙述，并给出项目是否通过环境保护验收的结论。

1）根据 GB 8978、GB 13456、GB 9078、GB 13271、GB 14554、GB 16171、GB 16297、GB 12348 等相关标准，叙述废水、废气污染物及厂界噪声达标排放的结论。

2）对照环评及工程设计指标及主管部门的要求，叙述对环境保护设施建设及运行效率评价的结论。

3）根据 HJ/T 69、HJ/T 92 标准，以实测结果计算总量控制污染指标、单位产品排污量，评价是否满足工程设计、环境影响评价预测值以及环境保护行政主管部门核定下达的总量控制指标要求的结论。

4）根据 GB 3838、GB 3095、GB/T 1484、GB 15618 和 GB 3096 等相关标准，叙述对环境质量或敏感目标以及厂界噪声、环境敏感目标噪声影响的结论。

5）根据 GB 18599、GB 18596 和 GB 18598，说明固体废物类别、综合利用、转移与堆存情况，叙述固体废物影响的结论。

6）根据 GB 15618、GB 5084 和 GB/T 1484 等相关标准，说明固体废物堆场建设对周围土壤、农田、地下水二次污染情况（如果有此项），并叙述对其影响的结论。

7）根据 HJ/T 76、HJ/T 354 和国家环保总局第 28 号令相关要求，叙述固定污染源连续在线监测系统运行及比对结果评价的结论。

8）根据 HJ/T 126、HJ/T 189 等相关标准，叙述清洁生产技术与水平评价的结论。

9）根据公众意见调查统计，叙述公众对项目评价的结论。

10）叙述环境管理规章制度建立、监测机构建设情况结论。

11）叙述厂区布局合理性及厂区绿化的结论。

12）其他结论。

——建议。如果某专题结论存在问题，存在不符合项，应有针对性地提出整改意见或建议，明确提出应在规定时限内完成项目的整改，要求再次进行现场补测或检查确认合格后，再报经环境保护行政主管部门审查批准后方可通过验收。可针对以下几个方面提出合理的意见和建议：

1）未执行"以新带老、总量削减"，"上大关小、总量替换"等要求，未拆除、关停落后生产线或设备。

2）污染物的排放未达到国家或地方标准要求。

3）环保治理设施处理效率或污染物的排放未达到原设计指标和要求。

4）环保治理设施、连续在线监测设备及排污口未按规范安装和建成。

5）环境保护敏感区的环境质量未达到国家或地方标准或环评预测值。

6）国家规定实施总量控制的污染物排放量超过环境管理部门规定或核定的总量等。

7）未按要求建成危险废物填埋场或处置方式的建议。

8）其他建议。

9 验收报告附件

9.1 建设项目环境保护"三同时"竣工验收登记表。

9.2 环境保护行政主管部门对环境影响评价报告书的批复意见。

9.3 环境保护行政主管部门对建设项目环境影响评价执行标准的批复意见。

9.4 环境保护行政主管部门对建设项目总量控制执行标准的批复意见。

9.5 固体废物处置合同或协议及承担危险废物处置单位的相关资质证明。

附录 A（规范性附录）

验收技术方案与报告编排结构及内容

A.1　编排结构

封面、封二[式样见《建设项目环境保护设施竣工验收监测技术要求（试行）》附录四～附录七]、目录、正文、附件、附表、附图、"三同时"竣工验收登记表、封底。

A.2　验收监测方案章节

——总论
——建设项目工程概况
——污染源及环保治理设施
——环评、初设回顾及环评批复
——验收监测评价标准
——验收监测内容
——公众意见调查
——环境管理检查
——监测时间安排及经费概算

A.3　验收监测报告章节

——总论
——建设项目工程概况
——污染源及环保治理
——环评、初设回顾及环评批复
——验收监测评价标准
——验收监测结果及分析
——公众意见调查结果
——环境管理检查结果
——验收结论与建议

A.4　监测方案、监测报告中图表

A.4.1　图件

A.4.1.1　图件内容
——建设项目地理位置图
——建设项目厂区平面图

——工艺流程图

——水量平衡图

——污染治理工艺流程图

——建设项目监测布点图

A.4.1.2　图件要求

——各种图表中均用中文标注，必须用简称的附注释说明

——工艺流程图中工艺设备或处理装置应用框线框起，并同时注明物料的输入和输出

——监测点位图应给出平面图和立面图

注：验收监测布点图中应统一使用如下标识符：

水和废水：　　　　环境水质 ☆，　　　　废水 ★；

空气和废气：　　　环境空气 〇，　　　　废气 ◎；

噪声：　　　　　　敏感目标噪声 △，　　其他噪声 ▲；

固体物质和固废：　固体物质 □，　　　　固体废物 ■。

A.4.2　表格

A.4.2.1　表格类型

——工程建设内容一览表

——环保设施建成情况对比表（环评、初步设计及相关批复的要求、实际建设情况）

——原辅材料消耗情况对比表（环评、初步设计、实际建设）

——物料衡算表

——污染源及治理情况一览表

——验收标准一览表

——监测分析方法及仪器使用一览表

——监测结果表

——污染物排放总量统计表

A.4.2.2　表格要求

——所有表格均应为开放式表格

A.5　验收监测方案、监测报告正文要求

——正文字体为四号宋体

——三级以上字体标题为宋体加黑

——行间距为 1.5 倍行间距

A.6　其他要求

——验收监测方案、报告的编号由各环境监测站制定

——页眉中注明验收项目名称，位置居右，小五号宋体，斜体，下画单横线

——页脚注明"×××环境监测××站"字样，小五号宋体，位置居左

——正文页脚采用阿拉伯数字,居中;目录页脚采用罗马数字并居中

A.7 附件

A.7.1 建设项目环境保护"三同时"竣工验收登记表。

A.7.2 环境保护行政主管部门对环境影响评价报告书的批复意见。

A.7.3 环境保护行政主管部门对建设项目环境影响评价执行标准的批复意见。

A.7.4 环境保护行政主管部门对建设项目试生产批复。

A.7.5 其他。

附录 B（资料性附录）

示 例 图

下列示意图仅为某生产工艺及污染治理的个例，仅供参考，不代表全面，应用时应结合实际。资料性附录 B 由图 B.1～图 B.15 共 15 个示例图组成。

黑色金属冶炼及压延加工项目主要生产流程简图见图 B.1

某炼钢厂水量平衡图见图 B.2

某钢厂炼铁物料平衡图见图 B.3

某烧结生产工艺流程及排污节点图见图 B.4

某球团焙烧工艺流程示意图见图 B.5

某炼焦及煤气净化工艺流程及排污节点图见图 B.6

某炼铁生产工艺流程及排污节点图见图 B.7

某电炉炼钢生产工艺流程及排污节点图见图 B.8

某转炉炼钢生产工艺流程及排污节点图见图 B.9

某钢压延加工（轧钢）生产工艺流程及污染分布图见图 B.10

某炼钢厂混铁炉、脱硫除尘工艺流程图见图 B.11

某炼钢厂 LF/VD 炉电除尘系统工艺流程图见图 B.12

某炼钢厂转炉煤气（一次烟气）洗涤废水处理和闭路循环利用工艺流程图见图 B.13

某炼钢厂连铸二次冷却及冲铁皮沟废水处理和闭路循环利用工艺流程图见图 B.14

某炼钢厂（转炉炼钢）监测点位示意图见图 B.15

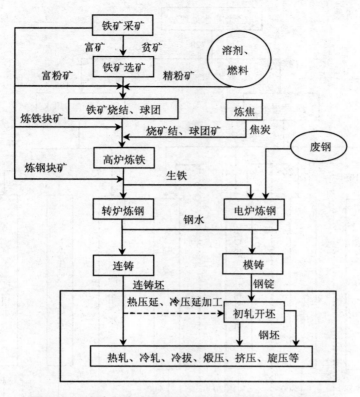

图 B.1 黑色金属冶炼及压延加工项目主要生产流程简图

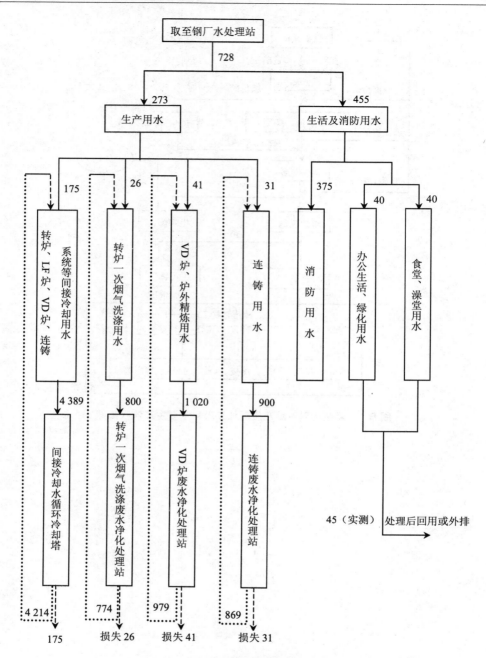

图 B.2　某炼钢厂水量平衡图（t/h）

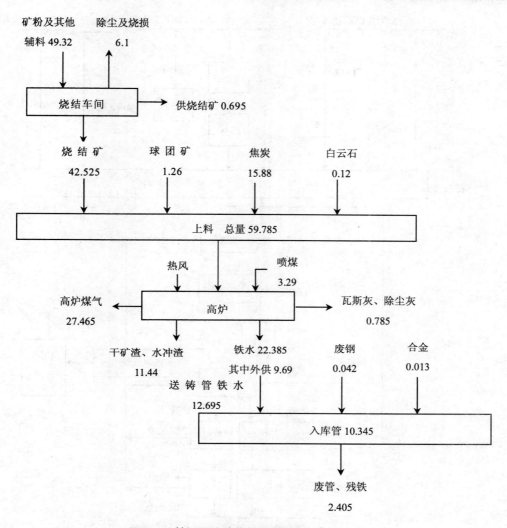

图 B.3 某钢厂炼铁物料平衡图（10⁴t/a）

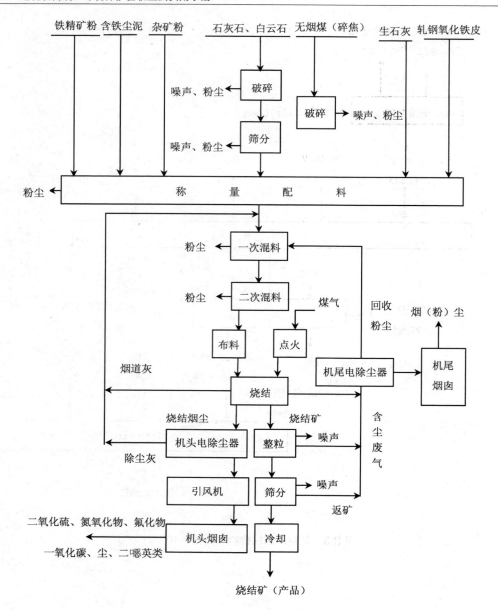

图 B.4 某烧结生产工艺流程及排污节点图

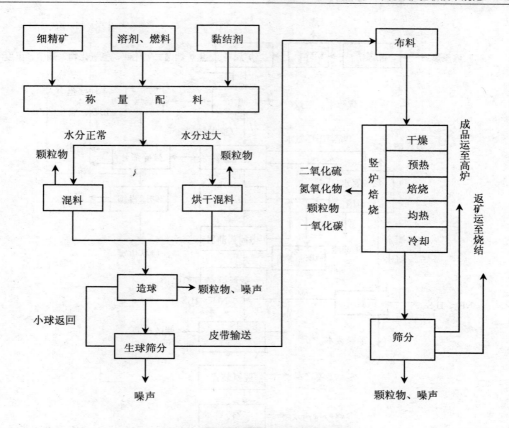

图 B.5　某球团焙烧工艺流程示意图

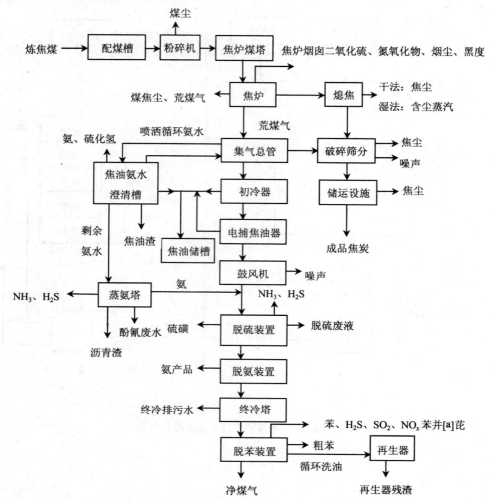

图 B.6　某炼焦及煤气净化工艺流程及排污节点图

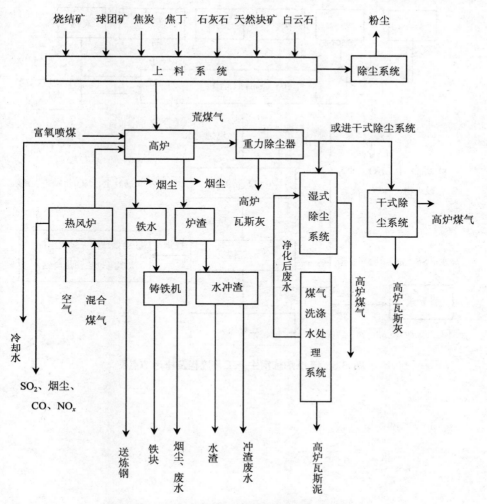

图 B.7　某炼铁生产工艺流程及排污节点图

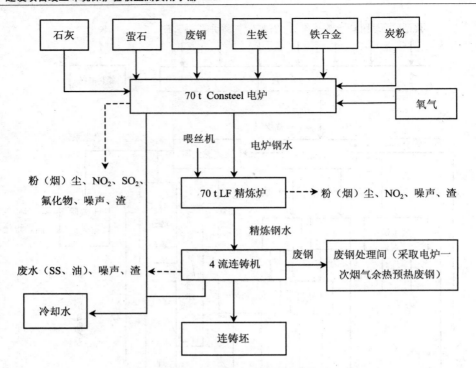

图 B.8　某电炉炼钢生产工艺流程及排污节点图

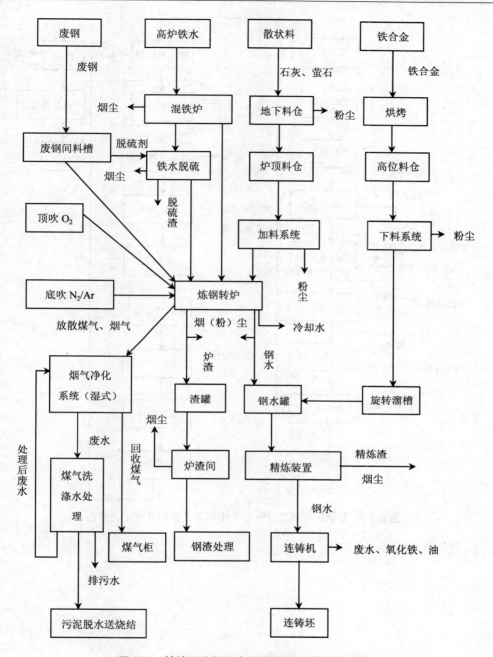

图 B.9　某转炉炼钢生产工艺流程及排污节点图

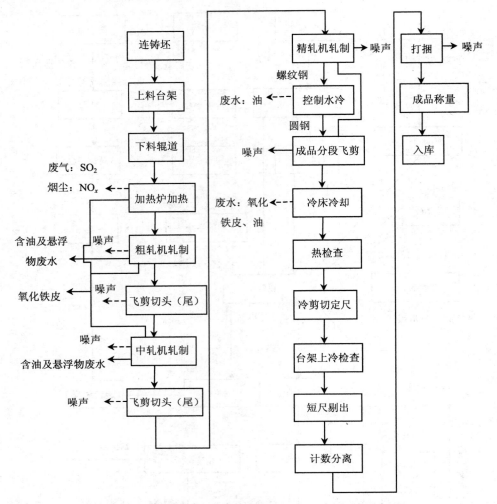

图 B.10 某钢压延加工（轧钢）生产工艺流程及污染分布图

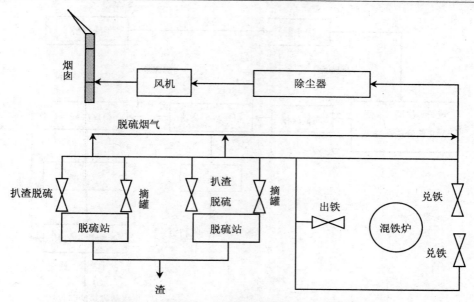

图 B.11　某炼钢厂混铁炉、脱硫除尘工艺流程图

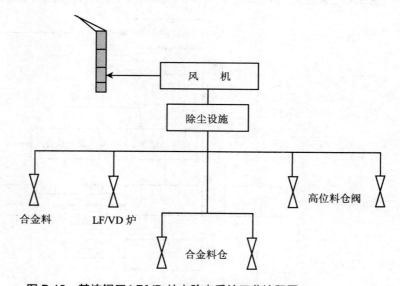

图 B.12　某炼钢厂 LF/VD 炉电除尘系统工艺流程图

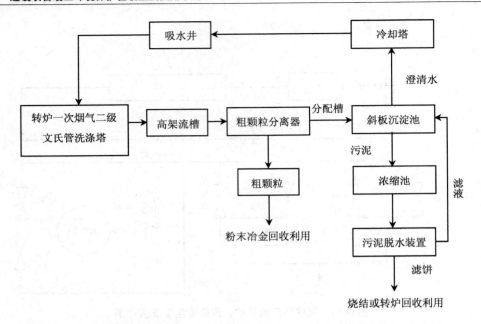

图 B.13　某炼钢厂转炉煤气（一次烟气）洗涤废水处理和闭路循环利用工艺流程图

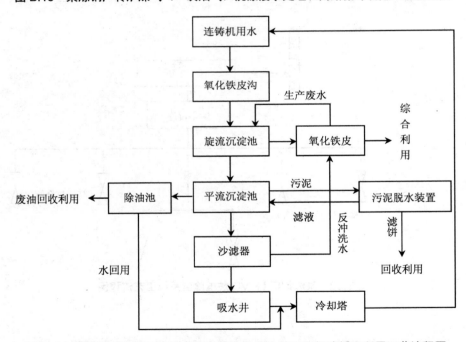

图 B.14　某炼钢厂连铸二次冷却及冲铁皮沟废水处理和闭路循环利用工艺流程图

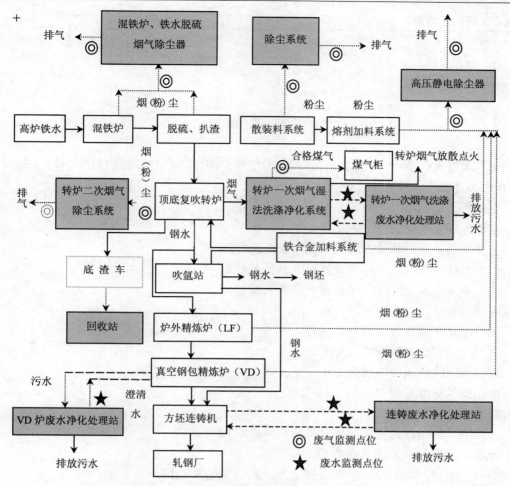

图 B.15 某炼钢厂（转炉炼钢）监测点位示意图

附录 C（资料性附录）

参 考 表

下列表格仅供参考，不代表全面，应用时应结合实际。资料性附录 C 由表 C.1～表 C.30 共 30 个参考表组成。

主体工程建设情况表见表 C.1

主要环保设施建成情况表见表 C.2

主要原料、燃料和动力消耗量统计表见表 C.3

生产系统废气来源及环保设施一览表见表 C.4

生产系统废水来源及环保设施一览表见表 C.5

噪声源及其控制措施见表 C.6

固体废物来源及排放情况见表 C.7

废气污染物排放标准见表 C.8

废气无组织排放标准见表 C.9

废水排放标准见表 C.10

厂界噪声标准见表 C.11

污染物排放指标总量控制值（指标）见表 C.12

现场监测仪器一览表见表 C.13

验收监测期间主要原料、燃料和动力消耗情况见表 C.14

验收监测期间生产负荷统计表见表 C.15

除尘设备监测结果见表 C.16

烟气脱硫净化系统二氧化硫监测结果见表 C.17

某生产系统废气排放监测结果见表 C.18

生产车间无组织排放监测结果见表 C.19

废气无组织排放监测结果见表 C.20

厂界无组织排放监测气象参数见表 C.21

废水水质监测结果见表 C.22

环境空气质量监测结果见表 C.23

地表水监测结果见表 C.24

厂界及环境敏感目标噪声监测结果见表 C.25

固定污染源废气排放连续监测设施的参比评价见表 C.26

质控样测定结果评价表见表 C.27

污染物排放总量核算结果见表 C.28

公众意见调查表见表 C.29

环境影响评价意见及批复检查情况见表 C.30

表 C.1 主体工程建设情况表

工程主要设备初步设计				工程实施情况
生产系统	序号	生产工序及设备名称	数量	
	1			
	2			
	3			
	4			
	1			
	2			
	3			
	4			

注：工程实施情况与初步设计比较。

表 C.2 主要环保设施建成情况表

类别	设施名称	环境影响评价及批复要求（台数）	初步设计（台数）	实际建成（台数）	备注
废气处理设施					
废水处理设施					
噪声防护设施					
绿化					
渣场防渗处理					

表 C.3 主要原料、燃料和动力消耗量统计表

序号	名称	单位产品耗量（t/a）	年用量（t）	主要来源
1				
2				
3				
4				

表 C.4　生产系统废气来源及环保设施一览表

序号	工程初步设计			主要污染因子	工程实施情况
	污染源名称	排气筒高度（m）	污染治理措施		
1					
2					
3					
4					

注：工程实施情况与初步设计比较。

表 C.5　生产系统废水来源及环保设施一览表

序号	工程初步设计			主要污染因子	工程实施情况
	污染源名称	排气筒高度（m）	污染治理措施		
1					
2					
3					
4					

注：工程实施情况与初步设计比较。

表 C.6　噪声源及其控制措施

序号	工程初步设计		工程实施情况
	车间或工段	噪声控制措施	
1			
2			

注：工程实施情况与初步设计比较。

表 C.7　固体废物来源及排放情况

序号	工程初步设计			工程实施情况	预计排放量
	固体废物名称	分类	处理方式		
1					
2					
3					

注：工程实施情况与初步设计比较。

表 C.8　废气污染物排放标准

污染源	污染物	执行标准限值				
		标准来源*	排气筒高度（m）	最高允许排放浓度（mg/m³）	最高允许排放速率（kg/h）	

注：标准来源列出标准号及标准名称。

表 C.9　废气无组织排放标准

污染源	标准来源	级别	污染因子	标准值 排放浓度（mg/m³）	监控点
			颗粒物		
			SO₂		

注：标准来源列出标准号及标准名称。

表 C.10　废水排放标准

污染源	污染指标	执行标准 GB 13456《钢铁工业废水污染物排放标准》	
		单位	标准值
	pH	—	
	悬浮物	mg/L	
	挥发酚	mg/L	
	氰化物	mg/L	
	COD	mg/L	
废水排口	石油类	mg/L	
	六价铬	mg/L	
	氨氮	mg/L	
	锌	mg/L	

表 C.11　厂界噪声标准

标准	类别	验收评价因子	标准值[dB（A）]	
GB 12348《工业企业厂界噪声标准》		等效声级 Leq/dB	昼间	
			夜间	

表 C.12　污染物排放指标总量控制值（指标）

污染物种类	污染因子	项目总量控制指标*（t/a）
废气	废气总量	
	烟（粉）尘	
	二氧化硫	
废水	废水总量	
	COD	
	石油类	
	氨氮	
固体废物		

*以该项目环境影响评价及其批复为依据。

表 C.13　现场监测仪器一览表

仪器名称	仪器型号及编号	监测因子	测量量程	分析方法

表 C.14　验收监测期间主要原料、燃料和动力消耗情况

原料名称	单耗（kg/t）		年消耗量（t/a）		实际耗量与设计耗量之比例
	实际	设计	实际	设计	

表 C.15　验收监测期间生产负荷统计表

日期/时间	实际产量（t/d）	设计产量（t/d）	生产负荷（%）	备注
平均				

表 C.16　除尘设备监测结果

设备名称＼项目	频次	测试位置	标干烟气量/（m³/h）	颗粒物质量浓度/（mg/m³）	颗粒物排放速率/（kg/h）	除尘效率/%
废气处理装置	一	进口				
		出口				
	二	进口				
		出口				
	三	进口				
		出口				
	四	进口				
		出口				
	五	进口				
		出口				
	六	进口				
		出口				
最大值		进口				
		出口				
标准值						

表 C.17　烟气脱硫净化系统二氧化硫监测结果

设备名称＼项目	频次	测试位置	标干烟气量/（m³/h）	二氧化硫质量浓度/（mg/m³）	二氧化硫排放速率/（kg/h）	脱硫效率/%
	一	进口				
		出口				
	二	进口				
		出口				
	三	进口				
		出口				
	四	进口				
		出口				
	五	进口				
		出口				
	六	进口				
		出口				
最大值		进口				
		出口				
标准值						

表 C.18 某生产系统废气排放监测结果

设备名称＼项目	频次	测试位置	标干烟气量/（m³/h）	污染物		净化效率/%
				质量浓度/（mg/m³）	排放速率/（kg/h）	
废气处理装置	一	进口				
		出口				
	二	进口				
		出口				
	三	进口				
		出口				
	四	进口				
		出口				
	五	进口				
		出口				
	六	进口				
		出口				
最大值		进口				
		出口				
标准值及设计指标						

表 C.19   生产车间无组织排放监测结果

采样地点	监测项目＼采样时间	
月 日		
	最大值	
月 日		
	最大值	
标准限值		

表 C.20   废气无组织排放监测结果

统计指标	监测时间	监控点 1#	监控点 2#	监控点 3#	...
小时质量浓度范围值（mg/m³）					
小时质量浓度最大值（mg/m³）					
标准值（mg/m³）					
超标率（%）					

表 C.21　厂界无组织排放监测气象参数

时间	气温/℃	气压/Pa	风向	风速/（m/s）	天气状况
月　日					
月　日					

表 C.22　废水水质监测结果

监测项目	统计指标	工业废水排放口	生活污水排放口	污水处理装置排放口	雨水排放口	*
	质量浓度范围/（mg/L）					
	日均值/（mg/L）					
	标准值/（mg/L）					
	超标率/%					
	质量浓度范围/（mg/L）					
	日均值/（mg/L）					
	标准值/（mg/L）					
	超标率/%					
	质量浓度范围/（mg/L）					
	日均值/（mg/L）					
	标准值/（mg/L）					
	超标率/%					

*表示可增加其他废水排放口监测结果，也可根据监测项目情况设计表格。

表 C.23　环境空气质量监测结果　　　　　　　　　单位：mg/m³

采样点位	统计指标＼污染因子				
1#	日均质量浓度范围				
	日均值				
	标准值				
	超标率（%）				
2#	日均质量浓度范围				
	日均值				
	标准值				
	超标率（%）				
3#	日均质量浓度范围				
	日均值				
	标准值				
	超标率（%）				

表 C.24 地表水监测结果

测点位置	污染因子							
1#	样品数							
	质量浓度范围值/（mg/L）							
	日均值/（mg/L）							
	超标率/%							
	标准值/（mg/L）							
2#	样品数							
	质量浓度范围值/（mg/L）							
	日均值							
	超标率/%							
	标准值/（mg/L）							

表 C.25 厂界及环境敏感目标噪声监测结果

类别	点位名称		实测值 L_{Aeq}/dB				标准值 L_{Aeq}/dB
	编号	监测点位置	月　日		月　日		
			昼间	夜间	昼间	夜间	
厂界噪声	1						
	2						
	3						
环境噪声	1						
	2						
	3						

表 C.26 固定污染源废气排放连续监测设施的参比评价

连续监测设施类型	参比测试项目	参比方法	频次
烟尘烟气排放连续监测系统			与排放口监测同步

表 C.27 质控样测定结果评价表

序号	质控项目	标准值及不确定度/（mg/L）	测定结果/（mg/L）	结果评价
1				
2				
3				

注：加标实验及其他质量控制结果评价可参考此表另列表格。

表 C.28　污染物排放总量核算结果

项目		产生量 （含新建部分）	削减量 （含新建部分）	处理前 排放量	实测 排放量	总量控 制指标
废气	废气量					
	颗粒物					
	粉尘					
	SO_2					
废水	废水量					
	COD					
	石油类					
	氨氮					

说明：①废气排放总量以 24 h/d 计，各生产系统按年实际生产时间计。
　　　②废水排放总量以 365 d/a，24 h/d 计，各生产系统按年实际生产时间计。
　　　③对新建项目，参考此表对其参数进行调整。

表 C.29　公众意见调查表

性别			年龄	30 岁以下，30～40 岁，40～50 岁， 50 岁以上	
职业及职务			您的文化程度		
居住地址			方位		距离
项目基本 情况					
调查内容	本工程施工期间是否与周边居民 发生过环境问题纠纷		有	没有	不清楚
	本工程试生产期间是否与周边 居民发生过环境问题纠纷		有	没有	不清楚
	本工程施工期间是否出现过环 境扰民现象		有	没有	不清楚
	本工程试生产期间是否出现过 环境扰民现象		有	没有	不清楚
	工程产生的废水对您的生活、 工作是否有影响		有	没有	不清楚
	工程产生的废气对您的生活、 工作是否有影响		有	没有	不清楚
	工程产生的噪声对您的生活、 工作是否有影响		有	没有	不清楚
	工程产生的灰渣等对您的生活、 工作是否有影响		有	没有	不清楚
	您对该公司本项目的环境保护 工作满意程度		满意	较满意	不满意
备注	a）扰民与纠纷的具体情况说明； b）公众对项目不满意的具体意见等。				

表 C.30　环境影响评价意见及批复检查情况

环境影响评价意见及批复要求	建成落实情况	说明*

说明*：①公众对该项目环保措施的满意程度。
　　　　②环境污染事件、扰民事件、厂与民的环境纠纷情况调查。
　　　　③其他与项目有关的情况调查。

中华人民共和国环境保护行业标准

建设项目竣工环境保护验收技术规范

石油炼制

Technical guidelines for environmental protection in petroleum refinery industry project for check and accept of completed construction project

HJ/T 405—2007

前 言

为贯彻《中华人民共和国环境影响评价法》和《建设项目环境保护管理条例》，保护环境，规范石油炼制业建设项目竣工环境保护验收工作，制定本标准。

本标准规定了石油炼制业建设项目竣工环境保护验收的有关要求和规范。

本标准为首次发布。

本标准为指导性标准。

本标准由国家环境保护总局科技标准司提出。

本标准起草单位：中国环境监测总站、广东省环境保护监测中心站。

本标准国家环境保护总局 2007 年 12 月 21 日批准。

本标准自 2008 年 4 月 1 日起实施。

本标准由国家环境保护总局解释。

1 适用范围

本标准规定了石油炼制业建设项目竣工环境保护验收技术工作范围确定、执行标准选择的原则；工程及污染治理、污染物排放分析要点；验收监测布点、采样、分析方法、质量保证及质量控制、结果评价技术要求；验收检查和调查主要内容以及验收技术方案、报告编制的要求。

本标准适用于石油炼制业新建、改建、扩建和技术改造项目竣工环境保护验收。

石油炼制业建设项目环境影响评价、初步设计、竣工后的日常环保管理性监测可参照本标准。

2 规范性引用文件

本标准内容引用了下列文件中的条款而成为本标准的条款。凡是不注日期的引用文件，其有效版本适用于本标准。

GB 3095 环境空气质量标准

GB 3096 城市区域环境噪声标准

GB 3097 海水水质标准

GB 3838 地表水环境质量标准

GB 8978 污水综合排放标准

GB 9078 工业炉窑大气污染物排放标准

GB 11607 渔业水质标准

GB 12348 工业企业厂界噪声标准

GB 13223 火电厂大气污染物排放标准

GB 13271 锅炉大气污染物排放标准

GB 14554 恶臭污染物排放标准

GB 15618 土壤环境质量标准

GB 17378 海洋监测规范

GB 18484 危险废物焚烧污染控制标准

GB 20950 储油库大气污染物排放标准

GB/T14848 地下水质量标准

HJ/T 55 大气污染物无组织排放监测技术导则

HJ/T 76 固定污染源排放烟气连续监测系统技术要求及检测方法

HJ/T 91 地表水和污水监测技术规范

HJ/T 92 水污染物排放总量监测技术规范

HJ/T 125 清洁生产标准 石油炼制业

HJ/T 164 地下水环境监测技术规范

HJ/T 166 土壤环境监测技术规范

HJ/T 194 环境空气质量手工监测技术规范

HJ/T 354 水污染源在线监测系统验收技术规范

HJ/T 373 固定污染源监测质量保证与质量控制技术规范（试行）

《建设项目环境保护设施竣工验收监测技术要求》（试行）（环发〔2000〕38 号）

3 术语和定义

下列术语和定义适用于本标准。

3.1 工况

工况：生产装置和设施生产运行的状况。

正常工况：生产装置或设施按照设计工艺参数进行稳态生产的状况。

非正常工况：生产装置或设施开车、停车、检修、超出正常工况或工艺参数不稳定时的生产状况。

3.2　以新带老

通过新建、改建、扩建和技术改造项目，完善建设单位不符合环境保护要求的环保设施/措施。

3.3　石油炼制业

以原料油为原料，加工生产燃料油、润滑油、石蜡、沥青等产品的过程。

3.4　含油污水

在原料油贮存、输送、加工过程中与油品接触的冷凝水、介质水、生成水、油品洗涤水、油泵轴封水等及生产区的初期雨水，主要污染物是石油类，还可能含有硫化物、挥发酚、氰化物等污染物。

3.5　含硫污水

来源于加工装置分离罐的排水、富气洗涤水等，含有较高浓度的硫化物、氨，还可能含有挥发酚、氰化物和石油类等污染物。

3.6　清洁生产

指不断采取改进设计、使用清洁的能源和原料、采用先进的工艺技术与设备、改善管理、综合利用等措施，从源头削减污染，提高资源利用效率，减少或者避免生产、服务和产品使用过程中污染物的产生和排放，以减轻或消除对人类健康和环境的危害。

3.7　石油炼制取水量

用于石油炼制生产，从各种水源中提取的水量。取水量以所有进入石油炼制的水及水的产品的一级计量表的计量为准。

3.8　含硫污水汽提净化水回用率

含硫污水处理装置汽提净化水回用于生产装置的量占净化水总量的百分比。

3.9　原料加工损失率

生产装置在加工过程中每加工1吨原料油的原料损失量占原料加工总量的百分比。

3.10　污水单排量

企业（装置）每加工1吨原油排入厂外环境的污水量。

3.11　综合能耗

装置加工1吨原料油所消耗的各种能源折合为标油的数量。

3.12　单耗量

装置每加工1吨原料油所使用或消耗的其他原辅材料的量。

3.13　清净下水

未受到物料污染、不经处理可以直接排放的污水。

4　验收工作技术程序

石油炼制工程建设项目竣工环境保护验收技术工作，包括验收准备、编制验收技术方案、实施验收技术方案、编制验收技术报告四个阶段。验收工作流程见图1。

a）准备阶段

资料查阅、现场勘查。

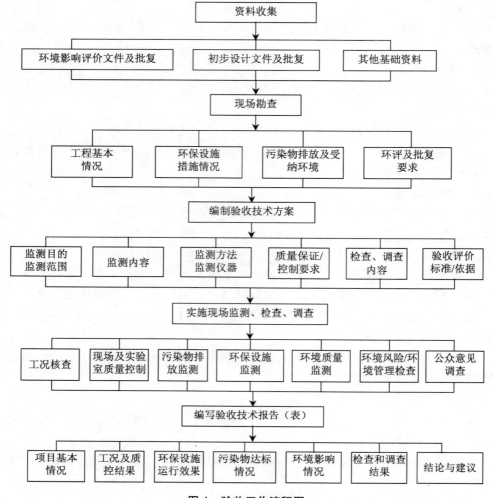

图1 验收工作流程图

b）编制验收技术方案阶段

在查阅相关资料、现场勘查的基础上确定验收技术工作范围、验收评价标准、验收监测、检查和调查的内容。

c）实施验收技术方案阶段

依据验收技术方案确定的工作内容开展监测、检查和调查。

d）编制验收技术报告阶段

汇总监测数据、检查和调查结果，分析评价得出结论，以报告书（表）形式为建设项目竣工环境保护验收提供技术依据。

5 验收准备

5.1 资料收集和分析

5.1.1 资料收集

验收监测单位应向建设单位收集以下资料：

报告资料：申请验收建设项目的可行性研究、环境影响评价、初步设计文件。

文件资料：建设项目核准备案、环评批复、初步设计批复、试生产申请批复、重大变更批复。

图件资料：建设项目地理位置图、厂区总平面布置图（应标注有主要污染源位置和厂区周边环境情况、排水管网等）、物料、水及硫平衡图、工艺流程及产污节点示意图、污染处理工艺流程图等。

环境管理资料：建设单位环境保护执行报告、建设单位环境保护组织机构、规章制度、污染事故应急预案、日常监测计划、固体废物处理/处置协议（合同）及处理/处置机构资质证明（如营业执照）等。

5.1.2　资料分析

对收集到的资料进行整理、研究，掌握以下内容：

a）建设内容及规模

查清建设项目主/辅工程、公用工程、环保工程建设内容和规模及变更情况；改、扩建及技术改造项目"以新带老、总量削减"、"淘汰落后生产设备、等量替换"等具体要求，以确定现场勘查的范围。

b）生产工艺流程及污染分析

根据建设项目主要原辅料及产品、生产设备、生产工艺流程，分析废气、污水、固体废物、噪声等污染源的产生情况，配套环保设施的落实情况及其工艺流程，主要污染因子及其去向，落实现场勘查重点内容。

c）污染物排放源确定

了解建设项目废气、污水、噪声、固体废物排放源和环保设施进出口的具体位置，确定拟布设的废气有组织排放监测断面、污水排放监测点、厂界噪声监测点，并结合气象资料，确定拟布设的废气无组织排放监测点，拟订现场勘查的顺序及路线。

d）建设项目周围环境保护敏感目标

根据建设项目周围环境保护敏感目标分布，确定必要的环境质量监测勘查内容。

e）建设项目环境风险

初步了解建设项目潜在的生产设施风险和物质风险、环境风险类型。

f）建设项目环境管理

初步了解建设项目环评、初步设计污染防治设施（措施）和环评批复要求的落实情况，环保机构的设置及环保规章制度的建立（包括环保监测机构的设立及日常监测计划）情况，固体废物处置情况，环保投资（环保设施、措施、监测设备等）落实情况等。

5.2　现场勘查和调研

5.2.1　生产线勘查

调查各生产装置、辅助装置、公用工程等的生产流程、主要原辅材料储存及使用情况、污染源分布、主要污染因子及排放方式。

5.2.2　污染源及环保设施勘查

5.2.2.1　废气

有组织排放废气：来源、废气量、主要污染因子、处理设施工艺流程及设计处理效率、排气筒数量/高度、相同类型排气筒间距、处理设施出入口/排气筒尺寸、规范化监测孔设置情况。

无组织排放废气：来源、主要污染因子、监测的地理条件和气象条件。

5.2.2.2 污水

生产和生活污水来源、污水量、主要污染因子、处理设施工艺流程及设计进出口水质指标/处理效率、规范化排放口的设置情况；污水回用情况；循环水排污情况和水重复利用率；清污分流、雨污分流落实情况。

5.2.2.3 固体废物

一般固体废物的来源、种类、数量、处理处置去向，临时堆场及永久性贮存处理场类型、位置、防渗漏措施、运行管理情况，贮存处理场可能造成的土壤、地下水二次污染环境保护敏感目标的确定。

危险废物的来源、种类、数量，临时贮存场所的建设和运行管理情况，危险废物去向（处理处置协议），危险废物运输/处理处置机构资质，危险废物转移联单。注意转移联单中危险废物种类、数量与危险废物运输/处理处置机构资质、危险废物处理处置协议的相符性。

5.2.2.4 噪声

噪声来源、噪声控制设施/措施、声源在厂区平面布置中的具体位置及与厂界外噪声保护敏感目标的距离。

5.2.3 环境风险勘查

调查建设项目施工期和试生产阶段污染事故发生情况，核查环境影响评价文件要求的环境风险防范措施/设施和应急预案落实情况。

5.2.4 其他调研

a）建设项目执行国家建设项目环境管理制度情况；

b）环评/初步设计污染防治措施及环评批复要求的落实情况；

c）环保设施（如污水处理站）/设备（在线监测系统）运行、管理台账；

d）环境保护管理规章制度的建立及其执行情况；

e）环境保护档案管理情况；

f）环境机构、人员、监测设备配置情况；

g）环境影响评价文件规定的移民、安置落实情况；

h）施工期和试生产阶段污染事故和投诉情况；

i）绿化建设情况；

j）以新带老、总量削减，淘汰落后生产设备、等量替换，总量控制、区域削减要求落实情况；

k）污染物排放标准、总量控制指标及处理设施设计指标，清洁生产标准。

6 验收技术方案、报告

6.1 验收技术方案、报告编制框架及内容

验收技术方案、报告编制框架及内容见附录 A。

6.2 总论

6.2.1 项目由来

主要简述建设项目和验收技术工作任务由来，一般包括：项目核准备案、环评、初设、建设、试生产审批过程简述，负责环保验收环境保护行政主管部门、验收技术工作承担单位等。

6.2.2　验收监测目的

通过对建设项目外排污染物达标情况、污染治理效果、必要的环境敏感目标环境质量等的监测，环境风险和环境管理水平的检查，以及公众意见的调查，为环境保护行政主管部门验收及验收后的日常监督管理提供技术依据。

6.2.3　验收监测依据

a）建设项目环境保护管理法律、法规、规定；

b）建设项目竣工环境保护验收监测技术规范；

c）建设项目环保技术文件，主要包括环境影响报告、初步设计（环保篇）；

d）建设项目批复文件，主要包括环境影响报告批复、初步设计批复、重大变更批复、试生产批复、执行标准或总量控制指标批复；

e）其他需要说明的相关文件。

6.3　工程概况

6.3.1　原有工程概述

对于改、扩建及技术改造项目应简述原有工程的建设性质、建设地点、占地面积、总投资及环保投资，并详述与验收项目相关的原有工程改造内容及环保治理要求，将其确定为验收技术工作内容之一。

6.3.2　新建工程建设内容

新建工程建设性质、建设地点、占地面积、总投资及环保投资。

新建工程主、辅、公用工程建设及变更情况，列表说明，参见附录表 C.1。

6.3.3　地理位置及平面布置

以图表示。地理位置重点突出项目所处地理区域内有/无自然保护区、环境保护敏感目标。平面布置重点标明废气有/无组织排放源、污水排放口、噪声源位置，环境保护敏感目标与厂界、排放源的相对位置及距离。

6.3.4　主要产品及原辅材料

主要产品种类、产量，原辅材料种类、消耗量，列表说明，参见附录表 C.2。

6.3.5　水平衡、物料和硫平衡

建设项目物料、水和硫平衡以图表表示。以调查、核实建设项目试运行以来积累的数据为基础，绘制物料、水和硫平衡图表。物料、水和硫平衡图表可以单一装置为单位绘制，也可以整个建设项目为单位绘制，参见附录图 B.1～图 B.3。

6.3.6　生产工艺及产污节点

主要工艺流程、关键生产装置的工艺流程及产污节点以图示，参见附录图 B.4～图 B.15，辅以简要的文字说明。

6.4　污染及治理

a）主要污染源及治理设施（措施）

按照废气、污水、固体废物、噪声分类详细分析建设项目主要污染源及污染因子、配套的环保设施（措施）及其工艺流程，并以图表表示，参见附录图 B.16～图 B.17 及附录表 C.3～表 C.6，辅以简要的文字说明。

b）"三同时"落实情况

1）新建项目"三同时"落实情况

建设项目已落实环保设施（措施）的运作状况，列表对比分析建设项目环评和初步设计污染防治要求的落实情况，参见附录表 C.7。

2）改扩建项目"以新带老"环保措施落实情况

原有工程改造或新建环保设施以达到"总量削减"、淘汰落后生产设备满足"等量替换"等环保措施的落实情况。列表说明"以新带老"落实情况。

c）环境保护敏感目标分析

依据环评及实地勘查情况分析建设项目污染物排放可能对周围分布的环境保护敏感目标造成的影响。

6.5　环境影响评价文件要求

摘录建设项目主要的环评结论及环评批复要求，或环保行政部门对建设项目的环保要求等主要内容。

应特别关注环境保护敏感目标保护要求；以新带老、总量削减要求；淘汰落后生产设备、等量替换要求等。

6.6　评价标准

a）执行标准

有关环保行政主管部门在环评批复中或根据环保管理需要要求执行的国家或地方污染物排放标准、环境质量标准、特殊限值（如总量控制指标、除尘效率、脱硫效率等）。

b）参照标准

——新颁布的国家或地方污染物排放标准和环境质量标准；

——对国家或地方标准中尚无规定的污染因子，可参照环境影响报告书（表）和工程《初步设计》（环保篇）的要求或设计指标，也可参照国内其他行业标准和国外标准进行评价，但应附加必要说明；

——环保设施设计指标；

——石油炼制业清洁生产标准；

——环评环境背景值。

验收评价标准名称、编号、等级和限值和总量控制指标、设计指标用表列出，参见附录表 C.8～表 C.14。

6.7　验收监测方案

6.7.1　工况核查

验收监测应在工况稳定、生产负荷达到设计生产能力 75%以上（含 75%）、环境保护设施运行正常的情况下进行，国家、地方污染物排放标准对生产负荷另有规定的按标准规定执行。监测期间监控各生产环节的主要原材料的消耗量、成品量，并按设计的主要原、辅料用量、成品产生量核算生产负荷，参见附录表 C.15～表 C.16。若生产负荷低于75%，应停止监测。

6.7.2　监测点位布设

验收监测点位布设根据实际情况主要依照以下监测内容进行：

a）污染物排放监测

1）有组织废气排放口污染物排放浓度、排放速率；

2）无组织废气污染物排放浓度；

3）污水排放口污染物排放浓度；

4）厂界噪声连续等效 A 声级水平；

5）环评及其批复中的污染控制指标；

6）总量控制指标。

b）环保设施效率监测

1）废气处理设施污染物去除率；

2）污水处理设施污染物去除率。

c）在线监测系统与手工监测比对监测

废气、污水在线监测系统和手工监测结果的相对误差。

d）建设项目"三同时"登记表污染控制指标监测

新建部分产生量、新建部分处理削减量、处理前浓度、实际排放浓度等。

e）环境保护敏感目标环境质量监测

1）环境保护敏感目标空气、地表水、地下水、海水、土壤、沉积物、植物污染物浓度；

2）环境保护敏感目标噪声连续等效 A 声级水平；

3）根据现场勘查结果及相关技术规范确定各项监测内容的具体监测点（断面），并在环保设施工艺流程图或厂区平面布置图上标明监测点（断面）的具体位置；

4）有组织废气监测应给出监测断面的尺寸及排气筒高度等，并给出监测断面颗粒物、烟气参数测定点位设置。

6.7.3　监测因子及频次

a）监测因子确定的原则

1）验收监测评价标准中规定的有关污染物；

2）环境影响评价文件中规定的有关污染物；

3）建设项目"三同时"登记表污染控制指标；

4）建设项目特征污染物。

石油炼制业建设项目主要验收监测因子见表 1。

b）监测频次确定的依据

1）环发［2000］38 号文附件；

2）HJ/T 373、HJ/T 91、HJ/T 92、HJ/T 194、HJ/T 55、HJ/T 164、HJ/T 166、GB 17378 等环境监测技术规范。

6.7.4　监测分析方法

按国家污染物排放标准（GB 8978、GB 9078、GB 13223、GB 13271、GB 20950、GB 14554、GB 18484、GB 12348 等）、环境质量标准（GB 3095、GB 3838、GB/T 14848、GB 3097、GB 11607、GB 15618、GB 3096 等）和环境监测技术规范（HJ/T 194、HJ/T 91、HJ/T 92、HJ/T 164、GB 17378、HJ/T 166 等）要求，采用列出的监测分析方法；对标准中未列出监测分析方法的污染物，优先选用国家现行标准分析方法，其次为行业现行标

准分析方法；对国内目前尚未建立标准分析方法的污染物，可参考使用国际（外）现行的标准分析方法。分析方法应能满足评价标准要求。

表1 石油炼制业建设项目主要验收监测因子

监测点位（断面）			监测因子
有组织排放废气	加热炉、锅炉废气排气筒		烟尘、烟气黑度、二氧化硫、氮氧化物、烟气参数
	催化裂化装置催化剂再生烟气排气筒		烟尘、二氧化硫、氮氧化物、烟气参数
	催化重整装置催化剂再生烟气排气筒		烟尘、二氧化硫、氮氧化物、氯化氢、烟气参数
	沥青装置氧化尾气焚烧炉排气筒		沥青烟、苯并[a]芘、二氧化硫、氮氧化物、烟气参数
	制硫装置尾气和硫酸装置尾气排气筒		烟尘、硫酸雾、二氧化硫、氮氧化物、硫化氢、烟气参数
	储油库油气回收处理装置排气筒		非甲烷总烃、烟气参数
	焚烧炉废气排气筒		烟尘、烟气黑度、二氧化硫、氮氧化物、一氧化碳、氯化氢、氟化氢、镍及其化合物、铅及其化合物、铜及其化合物、二噁英类、烟气参数
无组织排放废气	下风向厂界设4个监控点		非甲烷总烃、恶臭、挥发酚、苯、甲苯、二甲苯
环境空气敏感目标			二氧化硫、二氧化氮、氨气、硫化氢、挥发酚、苯、甲苯二甲苯、苯并[a]芘
含硫污水汽提系统	进口		硫化物、氨氮、挥发酚、总氰化物、流量
	出口		
含盐污水处理系统	进口		铜、铅、镍、流量
	出口		
污水处理场	进口		pH、悬浮物、化学需氧量、五日生化需氧量、石油类、硫化物、氨氮、挥发酚、总氰化物、苯系物、总有机炭、镍、铜、铅、流量
	出口		
生活污水处理系统	进口		pH、悬浮物、化学需氧量、五日生化需氧量、氨氮、动植物油、阴离子表面活性剂、总磷、流量
	出口		
雨水及清净下水	厂区排水明沟汇集点		pH、悬浮物、化学需氧量、五日生化需氧量、石油类、硫化物、氨氮、挥发酚、流量
	厂区排水明沟汇集点		
污水总排口			pH、悬浮物、化学需氧量、五日生化需氧量、石油类、硫化物、氨氮、挥发酚、总氰化物、苯系物、苯并[a]芘、总有机炭、镍、铜、铅、动植物油、阴离子表面活性剂、总磷、流量
纳污水体	地表水	排污口上游（对照断面）	pH、化学需氧量、五日生化需氧量、石油类、硫化物、氨氮、挥发酚、氰化物、苯系物、苯并[a]芘、镍、铜、铅、动植物油、阴离子表面活性剂、总磷、流量
		排污口下游（控制断面）	
	地下水（生产区、固体废物填埋场及环境保护敏感目标）		pH、高锰酸盐指数、石油类、氨氮、挥发酚、硫化物、氰化物、苯并[a]芘、铜、铅
	海水（纳污海域网格布点）		pH、悬浮物、溶解氧、化学需氧量、五日生化需氧量、石油类、硫化物、挥发酚、氰化物、无机氮、无机磷、苯并[a]芘、阴离子表面活性剂、镍、铜、铅
	固体废物填埋场周围土壤（1个清洁对照点和3个监测点）		pH、镍、铜、铅、硫化物、氰化物、石油类、苯并[a]芘
	海底沉积物（纳污海域网格布点）		镍、铜、铅、硫化物、油类、有机炭、苯并[a]芘
	填埋场周围植被（与环评背景值比较）		镍、铜、铅（以粮食、蔬菜为主）
噪声	厂界噪声		等效A声级
	环境保护敏感目标噪声		

附录 D 的监测分析方法为现行国家污染物排放标准、环境质量标准、环境监测技术规范未列入、可选用的监测分析方法。

6.7.5　监测质量保证和质量控制

6.7.5.1　监测质量保证和质量控制按照环发[2000]38 号文附件和 HJ/T 373、HJ/T 91、HJ/T 92、HJ/T 194、HJ/T 164、HJ/T 166、GB 17378.2 等环境监测技术规范相关章节要求进行。

6.7.5.2　监测点位布设、监测因子与频次及抽样率确定

合理规范地设置监测点位、确定监测因子与频率及抽样率，保证监测数据具备科学性和代表性。

6.7.5.3　监测方法选择、人员资质管理及监测仪器检定

优先采用国标监测分析方法，监测采样与测试分析人员均经国家考核合格并持证上岗，监测仪器经计量部门检定并在有效使用期内。

6.7.5.4　监测数据和技术报告执行三级审核制度

6.7.5.5　采样、测试分析质量保证和质量控制

水样、土壤、沉积物、植被采集应采用合适的器皿和保存措施，并采集不少于 10%的平行样；实验室分析应加测不少于 10%的平行样；对可以得到标准/质控样品的监测因子，应加测 10%的标准/质控样品，对无标准/质控样品的监测因子，且可进行加标回收测试的，应加测 10%加标回收样品，或采取其他质控措施。

废气监测（分析）仪在测试前应按监测因子用标准气体和流量计进行校核（标定），测试时应保证其采样流量和气密性，并合理选择量程，使被测污染物浓度落在仪器测试量程的有效范围即仪器量程的 30%～70%之间，避免共存污染因子的交叉干扰。

声级计在测试前后应用标准声源进行校准，测量前后仪器的灵敏度相差不大于 0.5 dB，若大于 0.5 dB 则测试数据无效。

6.8　验收检查和调查方案

6.8.1　环境风险检查

调查建设项目施工期和试生产阶段污染事故发生情况，核查环境影响评价文件要求的环境风险防范措施/设施和应急预案落实情况。

6.8.2　环境管理检查

检查建设项目：

a）从核准备案到试生产各阶段建设项目环境管理制度执行情况；

b）环评/初步设计污染防治措施及环评批复要求的落实情况；

c）环境保护管理规章制度的建立及其执行情况；

d）环保组织机构、人员、监测设备配置情况；

e）环保设施运行、维护情况（台账检查）；

f）环境监测计划的实施情况；

g）排污口规范化建设（如环保标志牌和在线监测设备的配置）情况；

h）固体废物排放、处置及综合利用情况；

i）厂区绿化情况；

j）污染源与环境保护敏感目标合理环境保护距离的落实情况；

k）"以新带老"环保要求的落实情况；

l）环境影响评价文件规定的生态恢复及植被恢复、移民与安置落实情况；

m）环境保护档案管理情况；

n）施工期和试生产阶段污染事故和投诉情况；

o）环境保护敏感目标保护办法或处理办法的落实情况。

6.8.3 公众意见调查

6.8.3.1 公众意见调查内容

针对施工期和试运行期的环境问题、环境污染治理情况与效果、污染扰民情况，征询建设项目所在地居民意见、建议。

6.8.3.2 公众意见调查方法

问卷填写、访谈、座谈。明确参与调查者对工程环保工作的总体满意程度。

6.8.3.3 公众意见调查范围及对象

在环境保护敏感目标的居民和区域环保行政主管部门的管理人员。根据环境保护敏感目标距工程的远近及影响人数分布，按一定比例进行随机调查。

7 验收监测

7.1 现场监测

在建设项目生产设备、环保设施运行正常，生产工况满足建设项目竣工环境保护验收监测要求的情况下，严格按照经环保行政主管部门审核批准的验收技术方案开展现场监测，期间应做好以下工作：

a）监督记录各生产装置工况负荷情况，固体废物焚烧炉废气监测时，还需记录焚烧炉出口烟气温度、烟气停留时间等技术性能参数。

b）环境空气/废气、地表水/地下水/海水/污水、土壤/沉积物、植物、厂界噪声/环境保护敏感目标噪声监测严格按各污染因子监测分析方法要求进行采样和监测分析，现场监测时应同时记录相关的气象参数（如风向、风速、气温、气压等）。

7.2 监测数据整理、分析

7.2.1 严格按照各环境要素监测技术规范和相关排放标准有关章节要求，对监测数据进行整理、分析，完成实测值的换算和等效源的合并、背景值修正等工作，结果以表格形式列出。应特别注意对异常数据、超标结果的分析。

7.2.2 废气、污水、厂界噪声监测结果分析

分别从以下几方面对建设项目废气、污水、厂界噪声监测结果进行叙述：

a）验收监测方案确定的监测点位（断面）、监测因子、频次、监测分析方法及检出限。

b）废气、污水、厂界噪声监测结果分别汇总列表（参见附录表 C.17～表 C.24）。

对于排污口监测结果表，废气应列出排放浓度、排放速率小时均值监测结果，污水排放口应列出排放浓度日均值监测结果，厂界噪声应列出主要声源。

对于环保设施效率监测结果表，应列出环保设施进出口监测结果和污染物去除率计算结果。

对存在总量控制要求的污染物或特征污染物，应根据验收监测工况条件下各排污口

流量和污染物排放浓度及生产装置的年生产时间，汇总核算其排放总量；改建、扩建和技术改造项目应列出工程改建、扩建和技术改造前的污染物年排放量，并根据监测结果计算工程改建、扩建和技术改造后污染物年产生量和年排放量。

对在线监测系统与手工监测结果比对表，应列出线监测系统与手工监测结果线监测系统与手工监测结果的相对误差。

c）用相应排放标准限值、总量控制指标、环保设施设计指标、环评及其批复中的污染控制指标进行分析评价。

d）参照 HJ/T 76、HJ/T 354 对在线监测系统与手工监测比对结果进行分析。

e）出现超标或不符合设计指标要求的原因分析。

7.2.3　环境保护敏感目标环境质量监测结果分析

分别从以下几方面对环境保护敏感目标空气、地表水、地下水、海水、土壤、沉积物、植物或噪声监测结果进行叙述：

a）环境保护敏感目标可能受到影响的简要描述；

b）验收监测方案确定的监测点位（断面）、监测因子、频次、监测分析方法及检出限；

c）监测结果汇总列表，参见附录表 C.25～表 C.29；

d）用相应的国家环境质量标准值及环评背景值，进行分析评价；

e）出现超标（或环评背景值）时的原因分析。

7.2.4　清洁生产水平评价

参照 HJ/T 125，可从以下几方面对建设项目的清洁生产水平作出评价：

a）生产工艺与装备水平，包括：年加工能力，废气、污水、固体废物处理设施或管理措施配置情况；

b）资源能源利用指标，包括：综合能耗（标油/原油，kg/t）、新鲜水单耗量（水/原油，t/t）、净环水回用率（%）；

c）污染物产生指标，包括：污水单排量（t/t）和石油类、硫化物、挥发酚、化学需氧量单排量（kg/t）；

d）产品指标，汽油、轻柴油达到的产品标准类别；

e）环境管理水平，包括：污染物达标排放情况，环境管理机构人员设置、生产过程及相关方环境管理情况；

f）常减压蒸馏装置、催化裂化装置、焦化装置的清洁生产水平可分别根据 HJ/T 125 中清洁生产指标考核；

g）应重点核查建设项目环评清洁生产要求的落实情况。

8　验收检查和调查

8.1　现场验收检查和调查

严格按照经环保行政主管部门审核批准的验收技术方案开展环境风险检查、环境管理检查、公众意见调查。

8.2　检查和调查结果整理

检查及调查结果列表说明或文字说明。

a）环境风险检查结果

说明建设项目施工期和试生产阶段污染事故发生情况及环境影响评价文件要求的环境风险防范措施/设施和应急预案落实情况。

b）环境管理检查结果

根据验收技术方案所列检查内容，逐条说明。应重点检查环评污染防治措施及环评批复要求的落实情况。列表说明环境管理检查结果。

c）公众意见调查结果

统计分析问卷、整理访谈、座谈记录，并按被调查者不同职业构成、不同年龄结构、距建设项目地点不同距离分类统计，结果应反映公众对建设项目环保执行情况的满意程度。

9 结论及建议

9.1 结论

可分别根据验收监测结果、验收检查和调查结果分析得出结论。

a）根据验收监测结果，主要给出以下结论：

——建设项目污染物排放达标情况，包括污染物排放浓度、排放速率、污染物排放总量达标情况；

——环保设施处理效率符合环境影响评价文件要求或设计指标情况；

——在线监测系统相对误差监测结果满足 HJ/T 76、HJ/T 354 技术要求情况；

——环境保护敏感目标环境质量状况，包括环境空气、地下水、海水及沉积物、区域环境噪声监测因子符合相应环境质量标准情况；

——从资源能源利用指标、污染物产生指标评价建设项目清洁生产水平。

b）根据验收检查和调查结果，主要得出以下结论：

——项目建设是否符合相关环保法律、法规要求；

——附图说明厂址周围敏感目标分布的变化情况；

——项目建设过程中工程变更情况，分析产生的新的环境影响问题；

——建设项目环境风险管理情况，主要包括：施工期和试生产阶段污染事故发生情况、环境影响评价文件要求的环境风险防范措施/设施和应急预案落实情况；

——建设项目环境管理情况，主要包括：环评/初步设计污染防治措施及环评批复要求落实情况、排污口规范化建设情况、污染源与环境保护敏感目标合理环境保护距离的落实情况、环境保护敏感目标保护办法或处理办法的落实情况、环境影响评价文件规定的移民与安置落实情况、固体废物处理处置/综合利用情况、环境保护管理规章制度的建立及其执行情况，等等；

——公众意见调查结论，主要反映公众对建设项目环保执行情况的满意程度；

——改/扩建及技术改造项目"以新带老"环保措施落实情况；

——等量替换项目"淘汰落后生产设备、等量替换"要求落实情况等。

9.2 建议

可针对以下几个方面提出合理的意见和建议：

a）验收监测结果反映存在的问题，如：

——污染物超标排放；

——环保设施处理效果未达到设计指标或环保管理要求；

——环境保护敏感目标的环境质量未达到国家或地方环境质量标准或环评预测值；

——在线监测系统与手工监测结果的相对误差过大。

b）环境风险检查发现的问题，如：

——无应急预案；

——风险防范措施/设施的不完善。

c）环境管理检查发现的问题，如：

——未落实环境影响评价文件中规定的环境保护和环境风险防范设施（措施）；

——排污口设置不规范，监测手段欠缺；

——固体废物未按规定要求处理处置；

——未执行"以新带老、总量削减"、"淘汰落后生产设备、等量替换"等要求，未拆除、关停落后设备。

d）公众意见调查发现的问题，如：

——噪声、废气扰民。

附录 A（规范性附录）

验收技术方案、报告编排结构及内容

A.1 编排结构

封面、封二[式样见《建设项目环境保护设施竣工验收监测技术要求（试行）》附录四～附录七]、目录、正文、附件、附表、附图、"三同时"竣工验收登记表、封底。

A.2 验收技术方案主要章节

A.2.1 总论

A.2.2 工程概况

A.2.3 污染及治理

A.2.4 环境影响评价文件要求

A.2.5 评价标准

A.2.6 验收监测方案

A.2.7 验收检查和调查方案

A.2.8 工作进度及经费概算

A.3 验收技术报告章节

A.3.1 总论

A.3.2 工程概况

A.3.3 污染及治理

A.3.4 环境影响评价文件要求

A.3.5 评价标准

A.3.6 验收监测结果及评价

A.3.7 验收检查与调查结果及分析

A.3.8 结论和建议

A.4 验收技术方案、报告中的图表

A.4.1 图件

A.4.1.1 主要图件

A.4.1.1.1 建设项目地理位置图

A.4.1.1.2 厂区平面布置图

A.4.1.1.3 生产装置工艺流程及产污节点图

A.4.1.1.4 物料平衡图

A.4.1.1.5 水量平衡图

A.4.1.1.6 硫平衡图

A.4.1.1.7 污染治理工艺流程图

A.4.1.1.8 监测布点图

A.4.1.2 图件要求

A.4.1.2.1 各种图表中均用中文标注，必须用简称的附注释说明

A.4.1.2.2 工艺流程图中工艺设备或处理装置应用框图，并同时注明物料的输入和输出

A.4.1.2.3 监测点位图应给出平面图和立面图

A.4.1.2.4 验收监测布点图中应统一使用如下标识符

　　　　水和污水：环境水质☆，污水★；

　　　　空气和废气：环境空气〇，废气◎；

　　　　噪声：敏感目标噪声△，其他噪声▲；

　　　　固体物质和固体废物：固体物质□，固体废物■。

A.4.2 表格

A.4.2.1 主要表格

A.4.2.1.1 工程建设内容及变更表

A.4.2.1.2 污染源及治理情况表

A.4.2.1.3 环保设施建设内容及变更表

A.4.2.1.4 验收标准及标准限值表

A.4.2.1.5 验收监测因子及监测频次表

A.4.2.1.6 监测分析方法及仪器表

A.4.2.1.7 验收监测期间原辅材料消耗情况表

A.4.2.1.8 验收监测期间工况统计表

A.4.2.1.9 验收监测结果表

A.4.2.1.10 污染物排放总量统计表

A.5 验收技术方案、监测报告正文要求

A.5.1 正文字体为 4 号宋体

A.5.2 3 级以上字题为宋体加黑

A.5.3 行距为 1.5 倍行间距

A.6 其他要求

A.6.1 验收技术方案、报告编号由各环境监测站制定

A.6.2 页眉中注明验收项目名称，位置居右，小五号宋体，斜体，下画单横线

A.6.3 页脚注明"×××环境监测××站"字样，小五号宋体，位置居左

A.6.4 正文页脚采用阿拉伯数字，居中；目录页脚采用罗马数字并居中

A.7 附件

A.7.1 建设项目环境保护"三同时"竣工验收登记表

A.7.2　环评批复文件

A.7.3　污染物排放限值及总量控制指标批复文件

A.7.4　建设项目试生产（运行）批复文件

A.7.5　固体废物处理处置合同或协议、承担危险废物转移和处理处置单位的资质证明、危险废物转移联单

附录 B（资料性附录）

验收报告示例图

下列示例图仅为某生产工艺及污染治理的个例，仅供参考，应用时应结合实际。

资料性附录 B 由图 B.1～图 B.17 共 17 个示例图组成。

物料平衡示例图见图 B.1；

水平衡示例图见图 B.2；

硫平衡示例图见图 B.3；

常减压蒸馏装置工艺流程及产污节点示例图见图 B.4；

加氢精制装置工艺流程及产污节点示例图见图 B.5；

催化裂化装置工艺流程及产污节点示例图见图 B.6；

催化重整工艺流程及产污节点示例图见图 B.7；

芳烃抽提及精馏工艺流程及产污节点示例图见图 B.8；

C_8^+ 分离部分工艺流程及产污节点示例图见图 B.9；

延迟焦化装置工艺流程及产污节点示例图见图 B.10；

加氢裂化装置工艺流程及产污节点示例图见图 B.11；

氧化沥青装置工艺流程及产污节点示例图见图 B.12；

润滑油糠醛精制装置工艺流程及产污节点示例图见图 B.13；

硫磺回收装置工艺流程及产污节点示例图见图 B.14；

含硫污水汽提装置工艺流程及产污节点示例图见图 B.15；

石油炼制厂污水流向示例图见图 B.16；

石油炼制厂污水处理工艺流程及污水监测点位示例图见图 B.17。

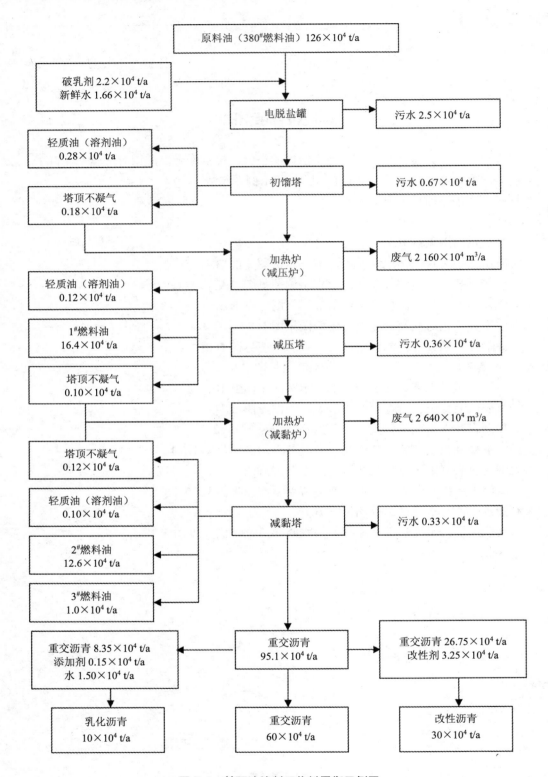

图 B.1　某石油炼制厂物料平衡示例图

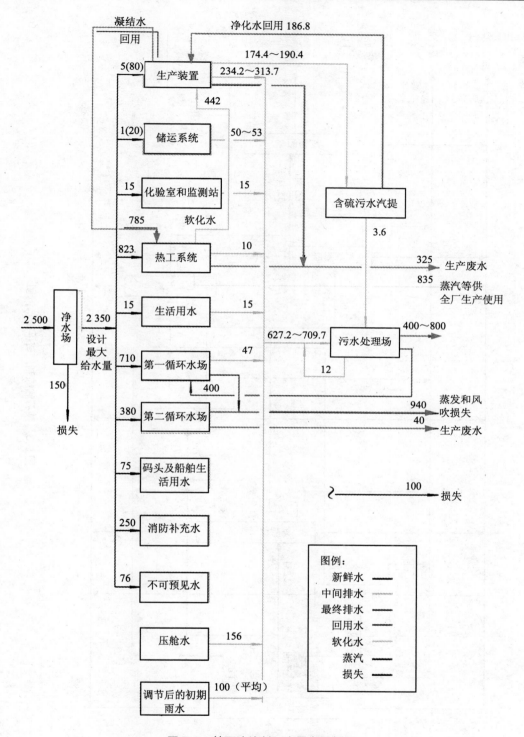

图 B.2 某石油炼制厂水平衡示例图

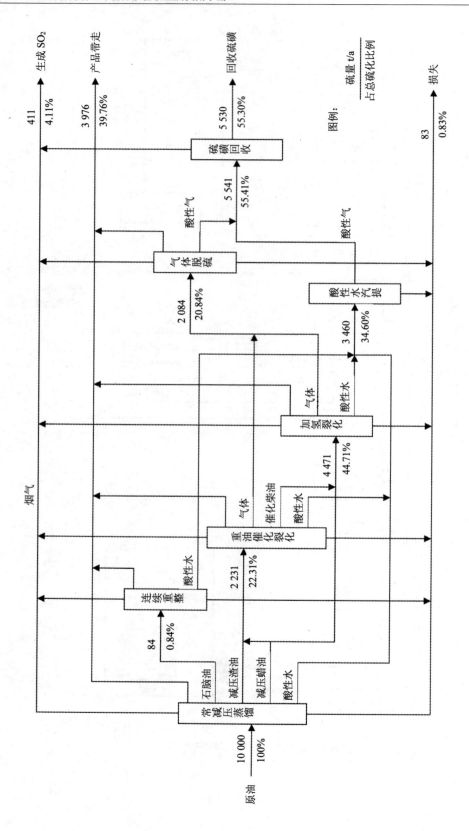

图 B.3　某石油炼制厂硫平衡示例图

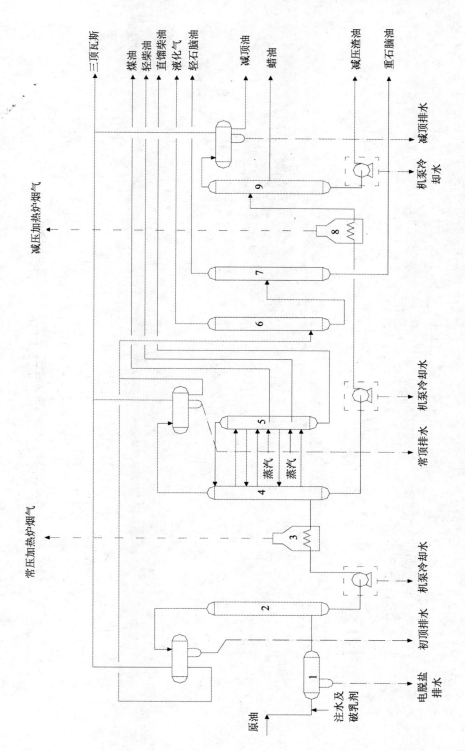

图 B.4　某常减压蒸馏装置工艺流程及产污节点示例图

1—电脱盐罐；2—初馏塔；3—常压加热炉；4—常压塔；5—一汽提塔；6—稳定塔；7—分馏塔；8—减压加热炉；9—减压塔

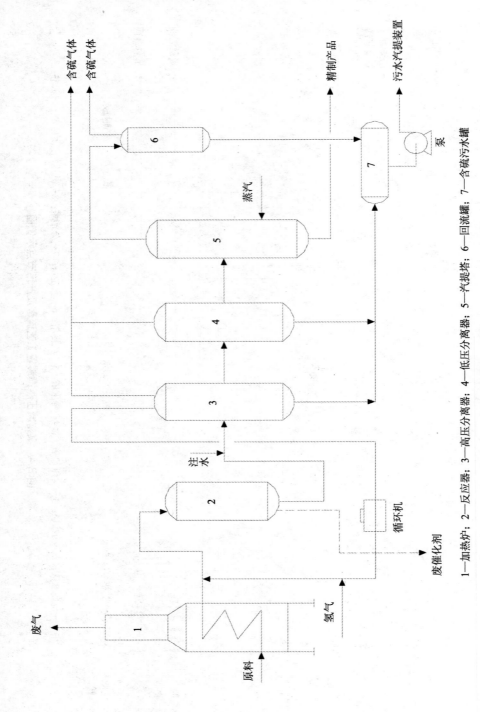

1—加热炉；2—反应器；3—高压分离器；4—低压分离器；5—汽提塔；6—回流罐；7—含硫污水罐

图 B.5 某加氢精制装置工艺流程及产污节点示例图

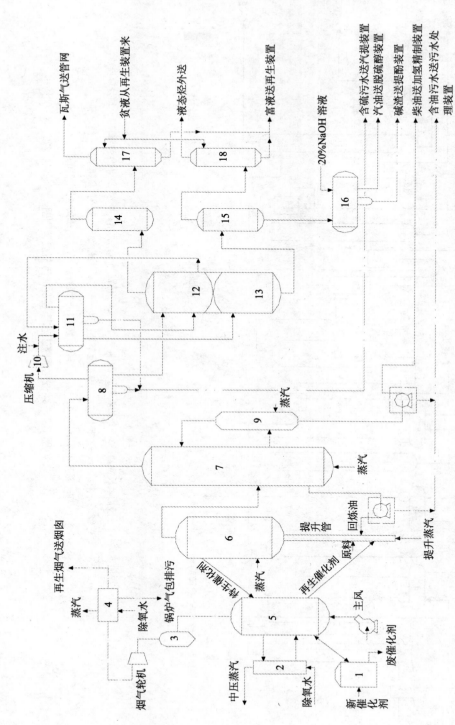

图 B.6 某催化裂化装置工艺流程及产污节点示例图

1—储罐；2—外加热器；3—三旋分离器；4—余热锅炉；5—再生器；6—反应沉降器；7—一分馏塔；8—粗汽油罐；9—汽提塔；10—压缩机；
11—凝缩油罐；12—吸收塔；13—解吸塔；14—再吸收塔；15—稳定塔；16—碱洗罐；17、18—脱硫塔

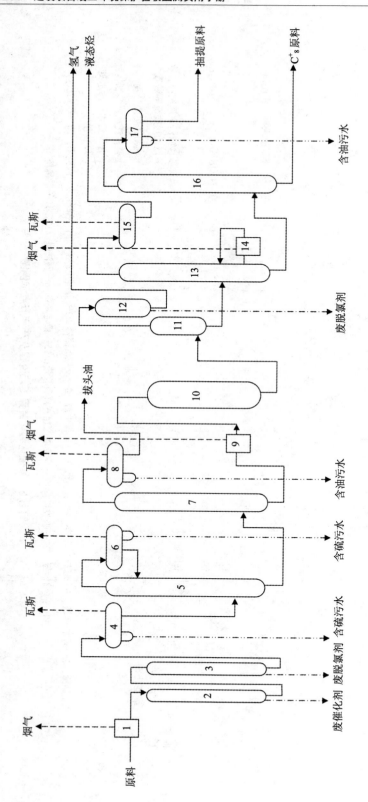

图B.7 某催化重整工艺流程及产污节点示例图

1—预加氢炉；2—预加氢反应器；3—预加氢脱氯罐；4—预加氢高分罐；5—汽提塔；6—汽提塔分液罐；7—预分馏塔；8—预分馏塔分液罐；9—重整炉；10—重整反应器；11—重整脱氯罐；12—重整脱氯罐；13—稳定塔；14—稳定塔重沸炉；15—稳定塔分液罐；16—脱庚烷塔；17—脱庚烷塔分液罐

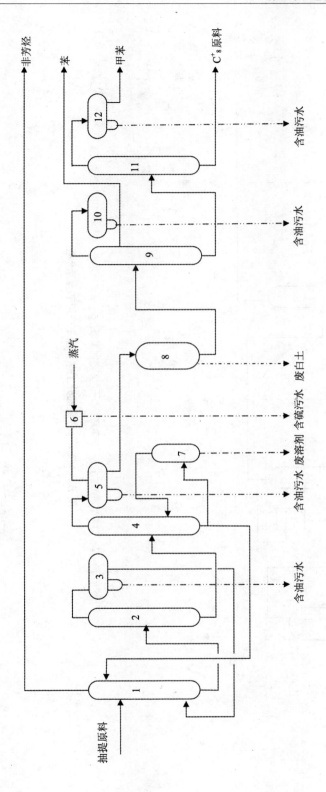

1—抽提塔; 2—汽提塔; 3—汽提塔回流罐; 4—回收塔; 5—回收塔回流罐; 6—回收塔抽空器;
7—溶剂再生塔; 8—白土塔; 9—苯塔; 10—苯塔回流罐; 11—甲苯塔; 12—甲苯塔回流罐

图 B.8 某芳烃抽提及精馏工艺流程及产污节点示例图

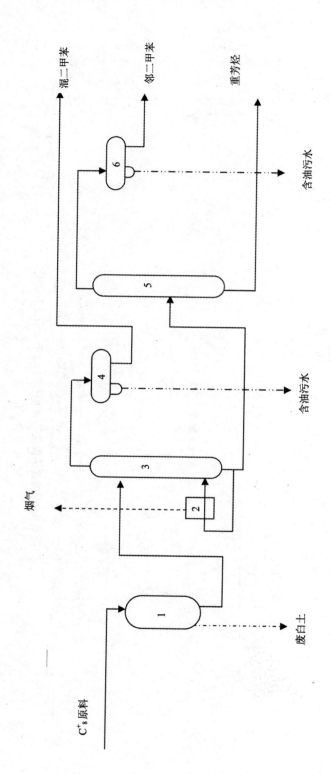

1—白土塔；2—二苯塔重沸炉；3—二苯塔；4—二苯塔回流罐；5—邻二甲苯塔；6—邻二甲苯塔回流罐

图 B.9 某 C$_8^+$ 分离部分工艺流程及产污节点示例图

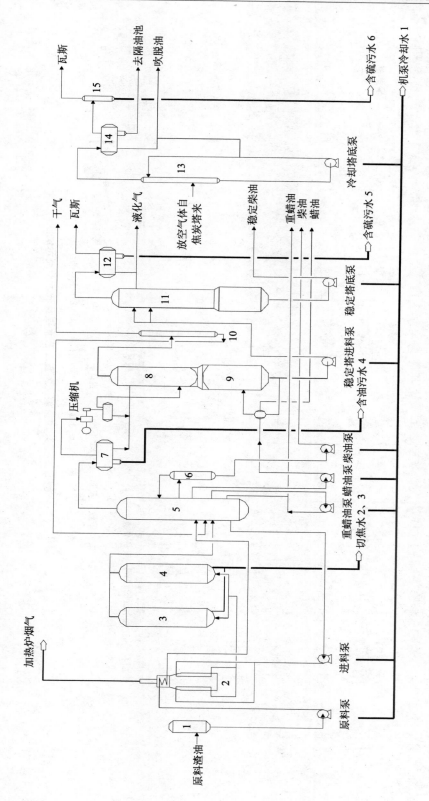

图 B.10　某延迟焦化装置工艺流程及产污节点示例图

1—缓冲罐；2—加热炉；3、4—焦炭塔；5—分馏塔；6—汽提塔；7—油气分离器；8—吸收塔；9—脱吸塔；10—再吸收塔；11—稳定塔；12—回流罐；13—接触冷却塔；14、15—分离罐；

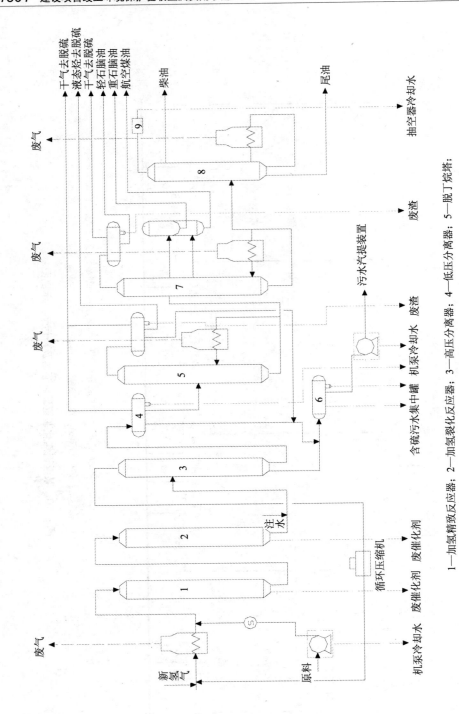

图 B.11 某加氢裂化装置工艺流程及产污节点示例图

1—加氢精致反应器；2—加氢裂化反应器；3—高压分离器；4—低压分离器；5—脱丁烷塔；
6—含硫污水罐；7—分馏塔；8—减压塔；9—抽空器

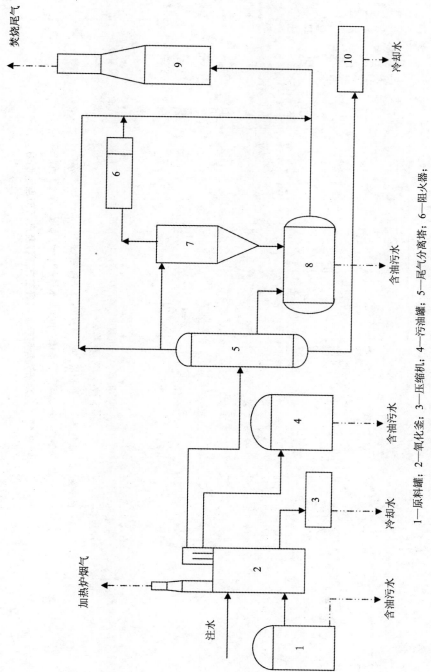

1—原料罐；2—氧化釜；3—压缩机；4—污油罐；5—尾气分离塔；6—阻火器；
7—旋风分离器；8—地下污油罐；9—尾气焚烧炉；10—成型机

图 B.12　某氧化沥青装置工艺流程及产污节点示意图

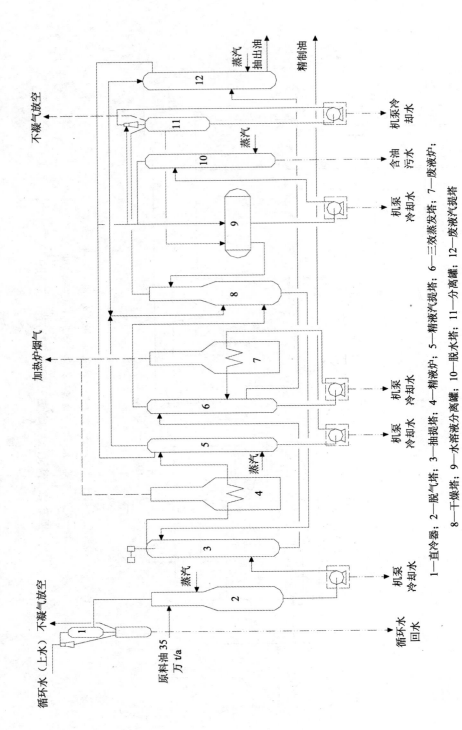

图 B.13 某润滑油糠醛精制装置工艺流程及产污节点示例图

1—直冷器；2—脱气塔；3—抽提塔；4—精液炉；5—精液汽提塔；6—三效蒸发塔；7—废液炉；
8—干燥塔；9—水溶液分离罐；10—脱水塔；11—分离罐；12—废液汽提塔

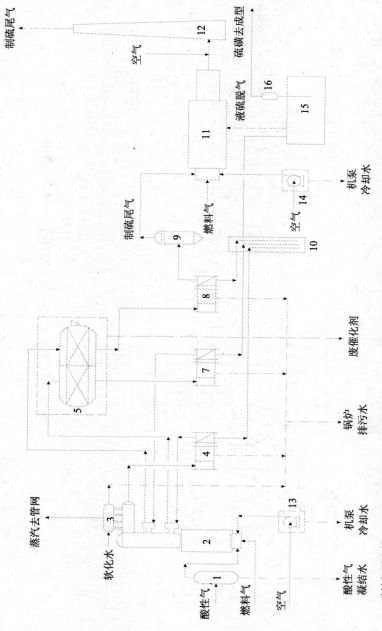

图 B.14 某硫磺回收装置工艺流程及产污节点示例图

1—酸性气脱水罐；2—酸性气燃烧炉；3—废热锅炉；4——级硫冷凝捕集器；5——级转化器；6—二级硫冷凝捕集器；7—二级转化器；
8—三级硫冷凝捕集器；9—末级硫冷凝捕集器；10—硫封；11—尾气焚烧炉；12—烟囱；13—燃烧炉鼓风机；14—焚烧炉鼓风机；
15—液硫贮罐；16—液硫池

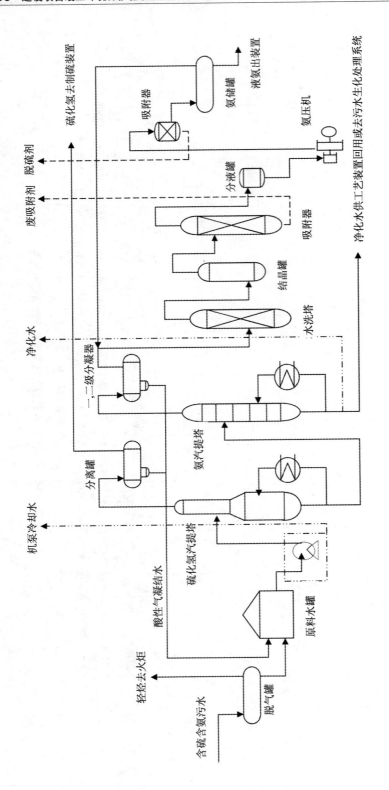

图 B.15 某含硫污水汽提装置工艺流程及产污节点示例图

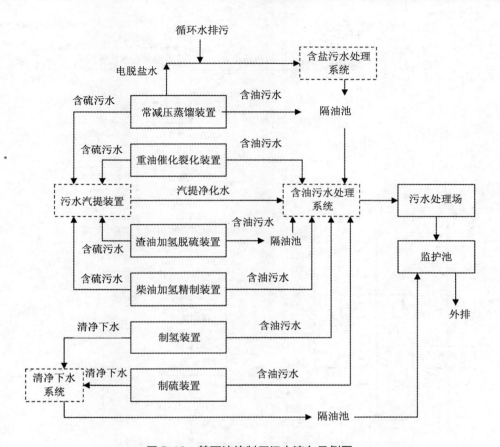

图 B.16 某石油炼制厂污水流向示例图

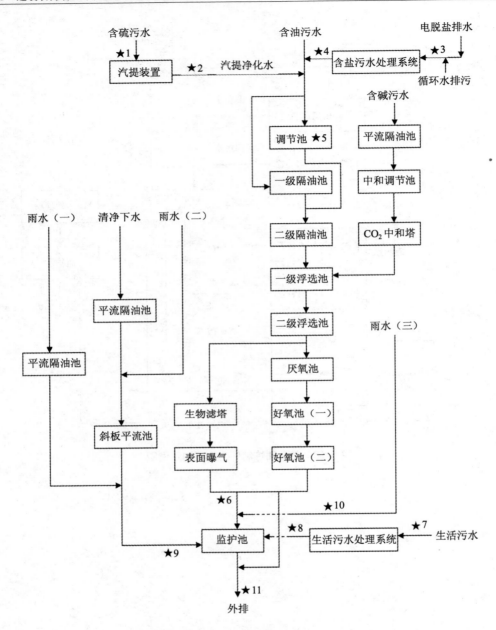

图 B.17　某石油炼制厂污水处理工艺流程及污水监测点位示例图

验收报告参考表

资料性附录 C 由表 C.1～表 C.29 共 29 个参考表组成，仅供参考，应用时应结合实际。

工程建设内容及变更情况一览表见表 C.1；

主要原辅材料消耗量及产品产量统计表见表 C.2；

主要废气污染源及治理设施统计表见表 C.3；

主要水污染源及治理设施统计表见表 C.4；

主要固体废物及处理处置措施统计表见表 C.5；

主要噪声源及治理设施（措施）统计表见表 C.6；

环保设施建设内容及变更情况统计表见表 C.7；

有组织排放废气污染物标准限值一览表见表 C.8；

无组织排放废气污染物标准限值一览表见表 C.9；

水污染物标准限值一览表见表 C.10；

厂界噪声标准限值一览表见表 C.11；

污染物排放总量控制指标一览表见表 C.12；

环保设施设计指标一览表见表 C.13；

环境质量标准限值一览表见表 C.14；

验收监测期间主要原料消耗统计表见表 C.15；

验收监测期间生产负荷统计表见表 C.16；

排气筒废气监测结果表见表 C.17；

废气处理设施监测结果表见表 C.18；

无组织排放废气监测气象参数监测结果统计表见表 C.19；

无组织排放废气监测结果表见表 C.20；

排放口污水监测结果表见表 C.21；

污水处理设施监测结果表见表 C.22；

污染物排放总量核算结果表见表 C.23；

电站锅炉 FGD 系统出口 CEMS 与手工比对监测结果表见表 C.24；

环境保护敏感目标环境空气监测结果表见表 C.25；

地表水/地下水/海水监测结果表见表 C.26；

土壤监测结果表见表 C.27；

沉积物监测结果表见表 C.28；

厂界噪声/环境保护敏感目标噪声监测结果表见表 C.29。

表 C.1　工程建设内容及变更情况一览表

工程	环评及批复要求	初步设计	实际建设	变更
主体工程				
辅助工程				
公用工程				

表 C.2　主要原辅材料消耗量及产品产量统计表

原辅材料		产品	
类别	消耗/（t/a）	类别	产量/（t/a）

表 C.3　主要废气污染源及治理设施统计表

污染源	污染因子	治理设施
有组织排放废气		

污染源	污染因子	治理设施
无组织排放废气		

表 C.4　主要水污染源及治理设施统计表

污染源		主要污染因子	治理设施	去向
含盐污水				
含硫污水				
含油污水				
含碱污水				
	生活污水			
	清净下水			

表 C.5　主要固体废物及处理处置措施统计表

固体废物	来源	类别	处理处置	去向

表 C.6 主要噪声源及治理设施（措施）统计表

污染源	声级水平	治理设施（措施）

表 C.7 环保设施建设内容及变更情况统计表

工程	环评污染防治措施	环评批复要求	初步设计	实际建设	变更
废气处理设施					
污水处理设施					
噪声防护设施					
固体废物治理设施					

表 C.8 有组织排放废气污染物标准限值一览表

污染源	排气筒高度/m	污染物	执行标准及级别	
			最高允许排放浓度/（mg/m³）	最高允许排放速率/（kg/h）

表 C.9 无组织排放废气污染物标准限值一览表

污染源	污染物	单位	执行标准及级别	
			监控点	限值

表 C.10　水污染物标准限值一览表

污染源	污染物	执行标准及级别	
		单位	标准限值

表 C.11　厂界噪声标准限值一览表

执行标准及类别	污染因子	标准限值/dB（A）	
		昼间	夜间

表 C.12　污染物排放总量控制指标一览表

污染物		总量控制指标/（t/a）		
		环评	环评批复	环保管理限值
废气				
污水				
固体废物				
吨产品污染物排放量				

表 C.13　环保设施设计指标一览表

环保设施	设计指标		
	流量	污染物去除率	出口污染物排放浓度
废气处理设施			
污水处理设施			

表 C.14　环境质量标准限值一览表

污染物		单位	执行标准及级（类）别
空气			
地表水/地下水/海水			

污染物		单位	执行标准及级（类）别
土壤			
噪声			

表 C.15　验收监测期间主要原料消耗统计表

原料	单耗/（kg/t）		消耗量/（t/d）		实耗与设计耗之比
	实际	设计	实际	设计	

表 C.16　验收监测期间生产负荷统计表

生产装置	监测日期	产品实际产量/（t/d）	产品设计产量/（t/d）	生产负荷/%

表 C.17　排气筒废气监测结果表

监测日期	监测频次	烟气流量/（m³/h）	污染物	
			排放浓度/（mg/m³）	排放速率/（kg/h）
	第 1 次			
	第 2 次			
	第 3 次			
	第 1 次			
	第 2 次			
	第 3 次			
标准限值				
达标情况				

表 C.18　废气处理设施监测结果表

监测日期	监测频次	监测断面	烟气流量/（m³/h）	污染物		处理效果（%）
				排放浓度/（mg/m³）	排放速率/（kg/h）	
	第 1 次	进口				
		出口				
	第 2 次	进口				
		出口				
	第 3 次	进口				
		出口				
	第 1 次	进口				
		出口				
	第 2 次	进口				
		出口				
	第 3 次	进口				
		出口				
设计指标或环保管理限值			—			
符合设计指标或环保管理限值情况			—			

表 C.19　无组织排放废气监测气象参数监测结果统计表

监测日期	时间	天气状况	气温（℃）	气压（Pa）	风向	风速/（m/s）

表 C.20　无组织排放废气监测结果表

监测点位	监测日期	监测频次	监测结果/（mg/m³）		
			硫化氢	挥发酚	
对照点					
监控点 1					
监控点 2					
监控点 3					
标准限值			—		
达标情况			—		

表 C.21 排放口污水监测结果表

监测日期	监测频次	pH	悬浮物/（mg/L）	化学需氧量/（mg/L）		流量/（m³/h）
	第 1 次					
	第 2 次					
	第 3 次					
	第 4 次					
	平均/范围					
	第 1 次					
	第 2 次					
	第 3 次					
	第 4 次					
	平均/范围					
	第 1 次					
	第 2 次					
	第 3 次					
	第 4 次					
	平均/范围					
标准限值						
达标情况						

表 C.22 污水处理设施监测结果表

监测日期	监测点位	频次	pH	悬浮物/（mg/L）	化学需氧量/（mg/L）	流量/（m³/h）
		第 1 次				
		第 2 次				
	进口	第 3 次				
		第 4 次				
		平均/范围				
		第 1 次				
		第 2 次				
	出口	第 3 次				
		第 4 次				
		平均/范围				
	去除率（%）					
		第 1 次				
		第 2 次				
	进口	第 3 次				
		第 4 次				
		平均/范围				
		第 1 次				
		第 2 次				
	出口	第 3 次				
		第 4 次				
		平均/范围				
	去除率（%）					
平均去除率（%）						
标准限值						
达标情况						

表 C.23　污染物排放总量核算结果表

污染物		产生量	削减量	排放量	总量控制指标
废气					
污水					
固体废物					

表 C.24　电站锅炉 FGD 系统出口 CEMS 与手工比对监测结果表

监测方式	监测日期	监测频次	烟气流量 标干 m³/h	实测排放浓度			烟气 含氧量 %	折算到基准过量空气系数后排放浓度			排放量		
				烟尘 mg/m³	二氧化硫 mg/m³	氮氧化物 mg/m³		烟尘 mg/m³	二氧化硫 mg/m³	氮氧化物 mg/m³	烟尘 kg/h	二氧化硫 kg/h	氮氧化物 kg/h
手工监测		第 1 次											
		第 1 次											
		第 2 次											
		第 3 次											
		第 1 次											
		第 2 次											
		平均值											
CEMS		第 1 次											
		第 1 次											
		第 2 次											
		第 3 次											
		第 1 次											
		第 2 次											
		平均值											
平均值相对偏差（%）													

表 C.25 环境保护敏感目标环境空气监测结果表

监测日期	监测频次	监测点 1			监测点 2			监测点 3			气象条件
		挥发酚	苯并[a]芘		挥发酚	苯并[a]芘		挥发酚	苯并[a]芘		
环评背景值											—
标准限值											—

表 C.26 地表水/地下水/海水监测结果表

监测点位	监测因子	单位	年 月 日		年 月 日		年 月 日		标准限值
			第 1 次（上午）（涨潮）	第 2 次（下午）（退潮）	第 1 次（上午）（涨潮）	第 2 次（下午）（退潮）	第 1 次（上午）（涨潮）	第 2 次（下午）（退潮）	

表 C.27 土壤监测结果表

监测日期	监测点位	采样深度	pH	总砷/（mg/kg）		
	标准限值					
	达标情况					

表 C.28 沉积物监测结果表

监测日期	监测点位	pH	总砷/（mg/kg）		
	标准限值				
	达标情况				

表 C.29 厂界噪声/环境保护敏感目标噪声监测结果表

监测日期	点位	昼间			夜间		
		测定值	超标值	主要声源	测定值	超标值	主要声源
标准限值							

中华人民共和国环境保护行业标准

建设项目竣工环境保护验收技术规范

乙烯工程

Technical guidelines for environmental protection in ethylene project for check and accept of completed construction project

HJ/T 406—2007

前 言

为贯彻《中华人民共和国环境影响评价法》和《建设项目环境保护管理条例》，保护环境，规范乙烯工程建设项目竣工环境保护验收工作，制定本标准。

本标准规定了乙烯工程建设项目竣工环境保护验收的有关要求和规范。

本标准为首次发布。

本标准为指导性标准。

本标准由国家环境保护总局科技标准司提出。

本标准起草单位：中国环境监测总站、广东省环境保护监测中心站。

本标准国家环境保护总局 2007 年 12 月 21 日批准。

本标准自 2008 年 4 月 1 日起实施。

本标准由国家环境保护总局解释。

1 适用范围

本标准规定了乙烯工程建设项目竣工环境保护验收技术工作范围的确定、执行标准选择的原则；工程及污染治理、排放分析要点；验收监测布点、采样、分析方法、质量控制及质量保证、监测结果评价技术要求；验收检查和调查的主要内容以及验收方案、报告编制技术等内容。

本标准适用于乙烯工程新建、改建、扩建和技术改造项目竣工环境保护验收。

环境影响评价、初步设计（环保篇）、建设项目竣工后的日常环境保护管理性监测可参照本标准。

2 规范性引用文件

下列文件中的条款通过本标准的引用而成为本标准的条款。凡是注日期的引用文件，其随后所有的修改单（不包括勘误的内容）或修订版均不适用于本标准，然而，鼓励根据本标准达成协议的各方研究是否可使用这些文件的最新版本。凡是不注日期的引用文件，其最新版本适用于本标准。

GB 3095　环境空气质量标准

GB 3096　城市区域环境噪声标准

GB 3097　海水水质标准

GB 3838　地表水质量标准

GB 8978　污水综合排放标准

GB 9078　工业炉窑大气污染物排放标准

GB 11607　渔业水质标准

GB 12348　工业企业厂界噪声标准

GB 13223　火电厂大气污染物排放标准

GB 13271　锅炉大气污染物排放标准

GB 14554　恶臭污染物排放标准

GB 15618　土壤环境质量标准

GB 17378.4　海洋监测规范　第 4 部分：海水分析

GB 18484　危险废物焚烧污染控制标准

GB 18597　危险废物贮存污染控制标准

GB 18598　危险废物填埋污染控制标准

GB 18599　一般工业固体废物贮存、处置场污染控制标准

GB/T 14848　地下水质量标准

HJ/T 55　大气污染物无组织排放监测技术导则

HJ/T 91　地表水和污水监测技术规范

HJ/T 92　水污染物排放总量监测技术规范

HJ/T 164　地下水环境监测技术规范

HJ/T 166　土壤环境监测技术规范

HJ/T 194　环境空气质量手工监测技术规范

HJ/T 354　水污染源在线监测系统验收技术规范

HJ/T 373　固定污染源监测质量保证及质量控制技术规范

建设项目环境保护设施竣工验收监测技术要求（环发［2000］38 号）

3 术语和定义

下列术语和定义适用于本标准。

3.1　乙烯工程

以石油炼制产品为原料，经裂解产生乙烯及其副产品，再经加工生产石油化工产品的工程。

3.2　工况

生产装置和设施生产运行的状态。

正常工况：装置或设施按照设计工艺参数进行生产的状态。

非正常工况：生产装置或设施开工、停工、检修、超出正常工况或工艺参数不稳定时的生产状态。

3.3　以新带老

通过新建、改建、扩建和技术改造项目，完善建设单位不符合环境保护要求的环境保护设施及措施。

4　验收工作技术程序

乙烯工程建设项目竣工环境保护验收技术工作，包括验收准备、编制验收技术方案、实施验收技术方案、编制验收技术报告四个阶段。验收工作流程见图1。

4.1　准备阶段

资料收集、现场勘查。

4.2　编制验收技术方案阶段

在查阅相关资料、现场勘查的基础上确定验收技术工作范围、验收监测、环境保护管理检查及调查内容、评价标准或依据，编写验收技术方案。

4.3　实施验收技术方案阶段

依据验收技术方案，对确定验收监测范围内的废水、废气、噪声、固废及周边环境保护敏感目标进行现场监测，并对环境保护管理情况及环境保护设施、措施落实情况进行检查及调查。

4.4　编制验收技术报告阶段

汇总监测数据、环境保护管理及环境保护设施、措施落实情况检查及调查结果，综合分析、评价得出结论，以报告书（表）形式作为建设项目竣工环境保护验收的技术依据。

5　验收技术工作准备

5.1　资料收集和分析

5.1.1　资料收集

报告资料：申请验收建设项目可行性研究报告、环境影响评价文件、初步设计环保篇。

文件资料：建设项目立项批复、初步设计批复、环境影响评价文件批复、试生产申请批复、重大变更批复。

图件资料：建设项目地理位置图（应标注生产区位置、生产废水接纳水体及废水排放口位置）、厂区平面布设图（应标注主要污染源位置，厂内排水管网、厂界及周边环境情况等）、物料、燃料及实际水平衡图、生产工艺流程及污染产生示意图、污染处理工艺流程图、固体废物填埋场地理位置图及周边环境情况等。

环境管理资料：建设单位环境保护执行报告、建设单位环境保护组织机构、规章制度、日常监测计划、事故风险防范环境保护应急预案、固体废物处理/处置协议（合同）

及处理/处置机构资质证明（如营业执照、危险废弃物处理资质）等。

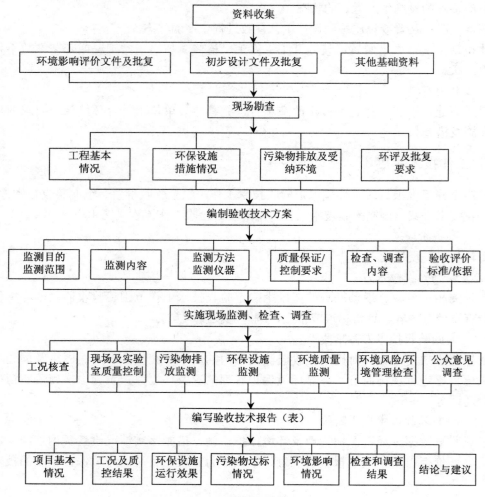

图 1　验收工作流程图

5.1.2　资料分析

对搜集到的技术资料进行整理、研究，熟悉并掌握以下内容：

a）建设内容及规模

项目建设内容、规模及变更情况，包括主、辅工程及环保工程。若为改、扩建及技术改造项目应查清"以新带老"和"总量控制、区域削减"等具体要求，以确定现场勘查的范围。

b）生产工艺流程及污染分析

根据建设项目生产工艺、主要原辅材料及产品，分析废气、废水、废渣、噪声等产生情况及主要污染因子，相应配套的污染治理设施、处理工艺流程及排放去向，以落实现场勘查重点内容。

c）污染物排放源确定

了解建设项目废气有/无组织排放源、废水外排口、噪声源及固体废物填埋场等具体位置，确定布设废气有/无组织排放监测点、废水排放监测点、厂界噪声监测点。对可能造成二次污染的固体废物处理处置填埋场，还应考虑布设环境质量监测点。

d）建设项目周围环境保护敏感目标

建设项目周边若有环境保护敏感目标，包括受纳水体、大气敏感保护目标，应设置敏感目标环境质量监测内容。

e）建设项目环境保护管理

了解环境保护机构的设置及环境保护规章制度的建立，包括环保监测机构的设立及日常监测计划、固体废物的处理处置要求等，同时对各环保设施（如污水处理站）/设备（在线监测系统）运行、管理台账进行检查。

5.2　现场勘察和调研

5.2.1　生产设施及工艺现场勘察

a）生产装置：调查各生产装置生产流程、主要原辅材料使用情况、污染产出环节、主要污染因子、排放方式及环境保护设施。

b）公用工程及辅助工程：调查热电联产锅炉、焚烧炉、火炬系统等装置的流程、主要原辅材料使用情况、污染产出环节、主要污染因子、排放方式及环境保护设施。

5.2.2　污染源及环保设施现场勘察

5.2.2.1　废气

有组织废气排放：排气筒数量、高度、出入口内径，废气来源、主要污染因子及治理设施，符合监测规范要求的监测平台、监测孔，监测截面尺寸。

无组织废气排放：排放废气来源、主要污染因子及治理设施，厂区周边敏感目标情况，并了解常年主导风向。

5.2.2.2　废水和循环水排污

生产废水和生活污水来源、主要污染因子及处理情况，生活污水来源及处理情况，各类废水汇集、排放或循环回用情况，排污口规范化设置、外排方式及受纳水体，清污分流、雨污分流落实情况。

5.2.2.3　噪声

声源在厂区平面布设中的具体位置及与厂界外噪声保护敏感目标的相对位置及距离。

5.2.2.4　固体废物

固体废物来源、种类、数量、处理处置去向；临时堆场及永久性贮存处理场类型、位置、运行管理；一般废物贮存、填埋是否符合 GB 18599 要求，危险废物贮存、填埋是否符合 GB 18597 及 GB 18598 要求；贮存处理场可能造成土壤、地下水二次污染敏感目标的确定。

5.2.3　对照建设项目环境影响评价文件、行政主管部门对建设项目批复文件提出的要求检查建设项目环保设施和措施落实情况。

5.2.4　环境风险应急设施及措施检查

核查建设项目环境影响评价文件有关环境风险分析篇章及制定的环境风险应急预案中要求建设的应急设施及措施的落实情况；调查污染事故发生情况。

乙烯工程建设项目环境保护设施现场勘察参照表 1 内容进行。

表 1　环保设施现场勘察内容

类型	污染源	污染处理设施及措施	初步调查的主要内容
废气	生产工艺装置	废气处理设施	废气来源、处理工艺、设计处理能力、排放方式及去向；各排气筒高度、监测平台及监测孔规范性、监测截面尺寸、污染排放源数目；无组织排放源位置及排放情况、监测点位布设
	热电联产装置	烟尘、烟气处理设施	废气处理工艺、设计处理能力、排放方式及去向；排气筒高度；废气处理设施进、出口监测截面尺寸；监测平台及监测孔的规范性设置
	焚烧炉	尾气净化设施	焚烧废物来源、焚烧量；尾气净化处理工艺、排放方式及去向；排气筒高度、尾气净化处理设施进、出口监测截面尺寸；监测平台及监测孔的规范性设置
废水	废水排污口数量、位置、排放废水类型及受纳水体情况		
	生产装置	废水处理设施	废水来源、废水处理工艺、设计处理能力、排放去向及排放方式；排污口的规范化及受纳水体
	初期雨水及地面冲洗水	废水处理设施	
	废水处理站	废水处理设施	
	车间及生活区生活污水	生活污水处理设施	污水处理工艺、设计处理能力、排放去向及排放量；排污口的规范化及受纳水体
噪声	生产设备	消声、隔声措施	厂界周边环境情况、主要声源在厂区平面布设中的具体位置及与厂界外噪声保护敏感目标的距离
固体废物	生产过程中产生的危险废物（如废碱液、废油渣、废催化剂、废脱水剂、吸附剂等）、一般废物及生活垃圾	危险废物需建设危险废物专用填埋场或交由有相应资质的处置机构处理	一般固体废物的来源、种类、数量、排放去向，并按 GB 18599 要求检查贮存、处置场；危险废物的来源、种类、数量、排放去向及委托处理处置单位的处理资质及委托协议，并按 GB 18597、GB 18598 要求检查专用填埋场或临时贮存场

5.2.5　现场调研

现场调研内容包括：建设项目执行国家建设项目环境管理制度情况、环境保护档案管理、环境保护管理规章制度的建立及其执行情况、环境保护机构人员及设备配置；环境影响评价报告书建议及批复要求的落实情况；以新带老、总量控制、区域削减要求落实情况；环境影响评价文件规定的移民与安置落实情况；施工期和试生产阶段污染事故和投诉情况；与本项目相关的其他情况。

6 验收监测

6.1　编制验收技术方案

编制验收技术方案、报告结构及内容见附录 A。

6.2　验收技术报告

6.2.1　总论

6.2.1.1　项目由来

项目概况，立项、建设、试生产审批过程简述，项目建成试运行时间、运行概况，验收监测工作承担单位、现场勘察时间等叙述。

6.2.1.2　验收监测目的

通过对建设项目外排污染物达标情况、环保设施运行情况、污染治理效果、必要的环境保护敏感目标环境质量等的监测以及建设项目环境管理水平及公众意见的调查，为环境保护行政主管部门验收及验收后的日常监督管理提供技术依据。

6.2.1.3　验收监测依据

a）建设项目环境保护管理法律、法规、规定；

b）建设项目竣工环境保护验收监测技术规范；

c）建设项目环境保护技术文件，主要包括环境影响报告书、建设项目初步设计环保篇；

d）建设项目批复文件，主要包括立项批复、环境影响报告书批复、环境保护初步设计批复、建设项目执行标准或总量控制指标批复；

e）建设项目重大变更的相应批复文件；

f）环保主管部门对项目试运行批复；

g）其他需要说明情况的相关文件。

6.2.2　建设项目工程概况

6.2.2.1　原有工程概述

对改建、扩建及技术改造项目应叙述原有工程概况，主要包括：工程建设内容、建设规模；生产过程污染物产生、治理及排放情况；环境保护存在问题分析；与新建工程之间的相互关系；以新带老工程改造及环境保护治理要求，并将其确定为验收监测的内容之一。

6.2.2.2　新建工程建设概述

新建工程应叙述工程建设地点、建设内容、建设规模，建设内容包括生产装置、公用工程、辅助工程、环境保护工程及设备等建设情况；工程立项、环境影响评价、初步设计、施工、试运行、批复的行政主管部门及几个阶段的完成时间简介；工程设计完成单位和施工单位；工程投资及环境保护投资分析。

全面叙述以上工程环境保护设施建设情况，并列表说明主体工程生产设备与环境保护设施建设情况，参见附录表 C.1。

6.2.2.3　地理位置及平面布设

以图表示，并简述用地概况。地理位置图重点突出项目所在地理区域内有无环境保护敏感目标、废水排放口及受纳水体。平面布设图应重点标明主要噪声源、废水和废气排放源所处位置，厂界周边情况及厂界周围需保护的敏感目标与厂界、排放源的相对位置及距离，参见附录图 B.1。

6.2.2.4　主要产品及原辅材料

列表表示，参见附录表 C.2。

6.2.2.5　水平衡和燃料平衡

水平衡图和燃料平衡图可以单一装置为单位表示，也可以建设项目总图表示，水平衡图参见附录图 B.1。

6.2.2.6　生产工艺及产污环节

主要工艺流程、关键的生产装置，以工艺流程及污染产污环节图表示，参见附录图 B.2、图 B.3、图 B.4、图 B.5、图 B.6、图 B.7、图 B.8。

6.2.3 主要污染及治理

6.2.3.1 主要污染源及治理设施（措施）

按照废气、废水、固体废物、噪声四个方面详细分析各污染源产生来源、治理设施（措施）、治理工艺、排放情况及主要污染因子等。改扩建项目还需详述原有的污染源、治理设施（措施）及排放情况。附污染来源分析、治理情况及排放去向一览表，参见附录表 C.3、表 C.4。废水污染治理工艺流程示意图参见附录图 B.9。

6.2.3.2 "三同时"落实情况

a）列表说明"以新带老"、"区域削减"等落实情况；

b）环境保护措施落实情况、环保设施建成及运行状况，并列表对比分析环境影响报告书、初步设计提出的环境保护及措施要求与实际建成情况。

6.2.3.3 环境保护敏感目标分析

依据环境影响评价报告书，通过实地勘查，分析项目建设产生的废水、废气、固体废物对环境保护敏感目标可能造成的二次污染。

6.2.4 环境影响评价、初步设计回顾及其批复要求

摘录建设项目环境影响评价文件的主要结论及建议、环境影响评价文件批复的要求及环境保护行政主管部门对建设项目环境保护要求的主要内容。

6.2.5 验收监测范围及内容

按照环境影响评价报告书及其批复文件核查项目建设内容、建设规模及需配套建设的环境保护设施及措施，尤其要注意项目"以新带老"及"总量控制、区域削减"需要落实的环境保护设施或措施，以此确定验收监测工作范围及内容。乙烯工程建设项目竣工环境保护验收监测内容包括以下几方面：

a）废水排放达标情况监测、厂界噪声达标情况监测，废气有组织排放、无组织排放达标情况监测，安装有在线监测系统的排放口，同时进行在线监测系统参比测试；

b）环境影响评价批复指标及污染物总量控制达标情况监测；

c）各污染治理设施处理效率监测；

d）建设项目竣工环境保护"三同时"验收登记表中需填写污染控制指标；

e）环境保护敏感目标环境质量监测。

6.3 验收监测评价标准

依据环境影响评价文件及其批复文件要求，以环境影响评价批复、有效的国家或地方排放标准、环境质量标准及总量控制指标作为验收评价标准，若上述文件中未规定，则以环境影响评价批复时段有效的国家或地方排放标准、环境质量标准及总量控制指标作为验收评价标准。

相应现行的国家或地方排放标准、环境质量标准和工程《初步设计》（环保篇）的设计指标及环境影响评价报告书中环境背景值作为参照标准。

各标准、文件的名称、文件号、标准号、标准等级及限值以表列出。

6.4 监测期间工况监控

验收监测在工况稳定、生产负荷达到设计的 75%以上（含 75%）、环境保护设施运行正常的情况下进行，国家、地方污染物排放标准对生产负荷另有规定的按标准规定执行。监测期间对各生产装置生产量进行监控，并按设计生产量核算生产负荷。若生产负荷小

于 75%，通知监测人员停止监测。

给出生产情况及设备运行负荷的数据或参数，以文字配合表格叙述现场监测期间企业生产情况、各装置运行负荷率，参见附录表 C.5。

6.5　监测点位布设

验收监测点位布设根据实际情况主要依照以下监测内容进行：

a）废水排放达标情况监测、厂界噪声达标情况监测，废气有组织排放、无组织排放达标情况监测，安装有在线监测系统的排放口，同时进行在线监测系统参比测试；

b）环境影响评价文件批复指标及总量控制达标情况监测；

c）各污染治理设施处理效率监测；

d）建设项目竣工环境保护"三同时"验收登记表中需填写污染控制指标；

e）环境保护敏感目标环境质量监测。

根据现场勘察、各污染物产生、治理工艺、排放情况及相关技术规范确定各监测具体监测点位。绘制标明监测点所处厂区、工艺具体位置图，厂区水走向及废水监测点位示意参见附录图 B.10。废气监测应给出监测断面的尺寸及排气筒高度等，并给出监测截面烟尘（颗粒物）、烟气参数测定点位设置。

监测点位布设原则：

a）对考核废水、废气有组织排放达标情况的监测，在各污染物排放口及环境影响评价文件、初步设计要求监控的位置设置监测点。废气无组织排放达标情况监测点位布设按 HJ/T 55 执行。

b）对考核污染治理设施的监测，在各污染治理设施进、出口及环境影响评价文件、初步设计中对处理效果有要求的处理工段设置监测点。

c）厂界噪声监测根据厂内主要噪声源距厂界的位置布点，特别对外环境可能造成影响的地段、厂界周围有敏感目标分布的区域为监测重点。厂中厂不考核。

6.6　监测因子及频次

根据生产工艺、污染治理工艺、原辅材料的使用、中间产物、产品涉及的污染物和环境影响评价文件提供的特征因子确定监测因子。监测频次按环发［2000］38 号文及相应的标准文件要求确定。

监测因子选择原则：

a）污染物排放标准及环境质量标准监控因子，且生产中使用的原辅材料燃料、产品、中间产物、废物（料）等涉及的特征污染物和一般性污染物因子；

b）国家实施总量控制的污染物指标；

c）污染物处理设施设计指标涉及的污染因子；

d）环境影响评价文件涉及的监测因子。

主要污染监测因子参见表 2。

6.7　分析方法

按国家污染物排放标准（GB 8978、GB 9078、GB 13223、GB 13271、GB 14554、GB 18484、GB 12348 等）、环境质量标准（GB 3095、GB 3838、GB/T 14848、GB 3097、GB 11607、GB 15618、GB 3096）和环境监测技术规范（GB 17378、HJ/T 91、HJ/T 92、HJ/T 164、HJ/T 166、HJ/T 194 等）要求，采用列出的监测分析方法；对标准中未列出监

测分析方法的污染物，优先选用国家现行标准分析方法，其次为行业现行标准分析方法；对国内目前尚未制定标准分析方法的污染物，可参考使用国际（外）现行的标准分析方法。分析方法应能满足评价标准要求。

表2 主要污染监测因子

内容	来源	监测点位		监测因子
废气	有组织排放废气	生产工艺装置	反应装置工艺废气排气筒	根据生产装置所采用的原辅材料、产品和环境影响评价文件提供的特征因子确定，为常规因子和苯、甲苯、二甲苯、苯乙烯、非甲烷总烃等特征因子、烟气参数
			干燥器废气排气筒	
			催化剂再生废气排气筒	
		加热炉	烟囱排放口	烟尘、二氧化硫、氮氧化物、烟气黑度、烟气参数
		热电联产装置锅炉	废气处理设施进、出口	烟尘、二氧化硫、氮氧化物、烟气黑度、烟气参数
		焚烧炉	废气处理设施进、出口	烟尘、烟气黑度、二氧化硫、氮氧化物、一氧化碳、氯化氢、氟化氢、砷、镍及其化合物（以 As+Ni 计）、铅及其化合物、铬、铜、锡、锑、锰（以 Cr+Sn+Sb+Cu+Mn 计）、二噁英类、烟气参数
	无组织排放废气	根据 HJ/T 55 设置监测点位		非甲烷总烃、恶臭、苯、甲苯、二甲苯
水环境		生产废水处理设施进、出口		pH、悬浮物、化学需氧量、五日生化需氧量、石油类、硫化物、氨氮、挥发酚、总氰化物、苯系物、铜、铅、镍、流量
		生活污水处理设施进、出口		pH、悬浮物、化学需氧量、五日生化需氧量、动植物油、氨氮、总磷、阴离子表面活性剂、流量
		地下水* （生产区、固体废物填埋区及敏感目标）		pH、高锰酸盐指数、石油类、挥发酚、氰化物、铜、铅、镍
		敏感目标*（地表水） （排污口上、下游监测断面）		pH、溶解氧、高锰酸盐指数、石油类、氰化物、挥发酚、苯系物、铜、铅、镍
		敏感目标*（海水） （以排污口为中心，等距离弧线布点）		pH、溶解氧、化学需氧量、石油类、硫化物、挥发酚、氰化物
土壤及植被		填埋场周围的土壤监测* （1个清洁对照点和3个监测点）		pH、铜、铅、镉、镍、铬
		填埋场周围植被监测* （与环境影响评价背景比较）		植物中铜、镍、铬的含量 （以粮食、蔬菜为主）
噪声		厂界		等效 A 声级
		敏感目标*		等效 A 声级

注：监测因子根据生产工艺、采用的原辅材料、产品和环境影响评价文件提供的特征因子酌情增减。
*必要时监测。

6.8 监测质量控制和质量保证

6.8.1 现场监测质量控制和质量保证

按 GB 17378、HJ/T 55、HJ/T 91、HJ/T 92、HJ/T 164、HJ/T 166、HJ/T 373、环发［2000］38 号附件中质量控制与质量保证有关章节要求进行。

6.8.2 人员资质

参加竣工验收监测采样和测试人员，须按国家有关规定持证上岗。

6.8.3 监测数据和报告审核

执行三级审核制度。

6.8.4 水质监测分析过程中的质量保证和质量控制

水样的采集、运输、保存、实验室分析和数据计算的全过程均按照 HJ/T 92、HJ/T 91 的要求进行。即做到：采样过程中应采集不少于 10%的现场平行样，每批样品采集 1～2 个现场空白；实验室分析过程一般分析不少于 10%的平行样；对可进行加标回收测试的，应在分析的同时做 10%加标回收样品分析，对可以得到标准样品或质量控制样品的主要因子，在分析的同时应做质控样品分析，参见附录表 C.6、表 C.7、表 C.8。

6.8.5 气体监测分析过程中的质量保证和质量控制

6.8.5.1 现场监测分析方法和仪器的选用原则：

a）尽量避免被测排放物中共存污染物因子对仪器分析的交叉干扰；

b）被测排放物的浓度应在仪器测试量程的有效范围，即仪器量程的 30%～70%。

6.8.5.2 监测时使用经计量部门检定，并在有效使用期的仪器。烟尘、烟气采样器在进入现场前应对采样器流量计、流速计等进行校核。烟气监测（分析）仪器在测试前按监测因子分别用标准气体进行校准，并对其流量计进行校核，在测试时应保证其采样流量，参见附录表 C.7、表 C.8。

6.8.6 噪声监测分析过程中的质量保证和质量控制

监测时使用经计量部门检定，并在有效使用期内的声级计；声级计在测试前后用标准发生源进行校准，测量前后仪器的灵敏度相差不大于 0.5 dB，若大于 0.5 dB，则测试数据无效。

6.8.7 土壤和植物监测分析过程中的质量保证和质量控制

采样过程中应采集不少于 10%的平行样；实验室样品分析时加测不少于 10%平行样；对可以得到标准样品或质量控制样品的项目，应在分析的同时做 10%的质控样品分析，对得不到标准样品或质量控制样品的项目，但可进行加标回收测试的，应在分析的同时做 10%加标回收样品分析。

6.9 现场监测

在建设项目生产设备、环保设施运行正常，生产工况满足建设项目竣工环境保护验收技术要求的情况下，严格按照经环保行政主管部门审核批准的《建设项目竣工环境保护验收监测方案》开展现场监测。现场监测应包括以下内容：

a）验收期间生产工况

根据各生产装置实际成品产量、设计产量、生产负荷等相关参数，计算实际生产负荷率，并以文字配合表格形式叙述监测期间实际生产负荷是否符合规定要求；对危险废物焚烧炉监测时，还需记录焚烧温度、烟气停留时间等技术性能参数。

b）污染物排放监测

废水、废气有组织排放、厂界噪声监测严格按各污染因子监测技术规范要求进行采样和分析。烟尘（颗粒物）及烟气流量参数监测点位表参见附录表 C.9。

c）废气无组织排放监测同时记录风向、风速、气温、气压等气象参数。

6.10 监测数据整理

6.10.1 监测数据的整理严格按照 HJ/T 92、HJ/T 91、HJ/T 373 有关章节的规定进行，针对性地注意以下内容：

a）异常数据、超标原因分析。

b）监测结果统计及换算：按照评价标准的要求，换算为规定的掺风系数或过剩空气系数时的值。

c）等效排放源合并：排放同一种污染物的近距离（距离小于几何高度之和）排气筒按等效源评价。

6.10.2 废水、废气（有组织、无组织排放）、厂界噪声、污染治理设施效果监测结果。

分别从以下几方面对废水、废气、厂界噪声、污染治理设施效果及在线监测系统参比监测结果进行叙述：

a）验收技术方案确定的验收监测点位、监测因子、频次、监测采样、分析方法（含使用仪器及检测限）；

b）监测结果列表，参见附录表 C.10～表 C.19；

c）采用相应的国家、地方的标准值、环保设施设计值和总量控制指标进行分析评价；

d）出现超标准限值、环境影响评价文件批复指标或不符合设计指标要求的原因分析；

e）根据在线监测系统参比结果及现场监测结果比对，参照 HJ/T 76 和 HJ/T 354 进行评述，对安装的在线监测系统运行情况进行评价。

6.10.3 总量控制达标情况监测结果与评价

根据各排污口的流量和监测浓度，计算并列表统计环境影响评价文件批复及地方环境保护主管部门提出的总量控制指标要求的因子年排放量，考核总量控制指标的达标情况。附污染物排放总量核算结果表。

6.10.4 环境保护敏感目标环境质量监测

主要内容包括：

a）环境敏感目标可能受到影响的简要描述；

b）验收技术方案确定的验收监测项目、频次、监测断面或监测点位、监测采样、分析方法（含使用仪器及检测限）；

c）监测结果列表，参考格式见附录；

d）用相应的国家标准值及环境影响评价文件中背景值，进行分析评价；

e）出现超标时的原因分析等。

6.10.5 清洁生产评价

主要从以下方面考核：

a）原材料和能量单耗；

b）新鲜水单耗量，水循环利用率；

c）产污系数、排污系数、污染达标排放情况；

d）废物回收及综合利用情况；

e）环境管理水平，生产设备运行状态、环保设施运行效果；

f）清洁生产水平是否满足环境影响评价文件及批复要求。

7　验收调查

7.1　环境管理检查

检查内容主要包括：

a）建设项目环境保护法律法规执行情况；

b）环境保护档案管理情况；

c）环境保护组织机构及管理规章制度建立情况；

d）环保设施与措施落实情况，在线监测系统运行情况；

e）环境监测计划实施情况，绿化建设；

f）固体废物临时及永久堆场检查，固体废物处理处置及综合利用情况，外委处理处置协议及危险废物处理处置单位及处置资质；

g）环境影响评价文件规定的移民与安置及污染源与敏感目标合理环境保护距离的落实情况；

h）施工期和试生产阶段污染事故和投诉情况；

i）"以新带老""区域削减"环境保护要求落实情况；

j）排污口规范化情况。

7.2　环境风险防范应急情况检查

检查内容主要包括：

a）环境风险防范、突发性环境污染事故应急制度、应急预案建立情况；

b）环境影响评价文件中环境风险分析篇章及环境风险应急制度、应急预案要求建设的防范设施及措施落实情况；

c）污染事故发生情况的调查；

d）污染源与敏感目标合理环境保护距离要求落实情况。

7.3　公众意见调查

7.3.1　公众意见调查内容

主要针对施工、运行期出现的环境问题以及环境污染治理情况与效果，对污染扰民情况征询当地居民意见、建议。

7.3.2　公众意见调查方法

问卷填写、访谈、座谈。明确参与调查者对工程环保工作的总体满意程度。

7.3.3　公众意见调查范围及对象

环境保护敏感目标范围内的居民、工作人员、管理人员等相关人员。根据敏感点距工的远近及影响人群分布，按一定比例随机调查。

7.4　检查及调查结果分析与整理

a）根据验收技术方案所列检查内容，逐条目进行说明。重点叙述和检查环境影响评价文件结论与建议中提到的各项环保设施建成和措施落实情况，尤其应逐项检查和归纳叙述行政主管部门环境影响评价文件批复中提到的建设项目在工程设计、建设中应重点注意问题的落实情况。

b）根据验收技术方案所列检查内容，逐条进行说明，并检查和归纳叙述环境影响评价文件中环境风险分析篇章及环境风险应急制度、应急预案要求建设的防范设施及措施落实情况。列表说明环境管理检查结果。

c）统计分析问卷，整理访谈、座谈记录，并根据调查问卷内容统计情况及访谈、座谈内容进行综合分析，得出调查结论。

8 验收结论及建议

8.1 结论
可分别根据验收监测结果、检查和调查结果分析得出结论。

a）根据监测结果，主要给出以下结论：

1）建设项目污染物排放达标情况，包括污染物排放浓度、排放速率、污染物排放总量的达标情况；

2）环保设施处理效率符合环境影响评价文件要求或设计指标情况；

3）在线监测系统相对误差监测结果满足 HJ/T 76、HJ/T 354 技术要求情况；

4）环境保护敏感目标环境质量状况，包括环境空气、地下水、海水、区域环境噪声监测因子符合相应环境质量标准情况；

5）从资源、能源利用、污染物产生指标评价建设项目清洁生产水平。

b）依据验收检查和调查结果，主要得出以下结论：

1）项目建设符合相关环保法律、法规要求情况；

2）附图说明厂址周围敏感目标分布变化，分析新敏感目标的影响情况；

3）项目建设过程中工程变更情况，分析产生的新环境影响问题；

4）环境风险事故调查及应急预案、风险防范制度的建立及设施、措施落实情况；

5）固体废物处理处置情况及建设项目环境管理水平；

6）"以新带老"环保措施落实情况；

7）"淘汰落后生产设备、等量替换"要求落实情况等。

c）公众意见调查结论

根据公众意见调查统计，叙述公众对项目建设及环境保护管理情况评价。

d）环境风险应急情况检查

1）环境风险事故调查情况；

2）环境风险应急制度的建立情况；

3）环境风险事故应急、防范设施及措施的落实情况。

8.2 建议
可针对以下几个方面提出合理的意见和建议：

a）未落实"以新带老、总量削减"、"区域削减"等要求及拆除、关停落后设备等情况；

b）环保治理设施、监测设备及排污口未按规范安装和建成；

c）环保治理设施处理效率或污染物的排放未达到原设计指标和相关文件要求；

d）污染物的排放未达到设计时及现行的国家或地方标准要求；

e）环境保护敏感目标的环境质量未达到国家或地方标准或环境影响评价预测值；

f）国家规定实施总量控制的污染物排放量超过有关环境管理部门规定或核定的总量；

g）厂址周围敏感目标的分布变化所带来的新环境影响；

h）项目建设过程中工程变更产生的新环境影响问题；

i）未按环境影响评价文件及批复要求落实环保设施及措施；

j）固体废物未按规定要求处理处置；

k）未制定环境风险应急预案、风险防范设施及措施未落实或不完善等；

l）环境管理检查存在的问题；

m）公众意见调查反映的问题；

n）清洁生产水平不能满足环境影响评价文件及批复要求；

o）在线监测比对不符合相关要求。

9 验收技术报告附件

a）项目立项批复文件；

b）环境保护行政主管部门对环境影响评价报告书的批复意见；

c）环境保护行政主管部门对建设项目环境影响评价执行标准的批复意见；

d）环境保护行政主管部门对建设项目试生产批复；

e）其他证明材料，包括一般固体废物、危险废物处理处置合同或协议及危险废物处理处置相关资质证明、其他需要说明的证明材料等；

f）建设项目环境保护"三同时"竣工验收登记表。

附录 A（规范性附录）

验收技术方案、报告编排结构及内容

A.1 编排结构

封面、封二[式样见《建设项目环境保护设施竣工验收监测技术要求（试行）》附录四～附录七]、目录、正文、附件、附表、附图、"三同时"竣工验收登记表、封底。

A.2 验收技术方案主要章节

A.2.1 总论

A.2.2 建设项目工程概况

A.2.3 主要污染及治理

A.2.4 环境影响评价回顾及其批复要求

A.2.5 验收监测评价标准

A.2.6 验收监测内容

A.2.7 环境管理检查

A.2.8 环境风险应急情况检查

A.2.9 公众意见调查

A.2.10 工作进度及经费预算

A.3 验收监测报告章节

A.3.1 总论

A.3.2 建设项目工程概况

A.3.3 主要污染及治理

A.3.4 环境影响评价回顾及其批复要求

A.3.5 验收监测评价标准

A.3.6 验收监测结果与评价

A.3.7 环境管理检查结果

A.3.8 环境风险应急情况检查结果

A.3.9 公众意见调查结果

A.3.10 结论和建议

A.4 监测方案、监测报告中的图表

A.4.1 图件

A.4.1.1 图件内容

A.4.1.1.1　建设项目地理位置图

A.4.1.1.2　建设项目厂区平面图

A.4.1.1.3　工艺流程图

A.4.1.1.4　物料平衡图

A.4.1.1.5　燃料平衡图

A.4.1.1.6　水量平衡图

A.4.1.1.7　污染治理工艺流程图

A.4.1.1.8　建设项目监测布点图

A.4.1.2　图件要求

A.4.1.2.1　各种图表中均用中文标注，必须用简称的附注释说明

A.4.1.2.2　工艺流程图中工艺设备或处理装置应用框图，并同时注明物料的输入和输出

A.4.1.2.3　监测点位图应给出平面图和立面图

A.4.1.2.4　验收监测布点图中应统一使用如下标识符

水和废水：环境水质☆，废水★；

空气和废气：环境空气〇，废气◎；

噪声：敏感目标噪声△，厂界噪声▲。

A.4.2　表格

A.4.2.1　表格内容

A.4.2.1.1　工程建设内容

A.4.2.1.2　主要原辅材料用量情况

A.4.2.1.3　污染来源、治理情况、排放方式及去向

A.4.2.1.4　废水排放标准限值

A.4.2.1.5　生产负荷统计表

A.4.2.1.6　监测分析方法及使用仪器基本一览表

A.4.2.1.7　监测质控数据表

A.4.2.1.8　监测结果表

A.4.2.1.9　污染物排放总量统计表

A.4.2.2　表格要求

所有表格均应为开放式表格。

A.5　验收技术方案、监测报告正文要求

A.5.1　正文字体为 4 号宋体

A.5.2　3 级以上字题为宋体加黑

A.5.3　行距为 1.5 倍行间距

A.6　其他要求

A.6.1　验收技术方案、报告编号由各环境监测站制定

A.6.2　页眉中注明验收项目名称，位置居右，小五号宋体，斜体，下画单横线

A.6.3　页脚注明"×××环境监测××站"字样，小五号宋体，位置居左

A.6.4　正文页脚采用阿拉伯数字，居中；目录页脚采用罗马数字并居中

A.7　附件

A.7.1　建设项目环境保护"三同时"竣工验收登记表

A.7.2　环境保护行政主管部门对环境影响评价报告书的批复及预审意见

A.7.3　环境保护行政主管部门对建设项目环境影响评价执行标准的批复意见

A.7.4　环境保护行政主管部门对建设项目试生产批复

A.7.5　环境保护行政主管部门对建设项目总量控制指标

A.7.6　固体废物处理处置合同或协议及承担危险废物处理处置单位的相关资质证明

附录 B（资料性附录）

示 例 图

下列示例图仅为某生产工艺及污染治理的个例，仅供参考，不代表全面，应用时应结合实际。

资料性附录由图 B.1～图 B.10 共 10 个示例图组成。

某乙烯厂水平衡示例图见图 B.1；

某乙烯裂解装置高温裂解和压缩部分工艺流程及产污节点示例图见图 B.2；

某乙烯裂解装置热区部分工艺流程及产污节点示例图见图 B.3；

某乙烯裂解装置冷区部分工艺流程及产污节点示例图见图 B.4；

某 DMF 抽提丁二烯装置工艺流程及产污节点示例图见图 B.5；

某环氧丙烷装置工艺流程及产污节点示例图见图 B.6；

某聚丙烯装置工艺流程及产污节点示例图见图 B.7；

某高压聚乙烯装置工艺流程及产污节点示例图见图 B.8；

某乙烯厂废水处理工艺流程示例图见图 B.9；

某乙烯厂废水排放走向及监测点位示例图见图 B.10。

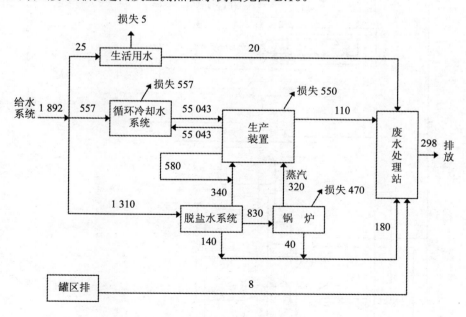

图 B.1　某乙烯厂水平衡示例图（t/h）

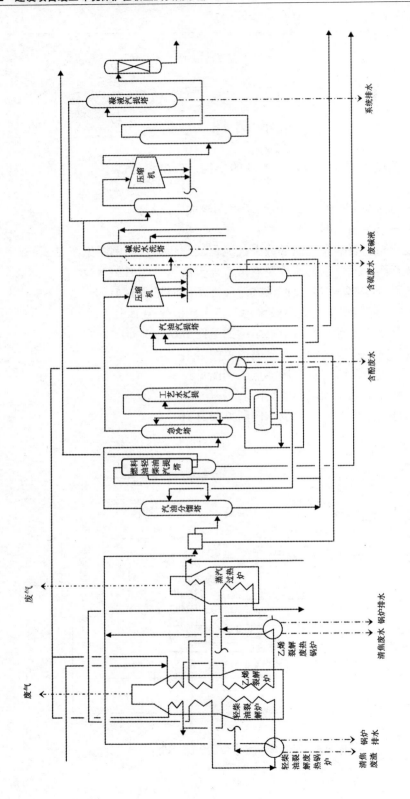

图 B.2　某乙烯裂解装置高温裂解和压缩部分工艺流程及产污节点示意例图

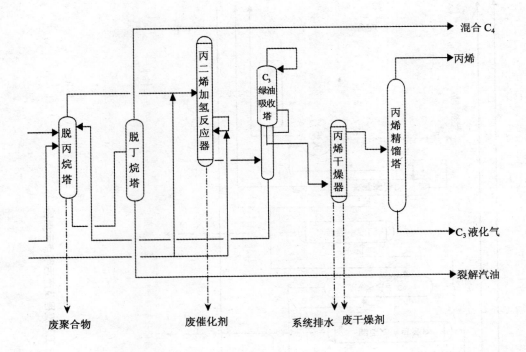

图 B.3 某乙烯裂解装置热区部分工艺流程及产污节点示例图

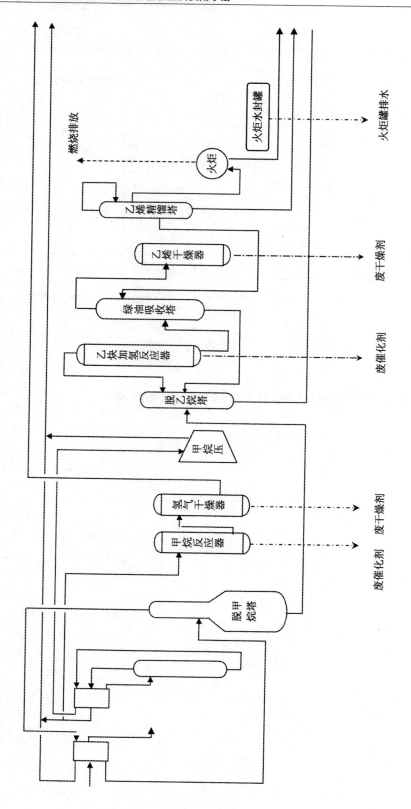

图 B.4 某乙烯裂解装置冷区部分工艺流程及产污节点示例图

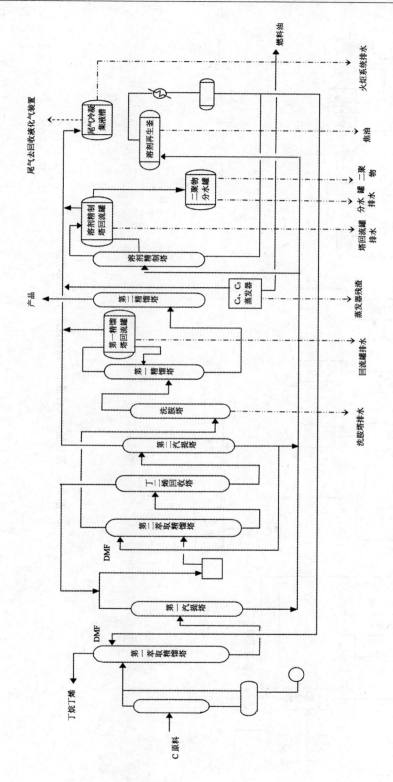

图 B.5　某 DMF 抽提丁二烯装置工艺流程及产污节点示例图

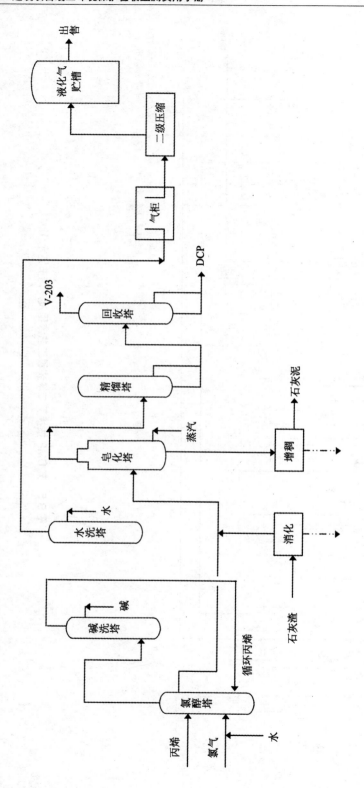

图 B.6 某环氧丙烷装置工艺流程及产污节点示例图

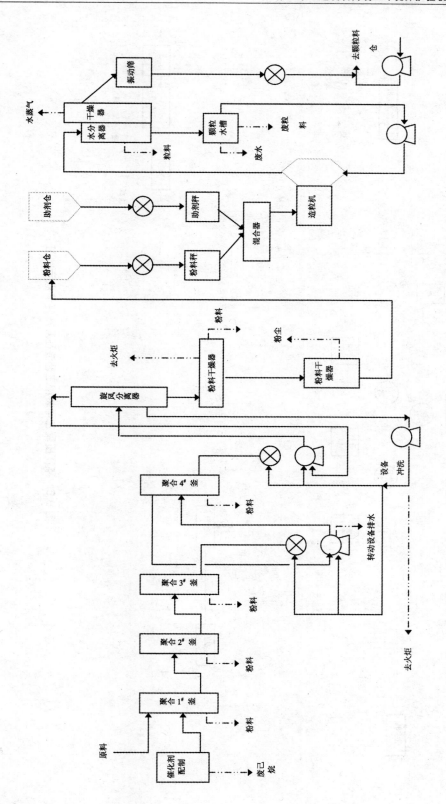

图 B.7 某聚丙烯装置工艺流程及产污节点示例图

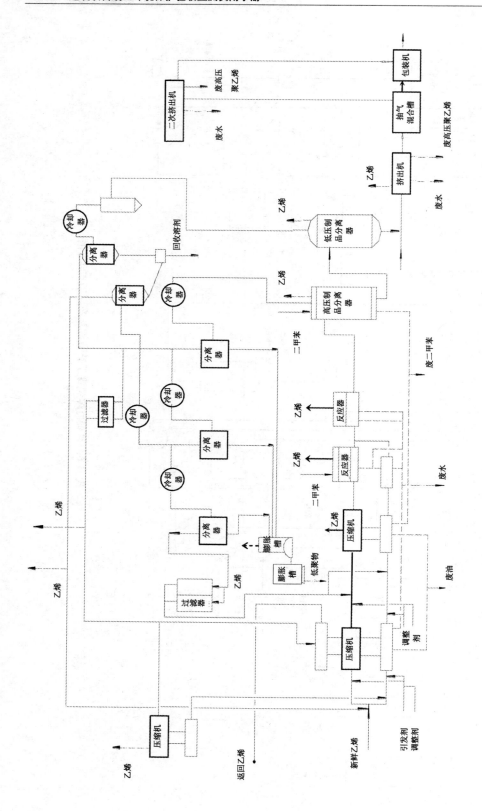

图 B.8 某高压聚乙烯装置工艺流程及产污节点示例图

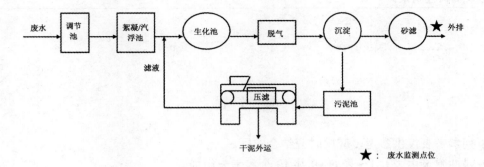

★：废水监测点位

图 B.9　某乙烯厂废水处理工艺流程示例图

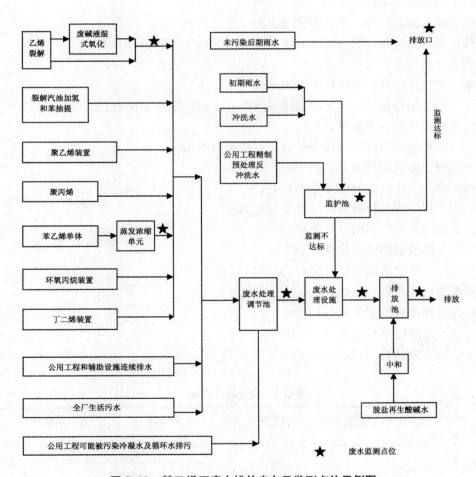

★　废水监测点位

图 B.10　某乙烯厂废水排放走向及监测点位示例图

附录 C（资料性附录）

参 考 表

下列参考表仅供参考，应用时应结合实际。

资料性附录由表 C.1～表 C.19 共 19 个参考表组成。

项目建设内容见表 C.1；

主要原辅材料用量情况见表 C.2；

污染来源、治理情况、排放方式及去向一览表见表 C.3；

固体废物污染来源、治理情况、排放方式及去向一览表见表 C.4；

监测期间生产负荷表见表 C.5；

废水、废气标准样品测定结果见表 C.6；

烟尘、烟气采样仪及废气无组织排放监测仪流量校准结果见表 C.7；

废水监测质控数据表见表 C.8；

烟尘（颗粒物）及烟气流量参数监测点位见表 C.9；

废水处理设施监测结果见表 C.10；

加热炉窑废气排放监测结果见表 C.11；

热电联产锅炉废气排放监测结果见表 C.12；

焚烧炉废气排放监测结果见表 C.13；

工艺废气排放监测结果见表 C.14；

废气无组织排放监测结果见表 C.15；

厂界噪声监测结果见表 C.16；

主要污染物排放总量见表 C.17；

地表水质监测结果见表 C.18；

土壤监测结果见表 C.19。

表 C.1 项目建设内容

内容		初步设计、环境影响评价报告及批复情况	实际建设情况
生产工程			
环保工程			

表 C.2　主要原辅材料用量情况

生产工艺	名称	用量	来源
			—

表 C.3　污染来源、治理情况、排放方式及去向一览表

来源	污染治理措施		主要污染物	排放方式及去向
	设计、批复	实际建设		
生产设施				
废水处理站				
初期雨水及地面冲洗水				
生活污水				

表 C.4　固体废物污染来源、治理情况、排放方式及去向一览表

来源	固废名称	分类	排放方式及去向	
			环评、批复要求	实际建设
生产				
生活				

表 C.5　监测期间生产负荷表

内容	监测日期	设计生产量	实际生产量	负荷（%）
生产装置				
热电联产				
焚烧炉				
废水处理设施				

表 C.6 废水、废气标准样品测定结果

项目		标准样品浓度	测定值	误差/%	仪器型号及编号
废水					—
					—
废气	二氧化硫（mg/m³）				
	氮氧化物（mg/m³）				
	一氧化碳（mg/m³）				
	氧气（%）				

表 C.7 烟尘、烟气采样仪及无组织排放监测仪流量校准结果

仪器型号、编号	仪器流量示值	标态下累计体积/L	校准结果/L	流量偏差/%

表 C.8 废水监测质控数据表

因子	有效数据（个）	平行样分析			加标回收分析		
		平行（对）	双样比/%	合格率/%	加标回收/个	回收率/%	合格率/%

表 C.9 烟尘（颗粒物）及烟气流量参数监测点位

生产装置	污染源	编号	排气筒高度/m	截面大小/m²	每个监测断面			
					采样孔位置	采样孔个数	每个采样孔布设采样点数	布点个数
热电联产								
焚烧炉								

表 C.10 废水处理设施监测结果　　　　　　　　　单位：m/L

监测因子	位置	第一天					第二天					去除率/%	评价标准	达标情况
		1	2	3	4	日均值	1	2	3	4	日均值			
	进口												—	—
	出口											—	—	—
	进口												—	—
	出口												—	—
	进口													
	出口													

监测因子	位置	第一天					第二天					去除率/%	评价标准	达标情况
		1	2	3	4	日均值	1	2	3	4	日均值			
	进口												—	—
	出口													
	进口												—	—
	出口													
	进口												—	—
	出口													

表 C.11 加热炉窑废气排放监测结果

排放口监测因子		第一天			第二天			执行标准值	达标情况
		1	2	3	4	5	6		
平均标况干烟气量（m³/h）								—	—
含氧量（%）									
烟尘	排放质量浓度（mg/m³）								
	折算排放质量浓度（mg/m³）								
	排放量（kg/h）							—	
二氧化硫	排放质量浓度（mg/m³）								
	折算排放质量浓度（mg/m³）								
	排放量（kg/h）							—	
氮氧化物	排放质量浓度（mg/m³）							—	
	折算排放质量浓度（mg/m³）								
	排放量（kg/h）								
烟气黑度（级）									

备注：按掺风系数 进行折算排放质量浓度。

表 C.12 热电联产锅炉废气排放监测结果

排放口监测因子		第一天			第二天			执行标准值	参照标准值	达标情况
		1	2	3	4	5	6			
平均标况干烟气量（m³/h）								—	—	—
含氧量（%）								—	—	—
烟尘	排放质量浓度（mg/m³）									
	折算排放质量浓度（mg/m³）									
	排放量（kg/h）									
二氧化硫	排放质量浓度（mg/m³）									
	折算排放质量浓度（mg/m³）									
	排放量（kg/h）									
氮氧化物	排放质量浓度（mg/m³）									
	折算排放质量浓度（mg/m³）									
	排放量（kg/h）							—	—	
烟气黑度（级）									

备注：按过量空气系数 进行折算排放质量浓度。

表 C.13　焚烧炉废气排放监测结果

排放口监测因子	第一天 第1次 进口	出口	第2次 进口	出口	第3次 进口	出口	第4次 进口	出口	第二天 第5次 进口	出口	第6次 进口	出口	执行标准值	参照标准值	达标情况
平均标况干烟气量 (m³/h)															—
含氧量 (%)															—
排放质量浓度 (mg/m³)															
换算排放质量浓度 (mg/m³)															
排放量 (kg/h)															—
去除效率 (%)															
排放质量浓度/ (mg/m³)															
换算排放质量浓度 (mg/m³)															
排放量 (kg/h)															—
去除效率 (%)															
排放质量浓度 (mg/m³)															
换算排放质量浓度 (mg/m³)															
排放量 (kg/h)															—
去除效率 (%)															
排放质量浓度 (mg/m³)															
换算排放质量浓度 (mg/m³)															
排放量 (kg/h)															—
去除效率 (%)															
烟气黑度 (级)															

备注: 以 $11\%O_2$ 换算排放质量浓度。

表 C.14　工艺废气排放监测结果

点位	监测因子	第一天			第二天			执行标准值	参照标准值	达标情况
		1	2	3	4	5	6			
	平均标况干烟气量（m³/h）									—
	排放质量浓度（mg/m³）									
	排放量（kg/h）									
	排放质量浓度（mg/m³）									
	排放量（kg/h）									
	排放质量浓度（mg/m³）									
	排放量（kg/h）									
	排放质量浓度（mg/m³）									
	排放量（kg/h）									

表 C.15　废气无组织排放监测结果　　单位：mg/m³、臭气浓度无纲量

点位	日期	频次	因子							
监控点（3～4个）		1								
		2								
		3								
		4								
		最大值								
		1								
		2								
		3								
		4								
		最大值								
	标准值									
	达标情况									

表 C.16　厂界噪声监测结果　　　　　　单位：dB（A）

点位	第一天				第二天			
	主要声源	昼间	夜间	主要声源	主要声源	昼间	夜间	主要声源
GB 12348—90 标准值		—	—	—		—	—	—

表 C.17　主要污染物排放总量　　　　单位：t/a（按年工作日计）

内容	因子	总量控制指标	实际排放总量	是否达总量控制要求
废水				
废气				
固废				

表 C.18 地表水质监测结果 单位：mg/L

断面	日期		因子							
对照断面		第 1 次								
		第 2 次								
		第 1 次								
		第 2 次								
控制断面		第 1 次								
		第 2 次								
		第 1 次								
		第 2 次								
标准值										
达标情况										

表 C.19 土壤监测结果 单位：mg/kg

监测点位	采样深度	pH	铜	铅	锌	镉	镍	汞	砷
对照点	0～20 cm								
	20～40 cm								
监测点 3 个	0～20 cm								
	20～40 cm								
达标情况									
标准值									
本底值									

中华人民共和国环境保护行业标准

建设项目竣工环境保护验收技术规范
汽车制造

Technical guidelines for environmental protection in automobile manufacturing capital
construction project for check and accept of completed project

HJ/T 407—2007

前　言

为贯彻《中华人民共和国环境影响评价法》和《建设项目环境保护管理条例》，保护
环境，规范汽车制造业建设项目竣工环境保护验收工作，制定本标准。

本标准规定了汽车制造业建设项目竣工环境保护验收的有关要求和规范。

本标准为首次发布。

本标准为指导性标准。

本标准由国家环境保护总局科技标准司提出。

本标准起草单位：中国环境监测总站、辽宁省环境监测中心站。

本标准国家环境保护总局 2007 年 12 月 21 日批准。

本标准自 2008 年 4 月 1 日起实施。

本标准由国家环境保护总局解释。

1 适用范围

本标准规定了汽车制造业建设项目竣工环境保护验收工作范围确定、执行标准选择
的原则；工程及污染治理、排放分析要点；验收监测布点、采样、分析方法、质量控制
及质量保证、监测结果评价技术要求；验收调查主要内容以及方案、报告编制的技术要
求。

本标准适用于汽车制造业新建、改建、扩建项目竣工环境保护验收工作。

机械制造业的其他建设项目可参照本规范执行。

2 规范性引用文件

本标准内容引用了下列文件中的条款而成为本标准的条款。凡是不注日期的引用文件，其有效版（本）适用于本标准。

GB 3096　城市区域环境噪声标准

GB 8978　污水综合排放标准

GB 12348　工业企业厂界噪声标准

GB 16297　大气污染物综合排放标准

GB 18597　危险废物贮存污染控制标准

GB 18598　危险废物填埋污染控制标准

GB 18599　一般工业固体废物贮存、处置场污染控制标准

HJ/T 55　大气污染物无组织排放监测技术导则

HJ/T 91　地表和污水监测技术导则

HJ/T 92　水污染物排放总量监测技术规范

HJ/T 194　环境空气质量手工监测技术规范

HJ/T 373　固定污染源监测质量保证与质量控制技术规范（试行）

《关于建设项目环境保护设施竣工验收监测管理有关问题的通知》（环发［2000］38号）

3 术语和定义

下列术语和定义适用于本标准。

3.1　汽车制造业

指乘用车、载重车等及发动机、零部件制造工业。

3.2　工况

装置和设施生产运行的状态。

正常工况：装置或设施按照设计工艺参数进行稳定生产的状态。

非正常工况：装置或设施开工、停工、检修或工艺参数不稳定时的生产状态。

4 验收工作技术程序

建设项目竣工环境保护验收技术工作按照图 1 所示操作程序开展。

4.1　准备阶段

资料收集、现场勘查。

4.2　编制验收技术方案阶段

在查阅相关资料、现场勘查的基础上确定验收技术工作范围、验收评价标准、验收监测、验收检查及调查内容。

4.3　实施验收技术方案阶段

依据验收监测方案确定的工作内容开展监测、检查及调查。

4.4　编制验收技术报告阶段

汇总监测数据、检查及调查结果，分析评价得出结论，以报告书（表）形式为建设

项目竣工环境保护验收提供技术依据。

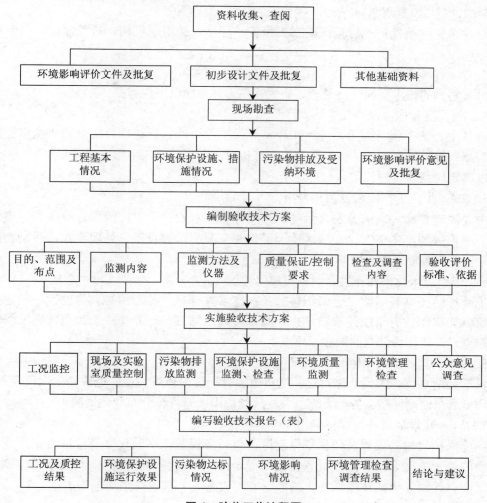

图 1　验收工作流程图

5　验收技术工作的准备

5.1　资料收集与分析

5.1.1　资料收集

5.1.1.1　报告资料

申请验收建设项目的可行性研究报告、环境影响评价报告、初步设计环保篇。

5.1.1.2　批复文件

建设项目立项批复、环境影响评价文件的批复、初步设计批复、试生产申请批复、重大变更批复。

5.1.1.3　图件资料

建设项目地理位置图、厂区平面布置图（应标注有主要污染源位置、排水管网等）、厂区周边环境情况图（注有敏感目标位置及敏感目标与厂界距离等）、物料及水量平衡图、工艺流程及排污节点示意图、污染处理工艺流程图等。

5.1.1.4 环境管理资料

建设单位环境保护执行情况的自查报告、环境保护组织机构、规章制度、日常监测计划等。

5.1.2 资料分析

对搜集到的技术资料进行整理、研究、熟悉并掌握以下内容：

5.1.2.1 建设内容及规模

包括主、辅工程，公用、储运工程及环保工程。改、扩建项目应查清"总量控制、区域削减"等具体要求；工程发生变更应分析可能产生的新环境影响问题。

以确定现场勘查的范围。

5.1.2.2 生产工艺流程及污染分析

主要原辅料品种、成分及含量是否与环评文件一致；按生产流程分析废气、废水、废渣、噪声等的产生情况、主要污染因子、相应配套治理设施、处理流程、污染物排放去向。落实现场勘查重点内容。

5.1.2.3 厂区总平面布置、气象资料

了解厂区废气有组织、无组织排放源；废水外排口；噪声源等具体位置，确定拟布设的废气无组织、有组织排放监测点、废水排放监测点、厂界噪声监测点、环境保护目标监测点。拟定现场勘查的顺序及路线。

5.1.2.4 建设项目周围环境保护目标

包括受纳水体、大气敏感目标、噪声敏感目标、固体废物可能造成的二次污染目标，确定环境质量监测勘察内容，并重点关注厂址周围敏感目标分布变化情况。

5.1.2.5 建设项目环境保护管理

环境保护机构的设置及环保规章制度，包括环保监测站的设立及日常监测计划，固体废物的处置处理要求、固废处置协议（或合同）以及受委托方的资质证明文件等，并将环保投资计划（包括环保设施、措施、监测设备等）列表待现场勘查时核对。

5.2 现场勘查与调研

5.2.1 生产线的现场勘查

5.2.1.1 钣金冲压生产线

该生产线主要由开卷剪切生产线及车身、车架冲压生产线组成，完成冲压件的备料及冲压成型工作。

开卷剪切生产线：查看产生的边角废料金属固体废物及处理方式，下料时切割机产生含有金属氧化物的粉尘及处理方式。

车身、车架冲压生产线：查看机械噪声、振动和金属固体废物产生及处理方式。

模具清洗废水：主要污染物为石油类和化学需氧量等。

5.2.1.2 焊接生产线

该生产线完成车身、顶盖、左右侧围、车门、底板、车架的装焊及调整工作。主要查看焊接车间各类焊接作业过程中产生的焊接烟尘及处理方式。

5.2.1.3 涂装生产线

该生产线完成车身、车架的涂前表面处理、底漆阴极电泳、密封胶、涂中涂漆、涂

面漆、贴窗框饰条、修补、空腔注蜡。主要查看以下污染物的产生和处理：

（1）废气

a）底漆烘房产生的有机废气及处理；

b）密封胶烘干产生有机废气；

c）中涂漆、面漆喷漆过程产生的漆雾及处理；

d）流平室有机废气及处理；

e）中涂漆、面漆烘干产生的含苯系物等有机废气及处理。

（2）废水

a）白车身脱脂、磷化处理工序产生的脱脂、磷化清洗废水及处理；

b）电泳清洗废水及处理；

c）喷漆过程水幕捕集漆雾循环水及定期排污情况。

（3）固体废物

a）白车身磷化过程产生的磷化滤渣及处理方式；

b）脱脂、磷化、电泳废槽液处理方式；

c）喷漆过程水幕捕集漆雾产生的漆渣及处理；

d）脱脂、磷化、电泳、喷漆废水处理产生的污泥及处理方式；

e）注蜡、注胶过程产生的密封堵料、胶带及处理。

5.2.1.4　总装生产线

该生产线负责车辆各部件的预装、部装、底盘装配、总装、整车性能检测及返修工作。主要查看试车时汽车排出的含氮氧化物、非甲烷总烃的尾气及处理，返修打磨含尘废气及补漆有机废气排放及处理。

5.2.1.5　动力总成生产线

该生产线由铸造车间、机加车间和装配车间组成。生产内容主要包括缸体、缸盖毛坯的低、高压铸造，缸体、缸盖、曲轴、主轴承等的机加工和发动机的装配。主要查看以下污染物的产生和处理：

（1）废气

a）铸造车间制芯过程产生的粉尘和工艺废气及处理；

b）铸造车间铝合金熔化产生的烟粉尘及处理；

c）铸造车间铸造加热炉产生的烟粉尘和工艺废气及处理；

d）装配车间发动机性能试验产生的废气及处理。

（2）废水。机加车间定期排放的废乳化液、废清洗液及乳化液槽、清洗液槽定期清洗产生的废水（液）及预处理。

（3）固体废物

a）铸造车间废芯砂、铝合金熔化废渣、铸造废品及收集的粉尘等及其处理；

b）机加车间乳化液、清洗液预处理系统产生的油渣、污泥及处理；

c）机加车间铁切屑渣、钢切屑渣、废机油、废包装材料及处理；

d）综合污水处理站产生的污泥及处理。

5.2.2　污染源及环保设施现场勘察

汽车制造工业建设项目污染源及环境保护设施现场勘察内容参照表1进行。

表 1　汽车制造工业建设项目环保设施现场勘察内容一览表

污染源	处理设施及措施	现场勘察主要内容
（一）气态污染源及环保处理设施		
1. 钣金冲压生产线		
板料切割过程中产生的含有金属氧化物的粉尘（落后冲压工艺有此污染）		是否具备现场监测条件
2. 焊接生产线		
二氧化碳保护焊机焊接作业过程中产生的含氧化铁、氧化锰等焊接烟尘	二氧化碳保护焊机焊接作业过程中产生的含氧化铁、氧化锰等焊接烟尘	二氧化碳保护焊机焊接作业过程中产生的含氧化铁、氧化锰等焊接烟尘
3. 涂装生产线		
底漆烘干房有机废气	焚烧后排放	（1）排气筒高度、数量、间距及位置
密封胶烘干产生有机废气	经排气筒直接排放	（2）工艺尾气净化装置处理方式
中涂漆、面漆喷漆室含苯系物有机废气	经漆雾处理装置处理后排放	（3）排气筒监测预留孔是否符合采样要求，是否具备现场监测条件
流平室或急冷室有机废气	经排气筒直接排放	
中涂漆、面漆烘干房含苯系物有机废气	焚烧后排放	
4. 总装生产线		
汽车检测线产生汽车尾气	尾气收集系统	（1）排气筒高度
返修、打蜡、补漆含尘、有机物废气	经排气筒直接排放	（2）排气筒预留孔是否符合采样要求，是否具备现场监测条件
5. 动力总成生产线		
铸造车间制芯过程产生的粉尘和工艺废气	经排气筒直接排放	（1）排气筒高度
铸造车间铝合金熔化产生的烟粉尘	经布袋集尘器收集后排放	（2）排气筒预留孔是否符合采样要求，是否具备现场监测条件
铸造车间加热炉产生的烟粉尘	经布袋集尘器收集后排放	
装配车间发动机性能试验产生含氮氧化物、非甲烷总烃废气	经排气筒直接排放	
6. 其他辅助生产设施		
供热锅炉产生含烟尘、二氧化硫、氮氧化物废气	经除尘设备处理后排放	（1）烟囱高度 （2）烟囱监测预留孔是否符合采样要求，是否具备现场监测条件
（二）水污染源及环保处理设施		
1. 钣金冲压生产线		
模具清洗废水，主要污染物为石油类、化学需氧量等	送污水处理站处理	排水周期、排放去向及水量
2. 涂装生产线		
脱脂、磷化、电泳清洗废水，主要污染因子为 pH 值、悬浮物、化学需氧量、石油类、总磷、总镍、总铬、阴离子洗涤剂等	涂装车间一类污染物处理设施	污染物处理工艺、排水周期、排放去向及水量、排污口的规范化建设以及是否具备一类污染物监测条件

污染源	处理设施及措施	现场勘察主要内容
喷漆过程水幕捕集漆雾循环水定期排污废水，主要污染物有化学需氧量、悬浮物等	送污水处理站处理	排水周期、排放去向及水量
3．动力总成生产线		
发动机机加工含油废水，主要污染因子为 pH 值、悬浮物、化学需氧量、石油类等	送污水处理站处理	排水周期、排放去向及水量
4．零部件加工		
零部件电镀生产过程中排放的含总铬、六价铬等废水	电镀车间一类污染物处理设施	污染物处理工艺、排水周期、排放去向及水量、排污口的规范化建设以及是否具备一类污染物监测条件
5．循环水系统		
冲压车间冲压冷却循环水、焊接车间焊前冷却水、总装车间成车淋雨检查排水、空压站冷却循环水		排水周期、排放去向及水量、循环水利用率
6．生活废水		
生活污水，主要污染因子为 pH 值、悬浮物、化学需氧量、动植物油、阴离子洗涤剂、氨氮等	送污水处理站处理	排水周期、排放去向及水量
（三）噪声污染源及治理措施		
噪声污染源主要来自冲压生产、整车试车、空压站和通风机等设备产生的机械噪声	采取加装消音器、优选低噪声设备及人机隔离等措施	声源在厂区平面布设中的具体位置；厂界查勘，重点关注敏感目标及与厂界的距离
（四）固体废物来源及处置措施		
（1）白车身磷化过程产生的磷化滤渣；（2）脱脂、磷化、电泳废槽液；（3）喷漆过程水幕捕集漆雾产生的漆渣；（4）脱脂、磷化、电泳、喷漆废水处理产生的污泥；（5）注蜡、注胶过程产生的密封堵料、胶带；（6）铸造车间废芯砂、铝合金熔化废渣、铸造废品及收集的粉尘等；（7）机加车间乳化液、清洗液预处理系统产生的油渣、污泥；（8）机加车间铸铁切屑渣、钢切屑渣、废机油、废包装材料；（9）综合污水处理站产生的污泥	危险废物交由有相应资质的处置机构处理，一般固体废物外卖或交由市政环卫部门处理	勘查固体废物分类、产生方式及产生量；固体废物处理方式和去向

5.2.3　其他调研

a）环评及批复文件要求采取的环保措施落实情况；

b）厂区地理位置、厂区生产布局及厂外周边环境及环境敏感目标的分布；

c）建设项目生产用水量、新鲜水用量、生活用水量，废水排放总量，节水措施和水循环利用率；

d）污染物排放在线监测系统的建设及运行情况；

e）核查危险废物种类、产生量、处理机构的相应资质、双方签订的处置协议及危险废物转移联单（包括其中的废物种类及转移数量）；

f）化学品库、油库周围情况应急防护设施落实情况；

g）汽车尾气排放检测报告；

h）环境管理机构、监测机构人员、仪器设备配置；

i）厂区绿化面积及绿化率；

j）建设和运行期间环境事故及公众投诉；

k）环境污染事故应急预案的检查。

6 编制验收技术方案

6.1 总论
6.1.1 项目由来
项目立项、环境影响评价、初步设计、建设、试生产及审批过程简述，验收技术工作承担单位、现场勘察时间等的叙述。

6.1.2 验收目的
通过对建设项目外排污染物达标情况、污染治理效果、必要的环境敏感目标环境质量等的监测以及建设项目环境管理水平及公众意见的调查，为环境保护行政主管部门验收及验收后的日常监督管理提供技术依据。

6.1.3 编制的依据
6.1.3.1 建设项目环境保护管理法律、法规、规定；

6.1.3.2 建设项目竣工环境保护竣工验收监测技术规范；

6.1.3.3 建设项目环保技术文件，主要包括环境影响评价报告书、环境保护初步设计；

6.1.3.4 建设项目批复文件，主要包括环境影响报告书的批复、环境保护初步设计的批复、建设项目执行标准或总量控制指标的批复；

6.1.3.5 建设项目重大变更的相应批复文件；

6.1.3.6 环保设施运行情况自检报告；

6.1.3.7 其他需要说明的情况的相关文件。

6.2 建设项目工程概况
6.2.1 原有工程概述
对于原有工程进行一般性概述；改建、扩建项目应详述与验收项目相关的原工程改造及环境保护治理要求；说清与原有工程的依托关系，并将其确定为验收监测与环境保护检查内容。

6.2.2 新建工程建设内容
新建工程建设地点、占地面积、总投资及环保投资。

新建工程主体工程、环保设施建成及变更情况，列表说明，参见附录 C 表 C.1、表 C.2。

6.2.3 地理位置及厂区平面布置

以图表示。地理位置图重点突出项目所处地理区域内有无自然保护区、环境保护敏感目标。厂区平面布置图包括主要生产设施、辅助设施、污染治理设施与厂界的相对位置与距离。

6.2.4　主要产品、原辅材料

名称、用量，列表表示。参见附录 C 表 C.3。

6.2.5　水量平衡

以水量平衡图表示。参见附录 B 图 B.1、图 B.5。

6.2.6　生产工艺

主要工艺流程、关键的生产单元的排污节点以示意图表示。参见附录 B 图 B.2、图 B.6、图 B.7。

6.3　主要污染及治理

6.3.1　主要污染源及其治理

按照废气、废水、噪声、固体废物四个方面详细分析各污染源产生、治理、排放、主要污染因子、排放量等。附污染来源分析及治理情况一览表。参见附录 C 表 C.4、表 C.5、表 C.6、表 C.7。

6.3.2　"三同时"落实情况

a）"总量控制、区域削减"落实情况

既有工程改造或扩建而产生的"总量控制、区域削减"要求的落实情况。并列表对比分析环境影响评价报告书、初步设计提出的要求以及实际落实情况。

b）新建项目"三同时"执行情况

环境保护措施落实情况以及环境保护设施建成、投资分析及运行状况。列表对比分析环境影响评价报告书、初步设计提出的要求以及实际建成情况。参见附录 C 表 C.2。

6.3.3　环境影响分析（环境保护敏感目标分析）

依据环境影响评价及实地勘查情况，分析项目受纳水体、大气敏感目标、噪声敏感目标及固体废物处置可能造成的二次污染保护目标。

6.4　环评、初设回顾及其批复要求

摘录建设项目环境影响评价文件的主要结论；环境影响评价文件批复的要求或环境保护行政主管部门对本项目的环保要求等主要内容。应特别关注环境保护敏感目标、"总量控制、区域削减"、建设项目变更是否具有批复文件等具体要求。

6.5　验收评价标准

按照环境影响评价文件及其批复文件列出国家或地方排放标准、环境质量标准的名称、标准号、标准限值、工程《初步设计》（环保篇）的设计指标和总量控制指标作为验收评价标准。同时，列出相应现行的国家或地方排放标准和质量标准作为参照标准。

6.6　验收监测的内容

6.6.1　废气、废水外排口污染物的达标排放情况监测，废气无组织排放监测，厂界噪声监测，对于安装在线监测系统的排放口，进行在线监测数据与实测数据同步比对。

6.6.2　各项污染治理设施设计指标的监测。

6.6.3　环境敏感目标的环境质量监测。

6.6.4　环境影响评价文件批复中需现场监测数据评价的项目和内容及总量控制指标。

6.6.5 建设项目竣工验收登记表中需要填写的污染控制指标：新建部分产生量、新建部分处理削减量、处理前浓度、验收期间排放浓度等。

6.6.6 监测点位

根据现场勘察情况及相关技术规范确定各项监测内容的具体监测点位，并绘制监测点位布设图，涉及采样方式的监测点（例如烟气颗粒物采样点）应给出测点尺寸示意图。

6.6.7 验收监测因子及频次

汽车制造工业验收监测基本污染因子见表 2。监测频次按环发〔2000〕38 号文和相关标准执行。

表2 汽车制造工业验收监测基本污染因子及频次

污染源		监测污染因子
焊接生产线	焊接烟气排口	焊接烟尘浓度及排气量
涂装生产线	底漆电泳烘干房废气排放口；密封胶烘干房废气排放口	非甲烷总烃浓度及排气量
	中涂漆、面漆喷漆室废气排放口；流平室废气排放口；中涂漆、面漆烘干房焚烧装置出口	苯、甲苯、二甲苯、非甲烷总烃浓度及排气量
总装生产线	检测线尾气排口	氮氧化物、非甲烷总烃浓度及排气量
废气 动力总成生产线	铸造车间制芯机废气排放口	颗粒物、氨、苯酚、甲醛浓度及排气量
	铸造车间铝合金熔化炉布袋集尘器进、出口	烟粉尘浓度及排气量
	铸造车间铸造机布袋集尘器进、出口	烟粉尘浓度及排气量
	装配车间发动机性能试验区废气排放口	氮氧化物、非甲烷总烃浓度及排气量
供热锅炉	供热锅炉除尘器进、出口	烟尘、二氧化硫、氮氧化物浓度及烟气量、烟气黑度
食堂	油烟处理装置排气筒出口	油烟浓度及排气量
厂界无组织排放监测		苯、甲苯、二甲苯、非甲烷总烃、恶臭
废水	涂装车间一类污染物处理设施出口	总铬、六价铬、总镍、水量
	电镀车间一类污染物处理设施出口	总铬、六价铬、总镍、水量
	污水处理站入口、出口	pH 值、悬浮物、化学需氧量、生化需氧量、石油类、动植物油、阴离子洗涤剂、总磷、氨氮、水量
噪声	厂界噪声	等效 A 声级
	敏感目标	

6.7 监测分析方法及质量保证

6.7.1 监测分析方法

首选国家污染物排放标准采用的监测分析方法；对标准中未列出监测分析方法的污染物，优选用国家现行标准分析方法，其次为行业现行标准分析方法；对国内目前尚未建立标准分析方法的污染物，可参考使用国际（外）现行的标准分析方法。分析方法应能满足评价标准要求。

6.7.2 监测质量控制和质量保证

6.7.2.1 现场监测质量控制与质量保证按照 HJ/T 91、HJ/T 92、HJ/T 194、HJ/T 373

和（环发［2000］38 号）文中有关章节要求进行。

6.7.2.2　水质监测分析过程中的质量保证和质量控制

水样的采集、运输、保存、实验室分析和数据计算的全过程做到：采样过程中应采集不少于 10%的平行样；实验室分析过程一般应加不少于 10%的平行样；对可以得到标准样品或质量控制样品的项目，应在分析的同时做 10%的质控样品分析，对无标准样品或质量控制样品的项目，且可进行加标回收测试的，应在分析的同时做 10%加标回收样品分析，或采取其他质控措施。

6.7.2.3　气体监测分析过程中的质量保证和质量控制

（1）分析方法和仪器的选用原则

a）尽量避免被测排放物中共存污染物因子对仪器分析的交叉干扰；

b）被测排放物的浓度应在仪器测试量程的有效范围，即仪器量程的 30%～70%。

（2）烟尘采样器在进入现场前应对采样器流量计、流速计等进行校核。烟气监测（分析）仪器在测试前按监测因子分别用标准气体和流量计对其进行校核（标定），在测试时应保证其采样流量。

6.7.2.4　噪声监测分析过程中的质量保证和质量控制

监测时使用经计量部门检定、并在有效使用期内的声级计；声级计在测试前后用标准发生源进行校准，测量前后仪器的灵敏度相差不大于 0.5 dB，若大于 0.5 dB 则测试数据无效。

6.8　环境管理检查

6.8.1　立项到试生产各阶段建设项目环境保护法律、法规、规章制度的执行情况。

6.8.2　环境保护审批手续及环境保护档案资料。

6.8.3　环保组织机构及规章管理制度。

6.8.4　环境保护设施建成及运行记录。

6.8.5　环境保护措施落实情况及实施效果。

6.8.6　环境监测计划的实施。

6.8.7　核查危险废物种类、产生量、处理机构的相应资质、双方签订的处置协议及危险废物转移联单（包括其中的废物种类及转移数量）。

6.8.8　化学品库、油库周围情况应急防护设施落实情况检查。

6.8.9　汽车尾气排放检测报告。

6.8.10　环境污染事故应急预案的检查。

6.8.11　厂区绿化情况检查。

6.8.12　排污口规范化，污染源在线监测仪的安装及测试情况检查。

6.8.13　环境事故及公众投诉的检查。

6.9　公众意见调查

6.9.1　调查内容

施工、运行期出现的环境问题以及环境污染治理情况与效果。污染扰民情况征询当地居民意见、建议。

6.9.2　调查方法

问卷填写、访谈、座谈。明确参与调查者对工程环保工作的总体满意程度。

6.9.3　调查范围

环境保护敏感区域范围。

7　验收技术方案实施

7.1　现场监测与检查、调查

在建设项目生产设备、环保设施运行正常，生产工况满足建设项目竣工环境保护验收监测要求的情况下，严格按照经审核批准的《建设项目竣工环境保护验收技术方案》开展现场监测与调查。监测与调查期间应做好以下工作：

a）严格监控工况，现场监测时同时记录设备工况负荷情况；

b）废气有组织排放监测严格按各污染因子监测的操作要求进行采样和分析；

c）废气无组织排放监测同时记录风向、风速、气温、气压等气象参数；

d）废水排放监测严格按各污染因子监测的操作要求进行采样和分析；

e）按《建设项目竣工环境保护验收技术方案》中环境管理检查内容进一步核查；

f）按《建设项目竣工环境保护验收技术方案》中公众意见调查实施方案开展调查。

7.2　验收监测期间工况核查

验收监测数据在工况稳定、生产负荷达到相关要求、环境保护设施运行正常的情况下有效。监测期间监控各生产环节的主要原材料的消耗量、成品量，并按设计的主要原、辅料用量，成品产生量核算生产负荷。

7.3　验收监测数据及调查结果整理

7.3.1　验收监测数据整理

验收监测数据的整理针对性地注意以下内容：

a）异常数据的分析与剔除；

b）按照评价标准，实测的废气污染物排放浓度应换算为规定的掺风系数或过剩空气系数时的值；

c）排放同一种污染物的近距离（距离小于几何高度之和）排气筒按等效源评价。

7.3.2　调查结果整理

8　编制验收技术报告

《建设项目竣工环境保护验收技术报告》（以下简称验收技术报告）应依据国家环境保护总局［2000］38 号文附件《建设项目环境保护设施竣工验收监测技术要求（试行）》有关要求、结合汽车制造行业特点、按照现场监测实际情况，汇总监测数据和检查结果，得出结论。主要包括以下内容：

8.1　验收监测期间工况分析

给出工程或设备运行负荷的数据或参数，以文字配合表格叙述现场监测期间企业生产情况、各装置实际成品产量、设计产量、负荷率。

8.2　验收监测结果

8.2.1　废水、废气排放、厂界噪声、环保设施效率监测结果

分别从以下几方面对废水、废气、厂界噪声和环保设施效率监测结果进行叙述：

a）验收技术方案确定的验收监测项目、频次、监测断面或监测点位、监测采样、分

析方法；

b）采用相应的国家和地方标准限值、设施的设计值，进行分析评价；

c）出现超标或不符合设计指标要求的原因分析；

d）附必要的监测结果表。

8.2.2 必要的厂区周围敏感目标环境质量监测结果

主要内容包括：

a）环境敏感目标可能受到影响的简要描述；

b）验收技术方案确定的验收监测项目、频次、监测断面或监测点位、监测采样、分析方法（含使用仪器及检测限）；

c）用相应的国家和地方的新、旧标准值及环境背景值，进行分析评价；

d）出现超标或不符合环评要求时的原因分析等；

e）附必要的监测结果表。

8.2.3 总量控制污染物排放量的核算

根据各排污口的流量和监测浓度，计算并列表统计国家实施总量控制的六项污染物（化学需氧量、氨氮、工业粉尘、烟尘、二氧化硫、固体废物）及特征污染物甲苯、二甲苯、非甲烷总烃、重金属产生量和年排放量。对改、扩建项目还应根据环境影响报告书列出改、扩建工程原有排放量，并根据监测结果计算改、扩建后原有工程现在的污染物产生量和排放量。主要污染物总量控制实测值与当地政府环境主管部门下达的总量控制指标进行比较（按年工作时计）。附污染物排放总量核算结果表。参见附录C表C.22。

8.3 环境管理检查结果

依据验收技术方案所列检查内容，逐条进行说明。

验收工作环境管理检查篇章应重点叙述和检查环评结论与建议中提到的各项环保设施建成和措施落实情况，尤其应逐项检查和归纳叙述行政主管部门环评批复中提到的建设项目在工程设计、建设中应重点注意问题的落实情况。

8.4 公众意见调查结果

统计分析问卷、整理访谈、座谈记录，并按被调查者不同职业构成、不同年龄结构、距建设项目不同距离等分类，得出调查结论。

8.5 验收监测结论及建议

8.5.1 结论

执行"三同时"情况评价。依据监测结果、公众调查结果、环境管理检查结果进行综合分析，简明扼要地给出废水、废气排放、厂界噪声、总量控制达标情况；固体废物处置情况；公众意见及环境管理水平。

8.5.2 建议

可针对以下几个方面提出合理的意见和建议：

a）污染物的排放未达到国家或地方标准要求；

b）国家规定实施总量控制的污染物排放量超过有关环境管理部门规定或核定的总量等；

c）环境保护敏感目标的环境质量未达到国家或地方标准或环评预测值；

d）未执行"总量控制、区域削减"要求，拆除、关停落后设备；

e）环境影响评价文件中规定的环境保护和环境风险防范措施存在的问题；

f）环保治理设施、监测设备及排污口未按规范安装和建成；

g）环保治理设施处理效果未达到原设计指标。

9 验收报告附件

验收监测技术报告附件中应包括以下附件：

9.1　建设项目环境保护"三同时"竣工验收登记表。

9.2　环境保护行政主管部门对环境影响评价报告书的批复意见。

9.3　环境保护行政主管部门对建设项目环境影响评价执行标准的批复意见。

9.4　环境保护行政主管部门对建设项目总量控制指标的要求。

9.5　固体废物处置合同或协议及承担危险废物处置单位的相关资质证明。

附录 A（规范性附录）

验收技术方案、报告编排结构及内容

A.1　编排结构

封面、封二[式样见《建设项目环境保护设施竣工验收监测技术要求（试行）》附录四～附录七]、目录、正文、附件、附表、附图、"三同时"竣工验收登记表、封底。

A.2　验收技术方案主要章节

A.2.1　总论

A.2.2　建设项目工程概况

A.2.3　主要污染源及治理措施

A.2.4　环境影响评价、初步设计回顾及环境影响评价批复

A.2.5　验收监测评价标准

A.2.6　验收监测实施方案

A.2.7　验收调查实施方案

A.2.8　验收工作进度及经费概算

A.3　验收技术报告章节

A.3.1　总论

A.3.2　建设项目工程概况

A.3.3　主要污染源及治理措施

A.3.4　环境影响评价、初步设计回顾及环境影响评价批复

A.3.5　验收监测评价标准

A.3.6　验收监测结果及分析

A.3.7　验收检查、调查结果及分析

A.3.8　验收结论与建议

A.4　验收技术方案、报告中的图表

A.4.1　图件

A.4.1.1　图件内容

A.4.1.1.1　建设项目地理位置图

A.4.1.1.2　建设项目厂区平面图

A.4.1.1.3　工艺流程图

A.4.1.1.4　物料平衡图（示例见图 A.2）

A.4.1.1.5 水量平衡图（示例见图 A.1）

A.4.1.1.6 污染治理工艺流程图

A.4.1.1.7 建设项目验收监测布点图

A.4.1.1.8 烟道监测点位图应给出平面图和立面图

A.4.1.2 图件要求

A.4.1.2.1 各种图表中均用中文标注，必须用简称的附注释说明

A.4.1.2.2 工艺流程图中工艺设备或处理装置应用框图，并同时注明物料的输入和输出

A.4.1.2.3 验收监测布点图中应统一使用如下标识符

水和废水：环境水质☆，废水★；

空气和废气：环境空气○，废气◎；

噪声：敏感点噪声△，其他噪声▲。

A.4.2 表格

A.4.2.1 表格内容

A.4.2.1.1 工程建设内容一览表

A.4.2.1.2 污染源及治理情况一览表

A.4.2.1.3 环保设施建成、措施落实情况对比表（环境影响评价、初步设计、实际建设、实际投资）

A.4.2.1.4 原辅材料消耗情况对比表（环境影响评价、初步设计、实际建设）

A.4.2.1.5 验收标准及标准限值一览表

A.4.2.1.6 监测分析方法及使用仪器基本一览表

A.4.2.1.7 工况统计表

A.4.2.1.8 监测结果表

A.4.2.1.9 污染物排放总量统计表

A.4.2.2 表格要求

所有表格均应为开放式表格

A.5 验收技术方案报告正文要求

A.5.1 正文字体一般为 4 号宋体。

A.5.2 3 级以上字体标题为宋体加黑。

A.5.3 行间距为 1.5 倍行间距。

A.6 其他要求

A.6.1 验收技术方案、报告的编号方式由各承担单位制定。

A.6.2 页眉中注明验收项目名称，位置居右，小五号宋体，斜体，下画单横线。

A.6.3 页脚注明验收技术报告编制单位，小五号宋体，位置居左。

A.6.4 正文页脚采用阿拉伯数字，居中；目录页脚采用罗马数字并居中。

A.7 附件

A.7.1　建设项目环境保护"三同时"竣工验收登记表。

A.7.2　环境保护行政主管部门对环境影响评价报告书的批复意见。

A.7.3　环境保护行政主管部门对建设项目环境影响评价执行标准的批复意见。

A.7.4　环境保护行政主管部门对建设项目试生产批复。

A.7.5　环境保护行政主管部门对建设项目总量控制指标的要求。

A.7.6　固体废物处置合同或协议及承担危险废物处置单位的相关资质证明。

示 例 图

下列示例图为某生产工艺及污染治理的个例，仅供参考，不代表全面，应用时应结合实际。资料性附录 B 由图 B.1～图 B.8 共 8 个示例图组成。

某汽车制造厂水量平衡示例图见图 B.1

某汽车制造厂生产工艺流程及产污节点示例图见图 B.2

某汽车制造厂废气排放及监测点位示例图见图 B.3

某汽车制造厂废水处理工艺流程及监测点位示例图见图 B.4

某发动机制造厂水量平衡示例图见图 B.5

某发动机制造厂总体工艺流程及产污节点示例图见图 B.6

某发动机制造厂生产工艺流程及产污节点示例图见图 B.7

某发动机制造厂废水处理工艺流程及监测点位示例图见图 B.8

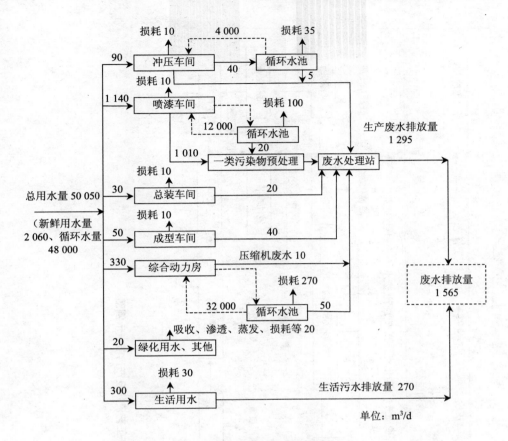

图 B.1　某汽车制造厂水量平衡示例图

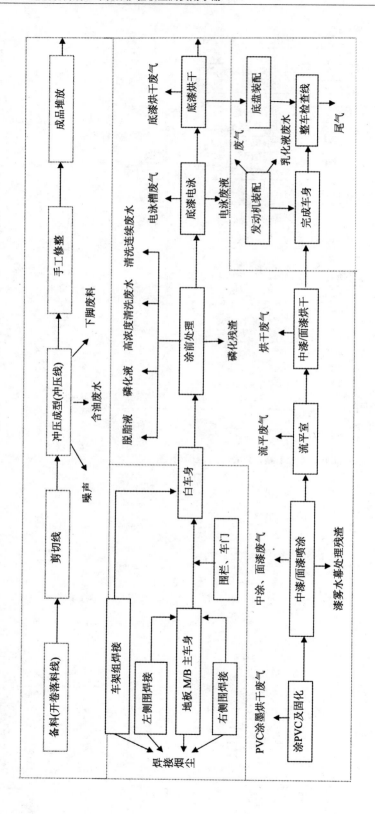

图 B.2 某汽车制造厂生产工艺流程及产污节点示例图

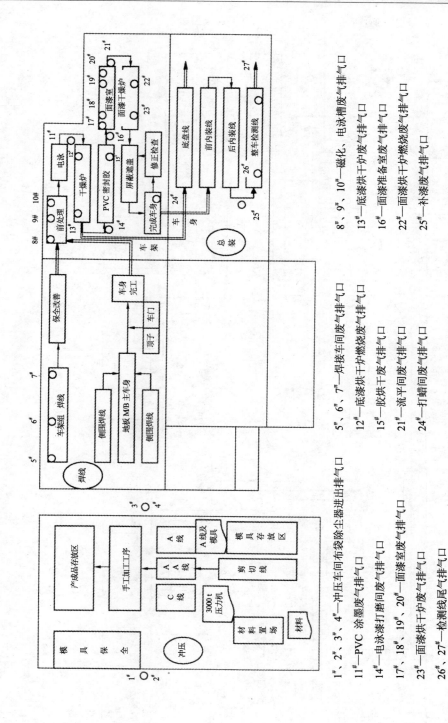

图 B.3 某汽车制造厂废气排放及监测点位示例图

1#、2#、3#、4#—冲压车间布袋除尘器出排气口

11#—PVC 涂墨废气排气口

14#—电泳漆打磨间废气排气口

17#、18#、19#、20#—面漆室废气排气口

23#—面漆烘干炉废气排气口

26#、27#—检测线尾气排气口

5#、6#、7#—焊接车间废气排气口

12#—底漆烘干炉燃烧废气排气口

15#—胶烘干废气排气口

21#—流平间废气排气口

24#—打蜡间废气排气口

8#、9#、10#—磁化、电泳槽废气排气口

13#—底漆烘干炉废气排气口

16#—面漆准备室废气排气口

22#—面漆烘干炉燃烧废气排气口

25#—朴漆废气排气口

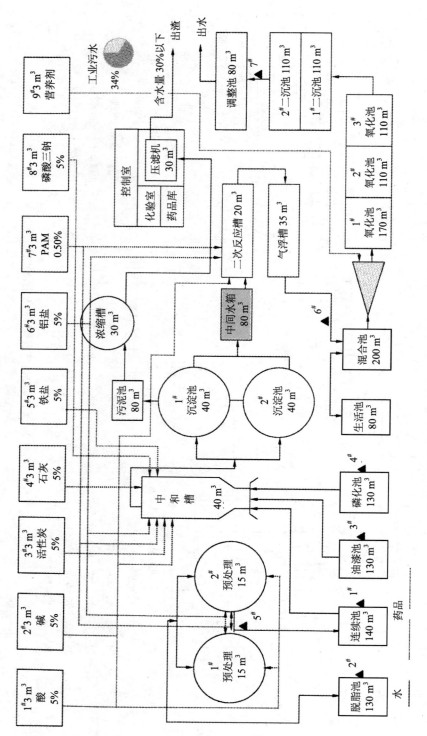

图 B.4 某汽车制造厂废水处理工艺流程及监测点位示例图

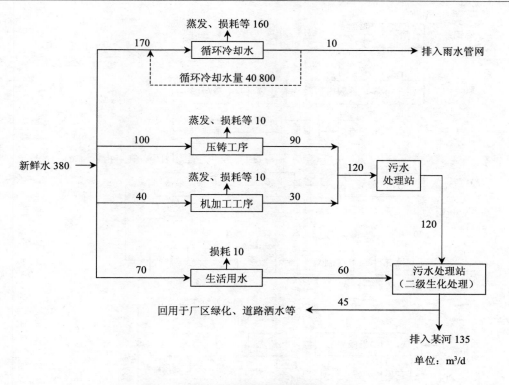

图 B.5 某发动机制造厂水量平衡示例图

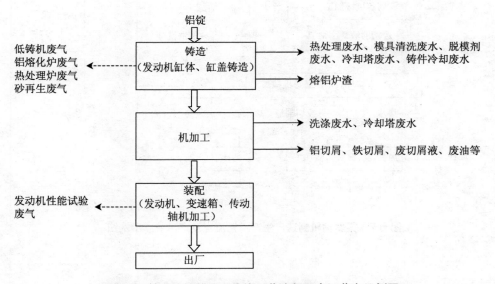

图 B.6 某发动机制造厂总体工艺流程及产污节点示例图

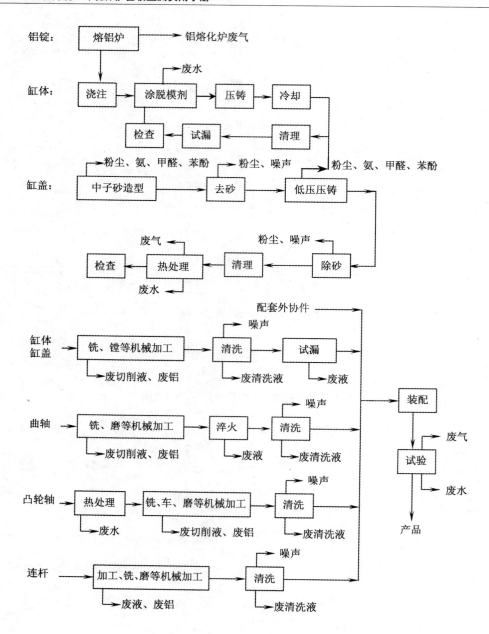

图 B.7 某发动机制造厂生产工艺流程及产污节点示例图

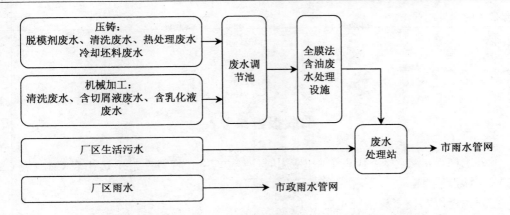

图 B.8 某发动机制造厂废水处理工艺流程及监测点位示例图

附录 C（资料性附录）

验收报告参考表

下列表格仅供参考，不代表全面，应用时应结合实际。资料性附录 C 由表 C.1～表 C.22 共 22 个示意表组成：

工程建设内容及变更情况见表 C.1

主要环保设施与环评、初步设计、实际建设对照见表 C.2

主要原辅材料用量统计见表 C.3

废气来源及环保设施见表 C.4

废水来源及环保设施见表 C.5

噪声源及其控制措施见表 C.6

固体废物的来源及排放情况见表 C.7

废气污染物排放标准见表 C.8

废水污染物排放标准见表 C.9

厂界噪声标准见表 C.10

污染物排放总量控制指标见表 C.11

验收监测期间主要原材料消耗情况见表 C.12

验收监测期间生产负荷见表 C.13

熔铝炉（加热炉）废气排放监测结果见表 C.14

涂装车间某排气筒出口监测结果见表 C.15

汽车（发动机）总装车间某废气排口监测结果见表 C.16

厂界无组织排放监测气象参数见表 C.17

无组织排放监测结果见表 C.18

某车间废水出口监测结果见表 C.19

污水处理站出口监测结果见表 C.20

厂界噪声监测结果见表 C.21

污染物排放总量核算结果见表 C.22

表 C.1 工程建设内容及变更情况

工程主要设备初步设计				工程实施情况
生产系统	序号	生产工序及设备名称	数量	
钣金冲压生产系统	1			
	2			
	3			
	4			
焊接生产系统	1			
	2			
	3			
	4			
涂装生产系统	1			（与初步设计有何不同）
	2			
	3			
	4			
总装生产系统	1			
	2			
	3			
	4			
动力总成生产系统	1			
	2			
	3			
	4			

表 C.2 主要环保设施与环评、初步设计、实际建设对照

序号	污染源类别	主要环保设施				备注
		设施名称	环评要求	初步设计	实际建设	
1	废气					
2	废水					
3	噪声					
4	固体废物					

表 C.3 主要原辅材料用量统计

序号	材料名称	单台用量	年用量
1			
2			
3			
4			
5			
6			
7			
8			
9			
10			
11			

表 C.4 废气来源及环保设施

生产系统	污染源名称	主要污染物	污染治理措施	排放规律及去向

表 C.5 废水来源及环保设施

污染源名称	污染治理措施	主要污染物

表 C.6 噪声源及其控制措施

噪声源	控制措施

表 C.7　固体废物的来源及排放情况

固体废物名称（危险废物重点注明）	处理方式	排放量

表 C.8　废气污染物排放标准

项目	标准限值		
	排气筒高度/m	最高允许排放速率/（kg/h）	最高允许排放浓度/（mg/m³）

表 C.9　废水污染物排放标准

项目	标准限值

表 C.10　厂界噪声标准

标准	类别	评价因子	标准值[dB（A）]

表 C.11　污染物排放总量控制指标

类别	污染物名称	总量控制指标/（t/a）

表 C.12　验收监测期间主要原材料消耗情况

原料名称	日耗量（t/d）		年消耗量（t/a）		实际年耗与设计年耗之比例（%）
	实际	设计	实际	设计	

表 C.13　验收监测期间生产负荷

日期	实际产量（辆或台/d）	设计产量（辆或台/d）	生产负荷（%）

表 C.14　熔铝炉（加热炉）废气排放监测结果

监测日期	烟尘		二氧化硫		氮氧化物		烟气黑度（林格曼级）
	排放质量浓度（mg/m³）	排放量（kg/h）	排放质量浓度（mg/m³）	排放量（kg/h）	排放质量浓度（mg/m³）	排放量（kg/h）	
标准限值							
达标情况							

表 C.15　涂装车间某排气筒出口监测结果

监测点位	日期	苯		甲苯		二甲苯		非甲烷总烃	
		排放质量浓度（mg/m³）	排放速率（kg/h）	排放质量浓度（mg/m³）	排放速率（kg/h）	排放质量浓度（mg/m³）	排放速率（kg/h）	排放质量浓度（mg/m³）	排放速率（kg/h）
标准限值									
达标情况									

表 C.16　汽车（发动机）总装车间某废气排口监测结果

监测点位	日期	氮氧化物		非甲烷总烃	
		排放质量浓度（mg/m³）	排放速率（kg/h）	排放质量浓度（mg/m³）	排放速率（kg/h）
标准限值					
达标情况					

表 C.17　厂界无组织排放监测气象参数

时间	天气状况	气温/℃	气压/Pa	风向	风速（m/s）

表 C.18　无组织排放监测结果　　　　单位：mg/m³（或无量纲）

时间	监测项目	1#	2#	3#	4#	标准限值	达标情况

表 C.19　某车间废水出口监测结果　　　　单位：mg/L（pH 值除外）

项目	日期	测定值	日均值	标准值	达标情况

表 C.20　污水处理站出口监测结果　　单位：mg/L（pH 值除外）

项目	日期	测定值			日均值	标准限值	达标情况

表 C.21　厂界噪声监测结果　　　　　　　单位：dB（A）

时间点位	月　日		月　日	
	昼间	夜间	昼间	夜间
标准值				
达标情况				

表 C.22　污染物排放总量核算结果

项目	产生量	削减量	排放量	总量控制指标	达标情况
废气					
废水					

中华人民共和国环境保护行业标准

建设项目竣工环境保护验收技术规范

造纸工业

Technical guidelines for environmental protection in paper industry project for
check and accept of completed project

HJ/T 408—2007

前 言

为贯彻《中华人民共和国环境影响评价法》和《建设项目环境保护管理条例》，保护环境，规范造纸工业建设项目竣工环境保护验收工作，制定本标准。

本标准规定了造纸工业建设项目竣工环境保护验收的有关要求和规范。

本标准为首次发布。

本标准为指导性标准。

本标准由国家环境保护总局科技标准司提出。

本标准起草单位：中国环境监测总站、河南省环境监测中心站。

本标准国家环境保护总局 2007 年 12 月 21 日批准。

本标准自 2008 年 4 月 1 日起实施。

本标准由国家环境保护总局解释。

1 适用范围

本标准规定了造纸工业建设项目竣工环境保护验收技术工作范围的确定、执行标准选择的原则；工程及污染治理、排放分析要点；验收监测布点、采样、分析方法、质量控制及质量保证、监测结果评价的技术要求；验收调查主要内容及方案、报告编制的技术要求。

本标准适用于造纸工业的制浆、造纸和制浆造纸联合企业（不含林纸一体化的林基地建设）的新建、改扩建以及技术改造等建设项目的竣工环境保护验收工作。

2 规范性引用文件

下列文件中的条款通过本标准的引用而成为本标准的条款。凡是注日期的引用文件，其有效版本适用于本标准。

GB 3095　环境空气质量标准

GB 3096　城市区域环境噪声标准

GB 3097　海水水质标准

GB 3544　造纸工业水污染物排放标准

GB 3838　地表水环境质量标准

GB 5084　农田灌溉水质标准

GB 5085.1　危险废物鉴别标准　腐蚀性鉴别

GB 5085.3　危险废物鉴别标准　浸出毒性鉴别

GB 8978　污水综合排放标准

GB 9078　工业炉窑大气污染物排放标准

GB 12348　工业企业厂界噪声标准

GB 13223　火电厂大气污染物排放标准

GB 13271　锅炉大气污染物排放标准

GB 14554　恶臭污染物排放标准

GB 16297　大气污染物综合排放标准

GB 18484　危险废物焚烧污染物控制标准

GB 18598　危险废物填埋污染控制标准

GB 18599　一般工业固体废物贮存、处置场污染控制标准

GB 18918　城镇污水处理厂污染物排放标准

HJ/T 55　大气污染物无组织排放监测技术导则

HJ/T 91　地表水和污水监测技术规范

HJ/T 92　水污染物排放总量监测技术规范

HJ/T 164　地下水环境监测技术规范

HJ/T 255　建设项目竣工环境保护验收技术规范　火力发电厂

HJ/T 317　清洁生产标准　造纸工业（漂白碱法蔗渣浆生产工艺）

HJ/T 373　固定污染源监测质量保证及质量控制技术规范

HJ/T 339　清洁生产标准　造纸工业（漂白化学烧碱法麦草浆生产工艺）

HJ/T 340　清洁生产标准　造纸工业（硫酸盐化学木浆生产工艺）

GB/T 14848　地下水质量标准

《建设项目环境保护设施竣工验收监测管理有关问题的通知》（环发［2000］38 号）

3 术语和定义

下列术语和定义应用于本标准。

3.1　制浆造纸

指以木材、植物（纤维）和废纸等为原料生产纸浆，及以纸浆为原料生产纸张、纸

板等产品的生产过程。

3.2　废液（黑液、红液）

植物（纤维）经化学蒸煮后，在粗浆洗涤时与纤维分离提取获得的液体。碱法蒸煮后药液呈黑褐色称为黑液；酸法制浆后药液呈红棕色，称为红液。将蒸煮后的药液统称为废液。

3.3　碱回收率

指经碱回收系统所回收的碱量（不包括由于芒硝还原所得的碱和补充的新鲜碱）占本期蒸煮所用总碱量（包括外来补充的新鲜碱）的百分比。（计算参见 HJ/T 317、HJ/T 339、HJ/T 340）

3.4　中段水

中段水一般指备料废水、洗浆、漂白和抄纸剩余白水及蒸发工段污冷凝水。

3.5　AOX

指可吸附有机卤化物。

3.6　生产工况

指生产装置或设施运行的状况。包括正常工况和非正常工况。

正常生产工况指生产装置或设施按照设计工艺参数进行稳定运行的状态。

非正常生产工况指生产装置或设施开工、停工、检修、超出正常工况或工艺参数不稳定时的生产状态。

4　验收技术工作程序

建设项目竣工环境保护验收技术工作按照图 1 所示操作程序开展工作。

4.1　准备阶段

资料查阅、现场勘查、环境保护检查。

4.2　编制验收技术方案阶段

在查阅相关资料、现场勘查的基础上确定验收工作范围、验收评价标准、验收监测及验收检查、调查内容。

4.3　实施验收技术方案阶段

依据验收技术方案确定的工作内容进行监测、检查及调查。

4.4　编制验收技术报告阶段

汇总监测数据、检查及调查结果，分析评价得出结论，以验收报告形式反映建设项目竣工环境保护验收的结果，作为建设项目竣工环境保护验收的技术依据。

5　验收准备

5.1　资料收集和分析

5.1.1　资料收集

建设单位应向验收监测部门提供以下资料：

a）报告资料：环境影响评价文件、验收建设项目的初步设计（环保篇）或环境保护治理设施设计资料。

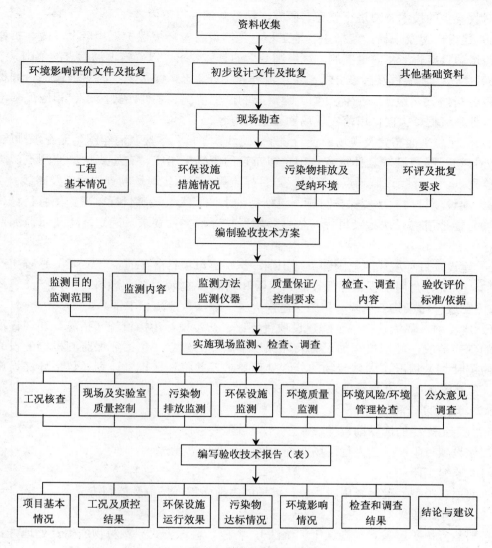

图1　验收工作流程图

b）文件资料：建设项目立项、初步设计批复及环境影响评价文件的批复、试生产申请批复、重大变更批复。

c）图件资料：建设项目地理位置图、厂区平面布置图（应标注有主要污染源位置、排水管网等）、固体废物堆场/填埋场地理位置图（包括水文地质资料）厂区周边环境情况图（注有敏感目标位置及敏感目标与厂界距离等）、物料及水量平衡图、工艺流程及排污节点示意图、污染处理工艺流程图等。

d）环境管理资料：建设单位环境保护执行报告（包括环保设施运行台账、各种药剂消耗量、燃料用量等信息）、建设单位环境保护组织机构、规章制度、固体废物处置协议（或合同）以及受委托方的资质证明文件（如营业执照、处理资质等）、环境污染事故应急预案、日常监测计划等。

5.1.2　资料分析

对收集到的技术资料进行整理、研究，熟悉并掌握以下内容：

a）建设内容及规模：包括主、辅工程，生产设备及环境保护工程情况。改、扩建及技术改造项目应查清"总量控制、区域削减"的具体要求，以确定现场勘查的范围。

b）生产工艺流程及污染分析：生产流程及生产工艺，主要原、辅料及产品，并按生产流程分析废气、废水、固体废物、噪声等的产生情况、主要污染因子、相应配套治理设施、处理流程、去向，以落实现场勘查重点内容。

c）厂区总平面布置及现场勘查的顺序、路线：了解厂区废气有组织、无组织排放源；废水外排口；噪声源等具体位置。确定拟布设的废气无组织、有组织排放监测点，废水排放监测点，厂界噪声监测点，环境保护目标监测点。拟定现场勘查的顺序及路线。

d）建设项目周围环境保护目标：包括受纳水体、大气敏感目标、噪声敏感目标、固体废物可能造成的二次污染目标，依据环境保护评价文件要求，确定环境质量监测勘查内容。

e）建设项目环境风险范围和类型识别：识别建设项目潜在的生产设施（主/辅生产装置、贮运系统、公用工程、环保设施）风险和物质（主/辅材料、燃料、中间产品、最终产品、"三废"污染物）风险、风险类型（火灾、爆炸、泄漏、中毒）。

f）建设项目环境管理：了解建设项目环评、初步设计污控设施（措施）和环评批复要求的落实情况，环保机构的设置及环保规章制度的建立（包括环保监测机构的设立及日常监测计划）情况，固体废物的处置处理要求，并将环保投资计划（包括环保设施、措施、监测设备等）列表待现场勘查时核对。

5.2 现场勘查和调研

5.2.1 生产线的现场勘查

按建设项目生产工艺进行现场勘查，确定污染源位置。

（1）原料工段

了解原料类型、贮运及用料；原料堆场的占地面积；扬尘及控制情况。

（2）制浆工段

备料蒸煮：了解备料类型（干、湿法），粉碎、输送方式；颗粒物产生及处理方式、排气筒高度，无组织排放，废水产生量、去向及处理方式。

制浆：了解制浆生产工艺、规模及制浆方式、黑液提取率；废液产生量、贮存方式、处理方式；废水产生量、去向及处理方式，废渣产生量及处理/综合利用方式，恶臭污染物产生与控制、处理方式。

漂白、制漂：了解漂白工艺，漂白剂类型（氯漂、无氯漂），漂白剂制备，废气及废水产生量、去向及处理方式。核实固体废物去向，检查综合利用和安全处置方案是否落实。

（3）碱回收工段

了解碱回收生产规模、碱回收率；碱回收炉烟尘产生量及处理方式，烟囱高度；废水及污冷水产生量、去向及处理方式；白泥、绿泥产生量及处理/综合利用方式。

（4）水汽工段

供水：了解供水方式、供水量；

供汽：了解供汽方式；锅炉型号、蒸发量、锅炉数量及运行负荷，烟囱数量及高度；

废气处理方式、处理量及排放方式；查看与调查燃料的种类、质量、产地、用量；废水处理方式、去向及排放量；废渣排放量及处理/综合利用方式。

（5）造纸工段

了解纸机型号、纸产品种类及生产规模；白水产生量及循环利用率、去向及处理方式。

（6）废水处理工段

中段水处理：了解水处理站的建设规模、处理工艺、废水排放去向，排污口的规范化及受纳水体；了解污泥脱水系统的运行情况并查看相关运行记录。

生活污水处理：了解生活污水产生量、去向及处理方式；废水排放去向。

（7）自备电厂或锅炉

参照《建设项目竣工环境保护验收技术规范　火力发电厂》（HJ/T 255—2006）进行，65 t/h 及以下锅炉参照《锅炉大气污染物排放标准》（GB 13271）及《建设项目环境保护设施竣工验收监测管理有关问题的通知》（环发〔2000〕38 号）相关要求。

5.2.2　污染源及环境保护设施现场勘查

a）建设项目废气、废水、噪声来源、环境保护处理设施种类、排污方式及治理排放等环境保护设施的设置、运行情况。

b）建设项目废气的有组织排放监测点、无组织排放监测点、污水排放监测点和厂界噪声监测点的布设、监测点位置及数量。

c）建设项目涉及的主要排放口的规范化及污染源在线监测仪器的安装情况、仪器型号、配置生产厂家。

d）主要污染物排放量、排放去向及固体废物综合利用情况。

e）建设项目固体废物堆场、填埋场及处理设施情况、管理水平，了解固体废物堆场、填埋场周围环境敏感目标情况。核查危险废物处理机构的相应资质、双方签订的处置协议/合同及危险废物转移联单（包括其中的废物种类及转移数量）。

5.2.3　环境风险勘查

调查建设项目运行期间的事故发生情况，核查落实环境影响评价文件中有关环境风险防范措施/设施及应急预案的落实情况。

5.2.4　其他调研

a）厂区地理位置、厂区生产布局及厂区周边环境情况，常年主导风向，厂外受纳水体情况；厂区周边居民分布及废气、噪声敏感目标情况。

b）查清"总量控制、区域削减"等具体要求的落实情况。

c）建设项目生产用水量、新鲜水用量、生活用水量；废水排放总量，单位产品排水量；节水措施和水循环利用率。

d）环境管理机构、监测机构人员、监测设备水平。

e）施工及试生产期间环境事故及公众投诉。

f）污染物排放标准、总量控制指标及处理设施设计指标，清洁生产标准。

g）建设项目环境影响评价文件要求采取的环境保护措施落实情况。

建设项目环境保护设施及现场环境勘查内容参考表1进行。

表1 造纸工业建设项目环保设施现场勘查内容一览表

污染源	现场勘查主要内容
（一）气态污染源及环保处理设施	
1. 原料在粉碎、输送过程中产生的颗粒物	1. 原料场地的位置及安全防护、环境保护措施； 2. 颗粒物除尘器的除尘效率、安装位置及设计指标；除尘器数量；排气筒高度、直径；排气筒高度是否符合要求，是否有预留监测孔（包括进、出口的预留孔），预留孔是否符合采样要求，是否具备现场监测的条件； 3. 确定废气有组织、无组织排放监测的因子及监测点位
2. 蒸煮锅及喷放锅、碱回收炉、供气锅炉、自备电厂产生的废气	1. 烟囱高度、直径，烟囱高度是否符合有关要求； 2. 烟气净化装置处理方式、去除效率及设计指标； 3. 烟尘、烟气监测是否有预留监测孔（包括进、出口的预留孔），预留孔是否符合采样要求，是否具备现场监测的条件； 4. 臭气源收集与处理方式； 5. 确定废气、无组织排放监测的因子及监测点位
（二）水污染源及环保处理设施	
1. 备料蒸煮工段产生的废水	产生量及处理方式
2. 制浆工段产生的废水	各类废水产生量、排放去向及处理方式
3. 碱回收工段产生的污冷水	
4. 造纸工段产生的白水	白水产生量、处理方式及循环利用率
5. 锅炉排污水	产生量、处理方式及排放去向
6. 中段水处理工段、厂区生活污水、雨水	1. 处理工艺、各处理单元污染因子的去除效率设计指标、设计和实际处理能力； 2. 废水排放去向和流量，外排口的数量及规范化； 3. 废水循环利用情况； 4. 流量计、废水在线监测仪器的型号、生产单位、运行情况等； 5. 受纳水体情况； 6. 确定废水、受纳水体监测的因子及监测点位
（三）噪声污染源及环保处理设施	
1. 生产设备噪声	1. 生产设备主要噪声源情况及相对位置； 2. 降噪设施及措施调查； 3. 勘查厂界及厂界周围敏感目标布局情况； 4. 确定厂界噪声、厂界周围敏感目标噪声监测的监测点位
2. 厂界噪声	
3. 敏感目标噪声	
（四）固体废物处置措施	
1. 原料灰渣、浆渣（包括脱墨废纸残渣及废纸中其他固体废物）；石灰渣	1. 勘查固体废物分类、产生方式及产生量； 2. 固体废物的贮存设施，固体废物堆场、填埋场及环境保护措施
2. 碱回收炉和锅炉产生的灰渣（炉渣、白泥、绿泥）	
3. 废水处理设施产生的污泥	

6 编制验收技术方案

6.1 总论

6.1.1 项目由来

项目立项、环境影响评价、初步设计、建设、试生产及审批过程简述，工程开工、建成并投入试运行时间；验收技术工作承担单位、现场勘察时间等的叙述。

6.1.2　验收目的

通过对建设项目外排污染物达标情况、污染治理效果、必要的环境敏感目标、环境质量等的监测以及环境影响评价要求及环境影响评价文件批复的落实情况、建设项目环境管理水平及公众意见的调查，为环境保护行政主管部门验收及验收后的日常监督管理提供技术依据。

6.1.3　编制的依据

6.1.3.1　建设项目环境保护管理法律、法规、规定。

6.1.3.2　建设项目竣工环境保护竣工验收监测技术规范。

6.1.3.3　建设项目环保技术文件，主要包括环境影响报告书、环境保护初步设计。

6.1.3.4　建设项目批复文件，主要包括环境影响报告书的批复、环境保护初步设计的批复、建设项目执行标准或总量控制指标的批复。

6.1.3.5　建设项目重大变更的相应批复文件。

6.1.3.6　环保设施运行情况自检报告。

6.1.3.7　其他需要说明的情况的相关文件。

6.2　建设项目工程概况

6.2.1　原有工程概述

对于原有工程进行一般性概述；改建、扩建项目应详述与验收项目相关的原工程改造及环境保护治理要求；说清与原有工程的依托关系，并将其确定为验收监测与环境保护检查内容之一。

6.2.2　新建工程建设内容

新建工程建设性质、建设地点、占地面积、总投资及环保投资。

新建工程主/辅工程、公用工程、环境保护工程建设及变更情况，列表说明，参见附录 C 表 C.1、表 C.2、表 C.3。

6.2.3　地理位置及厂区平面布置

以图表示。地理位置图重点突出项目所处地理区域内有无自然保护区、环境保护敏感目标。厂区平面布置图重点标明废气有组织排放源、噪声源、废气无组织排放源所处位置、厂界周围噪声、恶臭敏感目标与厂界、排放源的相对位置及距离。

6.2.4　主要产品、原辅材料

名称、用量，列表表示。参见附录 C 表 C.4。

6.2.5　水量平衡

以水量平衡图表示。参见附录 B 图 B.1。

6.2.6　生产工艺

主要工艺流程、关键的生产单元，以工艺流程及排污节点示意图表示。参见附录 B 图 B.2～图 B.8。

6.3　主要污染及治理

6.3.1　主要污染源及其治理

按照废气、废水、噪声、固体废物四个方面详细分析各污染源产生、治理、排放、主要污染因子、排放量等。附污染来源分析及治理情况一览表。参见附录 C 表 C.5、表 C.6、表 C.7、表 C.8。

6.3.2 "三同时"落实情况

a)"总量控制、区域削减"等落实情况

由原有工程改造或扩建而产生的"总量控制、区域削减"等要求的落实情况。并列表对比分析环境影响评价报告书、初步设计提出的要求以及落实情况。

b)新建项目"三同时"执行情况

环境保护措施落实情况以及环境保护设施建成、投资分析及运行状况：列表对比分析环境影响评价报告书、初步设计提出的要求以及实际建成情况。参见附录 C 表 C.2。

6.3.3 环境影响分析（环境保护敏感区分析）

依据环境影响评价及实地勘查情况，分析项目受纳水体、大气敏感目标、噪声敏感目标及固体废物处置可能造成二次污染的保护目标。

6.4 环评、初设回顾及其批复要求

摘录建设项目环境影响评价文件提出的污染防治措施；环境影响评价文件批复的要求；政府环境保护行政主管部门对本项目的环保要求等。

应特别关注环境保护敏感目标、"总量控制、区域削减"、建设项目变更是否具有批复文件等具体要求。

6.5 验收评价标准

按照环境影响评价文件及其批复文件列出国家或地方排放标准、环境质量标准的名称、标准号、标准限值、工程《初步设计》（环保篇）的设计指标和总量控制指标作为验收评价标准。同时，列出相应现行的国家或地方排放标准和质量标准作为参照标准。

6.6 验收监测的内容

6.6.1 废气、废水外排口污染物的达标排放情况监测；废气无组织排放监测；厂界噪声监测；对于安装在线监测系统的排放口，进行在线监测数据与实测数据同步比对。

6.6.2 各项污染治理设施设计指标的监测。

6.6.3 环境敏感目标的环境质量监测（环评批复如有此类要求）。

6.6.4 环境影响评价文件批复中需评价的项目和内容（如特征工艺指标：黑液提取率、碱回收率等）及总量控制指标。

6.6.5 建设项目竣工验收登记表中需要填写的污染控制指标；新建部分产生量、新建部分处理削减量、处理前浓度、验收期间排放浓度等。

6.6.6 监测点位。根据现场勘察情况及相关技术规范确定各项监测内容的具体监测点位，并绘制监测点位布设图，涉及采样方式的监测点（例如烟气颗粒物采样点）应给出测点尺寸示意图。

6.6.7 验收监测因子及频次。废气、废水、噪声等污染因子的监测频次，按环发[2000]38号文件及相关标准中有关规定执行。造纸工业验收监测基本污染因子见表2。

表2 造纸工业建设项目验收监测污染因子

污染源类型			监测污染因子
废气	有组织排放源	备料	颗粒物、烟气参数及去除效率
		喷放锅、锅炉	烟尘、二氧化硫、氮氧化物、烟气参数及去除效率、烟气黑度
		碱回收炉	烟尘、二氧化硫、烟气参数及去除效率
	无组织排放	堆场	颗粒物
		厂界及敏感目标	氨、硫化氢、臭气浓度、甲硫醇
水和废水	车间或生产装置排放口		可吸附有机卤化物（AOX）
	生产废水处理设施及各处理单元		按照设计指标设监测因子，计算去除效率
	生活污水处理设施进、出口		流量、pH、悬浮物、化学需氧量、五日生化需氧量、氨氮、总磷、动植物油、阴离子表面活性剂
	排放口（废水总排口、生活污水排口）		流量、色度、pH、悬浮物、化学需氧量、五日生化需氧量、氨氮、总磷、总氮、石油类、动植物油、阴离子表面活性剂（同步进行污染物在线监测装置相关污染物的监测结果比对）
	敏感目标	地表水	pH、悬浮物、化学需氧量、五日生化需氧量、氨氮、总磷、总氮、石油类
		海水	pH、化学需氧量、五日生化需氧量、溶解氧、活性磷酸盐、无机氮、石油类
	固废填埋场周围、敏感目标（地下水）		pH、总硬度、高锰酸盐指数、氨氮、氯化物、硫酸盐
噪声	厂界噪声		等效连续A声级
	敏感目标噪声		等效连续A声级
单位产品基准排水量核算			核定制浆和造纸企业单位产品实际排水量，以企业纸浆产量与外购商品浆数量的总和为依据
备注	厂界噪声布点原则 （1）根据厂内主要噪声源距厂界位置布点； （2）根据厂界周围敏感目标布点； （3）"厂中厂"不考核； （4）面对海洋、大江、大河的厂界原则上不布点； （5）厂界紧邻交通干线不布点； （6）厂界紧邻另一企业不布点。		

6.7 监测分析方法及质量保证

6.7.1 监测分析方法

按国家污染物排放标准和质量标准要求，采用列出的监测分析方法；对标准中未列出监测分析方法的污染物，优先选用国家现行标准分析方法，其次为行业现行标准分析方法；对国内目前尚未建立标准分析方法的污染物，可参考使用国内（外）现行的标准分析方法。分析方法应能满足评价标准要求。造纸工业常用监测分析方法参见表3。

表3 造纸工业污染物监测分析方法

污染类型		污染物		分析方法及来源
废气	有组织排放	烟（粉）尘		GB 5468—91 锅炉烟尘测试方法
				GB/T 16157—1996 固定污染源排气中颗粒物测定与气态污染物采样方法
		二氧化硫		HJ/T 56—2000 固定污染源排气中二氧化硫的测定 碘量法
				HJ/T 57—2000 固定污染源排气中二氧化硫的测定 定电位电解法
		氮氧化物		HJ/T 42—1999 固定污染源排气中氮氧化物的测定 紫外分光光度法
				HJ/T 43—1999 固定污染源排气中氮氧化物的测定 盐酸萘乙二胺分光光度法
		烟气黑度		GB 5468—91 锅炉烟尘测试方法
	无组织排放	颗粒物		GB/T 15432—1995 环境空气 总悬浮颗粒物的测定 重量法
		恶臭	氨	GB/T 14679 空气质量 氨的测定 次氯酸钠-水杨酸分光光度法
			硫化氢	GB/T 14678 空气质量 硫化氢、甲硫醇、甲硫醚和二甲二硫的测定 气相色谱法
			甲硫醇	
			臭气浓度	GB/T 14675—93 空气质量 恶臭的测定 三点比较式臭袋法
水和废水		流量		HJ/T 91—2002 地表水和污水监测技术规范
		色度		GB 11903—89 水质 色度的测定
		pH		GB 6920—87 水质 pH值的测定 玻璃电极法
		悬浮物		GB 11901—89 水质 悬浮物的测定 重量法
		化学需氧量		GB 11914—89 化学需氧量的测定 重铬酸盐法
		五日生化需氧量		GB 7488—87 水质 五日生化需氧量（BOD_5）的测定 稀释与接种法
		可吸附有机卤素		GB/T 15959—1995 水质 可吸附有机卤素（AOX）的测定 微库仑法
		氨氮		GB 7478—87 水质 铵的测定 蒸馏和滴定法
				GB 7479—87 水质 铵的测定 纳氏试剂比色法
				GB 7481—87 水质 铵的测定 水杨酸分光光度法
				HJ/T 195—2005 水质 氨氮的测定 气相分子吸收光谱法
		总磷		GB 11893—89 水质 总磷的测定 钼酸铵分光光度法
		总氮		GB 11894—89 水质 总氮的测定 碱性过硫酸钾消解分光光度法
				HJ/T 199—2005 水质 总氮的测定 气相分子吸收光谱法
		石油类		GB/T 16488—1996 水质 石油类和动植物油的测定 红外光度法
		动植物油		
		阴离子表面活性剂		GB/T 7494—87 水质 阴离子表面活性剂的测定 亚甲蓝分光光度法
		溶解氧		GB/T 7489—87 水质 溶解氧的测定 碘量法
		活性磷酸盐		GB 3097—1997 海水水质标准
		无机氮		
		总硬度		HJ/T 164—2004 地下水环境监测技术规范
		高锰酸盐指数		
		氯化物		
		硫酸盐		
噪声		厂界噪声		GB 12349—90 工业企业厂界噪声测量方法
		敏感目标噪声		GB/T 14623—93 城市区域环境噪声测量方法

6.7.2　监测质量控制和质量保证

造纸工业建设项目竣工环境保护验收现场监测质量控制与质量保证按 HJ/T 55、HJ/T 91、HJ/T 92、HJ/T 164、HJ/T 373　环发［2000］38 号文件中质量控制与质量保证有关章节要求进行。

6.7.2.1　人员资质、监测方法的选择及监测仪器检定

参加验收监测采样和测试的人员，均应按国家有关规定持证上岗。监测分析方法优先采用国标分析方法；监测仪器经计量部门检定合格并在有效使用期内。

6.7.2.2　监测数据和技术报告实行三级审核制度。

6.7.2.3　水质监测分析过程中的质量保证和质量控制

水样的采集、运输、保存、实验室分析和数据计算的全过程均按照 HJ/T 91、HJ/T 92 的要求进行。即做到：在采样过程中应采集不少于 10% 的平行样；分析测定过程中，采取同时测定质控样、加标回收或平行双样等措施。质控总数量应占每批分析样品总数的 10%～15%。pH 测试仪器测定前、后进行校核；需单独或定量采样的项目应按要求进行采样。

6.7.2.4　气体监测分析过程中的质量保证和质量控制

a）分析仪器的选用原则

尽量避免被测排放物中共存污染因子对仪器分析的干扰。

被测排放物的浓度应在仪器测试量程的有效范围即仪器量程的 30%～70% 之间。

b）烟尘、烟气采样器校核

烟尘、烟气监测（分析）仪器在测试前按监测因子分别用标准气体和流量计对其进行校核（标定），在测试时应保证其采样流量的准确。

c）废气测试净化设施去除效率时，进、出口要同步进行测试。

6.7.2.5　噪声监测分析过程中的质量保证和质量控制

声级计在测试前、后用标准发声源进行校准，测量前、后仪器的灵敏度绝对值相差不大于 0.5 dB，若大于 0.5 dB 则测试数据无效。

6.8　环境管理检查

6.8.1　立项到试生产各阶段建设项目环境保护法律、法规、规章制度的执行情况。

6.8.2　环境保护审批手续及环境保护档案资料。

6.8.3　环保组织机构及规章管理制度。

6.8.4　环境保护设施建成及运行纪录。

6.8.5　环境保护措施落实情况及实施效果。

6.8.6　环境监测计划的实施。

6.8.7　环境污染事故应急预案的检查。

6.8.8　固体废物来源、种类（一般或危险废物）、产生及处理量、最终去向；尤其是危险废物，若委托处理，应核实处置单位的资质、检查相应委托处置合同及危险废物转移联单；若建设危险废物填埋场，应按 GB 18598 检查其是否符合要求。

6.8.9　排污口规范化，污染源在线监测仪的安装及测试情况检查。

6.8.10　环境敏感保护目标的保护办法或处理办法的落实情况。

6.8.11　环境影响评价文件批复的污染源与敏感目标合理环境保护距离的落实情况。

6.8.12　清洁生产水平检查

按照环境影响评价文件对清洁生产要求，参照现行的造纸工业相关清洁生产标准（HJ/T 317、HJ/T 339、HJ/T 340），核实清洁生产措施落实情况，检查清洁生产水平。

6.8.13　对环保设施与主体设施同步运转率的检查。

6.9　公众意见调查

6.9.1　公众意见调查内容

主要针对施工、运行期出现的环境问题以及环境污染治理情况与效果，污染扰民情况征询当地居民意见、建议。

6.9.2　公众意见调查方式

问卷填写、访谈、座谈。明确参与调查者对工程环保工作的总体满意程度。

6.9.3　公众意见调查范围及对象

环境保护敏感区域范围内各年龄、各层次人群。

7　验收技术方案实施

7.1　现场监测与检查、调查

在建设项目生产设备、环保设施运行正常，生产工况满足建设项目竣工环境保护验收监测要求的情况下，严格按照经审核批准的《建设项目竣工环境保护验收技术方案》开展现场监测与调查。监测与调查期间应做好以下工作：

a）严格监控工况，现场监测时同时记录设备工况负荷情况；

b）废气有组织排放监测严格按各污染因子监测的操作要求进行采样和分析；

c）废气无组织排放监测同时记录风向、风速、气温、气压等气象参数；

d）废水排放监测严格按各污染因子监测的操作要求进行采样和分析；

e）按《建设项目竣工环境保护验收技术方案》中环境管理检查内容进一步核查；

f）按《建设项目竣工环境保护验收技术方案》中公众意见调查实施方案开展调查。

7.2　监测期间工况核查

验收监测数据在工况稳定、生产负荷达到相关要求、环境保护设施运行正常的情况下有效。监测期间监控各生产环节的主要原材料的消耗量、成品量，并按设计的主要原、辅料用量、成品产生量核算生产负荷。

7.3　监测数据及调查结果整理

7.3.1　监测数据整理

监测数据的整理严格按照环境监测技术规范相关要求进行，有针对性地注意以下内容：

a）异常数据的分析；

b）按照评价标准，实测的废气污染物排放浓度应换算为规定的掺风系数或过剩空气系数时的值；

c）排放同一种污染物的近距离（距离小于几何高度之和）排气筒按等效源评价。

7.3.2　调查结果整理

8　编制验收技术报告

8.1　验收技术报告主要内容

验收技术报告应依据（环发〔2000〕38 号）文件有关规定、结合造纸行业特点、按照现场监测实际情况，汇总监测数据和检查结果，得出结论。主要包括：监测期间工况分析、监测结果、环境管理检查结果、公众意见调查结果、清洁生产水平评价、验收监测结论及建议。

8.2 监测期间工况分析

给出工程或设备运行负荷的数据或参数，以文字配合表格叙述现场监测期间企业生产情况、各装置实际成品产量、设计产量、负荷率。参见附录 C 表 C.14。

8.3 监测结果

8.3.1 废水和废气排放、厂界噪声、环保设施效率监测结果

分别从以下几方面对废水、废气、厂界噪声和环保设施效率监测结果进行叙述：

a）验收技术方案确定的验收监测项目、频次、监测断面或监测点位、监测采样、分析方法；

b）采用相应的国家和地方标准限值、设施的设计值，进行分析评价；

c）出现超标或不符合设计指标要求的原因分析；

d）附必要的监测结果表。

8.3.2 必要的厂区周围敏感目标环境质量监测结果

主要内容包括：

a）环境敏感目标可能受到影响的简要描述；

b）验收技术方案确定的验收监测项目、频次、监测断面或监测点位、监测采样、分析方法（含使用仪器及检测限）；

c）用相应的标准值及环评本底值，进行分析评价；

d）出现超标或不符合环评要求时的原因分析等；

e）附必要的监测结果表。

8.3.3 总量控制污染物排放量的核算

根据各排污口的流量和监测浓度，计算并列表统计实施总量控制的污染物指标。主要污染物总量控制实测计算值与环保行政部门总量控制指标进行比较（按年工作时间计）。附污染物排放总量核算结果表。参见附录 C 表 C.33。

8.3.4 清洁生产评价

按照环境影响评价文件对清洁生产要求，参照现行的造纸工业相关清洁生产标准（HJ/T 317、HJ/T 339、HJ/T 340），核实清洁生产水平。

8.3.5 污染源在线监测仪器监测结果与实际监测结果比较分析

根据国家环境保护总局第 28 号文件《污染源自动监控管理办法》的要求，对在验收监测期间记录的污染源在线监测仪器所显示的污染物浓度值与同步监测结果进行比较、分析，附必要的监测结果对比表。

8.4 环境管理检查结果

依据验收技术方案所列检查内容，逐条或列表说明。

验收工作环境管理检查篇章应重点叙述和检查环评结论与建议中提到的各项环保设施建成和措施落实情况，尤其应逐项检查和归纳叙述行政主管部门环评批复中提到的建设项目在工程设计、建设中应重点注意问题的落实情况。对环境风险检查结果，要说明建设项目潜在的生产设施风险和物质风险、风险类型及环境污染事故应急预案、风险防

范措施/设施的落实情况。

8.5 公众意见调查结果

统计分析问卷、整理访谈、座谈记录，并按被调查者不同职业构成、不同年龄结构、距建设项目不同距离等分类，得出调查结论。

8.6 清洁生产水平评价

按照环境影响评价文件对清洁生产要求，参照现行的造纸工业相关清洁生产标准（HJ/T 317、HJ/T 339、HJ/T 340），评价清洁生产水平。

8.7 验收监测结论及建议

8.7.1 结论

执行"三同时"情况评价。依据验收监测结果、环境管理检查结果、公众调查结果进行综合分析，简明扼要地给出建设项目污染物排放、污染物总量达标情况；固体废物处置情况；环境敏感区环境质量状况、环境风险管理水平、环境管理水平、清洁生产水平、公众意见、改/扩建及技术改造项目"总量控制、区域削减"要求落实情况。

核查并附图说明厂址周围敏感目标分布的变化情况；明确项目建设过程中工程变更情况。

8.7.2 建议

对建设单位存在问题给予说明，并提出整改建议。可针对以下几个方面提出合理的意见和建议：

a）未完成"总量控制、区域削减"等要求，拆除、关停落后设备。

b）环保治理设施处理效率或污染物的排放未达到设计指标。

c）污染物的排放未达到国家或地方标准要求。

d）环境保护治理设施、污染源在线监测设备及排污口未按规范安装和建成。

e）国家规定实施总量控制的污染物排放量超过有关环境管理部门规定或核定的总量。

f）未制定突发性污染事故应急预案或应急处理措施；风险防范措施/设施不完善等。

g）针对验收过程中发现的环境影响评价文件中规定的环境保护和环境风险防范措施存在的问题。

h）针对验收过程中发现的产生新的环境影响问题进行分析，并提出治理措施。

i）环境保护治理设施的管理水平等其他存在的问题。

9 验收报告附件

验收监测技术报告附件中应包括以下附件：

9.1 建设项目环境保护"三同时"竣工验收登记表。

9.2 环境保护行政主管部门对环境影响评价报告书的批复意见。

9.3 环境保护行政主管部门对建设项目环境影响评价执行标准的批复意见。

9.4 环境保护行政主管部门对建设项目总量控制执行标准的批复意见。

9.5 固体废物处置合同或协议及承担危险废物处置单位的相关资质证明。

9.6 其他一些与该建设项目有关的文件或附件。

附录 A（规范性附录）

验收技术方案、报告编排结构及内容

A.1 编排结构

　　封面、封二[式样见《建设项目环境保护设施竣工验收监测技术要求（试行）》附录四～附录七]、目录、正文、附件、附表、附图、"三同时"竣工验收登记表、封底。

A.2 验收技术方案主要章节

　　A.2.1　总论
　　A.2.2　建设项目工程概况
　　A.2.3　主要污染源及治理措施
　　A.2.4　环境影响评价、初步设计回顾及环境影响评价批复
　　A.2.5　验收监测评价标准
　　A.2.6　验收监测实施方案
　　A.2.7　验收调查实施方案
　　A.2.8　验收工作进度及经费概算

A.3 验收技术报告章节

　　A.3.1　总论
　　A.3.2　建设项目工程概况
　　A.3.3　主要污染源及治理措施
　　A.3.4　环境影响评价、初步设计回顾及环境影响评价批复
　　A.3.5　验收监测评价标准
　　A.3.6　验收监测结果及分析
　　A.3.7　验收检查、调查结果及分析
　　A.3.8　验收结论与建议

A.4 验收技术方案、报告中的图表

　　A.4.1　图件
　　A.4.1.1　图件内容
　　A.4.1.1.1　建设项目地理位置图
　　A.4.1.1.2　建设项目厂区平面图
　　A.4.1.1.3　工艺流程图
　　A.4.1.1.4　物料平衡图

A.4.1.1.5 水量平衡图（示例见图 B.1）

A.4.1.1.6 污染治理工艺流程图

A.4.1.1.7 建设项目验收监测布点图

A.4.1.1.8 烟道监测点位图应给出平面图和立面图

A.4.1.2 图件要求

A.4.1.2.1 各种图表中均用中文标注，必须用简称的附注释说明

A.4.1.2.2 工艺流程图中工艺设备或处理装置应用框图，并同时注明物料的输入和输出

A.4.1.2.3 验收监测布点图中应统一使用如下标识符

　　水和废水：环境水质 ☆，废水 ★；

　　空气和废气：环境空气 〇，废气 ◎；

　　噪声：敏感点噪声△，其他噪声 ▲。

A.4.2 表格

A.4.2.1 表格内容

A.4.2.1.1 工程建设内容一览表

A.4.2.1.2 污染源及治理情况一览表

A.4.2.1.3 环保设施建成、措施落实情况对比表（环境影响评价、初步设计、实际建设、实际投资）

A.4.2.1.4 原辅材料消耗情况对比表（环境影响评价、初步设计、实际建设）

A.4.2.1.5 验收标准及标准限值一览表

A.4.2.1.6 监测分析方法及使用仪器基本一览表

A.4.2.1.7 工况统计表

A.4.2.1.8 监测结果表

A.4.2.1.9 污染物排放总量统计表

A.4.2.2 表格要求

所有表格均应为开放式表格。

A.5 验收技术方案报告正文要求

A.5.1 正文字体一般为 4 号宋体。

A.5.2 3 级以上字体标题为宋体加黑。

A.5.3 行间距为 1.5 倍行间距。

A.6 其他要求

A.6.1 验收技术方案、报告的编号方式由各承担单位制定。

A.6.2 页眉中注明验收项目名称，位置居右，小五号宋体，斜体，下画单横线。

A.6.3 页脚注明验收技术报告编制单位，小五号宋体，位置居左。

A.6.4 正文页脚采用阿拉伯数字，居中；目录页脚采用罗马数字并居中。

A.7 附件

A.7.1 建设项目环境保护"三同时"竣工验收登记表。

A.7.2 环境保护行政主管部门对环境影响评价报告书的批复意见。

A.7.3 环境保护行政主管部门对建设项目环境影响评价执行标准的批复意见。

A.7.4 环境保护行政主管部门对建设项目试生产批复。

A.7.5 环境保护行政主管部门对建设项目总量控制指标的要求。

A.7.6 固体废物处置合同或协议及承担危险废物处置单位的相关资质证明。

附录 B（资料性附录）

示 例 图

下列示例图仅为某生产工艺及污染治理的个例，仅供参考，不代表全面，应用时应结合实际。

资料性附录 B 由图 B.1～图 B.8 共 8 个示例图组成。

某造纸厂水量平衡示例图见图 B.1

某非木纤维碱法造纸工艺流程示例图见图 B.2

某木纤维硫酸盐法制浆造纸工艺流程示例图见图 B.3

某废纸生产工艺及产污节点示例图见图 B.4

某商品浆造纸工艺及产污节点示例图见图 B.5

某黑液碱回收工艺流程示例图见图 B.6

某白水回收工艺流程示例图见图 B.7

某造纸厂污水处理设施工艺流程示例图见图 B.8

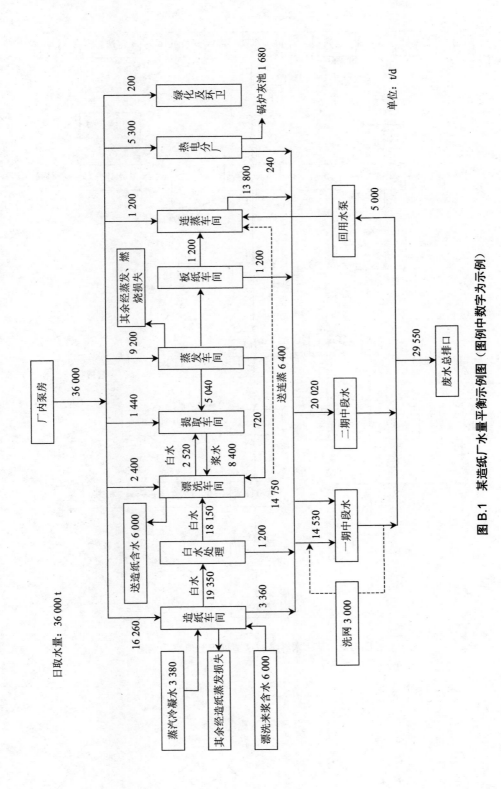

图 B.1 某造纸厂水量平衡示例图（图例中数字为示例）

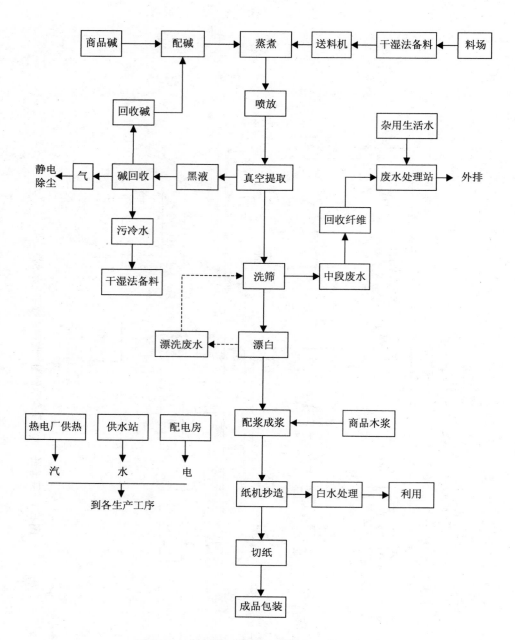

图 B.2 某非木纤维碱法造纸工艺流程示例图

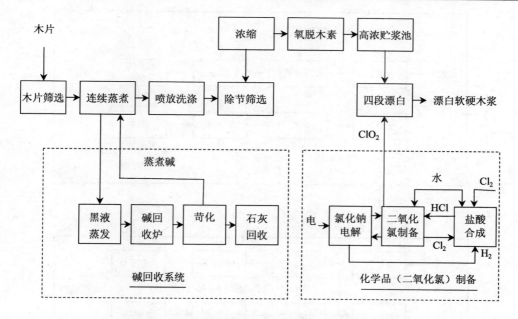

图 B.3　某木纤维硫酸盐法制浆造纸工艺流程示例图

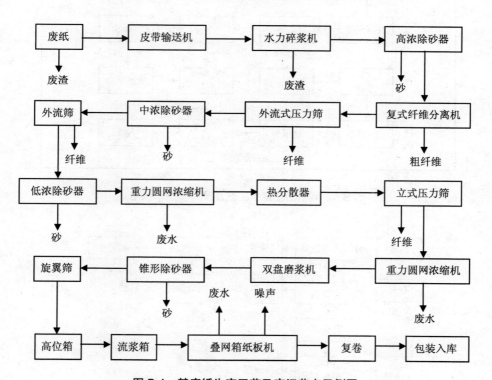

图 B.4　某废纸生产工艺及产污节点示例图

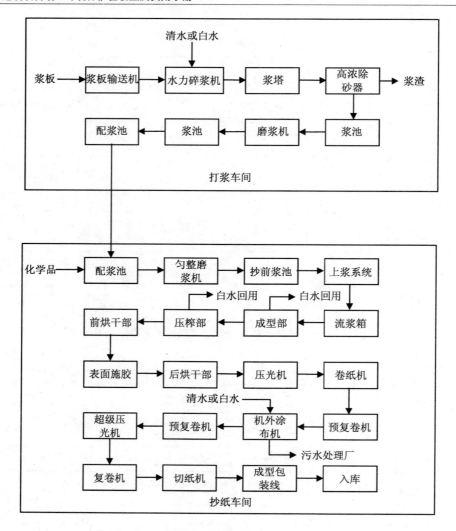

图 B.5 某商品浆造纸工艺及产污节点示例图

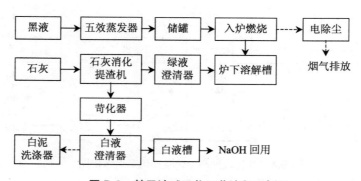

图 B.6 某黑液碱回收工艺流程示例图

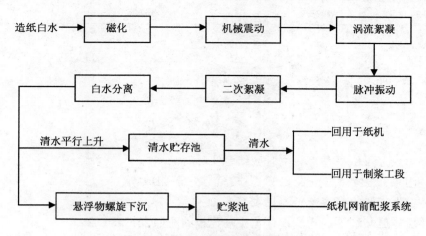

图 B.7 某白水回收工艺流程示例图

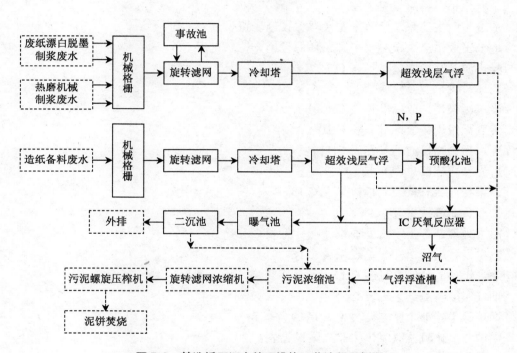

图 B.8 某造纸厂污水处理设施工艺流程示例图

附录 C（资料性附录）

参 考 表

下列参考表，仅供参考，应用时应结合实际。

资料性附录 C 由表 C.1～表 C.33 共 33 个参考表组成。

项目环境保护验收内容一览表见表 C.1

主要环保设施与环评、初步设计及实际建设的对照表见表 C.2

主要环保设施变更一览表见表 C.3

主要原辅材料用量见表 C.4

造纸工业生产系统废气来源及环保设施一览表见表 C.5

造纸工业生产系统废水来源及环保设施一览表见表 C.6

噪声源及其控制措施见表 C.7

固体废物来源及排放情况见表 C.8

废气污染物排放标准见表 C.9

废气无组织排放标准见表 C.10

废水污染物排放标准见表 C.11

厂界噪声标准见表 C.12

污染物排放总量控制指标见表 C.13

生产负荷统计见表 C.14

污水处理站各工段水处理设计指标见表 C.15

除尘设备设计指标一览表见表 C.16

除尘设备监测结果见表 C.17

烟气黑度监测结果见表 C.18

锅炉除尘器烟尘监测结果见表 C.19

锅炉二氧化硫、氮氧化物监测结果见表 C.20

碱回收炉烟尘监测结果见表 C.21

碱回收炉二氧化硫监测结果见表 C.22

××排气筒出口监测结果见表 C.23

厂界无组织排放监测气象参数见表 C.24

废气污染物无组织排放监测结果见表 C.25

××车间废水出口监测结果见表 C.26

废水水质监测结果见表 C.27

环境空气质量监测结果见表 C.28

地表水监测结果见表 C.29

噪声监测结果统计见表 C.30

监测期间在线监测数据与实际监测数据比较一览表见表 C.31

固体废物产生和处置情况见表 C.32

污染物排放总量核算结果见表 C.33

表 C.1　项目环境保护验收内容一览表

项目		规模	建设情况	备注
新建工程	纸主体工程			
改、扩建	一期工程			改、扩建
	二期工程			
	三期工程			

表 C.2　主要环保设施与环评、初步设计及实际建设的对照表

序号	污染源类别	主要环保设施					备注
		设施名称	环评要求	环评批复要求	初步设计	实际建设	
1	废气						
2	废水						
3	噪声						
4	固体废物						

表 C.3　主要环保设施变更一览表

序号	原设计设施名称	实际建成设施名称	数量	变更原因	审批
1					
2					
3					
⋮					

表 C.4　主要原辅材料用量

序号	原材料名称	数量（吨/月）	备注
1			
2			
3			
4			
5			
6			

表 C.5　造纸工业生产系统废气来源及环保设施一览表

污染源名称	污染治理措施	排放规律及去向	主要污染物

表 C.6　造纸工业生产系统废水来源及环保设施一览表

污染源名称（示例）	污染治理措施	主要污染物

表 C.7　噪声源及其控制措施

噪声源	控制措施

表 C.8　固体废物来源及排放情况

固体废物名称	处理方式	排放量

表 C.9　废气污染物排放标准

类别	污染物	执行标准限值			
		标准来源	排气筒高度（m）	最高允许排放质量浓度（mg/m³）	最高允许排放速率（kg/h）

注：标准来源列出标准号及标准名称。

表 C.10　废气无组织排放标准

污染源	标准来源	级别	污染物	标准值 排放质量浓度（mg/m³）	监控点

注：标准来源列出标准号及标准名称。

表 C.11 废水污染物排放标准

标准来源	项目	标准限值

注：标准来源列出标准号及标准名称。

表 C.12 厂界噪声标准

标准来源	类别	评价因子	标准值[dB（A）]

注：标准来源列出标准号及标准名称。

表 C.13 污染物排放总量控制指标

类别	污染物名称	总量控制指标*（t/a）
废气		
废水		
固体废物		

注：*以该项目环境影响评价及其批复为依据。

表 C.14 生产负荷统计

项目		月 日	月 日	月 日
制浆生产	设计日产量（t）			
	实际日产量（t）			
	生产负荷（%）			
造纸生产	设计日产量（t）			
	实际日产量（t）			
	生产负荷（%）			
锅炉	额定蒸汽量（t/h）			
	实际蒸汽量（t/h）			
	运行负荷（%）			
主要原辅材料使用量	用草量（t）			
	用碱量（t）			
	用氯量（t）			
	耗水量（m³）			
	耗电量（kW·h）			

表 C.15 污水处理站各工段水处理设计指标

序号	处理工段	处理水量（m³/d）	点位及去除率	水质指标		
				化学需氧量（mg/L）	五日生化需氧量（mg/L）	……
1			进口			
			出口			
			去除率（%）			

序号	处理工段	处理水量（m³/d）	点位及去除率	水质指标		
				化学需氧量（mg/L）	五日生化需氧量（mg/L）	……
2			进口			
			出口			
			去除率（%）			
3			进口			
			出口			
			去除率（%）			
4			总进口			
			总出口			
			去除率（%）			
…						

表 C.16　除尘设备设计指标一览表

处理设施名称	项目	设计指标	处理及排放方式
废气处理装置			

表 C.17　除尘设备监测结果

设备名称　　项目	监测周期	测试位置	废气量（m³/h）	颗粒物质量浓度（mg/m³）	颗粒物排放速率（kg/h）	除尘效率（%）
废气处理装置	一	进口				
		出口				
	二	进口				
		出口				
最大值		进口				
		出口				
标准值						
达标情况						

表 C.18　烟气黑度监测结果

监测时间	监测点位	月　日			月　日		
		第一次	第二次	第三次	第一次	第二次	第三次
高烟囱出口（m）	烟气黑度（林格曼级）						
标准值							
达标情况							

表 C.19　锅炉除尘器烟尘监测结果

时间	频次	测试位置	烟气流量/(m³/h)	烟尘			烟尘排放量/(kg/h)	过量空气系数	除尘效率		
				实测质量浓度/折算质量浓度/(mg/m³)	是否符合执行标准	是否符合校核标准			计算值/%	是否符合环评批复要求	是否达到设计指标
月日	第一次	总进口									
		总出口									
	第二次	总进口									
		总出口									
	第三次	总进口									
		总出口									
月日	第一次	总进口									
		总出口									
	第二次	总进口									
		总出口									
	第三次	总进口									
		总出口									
标准值											
环评批复要求											
设计指标											
达标情况											

注：如进出口为 2 个或 2 个以上，应在此表中分别列出每个进口（或出口）各次监测值，再列出总进口、总出口监测值。

表 C.20　锅炉二氧化硫、氮氧化物监测结果

监测时间	监测点位	频次	烟气流量/ (m³/h)	SO₂					SO₂排放量/ (kg/h)	过量空气系数	NOₓ排放质量浓度/ (mg/m³)	NOₓ排放量/ (kg/h)
				实测排放质量浓度/ (mg/m³)	折算排放质量浓度/ (mg/m³)	是否符合执行标准	是否符合核标准					
月　日	#出口	第一次										
		第二次										
		第三次										
	#出口	第一次										
		第二次										
		第三次										
	总出口	第一次										
		第二次										
		第三次										
月　日	#出口	第一次										
		第二次										
		第三次										
	#出口	第一次										
		第二次										
		第三次										
	总出口	第一次										
		第二次										
		第三次										
标准值												
达标情况												

表 C.21　碱回收炉烟尘监测结果

监测时间	频次	测试位置	烟气流量/ （m³/h）	烟尘			烟尘排放量/ （kg/h）	除尘效率		
				实测质量浓度/ （mg/m³）	折算质量浓度/ （mg/m³）	是否符合执行 标准		计算值/ %	是否符合环评 批复要求	是否达到设计 指标
月　日	第一次	进口								
		出口								
	第二次	进口								
		出口								
	第三次	进口								
		出口								
月　日	第一次	进口								
		出口								
	第二次	进口								
		出口								
	第三次	进口								
		出口								
标准值										
环评批复要求										
设计指标										
达标情况										

表 C.22 碱回收炉二氧化硫监测结果

监测时间	频次	测试位置	烟气流量[标态/（m³/h）]	二氧化硫 实测质量浓度/（mg/m³）	折算质量浓度/（mg/m³）	是否符合执行标准	二氧化硫排放量/（kg/h）
月　日	第一次	进口					
		出口					
	第二次	进口					
		出口					
	第三次	进口					
		出口					
月　日	第一次	进口					
		出口					
	第二次	进口					
		出口					
	第三次	进口					
		出口					
标准值							
环评批复要求							
设计指标							
达标情况							

表 C.23 ××排气筒出口监测结果

监测点位	日期	颗粒物 排放质量浓度/（mg/m³）	排放速率/（kg/h）	…… 排放质量浓度/（mg/m³）	排放速率/（kg/h）
标准限值					
达标情况					

表 C.24 厂界无组织排放监测气象参数

时间	气温/℃	气压/Pa	风向	风速/m/s	天气状况
月　日					
月　日					
……					

表 C.25　废气污染物无组织排放监测结果

监测时间		颗粒物/（mg/m³）		标准限值/（mg/m³）	达标情况
		点位测定浓度	无组织排放浓度		
月　日	第1次				
	第2次				
	第3次				
	第4次				
月　日	第1次				
	第2次				
	第3次				
	第4次				

表 C.26　××车间废水出口监测结果

项目	日期	测定值	日均值	标准值	达标情况
排水量					
AOX					
……					

表 C.27　废水水质监测结果

监测项目	统计指标	工业废水排放口	生活污水排放口	污水处理装置排放口	雨水排放口	……
	质量浓度范围（mg/L）					
	日均值（mg/L）					
	标准值（mg/L）					
	达标率（%）					
	质量浓度范围（mg/L）					
	日均值（mg/L）					
	标准值（mg/L）					
	达标率（%）					

表 C.28　环境空气质量监测结果

采样点位	统计指标 / 污染因子				
1#	日均质量浓度范围				
	日均值				
	标准值				
	达标率（%）				
2#	日均质量浓度范围				
	日均值				
	标准值				
	达标率（%）				
3#	日均质量浓度范围				
	日均值				
	标准值				
	达标率（%）				

表 C.29　地表水监测结果

测点位置	污染因子				
1#	样品数				
	质量浓度范围（mg/L）				
	日均值（mg/L）				
	达标率（%）				
	标准值（mg/L）				
2#	样品数				
	质量浓度范围（mg/L）				
	日均值				
	达标率（%）				
	标准值（mg/L）				

表 C.30　噪声监测结果统计　　　　　　　　　　单位：dB（A）

编号	监测地点	昼间			夜间		
		第一天	第二天	第三天	第一天	第二天	第三天
	评价标准						
	备注						

表 C.31　监测期间在线监测数据与实际监测数据比较一览表

监测时间			......
月　日	在线值		
	测定值		
	相对偏差/%		
月　日	在线值		
	测定值		
	相对偏差/%		

表 C.32　固体废物产生和处置情况

产生工序	固体废物名称	产生量/（t/a）	固体成分	环评要求	实际处置方法	备注
总量			综合回用率			

表 C.33　污染物排放总量核算结果

项目	产生量	削减量	实测排放量	总量控制指标	达标情况
废气					
废水					
固体废物					

中华人民共和国国家环境保护标准

建设项目竣工环境保护验收技术规范
港　口

Technical guidelines for environmental protection in port project for check &
accept of completed construction project

HJ 436—2008

前　言

为贯彻《中华人民共和国环境影响评价法》和《建设项目环境保护管理条例》，保护
环境，规范港口建设项目竣工环境保护验收工作，制定本标准。

本标准规定了港口建设项目竣工环境保护验收的有关要求和规范。

本标准的附录 A 为规范性附录，附录 B 为资料性附录。

本标准首次发布。

本标准由环境保护部科技标准司组织制定。

本标准起草单位：交通部天津水运工程科学研究所。

本标准环境保护部 2008 年 6 月 13 日批准。

本标准自 2008 年 8 月 1 日起实施。

本标准由环境保护部解释。

1 适用范围

本标准规定了港口建设项目竣工环境保护验收工作的一般技术要求。

本标准适用于港口（海港、内河港口）建设项目新建、改建、扩建和技术改造工程
竣工环境保护的验收，也可用于建设项目竣工后的日常监督管理。

2 规范性引用文件

本标准内容引用了下列文件中的条款。凡是不注日期的引用文件，其有效版本适用
于本标准。

　　GB 3095　环境空气质量标准

GB 3096　城市区域环境噪声标准

GB 3097　海水水质标准

GB 3838　地表水环境质量标准

GB/T 5468　锅炉烟尘测试方法

GB 8978　污水综合排放标准

GB 12348　工业企业厂界噪声标准

GB/T 12349　工业企业厂界噪声测量方法

GB/T 12763.1　海洋调查规范

GB 13271　锅炉大气污染物排放标准

GB 16297　大气污染物综合排放标准

GB 17378.1～7　海洋监测规范

GB 18421　海洋生物质量

GB 18668　海洋沉积物质量

GB/T 14623　城市区域环境噪声测量方法

GB/T 16453.1～6　水土保持综合治理技术规范

GB/T 16157　固定污染源排气中颗粒物测定与气态污染物采样方法

HJ/T 2.1　环境影响评价技术导则　总纲

HJ/T 2.2　环境影响评价技术导则　大气环境

HJ/T 2.3　环境影响评价技术导则　地面水环境

HJ/T 2.4　环境影响评价技术导则　声环境

HJ/T 19　环境影响评价技术导则　非污染生态影响

HJ/T 91　地表水和污水监测技术规范

HJ/T 169　建设项目环境风险评价技术导则

HJ/T 394　建设项目竣工环境保护验收技术规范　生态影响类

JTJ 226　港口建设项目环境影响评价规范

JTJ 227　内河航运建设项目环境影响评价规范

3　术语和定义

3.1　环境保护措施

与建设项目有关的环境保护措施，包括环境保护工程、设备以及各项生态保护恢复措施。

3.2　环境敏感目标

验收应关注的建设项目影响区域内的环境敏感保护对象。

3.3　验收调查文件

工程竣工环境保护验收调查报告书（表）、环境保护验收登记表。

3.4　"以新带老"原则

指改建、扩建项目和技术改造项目必须采取措施，同时治理与该项目有关的原有污染；改建、扩建项目需要配套的环保设施，必须与主体工程项目同时设计、同时施工、同时投产使用。

4 总则

4.1 验收技术工作程序

港口建设项目竣工环境保护验收可分为验收申请与准备阶段、验收调查阶段和现场验收检查阶段，具体见图 1。

4.2 验收调查时段和范围

4.2.1 验收调查时段

根据港口建设项目特点，验收调查时段应分为施工期和试运营期两个时段。

4.2.2 验收调查范围

验收调查范围原则上应与环境影响评价文件评价范围一致。

当项目实际建设内容发生变更或环境影响评价文件未能反映出项目建设的实际生态影响和其他环境影响时，验收调查范围应根据项目实际的变动情况以及环境影响的实际情况，并结合现场踏勘结果进行适当调整。

4.3 验收执行标准及指标

a）港口建设项目验收执行环境影响评价标准，标准发生变更时用替代标准进行校核。

b）港口建设项目竣工环境保护验收涉及的工程指标：工程基本特征、占地（永久占地和临时占地）数量、防护工程量和绿化工程量等。

c）港口建设项目环境影响指标：野生动植物生境现状、种类、数量、分布、优势物种、国家或地方重点保护物种的种类与分布等；陆生及水生生态系统现状；生态保护与恢复、重建措施等。

4.4 验收运行工况要求

验收应在工况稳定、生产负荷达到近期预测生产能力的 75%以上的情况下进行；如果生产能力不能达到设计能力的 75%时，可以通过调整工况达到设计能力的 75%以上再进行验收；如果短期内确实无法调整生产能力达到设计能力的 75%以上的，应在主体工程运行稳定、环境保护设施运行正常的条件下进行验收，注明实际验收工况，并按设计工况进行校核。

4.5 验收调查原则和方法

港口建设项目验收调查宜采用资料调查、现场调查、公众意见调查与现状监测相结合的方法，并充分利用遥感等先进技术手段。

调查方法主要包括：调查分析项目的施工过程和工艺，核算污染物的实际发生量，分析其对环境的主要影响。通过走访当地环境保护主管部门、公众意见调查，了解项目施工和营运中水、气、声、固体废物的污染情况以及生态环境的干扰和恢复情况，是否发生过污染环境、扰民现象，有无居民的环境保护投诉。收集利用项目所在地的环境监测资料、开展环境监测，与项目施工过程和工艺分析、公众意见调查相结合，分析项目建设对所在地区环境质量的影响等。可参照 HJ/T 394、HJ/T 2.1、HJ/T 2.2、HJ/T 2.3、HJ/T 2.4、HJ/T 19、HJ/T 169、JTJ 226、JTJ 227 等相关技术规范执行。

4.6 验收内容

a）建设项目立项情况、工程建设及其变更情况。

b）环境影响评价及其审批文件主要内容及其在设计、施工、运营等阶段落实情况调查。

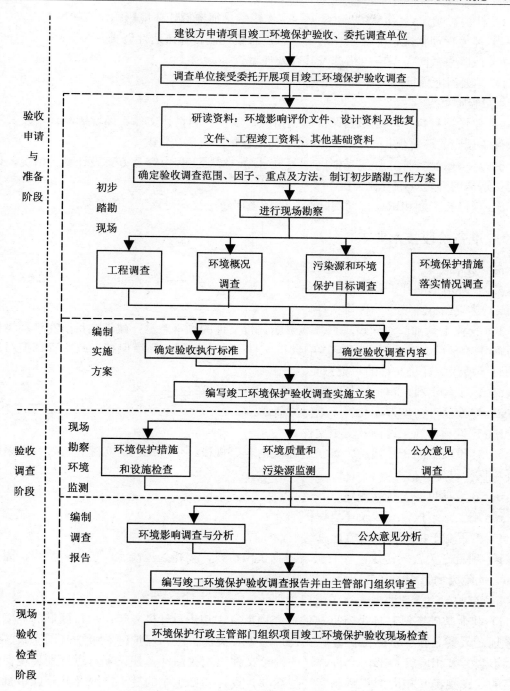

图 1　港口建设项目竣工环境保护验收技术工作程序

c）生态影响调查，包括迹地恢复等在内的生态防护与恢复措施及其效果调查。

d）污染物排放达标调查；污染防治设施建设及其运行状况和效果调查；污染物排放总量调查；环境质量现状调查。

e）环境敏感目标数量、类型、分布、影响、变更情况调查；相关保护措施及其效果调查。

f）社会影响调查（包括公众意见、文物影响、征地拆迁环境影响调查等）。

g）环境管理状况、清洁生产水平调查；总量控制目标可达性调查。

h）风险事故防范、应急措施及其有效性调查等。

i）详细列出项目环境保护投资情况。

4.7 验收重点

a）建设项目执行环境影响评价制度情况，项目工程设计文件、环境影响评价及其审批文件中规定的环境保护措施及其效果、环境保护投资落实情况。

b）环境敏感目标、环境功能区划变更情况，实际工程内容及方案设计变更情况，以及变更造成的环境影响变化情况。

c）项目施工期和试运营期实际存在的环境问题，公众对该工程的意见。

5 验收准备阶段技术要求

5.1 资料收集

5.1.1 环境影响评价及其审批文件

a）建设项目环境影响评价文件。

b）行业主管部门对建设项目环境影响评价文件的预审意见；建设项目所在地环境保护行政主管部门对建设项目环境影响评价文件的审查意见；环境保护行政主管部门对建设项目环境影响评价文件的审批意见。

5.1.2 工程资料及审批文件

a）建设项目初步设计及其环境保护篇章。

b）建设项目施工设计及变更文件。

c）建设项目的工程情况，如工程建设内容、规模、生产工艺，实际建设过程中采取的环境保护设施和措施等。

d）建设项目竣工统计资料。

e）施工总结报告（涉及环境保护部分）。

f）工程交工报告、工程监理总结报告（含环境监理）。

g）项目有关合同协议，如有关疏浚物去向协议，委托处理废水、废气、噪声、固体废物、危险废物等相关文件、合同等。

h）有关部门管理要求，有关港口规划等。

i）其他基础资料和各类审批文件：立项批复、初步设计批复等；项目区域的环境功能区划，风景名胜、自然保护区、文物古迹等各类保护区、保护区的级别（国家级、省级、市级）及相应管理部门允许建设的许可文件、相关图件；建设项目运行期环境保护设施的操作规程和相应的规章制度；建设项目设计和施工中的变更情况及其相应审批文件；建设过程中，建设单位生产和环境保护设施的工艺或规模发生变更的情况说明、请示及有关环境保护行政主管部门的审批文件等。

j）收集分析施工期环境监测、监理资料，了解项目施工期产生的生态影响，调查因项目建设占用土地（耕地、自然保护区、林地、草地等）、水域（海洋、内河、滩涂、养殖区、捕捞区、产卵场、洄游通道、自然保护区等）产生的生态影响及采取的保护与补偿措施。

5.1.3 项目试运营检查文件（地方环保主管部门）。

5.2 现场勘察

5.2.1 目的

通过研阅已有资料与现场调研，对建设项目主体工程和与其配套建设的环境保护设施以及各项保护措施逐项进行实地核查，并结合调查工作重点有针对性地制订验收调查和监测方案。

5.2.2 调查内容

a）在收集、研阅资料的基础上，针对建设项目的建设内容、环境保护设施及措施情况进行现场调查。勘察区域与勘察对象应占调查区域所有调查对象的 80% 以上。

b）核实工程技术文件、资料的准确性，包括主体工程的完成及变更情况。

c）逐项核实环境影响评价及其审批文件要求的环境保护设施和措施的落实情况。

d）调查工程影响区域内环境敏感目标情况，包括数量、类型、分布、影响、变更情况、保护措施及其效果。明确其地理位置、规模、与工程的相对位置关系、所处环境功能区及保护内容、环境影响评价文件与实际工程环境敏感目标的变化情况及变化原因。

e）核查工程实际环境影响情况及环境保护设施和措施的完成、运行情况。

f）工程所在区域环境质量现状调查。

g）迹地恢复与视觉景观调查。

h）社会影响调查（包括公众意见、文物影响、征地拆迁环境影响调查等）。

i）环境保护管理机构和监测机构设置、人员配置及有关环境保护规章制度和档案建立情况；清洁生产水平调查。

j）风险事故防范、应急措施调查等。

k）项目环境保护投资情况。

6 验收调查技术要求

6.1 工程调查

6.1.1 工程建设过程调查

检查项目的立项文件、可行性研究报告及其批复和程序的完整性、批复单位审批权限与项目投资规模符合性；检查建设项目是否按照国家的有关规定进行了项目审批；检查项目在工程可行性研究阶段是否按环境影响评价制度的要求进行了环境影响评价工作。

应简要阐述项目各建设阶段至试运营期的全过程。说明项目立项时间和审批部门；项目工程可行性研究、初步设计的编制单位、完成时间及审批部门、批复内容和批复时间；项目环境影响评价文件编制单位、完成时间及审批部门、批复内容及批复时间；给出地方主管部门的审查意见和行业主管部门的预审意见、审批部门和时间；项目开工建设时间、完工时间、投入试运营时间等。

6.1.2 工程概况调查

明确港口建设项目的地理位置、性质（新建、扩建、改建）、项目组成、工程规模、工程特性、工程量、主要经济技术指标、主要装卸工艺及流程、辅助配套工程情况、对外集疏运条件、环境保护设施情况、项目总投资决算或概算与实际环境保护投资等。对"以新带老"的"改扩建"项目，应充分了解在项目建设前的生产设施、生产辅助设施、环境保护设施及措施，设计中规定拆除、改建或扩建的内容。

6.1.3 工程核查

对照环境影响评价阶段项目的设计资料，核实工程建设内容，全面反映项目的实际完成情况和运行情况，给出工程设计和实际工程对照、变化情况一览表。项目建设过程中发生变更时，应说明其具体变更内容、原因及有关情况。

对照环境影响评价阶段的工程设计资料，核实工程技术经济指标，全面反映工程的实际建设及运营指标，给出工程设计和实际工程对照、变化情况一览表，工程技术经济指标发生变更时，应重点说明其具体变更内容及有关情况。

6.1.4 说明项目验收条件或工况。

6.1.5 港口建设项目应提供适当比例的项目地理位置图、工程总平面图、装卸工艺流程图、环境保护设施工艺流程图、环境保护设施的布置图。

主要关注环境敏感目标（如自然保护区、风景名胜、水域的饮用水源取水口、鱼类产卵场、养殖区、洄游通道、索饵场、栖息地、捕捞区、盐场等，陆域的居民区、学校、医院、文物古迹等）和主要环保工程设施（绿化、防护、喷淋、污水处理设施、船舶"三废"接收设施、防风网等）。

6.2 环境影响评价及其审批文件回顾

6.2.1 环境影响评价文件的回顾应明确说明主要环境影响要素、环境敏感目标、环境影响预测结果、要求采取的环境保护措施和建议、评价结论等。

6.2.2 说明环境影响评价文件完成及其审批时间，简述环境影响评价审批文件中所提出的要求。

6.3 环境保护措施落实情况调查

6.3.1 对环境影响评价及其审批文件所要求的各项环境保护措施的落实情况予以说明，调查项目在设计、施工、试运营阶段所采取的控制生态影响、污染影响和社会影响所采取的环境保护措施的有效性，必要时提出切实可行的整改措施。

6.3.2 验收调查方案阶段环境保护措施落实情况调查

在项目验收调查方案阶段，应通过现场勘察、资料和设计文件查阅并结合公众意见调查，对项目环境保护措施的落实情况进行基本定性描述，并对其效果进行初步概括说明。

6.3.3 验收调查报告阶段环境保护措施落实情况调查

在项目验收调查报告阶段，应在验收调查方案初步调查的基础上，对各项环境保护措施的落实情况进行细化。不同阶段的环境保护措施的关注重点不同。

本章节应给出环境影响评价、设计和实际采取的环境保护措施对照、变化情况一览表，并对变化情况予以必要的说明。煤炭、矿石、散粮、散化肥及散装水泥等码头应重点关注是否落实了降尘、喷淋设施、污水处理设施等；散装化学品、成品油、液化气（LNG、LPG）等码头应重点关注是否落实了环境空气保护设施及风险事故防范应急措施；集装箱及多用途港口项目应重点关注是否落实了污水处理设备等环境保护设施及压舱水是否进行灭活处理情况的调查。

6.3.4 根据竣工环境保护调查结果，必要时提出合理可行的环境保护补救措施。

6.4 施工期环境影响调查

6.4.1　调查方法

a）调查分析项目的施工过程，核算污染物的实际发生量，分析其对环境的主要影响。

b）通过走访当地环境保护主管部门、公众意见调查，了解项目施工过程中水、气、声、固体废物的污染情况以及生态环境的干扰和恢复情况，是否发生过污染环境、扰民现象，有无居民的环境保护投诉。

c）收集利用项目施工期所在地的环境监测资料，与项目施工过程分析、公众意见调查相结合，回顾分析项目施工对所在地区环境质量的影响。

6.4.2　施工期生态环境影响调查内容

结合施工期水环境质量分析、水生生物生境变化、公众意见调查结果与水上施工工艺，分析港口建设项目施工期对水生生态和敏感目标的影响。调查陆域施工中取弃土、施工营地等临时占地的情况、水土保持措施和生态恢复措施落实情况等。

6.4.3　施工期水环境影响调查内容

a）调查施工期间用水量、施工人员数量等相关参数，分析施工期生产、生活污水的发生量、处理及排放情况。

b）调查施工期水上施工工艺，重点关注项目的疏浚量、疏浚物的去向（回填还是外抛、回填外抛的地点与数量、疏浚物倾倒许可情况等）、炸礁的数量及炸礁废物的处理情况等。

c）利用施工期水环境监测资料并结合公众意见调查结果，重点针对水域环境敏感目标，分析项目施工对水环境的影响以及水环境保护措施的有效性。

d）施工期重点针对 pH、悬浮物、石油类、COD、氨氮等污染物进行水环境影响分析。

6.4.4　施工期环境空气影响调查内容

a）调查施工期扬尘、燃料废气的控制情况。

b）调查主要施工工艺，重点针对产生扬尘、废气的生产环节。

c）结合环境空气监测资料及公众意见调查反映的情况，分析项目施工期对环境空气的影响以及环境空气保护措施的有效性。

6.4.5　施工期声环境影响调查内容

a）调查施工期主要噪声污染源及采取的降噪措施的情况。

b）结合项目施工期声环境监测资料以及公众意见调查反映的情况（注意项目是否有夜间施工等问题），分析项目施工期对声环境的影响以及声环境保护措施的有效性。

c）施工期声环境影响分析应明确施工场界是否达标。

6.4.6　施工期固体废物调查内容

施工期固体废物重点调查生产垃圾（主要是建筑垃圾）、生活垃圾的处置方式和去向是否合理，调查疏浚物堆放防渗、防洪及生态恢复措施落实情况。

6.5　生态环境影响调查

6.5.1　调查内容

6.5.1.1　自然环境概况

概括描述调查范围内自然环境基本特征，包括气象气候因素、地形、地貌特征、水资源、土壤资源、动植物资源、珍稀濒危动植物的分布和生理生态习性、历史演化情况及发展趋势等；调查范围内施工活动对生态环境的干扰方式和强度，以及生态环境演变的基本特征等；调查范围内的环境敏感目标和人文景观的历史和现状等。

6.5.1.2 项目占地与征用水域影响调查

列表说明项目永久或临时性占地与征用水域的情况，包括位置、占用面积、用途等。

6.5.1.3 生态环境敏感目标调查

a）原则上以环境影响评价文件所确定的敏感目标为准，应调查包括水源保护区、风景名胜、自然保护区、森林公园等在内的需特殊保护地区，包括水土流失重点治理及重点监督区、天然湿地、珍稀动植物栖息地或特殊生境、天然林、热带雨林、红树林、珊瑚礁、鱼虾产卵场、天然渔场、重要湿地等在内的生态敏感与脆弱区，包括人口密集区、文教区等在内的社会关注区。

b）如调查过程中发现有新增的敏感目标，应作出补充说明。

c）提供项目与敏感目标的相对位置关系图，必要时提供图片辅助说明项目建设前后敏感目标的变化情况。

d）对项目建设前后因相关环境保护规划、功能区划调整而导致敏感目标的位置、范围、敏感程度发生改变的应特别作出说明。

e）工程建设内容与设计和环境影响评价不一致，并有可能造成较大生态环境影响的区域，应重新判定和识别生态环境敏感目标。

6.5.1.4 项目生态环境影响调查

a）对比分析项目建设前后影响区域内生态环境状况的变化，核查生态环境现状是否符合环境影响评价文件中生态预测结论，是否在其正常变动范围之内，以及是否符合相关环境保护规划和功能区划的要求。结合项目采取的环境保护措施，分析项目建设对生态环境的影响。

b）调查项目建设前后生态敏感目标功能完整性的变化情况，结合项目采取的生态减缓、补偿措施的落实情况，分析项目建设对生态敏感目标的影响。

c）水土保持影响调查：执行 GB/T 16453.1～6。当港口建设项目对陆域生态环境干扰较大时，如开山取石、取土用于陆域回填等，可根据资料核查的方法，说明施工期施工作业对水土保持设施的破坏情况以及造成水土流失的类型和危害程度；同时调查项目采取相应措施后水土保持情况，必要时辅以图表进行说明。

d）景观影响调查：收集项目建设前的景观情况。调查项目建设对所在地景观的影响。对项目建设前后的所在地景观的变化进行对比分析。

6.5.1.5 必要时进行植物样方、水生生态和土壤调查，明确调查范围、位置、因子和频次，并提供调查点位图。

6.5.1.6 上述内容可根据实际情况进行适当增减。

6.5.2 调查方法

6.5.2.1 资料调查

查阅项目有关协议、合同等文件，收集分析施工期监测、监理资料，了解项目施工产生的生态影响，调查项目建设占用土地（耕地、自然保护区、林地、草地等）、水域（海洋、内河、滩涂、养殖区、捕捞区、产卵场、洄游通道、自然保护区等）产生的生态影响及采取的保护与补偿措施。

6.5.2.2　现场勘察

a）通过现场勘察核实文件资料的准确性，了解项目建设区域的生态背景，评估生态影响的范围和程度，核查生态保护与恢复措施的落实情况。

b）现场勘察范围：全面覆盖项目建设所涉及的区域，勘察区域与勘察对象应基本能覆盖建设项目所涉及区域的 80%以上。对于建设项目涉及的范围较大、无法全部覆盖的，可根据随机性和典型性的原则，选择有代表性的区域与对象进行重点现场勘察。

6.5.2.3　公众意见调查

了解建设项目在不同时期存在的环境影响，发现工程前期和施工期曾经存在的及目前可能遗留的环境问题，有助于明确和分析试运营期公众关心的环境问题，为改进已有环境保护措施和提出补救措施提供依据。

6.5.2.4　水生生态调查与监测

调查区域内存在水生生态敏感目标、项目环境影响评价阶段进行了水生生态环境监测、工程建设对水生生态环境有明显影响的港口建设项目，均应进行水生生态环境监测，具体要求如下：

a）监测内容：原则上与环境影响评价文件中的水生生态监测进行对照监测，如果环境影响评价文件未进行监测，则根据项目的主要影响方式确定水生生态监测内容。

b）监测点位布设：原则上选择与环境影响评价文件相同的点位，如果环境影响评价文件中未进行监测或工程变更导致影响位置发生变化时，除在影响范围内设点外，还应在非影响区设置对照点进行监测。

c）监测因子：根据项目建设特点和环境影响调查的需要而设定，原则上与环境影响评价文件选择相同的监测因子。

d）采样分析方法：常规监测因子（包括叶绿素、浮游植物、浮游动物、游泳生物、底栖生物和潮间带生物）参照执行 GB/T 12763.1 和 GB 17378.1～7 等相关监测规范。

e）渔业资源和国家珍稀水生生物的调查原则上以现场实测为主，资料收集、文件核查、结合公众意见调查等为辅。

f）必要时进行海洋生物残毒分析，采样分析方法按照 GB 18421 的要求进行。

g）环境影响评价及其审批文件中要求进行人工增殖放流等生态补偿措施的，调查人工增殖放流工作实际完成情况。

6.5.2.5　陆域生态环境调查

港口建设项目陆域生态环境的调查是通过核查相关资料和文件并结合现场勘察，明确项目陆域永久性或临时性占地的数量、类型，施工对水土保持设施的破坏情况，施工中采取的水土保持措施，调查工程对生态敏感目标的实际影响及保护措施的有效性。

6.5.2.6　遥感调查

a）适用于涉及范围区域较大、人力勘察较为困难或难以到达的建设项目。

b）遥感调查应包括以下内容：卫星遥感资料、地形图等基础资料，通过卫星遥感技术或 GPS 定位等技术获取专题数据；数据处理与分析；成果生成。

c）对于影响范围较大的港口建设项目，可使用 GIS 技术进行生态制图反映项目建设前后海岸线和用地类型的变化、生态分布的情况等，必要情况下作为生态分析的辅助手段。GIS 技术必须配合必要的勘察验证。

6.5.3 调查结果分析

a）分析生态环境变化情况，包括调查区域重要生态功能区功能变化、生物量变化、生境变化、物种增减量等，以及发生变化的原因，评估项目建设对所在地生态环境（含敏感目标）的影响程度。

b）评述项目已采取的生态保护措施的效果。

c）针对存在的生态问题，提出生态环境补救措施和建议。

d）对短期内难以显现的预期生态影响，应制订跟踪监测计划。

6.6 水环境影响调查

6.6.1 调查内容

a）调查与本项目相关的国家、地方水污染控制政策、规定和要求。

b）调查项目所在水域的环境功能区划、海洋功能区划；项目所在地的河流、水库、水源地等水体情况（与项目相对位置关系、联系等）。

c）明确调查范围内水环境敏感目标分布的情况、与项目相关水体的环境功能区划。

d）调查项目所在海域或水域的环境水文特征（潮汐与潮流、丰枯水期的水文资料等）。

e）调查项目的用水情况、用水量、循环水量、排放水量、污水处理、回用及排放情况。

f）应给出以下图表：调查区域的近岸海域、河流等水体水系分布图，调查范围内水体（包括项目污水受纳水体）的环境功能区划图、海洋功能区划图，项目与海水浴场、养殖区、水库、水源地等敏感水域相对位置关系图等。

6.6.2 水污染源调查与监测

6.6.2.1 水污染源调查

调查分析污水产生环节和水污染源排放情况，列表说明污染源、排放量、排放去向、主要污染物及采取的处理方式，说明污水处理设施与其他公用设施的依托关系，提供污水处理工艺流程图。港口建设项目营运期污染源包括：港区生活污水和生产污水（含尘污水、集装箱洗箱污水、机修含油污水等）、船舶生活污水和含油污水、港区初期雨污水等。

6.6.2.2 水污染源监测

a）监测布点

达标监测点：监测点设在项目的污水排放口。

污水处理设施处理效率监测：污水处理设施的进、出水口设置监测点。

具体布点方法参照执行 HJ/T 91。

b）监测因子

应与环境影响评价文件中的监测因子一致，当工程变更而增加新的主要污染物时，可适当增加监测因子。

常规监测因子为：pH 值、COD、悬浮物、总磷、氨氮和石油类。

视污水类型（如集装箱洗箱污水）可适当增加特殊监测因子：挥发酚、氰化物、砷、汞、六价铬等。

c）监测频率、采样与分析方法

按照 HJ/T 91、GB 17378.1～7 等国家相关规范和环境质量标准以及其他相关要求进行。

d）给出水污染源监测点位图，注明监测点位与污染源的相对位置关系。

6.6.3　水环境质量监测

6.6.3.1　布点原则

a）不同环境功能区划、不同海洋功能区划处分别设点；

b）水环境敏感目标处必须设点；

c）污水排放口附近可设点；

d）水动力条件有明显区别的水域应分别设点；

e）布点时与环境影响评价文件中确定的点位相一致，尽量利用地方水质控制点位，当以上点位不能满足调查要求时，可根据实际情况选择合适的背景监测点。

6.6.3.2　监测因子

a）常规水质监测项目

一般包括：水温、pH 值、盐度（河水水质监测为氯离子）、悬浮物（SS）、溶解氧（DO）、五日生化需氧量（BOD_5）、高锰酸钾指数（河水水质监测 COD_{Cr}）、氨氮（NH_3-N）、无机氮（以 N 计）、活性磷酸盐（以 P 计）、总磷、石油类和阴离子表面活性剂（以 LAS 计）等。必要时进行特征因子的监测。

b）常规沉积物监测项目

有机碳、石油类、烷基汞、铜、铅、六价铬、砷、镉和锌。

应与环境影响评价文件中确定的监测因子一致，当工程变更而增加新的主要污染物时，可适当增加监测因子。

6.6.3.3　监测频率、采样与分析方法

按照 GB 17378.1～7、HJ/T 91、GB 12763.1、GB 3097、GB 3838、GB 8978、GB 18668等国家环境质量标准以及其他相关规范、要求进行。

6.6.3.4　提供水环境质量现状监测点位图，注明监测点位与污染源的相对位置关系。

6.6.4　调查结果分析

6.6.4.1　水环境监测结果分析

a）明确水环境超标、达标情况，并分析超标原因；给出污水处理设施处理效率。

b）评估水环境敏感目标的受影响程度，分析项目排放污水受纳水体的受影响程度、范围以及环境功能区管理目标的可达性。

6.6.4.2　包括污水处理设施在内的环境保护措施有效性分析与建议。

6.6.4.3　针对存在的问题提出具体整改措施。

6.7　环境空气影响调查

6.7.1　调查内容

6.7.1.1　调查与港口建设项目相关的国家、地方大气污染控制政策、规定和要求。主要针对工业粉尘、烟尘和二氧化硫等的控制要求展开调查。

6.7.1.2　调查环境空气敏感目标分布的情况，列表说明保护目标的名称、位置和与环境影响评价阶段对比变化的情况。

6.7.1.3　调查项目试运营以来的废气排放情况

港口建设项目废气污染源一般包括锅炉烟气、总悬浮颗粒物（散货码头）、油气、化学品气体（油品化工码头）、作业机械尾气（集装箱码头）等，废气排放调查应说明污染源位置、排放量、排放特征（点源、面源、线源）等。

6.7.2 环境空气污染源调查与监测

6.7.2.1 环境空气污染源调查

港口建设项目环境空气污染源调查一般可分为以下几类：

a）点源：主要指项目范围内的锅炉烟气排放等情况。

b）面源：港口建设项目作业区散货码头装卸、堆放贮存粉尘（总悬浮颗粒物和可吸入颗粒物）、原油、化学品码头气体排放（非甲烷总烃、苯系物等）、集装箱码头机械作业尾气（二氧化氮）等。

c）线源：试运营期疏港公路汽车运输废气（二氧化氮）等。

应列表说明环境空气污染源位置、排放量、排放方式（有组织与无组织、间歇与连续排放）、排放去向、主要污染物及采取的处理方式。应提供废气或无组织排放污染物产生工艺（或环节）示意图。

6.7.2.2 环境空气污染源监测

包括废气处理设施主要污染物的去除效果监测和废气排放达标情况监测，按有组织排放源、无组织排放源和废气处理设施效果监测分别确定以下内容：

a）监测布点

1）有组织排放源（如港口锅炉）监测点：污染源排放口。

2）无组织排放源监测点：按照 GB 16297 中的要求确定。

3）废气处理设施（如港口锅炉除尘脱硫装置）监测效果：对进入处理设施前的废气和处理后的废气分别监测。

4）无组织排放源污染治理措施效果监测：分别对照治理设施是否运行进行监测。

b）监测因子

应与环境影响评价文件中确定的监测因子一致，当工程变更而增加新的主要污染物时，可适当增加监测因子。一般包括以下几类：

1）锅炉大气污染物监测：烟气量、二氧化硫、氮氧化物、烟尘；

2）散货码头、堆场作业起尘点：总悬浮颗粒物和可吸入颗粒物；

3）油品、化工码头：非甲烷总烃、苯系物、挥发酚、甲醛等特征污染物。

应根据港口接卸的具体货种适当增加特征监测因子。

c）监测频率、采样与分析方法

按照 GB/T 5468、GB 16297、GB/T 16157、GB 3095、GB 13271 等国家污染物排放标准和环境质量标准等相关要求进行。

d）给出环境空气污染源监测点位图，注明监测点位与污染源的相对位置关系，监测点标识采用规范用法。

6.7.3 环境空气质量监测

6.7.3.1 布点原则

在环境影响评价及其审批文件中有特殊要求，或者工程影响范围内有环境敏感目标的项目，应进行环境空气质量监测。

选择环境影响评价文件中确定的点位（环境敏感目标等），或者项目所在地的地方环境空气质量监测点位，当以上点位不能满足调查要求时，可根据实际情况选择合适的监测点。

6.7.3.2　监测因子

原则上与环境影响评价文件中确定的监测因子一致，当工程变更而增加新的主要污染物时，可适当增加监测因子。还应根据具体货物适当增加特征监测因子。

港口建设项目环境空气质量监测因子推荐选择：可吸入颗粒物、总悬浮颗粒物、二氧化硫、二氧化氮等，如果是油品化工码头等特殊项目，应增加非甲烷总烃、苯、乙烯等特殊监测因子。

6.7.3.3　监测频率、采样与分析方法

按照 GB 16297、GB/T 16157 等相关国家污染物排放标准和环境质量标准中推荐的方法进行。

6.7.3.4　提供环境空气质量现状监测点位图，注明监测点位与污染源的相对位置关系，监测点标识采用规范用法。

6.7.4　调查结果分析

6.7.4.1　废气环境监测结果分析

a）给出废气处理设施处理效率，明确达标情况，分析超标原因和治理方向。

b）评估环境敏感目标的受影响程度，分析调查范围内环境空气质量的受影响程度、范围以及环境功能区管理目标的可达性。

6.7.4.2　环境保护措施有效性分析与建议

a）分析现有环境保护措施的有效性、存在的问题和原因。

b）针对存在的问题提出具有可操作性的改进、补救措施。

6.8　声环境影响调查

6.8.1　调查内容

a）调查范围内的声环境敏感目标（包括与工程配套建设的疏港公路沿线的敏感目标）的分布情况，列表说明声环境目标的名称、位置和规模。

b）港口所在地区的声环境功能区划，对照各环境敏感目标和港区边界应执行的标准与环境影响评价标准有无变化。

c）调查港口建设项目投入试运营以来的噪声情况，重点针对港口作业机械、运输车辆等噪声源，调查内容包括源强种类、声场特征、声级范围等。

d）调查项目降噪措施的落实情况，并结合环境监测分析其实际降噪效果。

6.8.2　声环境监测

6.8.2.1　布点原则

一般选择环境影响评价文件中确定的点位，当其不能满足调查要求时，可根据实际情况选择合适的环境噪声监测点。

6.8.2.2　常规监测点

港口建设项目声环境监测布点分为厂界（港界）、主要进出港道路两侧、环境敏感目标和降噪效果的监测。

6.8.2.3　监测频率、采样与分析方法

按照 GB/T 12349、GB/T 14623、GB 3096、GB 12348 等相关国家标准的要求进行。

6.8.2.4　提供声环境监测点位图，注明监测点位与项目的相对位置关系。

6.8.3　调查结果分析

6.8.3.1 声环境监测结果分析

a）统计分析项目港界（厂界）达标情况。

b）统计分析声环境敏感目标达标情况，对环境评价文件中预测超标的点应进行重点分析。

c）当项目所在地区环境背景值较高时，应结合现状监测进行背景值的修正。

d）当调查工况不能达到验收条件时，应按照初期设计能力校核其厂界达标情况以及对环境敏感目标的影响。

6.8.3.2 环境保护措施有效性分析与建议

a）评估声环境保护措施是否达到设计要求，声环境敏感目标是否满足标准要求，明确给出声环境保护措施的降噪效果。

b）针对存在的问题提出具有可操作性的改进、补救措施。

6.9 社会环境影响调查

6.9.1 移民（拆迁）影响调查

6.9.1.1 根据建设项目特点设置调查内容，主要包括：

a）移民（拆迁）区的分布及环境概况；

b）移民（拆迁）安置、迁建企业的实际规模、安置方式；

c）专项设施的影响及复建情况；

d）移民（拆迁）安置区的环境保护措施的落实（主要是生活污水和生活垃圾的处理方式）及其效果。

6.9.1.2 调查结果分析

a）调查与分析移民（拆迁）安置区的环境保护措施落实情况；结合项目征用土地、拆迁房屋、安置人员的数量和补偿情况以及公众意见调查结果，分析引起的环境影响。

b）分析移民（拆迁）安置存在或潜在的环境问题，提出整改措施与建议。

6.9.2 文物古迹、人文遗迹等影响调查

a）调查项目施工区、永久占地及调查范围内现有保护文物古迹、人文遗迹、地质遗迹等，明确其保护级别、与项目的位置关系，并调查项目施工和试运营对其影响程度。

b）调查环境影响评价及其审批文件中要求的社会环境保护措施的落实情况。

6.9.3 社会经济影响调查

a）分析说明项目建设对所在地区的直接经济影响。

b）走访项目所在地的居民，调查项目营运后带给当地居民生活方式、收入变化等方面的影响。

6.10 固体废物影响调查

6.10.1 调查内容

a）分类核查固体废物（生活垃圾、生产垃圾、船舶垃圾）的主要来源及发生量，区分危险废物和一般固体废物，并将危险废物和来自疫区的船舶垃圾作为调查重点。

b）调查各类固体废物的处置方式、处置量和综合利用量，检查处置方式和综合利用情况是否符合相关技术规范和标准要求，危险废物的处置方式和处置效果应作为调查重点。

c）若项目营运过程中产生的固体废物委托处理，应核查被委托方的资质和委托合同，

并检查合同中处理的固体废物的种类、产生量和处理处置方式是否与其资质相符合，必要时对固体废物的去向做相应的跟踪调查。

d）检查项目回收利用的固体废物是否符合相关标准要求。

e）必要时应对固体废物可能造成的二次污染进行监测。

6.10.2　固体废物影响分析

a）分析固体废物的收集、贮运及处置是否达到环境影响评价及其审批文件和设计文件的环境保护要求。

b）分析现有固体废物处置措施的有效性、存在的问题及原因。

c）评估项目在设计工况运行条件下，所采取的固体废物收集、贮运及处置是否满足环境保护要求。

6.10.3　针对存在的问题提出具有操作性的整改、补救措施和建议。

6.11　清洁生产核查

6.11.1　施工期清洁生产情况调查

调查港口建设项目施工期的施工作业方式及其先进性，以及节约能源、减少污染物排放措施的落实情况，并对其效果进行分析。

6.11.2　项目清洁生产工艺分析

对照国家发展和改革委员会的《淘汰落后生产能力工艺和产品的目录》，分析项目所选用的工艺是否属于已淘汰的生产工艺；参照国家发展和改革委员会的《国家重点行业清洁生产技术导向目录》，从项目选用高效先进的生产技术和工艺、工艺配置合理性、生产过程运行稳定性、选用清洁能源、常规燃料的清洁化使用、节约用水和节约能耗、废水循环利用情况、固体废物综合利用情况、污染物排放情况、环境风险事故和生产事故发生概率等方面，对项目的清洁生产工艺进行分析。

6.11.3　项目清洁生产水平分析

调查项目投入试运营后的能耗、物耗和污染物排放情况，估算清洁生产指标，与国内外同类项目进行比较，并结合项目的清洁生产工艺，分析项目的清洁生产水平。

港口建设项目主要清洁生产指标如下：

a）能耗指标：储运 1 t 货物的能耗

耗电总量/总吞吐量＝电量 W/储运量 t

b）新鲜水耗指标：储运 1 t 货物的新鲜水耗

新鲜水总用量/总吞吐量＝新鲜水耗量 t/储运量 t

c）废水排放指标：储运 1 t 货物的废水排放量

废水排放总量/吞吐量＝废水排放量 t/储运量 t

d）废水回用率：经处理后回用生产过程的废水量占废水产生量的比例

废水回用量/（废水排放量＋废水回用量）＝废水回用率（%）

e）主要污染物排放指标：储运 1 t 货物的主要污染物排放量

污染物排放总量/总吞吐量＝污染物 kg/储运量 t

6.11.4　清洁生产核查结论和建议

明确项目"清洁生产"所处水平、污染物是否达到设计要求和排放标准、环境保护设施及其工艺技术水平和运行状况、对水和资源利用的合理性、"以新带老"环境保护措施的落实情况及其效果，提出存在的问题并分析其原因，制定相应的改进措施。

6.12 总量控制指标执行情况检查

6.12.1 污染物排放总量调查

a）根据国家及地方要求的污染物排放总量控制名录、环境影响评价提出的总量控制指标以及项目投入运营后污染物的实际排放情况，确定项目污染物排放总量调查对象。

b）核实项目试运营期主要污染物的年实际发生、削减和排放情况。

c）评估项目达到设计生产能力后的污染物排放情况并与环境影响评价阶段的预测进行对比。

d）改扩建的港口建设项目应特别注意"以新带老"的内容，针对环境影响评价及其审批文件的要求，核查项目各项"以新带老"环境保护措施的落实情况及其效果。

e）针对环境影响评价文件及其批复中提出的污染物削减特别是"区域削减"措施的落实情况进行调查，并对其效果进行分析。

6.12.2 总量控制指标可达性分析

针对环境影响评价及其审批文件中提出的污染物总量控制指标，分析项目试运营期及达到设计生产能力后是否可以满足总量控制指标的要求。

6.13 风险事故防范及应急措施调查

6.13.1 石油码头、液化气码头、化学品码头和运输危险品的集装箱码头等应开展风险防范及应急措施检查。

6.13.2 调查内容

a）工程施工期和试运营期存在的环境风险因素调查。

b）施工期和试运营期环境风险事故发生情况、原因及造成的环境影响调查。

c）调查工程环境风险防范措施与应急预案的制定和设置情况，国家、地方及有关行业关于风险事故防范与应急方面相关规定的落实情况，必要的应急设施配备情况和应急队伍培训情况。

d）调查工程环境风险事故防范与应急管理机构的设置情况。

e）收集调查区域的气象资料，应有针对性地收集不利气象条件资料（特别是试运营期不利气象的发生频率等），不利气象条件主要是指静风、小风、逆温、熏烟、海陆风等。

6.13.3 根据以上调查结果，评述工程现有防范措施与应急预案的有效性，针对存在的问题提出可操作的改进措施与建议。

6.14 环境管理状况及监控计划落实情况调查

6.14.1 环境管理状况调查

6.14.1.1 施工期环境管理状况调查

调查项目施工期环境管理机构、各项环境保护规章制度、监控计划执行情况、施工期环境管理措施、环境监理的落实情况、施工合同中有关环境保护要求条款的签订等方面。

6.14.1.2 试运营期环境管理状况调查

调查项目环境保护人员专兼职设置情况、环境保护管理机构的设置情况、各项相关制度的建立与执行情况，港口建设项目涉及危险品运输的应核查其危险品储运管理、环境风险事故防范措施与应急计划的制定落实情况。

6.14.2　环境监测计划落实情况调查

a）施工期环境监测计划的落实情况。

b）试运营期已开展的环境监测工作情况。

c）环境影响评价文件中提出的环境监测设备与人员的配置情况。

d）试运营期环境保护设施的运行记录与监测情况。

e）提出试运营期环境监测计划的修订建议。

6.14.3　环境管理调查结论与建议

应明确项目执行"三同时"等环境保护要求的情况，分析项目已有的环境管理机构和制度是否可以满足其环境保护工作要求，针对现场调查中发现的问题提出切实可行的环境管理建议。

6.15　公众意见调查

6.15.1　调查方法

可采取公众意见调查表、走访询问、座谈会和媒体公示等调查方法。

6.15.2　调查对象

a）项目所在地区的居民（渔民等）、单位，特别是与环境敏感目标密切相关的人员。

b）试运营期来往船舶作业人员。

c）项目的施工单位以及其他参加过项目前期设计、建设的单位。

d）项目所在地的环保局、国土资源局、海洋行政管理部门、水行政管理部门、自然保护区管理机构等相关的政府机关。

e）调查中应尽量对环境影响评价阶段公众参与中涉及的人群进行回访、调查。

f）其他可能了解项目环境保护执行情况或者可能受项目建设环境影响的人群。

6.15.3　调查内容

a）公众对项目建设的基本态度。

b）公众对项目建设所产生的社会环境影响的反应。

c）公众对施工期所产生的环境影响的反应，主要是对环境问题（生态、水、气、声环境等）的意见、建议和要求；对环境保护措施效果的满意程度及其改进建议等。

d）公众对营运期所产生的环境影响的反应，主要是对环境问题（生态、水、气、声环境等）的意见、建议和要求；对环境保护措施效果的满意程度及其改进建议等。

e）公众最关注的环境问题及希望采取的解决方案。

f）公众对项目环境保护工作的执行情况总体评价。

6.15.4　调查表设计要求与内容

a）设计要求：内容简明，信息全面；问题安排合理，通俗易懂；便于对资料分析处理。

b）项目简介：简介工程基本概况、环境影响、环境保护措施，并强调公众意见调查的重要性。

c）记录被调查人简况：年龄、职业、性别、文化程度、单位地址等。

d）调查表主要内容：参照 6.15.3 调查内容。

6.15.5　调查结果与分析

a）公众对项目建设及其环境保护工作的基本态度。

b）对公众意见调查内容的逐项分类统计结果。

c）针对公众对项目环境保护工作的意见、建议和要求进行合理分析，并提出公众关心热点问题的解决方案。

6.16 调查结论与建议

a）调查结论是全部调查工作的结论，编写时应概括和总结全部工作。

b）总结建设项目对环境影响评价及其审批文件要求的落实情况。

c）重点概括说明工程建成后产生的主要环境问题及现有环境保护措施的有效性，提出改进措施和建议。

d）根据调查和分析的结果，客观、明确地从技术角度论证工程是否符合建设项目竣工环境保护验收条件。

6.17 附件

与建设项目相关的一些资料与文件，包括竣工验收环境影响调查委托书、环境影响评价审批文件、环境影响评价文件执行的标准批复、环保主管部门对项目试运营检查文件、竣工验收环境影响监测报告、"三同时"竣工验收登记表等。

7 竣工环境保护验收现场检查

7.1 环境保护设施检查

a）检查污水处理设施、压舱水灭活设施的建设与运行情况。

b）检查环境空气污染防治设施的建设与运行情况。

c）检查降噪隔声设施的建设与运行情况。

d）检查环境风险应急设施的配备情况。

e）检查其他环境保护设施的建设与运行情况。

7.2 环境保护措施检查

a）检查项目绿化、施工临时占地恢复、生态敏感目标保护、增殖放流等生态保护措施落实情况。

b）检查排污口的规范化建设、污染源在线监测仪的安装、监测仪器配置情况等。

c）改扩建的港口建设项目检查"以新带老"措施、削减排污总量措施和老污染源治理措施的落实情况。

d）检查环境风险应急措施的落实情况。

e）检查其他环境保护措施的落实情况。

附录 A（规范性附录）

港口建设项目竣工环境保护验收调查

实施方案和调查报告编制要求

A.1 格式要求

A.1.1 一般规定

A.1.1.1 港口建设项目验收调查实施方案和验收调查报告由下列部分组成：

A.1.1.1.1 前置部分：封面、封二、封三、目录

A.1.1.1.2 主体部分：正文

A.1.1.1.3 附图和照片：包括附图、现场勘察照片集

A.1.1.1.4 附件：包括必备附件和可选附件

A.1.2 前置部分

A.1.2.1 封面

A.1.2.1.1 封面格式见附录 A.2

A.1.2.1.2 封面的建设项目名称应与立项文件使用的建设项目名称相同。

A.1.2.1.3 封面的调查单位名称应与所持有的环境影响评价资质证书上的单位名称完全一致，并加盖单位公章，封面的委托单位名称应与委托书中的建设单位名称完全一致。

A.1.2.2 封二

环境影响评价资质证书（彩色复印件），格式见附录 A.3，宜在本页给出下列信息：调查单位地址、联系电话、传真、邮政编码、电子信箱。

A.1.2.3 封三　格式见附录 A.4

应给出建设项目名称、委托单位、调查单位、项目负责人、技术审查人、编制人员、协作单位、协作单位参加人员等信息。

A.1.2.4 目录

A.1.2.4.1 目录宜列出两个层次的正文标题和附图、附件的名称。

A.1.2.4.2 目录的内容包括：层次序号、标题名称、圆点省略号、页码。

A.1.3 主体部分

验收调查报告内容应按验收调查实施方案设置的内容进行编制，二者采用的调查标准必须相同，如确有应改动的部分，应在调查报告中对改动的原因和具体内容予以明确说明。

A.1.3.1 港口建设项目验收调查实施方案主体部分的编制内容见附录 A.5.1。

A.1.3.2 港口建设项目验收调查报告主体部分的编制内容见附录 A.5.2

A.1.4 附图和现场勘察照片集部分

A.1.4.1 附图

附图图号应与实施方案（报告）主体内容中的完全一致，附图应清晰，有图号、指

北向、比例尺、图例等必要元素，图号形式为"图□□ □□□□□图"。港口项目调查实施方案（报告）宜配备以下图件：项目地理位置图、项目平面布置图、环境保护设施及污染源位置图、调查范围及环境敏感目标位置示意图、环境质量监测站位图、项目所在地环境功能区划图等。

A.1.4.2 现场勘察照片集

照片集封面应提供现场勘察时间、勘察范围等信息，照片宜采用彩色数码照片，照片下方标注简要说明。港口项目调查实施方案（报告）宜配备以下照片：环境敏感目标现状、工程现状、主要环境保护设施*、工程绿化与生态恢复情况*、存在的主要问题*等（*用于调查报告）。

A.1.5 附件部分

附件应按发生时间、与项目竣工环境保护验收工作的相关性等顺序排列，并用"附件□"进行标识，港口项目调查实施方案（报告）宜配备以下附件：

必备附件：委托书、申请竣工环境保护验收的函、环境影响评价及其审批文件、初步设计批复、开工报告（或其他同类文件）、地方环境保护部门同意项目试运营的函、竣工环境保护验收监测报告*、有代表性的公众意见调查表*、调查方案和调查报告的技术评审意见*、环境友好工程评分表*、建设项目环境保护"三同时"竣工验收登记表*等（*用于调查报告）。

可选附件：污水、固体废物委托处理合同等与环境保护有关的项目文件。

A.2　封面格式

A.2.1　港口建设项目竣工环境保护验收调查实施方案封面格式

.

竣工环境保护验收调查实施方案

项目名称：

委托单位：

编制单位：□□□□（调查单位名称、公章）
　　　　　　□□□□年□月

A.2.2 港口建设项目竣工环境保护验收调查报告封面格式

竣工环境保护验收调查报告

项目名称：

委托单位：

编制单位：□□□□（调查单位名称、公章）
□□□□年□月

A.3 封二格式

A.3.1 港口建设项目竣工环境保护验收调查实施方案封二格式

环境影响评价资质证书
（彩色原件缩印 1/3）

调查单位　　　　　　　（公章）

　　　　　项目名称：□□□□□□□□□□□□

　　　　　调查机构：□□□□□□□□□□□□

　　　　　法定代表人：□□□（法人章）

　　　　　调查文件类型：竣工环境保护验收调查实施方案

　　　　　建设单位：□□□□□□□□□□□□

项目负责人	登记类别	登记证编号	签字

A.3.2 港口建设项目竣工环境保护验收调查报告封二格式

环境影响评价资质证书
（彩色原件缩印 1/3）

调查单位　　　　　　（公章）

项目名称：□□□□□□□□□□□□

调查机构：□□□□□□□□□□□□

法定代表人：□□□（法人章）

调查文件类型：竣工环境保护验收调查报告

建设单位：□□□□□□□□□□□□

项目负责人	登记类别	登记证编号	签字

A.4 封三格式
A.4.1 港口建设项目竣工环境保护验收调查实施方案封三格式

□□□□□□□□□（建设项目名称）

竣工环境保护验收调查实施方案

委托单位：□□□□□□□□□

调查单位：□□□□□□□□□

调查单位技术负责人：□□□（职称）

部门负责人：□□□

项目技术审查人：□□□（职称）

项目负责人：□□□（职称）

编制人员：（宜列表给出人员姓名、职称、上岗证号、负责编写的
　　　　　　内容等信息）

协作单位：□□□□□□□□□
协作单位参加人员：

A.4.2 港口建设项目竣工环境保护验收调查报告封三格式

□□□□□□□□（建设项目名称）

竣工环境保护验收调查报告

委托单位：□□□□□□□□□□

调查单位：□□□□□□□□□□

调查单位技术负责人：□□□（职称）

部门负责人：□□□（签字）

项目技术审查人：□□□（职称）（签字）

项目负责人：□□□（职称）（签字）

编制人员：（宜列表给出人员姓名、职称、上岗证号、负责编写的

内容等信息，编写人员签字）

协作单位：□□□□□□□□□□

协作单位参加人员：

A.5　编写内容

A.5.1　港口建设项目竣工环境保护验收调查实施方案编写内容

A.5.1.1　前言

A.5.1.2　综述

A.5.1.2.1　编制依据

a．环境保护法规、规范性文件及相关规划

b．工程资料及相关审批文件（设计及批复文件、设计变更及批复文件、环境影响评价及审批文件等）

c．主要技术资料

d．其他（验收调查委托书等）

A.5.1.2.2　调查目的及原则

a．调查目的

b．调查原则

A.5.1.2.3　调查范围、方法和调查因子

a．调查方法与工作程序（给出项目调查工作程序框图）

b．调查范围

c．调查因子

A.5.1.2.4　验收标准

a．环境质量标准

b．污染物排放标准

A.5.1.2.5　环境敏感目标

A.5.1.2.6　调查重点

A.5.1.3　工程调查

A.5.1.3.1　工程概述

包括工程地理位置、与城市总体规划、港口总体规划等规划的关系以及简要的建设规模介绍。

A.5.1.3.2　工程建设过程

A.5.1.3.3　工程建设变化情况

a．工程建设规模

b．工程变化情况

A.5.1.3.4　工程概况

a．主体工程

b．辅助工程

c．生产工艺

d．工程总投资及环境保护投资

e．验收工况要求

A.5.1.4　环境影响报告书及其审批文件回顾

A.5.1.4.1　环境影响报告书回顾

a．环境影响报告书主要结论回顾

A.5.1.6.13 公众意见调查

a. 公众意见调查内容

b. 公众意见调查方案

c. 调查结果统计与分析

A.5.1.7 组织分工与设施

a. 组织分工

b. 实施进度

A.5.1.8 提交成果

A.5.1.9 经费概算

A.5.1.10 附图和附件

A.5.1.10.1 附图

a. 项目地理位置图

b. 项目平面布置图

c. 调查范围和环境敏感目标位置图

d. 环境监测站点图

A.5.1.10.2 附件

a. 竣工验收环境影响调查委托书

b. 建设项目立项批复文件

c. 建设项目设计批复文件

d. 建设项目环境影响报告书审批文件

e. 项目试运营批准文件

f. 其他相关文件,如环境影响评价文件执行标准的批复等

A.5.2 港口建设项目竣工环境保护验收调查报告编写内容

A.5.2.1 前言

A.5.2.2 综述

A.5.2.2.1 编制依据

a. 环境保护法规、规范性文件及相关规划

b. 工程资料及相关审批文件(设计及批复文件、设计变更及批复文件、环境影响评价及审批文件等)

c. 主要技术资料

d. 其他

A.5.2.2.2 调查目的及原则

a. 调查目的

b. 调查原则

A.5.2.2.3 调查范围、方法和调查因子

a. 调查范围

b. 调查方法

c. 调查因子

A.5.2.2.4 验收执行标准

A.5.2.18.6 清洁生产核查结论

A.5.2.18.7 总量控制指标执行情况结论

A.5.2.18.8 环境管理与监测计划落实情况结论

A.5.2.18.9 项目竣工环境保护验收调查结论

A.5.2.19 附图与附件

A.5.2.19.1 附图

a. 项目地理位置图

b. 项目平面布置图

c. 调查范围和环境敏感目标位置图

d. 环境监测站位图

e. 环境保护设施及污染源位置图等

A.5.2.19.2 附件

a. 竣工验收环境影响调查委托书

b. 建设项目立项批复文件

c. 建设项目设计批复文件

d. 建设项目环境影响报告书批复文件

e. 项目试运营批准文件

f. 实施方案技术审核意见

g. 竣工验收环境影响监测报告

h. 竣工验收公示材料

i. 环境友好工程打分表

j. "三同时"竣工验收登记表

k. 其他相关文件,如环境影响评价文件执行标准的批复等

港口建设项目竣工环境保护验收调查表

港口建设项目竣工环境保护验收调查表如下：

建设项目竣工环境保护验收调查表

项目名称：

委托单位：

调查单位（盖章）：

编制日期：　　　年　月　日

编制单位：

法　　人：

技术负责人：

项目负责人：

编制人员：

监测单位：

参加人员：

编制单位联系方式

电话：

传真：

地址：

邮编：

环境影响评价资质证书

（彩色原件缩印 1/3）

调查单位　　　　　　　（公章）

项目负责人			
姓　名	职　称	环境影响评价资质证书号	签名

编写人员情况				
姓　名	职　称	环境影响评价资质证书号	编写章节	签名

表 B.1 项目总体情况

建设项目名称				
建设单位				
法人代表			联系人	
通讯地址	省（自治区、直辖市）		市（县）	
联系电话		传真	邮编	
建设地点				
项目性质	新建□ 改、扩建□ 技改□		行业类别	
环境影响评价报告表名称				
项目环境影响评价单位				
项目设计单位				
环境影响评价审批部门		文号	时间	
初步设计审批部门		文号	时间	
设计审批部门				
环境保护设施设计单位				
环境保护设施施工单位				
环境保护设施监测单位				
投资总概算（万元）		其中：环境保护投资（万元）	实际环境保护投资占总投资比例	
实际总投资（万元）		其中：环境保护投资（万元）		
设计生产能力		建设项目开工日期		
实际生产能力		投入试运营日期		
调查经费				
项目建设过程简述（项目立项～试运营）				

表 B.2　调查范围、调查因子、保护目标、调查重点

调查范围	
调查因子	
环境保护目标	
调查重点	

表 B.3　验收执行标准

环境质量标准	
污染物排放标准	
总量控制指标	

表 B.4　工程概况

项目名称	
项目地理位置 （附地理位置图）	
主要工程内容及规模	
实际工程量及工程建设变化情况，说明工程变化原因	

生产工艺流程（附流程图）

工程占地及平面布置（附图）

工程环境保护投资明细

项目有关的生态破坏和污染物排放、主要环境问题及环境保护措施

表 B.5　环境影响评价回顾

环境影响评价的主要环境影响预测及结论（生态环境、声环境、大气、水环境、振动、电磁、固体废物等）

各级环境保护行政主管部门的批复意见（国家、省、行业）

各级环境保护行政主管部门的批复意见（国家、省、行业）

表 B.6　环境保护措施执行情况表

阶段	项目	环境影响评价文件和初步设计中的环境保护措施	工程实际采取的环境保护措施	措施的执行效果及未采取措施的原因
设计阶段	生态环境			
	污染影响			
	社会影响			
施工期	生态环境			
	污染影响			
	社会影响			
运行期	生态环境			
	污染影响			
	社会影响			

表 B.7　环境影响调查表

施工期	生态环境	
	污染影响	
	社会影响	
运行期	生态环境	
	污染影响	
	社会影响	

表 B.8　环境质量及污染源监测（附监测图）

项目	监测时间 监测频次	监测点位	监测项目	监测结果分析
生态				
水				
气				
噪声				
电磁振动				
其他				

表 B.9 环境管理状况及监测计划

环境管理机构设置（分施工期和运行期）
环境监测能力建设情况
环境影响评价文件中提出的监测计划及其落实情况
环境管理状况分析与建议

表 B.10　调查结论与建议

调查结论及建议

附件：项目地理位置图、平面布置图、监测点位图、初步设计批复、环境影响评价文件批复意见。

注　释

一、调查表应附以下附件、附图：

附件 1 环境影响报告表审批意见

附件 2 初步设计批复文件

附件 3 其他与环境影响评价有关的行政管理文件，如环境影响评价执行标准的批复、环境敏感目标准许穿越的文件等

附图 1 项目地理位置图（应反映行政区划、工程位置、主要污染源位置、主要敏感目标等）

附图 2 项目平面布置图

附图 3 反映工程情况或环境保护措施和设置的必要的图表、照片等

二、如果本调查表不能说明项目对环境造成的影响及措施实施情况，应根据建设项目的特点和当地环境特征，结合环境影响评价阶段情况进行专项评价，专项评价可按照本规范中相应影响因素调查的要求进行。

中华人民共和国国家环境保护标准

建设项目竣工环境保护验收技术规范
水利水电

Technical guidelines for environmental protection in water conservancy and hydropower
projects for check and accept completed project

HJ 464—2009

前 言

为贯彻《中华人民共和国环境影响评价法》和《建设项目环境保护管理条例》，保护
环境，规范水利水电建设项目竣工环境保护验收工作，制定本标准。

本标准规定了水利水电建设项目竣工环境保护验收有关工作程序和技术要求。

本标准的附录 A 和附录 B 为规范性附录。

本标准为首次发布。

本标准由环境保护部科技标准司组织制订。

本标准起草单位：中国水利水电科学研究院。

本标准环境保护部 2009 年 3 月 25 日批准。

本标准自 2009 年 7 月 1 日起实施。

本标准由环境保护部解释。

1 适用范围

本标准规定了水利水电建设项目竣工环境保护验收的技术工作程序和技术要求。

本标准适用于防洪、水电、灌溉、供水等大中型水利水电工程竣工环境保护验收工
作。小型水利水电工程和航电枢纽等工程的竣工环境保护验收工作可参照本标准执行。

2 规范性引用文件

本标准内容引用了下列文件或其中的条款。凡是不注日期的引用文件，其有效版本
适用于本标准。

HJ/T 2.1 环境影响评价技术导则 总纲

HJ 2.3　环境影响评价技术导则　地面水环境

HJ 19　环境影响评价技术导则　生态影响

HJ 88　环境影响评价技术导则　水利水电工程

HJ 91　地表水和污水监测技术规范

HJ/T 394—2007　建设项目竣工环境保护验收技术规范　生态影响类

3 术语和定义

下列术语和定义适用于本标准。

3.1 水利水电建设项目

开发利用河流、湖泊、地下水资源和水能资源的建设项目。

3.2 防洪工程

防治洪水危害的工程。指防洪水库工程；堤防、城市防洪墙工程；排洪泄水通道工程；涵闸、坝及泵站等建筑物工程；河道整治工程；蓄、滞洪区建设工程等。

3.3 灌溉工程

用于农田灌溉的水利工程。指灌溉水利枢纽工程，灌、排渠道工程（含隧洞、管道等穿越工程），灌溉闸、坝及泵站等建筑物工程，灌区建设工程等。

3.4 供水工程

供水工程指供水水利枢纽工程；渠道工程（含隧洞、管道等穿越工程）；涵闸、坝及泵站等建筑物工程；水源与供水管线工程等。供水工程包括流域内和跨流域调水工程。

3.5 水电工程

开发水力资源，将水能转换为电能的工程。指各类水电站以及辅助工程等。

3.6 环境影响评价文件

指建设项目环境影响报告书、环境影响报告表和环境影响登记表的批准版。

3.7 环境影响评价审批文件

指各级环境保护行政主管部门及行业主管部门对环境影响评价文件的审批、审查和预审意见。

3.8 环境敏感目标

指依法设立的各级各类自然、文化保护地，对建设项目的某类污染因子或生态影响因子特别敏感的区域，以及验收调查需要关注的建设项目影响区域内的环境保护对象。

3.9 "以新带老"原则

分期建设的项目和改、扩建项目必须采取环境保护措施，其配套环境保护设施必须与主体工程同时设计、同时施工、同时投入运行，与此同时治理和解决与该项目有关的前期工程的污染和环境问题。

4 总则

4.1 验收技术工作程序

水利水电建设项目竣工环境保护验收技术工作分为三个阶段：准备、验收调查、现场验收。工作程序见图 1。

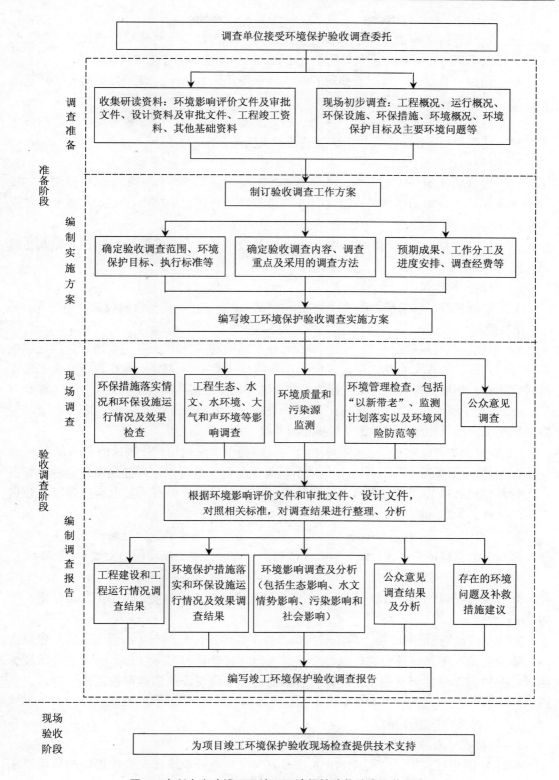

图 1　水利水电建设项目竣工环境保护验收技术工作程序

a）准备阶段：

——收集分析工程的基础信息和资料，了解和研读建设项目环境影响评价文件、初步设计环保篇章、环境影响评价文件技术评估报告和环境影响评价审批文件等；

——初步调查建设项目工程概况和配套环保设施运行情况、设计变更情况、环境敏感目标以及主要环境问题等；

——确定验收调查执行标准、调查时段、调查范围、调查内容和重点、采用的技术手段和方法，调查工作进度安排，编制验收调查实施方案。

b）验收调查阶段：

——根据验收调查实施方案，主要调查工程施工期和运行期的实际环境影响，环境影响评价文件、环境影响评价审批文件和初步设计文件提出的环保措施落实情况，环保设施运行情况及治理效果，环境监测，公众意见调查等。

——针对调查中发现的问题，提出整改和补救措施，明确验收调查结论，编制验收调查报告。

c）现场验收阶段：

为建设项目竣工环境保护验收现场检查提供技术支持，包括汇报验收调查情况等。

4.2 验收工况要求

4.2.1 建设项目运行生产能力达到其设计生产能力的 75%以上并稳定运行，相应环保设施已投入运行。如果短期内生产能力无法达到设计能力的 75%，验收调查应在主体工程稳定运行、环境保护设施正常运行的条件下进行，注明实际调查工况。

4.2.2 对于没有工况负荷的建设项目，如堤防、河道整治工程、河流景观建设工程等，以工程完工运用且相应环保设施及措施完成并投入运行后进行。

4.2.3 对于灌溉工程项目，以构筑物完建，灌溉引水量达到设计规模的 75%以上。

4.2.4 对于分期建设、分期运行的项目，按照工程实施阶段，可分为蓄水前阶段和发电运行阶段进行验收调查。蓄水前阶段验收调查主要是施工调查，发电运行阶段验收调查工况应符合 4.2.1 的条件。

4.2.5 对于在项目筹建期编制了水通、电通、路通和场地平整"三通一平"工程环境影响报告书的项目，工程运行满足验收工况后，一并进行竣工环境保护验收。

4.3 验收调查时段和范围

4.3.1 根据水利水电建设项目特点，验收调查应包括工程前期、施工期、运行期三个时段。

4.3.2 验收调查范围原则上与环境影响评价文件的评价范围一致；当工程实际建设内容发生变更或环境影响评价文件未能全面反映出项目建设的实际生态影响或其他环境影响时，应根据工程实际变更和实际环境影响情况，结合现场踏勘对调查范围进行适当调整。

4.4 验收执行标准及指标

4.4.1 验收标准确定的原则

4.4.1.1 采用建设项目环境影响评价文件和环境影响评价审批文件中提出的环保要求和采用的环境保护标准，作为验收依据和标准。

4.4.1.2 建设项目环境影响评价文件和环境影响评价审批文件中没有明确要求的，可参考国家和地方环境保护标准，或参考其他相关标准。

4.4.1.3　没有现行环境保护标准的，应按照实际调查情况给出结果。

4.4.2　验收标准的内容

4.4.2.1　污染物排放标准

采用建设项目环境影响评价文件和环境影响评价审批文件中确认的污染物排放标准。对评价文件审批后，污染物排放标准进行了修订或制定了新标准的，新制定、修订的标准可作为参考。当建设项目满足环评时确认的污染物排放标准而不满足新制定、修订的标准时，应提出验收后按照新标准进行达标排放治理的建议。

4.4.2.2　环境质量标准

采用建设项目环境影响评价文件和环境影响评价审批文件中确认的环境质量标准。对评价文件审批后进行了修订/新颁布的现行标准，采用现行标准作为参考标准，当满足环评时确认的标准而不满足现行标准时，应提出验收后按照现行标准进行整改的建议。

4.4.2.3　生态验收标准和指标

a）生态验收标准可以生态环境和生态保护目标的背景值或本底值为参照标准。

b）生态指标应依据 HJ 19 标准和实际调查情况确定。生态调查指标为：野生动植物生境、种类、分布、数量、优势物种；国家或地方重点保护物种和地方特有物种的种类与分布等；水生生物生境、种类、种群数量、优势种等；生态保护、恢复、补偿、重建措施等。

c）由于建设项目实际工程情况变更或环境影响评价文件中未能全面反映工程的实际生态影响的，应进行实际影响调查，调查指标应依据 HJ 19 标准和实际调查情况确定。

d）对于环境影响评价文件审批后划定的生态保护区和保护目标，也应作为调查指标。

4.4.2.4　环境保护措施落实调查指标，应采用建设项目环境影响评价文件、环境影响评价审批文件和环境保护设计中提出的环境保护措施和环境保护设施。当设计变更时，以变更后的环保设施为指标。

4.5　验收调查原则和方法

4.5.1　验收调查应以批准的环境影响评价文件、审批文件和工程设计文件为基本要求，对建设项目的环境保护设施和措施进行核查。验收调查应坚持客观、公正、系统全面、重点突出的原则。

4.5.2　验收调查应采用充分利用已有资料、工程建设过程回顾、现场调查、环境监测、公众意见调查相结合的方法，可参照 HJ 2.1、HJ 2.3 和 HJ 19 技术标准中的方法执行，并充分利用先进的技术手段和方法。

4.6　验收重点

4.6.1　工程设计及环境影响评价文件中提出的造成环境影响的主要工程内容。

4.6.2　重要生态保护区和环境敏感目标。

4.6.3　环境保护设计文件、环境影响评价文件及环境影响评价审批文件中提出的环境保护措施落实情况及其效果等。主要有：调水工程和水电站下游减水、脱水段生态影响及下泄生态流量的保障措施；水温分层型水库的下泄低温水的减缓措施；大、中型水库的初期蓄水对下游影响的减缓措施；节水灌溉和灌区建设工程节水措施；河道整治工程淤泥的处置措施等。

4.6.4 配套环境保护设施的运行情况及治理效果。

4.6.5 实际突出或严重的环境影响，工程施工和运行以来发生的环境风险事故以及应急措施，公众强烈反映的环境问题。

4.6.6 工程环境保护投资落实情况。

5 验收准备阶段技术要求

5.1 资料收集

5.1.1 根据工程和环境特点，收集有关的流域综合规划和专项规划，区域或流域的环境功能划分文件，相关技术规范等。

5.1.2 环境影响评价文件，应包括项目环境影响报告书（表）及有关环境监测评价资料。

5.1.3 环境影响评价审批文件，应包括行业主管部门对建设项目环境影响评价文件的预审意见，各级环境保护行政主管部门对建设项目环境影响评价文件的审批意见。

5.1.4 工程资料

a）建设项目可行性研究报告、设计报告、环境保护设计资料及其审批文件，项目实施过程中的设计变更资料和变更审批文件。

b）施工环境保护总结报告、环境监测报告、环境监理报告、建设单位环境管理报告和施工期临时环境保护设施运行资料。

c）建设项目工程验收资料及有关专项验收资料（水库清库验收、水土保持专项验收、环保设施专项验收和移民安置专项验收等）。

d）工程运行资料，环境保护设施的规模、工艺过程及运行资料等。

e）环境保护专项工程和生态补偿的合同、协议文件和投资落实资料。

5.1.5 工程涉及水体的水功能区划、纳污能力和排污总量控制的资料。

5.1.6 其他基础资料：项目评价区域的自然保护区、风景名胜区、文物古迹等环境敏感目标的规划资料，包括保护内容、保护级别（国家级、省级、市级、县级）及相应管理部门管理文件；区域或流域的自然环境概况和社会环境概况。

5.2 现场初步调查

5.2.1 调查目的

根据建设项目工程进度及完成情况、环境保护措施及配套环境保护设施运行情况实地初步调查结果，确认运行工况符合竣工环境保护验收的要求，结合初步调查结果制定验收调查方案，并编制项目竣工环境保护验收调查实施方案。

5.2.2 调查内容

a）核查工程验收工况。核实工程技术文件、资料，初步调查项目实施过程，主体工程、附属工程及配套环境保护设施的完成及变更情况。

b）逐一核实环境影响评价文件及环境影响评价审批文件要求的环境保护设施和措施的落实情况。

c）调查工程影响区域内环境敏感目标情况，包括环境敏感目标的性质、规模、环境特征、与工程的位置关系、受影响情况等。

d）核查工程实际环境影响及减缓措施的效果，业主单位环境保护管理机构、制度和管理概况。

5.3　编制环境保护验收调查实施方案

在资料收集分析和现场初步调查的基础上，编制《建设项目竣工环境保护调查实施方案》，其编制要求见附录 A。

6　验收调查技术要求

6.1　环境敏感目标调查

根据 HJ/T 394—2007 标准中表 1 所界定的环境敏感目标，调查项目影响范围内的环境敏感目标，包括地理位置、规模、与工程的相对位置关系、主要保护内容、与环境影响评价文件中的变化情况等。

6.2　工程调查

6.2.1　工程建设过程调查

检查建设项目立项文件、初步设计及其批复和程序的完整性、批复单位权限与项目投资规模符合性；调查项目审批时间和审批部门、初步设计完成及批复时间、环境影响评价文件完成及审批时间、工程开工建设时间、建设期大事记、完工投入运行时间等。调查工程各阶段的建设单位、设计单位、施工单位和工程环境监理单位。工程验收及各专题验收情况。

6.2.2　工程概况调查

a）工程基本情况。包括建设项目的地理位置，工程规模，占地范围，工程的设计标准和建筑物等级，工程构成及特性参数，工程施工布置及弃渣场和料场的位置、规模等，工程设计变更等。

b）工程施工情况。包括施工布置，施工工艺，主体工程量，主要影响源及源强，后期迹地恢复情况等。

c）工程运行方式。包括工程运用调度过程、运行特点及实际运行资料，工程设计效益与运行效益等。

d）对于改、扩建项目，应调查项目建设前的工程概况，设计中规定的改建（或拆除）、扩建内容。

e）工程总投资和环境保护投资等。

6.3　环境保护措施落实情况调查

6.3.1　环境保护措施落实情况调查，应以环境影响评价文件、环境影响评价审批文件及环境保护设计文件为依据，调查要全面、深入、实事求是，并注意调查新增的环境保护措施。

6.3.2　调查工程在设计、施工、运行阶段针对生态影响、水文情势影响、污染影响和社会影响所采取的环境保护措施；环境影响评价文件、环境影响评价审批文件及工程设计文件所提出的各项环境保护措施的落实情况；涉及取水及退水的审批文件所提出的水环境保护措施的落实情况；以及为解决环境问题提出的调整方案的落实情况。

6.3.3　对于分期实施、分期验收的项目，应调查各期环保措施之间的关系、后续项目中"以新带老"环境保护措施落实情况。

6.3.4　对于改、扩建项目，应调查建设前的环保措施和设施，工程建设后设计中环保设施的建设和"以新带老"环境保护措施落实情况。

6.3.5 根据调查结果，进行环境影响评价文件、审批文件和设计文件与实际采取环境保护措施的对照，分析变化情况，并对变化情况予以必要的说明。对没有落实的措施，应说明实际情况和原因，并提出后续实施、改进的建议。

6.3.6 生态保护措施，包括：植被保护与恢复措施；泄放生态流量的落实措施；低温水影响减缓工程措施；过鱼措施、增殖放流等鱼类保护措施；为生态保护采取的迁地保护和生态补偿措施；水土流失防治措施；土壤质量保护和占地恢复措施；自然保护区、风景名胜区等生态保护目标的保护措施；工程对局地气候影响的减缓和补偿措施。

6.3.7 水文情势影响减缓措施，包括：针对挡水建筑物导致上下游水文情势变化所采取的减缓措施，特别是对脱水和减水河段的保护措施，生态用水泄水建筑物及运行方案；针对调水工程改变水资源格局所采取的减缓措施和补偿措施。

6.3.8 污染影响的防治措施，包括：针对水、气、声及固体废物、振动等各类污染源所采取的防治措施和污染物处理设施，可分为施工期和运行期两个阶段，有侧重地进行调查。

6.3.9 移民安置环境保护措施，包括：安置区的生态、水环境、土地资源保护措施，污水和固体废物处理措施等。

6.3.10 社会影响减缓措施，包括：文物古迹、非物质文化遗产和人群健康等方面所采取的保护措施等。

6.4 生态影响调查

6.4.1 生态保护目标调查

6.4.1.1 重点调查自然保护区、风景名胜区、重要湿地等的分布状况，调查应包括项目实施前已有的生态保护目标和项目实施后新确定的生态保护目标。应明确保护目标的保护区级别、保护物种及保护范围及其与工程影响范围的相对位置关系，收集比例适宜的保护目标与工程的相对位置关系图、保护区边界和功能分区图，重点保护物种的分布图等。

6.4.1.2 采取资料调查和现场调查相结合的方法，分析工程建设对生态保护目标的影响及影响程度。

6.4.2 陆生生态调查

6.4.2.1 调查工程占地对陆生生态的影响。占地包括临时占地和永久占地，重点调查占地位置、面积、类型、用途；调查影响区域内植被类型、数量、覆盖率的变化情况，动植物种类、保护级别、分布状况以及动物的生活习性等。分析工程占地对生态的影响，占地的生态恢复情况等。

6.4.2.2 应根据建设项目环境影响评价文件中的评价等级以及项目对生态的影响范围和程度，确定调查的详细程度。调查技术方法包括现场和资料调查、遥感技术调查和实地样方调查或其他方法。

a）对于建设项目涉及的范围较大、无法全部覆盖的，可根据随机性和典型性的原则，选择有代表性的区域与对象进行重点现场调查。调查区域与对象应基本能代表建设项目所涉及区域，进行选择性现场调查的项目可辅以遥感技术调查手段。

b）应根据环境影响评价文件和工程生态影响特点，确定调查范围和内容，必要时可进行植物样方调查。工程变更，影响位置发生变化时，除在影响范围内选点进行调查外，还应在未影响区选择对照点进行调查。

6.4.2.3　根据工程建设前后影响区域内重要野生动植物生存环境及生物量的变化情况，结合工程采取的保护措施，分析工程建设对动植物的影响、与环境影响评价文件中预测值的符合程度、减免和补偿措施的落实情况及效果。

6.4.3　水生生态调查

6.4.3.1　调查内容包括：水生生物的种类、保护级别、生活习性、分布状况及生境，应重点调查对珍稀保护鱼类、洄游性鱼类的影响；渔业资源的变化；鱼类产卵场、索饵场和越冬场"三场"分布的变化。

6.4.3.2　可根据建设项目对水生生态的影响范围和程度及水生生物保护的重要性，确定调查项目及调查的详细程度。对于工程影响范围内有国家级和省级鱼类保护区、鱼类"三场"分布，或有洄游性鱼类和保护性鱼类的项目，应进行现场调查。一般情况可采取资料收集和分析。

6.4.3.3　根据工程建设前后水域内重要水生生物栖息环境及水生生物种群数量的变化情况，分析工程运行对水生生态的影响。重点是对珍稀濒危、特有和保护性物种的影响；对鱼类"三场"、渔业资源的影响。并与环境影响评价文件中的预测结果进行比较，分析工程对水生生态影响的符合程度。

6.4.3.4　调查工程采取的水生生态保护措施及其效果。对于坝、闸工程，重点调查过鱼设施或措施、鱼类增殖放流设施或措施等。

6.4.4　农业生态调查

6.4.4.1　调查工程建设对区域农业生产的影响，工程采取的农业保护措施及其效果。

6.4.4.2　与环境影响评价文件对比，列表说明工程实际占地和变化情况，包括基本农田和耕地，明确占地性质、占地位置、占地面积、用途、采取的恢复措施和恢复效果。说明工程影响区域内对水利设施、农业灌溉系统采取的保护措施。

6.4.4.3　调查工程对土壤次生盐渍化、潜育化、沙化、沼泽化的影响，防治措施及其效果。

6.4.4.4　分析所采取的工程措施与非工程措施对区域内农业生态的影响。

6.4.5　水土流失影响调查

6.4.5.1　调查内容包括：工程影响区域内水土流失背景状况、工程施工期和运行期水土流失状况、所采取的水土保持措施的实施效果等。水土流失背景状况调查重点为工程影响区域内原土地类型，水土流失成因、类型，流失量等；工程施工期和运行期水土流失调查重点为工程占地、料场和渣场的分布、土石方量调运情况、新增水土流失量及工程对水土保持设施的影响等；工程水土保持措施调查重点为水土保持措施实施状况、水土资源保护状况、生态恢复效果等。

6.4.5.2　工程施工期和运行期水土流失调查，可以比对项目建设前水土流失背景状况，对工程施工扰动原地貌、损坏土地和植被、弃渣、损坏水土保持设施和造成水土流失的类型、分布、流失总量及危害的情况进行分析。

6.4.5.3　调查主要采取资料收集的方法。先期完成了水土保持验收工作的建设项目，水土流失影响调查可引用其验收结果。

6.4.6 其他环境影响调查

6.4.6.1 景观影响调查。重点调查建设项目对周围自然景观和人文景观的影响，特别是对风景名胜区的影响，分析工程与景观的协调性，调查工程景观保护措施的落实情况和有效性，并针对存在的不协调提出改进措施和建议。

6.4.6.2 局地气候影响调查。重点调查水库库区和下游河道减水、脱水河段的局地气候的变化。一般采取收集资料的方法。调查内容主要包括气温、降水量、蒸发量、湿度、雾日、无霜期等。分析局地气候变化对河谷生态的影响，调查减缓对策措施的落实和有效性，并针对存在的问题提出补救措施建议。

6.4.6.3 环境地质调查。重点调查水库蓄水后可能造成的塌岸、滑坡和诱发地震对生态的影响，分析影响程度，调查采取的减缓措施和处理方案，并针对存在的问题和次生地质灾害的潜在影响及防范提出建议。

6.4.7 生态影响及措施有效性分析

6.4.7.1 从自然生态影响、生态保护目标影响、农业生态影响、水土流失影响等方面分析采取的生态保护措施的有效性，评述生态保护措施对生态系统结构与功能的保护（保护性质与程度）、生态功能补偿的可达性、预期可恢复程度等。

6.4.7.2 根据上述分析结果，从保护、恢复、补偿、建设等方面，对存在的问题提出补救措施和建议。

6.4.7.3 对短期内难以显现的预期生态影响，应提出跟踪监测要求及回顾性评价建议，并制定监测计划。

6.5 水文、泥沙情势影响调查

6.5.1 调查内容

6.5.1.1 调查工程影响范围内河流水系控制性水文站的特征水文资料，以及工程运行后的水文数据。

6.5.1.2 重点保护生物重要栖息地水文资料缺失的建设项目，应补充必要的现场调查和观测，同时注意收集该类物种栖息地与水文关系的相关研究成果。

6.5.1.3 调查水利水电工程对水位、流量、泥沙调控的设计资料和运行方案。涉及梯级开发的水利水电工程，应调查相关的水利水电工程联合调度资料。对造成下游河道减（脱）水的建设项目，应重点调查下泄生态基流的保障措施执行情况。

6.5.1.4 调查工程建设前后水文、泥沙情势的变化特征，调查相应保护措施的落实和减缓效果。

6.5.2 水文泥沙影响及措施有效性分析

6.5.2.1 应根据调查和观测资料设置具体分析内容，并明确分析方法和重点。水库工程要重点分析最小下泄流量、水量过程变化特征；引水工程应重点分析引水量对河流生态用水及下游水资源开发利用的影响；跨流域调水工程应重点分析调水区和受水区水资源利用的影响。

6.5.2.2 应根据项目实施前后水文泥沙情势调查数据，定量分析项目的影响，重点分析水文泥沙情势影响减缓措施的效果，指出存在的问题，提出补救措施和建议。

6.5.2.3 对于长期运行才能显现的泥沙情势影响，应提出长期观测调查计划的建议。

6.6 水环境影响调查

6.6.1　调查内容

6.6.1.1　调查建设项目所在区域的河流、水库的水环境保护目标及分布，重点调查流域内饮用水源保护区和取水口的位置、性质、取用水量和取水要求。与建设项目相关水体的水环境功能区划，与本项目相关的水资源保护规划等。

6.6.1.2　调查建设项目各种设施的用水情况。工程的水污染源，排放量、排放去向、主要污染物、采取的处理工艺及处理效果。必要时可调查影响该项目水环境的其他污染源。并明确污染源与该水域环境功能和纳污能力的关系。

6.6.1.3　调查影响范围内地表水和地下水的分布、功能、水质状况、水资源利用情况及与本工程的关系。对于水库工程应重点调查库区水质及有关水体富营养化指标。

6.6.1.4　调查水库库底清理情况及验收结论。

6.6.2　水环境监测

6.6.2.1　监测内容包括：与工程有关的水污染源达标监测、地表水环境质量监测。必要时可根据项目情况进行地下水质量、底泥、水温、富营养化、气体过饱和等方面的专项监测。

6.6.2.2　地表水环境质量监测范围应包括工程主要影响区。水库工程包括：库区、库湾、敏感支流、大坝下游等；供水工程包括：引水口、输水沿线、与河渠交叉处、调蓄水体；灌溉工程包括：输水和退水水质、地下水水位和水质等。

6.6.2.3　根据 HJ 91 标准和工程的水环境影响特征，确定地表水水质监测项目、采样布点、监测频率、采样要求。

6.6.3　水环境影响及措施有效性分析

6.6.3.1　应根据工程特点，明确分析内容、重点和方法。

6.6.3.2　应根据污染源监测数据和水环境质量监测数据，核查环境保护措施是否满足环境影响评价文件和审批文件的要求，分析工程对实现水环境功能区水质目标的影响程度及采取措施的有效性。

6.6.3.3　应根据污染源监测结果，分析污水治理措施效果和污染物达标排放情况，评估工程建设和污水排放对环境保护目标的影响程度。

6.6.3.4　针对存在的问题提出具有可操作性的整改、补救措施。

6.7　大气环境影响调查

6.7.1　大气环境影响调查主要为施工期回顾影响调查，基本调查内容遵循 HJ/T 394—2007 标准的相关规定，主要调查施工期的大气污染源和大气环境质量监测结果。对于运行期办公生活区安装锅炉的建设项目，调查锅炉达标排放的情况。

6.7.2　大气环境影响及措施有效性分析

根据调查、监测结果及达标情况，分析环境保护措施和废气处理设施的有效性，分析存在的问题及提出的整改、补救措施的效果，分析工程对大气环境保护目标的影响。

6.8　声环境影响调查

6.8.1　声环境影响调查主要为施工期回顾影响调查，基本调查内容遵循 HJ/T 394—2007 标准的相关规定，主要调查施工期的噪声源和声环境质量监测结果。

6.8.2　声环境影响及措施有效性分析

根据监测分析结果，明确给出声环境保护措施和设施的降噪效果，是否达到设计要求，声环境保护目标是否达到相应标准要求。综合分析措施的有效性，存在的问题及提出整改、补救措施的效果。

6.9 振动环境影响调查

6.9.1 根据工程施工特点，进行振动环境影响调查。振动环境影响调查主要为施工期影响回顾调查，基本调查内容遵循 HJ/T 394—2007 标准的相关规定，主要调查施工期振动监测资料。

6.9.2 振动影响及措施有效性分析

6.9.2.1 分析、评估环境振动保护措施是否达到设计要求，环境保护目标是否满足标准要求。

6.9.2.2 综合分析防振、减振措施的有效性，存在的问题及提出整改、补救措施的效果。

6.10 固体废物影响调查

6.10.1 调查内容

6.10.1.1 核查工程建设期和运行期产生的固体废物的种类、性质、主要来源及排放量，调查影响区域环境敏感目标的分布、规模、与工程相对位置关系。

6.10.1.2 调查固体废物的处置方式，危险废物处置措施和淤泥填埋区防渗措施应作为重点。

6.10.1.3 调查固体废物影响防治措施及其效果。

6.10.2 固体废物监测

6.10.2.1 根据工程环境影响特点和环境敏感目标要求，选择性进行固体废物监测，危险废物监测应委托有资质的单位。

6.10.2.2 重点监测固体废弃物的处置和填埋区，主要为土壤的污染监测，必要时可进行地下水水质监测。明确监测点位置、监测因子、监测频次、采样要求。

6.10.2.3 统计监测结果。分析环境保护目标的达标情况。根据调查监测结果，对环境影响评价文件中预测超标的区域，重点分析其超达标情况。

6.10.3 固体废物影响及措施有效性分析

6.10.3.1 根据调查和监测结果，分析现有环境保护措施的有效性及存在的问题。

6.10.3.2 针对存在的问题提出具有操作性的整改、补救措施建议。

6.11 社会环境影响调查

6.11.1 移民搬迁安置影响调查

6.11.1.1 根据建设项目特点设置调查内容，主要包括：

a）移民搬迁安置区和生产安置区的分布、环境概况、环境敏感目标与安置区的相对关系。

b）移民安置人口、安置方式、安置概况；迁建企业的实际规模、迁建情况；专项设施的拆除和复建情况。

c）移民搬迁安置区环境保护措施的落实及其效果。

6.11.1.2 调查结果分析

a）分析移民安置的效果，重点是安置区的环境适宜性和土地承载力调查结果分析，集中安置点的环境保护措施落实情况，迁建企业和复建专项设施的环境影响分析。

b）分析移民安置存在或潜在的环境问题，提出整改措施建议。

6.11.1.3　移民安置专门编制环境影响报告书的项目，应对移民安置区进行专门的环境保护验收。工程竣工环境保护验收可直接引用其验收结果。

6.11.2　文物古迹影响调查

6.11.2.1　调查建设项目施工区、永久占地区及影响范围内的具有保护价值的文物古迹，明确保护级别、保护对象、与工程的位置关系等。

6.11.2.2　调查环境影响评价文件及环境影响评价审批文件中要求的环境保护措施的落实情况。

6.11.3　人群健康影响调查

6.11.3.1　调查由于建设项目改变水文条件和自然生态引发的疾病流行情况、防治措施等。可分施工期和运行期分别进行调查。

6.11.3.2　调查施工人群和移民安置区人群健康保护措施的实施情况及防治效果。

6.11.3.3　调查结合工程建设进行的地方病防治措施的落实情况和效果。

6.12　环境风险事故防范及应急措施调查

6.12.1　根据建设项目可能存在的环境风险事故的特点及环境影响评价文件有关内容和要求确定调查内容，包括：

a）工程施工期和运行期存在的环境风险因素调查，是否出现过风险事故。

b）施工期和运行期环境风险事故发生情况、原因及造成的环境影响调查。

c）工程环境风险防范措施与应急预案的制定情况，国家、地方及有关行业关于风险事故防范与应急方面相关规定的落实情况，必要的应急设施配备情况和应急队伍培训情况。

d）调查工程环境风险事故防范与应急管理机构的设置情况。

6.12.2　根据以上调查结果，评述工程现有防范措施与应急预案的有效性，针对存在的问题提出具有可操作性的改进措施建议。

6.13　环境管理及监控计划落实调查

6.13.1　调查内容

6.13.1.1　按施工准备期、施工期和运行期三个阶段分别进行调查。

6.13.1.2　建设单位环境保护管理机构及规章制度制定、执行情况、环境保护人员专（兼）职设置情况。

6.13.1.3　建设单位环境保护相关档案资料的齐备情况。

6.13.1.4　环境影响评价文件和初步设计文件中要求建设的环境保护设施的运行管理情况，环境监测计划的落实情况。建设单位对环境保护项目立项、委托及实施情况。

6.13.1.5　工程施工期环境监理实施情况。

6.13.2　调查结果分析

6.13.2.1　分析建设单位环境保护设施与主体工程同时设计、同时施工和同时投产使用的"三同时"制度的执行情况。

6.13.2.2　针对调查发现的问题，提出切实可行的环境管理建议和环境监测计划改进建议。

6.14　公众意见调查

6.14.1 了解公众对工程施工期及运行期环境保护工作的意见，以及工程建设对影响范围内居民工作和生活的环境影响情况。

6.14.2 在公众知情的情况下开展。可采用问询、问卷调查、座谈会、媒体公示等方法，较为敏感或知名度较高的项目也可采取听证会的方式。

6.14.3 调查对象应选择工程影响范围内的公众、有关行业主管部门和有关专家等。公众意见调查应从性别、年龄、职业、居住地、受教育程度等方面考虑覆盖社会各层次公众的意见，少数民族地区应有一定比例的少数民族代表。

6.14.4 调查样本数量应根据实际受影响人群数量和人群分布特征，在满足代表性的前提下确定。

6.14.5 调查内容可根据建设项目的工程特点和周围环境特征设置，包括：

a）工程施工期是否发生过环境污染事件或扰民事件。

b）公众对建设项目施工期、运行期存在的主要环境问题和在环境影响方面的看法与认识，可按生态、水、气、声、固体废物、振动等环境要素和影响因素设计问题。

c）公众对建设项目施工期和运行期采取的环境保护措施效果的满意度及其他意见。

d）对涉及环境敏感目标或公众环境利益的建设项目，应针对环境敏感目标或公众环境利益设计调查问题，了解其是否受到影响及影响程度。

e）公众最关注的环境问题及希望进一步采取的环境保护措施建议。

f）公众对建设项目环境保护工作的总体评价。

6.14.6 调查结果分析应符合下列规定：

a）给出公众意见调查逐项分类统计结果及各类意见数量和比例。

b）定量说明公众对建设项目环境保护工作的认同度，以及公众对建设项目的主要意见。

c）重点分析建设项目各时期对自然环境和社会环境的影响，有关环境保护措施实施的社会效果，公众主要意见的解决和反馈情况。

d）结合调查结果，提出热点、难点环境问题的解决方案建议。

6.15 调查结论与建议

6.15.1 调查结论是全部调查工作的结论，编写时需概括和总结全部工作。

6.15.2 总结建设项目对环境影响评价文件及环境影响评价审批文件要求的落实情况。

6.15.3 重点概括说明工程建成后产生的主要环境问题及现有环境保护措施的有效性，在此基础上提出改进措施和建议。

6.15.4 根据调查和分析的结果，客观、明确地从技术角度论证工程是否符合建设项目竣工环境保护验收条件，包括：

a）建议通过竣工环境保护验收。

b）建议限期整改后，进行竣工环境保护验收。

6.16 附件

与建设项目相关的一些资料与文件，包括竣工环境保护验收调查委托书、建设单位验收申请文件、环境影响评价审批文件、环境影响评价文件执行的标准批复、竣工环境保护验收监测报告、"三同时"验收登记表等。

7 竣工环境保护验收现场检查

7.1 环境保护设施检查

7.1.1 检查生态保护设施建设和运行情况，包括：过鱼设施和增殖放流设施、下泄生态流量通道、水土保持设施等。

7.1.2 检查水环境保护设施建设和运行情况，包括：工程区废、污水收集处理设施、移民安置区污水处理设施等。

7.1.3 检查其他环保设施运行情况，包括：烟气除尘设施、降噪设施、垃圾收集处理设施及环境风险应急设施等。

7.2 环境保护措施检查

7.2.1 检查生态保护措施落实情况，包括：迹地恢复和占地复耕措施、绿化措施、生态敏感目标保护措施、基本农田保护措施、水库生态调度措施、水生生物保护措施、生态补偿措施等。

7.2.2 检查水环境保护措施落实情况，包括：污染源治理措施、水环境敏感目标保护措施、排泥场防渗处理措施、水污染突发事故应急措施等。

7.2.3 检查其他环境保护措施落实情况。

附录 A（规范性附录）

实施方案和调查报告的编制要求

A.1 格式要求

A.1.1 验收调查实施方案和验收调查报告由下列三部分构成：

A.1.1.1 前置部分：封面、封二和目录，格式样式及要求见 HJ/T 394—2007 标准的附录 A。

A.1.1.2 主体部分：正文及图件。

A.1.1.3 附件：委托书、初步设计审批文件、环境影响评价审批文件等相关文件。

A.1.2 调查报告内容应按实施方案设置的内容进行编制。

A.2 实施方案编制要求

A.2.1 调查实施方案应对验收调查工作进行总体设计。实施方案的编制应以环境影响评价文件及环境影响评价审批文件为基础，根据准备阶段收集分析资料和初步调查工作成果，以及水利水电工程的特点，明确环境保护验收调查的工作内容、调查重点、调查深度和调查方法。

A.2.2 调查的环境要素应根据工程类型和环境特征选择，对环境不产生直接影响或影响较小的要素可适当简化。

A.2.3 实施方案编制时，如果建设项目在短时间内生产能力无法达到设计能力的75%，应按照实际运行工况制订调查方案，并应设置达到设计能力时的环境影响预测内容。

A.2.4 实施方案应包括以下内容：

A.2.4.1 前言

简要阐述项目概要和项目各建设阶段至运行期的全过程、建设项目环境影响评价制度执行过程及项目验收条件或工况。

A.2.4.2 综述

a）明确编制依据、调查目的及原则、调查方法、调查范围、验收标准、环境敏感目标和调查重点等内容。

b）编制依据应包括建设项目须执行的国家、地方性法规及相关规划；建设项目设计及批复文件、工程建设中环境保护设施变更报批及批复文件；环境影响评价文件与环境影响评价审批文件；委托调查文件；其他相关专项验收文件等。

c）调查时段的确定，工程竣工环境保护验收调查时段按照本规范 4.3.1 确定，工程阶段环境保护验收调查时段为工程前期和施工期。

d）调查范围按照本规范 4.3.2 确定。

e）验收标准和指标按照本规范 4.4 确定。

f）调查重点按照本规范 4.6 的要求明确具体内容。

A.2.4.3　工程调查

说明工程的建设过程和工程实际建设内容，重点明确工程与环境影响评价阶段的变化情况。

A.2.4.4　环境影响报告书回顾

a）说明主要环境影响要素、环境敏感目标、环境影响预测结果、采取的环境保护措施和建议、评价结论。

b）说明环境影响评价文件完成及审批时间，简述环境影响评价审批文件中所提出的要求。

A.2.4.5　验收调查内容

a）根据建设项目的特点和影响范围，按照环境影响要素分别确定详细的调查内容，明确采用的调查方法，给出验收环境监测内容，包括监测点位、因子、时间、频次、采样要求等。

b）初步核查工程在设计、施工、运行阶段针对生态影响、污染影响和社会影响所采取的环境保护措施，并对环境影响评价文件和环境影响评价审批文件所要求的各项环境保护措施的落实情况予以说明。

A.2.4.6　组织分工与调查实施进度

A.2.4.7　提交成果

A.2.4.8　经费估算

A.2.4.9　附件：包括竣工环境保护验收调查委托书、环境影响报告书审批文件、环境影响报告书执行标准的批复及其他相关文件等。

A.3　调查报告编写内容

A.3.1　调查报告包括工程竣工环境保护调查报告和阶段环境保护验收调查报告，编制内容应根据实施方案确定的工作内容、范围和方法进行编制。

A.3.2　应以环境影响评价文件、环境影响评价审批文件及设计文件、相关工程资料为依据，以现场调查数据、资料为基础，客观、公正地评价环境保护措施及效果，全面、准确地反映工程对环境影响的范围和程度，明确提出环境保护的整改、补救措施，并给出工程竣工环境保护验收调查结论。

A.3.3　应以工程建设环境保护措施落实及其效果和实际产生的环境影响为重点。

A.3.4　调查报告的内容和结论应支持项目的运行工况，环境影响评价文件的各项预测结论在验收调查报告中应有验证性结论。

A.3.5　调查报告包括以下内容：

A.3.5.1　前言

在实施方案"前言"的基础上，增加验收调查工作过程的说明。

A.3.5.2　综述

在实施方案"综述"的基础上，结合调查的实际情况，进一步明确、充实和补充编制依据、调查方法、调查范围和验收标准、环境敏感目标及调查重点等内容，对于发生变化的应予以必要的说明。

A.3.5.3 工程调查

核查实施方案中工程调查的内容是否全面反映了工程实际建设和运行情况。给出工程环境影响评价阶段、设计阶段和实施阶段的变化情况，并对工程变更的环境影响予以说明。

A.3.5.4 环境影响报告书回顾

A.3.5.5 环境保护措施落实情况调查

描述工程在设计、施工、运行阶段针对生态影响、水文情势影响、污染影响和社会影响所采取的环境保护措施，并列表对环境影响评价文件及环境影响评价审批文件所提各项环境保护措施的落实情况予以核实、说明。

A.3.5.6 环境影响调查

a）生态影响调查：应从生态保护目标、自然生态影响、农业生态影响、水土流失影响以及其他生态影响等方面给出调查结果，并针对存在的问题提出补救措施与建议。

b）水文情势影响调查：应从工程人为调度对水文情势的改变、水文情势变化对保护目标的影响、下泄生态基流的保障措施等方面给出调查结果，并针对存在的问题提出补救措施与建议。

c）污染影响调查：根据工程建设特点、环境特征、污染源分布情况，结合监测结果，分析环境质量和污染源的超标达标情况及已采取措施的有效性，分析对环境保护目标的影响，并针对存在的问题提出补救措施与建议。

d）社会环境影响调查：给出环境影响评价文件及环境影响评价审批文件中要求的环境保护措施的落实情况。

A.3.5.7 风险事故防范及应急措施调查

A.3.5.8 环境管理状况及监测计划落实情况调查

A.3.5.9 公众意见调查

A.3.5.10 调查结论与建议

A.3.5.11 附图和附件

a）附图：工程地理位置图；流域水系图；工程布置图；施工总平面布置图；环境监测断面和点位分布图；动植物、土壤、土地利用等有关生态影响的图件；环保措施分布图或布置图；以及其他相关说明性图件。

b）附件：包括竣工环境保护验收调查委托书；环境影响报告书审批文件；竣工环境保护验收监测报告；调查实施方案的技术审查文件；环境影响报告书执行标准的批复；"三同时"验收登记表及其他相关文件等。

附录 B（规范性附录）

验收调查表编制要求

B.1 一般规定

B.1.1 编制验收调查表的项目不编制验收调查实施方案，直接编制验收调查表。

B.1.2 验收调查表应以环评文件、设计文件、竣工资料为基础，现场调查、监测数据为判据，全面、准确地反映工程及工程对环境的影响范围和程度，具体、明确地提出保护环境的整改、补救措施，客观、公正地评价环境保护措施及效果，并给出验收调查结论。

B.1.3 验收调查表与环境影响报告表应具有可对照性。环境影响报告表的预测结果在验收调查表中应有一定程度的验证性结论；验收调查表应根据工程实际环境影响，对环境影响报告表的评价结论和工程的总体效果进行客观评述。

B.2 格式要求

验收调查表编制格式见 HJ/T 394 标准的附录 B。

B.3 编写内容

B.3.1 项目总体情况（表 1）

包括：建设项目名称；建设单位及联系方式；环境影响报告表、环评单位和环评审批情况；项目初步设计单位和审批情况；生产能力及运行日期；项目投资及环保投资；项目建设过程简况等。

B.3.2 调查范围、因子、保护目标和调查重点（表 2）

B.3.3 验收执行标准（表 3）

包括：环境质量标准、污染物排放标准和污染物总量控制指标。

B.3.4 工程概况（表 4）

包括：项目名称，地理位置并附图说明；工程与相关规划的关系；工程规模、工程组成及布置、工程特性参数等，附必要的工程布置图；工程占地及移民搬迁概况；实际工程量及施工情况；项目的运用方式、运行工艺流程；工程环保投资明细；与项目有关的生态破坏和污染物排放、主要环境问题及环境保护措施。

B.3.5 环境影响评价回顾（表 5）

包括：项目环评的主要内容和评价结论；环评中提出的环保措施和建议；各级环境保护主管部门的审批意见；初步设计的环保措施。

B.3.6 环保措施执行情况（表 6）

分为工程设计阶段、施工期和运行期分别调查填写，各工程阶段均按照生态影响、污染影响和社会影响分别填写环保措施执行情况。在表中分别列出环境影响评价文件和初步设计中的环保措施、工程实际采取的环保措施、措施的执行效果及未采取措施的原因。对于分期实施的项目，还要列出"以新带老"的环境保护措施。

B.3.7 环境影响调查（表7）

分为工程施工期和运行期两个阶段分别进行环境影响调查与分析，环境影响分为生态影响、污染影响和社会影响三类。

B.3.8 环境质量及污染源监测（表8）

按照生态、水、大气、声、振动、其他等分别给出监测时间和频次、监测点位、监测项目和监测结果分析。根据工程的环境影响特点，选择填写，可按照施工期监测、运行期监测和验收监测分别填写。

B.3.9 环境管理与监测计划（表9）

包括：施工期和运营期环境管理机构的设置情况；环境监测能力建设情况；环境影响评价文件中提出的环境监测计划及落实情况；环境管理状况分析与建议。

B.3.10 调查结论与建议（表10）

调查结论编写时需概括和总结全部调查结果，逐条给出结论性意见。客观、明确地给出是否符合验收条件的结论。

B.3.11 附图与附件

a）附图：工程地理位置图；流域水系图；工程布置图；施工总平面布置图；环境监测断面和点位分布图；有关生态影响的图件；环保措施分布图；以及其他相关说明性图件。

b）附件：竣工环境保护验收调查委托书；环保行政主管部门对环境影响报告表的批复文件；环保行政主管部门对环境保护验收调查表的技术审查意见；竣工环境保护验收环境监测报告；环境影响报告书执行标准的批复；"三同时"竣工验收登记表等。

中华人民共和国国家环境保护标准

储油库、加油站大气污染治理项目验收检测技术规范

Measurement technology guidelines for check and accept of air pollution control project for bulk gasoline terminal and gasoline filling station

HJ/T 431－2008

2008-04-15 发布

2008-05-01 实施

环境保护部发布

前　言

为贯彻《中华人民共和国环境保护法》和《中华人民共和国大气污染防治法》，防治汽油油气大气污染，改善环境空气质量，制定本标准。

本标准规定了储油库、加油站大气污染治理项目环境保护验收检测的有关要求和规范。

本标准为首次发布。

本标准为指导性标准。

本标准由环境保护部科技标准司提出。

本标准主要起草单位：北京市环境保护科学研究院、中机生产力促进中心。

本标准环境保护部 2008 年 4 月 15 日批准。

本标准自 2008 年 5 月 1 日起实施。

本标准由环境保护部解释。

1 适用范围

本标准规定了储油库、加油站油气大气污染治理项目验收检测工作流程中资料收集、执行标准选择、现场检查、现场检测和验收检测报告编制的技术要求。

本标准适用于现有储油库、加油站大气污染治理项目验收检测工作，新（改、扩）建储油库和加油站油气回收项目验收的检测工作也需按照本标准执行。

2 规范性引用文件

本标准内容引用了下列文件中的条款。凡是不注日期的引用文件，其有效版本适用

于本标准。

GB 20950 储油库大气污染物排放标准

GB 20952 加油站大气污染物排放标准

HJ/T 373 固定污染源监测质量保证与质量控制技术规范（试行）

3 术语和定义

下列术语和定义适用于本标准。

3.1 治理项目 control project

现有储油库、加油站汽油油气大气污染治理项目。

3.2 储油库 bulk gasoline terminal

由储油罐组成并通过管道、船只或油罐车等方式收发汽油的场所（含炼油厂）。

3.3 加油站 gasoline filling station

为汽车油箱充装汽油的专门场所。

3.4 油气 gasoline vapor

汽油储存、装卸、销售过程中产生的挥发性有机物气体（非甲烷总烃）。

3.5 加油站油气回收系统 vapor recovery system for gasoline filling station

在汽油密闭储存的基础上，由卸油油气回收系统与加油油气回收系统、在线监测系统和油气排放处理装置中的若干项组成的总称。

4 验收检测工作流程

储油库、加油站汽油油气大气污染治理项目（以下简称治理项目）环境保护验收检测工作流程分为 4 个阶段，见图 1。

5 资料收集

治理项目业主单位提供验收检测基本情况表（见附录表 B.1 和表 B.2）和相关资料并用 A4 幅面装订成册，对照基本情况表核对所提供相关资料的名称和数量。相关资料如下：

5.1 报告资料

治理项目设计和治理工作总结报告。

5.2 批复文件

治理项目设计批复。

5.3 图件资料

地理位置图，生产场区平面布置图，环境敏感目标分布图及照片，治理工艺流程图，主要治理设备照片。

5.4 资质及认证

提供以下资质和认证文件的复印件：

a）业主经营许可证；

b）工程设计、施工、安装资质；

c）供应商或代理商授权书，产品合格证书；

d）电气设备防爆认证；

e）通过认证的产品或系统认证文件，油气回收系统、处理装置的技术评估报告。

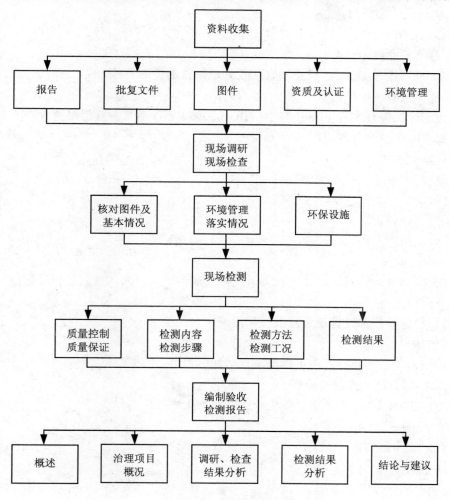

图1　验收工作流程图

5.5 环境管理资料

环境保护规章制度，检查和检测计划。

6 储油库现场调研、检查和检测

6.1 现场调研

a）核对图件。距生产场区边界 500 m 范围环境敏感目标分布，生产场区生产设施、建筑物、油气回收管网布局及以上变更情况，油气回收方法治理工艺流程图，主要治理设备照片；

b）核对基本情况表。汽油储罐数量、容积；

c）汽油收、发输送方式（管道、火车、汽车、船舶）和数量；

d）汽油发油方式（顶部泼洒或浸没装油方式、底部装油方式）和数量；

e）生产工况（年设计生产规模、上年度实际生产规模、上年月和日最大生产负荷、每天最大生产负荷的时间区间）；

f）环境管理落实情况。

6.2 现场检查

6.2.1 检测条件现场检查

按 GB 20950 附录 B B.2，检查油气回收处理装置的检测条件。

6.2.2 环保设施现场检查

环保设施现场检查内容见表 B.3，对照 GB 20950 逐项填写检查结果为合格或不合格，标准没有要求的按检查内容填写。

6.3 现场检测

6.3.1 检测内容

a）气体泄漏；

b）油气处理装置；

c）液体泄漏。

6.3.2 检测步骤

a）首先检测气体泄漏项，油气收集系统任何泄漏点的泄漏浓度超过标准限值 100 倍时可结束下面检测；

b）然后任意检测油气处理装置或液体泄漏项。

6.3.3 气体泄漏检测

检测油气密闭收集系统任何可能泄漏点的油气浓度。

6.3.3.1 检测方法、点位和频次

按照 GB 20950 附录 A 规定的方法、点位和频次进行检测。

6.3.3.2 检测工况

发油相对集中的时段。

6.3.3.3 检测提示

a）检测时的环境风速小于 3 m/s；

b）可能泄漏点包括密封式快接头，气体管线连接处、阀门、焊接处、管道锈蚀处等。

6.3.3.4 质量控制和质量保证

烃类气体探测器定期由质检部门和使用者自行校准。按照 HJ/T 373 有关内容执行。

6.3.3.5 检测结果记录

气体泄漏检测结果记录表参见 GB 20950 附录 C 表 C.1。

6.3.4 油气处理装置检测

检测油气回收处理装置进、出口油气质量浓度和效率。

6.3.4.1 检测方法、点位和频次

按照 GB 20950 附录 B 规定的方法、点位和频次进行检测。

6.3.4.2 检测工况

发油相对集中的时段。

6.3.4.3 检测提示

a）进口检测接头安装截流阀；

b）由于气体中油气浓度较高，建议用高纯度氮气定量稀释方法采集样品；

c）发油相对集中时段的采样时间不少于 1 h，每台处理装置的有效样品不少于 3 个；

d）检测时的环境温度不低于 20℃。

6.3.4.4 质量控制和质量保证

按照 HJ/T 373 有关内容执行。

6.3.4.5 检测结果记录

油气处理装置检测结果记录表参见 GB 20950 附录 C 表 C.2。

6.3.5 液体泄漏检测

检测底部装油密封式快速接头断开时的汽油泄漏量。

6.3.5.1 检测方法、点位和频次

按照 GB 20950 中 4.2.3，在装油过程中连续 3 次开启和关闭油泵，测量每次断开快速接头时的汽油泄漏量，取 3 次平均值。

6.3.5.2 检测工况

油罐汽车装油过程中进行泄漏检测。

6.3.5.3 检测提示

保持液体泄漏检测的连续性，检测时间不宜过长，以免造成被收集的汽油过多蒸发损失。

6.3.5.4 质量控制和质量保证

按照 HJ/T 373 有关内容执行。

6.3.5.5 检测结果记录

液体泄漏检测结果记录表参见 GB 20950 附录 C 表 C.3。

7 加油站现场调研、检查和检测

7.1 现场调研

a）核对图件。距生产场区边界 50 m 范围环境敏感目标分布，生产场区生产设施、建筑物、油气回收管网布局及以上变更情况，油气回收方法治理工艺流程图，主要治理设备照片。

b）核对基本情况表。汽油、柴油地下及地上储罐数量和容积，汽油加油机型号、数量，汽油加油枪型号、数量。

c）生产工况（年销售汽油量、每天销售量最大和最小的时间区间、每天卸油的时间区间）。

d）加油机采用自吸泵或潜泵。

e）环境管理落实情况。

7.2 现场检查

7.2.1 检测条件现场检查

a）预留在加油油气回收立管上的三通检测接头；

b）带有切断阀的短接管路（在测量油气回收系统密闭性时，要了解直到每支加油枪末端的密闭情况，如果油气回收管线上使用了单向阀或所采用的真空辅助装置使气体不能反向导通，则采用带有切断阀的短接管路加以解决）；

c）按 GB 20950 附录 B B.2，检查油气回收处理装置的检测条件。

7.2.2 环保设施现场检查

环保设施现场检查内容见表 B.4，对照 GB 20952 逐项填写检查结果为合格或不合格，标准没有要求的按检查内容填写。

7.3 现场检测

7.3.1 检测内容和检测步骤

a）液阻；

b）密闭性；

c）气液比；

d）处理装置排放浓度；

e）在线监测系统校准和数据比对；

f）噪声。

7.3.2 液阻检测

检测油气回收管线通畅程度。

7.3.2.1 检测方法、点位和频次

按照 GB 20952 附录 A 规定的方法、点位和频次进行检测。如果储油罐与油气排放处理装置的进气连接管线长度超过 8 m，出气连接管线超过 5 m，参照附录 A 进行液阻检测。

7.3.2.2 检测工况

a）检测期间不能加油和卸油；

b）关闭油气排放处理装置。

7.3.2.3 检测提示

a）对每台加油机至埋地油罐的地下油气回收管线进行液阻检测；

b）开启被检加油机对应储罐的卸油油气回收接口阀门，使其接通大气；

c）从最低氮气流量开始，分别检测 3 个流量对应的液阻。

7.3.2.4 质量控制和质量保证

按照 GB 20952 附录 A 和 HJ/T 373 中有关内容执行。

7.3.2.5 检测结果记录

液阻检测结果记录表参见 GB 20952 附录 F 表 F.1。

7.3.3 密闭性检测

检测加油站油气回收系统的密闭程度。

7.3.3.1 检测方法、点位和频次

按照 GB 20952 附录 B 规定的方法、点位和频次进行检测。

7.3.3.2 检测工况

a）检测前 24 h 没有进行气液比检测；

b）检测前 3 h 和检测过程中不得有大批量油品进出储油罐；

c）检测前 30 min 和检测过程中不得为汽车加油；

d）检测前 30 min，储油罐油气空间压力不超过 125 Pa；

e）关闭排放处理装置，所有加油枪都正确挂在加油机上；

f）单体油罐的最小油气空间为 3 800 L 或占油罐容积的 25%，二者取较小值。连通油罐的最大合计油气空间不超过 95 000 L；

g）确认储油罐的油面至少比浸没式卸油管出口高出 100 mm；

h）如果排气管上安装了截流阀，要求在检测期间全部开启。

7.3.3.3　检测提示

a）打开油气回收管线上用以连通单向阀或真空辅助装置两端气路的、带有切断阀的短接管路；

b）用公式 B.1 先计算将系统加压至 500 Pa 大约所需要的时间；

c）如果油气回收系统由若干独立的油气回收子系统组成，那么每个独立子系统都应做密闭性检测。

7.3.3.4　质量控制和质量保证

按照 GB 20952 附录 B 和 HJ/T 373 中有关内容执行。

7.3.3.5　检测结果记录

密闭性检测结果记录表参见 GB 20952 附录 F 表 F.2。

7.3.4　气液比检测

检测回收的气体体积与同时计量的汽油液体体积之比值。

7.3.4.1　检测方法、点位和频次

按照 GB 20952 附录 C 规定的方法、点位和频次进行检测。如果加油枪具有多挡位功能，应对各挡进行检测。"一泵带四枪"油气回收系统，三支枪同时被检测的系统抽检比例不低于 50%；"一泵带多枪（＞4 支枪）"油气回收系统，四支枪同时被检测的系统抽检比例不低于 50%。

7.3.4.2　检测工况

a）允许未被检测的加油机进行加油，但不能在检测气液比过程中卸油；

b）如果有其他加油枪与被检测加油枪共用一个真空泵，气液比检测应在其他加油枪都没有被密封的情况下进行；

c）所有加油枪都正确挂在加油机上。

7.3.4.3　检测提示

a）谨慎地把加出的汽油倒回相应的汽油储罐内，并且在倒油之前一直保持检测用油桶接地。在没有得到加油站业主的同意时，不要在油桶中混合不同标号的汽油，如果造成混合，应将混合汽油倒入低标号储油罐。

b）装配好检测用油桶和气液比检测装置之后，向油桶中加油 15～20 L，使油桶具备含有油气的初始条件。

c）检测完毕后，注意对检测设备的运输和保管，将气体流量计的入口和出口小心地密封上，以防止外来异物进入流量计。

7.3.4.4　质量控制和质量保证

按照 GB 20952 附录 C 和 HJ/T 373 中有关内容执行。

7.3.4.5　检测结果记录

气液比检测结果记录表参见 GB 20952 附录 F 表 F.3。

7.3.5　处理装置排放浓度检测

检测油气排放处理装置出口油气质量浓度。

7.3.5.1 检测方法、点位和频次

参照 GB 20950 附录 B 规定的方法、点位和频次进行检测。也可使用在线检测仪器。

7.3.5.2 检测工况

加油相对集中时段和处理装置启动期间。

7.3.5.3 检测提示

a）非处理装置自身问题而不经常启动，可采用符合 GB 20950 附录 A A.3.1 要求的在线监测仪器进行检测，仪器检测分辨率体积分数不低于 0.1%；

b）由于气体中油气浓度较高，建议现场用高纯度氮气定量稀释方法收集样品；

c）如果处理装置安装了气体流量计，则收集数据。

7.3.5.4 质量控制和质量保证

按照 HJ/T 373 有关内容执行。

7.3.5.5 检测结果记录

处理装置检测结果记录表参见 GB 20952 附录 F 表 F.4。

7.3.6 在线监测系统校准和数据比对

在线监测系统的校准由供应商完成。由检测单位完成在线监测记录的气液比数据与实测气液比数据同步比对，以实测数据为准。

7.3.7 噪声检测

油气收集动力系统和处理装置运行时检测噪声，噪声检测按照国家有关标准执行。

8 编制验收检测报告

验收检测报告依据 GB 20950 和 GB 20952 中有关要求，结合汽油储、运、销行业特点，按照资料收集和现场检查、检测的实际情况，汇总检查结果和检测数据，通过分析得出结论，为环境保护行政主管部门提供验收技术依据。主要包括以下内容：

8.1 概述

治理项目设计批复简述，治理项目试运行时间和运行情况，验收检测和检测报告编制承担单位简介，现场检查、检测时间和情况叙述。

8.2 治理项目概况

8.2.1 基本情况

简述企业性质、所属关系、生产规模、生产工况和方式。

8.2.2 地理位置及敏感目标

在地图上标注治理项目地理位置，并做简单描述。描画治理项目周边关系图，对敏感目标进行简单描述，并提供现场照片。

8.2.3 生产场区平面布置

以图的方式标注各种生产设施、环保设施、建筑物，以及治理前后变更情况，并做简单描述。

8.2.4 治理工艺

治理工艺流程图和地下工艺管线施工图，并做简单描述。

8.2.5 资质及认证

a）承担治理项目工程设计、施工、安装工作的单位具有石油和成品油储运专业的相关资质；

b）检测工作承担单位具有相关检测内容的计量认证和实验室认可或机构认可；

c）计量仪器或设备具有定期计量检定/校准证书；

d）与治理项目和技术有关的电气设备具有防爆认证；

e）GB 20950、GB 20952 中要求具备的油气回收系统和处理装置技术评估报告。

8.2.6 环境管理资料

描述规章制度、管理责任、检查记录、检测计划等情况。

8.3 调研、检查结果分析

8.3.1 调研结果分析

按调研内容逐项分析调研结果。

8.3.2 检查结果分析

按检查表格内容分析判定检查结果。

8.4 检测结果分析

8.4.1 数据整理

a）按照标准规定的检测要求，以实际检测数据为准；

b）异常数据分析与取舍；

c）对照标准判定是否达标及超标原因分析。

8.4.2 结果表示

用表格方式给出检测结果。

8.4.3 工况分析

a）描述检测期间的生产工况；

b）异常工况对检测结果的影响分析；

c）其他情况。

8.4.4 检测提示的处理

简述处理检测提示的情况。

8.4.5 质量控制和质量保证

简述执行质量控制和质量保证的情况。

8.5 结论及建议

8.5.1 调研、检查结论

重点是落实情况的结论。

8.5.2 检测结论

按照标准规定的限值，逐项给出结论。

8.5.3 建议

a）调研内容不符合要求的处理建议；

b）检查内容不符合要求的处理建议；

c）检测内容不达标的处理建议；

d）不具备检测和工况条件的处理建议；

e）其他建议。

附录 A（规范性附录）

验收检测报告编排结构、内容及要求

A.1 编排结构

封面、封二、目录、正文、附件、附表、封底。

A.2 验收检测报告章节

A.2.1 概述

A.2.2 治理项目概况

A.2.3 调研、检查结果

A.2.4 检测结果

A.2.5 结论及建议

A.3 报告中的图表

A.3.1 图件

A.3.1.1 各种图件均用中文标注，图中简称要有注释说明

A.3.1.2 用框图表示治理工艺流程图中的工艺设备或处理装置

A.3.2 表格

A.3.2.1 表格内容

A.3.2.1.1 治理项目基本情况表

A.3.2.1.2 治理项目环保设施现场检查内容一览表

A.3.2.1.3 检测结果记录表

A.3.2.2 表格要求

开放式表格

A.4 报告正文要求

A.4.1 正文 4 号宋体

A.4.2 3 级以上标题宋体加黑

A.4.3 1.5 倍行间距

A.5 其他要求

A.5.1 报告的编号方式由各承担单位制定。

A.5.2 页眉中注明治理项目名称，位置居中，小 5 号宋体，斜体，下画单横线。

A.5.3 页脚注明报告编制单位，小 5 号宋体，位置居左。

A.5.4 正文页码采用阿拉伯数字，居中；目录页码采用罗马数字并居中。

附录 B（资料性附录）

验收检测报告参考表

下列表格仅供参考，使用时可结合实际增减。

储油库基本情况见表 B.1

加油站基本情况见表 B.2

储油库环保设施现场检查内容一览表见表 B.3

加油站环保设施现场检查内容一览表见表 B.4

表 B.1　储油库基本情况表

储油库名称					
储油库地址					
储油库负责人			电话		
储油库上级					
储油库上级地址					
上级负责人			电话		
上年度汽油收、发油量			汽油标号		
汽油储罐编号					
储罐容积/m³					
序号	资料名称			备注	

盖章

年　月　日

表 B.2　加油站验收基本情况表

加油站名称				
加油站地址				
加油站负责人		电话		
加油站上级				
加油站上级地址				
上级负责人		电话		
汽油加油机型号、数量		汽油加油枪型号、数量		
上年度汽油销售量	（吨）	汽油标号		
汽油地下、地上储罐编号				
储罐容积（L）				
储罐投入使用日期				
上年度柴油销售量	（吨）	柴油标号		
柴油地下、地上储罐编号				
储罐容积（L）				
储罐投入使用日期				
序号	资料名称		备注	

盖章

年　　月　　日

表 B.3　储油库环保设施现场检查内容一览表

序号	储油库污染源	环保设施	现场检查主要内容	标准	检查结果
1	发油台（油罐汽车装油）	油气密闭收集系统	底部装油情况	/	
			测压记录	≤4.5 kPa	
		油气回收处理装置	进、出口气体流量监测设备，气体流量监测设备运行情况和流量记录	/	
			排气筒高度	≥4 m	
		防溢流控制系统	系统灵敏度定期检测记录	/	
		密封式快速接头	尺寸	DN100	
2	发油台（铁路罐车、船舶装油）	油气密闭收集系统	密闭收集情况	/	
		油气回收处理装置	进、出口气体流量监测设备，气体流量监测设备运行情况和流量记录	/	
			排气筒高度	≥4 m	
3	储油罐	浮顶罐	密封方式等	5.1、5.2、5.3	

表 B.4　加油站环保设施现场检查内容一览表

序号	加油站污染源	环保设施	现场检查主要内容	标准	检查结果
1	卸油	浸没式卸油方式	卸油管出油口距罐底高度	≤200 mm	
		油气回收接口	截流阀、密封式快速接头和帽盖	DN100	
		溢流控制措施	类型、品牌、型号	/	
		地下油气管线	管线坡度	≥1%	
			直径	≥DN50	
2	储油	压力/真空阀	品牌、型号	/	
		电子式液位计	是否具有测漏功能	宜选择测漏功能	
		油气回收系统	逐项检查技术评估报告包含的设备	/	
		回收型加油枪	品牌、型号	/	
		真空辅助方式密闭收集	加油时真空泵是否运转	/	
		油气回收管线	管线坡度	≥1%	
			直径	≥DN50	
3	加油	拉断截止阀	品牌、型号	/	
		在线监测系统	查看在线监测记录、预警和警告范围	5.4.1、5.4.2	
		排放处理装置	方法、品牌、型号、运行、启动方式和范围、进口流量计及记录流量和流量对应的时间	/	
			排气筒高度	≥4 m	
		未装在线监测系统和排放处理装置	预先埋设管线	5.5.2	

中华人民共和国环境保护行业标准

铬渣污染治理环境保护技术规范
（暂行）

Environmental protection technical specifications for pollution
treatment of the chromium residue（on trial）

HJ/T 301—2007

前　言

为贯彻《中华人民共和国环境保护法》、《中华人民共和国固体废物污染环境防治法》、《中华人民共和国清洁生产促进法》等相关法律和法规，落实"国民经济和社会发展第十一个五年规划（2006—2010）"，实施国家发展和改革委员会、国家环境保护总局联合发布的《铬渣污染综合整治行动方案》，确保环境安全、保障人体健康，制定本标准。

本标准为暂行标准，待国家有关固体废物污染控制标准实施后，按有关标准的规定执行。

本标准由国家环境保护总局科技标准司提出。

本标准起草单位：中国环境科学研究院固体废物污染控制技术研究所、中国建筑材料科学研究院水泥科学与新型建筑材料研究所。

本标准国家环境保护总局 2007 年 4 月 13 日批准。

本标准自 2007 年 5 月 1 日起实施。

本标准由国家环境保护总局解释。

铬渣污染治理环境保护技术规范（暂行）

1 适用范围

本标准适用于铬渣的解毒、综合利用、最终处置及这些过程中所涉及的铬渣的识别、堆放、挖掘、包装和运输、贮存等环节的环境保护和污染控制，铬渣解毒产物和综合利用产品的安全性评价，以及环境保护监督管理。

本标准适用于有钙焙烧工艺生产铬盐产生的含铬废渣。其他铬盐生产工艺产生的含铬废渣以及其他含六价铬固体废物的处理处置参照本标准执行。

2 原则

2.1 环境安全第一。在铬渣污染治理中，以铬渣无害化处置为第一目标，在铬渣处理处置过程中防止产生二次污染，不提倡使用有毒有害物质。任何解毒工艺必须与综合利用或最终处置工艺结合，保证铬渣污染治理全过程环境安全。

2.2 在确保不产生二次污染的前提下，鼓励对铬渣进行综合利用。

2.3 确保铬渣综合利用产品的长期安全性。

3 规范性引用文件

下列文件中的条款通过本标准的引用而成为本标准的条款。凡是注日期的引用文件，其随后所有的修改单（不包括勘误的内容）或修订版均不适用于本标准，然而，鼓励根据本标准达成协议的各方研究是否可使用这些文件的最新版本。凡是不注日期的引用文件，其最新版本适用于本标准。

GBZ 2   工作场所有害因素职业接触限值

GB 3095   环境空气质量标准

GB 3838   地表水环境质量标准

GB 4915   水泥工业大气污染物排放标准

GB 5750   生活饮用水卫生标准检验方法

GB 5085.3   危险废物鉴别标准 浸出毒性鉴别

GB 6566   建筑材料放射性核素限量

GB 6682   分析实验室用水规格和实验方法

GB 8978   污水综合排放标准

GB 9078   工业炉窑大气污染物排放标准

GB 12463   危险货物运输包装通用技术条件

GB/T 15506   水质 钡的测定 原子吸收分光光度法

GB/T 15555.1～15555.12 固体废物 浸出毒性测定方法

GB 15562.2   环境保护图形标志固体废物贮存（处置）场

GB/T 16157   固定污染源排气中颗粒物测定和气态污染物采样方法

GB 16889　生活垃圾填埋污染控制标准

GB/T 17137　土壤质量 总铬的测定 火焰原子吸收分光光度法

GB 18484　危险废物焚烧污染控制标准

GB 18597　危险废物贮存污染控制标准

GB 18599　一般工业固体废物贮存、处置场污染控制标准

HJ/T 2　环境影响评价技术规范

HJ/T 19　环境影响评价技术规范 非污染生态影响

HJ/T 20　工业固体废物采样制样技术规范

HJ/T 55　大气污染物无组织排放监测技术规范

HJ/T 91　地表水和污水监测技术规范

HJ/T 164　地下水环境监测技术规范

HJ/T 166　土壤环境监测技术规范

HJ/T 299　固体废物 浸出毒性浸出方法　硫酸硝酸法

HJ/T 300　固体废物 浸出毒性浸出方法　醋酸缓冲溶液法

CJ/T 3039　城市生活垃圾采样和物理分析方法

JT 3130　汽车危险货物运输规则

GSB 08—1337　中国 ISO 标准砂

JC/T 681—1997　行星式水泥胶砂搅拌机

JJG 196—1990　常用玻璃量器检定规程

危险废物经营许可证管理办法（国务院令第 408 号）

道路危险货物运输管理规定（交通部令 2005 年第 9 号）

危险废物转移联单管理办法（国家环境保护总局令第 5 号）

国家危险废物名录（环发[1998]89 号）

4 术语和定义

下列术语和定义适用于本标准。

4.1 铬渣

有钙焙烧工艺生产铬盐过程中产生的含六价铬的废渣。

4.2 铬渣的解毒

将铬渣中的六价铬还原为三价铬并将其固定。

4.3 铬渣的干法解毒

在高温下利用还原性物质将铬渣中的六价铬还原为三价铬并将其固定。

4.4 铬渣的湿法解毒

在液态介质中利用还原性物质将铬渣中的六价铬还原为三价铬并将其固定，或利用沉淀剂使其固定。

4.5 铬渣的综合利用

经过解毒处理的铬渣用作路基材料和混凝土骨料以及用于水泥生产、制砖及砌块、烧结炼铁等。

4.6 铬渣的最终处置

经过解毒处理的铬渣进入生活垃圾填埋场或一般工业固体废物填埋场填埋。

4.7 铬渣的处理处置

铬渣的解毒、综合利用、最终处置及这些过程中所涉及的铬渣的识别、堆放、挖掘、包装、运输、贮存等环节。

4.8 含铬污染物

除铬渣之外的其他沾染铬污染物的固体废物，包括铬污染土壤、渣土混合物、拆解废物、建筑废物、报废设施等。

4.9 铬渣污染场地

铬的污染控制指标超过国家标准要求的土壤与地下水环境，包括铬渣堆放场所下的土地、厂房拆毁场地等及其地下水。

4.10 铬渣的堆放

铬渣在不符合 GB 18597 要求的场地或设施中放置。

4.11 铬渣堆放场所

不符合 GB 18597 要求的铬渣及相关废物放置场地或设施。

4.12 铬渣的贮存

铬渣在符合 GB 18597 要求的场地或设施中放置。

4.13 铬渣贮存场所

符合 GB 18597 要求的铬渣及相关废物放置场地或设施。

5 铬渣的识别

5.1 应根据铬渣堆存状况和环境影响评价结果初步判断铬渣污染场地的范围。

5.2 应根据监测结果确定铬渣污染场地的范围。

5.3 可通过感观判断区分铬渣堆放场所内的铬渣和含铬污染物。

铬渣一般呈松散、无规则的固体粉末状、颗粒状或小块状，总体颜色呈灰色或黑色并夹杂黄色或黄褐色；长时间露天放置后外表明显有黄色物质渗出，渗出液呈黄色。

5.4 感官判断不能确定废物属性时，应按照 HJ/T 20 采集样品，并进行鉴别。铬渣的基本特性如下：

（1）按照 CJ/T 3039 现场测定铬渣的密度，一般在 0.9～1.3 kg/L 之间；

（2）按照 GB/T 15555.12 测定铬渣的腐蚀性，铬渣的浸出液一般呈碱性；

（3）铬渣的主要化学成分和含量范围见表 1。

表 1　铬渣的主要化学成分

成分	SiO_2	Al_2O_3	CaO	MgO	Fe_2O_3	Cr_2O_3	六价铬
含量范围/%	4～11	6～10	23～35	15～33	7～12	2.5～7.5	1～2

6 铬渣的堆放

6.1 本标准中铬渣的堆放仅限于历史遗存的原铬渣堆放场所，禁止将本标准实施后产生的铬渣放置在铬渣堆放场所。

6.2 应尽量按照 GB 18597 的要求对现有铬渣堆放场所进行改造。

6.3 应按照 GB 15562.2 的要求在铬渣堆放场所的出入口或沿渣场道路旁设立警示标志。

6.4 应采取措施防止铬渣流失，包括：

（1）铬渣堆放场所应配备专门的管理人员，禁止无关人员和车辆进入铬渣堆放场所，对出入的人员和车辆进行检查和记录；

（2）铬渣堆放场所内的任何作业应征得管理人员的同意，管理人员应对堆放场所内的所有作业活动进行记录。

6.5 应采取措施防止雨水径流进入铬渣堆放场所，包括：

（1）设立挡水堰；

（2）设立雨水导流沟渠，根据情况布设排水设备。

6.6 应采取措施防止或减少铬渣渗滤液排入地面、土壤和水体，防止或减少铬渣粉尘污染空气环境，包括：

（1）设立收集沟、集液池和集液井；

（2）将渗滤液收集在容器中；

（3）将收集的渗滤液返回生产工艺，或进入工业污水处理厂处理后达标排放；

（4）对堆放场所进行必要的覆盖、遮挡。

7 铬渣的挖掘

7.1 应根据铬渣挖掘后续工作的进度来确定铬渣的挖掘进度和挖掘量，禁止多点任意挖掘。

7.2 挖掘过程中出现硬化的地面、紧密土壤层、岩层与铬渣形成巨大外观反差等情况时可判断为污染场地，不再作为铬渣继续挖掘。

7.3 挖掘时尽量在渣场内对铬渣进行筛分、磨碎等预处理，筛分出的物质应堆放在渣场内。

7.4 以下情况应停止挖掘作业并采取适当防护措施：

（1）恶劣天气情况，如四级风以上，降水（雨、雪、雾）等气候条件；

（2）现场积存大量渗滤液或雨水；

（3）可导致污染扩大的其他情况。

7.5 每天的挖掘作业结束时应打扫现场，保持整洁。

7.6 应对挖掘作业进行详细记录，包括下列内容：

（1）挖掘时间；

（2）挖掘量或车次；

（3）场地特殊情况；

（4）天气情况；

（5）安全记录等。

8 铬渣的包装和运输

8.1 严禁将铬渣与其他危险废物、生活垃圾、一般工业固体废物混合包装与运输。

8.2 需要对铬渣进行包装时，其包装应满足下列要求：

（1）满足 GB 12463 的要求；

（2）包装物表面应有标识，标识应包括"铬渣"字样、重量、危害特性、相关企业的名称、地址、联系人及联系方式、发生意外污染事故时的应急措施等内容；

（3）应保证包装完好，如有破损应重新包装或修理加固；

（4）使用过的包装物应经过处理和检查认定消除污染后方可转作其他用途。

8.3 铬渣的运输应遵守 JT 3130 和《道路危险货物运输管理规定》的相关要求。

8.4 铬渣的运输应执行《危险废物转移联单管理办法》。

8.5 铬渣的运输应采用陆路运输，禁止采用水路运输。运输单位应采用符合国务院交通主管部门有关危险货物运输要求的运输工具。

8.6 铬渣的运输应选择适宜的运输路线，尽可能避开居民聚居点、水源保护区、名胜古迹、风景旅游区等环境敏感区。

8.7 运输过程中严禁将铬渣在厂外进行中转存放或堆放，严禁将铬渣向环境中倾倒、丢弃、遗撒。

8.8 铬渣的运输过程中应采取防水、防扬尘、防泄漏等措施，在运输过程中除车辆发生事故外不得进行中间装卸操作。

8.9 在铬渣的堆放、解毒和综合利用场所内，应保证铬渣的装卸、转运作业场所粉尘浓度满足 GBZ 2 的要求。

8.10 铬渣的装卸作业应遵守操作规程，做好安全防护和检查工作。卸渣后应保持车厢清洁，污染的车辆及工具应及时洗刷干净。洗刷物与残留物应处理后达标排放或安全处置，不得任意排放。

9 铬渣的贮存

9.1 铬渣贮存场所的设计、选址、运营、监测、关闭应符合 GB 18597 的相关要求，并与地区危险废物处理设施建设规划一致。

9.2 铬渣贮存场所应设置防护设施如围墙、栅栏，按照 GB 15562.2 的要求设置警示标志，并配备应急设施和人员防护装备。

9.3 铬渣在集中式贮存设施中应单独隔离存放，禁止与其他生产原料或废物混合存放。

9.4 铬渣的贮存不得超过一年。

9.5 铬盐生产企业和铬渣处理处置及综合利用企业的铬渣周转场地应遵循本标准的要求。

10 铬渣的解毒

10.1 铬渣的干法解毒

10.1.1 干法解毒设施应配备自动控制系统和在线监测系统，以控制转速（回转窑）、进料量、风量、温度等运行参数；并在线显示运行工况，包括气体的浓度、风量、温度、设施各位置的气体浓度等。

10.1.2 应根据铬渣成分确定还原剂的用量，铬渣与还原剂应在进入解毒设施之前混合均匀。

10.1.3 采用回转窑进行干法解毒时，为保证还原气氛，应控制进入回转窑的空气量，确保窑气中的 CO 和 O_2 含量有利于高温还原反应的进行。

窑内高温区的温度不应低于 850℃，窑尾的温度尽量控制在 350～450℃之间。

应保证铬渣在窑内充分的停留时间，不应低于 45 min。

10.1.4 出窑的铬渣应在密闭状态下立即使用水淬剂进行降温，使之迅速冷却。水淬剂一般选择 $FeSO_4$ 溶液，质量浓度不宜低于 0.3 g/L。

10.1.5 干法解毒设施应配备脱硫净化装置和除尘装置，并对尾气中的粉尘、SO_2 和 CO 浓度进行在线监测。

10.1.6 铬渣干法解毒设施的大气污染物排放应满足表 2 的要求（该要求亦见附录 D），排放气体的分析方法按照 GB 18484 进行。

表 2　铬渣解毒设施的大气污染控制指标限值

污染控制指标	烟气黑度/（林格曼级）	烟（粉）尘/（mg/m³）	CO/（mg/m³）	SO₂/（mg/m³）	铬及其化合物/（mg/m³）
限值（级别）	1	65	80	200	4.0

10.2 铬渣的湿法解毒

10.2.1 在选择湿法解毒工艺路线时应确保不引入可能造成新的环境污染的物质。

10.2.2 应根据铬渣的成分确定合适的工艺条件，包括铬渣粒度、还原反应的液固比、pH 值，同时应保证充分的反应时间。

10.2.3 固液混合相还原应满足以下要求：

（1）铬渣和酸液的混合反应后物料的 pH 值应小于 5；

（2）根据铬渣的粒度确定酸液和铬渣的液固比；

（3）根据液固比、pH 值确定单次反应时间，应保证足够的反应时间。

10.2.4 固液分离后对液相进行还原应满足以下要求：

（1）二次溶出时铬渣和酸液的混合反应物料的 pH 值控制在 5～6；

（2）酸液和还原剂的加入量应确保酸溶六价铬得到还原。

10.3 铬渣解毒过程中作业场所的粉尘浓度应满足 GBZ 2 的要求（见附录 D）。

10.4 铬渣解毒产生的废水应尽量返回工艺流程进行循环使用。如需要外排时，应进行处理，满足 GB 8978 的要求（见附录 D）后排放。

10.5 解毒后的铬渣，必须满足其后续处理处置的相应要求。如不满足则应重新进行处理，满足标准后方可进行综合利用或最终处置。

11 铬渣的综合利用

11.1 铬渣的主要综合利用途径包括用作路基材料和混凝土骨料，用于生产水泥、制砖及砌块、烧结炼铁和用作玻璃着色剂。

11.2 铬渣用作路基材料和混凝土骨料

铬渣经过解毒、固化等预处理后，按照 HJ/T 299 制备的浸出液中任何一种危害成分的浓度均低于表 3 中的限值（该要求亦见附录 D），则经过处理的铬渣可以用作路基材料和混凝土骨料。

表3 铬渣作为路基材料和混凝土骨料的污染控制指标限值

序号	成分	浸出液限值/（mg/L）
1	总铬	1.5
2	六价铬	0.5
3	钡	10

11.3 铬渣用于生产水泥

11.3.1 铬渣用于制备水泥生料时，应根据工艺配料的要求确定铬渣的掺加量。铬渣的掺加量不应超过水泥生料质量的 5%（该要求亦也附录 D）。

11.3.2 铬渣用作水泥混合材料时，必须经过解毒。解毒后的铬渣按照 HJ/T 299 制备的浸出液中的任何一种危害成分的质量浓度均应低于表 3 中的限值（该要求亦见附录 D）。

11.3.3 解毒后的铬渣作为水泥混合材料，其掺加量应符合水泥的相关国家或行业标准要求。

11.3.4 利用铬渣生产的水泥产品除应满足国家或水泥行业的品质标准要求外，还应满足以下要求：

（1）利用铬渣生产的水泥产品经过处理后，按照附录 A 的方法进行检测，其浸出液中的任何一种危害成分的质量浓度均应低于表 4 中的限值（该要求亦见附录 D）。

表4 利用铬渣生产的水泥产品的污染控制指标限值

序号	成分	浸出液限值/（mg/L）
1	总铬	0.15
2	六价铬	0.05
3	钡	1.0

（2）利用铬渣生产的水泥产品经过处理后，按照附录 B 的方法进行检测，其中水溶性六价铬含量应不超过 0.000 2%（质量分数，该要求亦见附录 D）。

（3）利用铬渣生产的水泥产品中放射性物质的量应满足 GB 6566 的要求（见附录 D）。

11.3.5 利用铬渣生产水泥的企业的大气污染物排放应满足 GB 4915 的要求（见附录 D）。

11.4 铬渣用于制砖及砌块

11.4.1 铬渣替代部分黏土或粉煤灰用于制砖及砌块时，必须经过解毒。解毒后的铬渣按照 HJ/T 299 制备的浸出液中的任何一种危害成分的浓度均应低于表 3 中的限值（该要求亦见附录 D）。

11.4.2 利用铬渣生产的砖及砌块成品经过处理后，按照附录 C 的方法进行检测，其浸出液中的任何一种危害成分的质量浓度均应低于表 5 中的限值（该要求亦见附录 D）。

表5 利用铬渣生产的砖及砌块产品的污染控制指标限值

序号	成分	浸出液限值/（mg/L）
1	总铬	0.3
2	六价铬	0.1
3	钡	4.0

11.4.3 利用铬渣生产的砖及砌块禁止用于修建水池。

11.5 铬渣用于烧结炼铁

11.5.1 应根据烧结炼铁产品的需要确定铬渣的掺加量，以满足高炉炼铁质量标准为限。

11.5.2 在铬渣的筛分、转运、配料、进仓、出仓等操作处应设置收尘装置。

11.6 铬渣综合利用作业场所的粉尘浓度应满足 GBZ 2 的要求（见附录 D）。

11.7 利用铬渣烧结炼铁、制砖及砌块的企业的炉窑废气排放应满足 GB 9078 的要求（见附录 D）。

11.8 铬渣综合利用过程中产生的废水应尽量返回工艺流程进行循环使用。如需要外排时，应进行处理，满足 GB 8978 的要求（见附录 D）后排放。

11.9 各种元素浓度的测定方法见表 6。

表6　浸出液中元素浓度的分析方法

编号	元素	分析方法	标准
1	铬	直接吸收火焰原子吸收分光光度法	GB/T 15555.6
2	六价铬	二苯碳酰二肼分光光度法	GB/T 15555.4
3	钡	原子吸收分光光度法	GB/T 15506

12 铬渣的最终处置

12.1 铬渣进入生活垃圾填埋场

12.1.1 铬渣经过解毒、固化等预处理后，按照 HJ/T 300 制备的浸出液中任何一种危害成分的质量浓度均低于表 7 中的限值（该要求亦见附录 D），则经过处理的铬渣可以进入符合 GB 16889 的生活垃圾填埋场进行填埋。

表7　铬渣进入生活垃圾填埋场的污染控制指标限值

序号	成分	浸出液限值/（mg/L）
1	总铬	4.5
2	六价铬	1.5
3	钡	25

12.1.2 进入生活垃圾填埋场的铬渣质量不得超过当日填埋量的 5%（该要求亦也附录 D）。

12.2 铬渣进入一般工业固体废物填埋场

铬渣经过解毒、固化等预处理后，按照附 HJ/T 299 制备的浸出液中任何一种危害成分的质量浓度均低于表 8 中的限值（该要求亦见附录 D），则经过处理的铬渣可以进入符合 GB 18599 的第二类一般工业固体废物填埋场进行填埋。

表8　铬渣进入一般工业固体废物填埋场的污染控制指标限值

序号	成分	浸出液限值/（mg/L）
1	总铬	9
2	六价铬	3
3	钡	50

12.3　各种元素浓度的测定方法见表 6。

13 铬渣处理处置的监测与结果判断

13.1　铬渣解毒产物和综合利用产品的监测

13.1.1　铬渣解毒产物和综合利用产品的采样：

（1）在铬渣解毒或综合利用产品生产流水线上采取铬渣的解毒产物或综合利用产品样品；

（2）每 8 小时（或一个生产班次）完成一次监测采样；

（3）每次采样数量不应少于 10 份，在 8 小时（或一个生产班次）内等时间段取样；

（4）每份样品的最低采样量为 0.5 kg。

13.1.2　采取的每份样品应破碎并混合均匀，按照第 11、12 章的要求进行分析。

13.1.3　当铬渣解毒产物或综合利用产品的监测结果同时满足以下两个要求时，方可视为合格：

（1）样品的超标率不超过 20%；

（2）超标样品监测结果的算术平均值不超过控制指标限值的 120%。

13.2　铬渣处理处置场所和设施的监测

13.2.1　应在铬渣处理处置前和处理处置过程中对铬渣处理处置场所的土壤和地下水定期进行监测（监测要求见附录 D），作为评价铬渣的处理处置过程是否对土壤和地下水造成二次污染的依据。

13.2.2　铬渣处理处置场所和设施的监测采样方法如下：

（1）颗粒物和气态污染物的采样按照 GB/T 16157 进行；

（2）污水的采样按照 HJ/T 91 进行；

（3）地下水的采样按照 HJ/T 164 进行；

（4）土壤的采样按照 HJ/T 166 进行。

13.2.3　铬渣处理处置场所和设施的监测方法如下：

（1）污染物排放浓度按照相应排放标准规定的监测方法进行；

（2）地下水中六价铬含量的监测按照 GB 5750 进行；

（3）土壤中总铬含量的监测按照 GB/T 17137 进行。

14 铬渣处理处置的污染控制

14.1　铬渣处理处置应制定实施环境保护的相关管理制度，包括下列内容：

（1）管理责任制度：应设置环境保护监督管理部门或者专（兼）职人员，负责监督铬渣处理处置过程中的环境保护及相关管理工作；

（2）污染预防机制和处理环境污染事故的应急预案制度；

（3）培训制度：应对铬渣处理处置过程的所有作业人员进行培训，内容包括铬渣的危害特性、环境保护要求、应急处理等方面的内容；

（4）记录制度：应建立铬渣处理处置情况记录簿，内容包括每批铬渣的来源，数量，种类，处理处置方式，处理处置时间，处理处置过程中的进料速率，监测结果，解毒产物和综合利用产品去向，运输单位，运输车辆和运输人员信息，事故等特殊情况；

（5）监测制度：应按照第 13 章的要求，对铬渣的处理处置过程和处理处置结果进行监测。

（6）健康保障制度：应按照国家相关规定定期对铬渣处理处置过程的所有作业人员进行体检。

（7）资料保存制度：应保存处理处置的相关资料，包括培训记录、处理处置情况记录、转移联单、环境监测数据等。

14.2 铬渣处理处置设施和场所的建设应符合国家相关标准的要求。禁止在 GB 3095 中的环境空气质量功能区对应的一类区域和 GB 3838 中的地表水环境质量一类、二类功能区内建设铬渣处理处置设施和场所。

14.3 铬渣处理处置过程中因铬渣的装卸、设备故障以及检修等原因造成洒落的铬渣应及时清扫和回收。

14.4 收（除）尘装置收集的含铬粉尘应就近进入处理处置的工艺流程，不得随意处置。

14.5 铬渣处理处置的质量控制

14.5.1 连续解毒处理后的铬渣应分班次堆放，间歇解毒处理后的铬渣应分批次堆存，以便取样进行解毒效果的监测。

14.5.2 铬渣解毒产物应按照 13.1 的要求进行监测。如果铬渣解毒产物不满足 13.1 的要求，应对自上次监测合格后至本次监测的全部铬渣重新进行解毒处理，直至满足要求为止。

14.5.3 铬渣综合利用的产品应按照 13.1 的要求进行监测。如果综合利用的产品不满足 13.1 的要求，应对自上次监测合格后至本次监测的全部产品重新进行加工，直至满足要求为止。

14.6 铬渣处理处置企业应每两个月向当地环境保护行政主管部门提交一次监测报告，监测报告将作为地方环境管理部门对铬渣污染治理工作进行监督管理与验收的依据。

14.6.1 监测数据应由获得国家质量监督检验检疫总局颁发的计量认证合格证书的实验室分析取得。

14.6.2 监测数据应包括下列内容：

（1）按照 14.5 要求测定的质量控制数据；

（2）按照 13.1、13.2 要求测定的环境监测数据。

14.6.3 铬渣处理处置单位自我监测的最小监测频率（该要求亦见附录 D）为：

（1）铬渣处理处置场所的空气和废水的监测频率为每个月一次；土壤和地下水的监测频率为铬渣处理处置活动开始前监测一次，之后每年一次；

（2）铬渣干法解毒设施尾气的监测频率为每 3 个月一次（第 10.1.5 条中规定的在线监测项目应保存在线监测结果备当地环境保护行政主管部门检查）；

（3）铬渣解毒量大于（含等于）500 t/月的，每解毒 500 t 对解毒产物进行 1 次监测；铬渣解毒量小于 500 t/月的，每个月对解毒产物进行 1 次监测；

（4）铬渣综合利用设施尾气的监测频率为每 2 个月一次（铬及其化合物的监测频率为每 6 个月一次）；

（5）铬渣综合利用产品产量大于（含等于）1 万 t/月的，每生产 1 万 t 对综合利用产品进行 1 次监测；铬渣综合利用产品产量小于 1 万 t/月的，每个月对综合利用产品进行 1 次监测；

利用铬渣生产的水泥产品的放射性物质的量每年监测一次。

14.7　铬渣处理处置过程结束后，应向当地环境保护行政主管部门提交铬渣处理处置总结报告，应包括以下材料：

（1）危险废物转移联单；

（2）处理处置情况记录；

（3）监测报告；

（4）其他相关材料。

15　铬渣污染治理的环境管理

15.1　铬渣污染调查

15.1.1　铬渣污染治理项目实施前，应进行铬渣污染调查。调查前应制定调查方案，内容包括调查方法、调查表格设计、调查步骤和调查内容等。

15.1.2　调查方法包括现场勘察及取样分析、查阅档案资料、走访知情人等。

15.1.3　调查表格应包括调查内容中所要求的相关信息。

15.1.4　调查步骤应包括：

（1）了解铬渣产生企业的背景资料；

（2）现场调查与采样，包括铬渣、土壤、地下水和附近水源地（如饮用水井、池塘、水渠、河流、湖泊等）样品；

（3）走访企业职工，了解铬渣产生情况与去向；

（4）走访企业周围常住居民，了解铬渣产生情况与去向；

（5）查阅地方企业经济统计资料；

（6）完成现场调查表；

（7）分析样品；

（8）调查总结。

15.1.5　调查内容应包括：

（1）铬盐的生产工艺、生产规模、生产年限、历年铬盐生产量、销售量；

（2）铬渣年产生量、历年铬渣产生总量、其他含铬废物量；

（3）铬渣堆存方式、堆存位置、占地面积、堆存量；

（4）铬渣处理处置的方式和数量；

（5）铬渣污染现状；

（6）其他相关记录。

15.1.6　调查结束时应提交调查报告，调查报告应作为铬渣污染治理方案的设计依据。

15.1.7　现场调查过程中应采取必要的安全防护措施。

15.2　铬渣污染治理方案

15.2.1　铬渣污染治理项目实施前，应制定铬渣污染治理方案。并将治理方案报当地环境保护行政主管部门备案，作为对铬渣污染治理工作进行监督管理与验收的依据。

15.2.2　铬渣污染治理方案应包括以下内容：

（1）铬渣的数量；

（2）铬渣污染治理的工艺分析，包括处理方式、处理能力与处理周期；

（3）管理责任制度；

（4）污染预防机制和环境污染事故应急预案；

（5）培训方案；

（6）处理处置情况记录方案；

（7）监测方案；

（8）资料保存方案。

15.3 环境影响评价

15.3.1 在铬渣污染治理项目实施前，应进行环境影响评价。

15.3.2 环境影响评价在满足国家相关法律法规和 HJ/T 2、HJ/T 19 等标准要求的同时，还应包括以下内容：

（1）铬渣处理处置过程中的污染控制要求和具体措施；

（2）铬渣解毒产物和综合利用产品的达标效果评价；

（3）铬渣综合利用产品的长期安全性及其风险评价。

15.3.3 环境影响评价报告的工程分析部分应如实反映铬渣污染治理项目中所使用的原材料、工艺等信息。

15.4 应对处理处置的全过程进行监督管理，监督管理工作报告作为对铬渣污染治理工作进行验收的依据。

15.4.1 铬渣的挖掘、包装与运输过程的监督管理应包括：

（1）挖掘量与识别出的铬渣量的一致性；

（2）挖掘现场的环境监测数据；

（3）危险废物转移联单；

（4）相关记录。

15.4.2 铬渣解毒过程的监督管理应包括：

（1）铬渣解毒设施的运行状况及相关记录；

（2）铬渣解毒过程污染控制设施的运行状况及相关记录；

（3）铬渣解毒产物的监测与企业自我监测数据；

（4）铬渣解毒场所和设施的监测与企业自我监测数据。

15.4.3 铬渣综合利用过程的监督管理应包括：

（1）铬渣综合利用企业设施的运行状况及相关记录；

（2）铬渣综合利用过程污染控制设施的运行状况及相关记录；

（3）铬渣综合利用产品的监测与企业自我监测数据；

（4）铬渣综合利用场所和设施的监测与企业自我监测数据。

15.4.4 环境管理部门的监测频率（该要求亦见附录 D）为：

（1）铬渣处理处置场所的空气和废水的监测频率为每 6 个月一次；土壤和地下水的监测频率为铬渣处理处置活动开始前监测一次，之后每年一次；

（2）铬渣干法解毒设施尾气的监测频率为每 4 个月一次（烟气黑度、铬及其化合物的监测频率为每6个月一次）；

（3）铬渣解毒产物的监测频率为每 3 个月一次；

（4）铬渣综合利用设施尾气和产品的监测频率为每 6 个月一次（铬及其化合物的监测频率为每 12 个月一次）。

15.5　铬渣污染治理的验收

15.5.1　铬渣污染治理工作结束后应进行验收。

15.5.2　铬渣污染治理的验收应包括以下内容：

（1）污染治理方案；

（2）环境影响评价报告；

（3）处理处置总结报告；

（4）监督管理工作报告。

附录 A　（规范性附录）

利用铬渣生产的水泥产品中重金属浓度的测定方法

A.1　实验目的

将利用铬渣生产的水泥试样、中国 ISO 标准砂和水搅拌成水泥砂浆，成型养护。将养护后的试件破碎，用浸提液进行浸泡，过滤，测定水泥产品浸出液中的重金属浓度。

A.2　试剂和材料

A.2.1　总体要求

所用试剂不低于分析纯。

所用水应符合 GB/T 6682 中规定的三级水要求。

本方法使用的浓液体试剂的密度为 20℃的密度（p），单位 g/cm^3。

A.2.2　盐酸（HCl），p=1.18－1.19，36%～38%。

A.2.3　盐酸，1.0 mol/L。

A.2.4　氢氧化钠溶液，1.0 mol/L。

A.2.5　中国 ISO 标准砂，采用 GSB 08—1337 中国 ISO 标准砂。

A.3　仪器装置

A.3.1　天平：精度为±0.01 g。

A.3.2　重金属搅拌浸提器。

A.3.3　过滤器：布氏漏斗、2 000 ml 抽滤瓶。

A.3.4 pH 计：pH 精度为±0.01。

A.3.5　滤纸：中速滤纸。

A.4　试验步骤

样品分为两份，一份用于检验，另一份为备份样品，密封保存。利用铬渣生产的水泥样品抽取时，必须标明利用的铬渣的种类和重量。

A.4.1　样品的制备

A.4.1.1　砂浆的组成

水泥与标准砂的重量比为 1：3，水灰比为 1：2。

A.4.1.2　砂浆的混合

使用天平（3.1）称取水泥和水，当水以体积计加入时，精确至 1 ml。

将每份砂浆进行充分搅拌。搅拌步骤如下：

a）将水和水泥放入搅拌锅中，注意避免水和水泥的损失。

b）水与水泥接触后立即打开搅拌机同时开始计时，低速搅拌 30 s，在第二次 30 s 内均匀地加入标准砂，将搅拌机调至高速，再继续搅拌 30 s。

c）停止搅拌 90 s。在停止过程的前 30 s 内，用一个橡胶或塑料棒将粘附于锅壁上或沉在锅底部的砂浆刮到锅中间。

d）继续高速搅拌 60 s。

A.4.1.3 成型

a）将搅拌好的胶砂均匀放入试模，抹平，编号。

b）放入标准养护箱中进行养护，（24±3）h 后取出脱模，模具宜采用聚乙烯和聚丙烯的内衬的模子，避免重金属污染。

c）试体继续在养护箱中养护 28d±8h 后取出。

d）养护温度（20±1）℃，湿度不低于 90%。

A.4.1.4 破碎

将试体用少许去离子水清洗表面。

破碎试体至小碎块状，碎块的直径或任一方向的最大尺寸小于 10 mm 即可。将碎块密封保存。

A.4.2 水分测定

用天平称取破碎好的试体 100 g，精确至 0.01 g，在（105±2）℃条件下干燥至质量恒定，干燥后的试体应放入干燥器中冷却至室温，称量，精确至 0.01 g。

水分计算：

$$H=\frac{m_0-m_1}{m_0}$$

式中：H——试体水分；

m_0——试体干燥前质量，g；

m_1——试体干燥后质量，g。

A.4.3 浸提液制备

A.4.3.1 在去离子水中加入盐酸，调整溶液 pH 值到 5，形成 1# 浸提液。

A.4.3.2 在去离子水中加入氢氧化钠，调整溶液 pH 值到 10，形成 2# 浸提液。

A.4.4 浸提

A.4.4.1 根据下式计算称样量：

$$G=\frac{100}{1-H}$$

式中：G——称样量，g；

H——试体水分；

100——干燥后的试体质量，g。

A.4.4.2 按照 4.4.1 计算结果称取破碎好的试体，精确至 0.01 g，放入重金属搅拌浸提器中。

A.4.4.3 量取 2 000 ml 的浸提液 1#，放入重金属搅拌浸提器中。

A.4.4.4 以（30±2）r/min 旋转（18±2）h。浸提过程中，室内环境温度控制在（23±2）℃。

A.4.4.5 将浸提液转入抽滤装置进行过滤，过滤后的浸提液应作好标识，密闭待测。

A.4.4.6 用浸提液 2# 重复执行 A.4.4.2 至 A.4.4.5。

A.4.5 空白试验

使用等量的试剂，不加入水泥试体，按照相同的浸提步骤进行浸提，分别制备 1# 浸提液和 2# 浸提液空白。

A.4.6 测定方法

按照本标准中表 6 所列分析方法测定浸出液和空白中各元素的浓度，浸出液中重金属浓度应扣除空白值。

A.5 检验规则

A.5.1 本方法所列技术要求为型式检验项目。

A.5.2 在正常生产情况下，检验频率按本标准中相关规定执行。

A.5.3 有下列情况之一时，应进行型式检验：

（1）新产品的试制定型时；

（2）产品异地生产时；

（3）利用铬渣品种或掺加量有重大改变时；

（4）生产工艺及原材料有较大改变时；

（5）产品停产 6 个月以上，恢复生产时。

附录 B　（规范性附录）

水泥中水溶性六价铬的测定　二苯碳酰二肼分光光度法

B.1　原理

将水泥试样、中国 ISO 标准砂和水搅拌成水泥砂浆，过滤。滤液中加入二苯碳酰二肼，调整酸度、显色，在 540 nm 处测定溶液的吸光度，在工作曲线上查得溶液中六价铬浓度。

B.2　试验的基本要求

B.2.1　试验次数

试验次数规定为两次。

B.2.2　重复性与再现性

重复性——重复条件下的精密度，是指测试结果由同一操作人员在较短的时间间隔内，在同一实验室中采用同一设备对同一试样用相同方法得出的。

再现性——再现条件下的精密度，是指测试结果由不同操作人员在不同实验室中采用不同设备对同一试样用相同方法得出的。

在本方法中，重复性和再现性用重复性标准偏差和再现性标准偏差表示。

B.2.3　质量、体积和结果的表示

溶出阶段质量以克（g）表示，精确至 0.1g。分析阶段的质量也以克（g）表示，精确至 0.000 1 g。除非另有规定，吸管的体积用毫升（ml）表示，精确度按 JJG 196—1990 的规定执行。

测试结果以质量分数计，表示至小数点后五位。

若两个测试结果的差值超过重复性标准偏差的两倍，重复实验取两个相近结果的平均值。

B.2.4　空白试验

使用等量的试剂，不加入水泥试样，按照相同的测定步骤进行试验，对得到的测定结果进行校正。

B.3　试剂和材料

B.3.1　总体要求

所用试剂不低于分析纯。

所用水应符合 GB/T 6682 中规定的三级水要求。

除非另有说明，"%"均为质量分数。

本方法使用的浓液体试剂的密度为 20℃的密度（ρ），单位为 g/cm³。

B.3.2　总盐酸，ρ（HCl）=1.18～1.19，36%～38%。

B.3.3　丙酮，ρ（CH_3COCH_3）=0.79。

B.3.4 盐酸，1.0 mol/L。

B.3.5 盐酸，0.04 mol/L。

B.3.6 二苯碳酰二肼（$(C_6H_5NHNH)_2CO$）溶液

称取 0.125 g 二苯碳酰二肼，用 25 ml 丙酮（B.3.3）溶解，转移至 50 ml 容量瓶中，用水稀释至标线，摇匀。此溶液的使用期限为一周。

B.3.7 铬酸盐标准溶液

B.3.7.1 铬酸盐标准溶液

称取 0.141 4 g 已在（140±5）℃烘过 2h 的基准重铬酸钾（$K_2Cr_2O_7$）溶于水，转移至 1 000 ml 容量瓶中，用水稀释至标线，摇匀。

此溶液六价铬的浓度为 50 mg/L。

B.3.7.2 铬酸盐标准溶液

吸取 50.00 mL 上述标准溶液（B.3.7.1）于 500 ml 容量瓶中，用水稀释至标线，摇匀。此溶液六价铬浓度为 5 mg/L。此标准溶液用时现配。

B.3.8 中国 ISO 标准砂，采用 GSB 08—1337 中国 ISO 标准砂。

B.4 仪器装置

B.4.1 天平

天平，精度为±1 g。

分析天平，精度为±0.000 1 g。

B.4.2 水泥胶砂搅拌机：按照 JC/T 681—1997 要求。

B.4.3 分光光度计：可测量溶液在 540 nm 处的吸光度。

B.4.4 比色皿：光程 10 mm。

B.4.5 玻璃器具：50 ml、500 ml 和 1 000 ml 容量瓶；1 ml、2 ml、5 ml、10 ml、15 ml 和 50.0 ml 移液管。

B.4.6 pH 计：pH 精度为±0.05。

B.4.7 过滤装置

过滤装置由一个布氏漏斗（直径 205 mm），安装在一个 2 L 的抽滤瓶上，瓶底装满沙子，瓶内有一个放于砂床上盛接滤液的小烧杯，抽滤瓶与真空泵相连，见图 1。

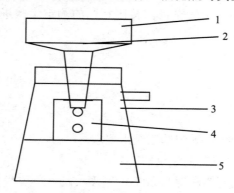

1—布氏漏斗；2—滤纸；3—抽滤瓶；4—盛接滤液的小烧杯；5—沙子

图 1 过滤装置示意图

B.4.8　滤纸：中速滤纸。

注：选择滤纸时需要进行空白试验。

B.5　水泥试样的制备

用缩分器或用四分法缩分至约 1 000 g 待测试样，放入一个密封、洁净、干燥的容器中，充分摇动使样品混合均匀。

所有操作尽可能迅速，以减少试样与周围空气的接触时间。

B.6　试验步骤

B.6.1　砂浆的制备

B.6.1.1　砂浆的组成

质量比例为一份水泥（B.5），三份 ISO 标准砂（B.3.8），和半份水（B.3.1）（即水灰比为 0.50）。

每一组水泥砂浆含有（450±2）g 水泥（m），（1350±5）g 中国 ISO 标准砂和（225±1）g 水（V_1）。

若待测水泥样品为快凝水泥，水灰比为 0.50 的砂浆在分析时可能不易充分过滤。在这种情况下，允许增加水的用量，从而提高了水灰比，直至充分过滤（B.6.2）。

B.6.1.2　砂浆的混合

使用天平（B.4.1）称取水泥和水，当水以体积计加入时，精确至 1 mL。将每份砂浆用水泥胶砂搅拌机（B.4.2）进行机械搅拌。控制各阶段搅拌时间时，要保证搅拌机开关的时间在±2s 之内。

搅拌步骤如下：

a）将水和水泥放入搅拌锅中，注意避免水和水泥的损失。

b）水与水泥接触后立即打开搅拌机同时开始计时，低速搅拌 30 s，在第二次 30 s 内均匀地加入标准砂，将搅拌机调至高速，再继续搅拌 30 s。

c）停止搅拌 90 s。在停止过程的前 30 s 内，用一个橡胶或塑料棒将粘附于锅壁上或沉在锅底部的砂浆刮到锅中间。

d）继续高速搅拌 60 s。

注：通常这种搅拌操作均采用机械，也允许对操作和时间采用人工控制。

B.6.2　过滤

每次使用时，确保过滤装置（B.4.7）所用的抽滤瓶、布氏漏斗、滤纸和小烧杯是干燥的。安装好布氏漏斗，放好滤纸（B.4.8），不要事先润湿滤纸。打开真空泵，将水泥砂浆倒入过滤装置的布氏漏斗上，以最大功率抽气 10 min 得到至少 15 ml 滤液。如果此时没有 15 ml，继续抽滤直至得到足够量的测试滤液。

注：如果滤液浑浊且不能通过简单的过滤除去，可以采用离心分离机和覆有更致密滤纸的漏斗过滤。如果滤液仍有部分浑浊，测定时用该滤液作为参比溶液，但不加入二苯碳酰二肼溶液（B.3.6）。

B.6.3　工作曲线的绘制

移取 1.00 ml、2.00 ml、5.00 ml、10.00 ml 和 15.00 ml 铬酸盐标准溶液（B.3.7.2）分别放入 50 ml 容量瓶中，各加入 5.00 ml 二苯碳酰二肼溶液（B.3.6）、5 ml 盐酸（B.3.5），

用水稀释至标线，摇匀。

此溶液每升分别含有 0.1 mg、0.2 mg、0.5 mg、1.0 mg、1.5 mg 六价铬。

加入二苯碳酰二肼溶液 15～30 min 后，在 540 nm 处测量吸光度，并扣除空白试验（B.2.4）的吸光度。

根据不同六价铬浓度对应的吸光度，绘制工作曲线。

B.6.4 样品溶液吸光度的测定

在过滤后 8 h 内，吸取 5.00 ml（V_2）滤液（B.6.2）放入 100 ml 烧杯中。加 5.00 ml 二苯碳酰二肼溶液（B.3.6）和 20 ml 水后摇动。立即在 pH 计（B.4.6）指示下用盐酸（B.3.4）调整溶液的 pH 值为 2.1～2.5 之间。将溶液转移至 50 ml（V_3）容量瓶中，用水稀释至标线，摇匀。

加入二苯碳酰二肼溶液 15～30 min 后，在 540 nm 处测量吸光度，并扣除空白试验（B.2.4）的吸光度。

在工作曲线上查出水溶性六价铬的浓度（c），单位为 mg/L。

B.7 结果计算

水泥中水溶性六价铬的含量（K）以质量分数（干基）表示，并按下列公式计算：

$$K = c \times (V_3 / V_2) \times (V_1 / m) \times 10^{-4}$$

式中：c——由工作曲线得出的六价铬的浓度，mg/L；

V_1——砂浆的体积（B.6.1.1），ml；

V_2——滤液的体积（B.6.4），ml；

V_3——容量瓶的体积（B.6.4），ml；

m——砂浆（B.6.1.1）中水泥的质量，g。

注 1：V_3/V_2 是待测滤液的稀释倍数。

注 2：V_1/m 是水泥砂浆的水灰比，通常为 0.50，但具体要看 B.6.1.1。

B.8 重复性和再现性

对于水溶性六价铬含量在 0.000 1%～0.000 5% 之间的水泥：

重复性标准偏差为 0.000 015%。

再现性标准偏差为 0.000 040%。

B.9 检验规则

B.9.1 本方法所列技术要求为型式检验项目。

B.9.2 在正常生产情况下，检验频率按本规范中相关规定执行。

B.9.3 有下列情况之一时，应进行型式检验：

（1）新产品的试制定型时；

（2）产品异地生产时；

（3）利用铬渣品种或掺加量有重大改变时；

（4）生产工艺及原材料有较大改变时；

（5）产品停产 6 个月以上，恢复生产时。

附录 C　（规范性附录）

利用铬渣生产的砖及砌块产品中重金属浓度的测定方法

C.1 原理

将利用铬渣生产的砖或砌块试样进行清洗、破碎后，用浸提液进行浸泡，过滤，测定砖及砌块产品浸出液中的重金属浓度。

C.2 试剂和材料

C.2.1 总体要求

所用试剂不低于分析纯。

所用水应符合 GB/T 6682 中规定的三级水要求。

本方法使用的浓液体试剂的密度为 20℃的密度（ρ），单位为 g/cm³。

C.2.2 盐酸，ρ（HCl）=1.18－1.19，36%～38%。

C.2.3 盐酸，1.0 mol/L。

C.2.4 氢氧化钠溶液，1.0 mol/L。

C.3 仪器装置

C.3.1 天平：精度为±0.01g。

C.3.2 重金属搅拌浸提器。

C.3.3 过滤器：布氏漏斗、2 000 ml 抽滤瓶。

C.3.4 pH 计：pH 精度为±0.01。

C.3.5 滤纸：中速滤纸。

C.4 试验步骤

样品分为两份，一份用于检验，另一份为备份样品，密封保存。利用铬渣生产的砖及砌块样品抽取时，必须标明利用的铬渣的种类和质量。

C.4.1 破碎

将试体用少许去离子水清洗表面。

将试体破碎至小碎块状，碎块的直径或任一方向的最大尺寸小于 10 mm 即可。将碎块密封保存。

C.4.2 水分测定

用天平称取破碎好的试体 100 g，精确至 0.01 g，在（105±2）℃条件下干燥至质量恒定，干燥后的试体应放入干燥器中冷却至室温，称量，精确至 0.01 g。

水分计算：

$$H=\frac{m_0-m_1}{m_0}$$

式中：H——试体水分；

m_0——试体干燥前质量，g；

m_1——试体干燥后质量，g。

C.4.3 浸提液制备

C.4.3.1 在去离子水中加入盐酸，调整溶液 pH 值到 5，形成 1#浸提液。

C.4.3.2 在去离子水中加入氢氧化钠，调整溶液 pH 值到 10，形成 2#浸提液。

C.4.4 浸提

C.4.4.1 根据下式计算称样量：

$$G=\frac{100}{1-H}$$

式中：G——称样量，g;

H——试体水分；

100——干燥后的试体质量，g。

C.4.4.2 按照 C.4.4.1 计算结果称取破碎好的试体，精确至 0.01 g，放入重金属搅拌浸提器中。

C.4.4.3 量取 2 000 ml 的浸提液 1#，放入重金属搅拌浸提器中。

C.4.4.4 以（30±2）r/min 旋转（18±2）h。浸提过程中，室内环境温度控制在（23±2）℃。

C.4.4.5 将浸提液转入抽滤装置进行过滤，过滤后的浸提液应作好标识，密闭待测。

C.4.4.6 用浸提液 2#重复执行 C.4.4.2～C.4.4.5。

C.4.5 空白试验

使用等量的试剂，不加入水泥试体，按照相同的浸提步骤进行浸提，分别制备 1#浸提液和 2#浸提液空白。

C.4.6 测定方法

按照本标准中表 6 所列分析方法测定浸出液和空白中各元素的浓度，浸出液中元素浓度应扣除空白值。

C.5 检验规则

C.5.1 本方法所列技术要求为型式检验项目。

C.5.2 在正常生产情况下，检验频率按本规范中相关规定执行。

C.5.3 有下列情况之一时，应进行型式检验：

（1）新产品的试制定型时；

（2）产品异地生产时；

（3）利用铬渣品种或掺加量有重大改变时；

（4）生产工艺及原材料有较大改变时；

（5）产品停产 6 个月以上，恢复生产时。

附录 D　（资料性附录）

铬渣处理处置的监测内容汇总表

处理处置环节	监测对象	监测指标	指标限值	最小监测频率	
				处理处置单位自我监测	环境管理部门监督性监测
铬渣处理处置场所	作业场所空气	粉尘	TWA: 8 mg/m³ STEL: 10 mg/m³	每个月1次	每6个月1次
	废水	总铬	1.5 mg/m³	每个月1次	
	土壤	总铬	监测指标含量在铬渣处置后不应增加	铬渣处理处置活动开始前监测一次，之后每年1次	铬渣处理处置活动开始前监测一次，之后每年1次
	地下水	六价铬	处理处置后应增加		
铬渣的干法解毒	设施尾气	粉尘	65 mg/m³	在线监测，保存监测结果备当地环境保护行政主管部门检查	每4个月1次
		SO₂	200 mg/m³		
		CO	80 mg/m³		
		烟气黑度	1（林格曼级）		
		铬及其化合物	4 mg/m³	每3个月1次	每6个月1次
铬渣解毒的产物	用作路基材料和混凝土骨料 用作生产水泥的混合材料 用于制砖及砌块	总铬	1.5 mg/L	铬渣解毒量大于（含等于）500 t/月的，每解毒每500 t监测1次；铬渣解毒量小于500 t/月的，每个月监测1次	
		六价铬	0.5 mg/L		
	浸出液	钡	10 mg/L		
	进入生活垃圾填埋场	总铬	4.5 mg/L		
		六价铬	1.5 mg/L		
	浸出液	钡	25 mg/L		
	铬渣掺加量	铬渣	铬渣质量不得超过当日填埋量的5%		
	进入一般工业固体废物填埋场	总铬	9 mg/L		
		六价铬	3 mg/L		
	浸出液	钡	50 mg/L		

处理处置环节	监测对象	监测指标	指标限值	最小监测频率	
				处理处置单位自我监测	环境管理部门监督性监测
铬渣用于生产水泥	设施尾气	颗粒物	50 mg/m³	每2个月1次	每6个月1次
		SO₂	200 mg/m³	每2个月1次	每6个月1次
		氮氧化物（以NO₂计）	800 mg/m³	每2个月1次	每12个月1次
		铬及其化合物	4 mg/m³	每6个月1次	每6个月1次
	用于制备水泥生料时的掺加量	铬渣	铬渣的掺加量不得超过水泥生料质量的5%	产品产量大于（含等于）1万t/月的，每生产1万t产品监测1次；产品产量小于1万t/月的，每个月监测1次	—
	利用铬渣生产的水泥产品浸出液	总铬	0.15 mg/L		
		六价铬	0.05 mg/L		
		钡	1.0 mg/L		
	利用铬渣生产的水泥产品	水溶性六价铬含量	0.000 2%		
		放射性物质的含量	满足 GB 6566 的要求	每年1次	
铬渣用于制砖及砌块	设施尾气	烟（粉尘）	隧道窑：一级：禁排 二级：200 mg/m³ 三级：300 mg/m³；其他窑：一级：禁排 二级：200 mg/m³ 三级：400 mg/m³	每2个月1次	每6个月1次
		SO₂	一级：禁排 二级：850 mg/m³ 三级：1 200 mg/m³	每2个月1次	每6个月1次
	利用铬渣生产的砖及砌块产品浸出液	总铬	4 mg/m³	每6个月1次	每12个月1次
		六价铬	0.3 mg/L	产品产量大于（含等于）1万t/月的，每生产1万t产品监测1次；产品产量小于1万t/月的，每个月监测1次	每6个月1次
		钡	0.1 mg/L		
			4.0 mg/L		
铬渣用于烧结炼铁	设施尾气	烟（粉尘）	一级：禁排 二级：100 mg/m³ 三级：150 mg/m³	每2个月1次	每6个月1次
		SO₂	一级：禁排 二级：2000 mg/m³ 三级：2860 mg/m³	每2个月1次	每6个月1次
		铬及其化合物	4 mg/m³	每6个月1次	每12个月1次

中华人民共和国国家环境保护标准

危险废物集中焚烧处置设施运行监督
管理技术规范（试行）

Technical specifications for the supervision and management to the operation of
centralized incineration disposal facilites for hazardous waste
(on Trial)

HJ 515—2009

1　适用范围

　　本标准规定了危险废物集中焚烧处置设施运行的监督管理程序、要求、内容及监督
管理方法等。

　　本标准适用于对经营性危险废物集中焚烧处置设施运行的监督管理，其他危险废物
焚烧处置设施运行期间的监督管理可参照本标准执行。

2　规范性引用文件

　　本标准内容引用了下列文件中的条款。凡是不注日期的引用文件，其有效版本适用
于本标准。

GB 3095　　环境空气质量标准

GB 3096　　声环境质量标准

GB 3838　　地表水环境质量标准

GB 4387　　 工业企业厂内铁路、道路运输安全规程

GB 5085.1～3　危险废物鉴别标准

GB 8978　污水综合排放标准

GB 12348　工业企业厂界环境噪声排放标准

GB 15562.1　 环境保护图形标志　排放口（源）

GB 15562.2　环境保护图形标志　固体废物贮存（处置）场

GB 15618　土壤环境质量标准

GB 18484　危险废物焚烧污染控制标准

GB 18597　危险废物贮存污染控制标准

GB 18598　危险废物填埋污染控制标准

GB 50041　锅炉房设计规范

GB/T 16157　固定污染源排放气中颗粒物测定与气态污染物采样方法

HJ/T 20　工业固体废物采样制样技术规范

HJ/T 176　危险废物集中焚烧处置工程建设技术规范

《危险废物经营许可证管理办法》　（中华人民共和国国务院令　第 408 号）

《国家危险废物名录》　（环境保护部、国家发展和改革委员会令　第 1 号）

《危险废物转移联单管理办法》　（国家环境保护总局令　第 5 号）

《危险废物经营单位编制应急预案指南》　（国家环境保护总局　2007 年第 48 号公告）

3　术语和定义

下列术语和定义适用于本标准。

3.1　危险废物

指列入《国家危险废物名录》或者根据国家规定的危险废物鉴别标准和鉴别方法认定的具有腐蚀性、毒性、易燃性、反应性和感染性等一种或一种以上危险特性，以及不排除具有以上危险特性的固体废物。

3.2　集中焚烧处置设施

指统筹规划建设并服务于一定区域，采用焚烧方法处置危险废物的设施。

3.3　监督管理

指对危险废物焚烧处置设施运行过程中的监督管理，是地方环境保护行政主管部门为了保护和改善环境，对危险废物设施运行进行监督检查和指导等活动的总称。

3.4　经营性危险废物集中焚烧处置单位

指符合《危险废物经营许可证管理办法》管理范围，从事危险废物集中焚烧处置经营活动的单位。

4　监督管理的程序和要求

4.1　县级以上人民政府环境保护行政主管部门和其他危险废物污染环境防治工作的监督管理部门，有权依据各自的职责对管辖范围内的危险废物集中焚烧处置设施进行监督检查。

4.2　危险废物集中焚烧处置单位应积极配合环境保护行政主管部门和其他危险废物污染环境防治工作监督管理部门的监督管理活动，根据相应的监督管理要求，如实反映情况，提供必要的资料，不得隐瞒、谎报、拒绝、阻挠或延误。

4.3　地方环境保护行政主管部门可通过书面检查、现场核查以及远程监控等方式实施对危险废物集中焚烧处置设施运行的监督管理。

4.4　监督管理包括准备、检查、监测、综合分析、意见反馈、整改和复查七个阶段。地方环境保护行政主管部门可根据工作开展实际和需要，修改调整监督管理的程序并确定相应的实施计划。

1）准备阶段应包括材料收集和监督管理实施计划编制两部分内容。材料收集内容包括经营许可证、机构设置、人员配置、制度化建设、设施建设和运行情况、污染物总体排放情况、与委托单位签订的经营合同情况等；实施计划应在材料收集的基础上编制，明确监管对象、监管内容、程序、方法以及人员安全防护措施等。

2）检查阶段应根据实施计划对焚烧的主体设施、各项辅助设施运行和管理情况进行现场核查，审阅相关记录、台账，对发现的问题应进行核实确认。

3）监测阶段应根据实施计划要求，对设施运行过程中污染物排放情况（废气、废水、废渣、噪声等）进行监测，保证监测质量，保存监测记录。

4）综合分析阶段应在检查、监测工作的基础上，全面分析、评价危险废物焚烧处置单位的总体情况，形成监督检查结论，对存在的各项问题要逐一列明；需要进行整改的，应提出书面整改内容和整改限期；有违反《中华人民共和国固体废物污染环境防治法》、《危险废物经营许可证管理办法》等法律、法规行为的，提出相应的处罚意见。

5）意见反馈阶段应将监督检查结论、整改通知、处罚通知等按照规定的程序送达危险废物集中焚烧处置单位。

6）整改阶段应督促危险废物集中焚烧处置单位根据监督检查结果和整改措施进行整改并提交整改报告。

7）监督管理复查阶段应对危险废物集中焚烧处置单位的整改情况进行复查，仍不符合要求的，应根据《中华人民共和国固体废物污染环境防治法》和《危险废物经营许可证管理办法》对危险废物集中焚烧处置单位进行处罚，如警告、限期整改、罚款、暂扣或吊销经营许可证等。

4.5　监督管理人员在进行现场检查时应遵守以下要求：

1）监督管理人员在检查过程中应宣传并认真执行国家环境保护的方针、政策和有关的法律、法规和标准。

2）监督管理人员在进行现场检查时，应有两名以上具有相应行政执法权的人员同时参加，携带并出示相关证件。

3）监督管理人员在进行现场检查时，可采取询问笔录、现场监测、采集样品、拍照摄像、查阅或者复制有关资料等检查手段，并妥善保管有关资料。

4）监督管理人员在进行现场检查时应严格执行安全制度，并为被检查单位保守技术业务秘密。

5）监督管理人员应对检查情况进行客观、规范的记录，并请被检查单位的代表予以确认。检查人员与被检查单位对检查记录的内容有分歧的部分如不能即时解决，应做好记录。

5　监督管理的内容和方法

5.1　监督管理的总体内容

地方环境保护行政主管部门监督管理的内容应包括基本运行条件、焚烧处置设施运行过程、污染防治设施配置及运行效果以及安全生产和劳动保护措施等。地方环境保护行政主管部门可根据实际情况确定监督管理的具体内容，原则上危险废物集中焚烧处置单位基本运行条件检查、焚烧处置设施以及配套设施等硬件配置的监督检查仅在初次监督检查时进行。

5.2　基本运行条件的监督管理

5.2.1 危险废物集中焚烧处置单位的机构设置、人员配置符合相关政策、法律法规及标准情况。

5.2.2 危险废物经营许可证的申领和换证情况。

5.2.3 危险废物焚烧处置技术、工艺及工程验收情况。

5.2.4 危险废物集中焚烧处置单位各项规章制度情况，制度至少应包括：设施运行和管理记录制度、交接班记录制度、危险废物接收管理制度、危险废物分析制度、内部监督管理制度、设施运行操作规程、化验室（实验室）特征污染物检测方案和实施细则、处置设施运行中意外事故应急预案、安全生产及劳动保护管理制度、人员培训制度以及环境监测制度等。

5.2.5 危险废物集中焚烧处置单位事故应急预案情况。应急预案应根据《危险废物经营单位编制应急预案指南》以及地方其他有关规定编写和报批。

5.3 危险废物焚烧处置设施运行的监督管理

5.3.1 危险废物焚烧处置设施运行的监督管理，其内容应至少包括：危险废物的接收、危险废物的分析鉴别、危险废物的厂内贮存和预处理、危险废物焚烧处置设施运行等。

5.3.2 危险废物接收应包括危险废物进场专用通道及标志、危险废物预检验、危险废物转移联单制度执行以及危险废物卸载情况等。

5.3.3 危险废物分析鉴别应包括分析鉴别的基础条件、危险废物的鉴别内容、危险废物特性鉴别后的登记管理、特性鉴别数据的保存、采样和分析以及危险废物的分类管理情况等。

5.3.4 危险废物贮存设施应包括危险废物贮存容器以及危险废物贮存设施情况。

5.3.5 危险废物焚烧处置系统应包括焚烧处置设施配置以及焚烧处置过程操作情况。

5.3.6 危险废物处置附属设施应包括预处理及进料系统、热能利用系统、烟气净化系统、炉渣及飞灰处理系统、自动化控制及在线监测系统，监督管理内容应包括系统配置和操作情况等。

5.4 污染防治设施配置及处理效果的监督管理

5.4.1 焚烧处置设施的性能指标和大气污染物排放控制指标应符合 GB 18484 要求，厂区周边环境空气质量，各项指标应符合 GB 3095 要求。

5.4.2 危险废物焚烧处置过程产生的底渣、飞灰、焚烧过程废气处理产生废活性炭、滤饼等属于危险废物，应送符合 GB 18598 要求的危险废物填埋场进行安全填埋处置。

5.4.3 危险废物集中焚烧处置单位废水排放应符合 GB 8978 要求。

5.4.4 危险废物集中焚烧处置单位噪声排放应符合 GB 12348 要求。

5.5 安全生产和劳动保护的监督管理

5.5.1 危险废物集中焚烧处置单位在安全生产方面应执行 HJ/T 176 以及国家其他关于安全生产的有关规定。

5.5.2 危险废物集中焚烧处置单位在劳动保护方面应执行 HJ/T 176 以及国家其他关于劳动保护的有关规定。

5.6 监测管理要求

5.6.1 环境监测应包括焚烧设施污染物排放监测和危险废物集中焚烧处置单位周边环境监测两部分。污染物排放监测应根据有关标准对烟气、飞灰、炉渣、工艺污水及噪声进行监测。环境监测应根据危险废物集中焚烧处置单位污染物排放情况对周边环境空气、地下水、地表水、土壤以及环境噪声进行监测。

5.6.2 对于由地方环境保护行政主管部门实施的监督性监测活动，由地方环境保护行政主管部门委托有环境监测资质的监测机构进行。危险废物集中焚烧处置单位实施的内部监测，应按国家标准规定的方法和频次，对处置设施运行情况进行监测，危险废物集中焚烧处置单位也可委托有监测资质的单位代为监测。危险废物集中焚烧处置单位应严格执行国家有关监督性监测管理规定配合监测工作，监测取样、检验方法，均应遵循国家有关标准要求。

5.6.3 地方环境保护行政主管部门应要求危险废物集中焚烧处置单位制订集中焚烧处置设施运行内部监测计划，定期对危险废物焚烧处置排放进行监测。当出现监测的某项目指标不合格时，应对设施进行全面检查，找出原因及时解决，确保集中焚烧处置设施在排放达标的条件下运行。

5.6.4 地方环境保护行政主管部门应按照国家有关规定，督促危险废物集中焚烧处置单位建立运行参数和污染物排放的监测记录制度，监测记录应包括：

1）记录每一批次危险废物焚烧的种类和重量。

2）连续监测二燃室烟气二次燃烧段前后的温度。

3）应对集中焚烧处置设施排放的烟尘、CO、SO_2、NO_x 实施连续自动监测，并定期辅以采样监测；对于目前尚无法采用自动连续装置监测的烟气黑度、HF、HCl、重金属及其化合物，应按 GB 18484 的监测管理要求进行监测，以上各项指标每季度至少采样监测 1 次。

4）按照 GB 18484 规定，至少每 6 个月监测一次焚烧残渣的热灼减率。

5）对废气排放中的二噁英，应按 GB 18484 监测管理要求，每年至少采样监测 1 次。

6）每年至少对周边环境空气及土壤中二噁英、重金属进行 1 次监测，以了解建设项目对周边环境空气及土壤的污染情况。

7）记录危险废物最终残余物处置情况，包括焚烧残渣与飞灰的数量、处置方式和接收单位。

5.6.5 为确保监测工作的开展，对排污口规范化问题提出如下要求：

1）污染物排放口应按照 GB 15562.1～2 的规定，设置对应的环境保护图形标志牌。

2）新建集中式危险废物焚烧厂焚烧炉排气筒周围半径 200 m 内有建筑物时，排气筒高度应高出最高建筑物 5 m 以上。

3）对有几个排气源的焚烧厂应集中到一个排气筒排放或采用多筒集合式排放。

4）焚烧炉排气筒应按 GB/T 16157 的要求，留有规范的、便于测量流量、流速的测流段和采样位置，设置永久性采样孔，并安装用于采样和测量的辅助设施。

5.6.6 监督性监测应在工况稳定、生产负荷达到设计的 75% 以上（含 75%）、处置设施运行正常的情况下进行。监测期间应监控各生产环节的主要原材料的消耗量、成品量，并按设计的主要原料、辅料用量和成品产生量核算生产负荷。若生产负荷小于 75%，应停止监测。

5.6.7 危险废物处置单位应定期报告上述监测数据。监测数据保存期为 3 年以上。

5.7 监督检查方法

结合以上监督检查内容，相应的监督管理的内容及方法见附录 A。

6 监督实施

6.1 地方环境保护行政主管部门根据本标准所提出的内容和要求，结合地方危险废物集中焚烧处置设施的实际，制订具体的监督管理实施方案，推进危险废物集中焚烧处置设施监督管理规范化、制度化。

6.2 地方环境保护行政部门根据本标准所提出的关于设施运行的各方面监督管理要求和危险废物经营许可证档案管理制度的基本要求，建立起规范的危险废物集中焚烧处置设施运行监督档案管理制度，将监督检查情况和处理结果及时归档，并指导企业建立相应的监督管理程序和方法，确保危险废物集中焚烧处置设施安全运转。

6.3 地方环境保护行政主管部门可根据《中华人民共和国固体废物污染环境防治法》和《危险废物经营许可证管理办法》等有关法律法规，对危险废物集中焚烧处置单位在危险废物处置过程中的违法行为进行处罚。

附录 A（规范性附录）

危险废物焚烧处置设施运行监督管理的内容及方法

A.1　基本运行条件监督管理[*]

审查项目	审查要点	检查指标及依据	监督检查方法
A.1.1　危险废物处置技术、工艺及工程验收情况	（1）危险废物预处理及焚烧处置技术和工艺适应性说明	危险废物预处理以及焚烧处置技术和工艺的适应性说明，主要设备的名称、规格型号、设计能力、数量、其他技术参数；所能焚烧处置废物的名称、类别、形态和危险特性（HJ/T 176）	检查环境影响报告、工程设计文件或其他证明材料；必要时，现场核查
	（2）系统配置情况	检查系统配置的完整性，应包括预处理及进料系统、焚烧炉、热能利用系统、烟气净化系统、残渣处理系统、自动控制和在线监测系统及其他辅助装置（HJ/T 176）	
		检查系统配置的安全性，整个焚烧系统运行过程中应处于负压状态，避免有害气体逸出（HJ/T 176）	
		检查危险废物处理要求，对于处理氟、氯等元素含量较高的危险废物，是否考虑了耐火材料及设备的防腐问题；对于用来处理含氟较高或含氯大于 5%的危险废物焚烧系统，不得采用余热锅炉降温，其尾气净化必须选择湿法净化方式（HJ/T 176）	
	（3）主要附属设施情况	工具、中转和临时存放设施、设备以及贮存设施、设备情况（国务院令　第 408 号）	
	（4）工程设计及验收情况	项目工程设计及验收有关资料（国务院令　第 408号）	检查工程设计及验收材料
A.1.2　危险废物经营许可证申领和使用情况	（1）处置单位的处置合同业务范围情况	检查危险废物集中焚烧处置单位的处置合同业务范围是否与经营许可证所规定的经营范围一致（国务院令　第 408 号）	检查危险废物经营许可证、处置合同等材料；必要时，现场核查
	（2）危险废物经营许可证变更情况	检查危险废物集中焚烧处置单位是否按照规定的申请程序，在发生危险废物经营方式改变，增加处置危险废物类别，新建或者改建、扩建原有危险废物经营设施或者经营危险废物超过原批准年经营规模20%以上的设施重新申领了危险废物经营许可证（国务院令　第 408 号）	
	（3）焚烧处置计划情况	检查焚烧处置计划是否翔实、明确，焚烧处置计划应分为年度和月份计划	检查危险废物焚烧处置记录等材料
	（4）经营许可证检查情况	检查危险废物经营许可证例行检查情况（国务院令第 408 号）	检查危险废物经营许可证的有关材料

审查项目	审查要点	检查指标及依据	监督检查方法
A.1.3 危险废物集中焚烧处置单位的机构设置、人员配置情况	（1）人员总体配备情况	是否配备了相应的生产人员、辅助生产人员和管理人员（国务院令 第408号）	检查单位机构组成及人员职责分工以及个人档案材料等
	（2）专业技术人员配备情况	是否配备了3名以上环境工程专业或者相关专业中级以上职称，并有3年以上固体废物污染治理经历的技术人员（国务院令 第408号）	
	（3）人员培训情况	生产和管理人员是否经过国家及内部组织的专业岗位培训并获得国家劳动保障部门或国家环境保护行政主管部门颁发的职业技能培训等级证书，并符合工作需要（HJ/T 176）	
A.1.4 集中焚烧处置单位规章制度情况	（1）设施运行和管理记录制度情况	（1）危险废物转移联单记录；（2）危险废物接收登记记录；（3）危险废物进厂运输车车牌号、来源、重量、进场时间、离场时间等记录；（4）生产设施运行工艺控制参数记录；（5）危险废物焚烧灰渣处理处置情况记录；（6）设备更新情况记录；（7）生产设施维修情况记录；（8）环境监测数据的记录；（9）生产事故及处置情况记录（HJ/T 176）	检查各项制度以及运行记录档案材料
	（2）交接班制度情况	（1）交接班制度的实施记录完整、规范；（2）上述提到的设施运行和管理记录制度在交接班制度中予以落实（HJ/T 176）	
	（3）其他制度情况	（1）危险废物接收管理制度；（2）危险废物分析制度；（3）内部监督管理制度；（4）设施运行操作规程；（5）设施运行过程中污染控制对策和措施；（6）化验室（实验室）特征污染物检测方案和实施细则；（7）设施日常运行记录台账、监测台账和设备更新、检修台账；（8）安全生产及劳动保护管理制度；（9）人员培训制度；（10）环境监测制度（HJ/T 176）	
A.1.5 事故应急预案制定情况	（1）危险废物贮存过程中发生事故时的应急预案	（1）应急预案编制的全面性、规范性和可操作性；（2）应急预案获得环保部门审批情况；（3）实施应急预案的基础条件情况；（4）应急预案执行情况（HJ/T 176）	检查应急预案文本、应急预案审批及应急预案执行情况
	（2）危险废物运送过程中发生事故时的应急预案	（1）应急预案编制的全面性、规范性和可操作性；（2）应急预案获得环保部门审批情况；（3）实施应急预案的基础条件情况；（4）应急预案执行情况（HJ/T 176）	
	（3）焚烧设施发生故障或事故时的应急预案	（1）应急预案编制的全面性、规范性和可操作性；（2）应急预案获得环保部门审批情况；（3）实施应急预案的基础条件情况；（4）应急预案执行情况（HJ/T 176）	
	（4）设施设备能力不能保证危险废物正常处置时的应急预案	（1）应急预案编制的全面性、规范性和可操作性；（2）应急预案获得环保部门审批情况；（3）实施应急预案的基础条件情况；（4）应急预案执行情况（HJ/T 176）	

* 基本条件检查作为地方环境保护行政主管部门进行监督管理的基本依据，原则上应在初次监督检查时进行，是为考虑到工作的连贯性而进行的检查。

A.2 处置设施运行过程监督管理——接收、分析鉴别、贮存设施

审查项目	审查要点	检查指标及依据	监督检查方法
A.2.1 危险废物接收系统	（1）危险废物转移联单制度执行情况	集中焚烧处置单位是否按照《危险废物转移联单》有关规定办理接收废物有关手续（《危险废物转移联单管理办法》）	检查转移联单档案、废物进场记录等，必要时进行现场检查
	（2）危险废物预检验情况	危险废物进厂前是否接受必要的预检验（HJ/T 176）	
	（3）废物进场专用通道及标志情况	（1）集中焚烧处置单位内是否设置废物进厂专用通道；（2）是否设有醒目的警示标志和路线指示（HJ/T 176）	
	（4）废物卸载情况	办理完接收手续的危险废物是否在卸车区卸载废物（HJ/T 176）	
A.2.2 危险废物分析鉴别系统	（1）分析鉴别基础条件	危险废物特性鉴别与灰渣监测和分析的仪器设备（HJ/T 176）	检查分析鉴别仪器设备材料，并现场核查
		污水常规指标监测和分析的仪器设备（HJ/T 176）	
		化验室所用仪器的规格、数量及化验室的面积（HJ/T 176）	
	（2）危险废物鉴别内容的全面性和代表性	（1）内容包括：物理性质：物理组成、容重、尺寸；（2）工业分析：固定碳、灰分、挥发分、水分、灰熔点、低位热值；（3）元素分析和有害物质含量；（4）特性鉴别（腐蚀性、浸出毒性、急性毒性、易燃易爆性）；（5）反应性；（6）相容性（HJ/T 176）	检查危险废物鉴别记录资料，并现场核查
	（3）废物特性鉴别后的登记管理情况	（1）每一批次废物经特性分析鉴别后得到的数据信息是否进行详细的登记；（2）是否将登记的数据信息与分类分区贮存的废物建立起一一对应的废物特性数据信息库（HJ/T 176）	检查危险废物鉴别登记有关材料，并现场核查
	（4）特性鉴别数据保存情况	废物分析鉴别数据库是否有必要的备份，并及时以光盘、文本等形式保存副本（HJ/T 176）	检查危险废物鉴别数据档案材料，并现场核查
	（5）采样和分析的规范性	（1）危险废物采样是否符合 HJ/T 20；（2）危险废物特性分析是否符合 GB 5085.1～3（HJ/T 176）	检查危险废物采样和特性分析有关材料，并现场核查
	（6）废物分类管理情况	对鉴别后的危险废物是否进行了分类（HJ/T 176）	检查危险废物分类有关材料，并现场核查

审查项目	审查要点	检查指标及依据	监督检查方法
A.2.3 危险废物贮存系统	（1）危险废物贮存容器情况	应使用符合国家标准的容器盛装危险废物（GB 18597）	现场检查
		贮存容器必须具有耐腐蚀、耐压、密封、不与所贮存的废物发生反应等特性（GB 18597）	
		贮存容器应保证完好无损并具有明显标志（GB 18597）	
	（2）危险废物贮存设施情况	危险废物贮存场所是否有符合 GB 15562.2 的专用标志（GB 18597）	
		不相容的危险废物是否分开存放，并设有隔离间隔断（GB 18597）	
		是否建有堵截泄漏的裙角，地面与裙角采用了兼顾防渗的材料建造，建筑材料与危险废物相容（GB 18597）	
		是否配置了泄漏液体收集装置及气体导出口和气体净化装置（GB 18597）	
		是否配置了安全照明和观察窗口，并设有应急防护设施（GB 18597）	
		是否配置了隔离设施、报警装置和防风、防晒、防雨设施以及消防设施（GB 18597）	
		墙面、棚面是否具有防吸附功能，用于存放装载液体、半固体危险废物容器的地方是否配有耐腐蚀的硬化地面且表面无裂隙（GB 18597）	
		库房是否设置了备用通风系统和电视监视装置（GB 18597）	
		贮存库容量的设计是否考虑工艺运行要求并应满足设备大修（一般以 15 d 为宜）和废物配伍焚烧的要求（GB 18597）	
		贮存剧毒危险废物的场所是否实现了专人 24 h 看管（GB 18597）	

A.3 处置设施运行过程监督管理——焚烧处置设施

审查项目	审查要点	检查指标及依据	监督检查方法
危险废物焚烧处置系统	（1）焚烧处置设施配置情况	是否设置二次燃烧室，并保证烟气在二次燃烧室 1 100℃以上停留时间大于 2 s（HJ/T 176）	检查设计文件，并现场核查
		燃烧室后是否设置紧急排放烟囱，并设置联动装置使其只能在事故或紧急状态时才可启动（HJ/T 176）	
		焚烧炉是否设置防爆门或其他防爆设施（HJ/T 176）	
		是否配备自动控制和监测系统，在线显示运行工况和尾气排放参数，并能够自动反馈，对有关主要工艺参数进行自动调节（HJ/T 176）	
		正常运行条件下，焚烧炉内是否处于负压燃烧状态（HJ/T 176）	
		焚烧炉是否装置紧急进料切断系统（HJ/T 176）	
		投入焚烧炉的废物是否有重量计量装置并实现连续记录（HJ/T 176）	

审查项目	审查要点	检查指标及依据	监督检查方法
危险废物焚烧处置系统	（2）焚烧处置过程操作情况	危险废物的焚烧系统运行是否按工艺流程、运行操作规程和安全操作规程进行（HJ/T 176）	检查设计文件、各项操作规程材料，并现场检查
		危险废物进入焚烧系统的输送方式是否避免了操作人员与废物直接接触（HJ/T 176）	
		危险废物焚烧处置操作人员是否按规程操作，操作人员是否掌握处置计划、操作规程、焚烧系统工艺流程、管线及设备的功能和位置，以及紧急应变情况（HJ/T 176）	
		焚烧系统没有达到工况参数或烟气处理系统没有启动或没有正常运行时，是否严禁向焚烧炉投入废物（HJ/T 176）	
		焚烧炉运行过程中是否保证系统处于负压状态，避免有害气体逸出（HJ/T 176）	

A.4　处置设施运行过程监督管理——配套处置设施

审查项目	审查要点	检查指标及依据	监督检查方法
A.4.1 预处理及进料系统	（1）检查危险废物预处理系统	危险废物入炉前是否根据其成分、热值等参数进行搭配，以保障焚烧炉稳定运行，降低焚烧残渣的热灼减率（HJ/T 176）	现场检查
		废物的搭配是否注意相互间的相容性，避免不相容的危险废物混合后产生不良后果（HJ/T 176）	
		危险废物入炉前是否酌情进行破碎和搅拌处理，使废物混合均匀以利于焚烧炉稳定、安全、高效运行，对于含水率高的废物（如污泥、废液）是否采取了适当脱水处理措施，以降低能耗（HJ/T 176）	
		在设计危险废物混合或加工系统时，是否考虑焚烧废物的性质、破碎方式、液体废物的混合及供料的抽吸和管道系统的布置（HJ/T 176）	
	（2）检查危险废物输送、进料装置	采用自动进料装置，进料口是否配制保持气密性的装置，以保证炉内焚烧工况的稳定（HJ/T 176）	检查设计文件，并现场核查
		进料时是否采取了防止废物堵塞措施，以保持进料畅通（HJ/T 176）	
		进料系统是否处于负压状态，以防止有害气体逸出（HJ/T 176）	
		输送液体废物时是否考虑废液的腐蚀性及废液中的固体颗粒物堵塞喷嘴问题（HJ/T 176）	
A.4.2 热能利用系统	检查热能利用系统配置及操作情况	焚烧处置单位在确保环保达标排放的情况下，是否考虑对其产生的热能以适当形式加以利用（HJ/T 176）	
		利用危险废物焚烧热能的锅炉，是否充分考虑烟气对锅炉的高温和低温腐蚀问题（HJ/T 176）	
		危险废物焚烧的热能利用是否避开 200～500℃区间（HJ/T 176）	
		利用危险废物热能生产饱和蒸汽或热水时，热力系统中的设备与技术条件，是否符合 GB 50041 的有关规定（HJ/T 176）	

审查项目	审查要点	检查指标及依据	监督检查方法
A.4.3 烟气净化系统	（1）检查湿法净化工艺骤冷洗涤器和吸收塔等单元配置情况	（1）是否配备废水处理设施去除重金属和有机物等有害物质；（2）为防止风机带水，是否采取了降低烟气水含量的措施后再经烟囱排放的措施（HJ/T 176）	检查设计文件，并现场核查
	（2）检查半干法净化工艺洗气塔、活性炭喷射、布袋除尘器等处理单元配置情况	（1）反应器内的烟气停留时间是否满足烟气与中和剂充分反应的要求；（2）反应器出口的烟气温度是否在 130℃ 以上，保证在后续管路和设备中的烟气不结露（HJ/T 176）	
	（3）检查干法净化工艺：包括干式洗气塔或干粉投加装置、布袋除尘器等处理单元配置情况	（1）反应器内的烟气停留时间是否满足烟气与药剂进行充分反应的要求；（2）是否考虑收集下来的飞灰、反应物以及未反应物的循环处理问题；（3）反应器出口的烟气温度是否在 130℃ 以上，保证在后续管路和设备中的烟气不结露（HJ/T 176）	
	（4）检查烟气净化系统配置情况	烟气净化系统的除尘设备是否优先选用袋式除尘器（HJ/T 176）	
		若选择湿式除尘装置，是否配备完整的废水处理设施（HJ/T 176）	
		烟气净化装置是否有可靠的防腐蚀、防磨损和防止飞灰阻塞的措施（HJ/T 176）	
		酸性污染物包括 HCl、HF 和硫氧化物等，是否采用适宜的碱性物质作为中和剂在反应器内进行中和反应（HJ/T 176）	
		在中和反应器和袋式除尘器之间是否采取了喷入活性炭或多孔性吸附剂，或者在布袋除尘器后设置活性炭或多孔性吸附剂吸收塔（床）措施（HJ/T 176）	
		对于含氮量较高的危险废物是否考虑氮氧化物的去除措施；是否优先考虑通过焚烧过程控制，抑制氮氧化物的产生；焚烧烟气中氮氧化物的净化方法，是否采用选择性非催化还原法（HJ/T 176）	
		引风机是否采用变频调速装置（HJ/T 176）	
	（5）检查烟气净化系统操作情况	是否严格控制燃烧室烟气的温度、停留时间和流动工况（HJ/T 176）	
		焚烧废物产生的高温烟气是否采取急冷处理，使烟气温度在 1.0 s 内降到200℃以下，减少烟气在 200～500℃ 的滞留时间（HJ/T 176）	
		检查吸附二噁英的活性炭使用数量以及布袋除尘器的更换情况等是否在设计需求的使用数量范围内	

审查项目	审查要点	检查指标及依据	监督检查方法
A.4.4 炉渣及飞灰处理系统	（1）检查炉渣处理系统配置情况	炉渣处理系统是否包括除渣冷却、输送、贮存、碎渣等设施（HJ/T 176）	检查设计文件，并现场核查
		炉渣处理系统是否保持密闭状态（HJ/T 176）	
		与焚烧炉衔接的除渣机是否有可靠的机械性能和保证炉内密封的措施（HJ/T 176）	
	（2）检查飞灰处理系统配置情况	飞灰处理系统是否包括飞灰收集、输送、贮存等设施，保持密闭状态，并配置避免飞灰散落的密封容器（HJ/T 176）	
		烟气净化系统采用半干法方式时，飞灰处理系统是否采取了机械除灰或气力除灰方式，气力除灰系统是否采取了防止空气进入与防止灰分结块的措施（HJ/T 176）	
		采用湿法烟气净化方式时，飞灰处理系统是否采取了有效的脱水措施（HJ/T 176）	
		贮灰罐是否设有料位指示、除尘和防止灰分板结的设施，并在排灰口附近设置增湿设施（HJ/T 176）	
A.4.5 自动化控制及在线监测系统	（1）检查自动控制系统	危险废物集中焚烧处置是否具备较高的自动化水平，能在中央控制室通过分散控制系统实现对危险废物焚烧线、热能利用及辅助系统的集中监视和分散控制（HJ/T 176）	检查设计文件，操作规程材料，并现场核查
		燃烧室后是否设置紧急排放烟囱，并设置联动装置使其只能在事故或紧急状态时才可启动（HJ/T 176）	
		对不影响整体控制系统的辅助装置，设就地控制室的，其重要信息是否送至中央控制室（HJ/T 176）	
		对重要参数的报警和显示，是否设光字牌报警器和数字显示仪（HJ/T 176）	
		是否设置独立于分散控制系统的紧急停车系统（HJ/T 176）	
	（2）检查在线监测系统	对贮存库房、物料传输过程以及焚烧线的重要环节，是否设置现场工业电视监视系统（HJ/T 176）	
		在线自动监测系统是否对焚烧烟气中处理后的烟尘、硫氧化物、氮氧化物、HCl 等污染因子实施在线监测，并按要求存入档案并上报地方环境保护行政主管部门（HJ/T 176）	
		危险废物集中焚烧处置单位的在线自动监测系统是否对氧、CO、CO_2、一燃室和二燃室温度等重要工艺指标实行在线监测（HJ/T 176）	
		对前面提到的污染控制参数以及工艺指标是否按要求与地方环境保护行政主管部门联网显示，并显示正常（HJ/T 176）	
		系统启动运行时，在线监测装置是否能够同时启动，进行监测、记录并根据需要打印输出（HJ/T 176）	
		焚烧处置过程中的工艺参数，如温度、停留时间等是否显示正常值（HJ/T 176）	

A.5 安全生产和劳动保护的监督管理

审查项目	审查要点	检查指标及依据	监督检查方法
A.5.1 安全生产要求	检查焚烧厂安全生产情况	各工种、岗位是否根据工艺特征和具体要求制定了相应的安全操作规程并严格执行（HJ/T 176）	检查有关安全生产材料，并现场核查
		各岗位操作人员和维修人员是否定期进行岗位培训并持证上岗（HJ/T 176）	
		是否严禁了非本岗位操作管理人员擅自启、闭本岗位设备，严禁了管理人员违章指挥（HJ/T 176）	
		操作人员是否按电工规程进行电器启、闭（HJ/T 176）	
		风机工作时，是否严禁了操作人员贴近联轴器等旋转部件（HJ/T 176）	
		是否建立并严格执行定期和经常的安全检查制度，及时消除事故隐患，严禁违章指挥和违章操作（HJ/T 176）	
		是否对事故隐患或发生的事故进行了调查并采取改进措施，重大事故是否做到了及时向有关部门报告（HJ/T 176）	
		凡从事特种设备的安装、维修人员，是否参加了劳动部门专门培训，并取得特种设备安装、维修人员操作证后上岗（HJ/T 176）	
		厂内及车间内运输管理，是否符合 GB 4387 的有关规定（HJ/T 176）	
		工作区及其他设施是否符合国家有关劳动保护的规定，各种设施及防护用品（如防毒面具）是否由专人维护保养，保证其完好、有效（HJ/T 176）	
		对所有从事生产作业的人员是否进行了定期体检并建立健康档案卡（HJ/T 176）	
		是否定期对车间内的有毒有害气体进行检测，并做到在发生超标的情况下采取相应措施（HJ/T 176）	
		是否做到定期对职工进行职业卫生的教育，加强防范措施（HJ/T 176）	
A.5.2 劳动保护要求	检查焚烧厂劳动保护情况	废物贮存和焚烧部分处理设备等是否做到了尽量密闭，以减少灰尘和臭气外逸（HJ/T 176）	检查各项与劳动保护有关材料，并现场检查
		是否尽可能采用了噪声小的设备；对于噪声较大的设备，是否采取了减振消音措施，使噪声符合国家规定标准要求（HJ/T 176）	
		接触有毒有害物质的员工是否配备了防毒面具、耐油或耐酸手套、防酸碱工作服（HJ/T 176）	
		焚烧炉、余热锅炉、除尘系统等高温操作间是否配置了降温设施（HJ/T 176）	
		检修人员进入焚烧炉检修前是否先对炉内强制输送新鲜空气并测定炉内含氧量，待含氧量大于 19%后方可进入。检修人员在炉内检修时是否做到了佩戴防毒面具，同时炉外有人监护（HJ/T 176）	
		进入高噪声区域人员是否佩戴了性能良好的防噪声护耳器（HJ/T 176）	
		进行有毒、有害物品操作时是否穿戴了相应种类专用防护用品，禁止混用；并严格遵守操作规程，用毕后物归原处，发现破损及时更换（HJ/T 176）	
		有毒、有害岗位操作完毕，是否将防护用品按要求清洁、收管，并做到不随意丢弃，不转借他人；是否对个人安全卫生（洗手、漱口及必要的沐浴）提出了明确的要求（HJ/T 176）	
		是否做到了禁止携带或穿戴使用过的防护用品离开工作区。报废的防护用品是否交专人处理（HJ/T 176）	
		是否配足配齐各作业岗位所需的个人防护用品，并对个人防护用品的购置、发放、回收、报废进行登记。防护用品是否做到由专人管理，并定期检查、更换和处理（HJ/T 176）	

A.6 污染防治设施配置及处理要求*

审查项目	审查要点	审查指标要求			监督检查方法
A.6.1 大气污染物控制排放及周边环境空气质量要求（GB 18484）	不同焚烧容量时的最高允许排放质量浓度限值/（mg/m³）	≤300（kg/h）	300～2 500（kg/h）	≥2 500（kg/h）	进行试烧，检查监测报告
	1*烟气黑度	林格曼 1 级			
	2*烟尘	100	80	65	
	3*一氧化碳（CO）	100	80	80	
	4*二氧化硫（SO₂）	400	300	200	
	5*氟化氢（HF）	9.0	7.0	5.0	
	6*氯化氢（HCl）	100	70	60	
	7*氮氧化物（以 NO₂ 计）	500			
	8*汞及其化合物（以 Hg 计）	0.1			
	9*镉及其化合物（以 Cd 计）	0.1			
	10*砷，镍及其化合物（以 As+Ni 计）	1.0			
	11*铅及其化合物（以 Pb 计）	1.0			
	12*铬，锡，锑，铜，锰及其化合物	4.0			
	13*二噁英类（TEQ）	0.5 ng/m³			
	焚烧厂周围环境空气质量	GB 3095			检查监测报告
A.6.2 焚烧处理性能要求（GB 18484）	（1）焚毁去除率	危险废物≥99.99%；多氯联苯≥99.999 9%；医疗临床废物≥99.99%			检查监测报告
	（2）焚烧残渣热灼减率	危险废物、多氯联苯、医疗临床废物<5%			
	（3）焚烧炉出口烟气中的氧气含量	应为 6%～10%（干气）			
A.6.3 炉渣及飞灰处理要求（GB 18484、HJ/T 176）	（1）炉渣处理要求	（1）炉渣应进行特性鉴别，经鉴别后属于危险废物，应按照危险废物进行安全处置，不属于危险废物的按一般废物进行处置。（2）炉渣由处置厂进行特性鉴别分析至少 1 次/d，并保留渣样。由环境管理部门委托监测部门进行抽查鉴别分析 1 次/月			检查记录材料，并现场检查
	（2）飞灰处理要求	焚烧飞灰、吸附二噁英和其他有害成分的活性炭等残余物应按照危险废物进行处置，应送危险废物填埋场进行安全填埋处置			
A.6.4 废水排放及周边环境质量要求	污水排放要求	污水综合排放标准（GB 8978）			检查监测报告，并现场考核查
	地表水环境质量要求	GB 3838			检查监测报告
A.6.5 土壤环境质量	周边土壤环境质量要求	GB 15618			检查监测报告
A.6.6 噪声排放及周边环境质量要求	噪声排放要求	危险废物焚烧厂界执行 GB 12348			检查监测报告，并现场核查
	周边噪声环境质量要求	环境噪声执行 GB 3096			检查监测报告

* 污染防治设施配置及处理要求在相关标准修订时应采用最新版本所确定的标准限值和管理要求。

A.7 环境监测要求

审查项目	审查要点	检查指标及依据	监督检查方法
A.7.1 排污口规范化	（1）焚烧炉排气筒情况	（1）新建集中式危险废物焚烧厂焚烧炉排气筒周围半径 200 m 内有建筑物时，排气筒高度必须高出最高建筑物 5 m 以上；（2）对有几个排气源的焚烧厂应集中到一个排气筒排放或采用多筒集合式排放；（3）焚烧炉排气筒应设置永久采样孔，并安装用于采样和测量的设施（GB/T 16157、GB 18484）	
	（2）废水排污口情况	有规范的、便于测量流量、流速的测流段和采样点（相关监测技术规范）	
	（3）污染物排放口标志牌情况	污染物排放口必须实行规范化整治，按照 GB 15562.1～2 的规定，设置与之相适应的环境保护图形标志牌（HJ/T 176）	
A.7.2 环境监测总体要求	（1）焚烧设施污染物排放监测	炉渣、飞灰、处理后排放的工艺污水、焚烧系统排烟及环境噪声进行检验监测。监测工作必须符合国家相应的监测标准和方法要求（HJ/T 176）	检查监测报告，并现场核查
	（2）处置单位周边环境监测	对周边环境空气、地下水、地表水、土壤以及环境噪声进行监测。监测工作必须符合国家相应的监测标准和方法要求（HJ/T 176）	
	（3）监测频率管理要求	危险废物集中焚烧处置单位应按国家标准规定的方法和频次，对处置设施情况进行监测，不具备监测条件的可委托有监测资质的单位代为监测（相关监测技术规范）	
	（4）监测条件要求	（1）监测数据必须在工况稳定、生产负荷达到设计的 75%以上（含 75%）、危险废物集中焚烧处置设施运行正常的情况下才有效；（2）监测期间监控各生产环节的主要原材料的消耗量、成品量，并按设计的主要原、辅料用量及成品产生量核算生产负荷。若生产负荷小于 75%，应停止监测；（3）具体内容应符合国家相应监测技术标准要求（相关监测技术规范）	
	（5）监测取样和检验方法要求	（1）监测取样、检验的方法，均应遵循国家有关标准要求；（2）监测的数据应纳入档案并上报当地环境管理部门（相关监测技术规范）	
	（6）监测内容要求	记录每一批次危险废物焚烧的种类的重量（相关监测技术规范）	
		二燃室烟气温度：连续监测二燃室烟气二次燃烧段前后温度。烟气停留时间：通过监测烟气排放速率和审查焚烧设计文件、检验产品结构尺寸确定（相关监测技术规范）	
		排气中的二噁英应每年至少采样监测 1 次（HJ/T 176）	
		周边环境空气及土壤中的二噁英及重金属污染物监测应每年采样监测一次（HJ/T 176）	
		至少每 6 个月监测一次焚烧残渣的热灼减率（GB 18484）	
		排气中 CO、烟尘、SO_2、NO_x 连续自动监测，对于目前尚无法采用自动连续装置监测的烟气黑度、HF、HCl、重金属及其化合物，应每季度至少采样监测 1 次（GB 18484）	
		记录危险废物最终残余物处置情况，包括焚烧残渣与飞灰的数量、处置方式和接收单位（HJ/T 176）	
		废物处置单位应定期报告上述运行参数、处置效果的监测数据。监测数据保存期为 3 年（HJ/T 176）	
A.7.3 运行期监测要求	（1）运行单位自行监测要求	（1）运行期间应制订处置单位内部监测计划，定期对危险废物焚烧处置排放进行监测；（2）当出现监测的某项目指标不合格时，应将有关设备系统停机，进行排查，找出原因及时解决。解决后根据情况进行检验监测，确保系统在排放达标的条件下运行（HJ/T 176）	
	（2）运行单位监督性监测要求	运行期间应根据地方环保要求，定期开展环境监测工作（HJ/T 176）	

中华人民共和国国家环境保护标准

医疗废物集中焚烧处置设施运行监督
管理技术规范（试行）

Technical specifications for the supervision and management to the operation of
incineration disposal facilitites for medical waste (on Trial)

HJ 516—2009

1　适用范围

本标准规定了医疗废物集中焚烧处置设施运行的监督管理的程序、要求、内容以及监督管理方法等。

本标准适用于经营性医疗废物集中焚烧处置设施运行的监督管理，其他医疗废物焚烧处置设施运行期间的监督管理可参照本标准执行。

2　规范性引用文件

本标准内容引用了下列文件中的条款。凡是不注日期的引用文件，其有效版本适用于本标准。

GB 3095　环境空气质量标准

GB 3096　声环境质量标准

GB 4387　工业企业厂内铁路、道路运输安全规程

GB 8978　污水综合排放标准

GB 12348　工业企业厂界环境噪声排放标准

GB 15562.1　环境保护图形标志　排放口（源）

GB 15562.2　环境保护图形标志　固体废物贮存（处置）场

GB 18484　危险废物焚烧污染控制标准

GB 18597　危险废物贮存污染控制标准

GB 18598　危险废物填埋污染控制标准

GB 19217　医疗废物转运车技术要求（试行）

GB/T 16157　固定污染源排放气中颗粒物测定与气态污染物采样方法

HJ 421　医疗废物专用包装袋、容器和警示标志标准

HJ/T 20　工业固体废物采样制样技术规范

HJ/T 177　医疗废物集中焚烧处置工程技术规范

《医疗废物管理条例》（中华人民共和国国务院令　第 380 号）

《危险废物经营许可证管理办法》（中华人民共和国国务院令　第 408 号）

《医疗废物管理行政处罚办法》（国家环境保护总局令　第 21 号）

《危险废物经营单位编制应急预案指南》（国家环境保护总局　2007 年第 48 号公告）

《医疗废物分类目录》（卫生部、国家环保总局　卫医发[2003]287 号）

《医疗废物集中处置技术规范（试行）》（国家环境保护总局　环发[2003]206 号）

3　术语定义

下列术语和定义适用于本标准。

3.1　医疗废物

指各类医疗卫生机构在医疗、预防、保健、教学、科研以及其他相关活动中产生的具有直接或间接感染性、毒性以及其他危害性的废物。具体分类名录依照《医疗废物分类目录》执行。

3.2　集中焚烧处置设施

指统筹规划建设并服务于一定区域，采用焚烧方法处置医疗废物的设施。

3.3　监督管理

指对医疗废物焚烧处置设施运行过程中的监督管理，是地方环境保护行政主管部门为了保护和改善环境，对医疗废物设施运行进行监督检查和指导等活动的总称。

3.4　经营性医疗废物集中焚烧处置单位

指符合《危险废物经营许可证管理办法》管理范围，从事医疗废物集中焚烧处置经营活动的单位。

4　监督管理的程序和要求

4.1　县级以上人民政府环境保护行政主管部门和其他医疗废物污染环境防治工作的监督管理部门，有权依据各自的职责对管辖范围内的医疗废物集中焚烧处置设施进行监督检查。

4.2　医疗废物集中焚烧处置单位应积极配合环境保护行政主管部门和其他医疗废物污染环境防治工作监督管理部门的监督管理活动，根据相应的监督管理要求，如实反映情况，提供必要的资料，不得隐瞒、谎报、拒绝、阻挠或延误。

4.3　地方环境保护行政主管部门可通过书面检查、现场核查以及远程监控等方式实施对医疗废物集中焚烧处置设施运行的监督管理。

4.4　监督管理包括准备、检查、监测、综合分析、意见反馈、整改和复查七个阶段。地方环境保护行政主管部门可根据工作开展实际和需要，修改调整监督管理的程序并确定相应的实施计划。

1）准备阶段应包括材料收集和监督管理实施计划编制两部分内容。材料收集内容包括经营许可证、机构设置、人员配置、制度化建设、设施建设和运行情况、污染物总体排放情况、与委托单位签订的经营合同情况等；实施计划应在材料收集的基础上编制，明确监管对象、监管内容、程序、方法以及人员安全防护措施等。

2）检查阶段应根据实施计划对焚烧的主体设施、各项辅助设施运行和管理情况进行现场核查，审阅相关记录、台账，对发现的问题应进行核实确认。

3）监测阶段应根据实施计划要求，对设施运行过程中污染物排放情况（废气、废水、废渣、噪声等）进行监测，保证监测质量，保存监测记录。

4）综合分析阶段应在检查、监测工作的基础上，全面分析、评价医疗废物集中焚烧处置单位的总体情况，形成监督检查结论，对存在的各项问题要逐一列明；需要进行整改的，应提出书面整改内容和整改限期；有违反《中华人民共和国固体废物污染环境防治法》、《危险废物经营许可证管理办法》等法律、法规行为的，应提出相应的处罚意见。

5）意见反馈阶段应将监督检查结论、整改通知、处罚通知等按照规定的程序送达医疗废物集中焚烧处置单位。

6）整改阶段应督促医疗废物集中焚烧处置单位根据监督检查结果和整改措施进行整改并提交整改报告。

7）复查阶段应对医疗废物集中焚烧处置单位的整改情况进行复查，仍不符合要求的，应根据《中华人民共和国固体废物污染环境防治法》、《危险废物经营许可证管理办法》、《医疗废物管理条例》、《医疗废物管理行政处罚办法》对医疗废物集中焚烧处置单位进行处罚，如警告、限期整改、罚款、暂扣或吊销经营许可证等。

4.5　监督管理人员在进行现场检查时应遵守以下要求：

1）监督管理人员在检查过程中应宣传并认真执行国家环境保护的方针、政策和有关的法律、法规和标准。

2）监督管理人员在进行现场检查时，必须有两名以上具有相应行政执法权的人员同时参加，携带并出示相关证件。

3）监督管理人员在进行现场检查时，可采取询问笔录、现场监测、采集样品、拍照摄像、查阅或者复制有关资料等检查手段，并妥善保管有关资料。

4）监督管理人员在进行现场检查时应严格执行安全制度，并为被检查单位保守技术业务秘密。

5）监督管理人员应对检查情况进行客观、规范的记录，并应请被检查单位的代表予以确认。检查人员与被检查单位对检查记录的内容有分歧的部分如不能即时解决应做好记录。

5　监督管理的内容和方法

5.1　监督管理的总体内容

地方环境保护行政主管部门监督管理的内容应包括基本运行条件、焚烧处置设施运行过程、污染防治设施配置及运行效果以及安全生产和劳动保护措施等。地方环境保护行政主管部门可根据实际情况确定监督管理的具体内容，原则上医疗废物集中焚烧处置单位基本运行条件检查、焚烧处置设施以及配套设施等硬件配置的监督检查仅在初次监督检查时进行。

5.2　基本运行条件的监督管理

5.2.1　医疗废物集中焚烧处置单位的机构设置、人员配置符合相关政策、法律法规及标准情况。

5.2.2 医疗废物经营许可证的申领和使用情况。

5.2.3 医疗废物焚烧处置技术、工艺及工程验收情况。

5.2.4 医疗废物集中焚烧处置单位各项规章制度情况。制度至少应包括：设施运行和管理记录制度、交接班记录制度、医疗废物接收管理制度、内部监督管理制度、设施运行操作规程、化验室（实验室）特征污染物检测方案和实施细则、处置设施运行中意外事故应急预案、安全生产及劳动保护管理制度、人员培训制度以及环境监测制度等。

5.2.5 医疗废物集中焚烧处置单位事故应急预案情况。应急预案应根据《危险废物经营单位编制应急预案指南》以及地方其他有关规定编写和报批。

5.3 医疗废物焚烧集中处置设施运行的监督管理

5.3.1 对医疗废物焚烧集中处置设施运行监督管理，其内容至少包括：医疗废物的接收、医疗废物的运送、医疗废物的暂存和清洗消毒处理、医疗废物焚烧处置设施运行等。

5.3.2 医疗废物接收应包括医疗废物进场专用通道及标志、医疗废物转移联单制度执行以及医疗废物卸载情况等。

5.3.3 医疗废物贮存设施应包括医疗废物贮存容器以及医疗废物贮存设施情况。

5.3.4 医疗废物清洗消毒设施应包括医疗废物清洗消毒设施以及医疗废物清洗操作情况。

5.3.5 医疗废物集中焚烧处置系统应包括焚烧处置设施配置以及焚烧处置过程操作情况。

5.3.6 医疗废物处置配套设施应包括预处理及进料系统、热能利用系统、烟气净化系统、炉渣及飞灰处理系统、自动化控制及在线监测系统，监督管理内容应包括系统配置和操作情况等。

5.4 污染防治设施配置及处理要求

5.4.1 检查大气污染物控制排放及焚烧处理性能指标应符合 GB 18484 要求，检查周边环境空气质量，各项指标应符合 GB 3095 要求。

5.4.2 医疗废物焚烧处置过程产生的飞灰，以及焚烧过程废气处理产生的废活性炭、滤饼等属于危险废物，应送符合 GB 18598 要求的危险废物填埋场进行安全填埋处置。

5.4.3 医疗废物集中焚烧处置单位废水排放应符合 GB 8978 要求。

5.4.4 医疗废物集中焚烧处置单位噪声排放应符合 GB 12348 要求。

5.5 安全生产和劳动保护的监督管理

5.5.1 医疗废物集中焚烧处置单位在安全生产方面应执行 HJ/T 177 以及国家关于安全生产的其他有关规定。

5.5.2 医疗废物集中焚烧处置单位在劳动保护方面应执行 HJ/T 177 以及国家关于劳动保护的其他有关规定。

5.6 监测要求

5.6.1 环境监测应包括焚烧设施污染物排放监测和医疗废物集中焚烧处置单位周边环境监测两部分。污染物排放监测应根据有关标准对炉渣、飞灰、经处理后排放的工艺污水、焚烧系统排烟及环境噪声进行检验监测。环境监测应根据医疗废物集中焚烧处置单位污染物排放情况对周边环境空气、地下水、地表水、土壤以及环境噪声进行监测。

5.6.2　对于由地方环境保护行政主管部门实施的监督性监测活动，由地方环境保护行政主管部门委托有环境监测资质的监测机构进行。对于医疗废物集中焚烧处置单位实施的内部例行性监测，应按国家标准规定的方法和频次，对处置设施运行情况进行监测，医疗废物集中焚烧处置单位也可委托有监测资质的单位代为监测。医疗废物集中焚烧处置单位应严格执行国家有关监督性监测管理规定配合监测工作，监测取样、检验方法，均应遵循国家有关标准要求。

5.6.3　地方环境保护行政主管部门应要求医疗废物集中焚烧处置单位在设施运行期间制订处置设施运行内部监测计划，定期对医疗废物焚烧处置过程污染物排放进行监测。当出现监测的某项目指标不合格时，应对设施进行全面检查，找出原因及时解决，确保系统在排放达标的条件下运行。

5.6.4　地方环境保护行政主管部门应按照国家有关规定，督促医疗废物集中焚烧处置单位建立运行参数和污染物排放的监测记录制度，监测记录应包括：

1）记录每一批次医疗废物焚烧的种类和重量。

2）连续监测二燃室烟气二次燃烧段前后的温度。

3）应对集中焚烧处置设施排放的烟尘、CO、SO_2、NO_x 实施连续自动监测，并定期辅以采样监测。对于目前尚无法采用自动连续装置监测的烟气黑度、HF、HCl、重金属及其化合物，应按 GB 18484 的监测管理要求进行监测，以上各项指标每季度至少采样监测 1 次。

4）按照 GB 18484 规定，至少每 6 个月监测一次焚烧残渣的热灼减率。

5）对废气排放中的二噁英，应按 GB 18484 监测管理要求，每年至少采样监测一次。

6）每年至少对周边环境空气及土壤中二噁英、重金属进行 1 次监测，以了解建设项目对周边环境空气及土壤的污染情况。

7）记录医疗废物处置最终残余物情况，包括焚烧残渣与飞灰的数量、处置方式和接收单位。

5.6.5　为确保监测工作的开展，对排污口规范化问题提出如下要求：

1）污染物排放口必须按照 GB 15562.1～2 的规定，设置相应的环境保护图形标志牌。

2）新建集中式医疗废物焚烧厂的焚烧炉排气筒周围半径 200 m 内有建筑物时，排气筒高度必须高出最高建筑物 5 m 以上。

3）对有一个以上排气源的焚烧厂，焚烧废气应集中到一个排气筒排放或采用多筒集合式排放。

4）焚烧炉排气筒应按 GB/T 16157 的要求，留有规范的、便于测量流量、流速的测流段和采样位置，设置永久性采样孔，并安装用于采样和测量的辅助设施。

5.6.6　监督性监测应在工况稳定、生产负荷达到设计的 75%以上（含 75%）、处置设施运行正常的情况下进行。监测期间应监控各生产环节的主要原材料的消耗量、成品量，并按设计的主要原料、辅料用量及成品产生量核算生产负荷。若生产负荷小于 75%，应停止监测。

5.6.7　医疗废物处置单位应定期报告上述监测数据。监测数据保存期为 3 年以上。

5.7　监督检查方法

结合以上监督管理内容，相应的监督检查内容及方法见附录 A。

6 监督实施

6.1 地方环境保护行政主管部门根据本标准所提出的内容和要求，结合地方医疗废物集中焚烧处置设施的实际，制订具体的监督管理实施方案，推进医疗废物集中焚烧处置设施监督管理规范化、制度化。

6.2 地方环境保护行政部门根据本标准所提出的关于设施运行的各方面监督管理要求和医疗废物经营许可证档案管理制度的基本要求，建立起规范的医疗废物集中焚烧处置设施运行监督档案管理制度，将监督检查情况和处理结果及时归档，并指导企业建立相应的监督管理程序和方法，确保医疗废物集中焚烧处置设施安全运转。

6.3 地方环境保护行政主管部门可根据《中华人民共和国固体废物污染环境防治法》、《危险废物经营许可证管理办法》、《医疗废物管理条例》等有关法律法规，对医疗废物集中焚烧处置单位在医疗废物处置过程中的违法行为进行处罚。

附录 A（规范性附录）

医疗废物集中焚烧处置设施运行监督检查内容及方法

A.1 基本运行条件监督检查*

审查项目	审查要点	检查指标及依据	监督检查方法
A.1.1 检查医疗废物处置技术、工艺及工程验收情况	（1）医疗废物焚烧处置技术和工艺的适应性说明	医疗废物焚烧处置技术和工艺的适应性说明，主要设备的名称、规格型号、设计能力、数量、其他技术参数；所能处置废物的名称、类别、形态和危险特性（HJ/T 177）	核查环境影响报告、工程设计文件或其他证明材料；必要时，现场核查
	（2）系统配置情况	检查系统配置的完整性，应包括进料系统、焚烧炉、热能利用系统、烟气净化系统、自动控制和在线监测系统及其他辅助装置（HJ/T 177）	
		检查系统配置的安全性，整个焚烧系统运行过程中应处于负压状态，避免有害气体逸出（HJ/T 177）	
	（3）主要附属设施情况	工具、中转和临时存放设施、设备以及贮存、清洗消毒设施、设备情况（国务院令 第408号）	核查环境影响报告、工程设计文件或其他证明材料；必要时，现场核对
	（4）工程设计及验收情况	项目工程设计及验收有关资料（国务院令 第408号）	核查工程设计及验收材料
A.1.2 检查医疗废物经营许可证申领和使用情况	（1）医疗废物集中焚烧处置单位的处置合同业务范围情况	检查医疗废物集中焚烧处置单位的处置合同业务范围是否与经营许可证所规定的经营范围一致（国务院令 第408号）	核查医疗废物经营许可证、处置合同等材料；必要时，现场核对
	（2）医疗废物经营许可证变更情况	检查医疗废物集中焚烧处置单位是否按照规定的申请程序，在发生医疗废物经营方式改变，增加处置医疗废物类别，新建或者改建、扩建原有医疗废物经营设施或者经营医疗废物超过原批准年经营规模20%以上的设施时重新申领了经营许可证（国务院令 第408号）	
	（3）焚烧处置计划情况	检查焚烧处置计划是否翔实、确定，焚烧处置计划分为年度和月份计划（国务院令 第408号）	核查医疗废物焚烧处置记录等材料
	（4）经营许可证例行检查情况	检查医疗废物经营许可证例行检查情况（国务院令 第408号）	检查医疗废物经营许可证有关材料

审查项目	审查要点	检查指标及依据	监督检查方法
A.1.3 检查医疗废物集中焚烧处置单位的人员配置情况	(1) 人员总体配备情况	是否配备了相应的生产人员、辅助生产人员和管理人员（国务院令 第408号）	检查单位机构组成及人员职责分工以及个人档案材料等
	(2) 专业技术人员配备情况	是否配备了3名以上环境工程专业或者相关专业中级以上职称，并有3年以上固体废物污染治理经历的技术人员（国务院令 第408号）	
	(3) 人员培训情况	生产和管理人员是否经过国家及内部组织的专业岗位培训并获得国家劳动保障部门或环境保护部门颁发的职业技能培训等级证书，并符合工作需要（HJ/T 177）	
A.1.4 检查医疗废物集中焚烧处置单位规章制度情况	(1) 设施运行和管理记录制度情况	(1) 危险废物转移联单（医疗废物专用）记录；(2) 医疗废物接收登记记录；(3) 医疗废物进厂运输车车牌号、来源、重量、进场时间、离场时间等记录；(4) 生产设施运行工艺控制参数记录；(5) 设备更新情况记录；(6) 生产设施维修情况记录；(7) 环境监测数据的记录；(8) 生产事故及处置情况记录（HJ/T 177）	检查各项制度以及运行记录档案材料
	(2) 交接班制度情况	(1) 交接班制度的实施记录完整、规范；(2) 上述提到的设施运行和管理记录制度在交接班制度中予以落实	
	(3) 其他制度情况	(1) 医疗废物接收管理制度；(2) 内部监督管理制度；(3) 设施运行操作规程；(4) 设施运行过程中污染控制对策和措施；(5) 设施日常运行记录台账、监测台账和设备更新、检修台账；(6) 安全生产及劳动保护管理制度；(7) 人员培训制度；(8) 环境监测制度（HJ/T 177）	
A.1.5 事故应急预案制定情况	(1) 医疗废物贮存过程中发生事故时的应急预案	(1) 应急预案编制的全面性、规范性和可操作性；(2) 应急预案获得环保部门审批情况；(3) 实施应急预案的基础条件情况；(4) 应急预案执行情况（HJ/T 177）	核查应急预案文本、应急预案审批及应急预案执行情况
	(2) 医疗废物运送过程中发生事故时的应急预案	(1) 应急预案编制的全面性、规范性和可操作性；(2) 应急预案获得环保部门审批情况；(3) 实施应急预案的基础条件情况；(4) 应急预案执行情况（HJ/T 177）	
	(3) 焚烧设施发生故障或事故时的应急预案	(1) 应急预案编制的全面性、规范性和可操作性；(2) 应急预案获得环保部门审批情况；(3) 实施应急预案的基础条件情况；(4) 应急预案执行情况（HJ/T 177）	
	(4) 设施设备能力不能保证医疗废物正常处置时的应急预案	(1) 应急预案编制的全面性、规范性和可操作性；(2) 应急预案获得环保部门审批情况；(3) 实施应急预案的基础条件情况；(4) 应急预案执行情况（HJ/T 177）	

* 基本条件检查作为地方环境保护行政主管部门进行监督管理的基本依据，原则上应在初次监督检查时进行，是为考虑到工作的连贯性而进行的检查。

A.2 处置设施运行过程监督检查——接收、清洗消毒、贮存设施

审查项目	审查要点	检查指标及依据	监督检查方法
A.2.1 检查医疗废物接收情况	（1）危险废物转移联单（医疗废物专用）制度执行情况	医疗废物集中焚烧处置单位是否按照《危险废物转移联单》（医疗废物专用）有关规定办理接收废物有关手续（国家环境保护总局令 第5号）	检查转移联单档案、废物进场记录等，必要时进行现场检查
	（2）废物进场专用通道及标志情况	（1）医疗废物集中焚烧处置单位内是否设置废物进厂专用通道；（2）是否设有醒目的警示标志和路线指示（HJ/T 177）	
	（3）废物卸载情况	办理完接收手续的医疗废物是否在卸车区卸载废物（HJ/T 177）	
A.2.2 检查医疗废物贮存情况	（1）医疗废物贮存容器情况	是否使用符合国家标准的容器盛装医疗废物（GB 18597）	检查贮存设施资料，并现场核查
		贮存容器是否具有耐腐蚀、耐压、密封和不与所贮存的废物发生反应等特性（GB 18597）	
		贮存容器是否保证完好无损并具有明显标志（GB 18597）	
	（2）医疗废物贮存设施情况	医疗废物贮存场所是否有符合 GB 15562.2 的专用标志（GB 18597）	
		是否建有堵截泄漏的裙角，地面与裙角是否采用了兼顾防渗的材料建造，建筑材料是否与医疗废物相容（GB 18597）	
		是否配置了泄漏液体收集装置及气体导出口和气体净化装置（GB 18597）	
		是否配置了安全照明和观察窗口，并设有应急防护设施（GB 18597）	
		是否配置了隔离设施、报警装置和防风、防晒、防雨设施以及消防设施	
		墙面、棚面是否具有防吸附功能，用于存放装载液体、半固体医疗废物容器的地方是否配有耐腐蚀的硬化地面且表面无裂隙（GB 18597）	
		库房是否设置了备用通风系统和电视监视装置（GB 18597）	
A.2.3 检查医疗废物清洗消毒情况	（1）医疗废物清洗消毒设施	医疗废物运输车辆、转运工具、周转箱（桶）的清洗消毒场所和污水收集处理设施的配置情况（HJ/T 177）	检查有关资料，并现场核查
	（2）医疗废物清洗消毒操作	医疗废物运输车辆是否至少每两天清洗一次（北方冬季、缺水地区可适当减少清洗次数）；当车厢内壁或（和）外表面被污染后，是否立刻进行清洗；运输车辆每次运输完毕后，是否对车厢内壁进行消毒。是否禁止在社会车辆清洗场所清洗医疗废物运输车辆（HJ/T 177）	
		转运工具、周转箱（桶）等每使用周转一次，是否进行清洗消毒。是否在焚烧厂清洗消毒设施内进行（HJ/T 177）	
		医疗废物贮存设施是否每天消毒一次；贮存设施内的医疗废物每次运送之后，是否及时清洗和消毒（HJ/T 177）	
		清洗污水是否收集并排入污水消毒处理设施，是否禁止任意向环境排放清洗污水（HJ/T 177）	
		清洗消毒作业是否具有良好的通风条件，采取机械强制通风（HJ/T 177）	
		已进行清洗消毒处理的工具、设备、周转箱（桶）等是否与未经处理的工具、设备、周转箱（桶）等分开存放（HJ/T 177）	

A.3　处置设施运行过程检查——焚烧处置设施

审查项目	审查要点	检查指标及依据	监督检查方法
检查医疗废物焚烧处置设施配置及运行管理情况	（1）焚烧处置设施配置情况	燃烧室后是否设置紧急排放烟囱，并设置联动装置使其只能在事故或紧急状态时才可启动（HJ/T 177）	检查设计文件，并现场核查
		焚烧炉是否设置防爆门或其他防爆设施（HJ/T 177）	
		是否配备自动控制和监测系统，在线显示运行工况和尾气排放参数，并能够自动反馈，对有关主要工艺参数进行自动调节（HJ/T 177）	
		正常运行条件下，焚烧炉内是否处于负压燃烧状态（HJ/T 177）	
		焚烧炉是否装置紧急进料切断系统（HJ/T 177）	
		投入焚烧炉的废物是否有重量计量装置并实现连续记录（HJ/T 177）	
	（2）焚烧处置过程操作情况	医疗废物的焚烧系统运行是否按工艺流程、运行操作规程和安全操作规程进行（HJ/T 177）	检查设计文件、各项操作规程材料，并现场检查
		医疗废物进入焚烧系统的输送方式是否避免了操作人员与废物直接接触（HJ/T 177）	
		医疗废物焚烧处置操作人员是否按操作规程操作，操作人员是否掌握处置计划、操作规程、焚烧系统工艺流程、管线及设备的功能和位置，以及紧急应变情况（HJ/T 177）	
		焚烧系统没有达到工况参数或烟气处理系统没有启动或没有正常运行时，是否严禁向焚烧炉投入废物（HJ/T 177）	
		焚烧炉运行过程中是否保证系统处于负压状态，避免有害气体逸出（HJ/T 177）	

A.4　处置设施运行过程监督检查——配套处置设施

审查项目	审查要点	检查指标及依据	审查方法
A.4.1　进料系统	检查医疗废物输送、进料装置	采用自动进料装置，进料口是否配制保持气密性的装置，以保证炉内焚烧工况的稳定（HJ/T 177）	现场核查
		进料时是否采取了防止废物堵塞措施，以保持进料畅通（HJ/T 177）	
		进料系统是否处于负压状态，以防止有害气体逸出（HJ/T 177）	
A.4.2　热能利用系统	检查热能利用系统配置及操作情况	焚烧处置单位在确保环保达标排放的情况下，是否考虑对其产生的热能以适当形式加以利用（HJ/T 177）	检查设计文件，并现场核查
		利用医疗废物焚烧热能的锅炉，是否充分考虑烟气对锅炉的高温和低温腐蚀问题（HJ/T 177）	
		医疗废物焚烧的热能利用是否避开 200～500℃温度区间（HJ/T 177）	

审查项目	审查要点	检查指标及依据	审查方法
A.4.3　烟气净化系统	（1）检查湿法净化工艺骤冷洗涤器和吸收塔（填料塔、筛板塔）等单元配置情况	（1）是否配备废水处理设施去除重金属和有机物等有害物质；（2）为防止风机带水，是否采取了降低烟气水含量的措施后再经烟囱排放的措施（HJ/T 177）	检查设计文件，并现场核查
	（2）检查半干法净化工艺洗气塔、活性炭喷射、布袋除尘器等处理单元配置情况	（1）反应器内的烟气停留时间是否满足烟气与中和剂充分反应的要求；（2）反应器出口的烟气温度是否在 130℃以上，保证在后续管路和设备中的烟气不结露（HJ/T 177）	
	（3）检查干法净化工艺：包括干式洗气塔或干粉投加装置、布袋除尘器等单元配置情况	（1）反应器内的烟气停留时间是否满足烟气与药剂进行充分反应的要求；（2）是否考虑收集下来的飞灰、反应物以及未反应物的循环处理问题；（3）反应器出口的烟气温度是否在 130℃以上，保证在后续管路和设备中的烟气不结露（HJ/T 177）	
	（4）检查烟气净化系统配置情况	烟气净化系统的除尘设备是否优先选用袋式除尘器（HJ/T 177）	
		若选择湿式除尘装置，是否配备完整的废水处理设施（HJ/T 177）	
		烟气净化装置是否有可靠的防腐蚀、防磨损和防止飞灰阻塞的措施（HJ/T 177）	
		酸性污染物包括 HCl、HF 和硫氧化物等，是否采用适宜的碱性物质作为中和剂在反应器内进行中和反应（HJ/T 177）	
		检查吸附二噁英的活性炭使用数量以及布袋除尘器的更换情况等是否在设计需求的使用数量范围内	
		引风机是否采用变频调速装置（HJ/T 177）	
	（5）检查烟气净化系统操作情况	是否严格控制燃烧室烟气的温度、停留时间和流动工况（HJ/T 177）	
		焚烧废物产生的高温烟气是否采取急冷处理，使烟气温度在 1.0 s 降到200℃以下，减少烟气在200～500℃温区的滞留时间（HJ/T 177）	
		在中和反应器和袋式除尘器之间是否采取了喷入活性炭或多孔性吸附剂，或者在布袋除尘器后设置活性炭或多孔性吸附剂吸收塔（床）措施（HJ/T 177）	
A.4.4　炉渣及飞灰处理系统	（1）检查炉渣处理系统配置情况	炉渣处理系统是否包括除渣冷却、输送、贮存、碎渣等设施（HJ/T 177）	检查设计文件，并现场核查
		炉渣处理系统是否保持密闭状态（HJ/T 177）	
		与焚烧炉衔接的除渣机是否有可靠的机械性能和保证炉内密封的措施（HJ/T 177）	
		炉渣输送设备是否有足够宽度（HJ/T 177）	
	（2）检查飞灰处理系统配置情况	飞灰处理系统是否包括飞灰收集、输送、贮存等设施，保持密闭状态，并配置避免飞灰散落的密封容器（HJ/T 177）	
		烟气净化系统采用半干法方式时，飞灰处理系统是否采取了机械除灰或气力除灰方式，气力除灰系统是否采取了防止空气进入与防止灰分结块的措施（HJ/T 177）	
		采用湿法烟气净化方式时，飞灰处理系统是否采取了有效的脱水措施（HJ/T 177）	
		贮灰罐是否设有料位指示、除尘和防止灰分板结的设施，并在排灰口附近设置增湿设施（HJ/T 177）	

审查项目	审查要点	检查指标及依据	审查方法
A.4.5 自动化控制及在线监测系统	（1）检查自动控制系统	医疗废物集中焚烧处置是否具备较高的自动化水平，能在中央控制室通过分散控制系统实现对医疗废物焚烧线、热能利用及辅助系统的集中监视和分散控制（HJ/T 177）	检查设计文件，并现场核查
		燃烧室后是否设置紧急排放烟囱，并设置联动装置使其只能在事故或紧急状态时才可启动（HJ/T 177）	
		对不影响整体控制系统的辅助装置，设就地控制室的，其重要信息是否送至中央控制室（HJ/T 177）	
		对重要参数的报警和显示，是否设光字牌报警器和数字显示仪（HJ/T 177）	
		是否设置独立于分散控制系统的紧急停车系统（HJ/T 177）	
	（2）检查在线监测系统	对贮存库房、物料传输过程以及焚烧线的重要环节，是否设置现场工业电视监视系统（HJ/T 177）	检查设计文件，操作规程材料，并现场核查
		在线自动监测系统是否对焚烧烟气中处理后的烟尘、硫氧化物、NO_x、HCl等污染因子实施在线监测，并按要求存入档案并上报地方环境保护行政主管部门（HJ/T 177）	
		医疗废物集中焚烧处置单位的在线自动监测系统是否对氧、CO、CO_2、一燃室和二燃室温度等重要工艺指标实行在线监测（HJ/T 177）	
		对前面提到的污染控制参数以及工艺指标是否按要求与地方环境保护部门联网显示，并显示正常（HJ/T 177）	
		系统启动运行时，在线监测装置是否能够同时启动，进行监测、记录并根据需要打印输出（HJ/T 177）	
		焚烧处置过程中的工艺参数，如温度、停留时间等是否显示正常值（HJ/T 177）	

A.5 安全生产和劳动保护监督检查

审查项目	审查要点	检查指标及依据	审查方法
A.5.1 安全生产要求	检查焚烧厂安全生产情况	各工种、岗位是否根据工艺特征和具体要求制定了相应的安全操作规程并严格执行（HJ/T 177）	检查有关安全生产材料，并现场核查
		各岗位操作人员和维修人员是否定期进行岗位培训并持证上岗（HJ/T 177）	
		是否严禁了非本岗位操作管理人员擅自启、闭本岗位设备，严禁了管理人员违章指挥（HJ/T 177）	
		操作人员是否按电工规程进行电器启、闭（HJ/T 177）	
		风机工作时，是否严禁了操作人员贴近联轴器等旋转部件（HJ/T 177）	
		是否建立并严格执行定期和经常的安全检查制度，及时消除事故隐患，严禁违章指挥和违章操作（HJ/T 177）	

审查项目	审查要点	检查指标及依据	审查方法
A.5.1 安全生产要求	检查焚烧厂安全生产情况	是否对事故隐患或发生的事故进行调查并采取改进措施，重大事故做到了及时向有关部门报告（HJ/T 177）	检查有关安全生产材料，并现场核查
		凡从事特种设备的安装、维修人员，是否参加了劳动部门专门培训，并取得特种设备安装、维修人员操作证后上岗（HJ/T 177）	
		厂内及车间内运输管理，是否符合 GB 4387 的有关规定（HJ/T 177）	
		工作区及其他设施是否符合国家有关劳动保护的规定，各种设施及防护用品（如防毒面具）是否由专人维护保养，保证其完好、有效（HJ/T 177）	
		对所有从事生产作业的人员是否进行了定期体检并建立健康档案卡（HJ/T 177）	
		是否定期对车间内的有毒有害气体进行检测，并做到在发生超标的情况下采取相应措施（HJ/T 177）	
		是否做到定期对职工进行职业卫生的教育，加强防范措施（HJ/T 177）	
A.5.2 劳动保护要求	检查焚烧厂劳动保护情况	废物贮存和焚烧部分处理设备等是否做到了尽量密闭，以减少灰尘和臭气外逸（HJ/T 177）	检查各项与劳动保护有关材料，并现场检查
		是否尽可能采用了噪声小的设备，对于噪声较大的设备，是否采取了减振消音措施，使噪声符合国家规定标准要求（HJ/T 177）	
		接触有毒有害物质的员工是否配备了防毒面具、耐油或耐酸手套、防酸碱工作服（HJ/T 177）	
		焚烧炉、余热锅炉、除尘系统等高温操作间是否配置了降温设施（HJ/T 177）	
		检修人员进入焚烧炉检修前是否先对炉内强制输送新鲜空气并测定炉内含氧量，待含氧量大于 19%后方才进入。检修人员在炉内检修时是否做到了佩戴防毒面具，同时炉外有人监护（HJ/T 177）	
		进入高噪声区域人员是否佩戴了性能良好的防噪声护耳器（HJ/T 177）	
		进行有毒、有害物品操作时是否穿戴了相应种类专用防护用品，禁止混用；并严格遵守操作规程，用毕后物归原处，发现破损及时更换（HJ/T 177）	
		有毒、有害岗位操作完毕，是否将防护用品按要求清洁、收管，并做到不随意丢弃，不转借他人；并对个人安全卫生（洗手、漱口及必要的沐浴）提出了明确的要求（HJ/T 177）	
		是否做到了禁止携带或穿戴使用过的防护用品离开工作区。报废的防护用品是否交专人处理（HJ/T 177）	
		是否配足配齐各作业岗位所需的个人防护用品，并对个人防护用品的购置、发放、回收、报废进行登记。防护用品是否做到由专人管理，并定期检查、更换和处理（HJ/T 177）	

A.6 污染防治设施配置及处理要求*

审查项目	审查要点	审查指标要求			审查方法
A.6.1 检查大气污染物控制排放及周边环境空气质量要求（GB 18484）	不同焚烧容量时的最高允许排放质量浓度限值/（mg/m³）	≤300（kg/h）	300～2 500（kg/h）	≥2 500（kg/h）	进行试烧，检查监测报告
	1*烟气黑度	林格曼 1 级			
	2*烟尘	100	80	65	
	3*一氧化碳（CO）	100	80	80	
	4*二氧化硫（SO_2）	400	300	200	
	5*HF	9.0	7.0	5.0	
	6*HCl	100	70	60	
	7*氮氧化物（以 NO_2 计）	500			
	8*汞及其化合物（以 Hg 计）	0.1			
	9 二噁英类（TEQ）	0.5 ng/m³			
	焚烧厂周围环境空气质量	GB 3095			检查监测报告
A.6.2 焚烧处理性能要求（GB 18484）	（1）焚毁去除率	医疗临床废物≥99.99%			检查监测报告
	（2）焚烧残渣热灼减率	医疗临床废物<5%			
	（3）焚烧炉出口烟气中的氧气含量（干气）	应为 6%～10%			
A.6.3 飞灰处理要求（GB 18484、HJ/T 177）		焚烧飞灰、吸附二噁英和其他有害成分的活性炭等残余物应按照危险废物进行处置，应送危险废物填埋场进行安全填埋处置			
A.6.4 废水排放及周边环境质量要求	污水排放要求	GB 8978			检查监测报告，并现场核查
	地表水环境质量要求	GB 3838			检查监测报告
A.6.5 土壤环境质量	周边土壤环境质量要求	GB 15618			检查监测报告
A.6.6 噪声排放及周边环境质量要求	噪声排放要求	医疗废物焚烧厂执行 GB 12348（GB 18484）			检查监测报告，并现场核查
	周边噪声环境质量要求	环境噪声执行 GB 3096			检查监测报告

* 污染防治设施配置及处理要求在相关标准修订时应采用最新版本所确定的标准限值和管理要求。

A.7 环境监测要求

审查项目	审查要点	检查指标及依据	审查方法
A.7.1 排污口规范化	（1）焚烧炉排气筒情况	（1）新建集中式医疗废物焚烧厂焚烧炉排气筒周围半径 200 m 内有建筑物时，排气筒高度必须高出最高建筑物 5 m 以上（2）对有几个排气源的焚烧厂应集中到一个排气筒排放或采用多筒集合式排放（3）焚烧炉排气筒应设置永久采样孔，并安装用于采样和测量的设施（GB/T 16157）	检查设计文件，并现场核查
	（2）废水排污口情况	有规范的、便于测量流量、流速的测流段和采样点	
	（3）污染物排放口标志牌情况	污染物排放口必须实行规范化整治，按照 GB 15562.1～2 的规定，设置与之相适应的环境保护图形标志牌	

审查项目	审查要点	检查指标及依据	审查方法
A.7.2　环境监测总体要求	（1）焚烧设施污染物排放监测	对焚烧系统排烟、处理后将排放的工艺污水、飞灰、炉渣及环境噪声进行检验监测。监测工作必须符合国家相应的监测标准和方法要求（HJ/T 177）	检查监测报告，并现场核查
	（2）处置单位周边环境监测	对周边环境空气、地下水、地表水、土壤以及环境噪声进行监测。监测工作必须符合国家相应的监测标准和方法要求（HJ/T 177）	
	（3）监测频率管理要求	医疗废物集中焚烧处置单位应按国家标准规定的方法和频次，对处置设施情况进行监测，不具备监测条件的可委托有监测资质的单位代为监测（相关监测技术规范）	
	（4）监测条件要求	（1）监测数据必须在工况稳定、生产负荷达到设计的 75%以上（含 75%）、处置设施运行正常 （2）监测期间监控各生产环节的主要原材料的消耗量、成品量，并按设计的主要原、辅料用量及成品产生量核算生产负荷。若生产负荷小于 75%，应停止监测 （3）具体内容应符合国家相应监测技术标准要求（相关监测技术规范）	
	（5）监测取样和检验方法要求	（1）监测取样、检验的方法，均应遵循国家有关标准要求 （2）监测的数据应纳入档案并上报当地环境管理部门（相关监测技术规范）	
	（6）监测内容要求	记录每一批次医疗废物焚烧种类的重量（HJ/T 177）	
		二燃室烟气温度：连续监测二燃室烟气二次燃烧段前后温度。烟气停留时间：通过监测烟气排放速率和审查焚烧设计文件、检验产品结构尺寸确定（相关监测技术规范）	
		至少每 6 个月监测一次焚烧残渣的热灼减率（GB 18484）	
		排气中的二噁英应每年至少采样监测一次（HJ/T 177）	
		周边环境空气及土壤中的二噁英及重金属污染物监测应每年采样监测一次（HJ/T 177）	
		排气中 CO、烟尘、SO_2、NO_x 连续自动监测，对于目前尚无法采用自动连续装置监测的烟气黑度、HF、重金属及其化合物，应按《危险废物焚烧污染控制标准》（GB 18484）的监测管理要求，每季度至少采样监测 1 次（GB 18484）	
		医疗废物处置单位应定期报告上述运行参数、处置效果的监测数据。监测数据保存期为 3 年（HJ/T 177）	
A.7.3　运行期监测要求	运行期监测要求	（1）运行期间应制订处置设施运行监测计划，定期对医疗废物焚烧处置过程污染物排放进行监测（HJ/T 177） （2）当出现监测的某项目指标不合格时，应将有关设备系统停机，进行排查，找出原因及时解决。解决后根据情况进行检验监测，确保系统在排放达标的条件下运行（HJ/T 177）	检查监测报告，并现场核查

中华人民共和国国家环境保护标准

危险废物（含医疗废物）焚烧处置设施
性能测试技术规范

Technical specification of perormance testing for facilities of hazardous waste
(including medical waste) incineration

HJ 516—2010

1 适用范围

本标准规定了危险废物（含医疗废物）焚烧处置设施性能测试所涉及的测试内容、程序及技术要求。

本标准适用于危险废物（含医疗废物）焚烧处置设施的性能测试。

本标准不适用于水泥窑共处置危险废物设施的性能测试。

2 规范性引用文件

本标准内容引用了下列文件中的条款。凡是不注日期的引用文件，其有效版本适用于本标准。

GB 5085.3 危险废物鉴别标准 浸出毒性鉴别

GB 18484 危险废物焚烧污染控制标准

GB/T 212 煤的工业分析方法

GB/T 213 煤的发热量测定方法

GB/T 384 石油产品热值测定法

GB/T 11133 液体石油产品水含量测定法（卡尔·费休法）

GB/T 16157 固定污染源排气中颗粒物测定与气态污染物采样方法

GB/T 17040 石油和石油产品硫含量的测定 能量色散 X 射线荧光光谱法

HJ/T 298 危险废物鉴别技术规范

HJ/T 365 危险废物（含医疗废物）焚烧处置设施二噁英排放监测技术规范

3 术语和定义

下列术语和定义适用于本标准。

3.1 危险废物

指列入国家危险废物名录或者根据国家规定的危险废物鉴别标准和鉴别方法判定的具有危险特性的废物。

3.2　医疗废物

指医疗卫生机构在医疗、预防、保健以及其他相关活动中产生的具有直接或者间接感染性、毒性以及其他危害性的废物。

3.3　焚烧处置设施

指专用于焚烧处置危险废物（含医疗废物）的成套装置（含尾气净化设施）。

3.4　性能测试

指测试和评价危险废物焚烧处置设施性能指标的行为。

3.5　热灼减率

指焚烧残渣经灼热减少的质量占原焚烧残渣质量的百分数。其计算方法如下：

$$P = \frac{A-B}{A} \times 100\%$$

式中：P——热灼减率，%；

A——干燥后原始焚烧残渣在室温下的质量，g；

B——焚烧残渣经 600℃（±25℃）3 h 灼热后冷却至室温的质量，g。

3.6　烟气停留时间

指燃烧所产生的烟气从最后的助燃空气喷射口或燃烧器出口到二次燃烧室或高温燃烧区出口之间的停留时间。

3.7　焚烧温度

指焚烧炉燃烧室出口中心的温度。

3.8　燃烧效率

指烟道排出气体中二氧化碳质量浓度与二氧化碳和一氧化碳质量浓度之和的百分比。用以下公式表示：

$$CE = \frac{\rho(CO_2)}{\rho(CO_2) + \rho(CO)} \times 100\%$$

式中：CE——燃烧效率，%；

$\rho(CO_2)$和$\rho(CO)$——分别为燃烧后排气中 CO_2 和 CO 的质量浓度，mg/m^3。

3.9　焚毁去除率

指某有机物质经焚烧后所减少的百分比。用以下公式表示：

$$DRE = \frac{W_i - W_0}{W_i} \times 100\%$$

式中：DRE——焚毁去除率，%；

W_i——被焚烧物中某有机物质的重量，g；

W_0——烟道排放气中与 W_i 相应的有机物质的重量，g。

3.10　标准测试废物

指为完成危险废物（含医疗废物）焚烧处置设施性能测试内容，按照性能测试要求而配置的测试焚烧物料。

4 性能测试的内容

4.1 危险废物（含医疗废物）焚烧处置设施应采用标准测试废物在焚烧炉设计温度和设计进料量条件下进行性能测试。

4.2 医疗废物焚烧处置设施可不进行焚毁去除率的性能测试。

4.3 焚烧处置设施的性能测试内容主要包括四类指标：废物特征指标、系统性能指标、烟气排放指标、设备运行参数。

4.3.1 废物特征指标包括热值、主要有机有害组分（Principal Organic and Hazardous Components，简称 POHCs）含量、有机氯含量、重金属含量、硫含量、含水量和灰分。

4.3.2 系统性能指标包括 POHCs 焚毁去除率、燃烧效率、烟气停留时间、焚烧残渣热灼减率、重金属去除率、氯化氢去除率和尘去除率。

4.3.3 烟气排放指标测试内容包括 GB 18484 中规定的各项烟气污染物排放指标。

4.3.4 设备运行参数测试内容包括Ⅰ、Ⅱ和Ⅲ三组参数。Ⅰ组参数为废物进料的特性参数；Ⅱ组参数为描述焚烧工况并需连续监测的工艺参数；Ⅲ组参数为描述烟气净化设备运行的工艺参数。

（1）连续运行式焚烧处置设施Ⅰ组参数至少包括废物进料速率、重金属进料速率、有机氯进料速率、POHCs 进料速率。间歇式焚烧处置设施Ⅰ组参数至少包括废物投加量、重金属投加量、有机氯投加量、POHCs 投加量。

（2）Ⅱ组参数至少包括焚烧系统二燃室出口处温度、烟气急冷之前氧气含量、烟气急冷之前烟气流量、烟气净化设施出口烟气流量和焚烧炉进料口处最小负压。

（3）Ⅲ组参数至少包括急冷塔进出口温度、烟气净化设施入口气体温度、碱性物进料速率、活性炭喷入速率、布袋除尘器的压差。

5 性能测试的程序

性能测试的程序包括前期准备、计划编制、性能测试、报告编制四个阶段。

5.1 前期准备阶段

5.1.1 落实岗位人员及职责分工，开展相应的技术培训。

5.1.2 制订安全生产制度、岗位操作规程、事故应急预案。

5.1.3 进行冷态试车和无负荷热态联动试车，保证各设备能够达到预期的运行要求。

5.1.4 确定性能测试所需的废物及配置标准测试废物所需的物料种类及来源。

5.1.5 明确性能测试所需的辅助燃料、原材料（如活性炭、钙粉）种类及采购渠道。

5.1.6 焚烧处置设施的设计、安装单位及设备供应商在性能测试工作开始前应提供必要的技术参数或者技术说明。

5.2 计划编制阶段

5.2.1 编制性能测试计划，应包括性能测试目的、性能测试内容、性能测试条件、性能测试方法及性能测试进度安排。

5.2.2 落实性能测试机构和监测机构。性能测试机构应具备相应的技术条件和技术能力，监测机构应具备国家计量认证或实验室认可资格。

5.3 性能测试阶段

5.3.1　在焚烧工况达到要求时分别进行废物特征指标、系统性能指标、烟气排放指标、设备运行参数等测试。

5.3.2　委托性能测试机构进行 4.3.2 中烟气停留时间及 4.3.4 中Ⅰ、Ⅱ、Ⅲ三组性能参数的测试，有条件的焚烧设施运营单位也可在性能测试机构的指导下自行测试。

5.3.3　委托监测机构进行 4.3.2 中焚毁去除率、燃烧效率、焚烧残渣热灼减率、重金属去除率、氯化氢去除率、尘去除率及 4.3.3 中规定的烟气排放指标监测。

5.4　报告编制阶段

5.4.1　总结运行数据及测试数据。

5.4.2　编写性能测试报告。

6　性能测试的技术要求

6.1　标准测试废物的配置

6.1.1　用于危险废物焚烧处置设施测试的标准测试废物

（1）配置后的标准测试废物热值应满足焚烧处置设施的设计要求。

（2）应选择成分稳定、易获得、环境风险小的废物作为标准测试废物的基体，如液体废物可采用废矿物油等，固体废物可采用城镇污水处理厂的污泥、锯末、污染食品、过期塑料等。也可以选择不具有腐蚀性、急性毒性、易燃性、反应性的危险废物作为基体，但应报环境保护行政主管部门审查。

（3）至少加入两种热稳定性好、毒性小且分析测试方法成熟的 POHCs，其中至少一种为萘，另外一种可以选用四氯化碳、聚氯乙烯、全氯乙烯等，用以测定焚毁去除率。如果危险废物焚烧处置设施对 POHCs 的选择有特殊要求，也可以选择特定的成分，但应报环境保护行政主管部门审查。POHCs 的最少加入量可参照以下计算公式计算：

$$G = \rho \times \frac{Q}{1-D} \times t - G_0$$

式中：G——POHCs 的最少加入量，g；

ρ——满足监测所需的最小烟气中 POHCs 的质量浓度（标态），g/m^3；

Q——在烟气净化设施出口测量的最大烟气量（标态），m^3/h；

D——焚毁去除率（危险废物和医疗废物为 99.99%，多氯联苯废物为 99.999 9%）；

t——废物焚烧时间，h；

G_0——废物中原有相应的 POHCs 含量，g。

（4）通过加入四氯化碳、聚氯乙烯或全氯乙烯等来调配废物中有机氯的含量，用以测定氯化氢去除率。有机氯的加入量可参照以下公式计算：

$$G = Q \times \rho \times \frac{35.5}{1-\eta} \times 36.5 \times t - G'$$

式中：G——有机氯的加入量，g；

η——设计烟气净化设施的氯化氢去除率，%；

Q——在烟气净化设施出口测量的最大烟气量（标态），m^3/h；

ρ——设计排放烟气中氯化氢的质量浓度（标态），g/m^3；

t——废物焚烧时间，h；

G'——废物中原有的有机氯含量，g。

最后通过有机氯的加入量计算四氯化碳、聚氯乙烯或全氯乙烯等有机物的加入量。

（5）至少应加入挥发、半挥发、不挥发三种不同类型重金属的化合物来调配废物中重金属的含量（挥发性重金属可选择汞或镉的氧化物，半挥发性重金属可选择铅或锌的氧化物，不挥发性重金属可选择铜的氧化物），用以测定重金属去除率。重金属的加入量可参照下式计算：

$$G = \rho \times \frac{Q}{1-\eta} \times t - G'$$

式中：G——重金属的加入量，g；

　　　ρ——设计排放烟气中重金属的质量浓度（标态），g/m³；

　　　η——设计烟气净化设施的重金属去除率，%；

　　　Q——在烟气净化设施出口测量的最大烟气量（标态），m³/h；

　　　t——废物焚烧时间，h；

　　　G'——废物中原有的重金属含量，g。

最后通过重金属的加入量计算汞、铅、铜等氧化物的加入量。

6.1.2　用于医疗废物焚烧处置设施测试的标准测试废物

（1）可以通过均匀地收集各个医疗废物暂存设施的医疗废物来混合配置。也可以按照当地医疗废物的塑料、玻璃、金属、棉布、废纸、竹木等物质成分含量，热值、含水量、灰分、含氯量、重金属含量、硫含量等物化性质指标，通过类似的物质进行配置。

（2）废物中有机氯的含量应满足测定氯化氢去除率的需要，如果含量不够，可以通过加入聚氯乙烯来调配。废物中有机氯的含量可参照以下公式计算：

$$M = Q \times \rho \times \frac{1}{(1-\eta)A} \times \frac{35.5}{36.5}$$

式中：M——废物中有机氯的含量，g/kg；

　　　η——设计烟气净化设施的氯化氢去除率，%；

　　　Q——在烟气净化设施出口测量的最大烟气量（标态），m³/h；

　　　ρ——设计排放烟气中氯化氢的质量浓度（标态），g/m³；

　　　A——废物焚烧处理量，kg/h。

（3）废物中重金属汞的含量应满足测定重金属去除率的需要，如果含量不够，可以通过加入汞的化合物来调配。废物中汞的含量可参照以下公式计算：

$$M = Q \times \frac{\rho}{(1-\eta)A}$$

式中：M——废物中汞的含量，g/kg；

　　　η——设计烟气净化设施的重金属去除率，%；

　　　Q——在烟气净化设施出口测量的最大烟气量（标态），m³/h；

　　　ρ——设计排放烟气中汞的质量浓度（标态），g/m³；

　　　A——废物焚烧处理量，kg/h。

6.1.3　处理对象比较单一的危险废物焚烧处置设施（如特定工厂附属的危险废物焚烧处置设施），其标准测试废物也可以通过均匀地收集拟处置废物来混合配置，但还应按照 6.1.1 中（3）、（4）、（5）的要求加入 POHCs、有机氯和重金属等。

6.2　测试运行条件技术要求

6.2.1　危险废物焚烧处置设施的技术要求

（1）一段炉、二段炉炉温保持在设计温度（±50℃）区间内，设计温度应根据焚烧处置设施设计值及无负荷热试车情况确定。

（2）连续运行式焚烧处置设施按照设计的进料速率，投入配置好的标准测试废物进行焚烧运行。稳定运行时间不少于 13 h，其中测试前稳定运行时间不少于 4 h，完成 3 次常规采样测试的运行时间应不少于 3 h，完成 3 次二噁英采样测试的运行时间应不少于 6 h。

（3）间歇式焚烧处置设施按照设计的投料量，投入配置好的标准测试废物进行焚烧运行。试烧周期不小于 2 个周期，每个周期稳定运行时间不少于 7 h，其中测试前稳定运行时间不少于 1 h，完成 2 次常规采样测试的运行时间应不少于 2 h，完成 2 次二噁英采样测试的运行时间应不少于 4 h。

6.2.2　医疗废物焚烧处置设施的技术要求

（1）一段炉、二段炉炉温保持在设计温度（±50℃）区间内，设计温度应根据焚烧处置设施设计值及无负荷热试车情况确定。

（2）连续运行式焚烧处置设施按照设计的进料速率，投入医疗废物进行焚烧运行。按照 6.2.1 中（2）的要求进行运行测试。

（3）间歇式焚烧处置设施按照设计的投料量，投入医疗废物进行焚烧运行。按照 6.2.1 中（2）的要求进行运行测试。

6.3　测试和监测的技术要求

6.3.1　性能测试内容及点位见表 1。

表 1　性能测试内容及点位一览表

序号	类别	代码	测试监测项目	单位	测试/采样点位
1	废物特征（A）	A-a	热值	J/kg	废物贮存容器
		A-b	POHCs 含量	g/kg	废物贮存容器、进料口
		A-c	有机氯含量	g/kg	废物贮存容器、进料口
		A-d	重金属含量	g/kg	废物贮存容器、进料口
		A-e	硫含量	g/kg	废物贮存容器
		A-f	含水量	%	废物贮存容器
		A-g	灰分	g/kg	废物贮存容器
2	性能指标（B）	B-a	烟气停留时间	s	烟气急冷之前
		B-b	重金属去除率	%	烟气急冷之前、烟气净化设施出口
		B-c	氯化氢去除率	%	烟气急冷之前、烟气净化设施出口
		B-d	POHCs 焚毁去除率	%	烟气净化设施出口
		B-e	燃烧效率	%	烟气急冷之前
		B-f	尘去除率	%	烟气急冷之前、烟气净化设施出口
		B-g	焚烧残渣热灼减率	%	焚烧系统排灰处

序号	类别	代码	测试监测项目	单位	测试/采样点位
3	烟气排放指标（C）	C-a	烟气黑度	林格曼黑度，级	烟气净化设施出口
		C-b	烟尘	mg/m³	烟气净化设施出口
		C-c	一氧化碳（CO）	mg/m³	烟气净化设施出口
		C-d	二氧化硫（SO₂）	mg/m³	烟气净化设施出口
		C-e	氟化氢（HF）	mg/m³	烟气净化设施出口
		C-f	氯化氢（HCl）	mg/m³	烟气净化设施出口
		C-g	氮氧化物（以 NO₂ 计）	mg/m³	烟气净化设施出口
		C-h	汞及其化合物（以 Hg 计）	mg/m³	烟气净化设施出口
		C-i	镉及其化合物（以 Cd 计）	mg/m³	烟气净化设施出口
		C-j	砷、镍及其化合物（以 As+Ni 计）	mg/m³	烟气净化设施出口
		C-k	铅及其化合物（以 Pb 计）	mg/m³	烟气净化设施出口
		C-l	铬、锡、锑、铜、锰及其化合物（以 Cr+Sn+Sb+Cu+Mn 计）	mg/m³	烟气净化设施出口
		C-m	二噁英类（以 TEQ 计）	ng/m³	烟气净化设施出口
4	设备运行参数（D）	D-a	焚烧系统二燃室出口处温度	℃	二燃室出口
		D-b	废物进料速率（投加量）	kg/h（kg/次）	进料口
		D-c	重金属进料速率（投加量）	kg/h（kg/次）	进料口
		D-d	有机氯进料速率（投加量）	kg/h（kg/次）	进料口
		D-e	POHCs进料速率（投加量）	kg/h（kg/次）	进料口
		D-f	烟气急冷之前氧气含量	%	烟气急冷之前
		D-g	烟气急冷之前烟气流量	m³/h	烟气急冷之前
		D-h	烟气净化设施出口烟气流量	m³/h	烟气净化设施出口
		D-i	活性炭喷入速率	g/h	活性炭进口
		D-j	烟气净化设施入口气体温度	℃	烟气净化设施入口
		D-k	布袋除尘器的压差	Pa	布袋除尘器出入口
		D-l	碱性物进料速率	g/h	脱酸塔进料口
		D-m	急冷塔的进出口温度	℃	急冷塔的进出口
		D-n	焚烧系统负压	Pa	焚烧炉进料口

6.3.2　危险废物焚烧处置设施性能测试的测试项目应包括表 1 中所列的所有内容。

6.3.3　医疗废物焚烧处置设施性能测试的测试项目应包括表 1 中除 A-b、B-d、D-e 之外的所有内容。

6.4　性能测试方法

6.4.1　废物特征指标测试

（1）为确定焚烧测试的运行参数，在测试前应测试表 1 中所列的 A-a、A-b、A-c、A-d、A-e、A-f、A-g 等废物特征指标，测试的废物样品来自测试前的废物贮存容器。废物的采样按 HJ/T 298 执行。

（2）为测定焚烧系统的性能指标，在危险废物焚烧处置设施性能测试过程中应测试表 1 中所列的 A-b、A-c、A-d 等废物特征指标，采样点位在设施进料口。连续运行式焚烧处置设施的废物采样应在测试运行时间内等时间间隔完成，间歇式焚烧处置设施的废物采样应以每次的废物投加量为依据均匀采集，采样按 HJ/T 298 执行。

（3）废物特征指标的测试分析方法参照表 2，也可参照其他已颁布的环境保护、化工、医药等行业的标准测试分析方法。

表 2　废物特征指标的测试分析方法

序号	测试分析项目	测定方法	方法来源
1	热值	量热计法	GB/T 213，GB/T 384
2	POHCs 含量	气相色谱/质谱法	GB 5085.3
3	有机氯含量	气相色谱法	GB 5085.3
4	重金属含量	电感耦合等离子体质谱法	GB 5085.3
5	硫含量	高温燃烧中和法（固态废物）	GB/T 212
		能量色散 X 射线荧光光谱法（液态废物）	GB/T 17040
6	含水量	通氮干燥法（固态废物）	GB/T 212
		卡尔·费休法（液态废物）	GB/T 11133
7	灰分	缓慢灰化法	GB/T 212

6.4.2　系统性能指标测试

（1）POHCs 焚毁去除率的测定。在烟气净化设施出口测定烟气的流量和烟气中的 POHCs 浓度，烟气流量采用皮托管依据 GB/T 16157 进行测定。

（2）燃烧效率的测定。在烟气急冷之前，同时测定二氧化碳和一氧化碳的浓度，采样及一氧化碳浓度的分析方法按 GB 18484 执行；二氧化碳浓度的分析方法参照 GB/T 16157 执行，并进行燃烧效率的计算。

（3）氯化氢去除率的测定。在烟气急冷之前、烟气排放口同时测定烟气的流量和烟气中的氯化氢浓度，烟气流量采用皮托管按 GB/T 16157 进行测定；烟气中氯化氢的采样和分析方法按 GB 18484 执行。烟气中的氯化氢去除率可采用如下公式计算：

$$\eta(\text{HCl}) = \frac{Q_1 \times \rho_1 - Q_2 \times \rho_2}{Q_1 \times \rho_1}$$

式中：$\eta(\text{HCl})$——HCl 去除效率，%；

Q_1——烟气急冷之前烟气流量（标态），m^3/h；

Q_2——烟气净化设施出口烟气流量（标态），m^3/h；

ρ_1——烟气急冷之前氯化氢的质量浓度（标态），g/m^3；

ρ_2——烟气净化设施出口烟气中氯化氢的质量浓度（标态），g/m^3。

（4）烟气中重金属去除率的测定。在烟气急冷之前、烟气净化设施出口同时测定烟气的流量和烟气中的重金属质量浓度，烟气流量采用皮托管按 GB/T 16157 进行测定，烟气中重金属的采样和分析方法按 GB 18484 执行。烟气中的重金属去除率可采用如下公式计算：

$$\eta_{\text{IM}} = \frac{Q_1 \times \rho_1 - Q_2 \times \rho_2}{Q_1 \times \rho_1}$$

式中：η_{IM}——烟气中重金属去除率，%；

Q_1——烟气急冷之前烟气流量（标态），m^3/h；

Q_2——烟气净化设施出口烟气流量（标态），m^3/h；

ρ_1——烟气急冷之前烟气中重金属质量浓度（标态），g/m^3；

ρ_2——烟气净化设施出口烟气中重金属质量浓度（标态），g/m^3。

（5）尘去除率的测定。在烟气急冷之前、烟气净化设施出口，按 GB 18484 测定烟气中尘的质量浓度，尘去除率可采用如下公式计算：

$$\eta = \frac{Q_1 \times \rho_1 - Q_2 \times \rho_2}{Q_1 \times \rho_1}$$

式中：η——尘去除率，%；

$\quad\quad Q_1$——烟气急冷之前烟气流量（标态），m^3/h；

$\quad\quad Q_2$——烟气净化设施出口烟气流量（标态），m^3/h；

$\quad\quad \rho_1$——烟气急冷之前烟气中尘的质量浓度（标态），g/m^3；

$\quad\quad \rho_2$——烟气净化设施出口烟气中尘的质量浓度（标态），g/m^3。

（6）烟气停留时间测定。在烟气急冷之前测定烟气流量及烟气温度，烟气流量采用皮托管，烟气温度采用带护套的铂铑热电偶或镍铬镍硅热电偶，按 GB/T 16157 进行测定。烟气停留时间可采用下式计算：

$$T = \frac{V \times 273 \times 3\,600}{Q(t + 273)}$$

式中：T——停留时间，s；

$\quad\quad V$——二段炉有效容积，m^3；

$\quad\quad Q$——烟气急冷之前烟气流量（标态），m^3/h；

$\quad\quad t$——二段炉焚烧温度，℃。

烟气急冷之前烟气流量、二段炉焚烧温度取每个运行周期内有效值的最大值计算。

（7）焚烧残渣热灼减率的测定。在焚烧系统排渣口按 HJ/T 298 进行样品的采集、保存和制备，并按 GB 18484 进行测定。

6.4.3　烟气排放指标的测试

在烟气净化设施出口按 GB 18484 所规定的烟气污染物排放指标。其中烟气中一氧化碳、氮氧化物、二氧化硫等污染指标的测试也可通过焚烧设施现有的在线监测仪器进行测试；二噁英按照 HJ/T 365 进行测定。

6.4.4　主要运行参数的测试

（1）运行温度的测试。在焚烧炉燃烧室出口中心，采用带护套的铂铑热电偶或镍铬镍硅热电偶连续测试一段炉、二段炉焚烧温度，在急冷塔的进出口和烟气净化设施入口烟道的中心，采用带护套的铂热电阻测试连续测试急冷塔的进出口温度和烟气净化设施入口温度。

（2）进料速率（投加量）的测试。指对拟处置废物、活性炭以及碱性物料进料速率的测试。固态物质在进料口设置计量装置称量每次废物的投加量；液态物质在进料口设置电子流量计计量废物的投加量。然后通过投加量和进料时间计算进料速率。

（3）烟气中氧气浓度的测试。在烟气急冷前利用氧化锆探头在线监测仪表进行连续监测。

（4）布袋除尘器压差的测试。在布袋除尘器进出口处利用在线监测仪表进行负压连续监测。布袋除尘器的压差为布袋除尘器进出口处的负压平均值之差。

7　性能测试报告的编制

7.1　性能测试报告至少应包括性能测试背景、设施运行条件评估、性能指标评价和设施完善建议等内容。

7.2 性能测试背景主要内容可包括：运营单位名称、法人姓名、联系人及电话等信息；焚烧处置设施运行规模及主要工艺流程简述；性能测试目的及主要测试内容；性能测试的标准测试废物组成及对应的废物焚烧量；测试方法、采样方法、分析方法的总结；委托的测试机构及委托的测试内容。

7.3 性能测试评估：

（1）对废物特征参数分别进行整理，包括热值、POHCs 含量、有机氯含量、重金属含量、硫含量、含水量和灰分等。

（2）通过计算对系统性能指标分别进行整理，包括烟气停留时间、重金属去除率、氯化氢去除率、POHCs 焚毁去除率、燃烧效率、焚烧残渣热灼减率和尘去除率等。

（3）对烟气排放指标的测试数据分别进行整理，包括烟气黑度，烟尘，一氧化碳，二氧化硫，氟化氢，氯化氢，氮氧化物，汞及其化合物，镉及其化合物，铅及其化合物，铬、锡、锑、铜、锰及其化合物，二噁英类。

（4）对设备运行参数分别进行整理，包括焚烧炉温度、废物进料速率（投加量）、重金属进料速率（投加量）、POHCs 进料速率（投加量）、有机氯进料速率（投加量）、烟气中含氧量和焚烧炉负压等。

（5）说明实际运行条件与计划运行条件的偏差及造成偏差的原因。

7.4 性能指标评价：

（1）对测试中的废物特征、运行参数、性能指标和烟气排放指标进行系统分析，并对照 GB 18484，判定焚毁去除率、燃烧效率、烟气停留时间、热灼减率、重金属及氯化氢去除率及包括二噁英类在内的烟气排放指标的达标情况，并给出分析结果。

（2）提出焚烧炉运行温度、废物进料速率（投加量）、重金属进料速率（投加量）、POHCs 进料速率（投加量）、有机氯进料速率（投加量）、烟气急冷之前氧气含量、烟气急冷之前烟气流量、烟气急冷之后烟气流量、焚烧炉进料口处最小负压、急冷塔进出口温度、烟气净化设施入口气体温度、碱性物进料速率、活性炭喷入速率、布袋除尘器的压差等主要运行参数。

（3）在性能指标评价的基础上，综合评价该焚烧设施的性能指标，得出性能测试的结论性意见。

7.5 完善措施和建议。在性能测试报告中应对存在的问题提出改进建议。

8 性能测试的质量保证

8.1 校准焚烧设施现有的温度测量、负压测量、流量测量、重量计量、在线监测等测试仪表和计量设备，核对设施运行条件的测试记录。

8.2 核查标准测试废物的配置方法及配置过程，核对标准测试废物采样方法、分析方法及工作记录。

8.3 核查焚毁去除率、燃烧效率、烟气停留时间、氯化氢去除率、重金属去除率、热灼减率等的计算方法，核对相关的原始数据记录和计算过程。

8.4 系统核对原始的标准测试废物的配置记录、焚烧处置设施运行条件记录、焚烧处置设施性能指标记录、主要运行参数记录、烟气排放指标监测记录，核查各相关指标的计算方法及计算过程。

8.5 核查各项烟气排放指标的采样位置、采样方法及采样流程；校准烟气流量、烟气温度和烟气采样流量等测量设备；核查样品的保存和制备方法，核对相关的工作记录；校准各项烟气排放指标的分析仪器设备，核查各项烟气指标的分析方法；核对各项烟气排放指标的采样监测记录及相关的计算过程。

8.6 现场计量仪器设备的法定校准和实施性能测试机构的内部质量控制措施，也应作为本性能测试质量保证措施的重要组成部分。

第六章

名　录

中国禁止或严格限制的有毒化学品名录（第一批）

（1998 年 12 月 25 日修订　国家环保局）

序号	化学品名 中文英文	需控制化学品名称 中文别名（俗名、商品名、化学名）英文	CAS	分子式 （结构式）	H.S. CODE 化学品制剂 PREPARATION	H.S. CODE 化学品纯物质 PURE SUBSTANCE
1	青石棉 CROCIDOLITE	ASBESTOS CROCIDOLITE；AMORPHOUS CROCIDOLITE ASBESTOS；ASBESTOS；BLUE ASBESTOS；BROWN ASBESTOS；CROCIDOLITE；CROCIDOLITE ASBESTOS；FIBROUS CROCIDOLITE ASBESTOS	12001-28-4	$ONa_2Fe_2O_3$ $3FeO_8SiO_2$ H_2O		2524.0090 2524.0010
2	多氯联苯 PCBs	1,1'-联苯氯代衍生物；多氯代联苯；氯代联苯 1,1'-BIPHENYL, CHLORO DERIVS.；1,1'-BIPHENYL, CHLORO DERIVATIVES.；1,1'-BIPHENYL, CHLORO DERIVS.；BIPHENYL, CHLORINATED；CHLORINATED BIPHENYL；CHLORINATED DIPHENYL；DIPHENYL, CHLORINATED；PCB；POLYCHLORINATED BIPHENYL；POLYCHLORINATED BIPHENYLS (PCBS)；SEE ALSO SPECIFIC PCBS	1336-36-3			2903.6990
3	多溴联苯 PBBs	六溴联苯 1,1'-BIPHENYL, 2,2',4,4',5,5'-HEXABROMO-；2,4,5,2',4',5'-HEXABROMOBIPHENYL	59080-40-9	$C_{12}H_4Br_6$		2903.6990
		八溴联苯 BIPHENYL, OCTABROMO-；OCTABROMOBIPHENYL；AR,AR,AR,AR,AR',AR',AR', AR'-OCTABROMO-1,1'-BIPHENYL；OCTABROMODIPHENYL	27858-07-7	$C_{12}H_2Br_8$		2903.6990
		十溴联苯 2, 2' ,3, 3' 4, 4' 5, 5' 6, 6' - 十溴代 -1, 1' - 联苯；1, 1'-BIPHENYL, 2, 2' 3, 3' 4, 4' ,5, 5' 6, 6' -DECABROMO-	13654-09-6	$C_{12}Br_{10}$		2903.6990
4	三 (2,3-二溴丙基) 磷酸酯 TRIS(2,3-DIBROMOPROPYL)PHOSPHATE	磷酸三(2,3-二溴丙基)酯；2,3-二溴 -1- 丙醇磷酸酯（3：1）1-PROPANOL, 2,3-DIBROMO-, PHOSPHATE(3：1)；2,3-DIBROMO-1-PROPANOL PHOSPHATE；(2,3-DIBROMOPROPYL) PHOSPHATE；PHOSPHORIC ACID, TRIS (2,3-DIBROMOPROPYL) ESTER；TRIS-BP；TRIS(DIBROMO-PROPYL)PHOSPHATE；TRIS(2,3-DIBROMOPROPYL) PHOSPHORIC ACID ESTER	126-72-7	$C_9H_{15}Br_6O_4P$		2919.0000

序号	化学品名 中文英文	需控制化学品名称 中文别名（俗名、商品名、化学名）英文	CAS	分子式 （结构式）	H.S. CODE 化学品制剂 PREPARATION	H.S. CODE 化学品纯物质 PURE SUBSTANCE
5	三吖丙啶基氧化磷 TRI-AZIRIDINYL-PHOSPHINOXIDE	PHOSPHINE OXIDE, TRIS(1-AZIRIDINYL)-；AZIRIDINE, 1,1',1"-PHOSPHINYLIDYNETRIS-；1,1',1"-PHOSPHINYLIDYNETRISAZIRIDINE；PHOSPHORAMIDE, N,N',N"-TRIETHYLENE-；PHOSPHORIC ACID TRIETHYLENE IMIDE；PHOSPHORIC TRIAMIDE,N,N',N"-TRI-1,2-ETHANEDIYL-；PHOSPHORIC TRIAMIDE,N,N'N"-TRIETHYLENE-；TAPO；TEF；TEPA；TRIAZIRIDINOPHOSPHINE OXIDE；TRIAZIRIDINYLPHOSPHINE OXIDE；TRI(AZIRIDINYL)PHOSPHINE OXIDE；TRI-1-AZIRIDINYLPHOSPHINE OXIDE；TRI(1-AZIRIDINYL) PHOSPHINE OXIDE；TRI(1-AZIRIDINYL)PHOSPHINE OXIDE；N,N',N"-TRI-1,2-EHTANEDIYLPHOSPHORIC TRIAMIDE；TRIETHYLENEPHOSPHORAMIDE；N,N',N"-TRIETHYLENEPHOSPHORAMIDE；TRIETHYLENEPHOSPHORIC TRIAMIDE；N,N',N"-TRIETHYLENEPHOSPHORIC TRIAMIDE；TRIETHYLENEPHOSPHOROTRIAMIDE；TRIS(1-AZIRIDINE)PHOSPHINE OXIDE；TRIS(AZIRIDINYL) PHOSPHINEOXIDE；TRIS (1-AZIRIDINYL)PHOSPHINE OXIDE；TRIS(1-AZIRIDINYL)PHOSPHINE OXIDE,SOLUTION；TRIS(N-ETHYLENE)PHOSPHOROTRIAMIDATE	545-55-1	$C_6H_{12}N_3OP$		2933.9000
6	丙烯腈 ACRYLONITRILE	2-丙烯腈；乙烯基氰 2-PROPENENITRILE；CYANOETHYLENE；ACRITEL；ACRYLON；ACRYLONITRILE；ACRYLONITRILE, INHIBITED；ACRYLONITRILE MONOMER；CARBACRYL；CYANOETHYLENE；FUMIGRAIN；MILLER'S FUMIGRAIN；PROPENENITRILE；2-PROPENENITRILE；VCN；VENTOX；VINYLCYANIDE；VINYLCYANIDE	107-13-1	C_3H_3N		2926.1000

序号	化学品名 中文英文	需控制化学品名称 中文别名（俗名、商品名、化学名）英文	CAS	分子式 （结构式）	H.S. CODE 化学品制剂 PREPARATION	H.S. CODE 化学品纯物质 PURE SUBSTANCE
7	汞和汞化合物 MERCURY AND MERCURY COMPOUNDS	水银 MERCURY；MERCURY ELEMENT； QUECKSILBER；QUICKSILVER	7439-97-6	Hg		2805.4000
		氯乙基汞 MERCURY, CHLOROWTHYL-； CHLOROE-THYLMERCURY； CMC；ETHYLMERCURIC CHLORIDE； ETHYLMERCURY CHLORIDE	107-27-7	C_2H_5ClHg		2931.0000
		乙酸苯汞 PHENYL MERCRUIC ACETATE；醋酸苯基汞；醋酸苯汞；赛力散 MERCURY,(ACETATO-O)PHENYL-； (ACETATO) PHENYLMERCURY； ACETIC ACID, PHENYL-MERCURY DERIV.；(ACETOXYMERCURI) BENZENE； ACETOXYPHENYLMERCURY；BENZENE, (ACETOXYMERCURI)-； BENZENE,(ACETOXYMERCURIO)-； HEXASAN(FUNGICIDE)； MERCURIPHENYL ACETATE； MERCURY(Ⅱ) ACETATE, PHENYL-； MERCURY, ACETOXYPHENYL-； MERGAMMA；PANOMATIC； PHENOMERCURIC ACETATE； PHENYLMERCURIACETATE； PHENYLMERCURIC ACETATE； PHENYLMERCURIC ACETATE； PHENYLMERCURY ACETATE； PHENYLMERCURY(Ⅱ) ACETATE； PMA；PMA；PMAC；PMAS	62-38-4	$C_8H_8HgO_2$		2931.0000
8	艾氏剂 ALDRIN	1,4：5,8-DIMETHANONAPHTHALENE, 1,2,3,4,10,10-HEXACHLORO-1,4, 4A,5,8,8AHEXAHYDRO-,ENDO,EXO-； ALDRIN；ALDRITE；ALDROSOL；ALTOX； HEXACHLOROHEXAHYDRO-ENDO-EXO- DIMETHANONAPHTHALENE； 1,2,3,4,10,10-HEXACHLORO-1,4,4A,5,8,8A- HEXAHYDRO-1,4,5,8- DIMETHANONAPHTHALENE； 1,2,3,4,10,10-HEXACHLORO-1,4,4A,5,8,8A- HEXAHYDRO-EXO-1,4-ENDO-5,8- DIMETHANONAPHTHALENE； 1,2,3,4,10,10-HEXACHLORO-1,4,4A,5,8,8A- HEXAHYDRO-1,4-ENDO-EXO-5,8- DIMETHANONAPHTHALENE；HHDN	309-00-2	$C_{12}H_8Cl_6$		2903.5900

序号	化学品名 中文英文	需控制化学品名称 中文别名（俗名、商品名、化学名）英文	CAS	分子式 （结构式）	H.S. CODE 化学品制剂 PREPARATION	H.S. CODE 化学 品纯物质 PURE SUBSTANCE
9	狄氏剂 DIELDRIN	1,4,5,8-DIMETHANONAPHT HALENE,1,2,3,4,10,10-HEXACHLORO-1,4,4A,5,8, 8A-HEXAHYDRO-, ENDO,EXO-; DIELDREX; DIELDRIN; HEOD; HEXACHLOROEPOXYOCTAHYDRO-ENDO,EXO-DIMETHANONAPHTHALENE; 3,4,5,6,9,9-HEXACHLORO-1A, 2,2A,3,6,6A,7,7A-OCTAHYDRO-2,7,3,6-DIMETHANONAPHTH(2,3-B)OXIRENE	60-57-1	$C_{12}H_8Cl_6O$		2910.9000
10	异狄氏剂 ENDRIN	1,4,5,8-DIMETHANONAPHTHALENE, 1,2,3,4,10,10-HEXACHLORO-6,7-EPOXY-1,4,4A,5,6,7,8,8A- OCTAHYDRO-, ENDO,ENDO-; ENDREX; ENDRIN; HEXACHLOROEPOXYOCTAHYDRO-ENDO, ENDO-DIMETHANONAPHTHALENE; 3,4,5,6,9,9-HEXACHLORO-1A, 2,2A,3,6,6A,7, 7A-OCTAHYDRO-2,7,3,6-DIMETHANON APHTH(2,3-B)OXIRENE; HEXADRIN	72-20-8	$C_{12}H_8Cl_6O$		2910.9000
11	滴滴涕 DDT	二氯二苯三氯乙烷; 2,2-双(对氯苯基)-1,1,1-三氯乙烷; 1,1,1- 三氯-2,2-双(对氯苯基）乙烷 ETHANE,1,11-TRICHLORO-2,2-BIS(P-CHLOROPHENYL)-; 2,2-BIS(P-CHLOROPHENYL)-1,1,1-TRICHLOROETHANE; BENZENE,1,1-(2,2,2-TRICHLOROETHYLIDENE) BIS (4-CHLORO-); ETHANE,1,1,1-TRICHLORO-2,2-BIS(P-CHLOROPHENYL)-; BENZENE,1,1'-(2,2,2-TRICHLOROETHYLIDENE)BIS(4-CHLORO-); ALPHA,ALPHA-BIS(P-CHLOROPHENYL)-BETA,BETA,BETA-TRICHLORETHANE; 1,1-BIS-(P-CHOLROPHENYL)-2,2,2-TRICHLOROETHANE; 2,2-BIS(P-CHLOROPHENYL)-1,1,1-TRICHLOROETHANE; CHLOROPHENOTHAN; CHLOROPHENOTHANE; CHLOROPHENOTOXUM; CLOFENOTANE; DDT; P,P'-DDT; DICHLORODIPHENYLTRI CHLOROETHANE; DICHLORODIPHENYLTR ICHLOROETHANE; P,P'-DICHLORODIPHENYLTRIC HLOROETHANE; 4,4'-DICHLORODIPHENYLTRICHLOROETHAN E; PARACHLOROCIDUM; PEB1; PENTACHLORIN; PENTECH; TRICHLORBIS(4-CHLOROPHENYL) ETHANE; 1,1,1-TRICHLORO-2,2-BIS (P-CHLOROPHENYL)ETHANE; 1,1,1-TRICHLORO-2,2-DI(4-CHLOROPHENYL)-ETHANE	50-29-3	$C_{14}H_9Cl_5$		2903.6200

序号	化学品名 中文英文	需控制化学品名称 中文别名（俗名、商品名、化学名）英文	CAS	分子式 （结构式）	H.S. CODE 化学品制剂 PREPARATION	H.S. CODE 化学品纯物质 PURE SUBSTANCE
12	六六六·混合异构体 HCH·MIXED ISOMERS	CYCLOHEXANE, 1,2,3,4,5,6-HEXACHLORO-；BENZENE HEXACHLORIDE；BHC；HCH；HEXACHLOROCYCLOH-EXANE；1,2,3,4,5,6-HEXACHLOROCYCLOHEXANE	608-73-1	$C_6H_6Cl_6$		2903.5100
13	七氯 HEPTACHLOR	4,7-METHANOINDENE,1,4,5,6,7,8,8-HEPTACHLORO-3A,4,7,7A-TETRAHYDRO-；3-CHLOROCHLORDENE；DICYCLOPENTADIENE, 3,4,5,6,7,8,8A-HEPTACHLORO-；HEPTACHLOR；HEPTACHLORANE；3,4,5,6,7,8,8-HEPTACHLORODICYCLOPENTADIENE；3,4,5,6,7,8,8A-HEPTACHLORODICYCLOPENTADIENE；1,4,5,6,7,8,8-HEPTACHLORO-3A,4,7,7A-TETRAHYDRO-4,7-ENDOMETHANOINDENE；1,4,5,6,7,8,8A-HEPTACHLORO-3A,4,7,7A-TETRAHYDRO-4,7-METHANOINDANE；1,4,5,6,7,8,8-HEPTACHLORO-3A,4,7,7A-TETRAHYDRO-4,7-METHANOINDENE；1(3A), 4,5,6,7,8,8-HEPTACHLORO-3A(1),4,7,7A-TETRAHYDRO-4,7-METHANOINDENE；1,4,5,6,7,8,8-HEPTACHLORO-3A,4,7,7A-TETRAHYDRO-4,7-METHANOL-1H-INDENE；1,4,5,6,7,8,8-HEPTACHLORO-3A,4,7,7,7A-TETRAHYDRO-4,7-METHYLENE INDENE；1,4,5,6,7,10,10-HEPTACHLORO-4,7,8,9-TETRAHYDRO-4,7-METHYLENEINDENE；1,4,5,6,7,10,10-HEPTACHLORO-4,7,8,9-TETRAHYDRO-4,7-ENDOMETHYLENEINDENE	76-44-8	$C_{10}H_5Cl_7$		2903.5900
14	六氯苯 HEXACHLOROBENZENE	六氯代苯；过氯苯；全氯代苯；BENZENE, HEXACHLORO-；PERCHLOROBENZENE；HEXACHLOROBENZENE；PENTACHLOROPHENYL CHLORIDE；PERCHLOROBENZENE；PHENYL PERCHLORYL	118-74-1	C_6Cl_6		2903.6200

序号	化学品名 中文英文	需控制化学品名称 中文别名（俗名、商品名、化学名）英文	CAS	分子式 （结构式）	H.S. CODE 化学品制剂 PREPARATION	H.S. CODE 化学 品纯物质 PURE SUBSTANCE
15	三环锡·普特丹 CYHEXATIN	CYHEXATIN；PLICTRAN；PLYCTRAN；TCTH；TIN, TRICYCLOHEXYLHYDROXY-；TRICYCLOHEXYLHYDROXYSTANNANE；TRICYCLOHEXYLHYDROXYTIN；TRICYCLOHEXYLSTANNANOL；TRICYCLOHEXYLSTANNIUM BYDROXIDE；TRICYCLOHEXYLTIN HYDROXIDE	13121-70-5	$C_{18}H_{34}OSn$		2931.0000
16	1,2-二溴乙烷 EDB	二溴乙烷；ETHANE, 1,2-DIBROMO-；ETHLENE BROMIDE；1,2-DIBROMOETHANE；ALPHA,BETA-DIBROMOETHANE；SYM-DIBROMOETHANE；1,2-DIBROMOETHANE；ETHYLENE BROMIDE；ETHYLENE DIBROMIDE；1,2-ETHYLENE DIBROMIDE；FUMO-GAS；GLYCOL BROMIDE；GLYCOL DIBROMIDE	106-93-4	$C_2H_4Br_2$		2903.3090
17	氟乙酰胺·敌蚜胺 FLUOROACETAMIDE	ACETAMIDE, 2-FLUORO-；FLUOROACETAMIDE；2-FLUOROACETAMIDE；FLUOROACETIC ACID AMIDE；FLUTRITEX 1；FUSSOL；MEGATOX；MONOFLUOROACETAMIDE；NAVRON	640-19-7	C_2H_4FNO		2924.1000
18	2,4,5- 涕 2,4,5-T	2,4,5- 三氯苯氧乙酸 ACETIC ACID, (2,4,5-TRICHLOROPHENOXY)-；AMINE 2,4,5-T FOR RICE；ARBOKAN；BCF-BUSHKILLER；BRUSHTOX；DACAMINE；DEBROUSSAILLANT CONCENTRE；DEBROUSSAILLANT SUPER CONCENTRE；DECAMINE 4T；DED-WEED BRUSH KILLER；DED-WEED LV-6 BRUSH KIL AND T-5 BRUSH KIL；DINOXOL；ENVERT-T；ESTERCIDE T-2 AND T-245；FARMCO FENCE RIDER；FENCE RIDER；LINE RIDER；PHORTOX；2,4,5-T；TIPPON；2,4,5-TRICHLOROPHENOXYACETIC ACID；VISKORHAP LOW VOLATILE ESTER	93-76-5	$C_8H_5Cl_3O_3$		2918.9000
19	二溴氯丙烷 DBCP	1,2- 二溴 -3- 氯丙烷 PROPANE, 1,2-DIBROMO-3-CHLORO-；BBC 12；1-CHLORO-2,3-DIBROMOPROPANE；3-CHLORO-1,2-DIBROMOPROPANE；DBCP；DIBROMO9CHLOROPROPANE；DIBROMOCHLOROPROPANE；1,2-DIBROMO-3-CHLOROPROPANE；OXY DBCP；PROPANE,1-CHLORO-2,3-DIBROMO-	96-12-8	$C_3H_5Br_2Cl$		2903.4990

序号	化学品名 中文英文	需控制化学品名称 中文别名（俗名、商品名、化学名）英文	CAS	分子式 （结构式）	H.S. CODE 化学品制剂 PREPARATION	H.S. CODE 化学 品纯物质 PURE SUBSTANCE
20	内吸磷 DEMETON	DEMETON-O；O,O-DIETHYL O-(2-ETHTHIOETHYL) PHOSPHOROTHIOATE；DIETHYL 2-ETHTHIOETHYL THIONOPHOSPHATE；O,O-DIETHYL O-2-(ETHYLTHIO) HYLPHOSPHOROTHIOATE；O,O-DIETHYL-2-ETHYLTHILETHYLPHOSPHOROTHIOATE；DIETHYL 2-(ETHYLTHIO)ETHYLPHOSPHOROTHIONATE；MERCAPTOFOS；DI-SEPTON；ETHANETHIOL,2-(ETHYLTHIO)-,S-ESTER WITH O,O-DIETHYLPHOSPHORODI THIOATE；ETHANOL,2-(ETHYLTHIO)-,O-ESTERWITH O,O-DIETHYL PHOSPHORO THIOATE；THIOLMECAPTOPHOS	298-03-3	$C_8H_{19}O_3PS_2$		2930.9090
21	氰化合物 CYANIDE	氢氰酸 CARBON NITRIDE ION [CN(SUP 1-)]；CYANIDE(1-)；CYANIDE, CYANIDE ANION；CYANIDE[CN(SUP 1-)]；CYANIDE ION；CYANIDE(1-)ION；CYANIDE SOLUTIONS；HYDROCYANIC ACID, ION(1-)；ISOCYANIDE	57-12-5	HCN		2811.1910
		氰化锌 ZINC CYANIDE；ZINC DICYANIDE	557-21-1	C_2N_2Zn		2837.1990
		氰化银钾二氰合银酸（1-）钾 ARGENTATE(1-), BIS(CYANO-C-)-, POTASSIUM；POTASSIUM CYANOARGENATE；POTASSIUM SILVER CYANIDE；SILVER POTASSIUM CYANIDE	506-61-6	C_2AgN_2K		2843.2900
		氰化钠；山奈(固)；山奈奶（液）CYANOBRIK；CYANOGRAN；HYDROCYANIC ACID, SODIUM SALT；SODIUM CYANIDE	143-33-9	C-N-Na		2837.1110
		氰化钾，山奈钾 CYANIDE OF POTASSIUM；HYDROCYANIC ACID,POTASSIUM SALT；POTASSIUM CYANIDE	151-50-8	C-K-N		2837.1910
		氰化亚铜 COPPER CYANIDE；CUPERUS CYANIDE；COPPER(I) CYANIDE；CUPRICIN；COPPER MONOCYANIDE	544-92-3	C-Cu-N		2837.1990
		氰化银 SILVER CYANIDE；SILVER (I)CYANIDE	506-64-9	C-Ag-N		2843.2900
		氰化金 GOLD CYANIDE；GOLD MONOCYANIDE；GOLD (1+) CYANIDE；AUROUS CYANIDE	506-65-0	C-Au-N		2843.3000
		氰化(亚)金钾；氰亚金酸钾 AURATE(1-), BIS(CYANO-KC)-, POTASSIUM；AURATE(1-), BIS(CYANO-C)-, POTASSIUM；POTASSIUM DICYANOAURATE；POTASSIUM CYANOAURATE(I)；AURATE(1-), DICYANO-,POTASSIUM；GOLD POTASSIUM CYANIDE；MONOPOTASSIUM DICYANOAURATE；POTASSIUM AUROCYANIDE；POTASSIUM DICYANOAURATE(1-)；POTASSIUM DICYANOAURATE(I)；POTASSIUM GOLD CYANIDE	13967-50-5	C_2AuN_2K		2843.3000

序号	化学品名 中文英文	需控制化学品名称 中文别名（俗名、商品名、化学名）英文	CAS	分子式 （结构式）	H.S. CODE 化学品制剂 PREPARATION	H.S. CODE 化学品纯物质 PURE SUBSTANCE
22	氯丹 CHLORDANE	八氯化甲桥茚 ASPON-CHLORDANE；CHLORDAN；CHLORDANE；CHLORINDAN；CHLORODANE；CHLORTOX；CLORDANO；CORTILAN-NEU；DICHLOROCHLORDENE DOWCHLOR；4,7-METHANO-1H-INDENE,1,2,4,5,6,7,8,8-OCTACHLORO-2,3,3A,4,7,7A-HEXAHYDRO-；OCTACHLOR；OCTACHLORODIHYDRODICYCLOPEN-TADIENE；1,2,4,5,6,7,8,8-OCTACHLORO-2,3,3A,4,7,7A-HEXAHYDRO-4,7-METHANOINDAN；1,2,4,5,6,7,8,8-OCTACHLORO-2,3,3A,4,7,7A-HEXAHYDRO-4,7-METHANOINDENE；1,2,4,5,6,7,8,8-OCTACHLORO-2,3,3A,4,7,7A-HEXAHYDRO-4,7-METHANO-1H-INDENE；1,2,4,5,6,7,8,8-OCTACHLORO-3A,4,7,7A-HEXAHYDRO-4,7-METHYLENE-INDANE；OCTACHLORO-4,7-METHANOHYDROINDANE；OCTACHLORO-4,7-METHANOTETRAHYDROINDANE；1,2,4,5,6,7,8,8-OCTACHLORO-4,7-METHANO-3A,4,7,7A-TETRAHYDROINDANE；1,2,4,5,6,7,8,8-OCTACHLORO-3A,4,7,7A-TETRAHYDRO-4,7-METHANOINDANE；1,2,4,5,6,7,10,10-OCTACHLORO-4,7,8,9-TETRAHYDRO-4,7-METHYLENEINDANE；OCTA-KLOR；OKTATERR；ORTHOKLOR	57-74-9	$C_{10}H_6Cl_8$		2903.5900
23	杀虫脒 CHLORDIMEFORM	ACARON；BERMAT；CDM；CHLORDIMEFORM；CHLORFENAMIDINE；N'-(4-CHLORO-2-METHYLPHENYL)-N,N-DIMETHYLMETHANIMIDAMIDE；CHLOROPHENAMIDIN；CHLOROPHENAMIDINE；N'-(4-CHLORO-O-TOLYL)-N,N-DIMETHYLFORMAMIDINE；CHLORPHENAMIDINE；N,N-DIMETHYL-N'-(2-METHYL-4-CHLOROPHENYL)FORMAMIDINE；METHANIMIDAMIDE,N'-(4-CHLORO-2-METHYLPHENYL)-N,N-DIMETHYL-；N'-(2-METHYL-4-CHLOROPHENYL)-N,N-DIMETHYL-FORMAMIDINE	6164-98-3	$C_{10}H_{13}ClN_2$		2921.4300

序号	化学品名 中文英文	需控制化学品名称 中文别名（俗名、商品名、化学名）英文	CAS	分子式 （结构式）	H.S. CODE 化学品制剂 PREPARATION	H.S. CODE 化学 品纯物质 PURE SUBSTANCE
24	氯化苦 CHLOROPICRIN	三氯硝基甲烷 ACQUINITE；CHLOROFORM, NITRO-；CHLOR-O-PIC；CHLOROPICRIN；NITROCHLOROFORM；NITROTRICHLOROMETHANE；PIC-CLOR；PICFUME；PICRIDE；PS；TRICHLORONITROMETHANE；	76-06-2	CCl_3NO_2		2904.9030
25	砷和砷化合物 ARSENIC AND ARSENIC COMPOUNDS	砷 ARSENIC；ARSENICALS；ARSENIC BLACK；GREY ARSENIC；METALLIC ARSENIC；COLLOIDAL ARSENIC	7440-38-2	As		2804.8000
		砷烷 ARSENIC HYDRID；ARSENIC HYDRIDE；ARSENIC TRIHYDRIDE；ARSENIURETTED HYDROGEN；ARSENOUS HYDRIDE；ARSINE；HYDROGEN ARSENIDE	7784-42-1	AsH_3		2850.0000
		氧化亚砷；三氧化二砷；亚砷酐；砒霜；白砒 ARSENIC；ARSENICALS；ARSENIC BLACK；COLLOIDAL ARSENIC；GREY ARSENIC；METALLIC ARSENIC	1327-53-3	As_2O_3		2811.2900
26	五氯酚 PENTACHLORO PHENOL	五氯苯酚 ACUTOS；CHEM-PENTA；CHEM-TOL；CHLON；CHLOROPHEN；ANTIMICROBIAL；DUROTOX；FUNGIFEN；GLAXD PENTA；GRUNDIERARBEZOL；1-HYDROXYP ENTACHLOROBENZENE；LAUXTOL；LAUXTOL A；LIROPREM；PENCHLOROL；PENTA；PENTACHLOROFENOL；PENTACHLOR OPHENATE；PENTACHLOROPHENOL；2,3,4,5,6-PENTACHLOROPHENOL；PENTACHLOROPHENOL；PENTACHLOROPHENOL,TECHNICAL；PENTACON；PENTA-KIL；PENTA READY；PERMACIDE；PERMAGARD；PERMASAN；PERMATOX PENTA；PERMITE；PREVENOL	87-86-5	C_6HCl_5O		2908.1090
27	地乐酚 DINOSEB	AATOX；BASANITE；BLAARTOX；BUTAPHEN；2-SEC-BUTYL-4,6-DINITROPHENOL；CALDON；CHEMOX P.E.；DBNF；DESICOIL；DIBUTOX；DIBUTOX 2,4-DINITRO-6-SEC-BUTYLPHENOL；4,6-DINITRO-O-SEC-BUTYLPHENOL；4,6-DINITRO-2-SEC-BUTYLPHENOL；4,6-DINITRO-2-(1-METHYL-N-PROPYL) PHENOL；GEBUTOX；HEL-FIRE；HIVERTOX；KILOSEB；LADOB；LASEB；2-(1-METHYLPROPYL)-4,6-DINITROPHENOL	88-85-7	$C_{10}H_{12}N_2O_5$		2908.9090

注："别名"栏中的各项英文名称仅供参考。

关于公布《限制进口类可用作原料的废物目录》的公告

（2009 年 7 月 3 日　环境保护部、商务部、国家发展和改革委员会、海关总署、
国家质量监督检验检疫总局公告　2009 年第 36 号）

根据《中华人民共和国固体废物污染环境防治法》、《控制危险废物越境转移及其处置巴塞尔公约》和有关法律法规，环境保护部、商务部、发展改革委、海关总署、国家质检总局对 2008 年公布的《禁止进口固体废物目录》、《限制进口类可用作原料的固体废物目录》和《自动许可进口类可用作原料的固体废物目录》（以下简称"进口废物管理目录"）进行了修订和增补，现予发布，有关事项公告如下：

一、不符合《限制进口类可用作原料的固体废物目录》或《自动许可进口类可用作原料的固体废物目录》相应"其他要求或注释"中规定的进口固体废物，按照禁止进口固体废物管理，口岸检验检疫机构不予签发入境货物通关单，海关不予放行并依法责令进口者或承运人实施退运。

二、对新增列入进口废物管理目录的固体废物，在本公告发布前已经商务主管部门批准的加工贸易业务，允许按照原规定向海关办理保税加工备案、料件进口等海关手续，并在经审批的合同有效期内执行完毕；以企业为单元管理的联网监管企业，允许在 2010 年 6 月 30 日前执行完毕。

上述业务中，对列入《禁止进口固体废物目录》固体废物的加工贸易业务，到期仍未执行完毕的不予延期；对列入《限制进口类可用作原料的固体废物目录》或《自动许可进口类可用作原料的固体废物目录》固体废物的加工贸易业务，到期仍未执行完毕需要延期的，应按照有关规定申请固体废物进口许可证后办理。

自本公告发布之日起，商务主管部门不再批准新增列入《禁止进口固体废物目录》固体废物的加工贸易业务。

三、本公告自 2009 年 8 月 1 日起执行。原国家环境保护总局、商务部、发展改革委、海关总署、国家质检总局 2008 年第 11 号公告所附目录同时停止执行。

附件：1. 禁止进口固体废物目录
　　　2. 限制进口类可用作原料的固体废物目录
　　　3. 自动许可进口类可用作原料的固体废物目录

附件一:

禁止进口固体废物目录

序号	海关商品编号	废物名称（海关商品名称）	简称	其他要求或注释
一、废动植物产品				
1	0501000000	未经加工的人发（不论是否洗涤）；废人发	废人发	
2	0502103000	猪鬃或猪毛的废料	猪毛废料	
3	0502902090	其他獾毛及其他制刷用兽毛的废料	兽毛废料	
4	0505901000	羽毛或不完整羽毛的粉末及废料	羽毛废料	
5	0506901110	含牛羊成分的骨废料（未经加工或经脱脂等加工的）	含牛羊成分的骨废料	
6	0506901910	其他骨废料（未经加工或经脱脂等加工的）	其他骨废料	
7	0507100090	其他兽牙粉末及废料	兽牙废料	
8	0511994010	废马毛（不论是否制成有或无衬垫的毛片）	废马毛	
9	1522000000	油鞣回收脂（包括加工处理油脂物质及动、植物脂所剩的残渣）	油鞣回收脂	
二、矿渣、矿灰及残渣				
10	2517200000	矿渣、浮渣及类似的工业残渣（不论是否混有 2517100000 所列的材料）	矿渣、浮渣及类似的工业残渣	
11	2517300000	沥青碎石	沥青碎石	
12	2530909910	废镁砖	废镁砖	
13	2618009000	其他的冶炼钢铁产生的粒状熔渣（包括熔渣砂）	其他的冶炼钢铁产生的粒状熔渣	
14	2619000090	冶炼钢铁所产生的其他熔渣、浮渣及其他废料（冶炼钢铁产生的粒状熔渣除外）	冶炼钢铁所产生的其他熔渣、浮渣及其他废料	包括冶炼钢铁产生的除尘灰、除尘泥、污泥等
15	2620110000	含硬锌的矿渣、矿灰及残渣（冶炼钢铁所产生灰、渣的除外）	含硬锌的矿渣、矿灰及残渣	
16	2620190090	含其他锌的矿渣、矿灰及残渣（冶炼钢铁所产生灰、渣的除外）	含其他锌的矿渣、矿灰及残渣	
17	2620210000	含铅汽油淤渣及含铅抗震化合物的淤渣	含铅淤渣	
18	2620290000	其他主要含铅的矿渣、矿灰及残渣（冶炼钢铁所产生灰、渣的除外）	其他主要含铅的矿渣、矿灰及残渣	
19	2620300000	主要含铜的矿渣、矿灰及残渣（冶炼钢铁所产生灰、渣的除外）	主要含铜的矿渣、矿灰及残渣	

序号	海关商品编号	废物名称（海关商品名称）	简称	其他要求或注释
20	2620400000	主要含铝的矿渣、矿灰及残渣（冶炼钢铁所产生灰、渣的除外）	主要含铝的矿渣、矿灰及残渣	包括来自铝冶炼、废铝熔炼中产生的扒渣、铝灰
21	2620600000	含砷、汞、铊及混合物的矿渣、矿灰及残渣（用于提取或生产砷、汞、铊及其化合物）	含砷、汞、铊及混合物的矿渣、矿灰及残渣	
22	2620910000	含锑、铍、镉、铬及混合物的矿渣、矿灰及残渣	含锑、铍、镉、铬及混合物的矿渣、矿灰及残渣	
23	2620991000	其他主要含钨的矿渣、矿灰及残渣	其他主要含钨的矿渣、矿灰及残渣	
24	2620999090	含其他金属及化合物的矿渣、矿灰及残渣（冶炼钢铁所产生灰、渣的除外）	含其他金属及化合物的矿渣、矿灰及残渣	
25	2621100000	焚化城市垃圾所产生的灰、渣	焚化城市垃圾所产生的灰、渣	
26	2621900010	海藻灰及其他植物灰（包括稻壳灰）	海藻灰及其他植物灰	
27	2621900090	其他矿渣及矿灰	其他矿渣及矿灰	包括粉煤灰、燃油灰等燃烧集生灰（除尘灰）或污染治理设施产生的焚烧飞灰，以及上述灰的混合物
28	2710910000	含多氯联苯、多溴联苯的废油（包括含多氯三联苯的废油）	含多氯联苯、多溴联苯的废油	
29	2710990000	其他废油	其他废油	包括不符合 YB/T5075 标准的煤焦油
30	2713900000	其他石油等矿物油类的残渣	其他石油等矿物油类的残渣	
三、废药物				
31	3006920000	废药物（超过有效保存期等原因而不适于原用途的药品）	废药物	
四、杂项化学品废物				
32	3804000010	未经浓缩、脱糖或化学处理的木浆残余碱液	木浆残余碱液	
33	3825100000	城市垃圾	城市垃圾	
34	3825200000	下水道淤泥	污泥	包括污水处理厂等污染治理设施产生的污泥、除尘泥等
35	3825300000	医疗废物	医疗废物	
36	3825410000	废卤化物的有机溶剂	废卤化物的有机溶剂	
37	3825490000	其他废有机溶剂	其他废有机溶剂	
38	3825500000	废的金属酸洗液、液压油及制动油（还包括废的防冻液）	废酸洗液、液压油、废油	

序号	海关商品编号	废物名称（海关商品名称）	简称	其他要求或注释
39	3825610000	主要含有机成分的化工废物（其他化学工业及相关工业的废物）	主要含有机成分的化工废物	包括含对苯二甲酸的废料和污泥
40	3825690000	其他化工废物（其他化学工业及相关工业的废物）	其他化工废物	
41	3825900090	其他商品编号未列明化工副产品及废物	其他编号未列明化工废物	
五、废橡胶、皮革				
42	4004000010	废轮胎及其切块	废轮胎及其切块	
43	4004000020	硫化橡胶废碎料及下脚料及其粉粒（硬质橡胶的除外）	废硫化橡胶	不包括已清除非橡胶组分杂质及废铅、汞、镉、六价铬、多溴联苯（PBB）、多溴二苯醚（PBDE）等有毒有害物质的，且符合GB/T 19208标准的硫化橡胶粉产品
44	4017001010	各种形状的硬质橡胶碎料	废硬质橡胶	
45	4115200010	皮革废渣、灰渣、渣渣及粉末	皮革废渣、灰渣、渣渣及粉末	
六、废特种纸				
46	4707900010	回收（废碎）墙（壁）纸、涂蜡纸、浸蜡纸、复写纸、分选的废碎品	废墙（壁）纸、涂蜡纸、浸蜡纸、复写纸	包括废无碳复写纸、热敏纸、沥青防潮纸、不干胶纸、浸油纸、使用过的液体包装纸（利乐包）
七、废纺织原料及制品				
47	6309000000	旧衣物	旧衣物	
48	6310100090	其他纺织材料制经分拣的碎织物等（包括废纱线、绳、索、缆及其制品）	其他废织物	
49	6310900090	其他纺织材料制碎织物等（包括废纱线、绳、索、缆及其制品）	其他废织物	
八、废玻璃				
50	7001000010	废碎玻璃	废碎玻璃	包括阴极射线管的废玻璃和具有放射性的废玻璃
九、金属和金属化合物的废物				
51	7112301000	含有银或银化合物的灰（主要用于回收银）	含银或银化合物的灰	
52	7112309000	含其他贵金属或贵金属化合物的灰（主要用于回收贵金属）	含其他贵金属或贵金属化合物的灰	

序号	海关商品编号	废物名称（海关商品名称）	简称	其他要求或注释
53	7112912000	含有金及金络化合物的废碎料（但含有其他贵金属除外，主要用于回收金）	含有及金络化合物的废碎料	
54	7112991000	含有银及银络化合物的废碎料（但含有其他贵金属除外，主要用于回收银）	含有银及银络化合物的废碎料	
55	7112992000	含其他贵金属或贵金属络化合物废碎料（主要用于回收金属）	含其他贵金属或贵金属络化合物废碎料	
56	7401000010	沉积铜（泥铜）	沉积铜（泥铜）	
57	7802000000	铅废碎料	铅废碎料	
58	8102970000	钼废碎料	钼废碎料	
59	8105300000	钴锍废碎料	钴废碎料	
60	8107300000	镉废碎料	镉废碎料	
61	8110200000	锑废碎料	锑废碎料	
62	8111001010	未锻轧锰废碎料	锰废碎料	
63	8112130000	铍废碎料	铍废碎料	
64	8112220000	铬废碎料	铬废碎料	
65	8112520000	铊废碎料	铊废碎料	
66	8112923090	未锻轧铟废碎料	铟废碎料	
十、废电池				
67	8548100000	电池废碎料及废电池[指原电池（组）和蓄电池的废碎料、废原电池（组）及废蓄电池]	电池废碎料及废电池	
十一、废弃机电产品和设备及其未经分拣处理的零部件、拆散件、破碎件、碰碎件，国家另有规定的除外（海关通关系统参数库暂不予提示）				
68	8469-8473	废打印机、复印机、传真机、打字机、计算机器、计算机等自动数据处理设备及其他办公室用电器电子产品	废弃计算机类设备和办公用电器电子产品	不包括已清除电子元器件及铅、汞、镉、六价铬、多溴联苯（PBB）、多溴二苯醚（PBDE）等有毒有害物质，经过分拣处理且未被污染的，仅由金属或合金组成的
69	8415-8418-8450-8508-8510-8516	废空调、冰箱及其他制冷设备、电热水器、微波炉、电饭锅、真空吸尘器、地毯清扫器、电动刀、理发吹发、刷牙、剃须、按摩器具和其他身体护理器具等废家用电器电子产品和身体护理器具	废弃家用电器电子产品	
70	8517-8518	废电话机、网络通信设备、传声器、扬声器等废通讯设备	废弃通讯设备	可列入限制进口的废五金电器类废物的零部件、拆散件、破碎件、碰碎件（例如冰箱外壳、空调散热片及电管、游戏机支架等）
71	8519-8531	废录音机、录像机、放像机及激光视盘机、摄像机、收音机、数字相机、电视机、监视器、显示器、信号装置等废视听产品及广播电视设备和信号装置	废弃视听产品及广播电视设备和信号装置	
72	9504	废游戏机	废弃游戏机	

序号	海关商品编号	废物名称（海关商品名称）	简称	其他要求或注释
73	8539	废荧光灯管，放电管，包括压缩钠管和金属固化管及其他照明或用于发射或者控制灯光的设备	废弃照明设备	
74	8532-8534, 8540-8542	废电容器，印刷电路，热电子管、显像管、阴极射线管等光管、二极管、晶体管等废半导体器件，集成电路等废电器电子元器件	废弃电器电子元器件	
75	9018-9022	废医疗器械和射线应用设备	废弃医疗器械和射线应用设备	
76	第84、85、90章	其他废弃机电产品和设备（指海关《商品综合分类表》第84、85、90章下完整的废弃机电产品和设备，及以其他商品名义进口本项下废物的）	其他废弃机电产品和设备	不包括已清除电器电子元器件及铅、汞、镉、六价铬、多溴联苯（PBB）、多溴二苯醚（PBDE）等有毒有害物质的，经分拣处理且未被污染的，可列入限制进口的废五金电器类废物的整机及其零部件、拆散件、破碎件、硼碎件
十二、其他（海关通关系统参数数据库暂不予提示）				
77	2520	废石膏	废石膏	包括烟气脱硫石膏、磷石膏、硼石膏等
78	2524	废石棉（灰尘和纤维）	废石棉（灰尘和纤维）	
79	6806	废矿物纤维、矿渣棉、岩石棉及类似矿质棉、陶瓷质纤维等	与石棉物理化学性质相类似的废陶瓷质纤维等	
80		从居民家收集的或从生活垃圾中分拣出的已使用过的塑料袋、网、膜，以及已使用过的农用塑料膜	从居民家收集的或从生活垃圾中分拣出的塑料袋、网、膜，以及已使用过的农用塑料膜	
81		废渔网	废渔网	
82		废编织袋和废麻袋	废编织袋和废麻袋	
83		过期和废弃涂料、油漆	废涂料及废油漆	包括固态的
84		其他未列名固体废物	其他未列名固体废物	指未明确列入《进口废物管理目录》的固体废物

附件二：

限制进口类可用作原料的固体废物目录

序号	海关商品编号	废物名称（海关商品名称）	证书名称	适用环境保护控制标准	其他要求或注释
一、动植物废料					
1	1703100000	甘蔗糖蜜	甘蔗糖蜜		
2	1703900000	其他糖蜜	其他糖蜜		
二、矿产品废料					
3	2525300000	云母废料	云母废料		指云母机械加工产生的边角料
三、金属熔化、熔炼和精炼产生的含金属废物					
4	2618001000	主要含锰的冶炼钢铁产生的粒状熔渣（包括熔渣砂）	含锰大于26%的冶炼钢铁产生的粒状熔渣	GB 16487.2	$Mn > 26\%$
5	2619000010	轧钢产生的氧化皮	轧钢产生的氧化皮	GB 16487.2	$Fe > 68\%$，CaO 和 SiO_2 总量＜3%
6	2619000020	冶炼钢铁所产生的含钒浮渣、熔渣（冶炼钢铁所产生的粒状熔渣除外）	冶炼钢铁产生的钒渣	GB 16487.2	用于回收钒
7	2619000030	含铁大于80%的冶炼钢铁产生的渣钢	含铁大于80%的冶炼钢铁产生的渣钢	GB 16487.2	指钢铁冶渣中经过冷却、破碎、磁选出的含有少量冶渣的废金属铁，含铁量>80%，S 和 P 总量＜0.05%，用作钢铁冶炼的原料
8	2620999010	含五氧化二钒＞10%的矿渣、矿灰及残渣（冶炼钢铁所产生的除外）	含五氧化二钒＞10%的矿渣、矿灰及残渣	GB 16487.2	
9	2620190010	含锌大于12%的焙结铅锌冶炼矿渣（用作锌冶炼的原料）	含锌大于12%的焙结铅锌冶炼矿渣（用作锌冶炼矿的原料）	GB 16487.2	$Zn > 12\%$，$Pb < 2.5\%$，$As < 0.1\%$，用作锌冶炼的原料
10	2620999020	含铜大于10%的铜冶炼转炉渣；其他铜冶炼渣	含铜大于10%的铜冶炼转炉渣（用作铜冶炼的原料）	GB 16487.2	指在铜的火法冶炼过程中，由冰铜（铜锍）进入转炉冶炼为粗铜时产生的，可再返出精铜矿的冶炼转炉矿渣，$Cu > 10\%$，用作铜冶炼的原料

序号	海关商品编号	废物名称（海关商品名称）	证书名称	适用环境保护控制标准	其他要求或注释
11			用作除锈磨料的其他铜冶炼渣	GB 16487.2	粒径 0.6～5.0mm 之间的颗粒含量>90%，Fe_2O_3>45%，用作修船业的除锈磨料
四、硅废碎料					
12	2804619001	含硅量不少于 99.99%的多晶硅	多晶硅废碎料		
13	2804619090	其他含硅量不少于 99.99%的硅	其他硅废碎料		
五、塑料废碎料及下脚料					
14	3915100000	乙烯聚合物的废碎料及下脚料	乙烯聚合物的废碎料及下脚料	GB 16487.12	
15	3915200000	苯乙烯聚合物的废碎料及下脚料	苯乙烯聚合物的废碎料及下脚料	GB 16487.12	
16	3915300000	氯乙烯聚合物的废碎料及下脚料	氯乙烯聚合物的废碎料及下脚料	GB 16487.12	
17	3915901000	聚对苯二甲酸乙二酯废碎料及下脚料	PET 的废碎料及下脚料，不包括 废 PET 饮料瓶（砖）	GB 16487.12	
18			废 PET 饮料瓶（砖）		
19	3915909000	其他塑料的废碎料及下脚料	其他塑料的废碎料及下脚料，不包括废光盘破碎料	GB 16487.12	
20			废光盘破碎料	GB 16487.12	
六、橡胶、皮革废碎料及角料					
21	4004000090	未硫化橡胶废碎料、下脚料及其粉、粒	未硫化橡胶废碎料及下脚料		
22	4115200090	皮革或再生皮革边料	皮革边角料		经过筛选的，面积不小于 200 平方厘米的皮革边角料，用手套、配饰、玩具等的加工
七、回收（废碎）纸及纸板					
23	4707900090	其他回收纸或纸板（包括未分选的废碎品）	其他回收纸	GB 16487.4	不包括废墙（壁）纸、涂蜡纸、浸蜡纸、复写纸、无碳复写纸、热敏纸、沥青防潮纸、不干胶纸、浸油纸、使用过的液体包装纸（利乐包）

序号	海关商品编号	废物名称（海关商品名称）	证书名称	适用环境保护控制标准	其他要求或注释
八、废纺织原料					
24	5103109090	其他动物细毛的落毛	其他动物细毛的落毛	GB 16487.5	不包括从回收原毛、毛皮过程中产生的未经挑选、洗涤、脱脂的毛废料
25	5103209090	其他动物细毛废料（包括废纱线，不包括回收纤维）	其他动物细毛废料	GB 16487.5	
26	5103300090	其他动物粗毛废料（包括废纱线，不包括回收纤维）	其他动物粗毛废料	GB 16487.5	不包括从回收原毛、毛皮过程中产生的未经挑选、洗涤、脱脂的毛废料
27	5104009090	其他动物细毛或粗毛的回收纤维	其他动物细毛或粗毛的回收纤维	GB 16487.5	
28	5202100000	废棉纱线（包括废棉线）	废棉纱线	GB 16487.5	
29	5202910000	棉的回收纤维	棉的回收纤维	GB 16487.5	
30	5202990000	其他废棉	其他废棉	GB 16487.5	
31	5505100000	合成纤维废料（包括落绵、废纱及回收纤维）	合成纤维废料	GB 16487.5	
32	5505200000	人造纤维废料（包括落绵、废纱及回收纤维）	人造纤维废料	GB 16487.5	
33	6310100010	新的或未使用过的纺织材料制经分拣的碎织物等（新的或未使用过的，包括废线、绳、索、缆及其制品）	纺织材料制碎织物	GB 16487.5	
34	6310900010	新的或未使用过的纺织材料制其他碎织物等（新的或未使用过的，包括废线、绳、索、缆及其制品）	纺织材料制其他碎织物	GB 16487.5	
九、金属和合金废碎料（金属废碎目非松散态形式的，非松散形式指不包括金属粉状、渣渣状、尘状或含有危险液体的固体状废物）					
35	7204210000	不锈钢废碎料	不锈钢废碎料	GB 16487.6	
36	8101970000	钨废碎料	钨废碎料	GB 16487.7	
37	8104200000	镁废碎料	镁废碎料	GB 16487.7	
38	8106001092	其他未锻轧铋废碎料	铋废碎料	GB 16487.7	
39	8108300000	钛废碎料	钛废碎料	GB 16487.7	
40	8109300000	锆废碎料	锆废碎料	GB 16487.7	

序号	海关商品编号	废物名称（海关商品名称）	证书名称	适用环境保护控制标准	其他要求或注释
41	8112921010	未锻轧锗废碎料	锗废碎料	GB 16487.7	
42	8112922010	未锻轧的钒废碎料	钒废碎料	GB 16487.7	
43	8112924010	未锻轧铌废碎料	铌废碎料	GB 16487.7	
44	8112929011	未锻轧的铪废碎料	铪废碎料	GB 16487.7	
45	8112929091	未锻轧镓、铼废碎料	镓、铼废碎料	GB 16487.7	
46	8113000010	碳化钨废碎料（包括粉末状的）	碳化钨废碎料（包括粉末状的）	GB 16487.7	
十、混合金属废物，包括废汽车压件和废船					
47	7204490010	废汽车压件	废汽车压件	GB 16487.13	
48	7204490020	以回收钢铁为主的废五金电器	以回收钢铁为主的废五金电器	GB 16487.10	
49	7404000010	以回收铜为主的废电机等（包括废电机、电线、电缆、五金电器）	以回收铜为主的废电机等（包括废电机、电线、五金电器）	GB 16487.8 GB 16487.9 GB 16487.10	
50	7602000010	以回收铝为主的废电线等（包括废电线、电缆、五金电器）	以回收铝为主的废电线等	GB 16487.9 GB 16487.10	
51	8908000000	供拆卸的船舶及其他浮动结构体	废船，不包括航空母舰	GB 16487.11	不包括航空母舰

附件三：

自动许可进口类可用作原料的固体废物目录

序号	海关商品编号	废物名称（海关商品名称）	证书名称	适用环境保护控制标准	其他要求或注释
一、木及软木废料					
1	4401300000	锯末、木废料及碎片（不论是否粘结成圆木段、块、片或类似形状）	木废料	GB 16487.3	
2	4501901000	软木废料	软木废料	GB 16487.3	
二、回收（废碎）纸及纸板					
3	4707100000	回收（废碎）的未漂白牛皮、瓦楞纸或纸板	废纸	GB 16487.4	
4	4707200000	回收（废碎）的漂白化学木浆制的纸和纸板（未经本体染色）	废纸	GB 16487.4	
5	4707300000	回收（废碎）的机械木浆制的纸或纸板（例如，废报纸、杂志及类似印刷品）	废纸	GB 16487.4	
三、金属和金属合金废碎料					
6	7112911010	金的废碎料	金的废碎料	GB 16487.7	
7	7112911090	包金的废碎料（但含有其他贵金属除外）	包金的废碎料	GB 16487.7	
8	7112921000	铂及包铂的废碎料（但含有其他贵金属除外、主要用于回收铂）	铂及包铂的废碎料	GB 16487.7	
9	7204100000	铸铁废碎料	废钢铁	GB 16487.6	
10	7204290000	其他合金钢废碎料	废钢铁	GB 16487.6	
11	7204300000	镀锡钢铁废碎料	废钢铁	GB 16487.6	
12	7204410000	机械加工中产生的钢铁废料（机械加工指车、刨、铣、磨、锯、锉、剪、冲加工）	废钢铁	GB 16487.6	
13	7204490090	未列明钢铁废碎料	废钢铁	GB 16487.6	
14	7204500000	供再熔的碎料钢铁锭	废钢铁	GB 16487.6	
15	7404000090	其他铜废碎料	铜废碎料	GB 16487.7	
16	7503000000	镍废碎料	镍废碎料	GB 16487.7	
17	7602000090	其他铝废碎料	铝废碎料	GB 16487.7	
18	7902000000	锌废碎料	锌废碎料	GB 16487.7	
19	8002000000	锡废碎料	锡废碎料	GB 16487.7	
20	8103300000	钽废碎料	钽废碎料	GB 16487.7	

《国家重点行业清洁生产技术导向目录》

（第一批）

（2000 年 2 月 15 日 国家经贸委 国家环保总局文件 国经贸资源[2000]137 号）

各省、自治区、直辖市、计划单列市及新疆生产建设兵团经贸委（经委、计经委），国家冶金局、石化局、轻工局、纺织局：

清洁生产是将污染预防战略持续地应用于生产全过程，通过不断地改善管理和技术进步，提高资源利用率，减少污染物排放，以降低对环境和人类的危害。清洁生产的核心是从源头抓起，预防为主，生产全过程控制，实现经济效益和环境效益的统一。为全面推进清洁生产，引导企业采用先进的清洁生产工艺和技术，积极防治工业污染，国家经贸委组织编制了《国家重点行业清洁生产技术导向目录》（第一批），现予公布。

本目录涉及冶金、石化、化工、轻工和纺织 5 个重点行业，共 57 项清洁生产技术。这 57 项清洁生产技术是在行业主管部门对本行业清洁生产技术进行认真筛选、审核的基础上，组织有关专家进行评审后确定的。这些技术是经过生产实践证明，具有明显的环境效益、经济效益和社会效益，可以在本行业或同类性质生产装置上推广应用。

本目录是各级经贸委和行业主管部门推荐和审批清洁生产项目的依据，也是各金融机构和企业投资环境保护项目的方向。各地区和有关部门应结合实际，贯彻执行。

此次编制工作先涉及 5 个行业，我们将根据情况继续组织其他行业开展清洁生产技术导向目录的编制工作。

附件：

《国家重点行业清洁生产技术导向目录》（第一批）简介

编号	技术名称	适用范围	主要内容	投资及效益分析
			冶金行业	
1	干熄焦技术	焦化企业	干法熄焦是用循环惰性气体做热载体，由循环风机将冷的循环气体输入到红焦冷却室冷却，高温焦炭至 250℃以下排出。吸收焦炭显热后的循环热气导入废热锅炉回收热量产生蒸汽。循环气体冷却、除尘后再经风机返回冷却室，如此循环冷却红焦。	按 100×10⁴ t/a 焦计，投资 2.4 亿元人民币，回收期（在湿法熄焦基础上增加的投资）6～8 年。建成后可产蒸汽（按压力为 4.6MPa）5.9×10⁵ t/a。此外，干法熄焦还提高了焦炭质量，其抗碎强度 M_{40} 提高3%～8%，耐磨强度 M_{10} 提高0.3%～0.8%，焦炭后应性和反应后强度也有不同程度的改善。由于干法熄焦于密闭系统内完成熄焦过程，湿法熄焦过程中排放的酚、HCN、H_2S、NH_3 基本消除，减少焦尘排放，节省熄焦用水。
2	高炉富氧喷煤工艺	炼铁高炉	高炉富氧喷煤工艺是通过在高炉冶炼过程中喷入大量的煤粉并结合适量的富氧，达到节能降焦、提高产量、降低生产成本和减少污染的目的。目前，该工艺的正常喷煤量为 200 kg/t(Fe)，最大能力可达 250 kg/t(Fe)以上。	经济效益以日产量 9 500 t 铁（年产量为 346 万 t 铁）计算，喷煤比为 120 kg/t(Fe) 时，年经济效益为 1 895 万元；喷煤比为 200 kg/t(Fe) 时，年经济效益为 6 160 万元。
3	小球团烧结技术	大、中、小型烧结厂的老厂改造和新厂建设	通过改变混合机工艺参数，延长混合料在混合机内的有效滚动距离，加雾化水，加布料刮刀等，使烧结混合料制成 3 mm 以上的小球大于 75%，通过蒸汽预热，燃料分加，偏析布料，提高料层厚度等方法，实现厚料层、低温、匀温、高氧化性气氛烧结。通过这种方法烧出的烧结矿，上下层烧结矿质量均匀。烧结矿强度高、还原性好。	以 1 台 90 m² 烧结机的改造和配套计算，总投资约 380 万元，投资回收期 0.5 年，年直接经济效益 895 万元，年净效益 798 万元。使用该技术还可减少燃料消耗、废气排放量及粉尘排放量；提高烧结矿质量和产量。同时可较大幅度降低烧结工序能耗，提高炼铁产量和降低炼铁工序能耗，促进炼铁工艺技术进步。

编号	技术名称	适用范围	主要内容	投资及效益分析
4	烧结环冷机余热回收技术	大、中型烧结机	通过对现有的冶金企业烧结厂烧结冷却设备，如冷却机用台车罩子、落矿斗、冷却风机等进行技术改造，再配套除尘器、余热锅炉、循环风机等设备，可充分回收烧结矿冷却过程中释放的大量余热，将其转化为饱和蒸汽，供用户使用。同时除尘器所捕集的烟尘，可返回烧结利用。	按照烧结厂烧结机 90 m²× 2 估算投资，约需 4 000 万～5 000 万元人民币。烧结环冷机余热得到回收利用，实际平均蒸汽产量 16.5 t/h；由于余热废气闭路循环，当废气经过配套除尘器时，可将其中的烟尘（主要是烧结矿粉）捕集回收，既减少烟尘排放，又回收了原料，烧结矿粉回收量 336 kg/h。
5	烧结机头烟尘净化电除尘技术	24～450 m² 各种规格烧结机机头烟尘净化	电除尘器是用高压直流电在阴阳两极间造成一个足以使气体电离的电场，气体电离产生大量的阴阳离子，使通过电场的粉尘获得相同的电荷，然后沉积于与其极性相反的电极上，以达到除尘的目的。	以将原 4 台 75 m³ 烧结机的多管除尘器改为 4 台 104 m² 三电场电除尘器计算，总投资 1 100 万元，回收期 15 年，年直接经济效益 255 万元，年创净效益 71 万元。同时烧结机头烟尘达标排放，年减少烟尘排放 6 273 t。
6	焦炉煤气 H.P.F 法脱硫净化技术	煤气的脱硫、脱氰净化	焦炉煤气脱硫脱氰有多种工艺，近年来国内自行开发了以氨为碱源的 H.P.F 法脱硫新工艺。H.P.F 法是在 H.P.F（醌钴铁类）复合型催化剂作用下，H_2S、HCN 先在氨介质存在下溶解、吸收，然后在催化剂作用下铵硫化合物等被湿式氧化形成元素硫、硫氰酸盐等，催化剂则在空气氧化过程中再生。最终，H_2S 以元素硫形式，HCN 以硫氰酸盐形式被除去。	按处理 30 000 m³/h 煤气量计算，总投资约 2 200 万元，基中工程费约 1 770 万元。主要设备寿命约 20 年。同时每年从煤气中（按含 H_2S 6 g/Nm³ 计）除去 H_2S 约 1 570 t，减少 SO_2 排放量约 2 965 t/a，并从 H_2S 有害气体中回收硫磺，每年约 740 t。此外，由于采用了洗氨前煤气脱硫，此工艺与不脱硫的硫铵终冷工艺相比，可减少污水排放量，按相同规模可节省污水处理费用约 200 万元/年。
7	石灰窑废气回收液态 CO_2	石灰窑废气回收利用	以石灰窑窑顶排放出来的含有约 35% CO_2 的窑气为原料，经除尘和洗涤后，采用"BV"法，将窑气中的 CO_2 分离出来，得到高纯度的食品级的 CO_2 气体，并压缩成液体装瓶。	以 5 000 t/a 液态 CO_2 规模计，总投资约 1 960 万元，投资回收期为 7.5 年，净效益 160 万元/年。同时每年可减少外排粉尘 600 t，减少外排 CO_2 5 000 t，环境效益显著。
8	尾矿再选生产铁精矿	磁选厂尾矿资源的回收利用	利用磁选厂排出的废弃尾矿为原料，通过磁力粗选得到粗精矿，经磨矿单体充分解离，再经磁选及磁力过滤得到合格的铁精矿，供高炉冶炼。	按照处理尾矿量 160 万 t/a、生产铁精矿 4 万 t/a（铁品位 65%以上）的规模计算，总投资约 630 万元，投资回收期 1 年，年净经济效益 680 万元，减少尾矿排放量 4 万 t/a，具有显著的经济效益和环境效益，也有助于生态保护。

编号	技术名称	适用范围	主要内容	投资及效益分析
9	高炉煤气布袋除尘技术	中小型高炉煤气的净化	高炉煤气布袋除尘是利用玻璃纤维具有较高的耐温性能（最高300℃），以及玻璃纤维滤袋具有筛滤、拦截等效应，能将粉尘阻留在袋壁上，同时稳定形成的一次压层（膜）也有滤尘作用，从而使高炉煤气通过这种滤袋得到高效净化，以提供高质量煤气给用户使用。	以300 m³级高炉为例，总投资约600万元，其中投资回收期2年，直接经济效益300万元/年，净效益270万元/年。减少煤气洗涤污水排放量300万 m³/a，主要污染物排放量200 t/a，节约循环水300万~400万 m³/a，节电80万~100万（kW·h）/a，节约冶金焦炭1 500 t/a，高炉增产3 000 t/a。
10	LT法转炉煤气净化与回收技术	大型氧气转炉炼钢厂	转炉吹炼时，产生含有高浓度CO和烟尘的转炉煤气（烟气）。为了回收利用高热值的转炉煤气，须对其进行净化。首先将转炉煤气经过废气冷却系统，然后进入蒸发冷却器，喷水蒸发使烟气得到冷却，并由于烟气在蒸发器中得到减速，使其粗颗粒的粉尘沉降下来。此后将烟气导入设有四个电场的静电除尘器，在电场作用下，使得粉尘和雾状颗粒吸附在收尘极板上，这样得到精净化。当符合煤气回收条件时，回收侧的阀自动开启，高温净煤气进入煤气冷却器喷淋降温至约73℃，而后进入煤气储柜。经加压机加压后将高洁度的转炉煤气（含尘10 mg/Nm³）提供给用户使用。	以年产300万 t炼钢为例：LT废气冷却系统，如按回收蒸汽平均90kg/t-s计算，相当于10 kg/t-s（标准煤），年回收标准煤约3万 t。LT煤气净化回收系统，回收煤气量75~90 m³/t-s，相当于23 kg/t-s（标准煤），年回收煤气折算标准煤7万 t。每年回收总二次能源（折算标准煤）10万 t。
11	LT法转炉粉尘热压块技术	与LT法转炉煤气净化回收技术配套	粉尘在充氮气保护下，经输送和储存，将收集的粉尘按粗、细粉尘以0.67∶1的配比混合，加入间接加热的回转窑内进行氮气保护加热。当粉尘被加热至580℃时，即可输入辊式压块机，在高温、高压下压制成45 mm×35 mm×25mm成品块。约500℃的成品块经冷却输送链在机力抽风冷却下，成品块温度降至－80℃，装入成品仓内。定期用汽车运往炼钢厂作为矿石重新入炉冶炼。	LT系统年回收含铁高的粉尘16 kg/t-s×3 000 000t/a=48 000t/a，可以全部压制成块（45 mm×35 mm×25 mm）用于炼钢。

编号	技术名称	适用范围	主要内容	投资及效益分析
12	轧钢氧化铁皮生产还原铁粉技术	适用大中型轧钢厂（低碳、低合金钢轧制过程）产生的氧化铁皮，也可用于高品位铁精矿、铁砂等含铁资源的综合利用	采用隧道窑固体碳还原法生产还原铁粉。主要工序有：还原、破碎、筛分、磁选。铁皮中的氧化铁在高温下逐步被碳还原，而碳则气化成 CO。通过二次精还原提高铁粉的总铁含量，降低 O、C、S 含量，消除海绵铁粉碎时所产生的加工硬化，从而改善铁粉的工艺性能。	按年产 12 000 t 还原铁粉计算，总投资约 10 600 万元，投资回收期 5 年。净效益 2 190 万元/年。按此规模每年可综合利用 20 000 t 轧钢氧化铁皮。
13	锅炉全部燃烧高炉煤气技术	一切具有富余高炉煤气的冶金企业	冶金高炉煤气含有一定量的 CO，煤气热值约 3 100 kJ/m³。除用于钢铁厂炉窑的燃料外，余下煤气可供锅炉燃烧。由于锅炉一般是缓冲用户，煤气参数不稳定，长期以来仅为小比例掺烧，多余煤气排入大气，这样既浪费了能源又污染了大气环境。当采用稳定煤气压力且对锅炉本体进行改造等措施后，可实现高炉煤气的全部利用，并可以确保锅炉安全运行。	与新建燃煤锅炉房相比，全烧高炉煤气锅炉房由于没有上煤、除灰设施，具有占地小、投资省、运行费用低等优点。以一台 75 t/h 全烧高炉煤气锅炉为例，年燃用高炉煤气 583×10⁶ m³/a，仅此一项，年节约能源 5.2 万 t 标准煤，减少向大气排放 CO134×10⁶ m³/a 具有明显的经济效益和环境效益。
			石油化工行业	
14	含硫污水汽提氨精制	炼油行业含硫污水汽提装置	从汽提塔的侧线抽出的富氨气，经逐级降温、降压、高温分水，低温固硫三级分凝后，反应获得粗氨气，粗氨气进入冷却结晶器，获得含有少量 H₂S 的粗氨气，再使其进入脱硫剂罐，硫固定在脱硫剂的空隙内，氨气得到进一步脱硫，脱硫后的氨气经氨压机压缩，进入另一个脱硫剂罐，经两段脱硫和压缩的氨气，冷却成为产品液氨外销或内用。	以 100 t/h 加工能力的含硫污水汽提装置计算，总投资为 1 506 万元。每年回收近千吨液氨，回收的液氨纯度高，可外销，也可内部使用，从而节约大量资金。污水汽提净化水中的 H₂S、氨氮的含量大幅度降低，减少了对污水处理场的冲击，使污水处理场总排放口合格率保持 100%。污水汽提装置运行以后，厂区的大气环境得到了明显改善，不再被恶臭气味困扰。

编号	技术名称	适用范围	主要内容	投资及效益分析
15	淤浆法聚乙烯母液直接进蒸馏塔	淤浆法聚乙烯生产工艺	原来母液经离心机分离后通过泵将母液送至蒸馏塔中，再从蒸馏塔打进汽提塔，将母液中的低聚物与己烷分离。再改为母液直接进塔，这样则可以使母液的温度不会下降，从而达到了节能的效果；同时也可以防止低聚物析出沉淀在蒸馏塔内，减轻大检修时的清理工作。更主要的是母液直接进塔可增加汽提塔的处理能力，负荷可提高 5 t 以上，从而确保生产的正常运行。	技术改造属中小型，总投资仅 4 万元，全年运行总节省资金达 142 万元。减少清理费 2 万元，同时减少因清理储罐和管线造成的环境污染，生产装置的安全也得到了保证。
16	含硫污水汽提装置的除氨技术	非加氢型含硫污水汽提装置	解决了汽提后净化水中残存 NH_3-N 的形态分析研究，建立了相应分析方法，根据分析获得的固定铵含量，采用注入等当量的强碱性物质进行汽提，并经过精确的理论计算，以确定最佳注入塔盘的位置。经工业应用，可有效地将 NH_3-N 脱除至体积分构为（15～30）×10^{-6}。	80 t/h 汽提装置需增加一次性投资约 60 万元。注碱后，成本增加及设备折旧每年需 54 万元。注碱后通过增加回收液氨、节约新鲜水和节约软化水等，经济效益约每年 97 万元。由于废水的回用，每年污水处理场少处理废水 $36×10^4$ t，节约 108 万元，同时由于 NH_3-N 达标，可节省污水处理场技术改造一次性投资上千万元。
17	汽提净化水回用	石油炼制	含硫污水净化后可以代替新鲜水使用，通过原油的抽提作用可以减少污染物排放总量，其中酚去除率85%以上，COD 去除率约60%。二次加工装置的部分工艺注水也可以用净水代替，这些工艺注水变成含硫污水回用到污水汽提装置，形成闭路循环。	以每小时回用 30 t 含硫污水为例，净化水回用管网系统投资 70 万元，投资回收期 8 个月，经济效益 198.4 万元，减少废水排放量 36 万 t/a，减少 COD 排放量 54 t/a。
18	成品油罐三次自动切水	油品储罐	利用连通器原理和油水之间的密度差，有效地分离成品油中的水和切水中的油，并自动将回收的成品油送回成品库。	以 10 t/h 储罐为例，总投资 37 万元，半年时间可回收投资，经济、环境、社会效益显著。

编号	技术名称	适用范围	主要内容	投资及效益分析
19	火炬气回收利用技术	石油炼制	在火炬顶部安装两种高空点火装置，利用电焊发弧装置，产生面状电弧火源，两种装置交替或同时工作，保证安全可靠。利用PCC和微机全线自动监控，对点火过程、水封罐、各种气体流量自动调节，并自动记录系统动作。	全国石化生产企业现有火炬130支，年排放可燃气体约100万～150万t，全部回收利用，经济效益可达10亿～15亿元/a，目前经治理可回收利用80%的资源，投资回收期0.5～0.8年。
20	含硫污水汽提装置扩能改造	石油化工等含硫含氨污水预处理	对含硫污水汽提塔中LPC-1（100X）高效陶瓷规模填料及18-8不锈钢阶梯环进行了通量、传质和压降性能的测试，其特点为：在老塔塔体不变的情况下，更换填料可使处理量提高70%以上；传质效果好，分离效率高，提高了净化水的质量；压降低，可降低装置能耗；操作弹性大，处理量变化时，只需要相应调整蒸汽用量即可保证净化水合格。	以处理能力由28万t/a提高到48万t/a计算，总投资665万元（包括机泵、仪表、填料、除油器等）。改造后处理能力扩大到60t/h以上，能耗下降，每年节约184万元，投资偿还期约3.6年。改造后净化水质量提高，H_2S在50 mg/L以下，$NH_3\text{-}N$为50～150 mg/L，净化水回注率25%～30%，降低了下游污水处理的费用。
21	延迟焦化冷焦处理炼油厂"三泥"	燃料型炼油厂污水处理产生的"三泥"与生产石油焦的延迟焦化装置	利用延迟焦化装置正常生产切换焦炭塔后，焦炭塔内焦炭的热量将"三泥"中的水分轻油汽化，大于350℃的重质油焦化，并利用焦炭塔泡沫层的吸附作用，将"三泥"中的固体部分吸附，蒸发出来的水分、油气至放空塔，经分离、冷却后，污水排向含硫污水汽提装置进行净化处理，油品进行回收利用。	以10.25 t/塔计算，总投资30万元左右，净利润80万元/a，投资偿还期0.37年。使用该技术每年可回收油品816 t，节省用于"三泥"处理的设备投资和运行费用，防止由此而引起的二次污染，经济效益、环境效益和社会效益显著。

编号	技术名称	适用范围	主要内容	投资及效益分析
22	合建池螺旋鼓风曝气技术	大、中、小炼油（燃料油、润滑油、化工型）厂	空气从底部进入，气泡旋转上升径向混合、反向旋转，使气泡多次被切割，直径变小，气液激烈掺混，接触面增大，以利于氧的转移。在曝气器中因气水混合液的密度小，形成较大的上升流速，使曝气器周围的水向曝气器入口处流动，形成水流大循环，有利于曝气器的提升、混合、充氧等。	以 800～1 000 t/h 污水处理能力计算，总投资 80 万～120 万元，主要设备寿命 15～20 年。具有操作人员少、节电、维修费用少、处理效果好、排水合格率高等优点，总计每年可节省费用约 40 万～80 万元。
23	PTA（精对苯二甲酸装置）母液冷却技术	PTA 装置	利用空气鼓风机与特殊结构的喷嘴使物料喷雾，并与空气进行逆向接触冷却物料，利用新型塔板的不同排列实现了固体物料的防堵和良好的冷却效果，并成功地设计了在线清堵流程，实现了不停车即可清除物料。	35 万 t/a PTA 装置的母液冷却装置，总投资约 355 万元，经济效益 87 万元/a。污水温度可降到 45℃，保护了污水处理中分解分离菌，有利于污水的处理。
化工行业				
24	合成氨原料气净化精制技术——双甲新工艺	大、中、小型合成氨厂	此工艺是合成氨生产中一项新的净化技术，是在合成氨生产工艺中，利用原料气中 CO、CO_2 与 H_2 合成，生成甲醇或甲基混合物。流程中将甲醇化和甲烷化串接起来，把甲醇化、甲烷化作为原料气的净化精制手段，既减少了有效氢消耗，又副产甲醇，达到变废为宝。	以年产 5 万 t 氨、副产 1 万 t 甲醇计，总投资 300 万～500 万元，投资回收期 2～3 年。因没有铜洗，吨氨节约物耗（铜、冰醋酸、液氨）14 元，节约蒸汽 30 元，节约氨耗 6.5 元等，每万吨合成氨可节约 74 万元；副产甲醇，按氨醇比 5:1 计算，1 万吨氨副产 2 000 t 甲醇，利润 40 万～100 万元，年产 5 万 t 的合成氨装置可获得经济效益 570 万～870 万元。
25	合成氨气体净化新工艺——NHD 技术	各种工艺气体的净化，特别是以煤为原料的硫化氢、二氧化碳含量高的氨合成气、甲醇合成气和羰基合成气的净化	NHD 溶剂是国内新开发的一种高效优质的气体净化剂，其有效成分为多聚乙二醇二甲醚的混合物，是一种有机溶剂，对天然气、合成气等气体中的酸性气（硫化氢、有机硫、二氧化碳等）具有较强的选择吸收能力。该溶剂脱除酸性气采用物理吸收、物理再生工艺，能使净化气中的酸性气达到生产合成氨、甲醇、制氢等的工艺要求。	以年产 40 000 t 合成氨计，改造总投资（由碳丙工艺改造，含基建投资、设备投资等）约 80 万元，投资回收期 0.31 年。新建总投资（基建投资、设备投资等）约 400 万元，投资回收期 0.89 年。应用此项技术的企业年经济效益均在 200 万元以上。

编号	技术名称	适用范围	主要内容	投资及效益分析
26	天然气换热式转化造气新工艺及换热式转化炉	以天然气、炼厂气、甲烷富气等为原料,生产合成氨及甲醇的生产装置。也适用于小氮肥装置的技术改造和技术革新	该工艺是将加压蒸汽转化的方箱式一段炉改为换热式转化炉,一段转化所需的反应热由二段转化出口高温气来提供,不再由烧原料气来提供。由于二段高温转化气的可用热量是有限的,不能满足一段炉的需要,又受氢氮比所限,因此在二段炉必须加入富氧空气(或纯氧)。	按照装置设计能力为年产 15 000 t 合成氨规模的粗合成气计算,项目总投资 1 300 万元,投资利润率约 9%,投资利税率约 10%,投资收益率约 20%。本技术节能方面的较大的突破,这将大大增强小厂产品竞争能力。
27	水煤浆加压气化制合成气	以煤化工为原料的行业	德士古煤气化炉是高浓度水煤浆(煤浓度达 70%)进料、液态排渣的加压纯氧气流床气化炉,可直接获得烃含量很低(含 CH_4 低于 0.1%)的原料气,适合于合成氨、合成甲醇等使用。	年产 30 万 t 合成氨、52 万 t 尿素装置以及辅助装置约需 30.5 亿元,投资回收期 12 年,主要设备使用寿命 15~20 年。
28	磷酸生产废水封闭循环技术	料浆法 3 万 t/a 磷铵装置;二水法 1.5 万 t/aH_3PO_4(以 P_2O_5 计)装置	二水法磷酸生产中的含氟含磷污水,经多次串联利用后,进入盘式过滤机冲洗滤盘,产生冲盘磷石膏污水。冲盘污水经过二级沉降,分离出大颗粒和细颗粒。二级沉降的底流进入稀浆槽作为二洗液返回盘式过滤机,清液作为盘式过滤机冲洗水利用,实现冲盘污水的封闭循环。	1.5 万 t/a H_3PO_4(以 P_2O_5 计)装置总投资为 54 万元,投资回收期 1 年。回收污水中可溶性 P_2O_5,污水回用后节水效益和节省排污费每年达 63 万元。
29	磷石膏制硫酸联产水泥	磷肥行业	磷石膏是磷铵生产过程中的废渣,用磷石膏、焦炭及辅助材料按照配比制成生料,在回转窑内发生分解反应。生成的氧化钙与物料中的二氧化硅、三氧化二铝、三氧化二铁等发生矿化反应形成水泥熟料。含 7%~8%二氧化硫的窑气经除尘、净化、干燥、转化、吸收等过程制得硫酸。	年产 15 万 t 磷铵、20 万 t 硫酸、30 万 t 水泥的装置总投资 95 975 万元,每年可实现销售收入 84 000 万元,利税 22 216 万元,投资回收期 4.32 年。每年能吃掉 60 万 t 废渣,13 万 t 含 8%硫酸的废水,节约堆存占地费 300 万元,节约水泥生产所用石灰石开采费 10 500 万元和硫酸生产所需的硫铁矿开采费 16 000 万元。从根本上解决了石膏污染地表水和地下水的问题。

编号	技术名称	适用范围	主要内容	投资及效益分析
30	利用硫酸生产中产生的高、中温余热发电	适用于硫酸生产行业	利用硫铁矿沸腾炉炉气高温（－900℃）余热及 SO_2 转化成 SO_3 后放出的中温（－200℃）余热生产中压过热蒸汽，配套汽轮发电机发电。蒸汽量达到 0.9 t/t 酸，蒸汽消耗指标为 5.94 kg/kWh。汽轮机采用凝结式汽机，冷凝水可回收利用。	新建 3 000 kW 机组，总投资 680 万元。年创利税 190 万元，投资回收期 3.5 年。每年可节约 6 000 t 标准煤；减排 SO_2 192 t，CO 8 t，NO_x 54 t，经济效益、环境效益显著。
31	气相催化法联产三氯乙烯、四氯乙烯	该技术应用于有机化工生产，适用于改造 5 000 t/a 以上三氯乙烯装置	将己炔、三氯乙烯分别经氯化生成四氯乙烷或五氯乙烷，二者混合后（亦可用单一的四氯乙烷或五氯乙烷）经气化进入脱 HCl 反应器，生成三、四氯乙烯。反应产物在解吸塔除去 HCl 后，导入分离系统，经多塔分离，分出精三氯乙烯和精四氯乙烯，未反应的物料返回脱 HCl 反应器，循环使用。精三氯乙烯部分送氯化塔生成五氯乙烷，部分经后处理加入稳定剂作为产品。精四氯乙烯经后处理加入稳定剂，即为成品。	以 1 万 t/a（三氯乙烯 5 000 t，四氯乙烯 5 000 t）计，总投资 3 000 万元，投资回收期 2～3 年。新工艺比皂化法工艺成本降低约 10%，新增利税每年约 800 万～1 000 万元。同时彻底消除了皂化工艺造成的污染，改善了环境。
32	利用蒸氨废液生产氯化钙和氯化钠	纯碱生产	氨碱法生产纯碱后的蒸氨废液中含有大量的 $CaCl_2$ 和 NaCl，其溶解度随温度而变化，经多次蒸发将 $CaCl_2$ 和 NaCl 分离，制成产品。	按照 NaCl、$CaCl_2$ 年产量分别为 13 000 t 和 28 000 t 计算，年经济效益为 1 551 万元和 3 477 万元，合计 5 028 万元。
33	蒽醌法固定床钯触媒制过氧化氢	化肥、氯碱化工、石化等具有副产氢气的行业	该技术以 2-乙基蒽醌为载体，与重芳烃等混合溶剂一起配制成工作液。将工作液与氢气一起通入一装有钯触媒的氢化塔内，进行氢化反应，得到相应的 2-乙基蒽醌。2-乙基氢蒽醌再被空气中的氧氧化恢复成原来的 2-乙基蒽醌，同时生成过氧化氢。利用过氧化氢在水和工作液中溶解度的不同以及工作液和水的密度差，用水萃取含有过氧化氢的工作液得到过氧化氢的水溶液。后者再经溶剂净化处理、浓缩等，得到不同浓度的过氧化氢产品。	年产 10 000 t 27.5% 和 H_2O_2，总投资约 3 000 万元；投资回收期为 3 年左右。该技术具有明显的经济效益，按上述生产规模计算，每年可获得税后利润 500 万元左右。由于该技术中采用以污治污技术，环境效益明显。

编号	技术名称	适用范围	主要内容	投资及效益分析
轻工行业				
34	碱法/硫酸盐法制浆黑液碱回收	适用于碱法/硫酸盐法蒸煮工艺,对所产生的黑液进行碱及热能回收,并大幅度降低污染	碱回收主要包括黑液的提取、蒸发、燃烧、苛化等工段。提取:要求提取率高,浓度高,温度高。蒸发:提取的稀黑液需进入蒸发工段浓缩,使黑液固形物含量达 55%~60% 以上。燃烧:浓黑液送燃烧炉利用其热值燃烧。燃烧后有机物转化为热能回收,无机物以熔融状流出燃烧炉进入水中形成滤液。苛化:澄清后的滤液进入苛化器与石灰反应,转化为 NaOH 及 Na_2S。	在稳定、正常运行条件下,碱回收的投资回收期约 5~10 年,木浆回收期较短,非木浆较长。按年产 34 000 t 浆(日产 100 t 浆)计算,碱回收的直接经济效益(商品碱价按 1 700 元/t,回收碱按 800 元/t 计)7 344 万元/a。按吨浆 COD 产生量 1 400 kg,碱回收去除 COD80% 计,日产 100 t 浆的企业每年可减少 COD 排放 38 080 t。
35	射流气浮法回收纸机白水技术	适用于造纸白水中纤维、填料及水的回收;也适用于各类废水处理中的固液分离及污泥浓缩	压力溶气水经减压释放出直径约为 50 μm 气泡的气—水混合液与含有悬浮物的废水(如纸机白水中的纤维及填料)混合,形成成气—固复合物进入气浮池进行分离。分离后的水则由设在气浮池适当位置的集水管道收集后送至清水池,浮在池表面的悬浮物(如纸浆、填料)则收集到浆池,不能上浮的沉淀物沉积在气浮池的泥斗中,定期排放,以保证出水水质稳定。	以回收纸机白水 300 m³/d 为例,总投资 35 万元,回收年限 1.5 年,年净效益 23 万元,年削减废水排放量 81 万 m³,SS596 t,COD300 t。年节约水量 81 万 t,节约纸浆 180 t。
36	多盘式真空过滤机处理纸机白水	年产 1 万 t 以上的大、中型纸浆造纸厂,用于造纸白水中纤维、填料及水的回收	滤盘表面覆盖着滤网,为了回收白水中细小纤维,预先在白水中加入一定量的长纤维作预挂浆,滤盘在液槽内转动,预挂浆在网上形成一定厚度的浆层,并依靠水退落差造成的负压(或抽真空),使白水中的细小纤维附着在表面,当浆层露出液面,负压作用消失,高压喷水把浆层剥落,滤盘周而复始工作,白水中细小纤维和化学物质得到回收,同时也净化了白水。	以年产 1 万 t 的纸浆造纸厂为例,采用多盘式真空过滤机处理纸机白水,总投资 62 万元,回收期 1 年。年直接经济效益 96 万元,净效益 92 万元;年回收纸浆(绝干)纤维 1 462 t,年节约清水 137 万 t;年少排废水 108 万 t;悬浮物 1 919 t,少缴排污费约 2 万元。

编号	技术名称	适用范围	主要内容	投资及效益分析
37	超效浅层气浮设备	水的回收和污水净化	超效气浮在原理上与传统溶气气浮相同。所不同的是，它是一先进的快速气浮系统，成功地运用了浅池理论和"零速"原理，通过精心设计，集凝聚、气浮、撇渣、沉淀、刮泥为一体，是一种水质净化处理的高效设备。	以 6 000 m³/d 处理设备为例，设备投资为 100 万元左右。设备用作 OCC 废纸中段水、纸机的白水回收，投资回收期约 1 年，即使考虑土建投资在内，投资回收期也不足 1 年。
38	玉米酒精糟生产全干燥蛋白饲料（DDGS）	地处能源丰富，以玉米为原料的大、中型酒精生产企业	玉米酒精糟固液分离，分离后的滤液部分回用，部分蒸发浓缩至糖浆状，再将浓缩后的浓缩物与分离的湿糟混合、干燥制成全干燥酒精糟蛋白饲料。DDGS 蛋白含量达 27%以上，其营养价值可与大豆相当，是十分畅销的饲料。	6 万 t 酒精 DDGS 蛋白饲料生产线，总投资 2 988 万元；年产 DDGS 蛋白饲料 5.4 万～5.6 万 t；废水达标排放，彻底消除污染。
39	差压蒸馏	大、中型酒精生产装置	差压蒸馏在两塔以上的生产工艺中使用，各塔在不同的压力下操作，第一效蒸馏直接用蒸汽加热，塔顶蒸汽作为第二效塔釜再沸温度器的加热介质，它本身在再沸器中冷凝，依次逐渐进行，直到最后一效塔顶蒸汽用冷却水冷凝。	配套 3 万 t 酒精蒸馏生产线（大部分采用不锈钢材质）投资 1 100 万元(不包括土建)。吨酒精节约蒸汽 3.6 t，年节约蒸汽 10.8 万 t。
40	薯类酒精糟厌氧—好氧处理	以薯类为原料的大、中、小酒精生产工艺	薯类酒精糟通过厌氧发酵，既可去除有机污染物，产生沼气（甲烷含量大于 56%）用于燃料、发电等，又可以把废液中植物不能直接利用的氮、磷、钾转化为可利用的有机肥料。发酵后的消化液分离污泥后进入曝气池进行好氧处理，出水达标排放。厌氧污泥脱水后可作优质肥料，曝气池产生的剩余活性污泥返回厌氧罐进行处理。	以年产 1 万 t 的酒精厂计算，总投资 550 万元，投资回收期 6 年（含建设期）。年直接经济效益厌氧部分：沼气用于烧锅炉 70 万元，沼气用于发电 200 万元；好氧部分：废水达标排放，节省排污费 54.4 万元；干污泥（含水 80%）用作肥料，年收益 20 万元。采用厌氧—好氧处理工艺，污染物总去除率 COD 可达 98.3%，BOD_5 99.1%，SS 99.2%，废水全部达标排放。

编号	技术名称	适用范围	主要内容	投资及效益分析
41	饱和盐水转鼓腌制法保存原皮技术	大、中、小型皮革企业猪、牛皮原料皮的保藏	饱和盐水转鼓腌制法保存原皮技术是一种动态腌皮加工过程。在腌制过程中，皮、盐在转鼓中均匀混合，盐里腌，利用率高，其用量仅为皮重的30%左右。	以年产30万张猪皮制革厂为例，投资约20万元。传统撒盐法年消耗盐用量约1 050 t，饱和盐水转鼓腌制法年耗盐450 t，年节约资金20万元，一年即可收回投资。同时饱和盐水转鼓腌制法保存原皮技术克服了传统撒盐法由于原皮带有的污染或粪便对盐腌皮质量产生的不利影响，以及被污染的腌皮场地和旧盐对原皮造成的损害，提高了盐腌皮的保存期，具有较好的环境效益和经济效益。
42	含铬废液补充新鞣液直接循环再利用技术	适用于各种类型的制革厂	建立一封闭的铬液循环系统，将制革生产的浸酸操作和鞣制操作分开，设置专门的铬鞣区域，使废铬液与其他废液彻底分开，并循环利用。	建立一套完善的500 t/d的废铬液循环利用系统需资金约20万元，系统建成使用后一年即可收回投资，同时减少了含铬废液的排放。
43	啤酒酵母回收及综合利用	各种规模啤酒厂的废啤酒酵母回收利用	将啤酒发酵过程中产生的废酵母泥进行固液分离以回收啤酒和酵母。分离后的啤酒应用膜分离技术进行微孔精滤，去除杂菌及酵母菌，精滤后的啤酒清澈透明，以1%比例兑入成品啤酒中，不影响啤酒质量。酵母饼经自溶，烘干，粉碎得酵母粉，是优质蛋白饲料添加剂。	以年产5万吨啤酒厂为例，总投资80万元，投资回收期12～14个月。直接经济效益76万元/年，净效益70万元/年。啤酒酵母回收后可减少啤酒废水污染负荷50%左右（COD），减少废水治理基建投资37%，减少酒损1%。
44	味精发酵液除菌体生产高蛋白饲料，浓缩等电点提取谷氨酸，浓缩废母液生产复合肥技术	味精厂	避免菌体及其破裂后的残片释放出的胶蛋白、核蛋白和核糖核酸影响谷氨酸的提取与精制；发酵液除菌体与浓缩均能提高谷氨酸提取率与精制得率；发酵液提取谷氨酸后废母液COD高达100 000 mg/L，有利于进一步生产复合有机肥料而消除污染。	以年产5 000 t谷氨酸计，若全部采用国产设备总投资600万元，若提取采用进口设备总投资2 800万元。年产蛋白饲料600 t，复合有机肥6 000 t。综合利用部分产出可抵消废水处理运转费用。对排放口进行的72小时连续监测，日COD减少80%（约20 t），BOD减少91%，SS减少71%，NH_3-N减少85%，为废水的二级生化处理创造了条件。
			纺织行业	
45	转移印花新工艺	涤纶、锦纶、丙纶等合成纤维织物	利用分散染料将预先绘制的图案印在纸上（80 g/m 重新闻纸），再利用分散染料加热升华及合成纤维加热膨胀特性，通过加热、加压将染料转移到合成纤维中，冷却后达到印花的目的。	印纸机：20万～30万元/台，转移印花机10万～20万元/台，投资回收期为0.5～1年，设备寿命10～15年。同时消除了印染废水的产生和排放。

编号	技术名称	适用范围	主要内容	投资及效益分析
46	超滤法回收染料	棉印染行业，回收还原性染料等疏水性染料	将聚砜材料（成膜剂）、二甲基甲酰胺（溶剂）、乙二醇甲醚（添加剂）通过铸膜器，采用急剧凝胶工艺制成具有一定微孔的聚砜超滤膜，组装成超滤器，在压力 0.2 MPa 下，对氧化后的还原染料残液进行过滤、回收。	超滤器约 5 万元/台，一年左右可以回收设备费用。降低了废水中的色度，减少了印染废水中 COD 的产生量。
47	涂料染色新工艺	棉染整行业，针织染整行业、毛巾、床单行业等织物染色	采用涂料着色剂（非致癌性）和高强度粘合剂（非醛类交联剂）制成轧染液，通过浸轧均匀渗透并吸附在布上，再通过烘干、焙烘，使染液（涂料和粘合剂）交链，固着在织物上，常温自交链粘合，不需要焙烘即可固着在织物上，染后不需洗涤可直接出成品。	利用原有部分染色设备，不需再投资，工艺简单、成本低；目前涂料染色占织物染色总量的 30%左右，比使用传统染料染色，节省了显色、固色、皂洗、水洗等诸多工序，节约了大量水、汽、电的消耗。
48	涂料印花新工艺	棉印染行业、针织印染行业	采用涂料（颜料超细粉）、着色剂及交联粘合剂制成印浆，通过印花、烘干、焙固三个步骤即可完成印花，比传统的染料印花减少了显色、固色、皂洗、水洗等诸多工序，节约了水、汽、电，并减少了废水排放量。	利用原有设备，不需再投资。与传统印花相比，各项费用可节省 15%～20%。目前涂料印花数量占印花织物总量的 60%。节约了水、汽、电，并减少了废水排放量。
49	棉布前处理冷轧堆一步法工艺	棉印染行业、针织印染行业、毛巾和浴巾加工、床单行业等使用棉及涤棉织物前处理	采用高效炼漂助剂及碱氧一步法工艺，使传统前处理工艺退浆、煮炼、漂白三个工序合并成经浸轧堆置水洗一道工序，成品质量可达到三道工序的质量水平。	新建一条生产线，设备投资 180 万～250 万元，每年节省劳工费用 45 万元，总计节约 350 万～400 万元。
50	酶法水洗牛仔织物	棉型牛仔织物	采用纤维素酶水洗牛仔布（布料或成衣），可以达到采用火山石磨洗效果。	提高了产品质量，改善了服用性能，手感好，但成本与石磨法基本持平，产品附加值增加。同时降低了废水的 pH 值，减少了废水中悬浮物的含量，提高了废水的可生化性。
51	丝光淡碱回收技术	棉及涤棉织物的棉印染行业	丝光时采用 250 g/L 以上的浓碱液（NaOH）浸轧织物，丝光后产生 50 g/L 的残碱液。通过采用过滤（去除纤维等杂质）、蒸浓（三效真空蒸发器）技术，使残碱液浓缩至 260 g/L 以上。再回用于丝光、煮炼等工艺。	一套碱回收装置及配套设备，总投资 300 万～400 万元，年回收碱液 5 400 t，价值约 270 万元，减少废水 COD 排放量 40%，并改善废水 pH 值。

编号	技术名称	适用范围	主要内容	投资及效益分析
52	红外线定向辐射器代替普通电热原件及煤气	棉印染行业、棉针织染整行业、造纸、轻工、烟草等行业烘干工艺	利用双孔石英玻璃壳体（背面镀金属膜），直接反射能量，提高热效率。能谱集中在 2.5～15 mm，辐射能量与烘干介质能有效匹配，采用高温电热合金材料为激发元件的发热体和冷端处理工艺，延长了辐射器的使用寿命，热惯性小，升温快，辐射表面温场分布均匀。	改造一台定型机 10 万元、一台烘干机 2 万～3 万元，投资 2～3 个月即可回收。改善了操作环境，热效率高，提高了能源的利用率。
53	酶法退浆	棉及涤棉织物、人造棉、涤粘织物	利用高效淀粉酶（BF-7658酶）代替烧碱（NaOH）去除织物上的淀粉浆料，退浆效率高，无损织物，减少对环境的污染。	沉淀酶、果胶酶等与烧碱价格基本持平，但由于产品质量好（特别是高档免烫织物），附加值也高。同时降低了废水的 pH 值，提高了废水的可生化性。
54	粘胶纤维厂蒸煮系统废气回收利用	以棉短绒为原料的人造纤维厂	采用蓄热器（40 m³），气、液、固三相分离器（分离出短纤维），蒸汽喷射式热泵，将热能加以回收，再用于新料的加热等，形成一个封闭的系统，实现生产全过程自动控制。	若按 15 个蒸球计算，总投资 36 万元，3 年即可回收投资。
55	用高效活性染料代替普通活性染料，减少染料使用量	使用活性染料较多的棉印染行业及针织、巾被等行业	采用新型双活性基团（一氯均三嗪和乙烯砜基团）代替普通活性染料，提高染料上染率，减少废水中染料残留量。	每百米节约染料费 10～20 元，节约能源（水、电、汽）费用 4 元；年产 2 000 万 m 中型企业，年节约费用 280 万～480 万元。
56	从洗毛废水中提取羊毛脂	进口羊毛，国产新疆、内蒙古等地区羊毛	在连续式五槽洗毛机中，利用逆流漂洗原理，在第二、三槽中投加纯碱及洗涤剂以去除羊毛所含油脂并利用蝶片式离心机将油脂分离出来。第四、五槽漂洗液不断向一、二、三槽补充，大大减少洗毛废水排放量和新鲜用水量。	总投资 38.5 万元（一条洗毛线提取羊毛脂及其配套设备），每年节约费用 36.7 万元(包括节省药剂、新鲜水及提取羊毛脂)，投资回收期 1.4 年。同时减少了洗毛废水排放量和新鲜用水量。
57	涤纶纺真丝绸印染工艺碱减量工段废碱液回用技术	涤纶碱减量工艺中的碱回收（适宜间断式挂炼槽工艺）	涤纶碱减量废液中，含有对苯二甲基酸甲酯、乙二胺及较大量碱残留液，通过适度冷却采用专用的加压过滤设备，使碱液保留在净化液中，经过补碱重新回用于生产中。	总投资 10 万元，综合经济效益每年 4.1 万元，投资回收期 2.8 年，主体设备寿命 7 年。

《国家重点行业清洁生产技术导向目录》

（第二批）

（2003 年 2 月 27 日　国家经贸委、国家环保总局公告　2003 年第 21 号）

为贯彻落实《中华人民共和国清洁生产促进法》，引导企业采用先进的清洁生产工艺和技术，我们组织编制了《国家重点行业清洁生产技术导向目录》（第二批），现予公布。

本目录涉及冶金、机械、有色金属、石油和建材 5 个重点行业，共 56 项清洁生产技术。这些技术经过生产实践证明，具有明显的经济和环境效益，各地区和有关部门应结合实际，在本行业或同类性质生产装置上推广应用。

附件：

《国家重点行业清洁生产技术导向目录》（第二批）简介

编号	技术名称	适用范围	主要内容	投资及效益分析
			冶金行业	
1	高炉余压发电技术	钢铁企业	将高炉副产煤气的压力能、热能转换为电能，既回收了减压阀组释放的能量，又净化了煤气，降低了由高压阀组控制炉顶压力而产生的超高噪音污染，且大大改善了高炉炉顶压力的控制品质，不产生二次污染，发电成本低，一般可回收高炉鼓风机所需能量的25%～30%。	投资一般在3 000万～5 000万元，投资回收期在3～5年，节能环保效果明显。
2	双预热蓄热式轧钢加热炉技术	型材、线材和中板轧机的加热炉	采用蓄热方式（蓄热室）实现炉窑废气余热的极限回收，同时将助燃空气、煤气预热至高温，从而大幅度提高炉窑热效率的节能、环保新技术。	对中小型材、线材、中板、中宽带及窄带钢的加热炉（每小时加热能力100吨左右），改造投资在800万～1 000万元（其中蓄热式系统投资200万～300万元），在正常运行情况下，整个加热炉改造投资回收期为一年左右。废气中有害物质排放大幅度降低。
3	转炉复吹溅渣长寿技术	转炉	采用"炉渣—金属蘑菇头"生成技术，在炉衬长寿的同时，保护底吹供气元件在全炉役始终保持良好的透气性，使底吹供气元件的一次性寿命与炉龄同步，复吹比100%，提高复吹炼钢工艺的经济效益。	改造投资约100万～500万元，投资回收期在一年之内。
4	高效连铸技术	炼钢厂	用洁净钢水，高强度、高均匀度的一冷、二冷，高精度的振动、导向、拉矫、切割设备运行，在高质量的基础上，以高拉速为核心，实现高连浇率、高作业率的连铸系统技术与装备。主要包括：接近凝固温度的浇铸，中间包整体优化，结晶器及振动高优化，二冷水动态控制与铸坯变形优质化，引锭，电磁连铸六大方面的技术和装备。	投资：方坯连铸10～30元/吨能力，板坯连铸30～50元/吨能力，比相同生产能力的常规连铸机投资减少40%以上，提高效率60%～100%，节能20%，经济效益50～80元/吨坯，投资回收期小于1年。

编号	技术名称	适用范围	主要内容	投资及效益分析
5	连铸坯热送热装技术	同时具备连铸机和型线材或板材轧机的钢铁企业	该技术是在冶金企业现有的连铸车间与型线材或板材轧制车间之间，利用现有的连铸坯输送辊道或输送火车（汽车），增加保温装置，将原有的冷坯输送改为热连铸坯输送至轧制车间热装进行轧制，该技术分三种形式：热装、直接热装、直接轧制。该技术的使用，大大降低了轧钢加热炉加热连铸坯的能源消耗，同时减少了钢坯的氧化烧损，并提高了轧机产量。	一般连铸方坯投资在 1 000 万～2 000 万元；连铸板坯投资在 3 000 万～5 000 万元。正常运行情况下，1～2 年即可收回投资。
6	交流电机变频调速技术	使用同步电动机、异步电动机的冶金、石化、纺织、化工、煤炭、机械、建材等行业	把电网的交流电经变流装置，直接变换成频率可调的交流电供给电机。改变变流器的输出电压（或频率），即可改变电机的速度，达到调速的目的。	在总装机容量为 10 万千瓦的热连轧采用，节能率为 12%～16%。风机、水泵类应用，一般可节电 20% 以上。
7	转炉炼钢自动控制技术	转炉炼钢厂	在转炉炼钢三级自动化控制设备基础上，通过完善控制软件，开发和应用计算机通讯自动恢复程序、静态模型和动态模型系数优化、转炉长寿炉龄下保持复吹等技术，实现转炉炼钢从吹炼条件、吹炼过程控制，直至终点前动态预测和调整，吹制设定的终点目标自动提枪的全程计算机控制，实现转炉炼钢终点成分和温度达到双命中，做到快速出钢，提高钢水质量，提高劳动生产率，降低成本。	投资约为 7 300 万元人民币。该技术使吹炼氧耗降低 4.27 标准立方米/吨·秒，铝耗减少 0.276 千克/吨·秒，钢水铁损耗降低 1.7 千克/吨·秒，既减少了钢水过氧化造成的烟尘量，又节约了能源，年经济效益可达千万元以上。
8	电炉优化供电技术	大于 30 吨交流电弧炉	通过对电弧炉炼钢过程中供电主回路的在线测量，获取电炉变压器一次测和二次测的电压、电流、功率因数、有功功率、无功功率及视在功率等电气运行参数。对以上各项电气运行参数进行分析处理，可得到电弧炉供电主回路的短路电抗、短路电流等基本参数，进而制定电弧炉炼钢的合理供电曲线。	以一座年产钢 20 万吨炼钢电弧炉为例，采用该技术后，平均可节电 10～30 千瓦时/吨，冶炼通电时间可缩短 3 分钟左右，年节电 300 万千瓦时，电炉炼钢生产效率可提高 5%左右。利税增加 100 万元以上。
9	炼焦炉烟尘净化技术	机械化炼焦炉	采用有效的烟尘捕集、转换连接、布袋除尘器、调速风机等设施，将炼焦炉生产的装煤、出焦过程中产生的烟尘有效净化。	以 JN43 焦炉两座炉一组（能力为年产焦炭 60 万吨）的装煤、出焦除尘为例，投资为 2 600 万元（装煤除尘地面站为 1 200 万元，出焦除尘地面站为 1 400 万元）。年回收粉尘 1 万多吨，环境效益显著。

编号	技术名称	适用范围	主要内容	投资及效益分析
10	洁净钢生产系统优化技术	大中型钢铁厂	对转炉钢铁企业现有冶金流程进行系统优化，采用高炉出铁槽脱硅，铁水包脱硫，转炉脱磷，复吹转炉冶炼，100%钢水精炼，中间包冶金后进入高效连铸机保护浇铸，生产优质洁净钢，提高钢材质量，降低消耗和成本。	设备投资约 20～50 元/吨钢，增加效益为 20～30 元/吨钢，投资回收期小于 2 年，环境效益显著。
11	铁矿磁分离设备永磁化技术	金属矿（磁性）分选和非金属矿的除杂（铁、钛）	采用高性能的稀土永磁材料，经过独特的磁路设计和机械设计，精密加工而成的高场强的磁分离设备，分选磁场强度最高达 1.8 特斯拉。	与电磁设备相比，节约电能 90%以上，节水 40%以上，设备重量减轻 60%，使用寿命可达 20 年。与淘汰设备相比，节水 70%，提高回收率 20%以上。
12	长寿高效高炉综合技术	1 000 立方米以上高炉	在确保冷却水无垢无腐蚀的前提下，应用长寿冷却壁设计、长寿炉缸炉底设计及长寿冷却器选型及布置技术，通过采用专家系统技术、人工智能控制技术、现代项目管理等技术，严格规范高炉设计、建设、操作及维护，从而确保一代高炉寿命达到 15 年以上。	以 1 000 立方米高炉计算，采用长寿高效高炉综合技术，一次性投资比普通高炉提高 1 000 万元左右，但寿命可达到 15 年以上，减少大修费用约 8 000 万元，去除喷补费用，加上增加的产量，年经济效益为 9 000 万～10 000 万元左右。
13	转炉尘泥回收利用技术	转炉炼钢	转炉尘泥量大，不易利用，浪费资源，污染环境。本技术是回收转炉尘泥，制成化渣剂用于转炉生产，可有效缓解转炉炉渣返干，减少粘枪事故，提高氧枪寿命，改进转炉顺行；同时，可降低原料用量，增加冶炼强度，缩短冶炼时间，提高生产效率，使转炉炼钢指标得到显著改善。	采用此技术，仅计算提高金属收得率和降低石灰用量所降低的成本，扣除用球增加的成本，可降低炼钢成本 8.34 元/吨，年经济效益为 1 000 多万元。
14	转炉汽化冷却系统向真空精炼供汽技术	转炉炼钢厂真空精炼工程	将转炉汽化冷却系统改造之后，使之具有"一机两用"功能，既优先向真空泵供汽，又能将多余蒸汽外送。	以 80 吨转炉配置真空精炼炉为例，建设投资节约 750 万元，与锅炉供汽工艺相比年节约运行费约 300 万元。真空炉越大经济效益越好。
机械行业				
15	铸态球墨铸铁技术	球墨铸铁生产厂	通过控制铸件冷却速度、加入合金元素、调整化学成分、采用复合孕育等措施，使铸件铸态达到技术条件规定的金相组织和机械性能，从而取消正火或退火等热处理工序。铸态稳定生产的球铁牌号为：QT400-15、QT450-10、QT500-7、QT600-3、QT700-2。	不需增加硬件设施，重点是调整化学成分和生产工艺。取消热处理工序后，每吨铸件可节省 100～180 公斤标准煤，节约热处理费用约 600 元。目前我国球铁产量约为 150 万吨，若有 1/4 采用铸态球铁，则每年可节省 3.75 万～6.75 万吨标准煤，降低成本 2.25 亿元。

编号	技术名称	适用范围	主要内容	投资及效益分析
16	铸铁型材水平连续铸造技术	生产铸铁型材的矿山机械、通用机械、冶金、农机等行业	铁水熔化控制成分温度，经炉前处理得到的合格铁水，注入保温炉内，然后流入等截面形状的水冷石墨型结晶器，经冷却表面形成有足够强度的凝固外壳，由牵引机拉出，定时向保温炉内注入定量铁水，铁水不断流入结晶器，如此冷却—凝固—牵引，反复连续工作生产出所需产品。现可生产直径 30~4 250 毫米圆形及相应尺寸方形和异型截面的灰铁和球铁型材。	年产 3 000 吨型材厂，总投资 600 万元，年利润 200 万~300 万元，投资回收期 3 年。与砂型铸造相比具有效率高、质量好、污染少等优点。
17	V 法铸造技术（真空密封造型）	中、大型无芯、少芯，内腔不太复杂的铸铁、铸钢及有色金属等铸件	借助真空吸力将加热呈塑性的塑料薄膜覆盖在模型及型板上，喷刷涂料，放上特制砂箱，并加入无黏结剂的干砂，震实，复面膜抽真空，借助砂型内外压力差，使砂紧实并具有一定硬度，起膜后制成砂型。下芯、合型后即可浇注，待铸件凝固后，除去真空，砂型自行溃散，取出铸件。最大砂箱尺寸达 7 000×4 000×1 100/800（毫米）。	年产 5 000 吨半机械化 V 法铸造厂，约需投资 500 万元，其中设备投资 250 万~300 万元，达产后年产值约 2 000 万元，投资回收期 3~4 年。由于采用干砂造型，落砂清理方便，劳动量可减少 35% 左右，劳动强度降低，作业环境好，铸件尺寸精度高，表面光洁，轮廓清晰，成本低。
18	消失模铸造技术	多品种、一定批量、形状复杂中小型铸件	采用聚苯乙烯(EPS)或聚甲基丙烯酸甲酯(EPMMA)泡沫塑料模型代替传统的木制或金属制模型。EPS 珠粒经发泡、成型、组装后，浸敷涂料并烘干，然后置于可抽真空的特制砂箱内，充填无黏结剂的干砂，震实，在真空条件下浇注。金属液进入型腔时，塑料模型迅速气化，金属液占据模型位置，凝固后形成铸件。	年产 3 000 吨消失模铸件厂约需投资 600 万元，年产值 1 500 万~2 000 万元，投资回收期约 3 年。由于不用砂芯，没有分型面，铸件披缝少，砂子为干砂，砂子与金属液间有涂料层相隔，落砂容易清理，减少扬尘，且劳动量减少 30%~50%；铸件综合成本比高压造型和树脂砂降低 20%~30%。
19	离合器式螺旋压力机和蒸空模锻锤改换电液动力头	模锻锤等高能耗设备的更新和改造	国内自主开发的 6 300~25 000 kN 系列离合器式高能螺旋压力机作精密模锻主机，与加热、制坯、切边和传送装置配套，适用于批量较大的精锻件生产。用电液动力头替换蒸空模锻锤汽缸，节能效果显著，投资较少。适用于投资少、锻件精度要求较低的企业。	离合器式高能螺旋压力机比蒸空锻锤节材 10%~15%，节能 95%，模具寿命提高 50%~200%，锻件精度高、生产率高、节省后续加工，比双盘摩擦压力机节能、精度高，比热模锻压力机显著节约投资。

编号	技术名称	适用范围	主要内容	投资及效益分析
20	回转塑性加工与精密成形复合工艺及装备	汽车、拖拉机、农机、机床、五金工具等行业中各种精密锻件批量生产	回转塑性加工成形主要包括辊锻、楔横轧、摆辗、轧环等，既可用于直接生产锻件，也可与精密成形设备组合，采用复合工艺生产各种实心轴、空心轴、汽车前轴、连杆曲柄、摇臂、轿车传动轴、喷油器等精密成形零件。	以年产 10 万件 8 吨以下载重车前轴计，采用复合工艺主机只要 2 500 吨高能螺旋压力机（或摩擦压力机），投资约 1 500 万元，投资回收期 3 年，较通常的万吨热模锻压力机节省投资 1 亿元。具有节省投资、质量好、产品成本低、减少噪声的特点。
21	真空加热油冷淬火、常压和高压气冷淬火技术	切削刀具、模具、航空器械零部件的热处理	在冷壁式炉中实施钢件的真空加热、油中淬火和在 1～20 巴（bar）压力下的中性或惰性气体中的冷却，可使工模具、飞机零件获得无氧化、无脱碳的光亮表面，明显减少零件热处理畸变，数倍延长其使用寿命。真空热处理技术的普及程度是当前热处理技术是否先进的主要标志，而气冷淬火更是先进的清洁生产技术。	微型轴承用真空热处理取代盐浴和氨分解保护加热淬火，可节电约 62%，劳动生产率提高 100%，人工减少 40%，成本降低 75%，零件畸变减少 1/2～2/3，使用寿命增长一倍以上，消除环境污染。自攻螺丝搓丝板用真空淬火代替盐浴，完全杜绝废盐、废水排放，工件表面光亮，畸变减少 5/6，使用寿命提高 2～3 倍，人工费减少 50%。
22	低压渗碳和低压离子渗碳气冷淬火技术	汽车、摩托车、船舶、发动机、齿轮、特大型轴承套圈的优质无污染渗碳淬火	高温渗碳可明显提高生产效率，低压渗碳在 10～30 毫巴（mbar）脉冲供气亦可明显提高渗速。使用真空炉有条件提高渗碳温度（从 900～930℃提高到 1 030～1 050℃）。在工件和电极上施加电场的低压离子渗碳能更进一步发挥低压渗碳的优越性，并使在低压下使用甲烷渗碳成为可能。渗碳后施行高压气淬能使工件畸变减至最低限度。	低压渗碳和低压离子渗碳虽一次投资比气体渗碳高 20%～60%，但由于生产过程中水电消耗少，节省清洗工序，生产成本降低 5%，零件质量好，能延长寿命至少 30%，设备投资 3～5 年即可收回，而设备寿命一般在 20 年以上。由于低压用气量很少，又可以省略清洗工序，无废气，环境效益明显。
23	真空清洗干燥技术	机器零件、切削刀具、模具热处理的前后清洗	用加热的水系清洗液、清水、防锈液在负压下对零件施行喷淋、浸泡、搅动清洗，随后冲洗、防锈和干燥。在负压下，清洗液的沸点比常压低，容易冲洗干净和干燥。此方法可代替碱液和用氟氯烷溶剂清洗，能实行废液的无处理排放，不使用破坏大气臭氧层物质。	一次投资 30 万～40 万元，主要设备可使用 10～15 年，真空清洗干净，工件表面残留物少，对环境没有污染。

编号	技术名称	适用范围	主要内容	投资及效益分析
24	机电一体化晶体管感应加热淬火成套技术	汽车、拖拉机、摩托车、冶金、工程机械、工具等行业零件的热处理	采用新型电子器件 SIT、IGBT 全晶体管感应电源，将三相工频电流通过交—直—交转换和逆变形成稳定的大功率高频电流，配之以数控淬火机床、计算机能量监控系统、热交换自动温控冷却系统，组成机电一体化感应加热淬火成套装备，实现被加热零件的连续加热和淬火冷却，可列入加工生产线的自动化生产。	电效率比电子管式电源由 50%提高到 80%。由于加热快，用水基介质冷却，完全无污染。一条 PC 钢棒调质生产线，年处理 3 000～5 000 吨，创利达 600 万～1 000 万元。
25	埋弧焊用烧结焊剂成套制备技术	化工设备、锅炉、压力容器、油气管线等产品的焊接	国内现有埋弧焊用的熔炼焊剂，在制造过程中能源消耗大，严重污染环境。烧结焊剂制备技术，是将按一定配比要求的矿石粉和铁合金用液体黏结剂制粒后，经低温烘干（200～300℃），高温烧结（700～950℃）后，经分筛处理即成成品焊剂。	该技术需建设一条烧结焊剂生产线，根据年产量不同，设备投资约 200 万～500 万元，可生产碳素钢和低合金钢埋弧焊用通用焊剂。生产上述类型烧结焊剂按年产 2 000 吨计算，年可获利 110 万元，2～3 年收回成本，比熔炼焊剂节电 50%～60%，无污染。
26	无毒气保护焊丝双线化学镀铜技术	制造镀铜气体保护焊丝	采用可靠的镀铜前脱脂除锈工艺，如砂洗、电解热碱洗、电解酸洗等，再采用优化的镀铜液，确保化学置换反应稳定可靠，最终使镀铜质量达到国家镀铜焊丝优等品标准。该技术无任何毒性，比氰化电镀在环保上有明显优势。	投资约 100 万元，回收期 1.5～2 年。
27	氯化钾镀锌技术	各种钢铁零件电镀锌	氯化钾镀锌技术无氰无毒无铵，镀液中的氯化钾对锌虽有络合作用，但它主要是起导电作用，氯的存在有助于阳极溶解。其镀液稳定，电流效率高，沉积速度快，镀层结晶细微光亮，废水易于处理。	主要设备与氰化镀锌、碱性锌酸盐镀锌相同，投资相近，但原料费用可降低 1/3。槽液无氰无毒无铵，减少污染，废水处理费用低。
28	镀锌层低铬钝化技术	机电、仪表、机械配件和日用五金零件等产品的电镀处理	镀锌层对铁基金属有很好的保护作用，但锌是活性很强的两性金属，需用铬酸溶液进行钝化处理。低铬钝化液与高铬钝化液不同，它的钝化膜不是在空气中形成，而是在溶液中形成，因此，其钝化膜致密，耐蚀性高。	低铬钝化与高铬钝化的设备相同，但低铬钝化铬酸浓度低，因而铬的流失率低，可使清洗水中流失的铬减少 80%，降低原料成本；废水中六价铬浓度低，处理费用低，同时也减少污染。

编号	技术名称	适用范围	主要内容	投资及效益分析
29	镀锌镍合金技术	钢板、车辆、家用电器和食品包装盒等产品的电镀处理	镀锌层在大陆性气候条件下防护性较好，但在海洋性气候中易被腐蚀。镉镀层在海洋性气候条件下，耐蚀性能好，但镉的毒性大，污染严重。锌镍合金镀层具有良好的防护性，且可减少氢脆和镉脆。	设备与氰化镀锌、氯化钾镀锌相同，投资相近。镀锌镍合金技术的生产成本较低，防护性能高，可焊性好，毒性降低，减少污染。
30	低铬酸镀硬铬技术	耐磨、耐腐蚀等钢铁零部件，以及修复磨损的零部件和切削过度的工件	通过将原镀铬液中铬酐浓度由 250 克/升降低至 150 克/升以下，严格控制工艺，获得硬度 HV900 以上的铬层，节省资源。	可利用原有设备，无须投资，原料利用率高，成本降低。低铬酸镀硬铬工艺产生的铬雾气体和铬件带出液中含铬量减少 1/3 以上，处理费用降低，有利于环境保护。
			有色金属行业	
31	选矿厂清洁生产技术	矿山选矿	（1）简化碎矿工艺，减少中间环节，降低电耗；（2）采用多碎少磨技术降低碎矿产品粒径；（3）采用新型选矿药剂 CTP 部分代替石灰，提高选别指标；（4）安装用水计量装置降低吨矿耗水量；（5）将防尘水及厂前废水经处理后重复利用，提高选矿回水率；（6）采用大型高效除尘系统替代小型分散除尘器，减少水耗、电耗，提高除尘效率。	以 3 万吨/天生产能力的选矿厂计，改造项目总投资 265 万元，其中设备投资 98 万元，年创经济效益 406.8 万元，同时，降低物耗、能耗，减少污染物的排放，改善车间作业环境。
32	白银炉炼铜工艺技术	铜冶炼	白银炉炼铜技术是铜精矿焙烧和熔炼相结合的一种方法，是以压缩空气（或富氧空气）吹入熔体中，激烈搅动熔体的动态熔炼为特征。技术特点：炉料制备简单；熔炼炉料效率高；炉渣含三氧化二铁（Fe_2O_3）少，含铜低；能耗低，提高铜回收率；烟尘少，环境污染小。	建一座 100 平方米白银炉投资约 5 000 万元，年产粗铜 5 万吨，2 年可收回全部投资，经济效益显著，同时，大大减少了废气、烟尘的排放，具有良好的环境效益。
33	闪速法炼铜工艺技术	大型铜、镍冶炼	粉状铜精矿经干燥至含水分低于 0.3%后，由精矿喷嘴高速喷入闪速炉反应塔中，在塔内的高温和高氧化气氛下精矿迅速完成氧化造渣过程，继而在下部的沉淀池中将铜锍和炉渣澄清分离，含高浓度二氧化硫的冶炼烟气经余热锅炉冷却后送烟气制酸系统。	能耗仅为常规工艺的 1/3～1/2，冶炼过程余热可回收发电；原料中硫的回收率高达 95%；炉体寿命可达 10 年。高浓度烟气便于采用双接触法制酸，转化率 99.5% 以上，尾气中二氧化硫低于 300 毫克/标准立方米，减少污染。

编号	技术名称	适用范围	主要内容	投资及效益分析
34	诺兰达炼铜技术	年产粗铜 10 万吨以上的铜冶炼行业	该技术的核心是诺兰达卧式可转动的圆筒形炉，炉料从炉子的一端抛撒在熔体表面迅速被熔体浸没而熔于熔池中。液面下面的风口鼓入富氧空气，使熔体剧烈搅动，连续加入炉内的精矿在熔池内产生气、固、液三相反应，生成铜锍、炉渣和烟气，熔炼产物在靠近放渣端沉淀分离，烟气经冷却制酸。	炉体结构简单，使用寿命长，对物料适应性大，金银和铜的回收率高，能生产高品位冰铜。由于没有水冷元件，热损失小，能充分利用原料的化学反应热，综合能耗低。技改投资为国内同类投资的一半，经济效益显著。硫实收率大于 96%，具有良好的环境效益。
35	尾矿中回收硫精矿选矿技术	伴生有硫铁矿（黄铁矿）的有色金属硫化矿、贵金属矿及单一硫铁矿等矿产资源和含有硫铁矿的选矿废弃尾矿等	将尾矿库储存浸染矿选铜尾矿和现产浸染矿选铜尾矿，电铲采集，运至造浆厂房矿仓，1.2 兆帕水枪造浆，擦洗机擦洗与粉碎，旋硫器与浓密机分级浓缩至要求浓度后送浮选作业，添加丁基黄药与 2# 油，产出硫精矿；浸选铜尾矿直接加入硫酸铜（CuSO$_4$）活化，加入丁基黄药与 2# 油，产出硫精矿。一尾选硫与浸选硫可单选，也可合选。技术关键：尾矿水力造浆技术、擦洗机破碎与擦洗技术、旋流器分级技术、浮选选硫技术、运输、卸车防粘技术。特点是应用范围广，分选效率高。	投资 1 500 万元，年产值 4 253 万元，利润 535 万元，投资回收期小于 3 年。减少尾渣排放量 20%，缓解硫资源紧张的矛盾。
36	氢氧化铝气态悬浮焙烧技术	1 300 吨/天以上规模的氧化铝生产	焙烧系统是由一台稀相闪速焙烧主炉和一组内衬耐火材料的高效旋风换热设备组成。其主要工作原理为：含水 10% 的氢氧化铝经文丘里预热干燥器及两级旋风预热器预热至 425℃左右后，进入焙烧炉锥部。在焙烧炉内与高热气流（1 100℃）进行快速热交换。由于炉体结构及物料、高温气流的合理配置，使得氢氧化铝始终处于悬浮状态，从而能够快速完成焙烧过程。经焙烧后的氧化铝经高温旋风筒分离，进入由四级旋风筒和一级硫化床组成的冷却系统。冷却后的氧化铝（低于 80℃）进入下一道工序。废气经一级预热旋风分离后进入电除尘器，经除尘后（含尘浓度低于 50 毫克/标准立方米）排入大气。其主要特点是热效率高，能耗低，不产生燃烧烟尘。	总投资 5 000 万元，较引进设备节省投资 4 000 万元人民币，投资回收期 2.2 年；因电耗、煤气消耗的降低以及收尘系统的优化，使吨氧化铝焙烧成本降低约 26.3 元，年节约运行费用 1 340 万元。由于采用煤气为燃料，消除了"煤烟型"污染和无组织排放；工艺物料经高效回收，粉尘浓度远远低于排放标准。

编号	技术名称	适用范围	主要内容	投资及效益分析
37	串级萃取分离法生产高纯稀土技术	有色金属元素分离提取，如钴、镍、铜、锂等；放射性元素分离提纯，如铀、钍等；制药行业中有效药物的提取；污水中重金属有害元素的去除。	在生产高纯稀土元素及其化合物工业生产中，广泛使用溶剂萃取法分离稀土元素。有机萃取剂能与稀土元素生成络合物，但与不同元素生成的络合物稳定性不相同，利用这种稳定性的差异可以使稀土元素获得分离。但一次萃取作用不能使某种元素获得产品要求的纯度，需进行连续多次萃取分离，这就是串级萃取分离技术。萃取技术可分为液相—液相萃取和液相—固相萃取，固相一般指将被萃物制备成微小颗粒的矿浆，也称为矿浆萃取。	生产规模 10 000 吨/年，总投资 5 000 万元，产值 1 亿元，利润 1 000 万元。不产生废气、废渣，废水经处理后排放或回用。
38	电热回转窑法从冶炼砷灰中生产高纯白砷技术	有色金属冶炼砷烟尘处理	高砷烟尘中的砷主要呈三氧化二砷的形态存在，它是一种低沸点的氧化物，并具有"升华"的特性。利用这一性质，在高温条件下使三氧化二砷在回转窑内挥发，随烟气进入冷凝收尘系统，温度降低再结晶析出，得到白砷产品。高砷烟尘中的锡、铅、铁等氧化物因沸点较高，在电热回转窑控制的温度条件下不挥发，进入残渣，从而达到三氧化二砷与锡、铅、铁等氧化物分离的目的。锡在残渣（窑渣）中富集，返回锡系统处理可以得到回收。	以高砷烟尘处理量 4～9 吨/日（1 200～2 700 吨/年）计，总投资约 100 万元。每年可产出白砷 420 多吨，回收锡 75 吨（折合精锡 65）吨，总产值 160 万元，利润 70 多万元。同时，可避免砷灰对环境的污染，资源得到综合利用。
39	低浓度二氧化硫烟气制酸技术	冶炼化工等低浓度（1%～3%）二氧化硫烟气治理	由铅烧结机排出的二氧化硫烟气，经过湿法动力波洗涤净化，经加热达到转化器的操作温度后，在转化器内转化为三氧化硫，经冷却形成部分硫酸蒸汽。在 WSA 冷凝器内，硫酸蒸汽与三氧化硫气体全部冷凝成硫酸。产酸浓度大于 96%，制酸尾气二氧化硫浓度小于 200 毫克/标准立方米，尾气达标排放。	总投资 1.4 亿元，SO_2 转化率 >99.2%，年产成品酸 63 000 吨以上，经济效益明显。尾气 SO_2<200 ppm，硫酸雾< 45 mg/Nm³，年削减 SO_2 排放 2.8 万吨左右，减少粉尘排放量 100 吨，确保粉尘、二氧化硫、三氧化硫达标排放，大大改善环境质量。
40	从尾矿中回收绢云母技术	金属矿山开采	从金属矿山尾矿库获取尾矿，利用特殊的分级设备及选矿设备回收加工-10μ、-5μ、-3μ以及更细的绢云母，经过改性设备并辅以改性药方得到改性产品。改性产品可应用于橡胶工业作增强剂，应用于工程塑料行业作填充剂，应用于油漆工业作特种防污防锈涂料，应用于造纸、化妆品行业作填充料。	以新建 10 000 t/a 绢云母回收厂为例，总投资 1 270 万元，年销售收入 2 393 万元，利税总额 1 849 万元，投资回收期 0.9 年。主要设备的使用寿命为 10 年。减少矿山尾矿排放量。

编号	技术名称	适用范围	主要内容	投资及效益分析
41	煅烧炉余热利用新技术	碳素行业	采用新型有机热载体，利用煅烧炉排出的高温烟气，通过热媒交换炉将热媒加热，通过管道送至碳素生产工艺中的沥青熔化、混捏等用热设备，改变了传统采用蒸汽加热方式，节约能源。经过热媒交换炉后的烟气由于温度较高，经过水加热器还可生产热水。采用热媒加热后，提高了沥青熔化温度，改善了产品质量，提高了生产效率。	单台改造投资 340 万元。按照碳素厂年产阳极糊 1 万吨、碳阳极小块 2.1 万吨、碳阳极大块 2.4 万吨计算，年可节约蒸汽消耗 9.6 万吨，扣除电耗、热媒消耗、设备折旧等，年创经济效益 460 万元，投资回收期 0.74 年。
42	电解铝、碳素生产废水综合利用技术	铝电解及碳素生产行业	电解铝及碳素生产废水主要污染物是悬浮物、氟化物、石油类等，污水经格栅除去杂物后，进入隔油池除去大部浮油，加入药剂经反应池和平流沉淀池沉降浮油渣进入储油池，底泥浓缩压滤，澄清水经超效气浮，投加药剂深度处理，再经高效纤维过滤，送各车间循环利用。	总投资 646 万元。年节约新水 225 万吨，废水经处理后循环利用。
43	氧化铝含碱废水综合利用技术	氧化铝生产行业	含碱污水经格栅、沉砂池除去杂物及泥沙后，进入两个平流沉淀池进行沉淀处理，底流由虹吸泥机吸出送脱硅热水槽加热后再送二沉降赤泥洗涤，溢流进入三个清水缓冲池，再用泵送高效纤维过滤器进一步除去悬浮物，净化后得到再生水送厂内各工序回用。避免了生产原料碱的浪费，节约水资源，而且降低了废水的处理成本。	以处理水量 840 立方米/小时计，总投资 600 万元。年节约新水 264 万吨；回收污水中的碱（折合碳酸钠）1 500 吨，节约费用 165 万元；水处理成本费 194 万元/年（水处理成本 0.3 元/立方米），年经济效益为 208 万元。废水基本实现"零排放"。
石油行业				
44	双保钻井液技术	石油钻井作业	采用毒性小、生物降解性好的环保型钻井液添加剂配制保护环境、保护油层的"双保"钻井液体系，强化固相控制技术，可从源头控制生产过程中污染物的产生，最大限度地减少钻井废物量，降低钻井污染；对废弃钻井液进行化学强化固液分离、电絮凝浮选和固化等处置方法，实现废物的综合利用。	投资 800 万元，综合经济效益 700 万元/年，投资回收期 1.1 年。

编号	技术名称	适用范围	主要内容	投资及效益分析
45	废弃钻井液固液分离技术	石油钻井作业	采用特殊脱稳剂和高效絮凝剂与废弃钻井液进行絮凝反应，反应物以高效离心机进行强化离心分离，离心分离脱出的废液进行处理后达标排放；离心分离出的固相达标可外排填埋/固化，满足环保标准要求。	投资 1 000 万元，经济效益 500 万元/年，投资回收期 2 年。
46	废弃钻井液固化技术	石油钻井作业	在废弃钻井液中加入高价金属离子盐和高效絮凝剂可以使废弃钻井液失稳脱水，再与胶结材料混合，可发生固结反应，生成一定强度的固结体，将废弃钻井液中的有害物质固结成一体，减弱废弃物对环境的影响。	总投资 1 000 万元，投资回收期 1.9 年。
47	炼油化工污水回用技术	炼油行业	采用絮凝、浮选和杀菌等工序处理，控制循环水补充水的油、化学需氧量（COD）、悬浮物、氨氮、电导率等水质指标，使指标达到回用要求。	总投资 160 万元，经济效益可达 37 万元/年，投资回收期约 4.3 年。
建材行业					
48	新型干法水泥窑纯余热发电技术	水泥行业	窑头、窑尾分别加设余热锅炉回收余热。回收窑头、窑尾余热时，优先考虑满足生产工艺要求，在确保煤磨和原料磨的烘干所需热量后，剩余的废热通过余热锅炉回收生产蒸汽。一般窑尾余热锅炉直接产生过热蒸汽提供给汽轮机发电，窑头锅炉若带回热系统的可直接生产过热蒸汽，若不带回热系统的则生产部分饱和蒸汽和过热水送至窑尾锅炉过热。	以 2 000 吨/天新型干法水泥窑，发电系统装机 3 000 千瓦计，总投资 2 088 万元。按达到的生产水平 2 300 千瓦计算，年新增发电能力 1 623 万千瓦时，扣去自耗电 12%，年供电量 1 428 万千瓦时，可降低生产成本 297.7 万元，投资净利润率 14.26%，具有良好的经济效益。
49	新型干法水泥采用低挥发份煤技术	水泥行业	为保证低挥发份燃煤在回转窑和分解炉内的稳定正常着火和燃烧，采取以下主要措施：一是采用新型大推力多通道煤粉燃烧器，强化煤粉与空气的混合；二是采用部分离线型分解炉，使初始燃烧区有较高的氧浓度和燃烧温度，适当加大分解炉炉容，延长煤粉停留时间；三是增加煤粉细度，提高煅烧速率，缩短燃尽时间。	该技术可以大幅度降低水泥燃料成本，减少污染物排放。按年产 30 万吨水泥熟料计，总投资约 260 万元，投资回收期为 1～2 年。

编号	技术名称	适用范围	主要内容	投资及效益分析
50	利用工业废渣制造复合水泥技术	水泥行业	使用钢渣、磷渣、铜渣、粉煤灰、煤矸石多种工业废渣作为水泥掺和料与少量熟料（≤30%）一起，采用机械激发、复合胶凝效应等多机理激发的技术手段制造水泥。对性能不明的工业废渣作掺和料，要进行必要的物理化学性能测试。	以年产 10 万吨水泥规模为例。按老厂改造、分别粉磨方案计算，需要投资 440 万元。按老厂改造、混合粉磨方案计算，需要投资 190 万元。按建新厂、分别粉磨方案计算，需要投资 1 100 万元。从经济上看，建新厂两年半可收回全部投资；按老厂改造、分别粉磨方案一年可收回全部投资；按老厂改造、混合粉磨方案，半年可收回全部投资。与传统工艺相比，粉尘产生量可减少 35%以上，二氧化碳、氮氧化物产生量减少 40%以上，吨水泥熟料消耗和煤耗均减少 40%以上，水泥生产成本大大降低；同时，使工业废渣得到综合利用。
51	环保型透水陶瓷铺路砖生产技术	陶瓷行业	利用煤矸石及工业尾矿、建筑垃圾废砖瓦、生活垃圾废玻璃等作为骨料，加入黏结剂和成孔剂，烧制成具有良好透水性、防滑性、耐磨性、吸声性的陶瓷铺路砖。	年产 120 万平方米环保型透水陶瓷砖，投资 3 600 万元，年销售额 9 700 万元，投资回收期约 2.5 年。
52	挤压联合粉磨工艺技术	年产 20 万～100 万吨水泥企业的生料和水泥成品的粉磨作业，以及高炉矿渣、煤等脆性物料的粉磨作业	由关键设备辊压机、打散分级机以及传统粉磨设备球磨机构成。挤压后的物料粒度大幅度下降，易磨性显著改善，与辊压机配套使用的打散分级机集料饼打散与颗粒分级两项功能，球磨机选用先进的高细高产磨技术，开路操作。高效率的磨内筛分装置具有类似选粉机的分选功能，可有效抑制过粉磨现象；强化研磨功能的微段研磨体的加入以及极具针对性的研磨体级配可有效提高粉磨效率，实现大幅度增产。	日产 700 吨挤压粉磨系统，投资 600 万元；日产 1 000 吨挤压粉磨系统，投资 800 万元；日产 2 000 吨挤压粉磨系统，投资 1 800 万元。投资回收期约 3 年。该技术节能效果明显，台时产量增加 80%～90%，节电 30%，研磨体消耗降低 60%；同时，设备噪声明显降低，粉尘排放得到有效控制。
53	开流高细、高产管磨技术	水泥生料、熟料，非金属矿、工业废渣的高细粉磨和深加工	该技术是对普通开流管磨机内的隔仓板及出口篦板进行改造，并在隔仓板间增设筛分装置，使物料能在磨内实现颗粒分级，从而大大提高系统的粉磨效率。	根据磨机的规格不同，投资规模在 20～50 万元之间不等。投资回收期为六个月到一年。该技术不造成任何环境污染，磨机台时产量增加 30%～40%，降低钢材消耗及能耗 25%～30%。

编号	技术名称	适用范围	主要内容	投资及效益分析
54	快速沸腾式烘干系统	水泥、非金属、化工及各类工业废渣的烘干处理	该技术是对回转式烘干系统进行综合技术改造，其中供热系统采用小炉床型高温沸腾炉；烘干机内部使用新型组合式物料装置；通风、除尘系统因条件不同有针对性地选用收尘设备。整套系统集烘干、节能、环保为一体，从而大大提高系统的热效率。	根据生产规模不同，总投资在 10 万～80 万元之间不等，投资回收期为 3～6 个月，主要设备使用寿命为 5～8 年，该项技术是对各类工业废渣及粉尘进行综合治理，废气中粉尘排放浓度低于 80 毫克/标准立方米，台时产量增加 80%～120%，节能 40%～80%，能达到增产增效、综合利用废渣、降低能耗及粉尘治理的目的。
55	高浓度、防爆型煤粉收集技术	建材、冶金、电力行业煤粉制备系统	采用全新的防燃、防爆结构设计，外加齐全的安全监测与消防措施，消除了收尘器内部燃烧、爆炸的隐患；采用微机自动控制高压脉冲多点喷吹清灰，确保收尘器长期稳定、高效地运行。	以每小时产 10 吨煤粉规模为例，投资 98 万元，仅节电一项，一年可创效益 30 万元。
56	散装水泥装、运、储、用技术	水泥、流通、建筑业	散装水泥采用密封装、卸、运输方式，不存在破包问题，可大量减少水泥粉尘排放，同时，可降低袋装水泥包装物的消耗，降低生产和使用的成本。	袋装水泥生产和使用的综合成本要比散装水泥高出约 50 元/吨。若全部实现散装化，全国每年能节约 240 亿元。投入产出效益为 1：3。

《国家重点行业清洁生产技术导向目录》

（第三批）

（2006 年 11 月 27 日　国家发展改革委、国家环保总局公告　2006 年第 86 号）

　　为贯彻落实《中华人民共和国清洁生产促进法》，引导企业采用先进的清洁生产工艺和技术，我们组织编制了《国家重点行业清洁生产技术导向目录》（第三批），现予公布。

　　本目录涉及钢铁、有色金属、电力、煤炭、化工、建材、纺织等行业，共 28 项清洁生产技术。

附：

国家重点行业清洁生产技术导向目录（第三批）

序号	技术名称	适用范围	主要内容	主要效果
1	利用焦化工艺处理废塑料技术	钢铁联合企业焦化厂	利用成熟的焦化工艺和设备，大规模处理废塑料，使废塑料在高温、全封闭和还原气氛下，转化为焦炭、焦油和煤气，使废塑料中有害元素氯以氯化铵可溶性盐方式进入炼焦氨水中，不产生剧毒物质二噁英（Dioxins）和腐蚀性气体，不产生二氧化硫、氮氧化物及粉尘等常规燃烧污染物，实现废塑料大规模无害化处理和资源化利用。	对原料要求低，可以是任何种类的混合废塑料，只需进行简单破碎加工处理。在炼焦配煤中配加 2%的废塑料，可以增加焦炭反应后强度 3%～8%，并可增加焦炭产量。
2	冷轧盐酸酸洗液回收技术	钢铁酸洗生产线	将冷扎盐酸酸洗废液直接喷入焙烧炉与高温气体接触，使废液中的盐酸和氯化亚铁蒸发分解，生成 Fe_2O_3 和 HCl 高温气体。Hcl 气体从反应炉顶引出、过滤后进入预浓缩器冷却，然后进入吸收塔与喷入的新水或漂洗水混合得到再生酸，进入再生酸贮罐，补加少量新酸，使 HCl 含量达到酸洗液浓度要求后送回酸洗线循环使用。通过吸收塔的废气送入收水器，除水后由烟囱排入大气。流化床反应炉中产生的氧化铁排入氧化铁料仓，返回烧结厂使用。	此技术回收废酸并返回酸洗工序循环使用，降低了生产成本，减少了环境污染。废酸回收后的副产品氧化铁（F_2O_3）是生产磁性材料的原料，可作为产品销售，也可返回烧结厂使用。
3	焦化废水 A/O 生物脱氮技术	焦化企业及其他需要处理高浓度 COD、氨氮废水的企业	焦化废水 A/O 生物脱氮是硝化与反硝化过程的应用。硝化反应是废水中的氨氮在好氧条件下，被氧化为亚硝酸盐和硝酸盐；反硝化是在缺氧条件下，脱氮菌利用硝化反应所产生的 NO_2^- 和 NO_3^- 来代替氧进行有机物的氧化分解。此项工艺对焦化废水中的有机物、氨氮等均有较强的去除能力，当总停留时间大于 30 小时后，COD、BOD、SCN^- 的去除率分别为 67%、38%、59%，酚和有机物的去除率分别为 62%、36%，各项出水指标均可达到国家污水排放标准。	工艺流程和操作管理相对简单，污水处理效率高，有较高的容积负荷和较强的耐负荷冲击能力，减少了化学药剂消耗，减轻了后续好氧池的负荷及动力消耗，节省运行费用。
4	高炉煤气等低热值煤气高效利用技术	钢铁联合企业	高炉等副产煤气经净化加压后与净化加压后的空气混合进入燃气轮机混合燃烧，产生的高温高压燃气进入燃气透平机组膨胀做功，燃气轮机通过减速齿轮传递到汽轮发电机组发电;燃气轮机做功后的高温烟气进入余热锅炉，产生蒸汽后进入蒸汽轮机做功，带动发电机组发电，形成煤气—蒸汽联合循环发电系统。	该技术的热电转换效率可达 40%～45%，接近以天然气和柴油为燃料的类似燃气轮机联合循环发电水平；用相同的煤气量，该技术比常规锅炉蒸汽多发电 70%～90%，同时，用水量仅为同容量常规燃煤电厂的 1/3，污染物排放量也明显减少。

序号	技术名称	适用范围	主要内容	主要效果
5	转炉负能炼钢工艺技术	大中型转炉炼钢企业	此项技术可使转炉炼钢工序消耗的总能量小于回收的总能量,故称为转炉负能炼钢。转炉炼钢工序过程中消耗的能量主要包括:氧气、氮气、焦炉煤气、电和使用外厂蒸汽,回收的能量主要是转炉煤气和蒸汽,煤气平均回收量达到 90 m³/吨钢;蒸汽平均回收量 80kg/吨钢。	吨钢产品可节能 23.6 kg 标准煤,减少烟尘排放量 10 mg/m³,有效地改善区域环境质量。我国转炉钢的比例超过 80%,推广此项技术对钢铁行业清洁生产意义重大。
6	新型顶吹沿没喷枪富氧熔池炼锡技术	金属锡冶炼企业	该技术将一根特殊设计的喷枪插入熔池,空气和粉煤燃料从喷枪的末端直接喷入熔体中,在炉内形成一个剧烈翻腾的熔池,强化了反应传热和传质过程,加快了反应速度,提高了熔炼强度。	该技术熔炼效率高,是反射炉的 15~20 倍,燃煤消耗降低 50%;热利用效率高,每年可节约燃料煤万吨以上;环保效果好,烟气总量小,可以有效地脱除二氧化硫。
7	300 kA 大型预焙槽加锂盐铝电解生产技术	大型预焙铝电解槽	在铝电介质预焙槽电解工艺中加入锂盐,降低电解质的初晶点,提高电解质导电率,降低电解质密度,使生产条件优化,产量提高。	大型预焙槽添加锂盐后,电流效率明显提高,每吨铝直流电单耗下降 368 千瓦时,氟化铝单耗下降 8.51 千克,槽日产提高 55.69 千克。
8	管—板式降膜蒸发器装备及工艺技术	氧化铝生产行业	采取科学的流场和热力场设计,开发应用方管结构,改善了受力状况,提高蒸发效率的同时大幅度降低制造费用;利用分散、均化技术,简化布膜结构,实现免清理;利用蒸发表面积和合理的结构配置,实现了汽水比 0.21~0.23 的国际领先水平,大幅度降低了系统能耗;引入外循环系统改变蒸发溶液参数,从而避免了碳酸钠在蒸发器内结晶析出。	氧化铝的单位汽耗由原来的 6.04 吨降到 4.10 吨,年均节煤 8 万吨以上,年均节水 200 万吨,同时减排污水 230 万吨。
9	无钙焙烧红矾钠技术	红矾钠生产企业	将铬矿、纯碱与铬渣粉碎至 200 目后,按配比在回转窑中高温焙烧,使 FeO·Cr₂O₃ 氧化成铬酸钠。将焙烧后的熟料进行湿磨、过滤、中和、酸化,使铬酸钠转化成红矾钠,并排出芒硝渣,蒸发(酸性条件)后得到红矾钠产品。	与传统有钙焙烧红矾钠工艺相比,无钙焙烧工艺不产生致癌物铬酸钙,每吨产品的排渣量由 2 吨降到 0.8 吨,渣中 Cr^{+6} 含量由 2% 降低到 0.1%。
10	节能型隧道窑焙烧技术	烧结墙体材料行业	以煤矸石或粉煤灰为原料,使用宽断面隧道窑"快速焙烧"工艺,设置快速焙烧程序和"超热焙烧"过程,实现降低焙烧周期,提高能源利用效率。	砖瓦焙烧周期由 45~55 小时降低为 16~24 小时。置换出来的热量得到充分利用,热利用率达 67%,热工过程节能效率达 40%。
11	煤粉强化燃烧及劣质燃料燃烧技术	建材、冶金及化工行业回转窑煤粉燃烧	该技术采用了热回流技术和浓缩燃烧技术,有效地实现"节能和环保"。由于强化回流效应,使煤粉迅速燃烧,特别有利于烧劣质煤、无烟煤等低活性燃料,因此可采用当地劣质燃料,促进能源合理使用,提高资源利用效率。一次风量小,节能显著。	对煤种的适应性强,可烧灰分 35% 的劣质煤,降低一次风量的供应,一次风量占燃烧空气量小于 7%;NOₓ 减少 30% 以上。

序号	技术名称	适用范围	主要内容	主要效果
12	少空气快速干燥技术	陶瓷、电瓷、耐火材料、木材、墙体材料生产企业	采用低温高湿方法，使湿坯体在低温段由于坯体表面蒸气压的不断增大，阻碍外扩散的进行，吸收的热量用于提升坯体内部温度，提高内扩散速度，使预热阶段缩短。等速干燥阶段借助强制排水的方法，进一步提高干燥的效率，达到快速干燥目的。	干燥周期缩短至 6～8 小时，节能 50%以上。干燥占地面积减少 1/2，产品合格率提高 5%。
13	石英尾砂利用技术	硅质原料生产企业	新型提纯石英尾砂的"无氟浮选技术"，精砂产率高、质量好、无二次氟污染，产品广泛用于无碱电子玻纤、高白料玻璃器皿及装饰玻璃、电子级硅微粉等行业，同时解决了石英尾砂综合利用的问题。此工艺产生的废水经处理后返回生产过程循环使用。	此项技术可解决石英尾砂占地和随风飞沙造成的环境污染问题。
14	水泥生产粉磨系统技术	水泥原料、熟料、矿渣、钢渣、铁矿石等物料粉磨工艺	采用"辊压机浮动压辊轴承座的摆动机构"和"辊压机折页式复合结构的夹板"专利技术，设计粉磨系统，可大幅降低粉磨电耗，节约能源，改善产品性能。	水泥产量大幅度提高，单位电耗下降约 20%。
15	水泥生产高效冷却技术	水泥生产企业	将箅床划分成为足够小的冷却区域，每个区域由若干封闭式箅板梁和盒式箅板构成的冷却单元（通称"充气梁"）组成，用管道供以冷却风。这种配风工艺可显著降低单位冷却风量，提高单位箅面积产量。另一特点是降低料层阻力的影响，达到冷却风合理分布，进一步提高冷却效率。	与二代箅冷机相比，新箅冷系统热耗降低 25～30kcal/kg·cl（熟料），降低熟料总能耗 3%（冷却系统热耗约占熟料总能耗 15%）。
16	水泥生产煤粉燃烧技术	新型干法水泥生产线	煤粉燃烧系统是水泥熟料生产线的热能提供装置，主要用于回转窑内的煤粉燃烧。此技术可用各种低品位煤种，利用不同风道层间射流强度的变化，在煤粉燃烧的不同阶段，控制空气加入量，确保煤粉在低而平均的过剩系数条件下完全燃烧，有效控制一次风量，同时减少有害气体氮氧化物的产生。	提高水泥熟料产量 5%～10%，提高熟料早期强度 3～5MPa，单位熟料节省热耗约 2%。
17	玻璃熔窑烟气脱硫除尘专用技术	浮法玻璃、普通平板玻璃、日用玻璃生产企业	以氢氧化镁为脱硫剂，与溶于水的 SO_2 反应生成硫酸镁盐，达到脱去烟气中 SO_2 的目的。经净化后的烟气，在脱硫除尘装置内进行脱水。脱水后的烟气，不会造成引风机带水、积灰和腐蚀。	脱硫效率 82.9%，除尘效率 93.5%。
18	干法脱硫除尘一体化技术与装备	燃煤锅炉和生活垃圾焚烧炉的尾气处理	向含有粉尘和二氧化硫的烟气中喷射熟石灰干粉和反应助剂，使二氧化硫和熟石灰在反应助剂的辅助下充分发生化学反应，形成固态硫酸钙（$CaSO_4$），附着在粉尘上或凝聚成细微颗粒随粉尘一起被袋式除尘器收集下来。此工艺的突出特点是集脱硫、脱有害气体、除尘于一体，可满足严格的排放要求。	能有效脱除烟气中粉尘、SO_2、NO、等有害气体，粉尘排放浓度＜50 mg/Nm，SO_2 排放浓度＜200 mg/Nm，NO_x 排放浓度＜300 mg/Nm，HCl 及重金属含量满足国家排放标准。

序号	技术名称	适用范围	主要内容	主要效果
19	煤矿瓦斯气利用技术	煤矿瓦斯气丰富的大型矿区	把目前向大气直排瓦斯气改为从矿井中抽出瓦斯气，经收集、处理和存储，调压输送到城镇居民区，提供生活燃气。	节约能源，减少因燃煤产生的环境污染。
20	柠檬酸连续错流变温色谱提纯技术	柠檬酸生产企业	采用弱酸强碱两性专用合成树脂吸附发酵提取液中的柠檬酸。新工艺用 80℃ 左右的热水，从吸附了柠檬酸的饱和树脂上将柠檬酸洗脱下来。用热水代替碱洗脱液，彻底消除酸、碱污染。废糖水循环发酵，提高柠檬酸产率，基本消除废水排放，柠檬酸收率大于 98%，产品质量明显提高。	柠檬酸产率提高 10%，每吨柠檬酸产生的废水由 40 吨下降为 4 吨，并无固体废渣和废气产生。
21	香兰素提取技术	香兰素生产	从化学纤维浆废液中提取香兰素。基本原理是利用纳滤膜不同分子量的截止点，在压力作用下使化学纤维浆废液中低分子量的香兰素（152 左右）几乎全部通过，而大分子量（5 000 以上）的苏质素磺酸钠和树脂绝大部分留存，将香兰素和木质素分开，使香兰素产品纯度提高。	香兰素提取率从 80% 提高到 95% 以上，半成品纯度由 65% 提高到 87%，工艺由原传统的 18 道简化为 9 道。
22	木塑材料生产工艺及装备	木塑型材、板材的生产	利用废旧塑料和木质纤维（木屑、稻壳、秸秆等）按一定比例混合，添加特定助剂，经高温、挤压、成型可生产木塑复合材料。木塑材料具有同木材一样的良好加工性能，握钉力优于其他合成材料；具有与硬木相当的物理机械性能；可抗强酸碱、耐水、耐腐蚀、不易被虫蛀、不长真菌，其耐用性明显优于普通木质材料。	由于采用的原料 95% 以上为废旧材料，实现废物利用和资源保护，所加工的产品也可回收再利用。
23	超级电容器应用技术	可替代铅酸电池，为电动车辆提供动力电源	超级电容器是采用电化学技术，提高电容器的比能量（kW·h/kg）和比功率（W/kg）制成的高功率电化学电源，有牵引型和启动型两类。牵引型电容器比能量 10 kW·h/kg，比功率 600 W/kg，循环寿命大于 50 000 次，充放电效率大于 95%。启动型电容器比能量 3 kW·h/kg，比功率 1 500 W/kg，循环寿命大于 20 万次，充放电效率大于 99%。	超级电容器是一种清洁的储能器件，充电快、寿命长，全寿命期的使用成本低，维护工作少，对环境不产生污染，可取代铅酸电池作为电力驱动车辆的电源。
24	对苯二甲酸的回收和提纯技术	涤纶织物碱减量工艺	采用在一体化设备内，采用二次加酸反应，经离心分离后，回收粗对苯二甲酸。粗对苯二甲酸含杂质 12%～18%，经提纯后，含杂量低于 1.5%，可以直接与乙二醇合成制涤纶切片。对苯二甲酸的回收率大于 95%（当浓度以 COD 计大于 20 000 mg/L 时）。处理后尾水呈酸性，可以中和大量碱性印染废水。	以每天处理废水 100 吨的碱减量回收设备为例，处理每吨废水电耗 1～1.5 kW·h，回收粗对苯二甲酸约 2 吨。

序号	技术名称	适用范围	主要内容	主要效果
25	上浆和退浆液中 PVA（聚乙烯醇）回收技术	纺织上浆、印染退浆工艺	上浆废水和退浆废水都是高浓度有机废水，其化学需氧量（COD）高达 4 000 ～ 8 000 mg/L。目前主要浆料是 PVA(聚乙烯醇)，它是涂料、浆料、化学浆糊等主要原料，此项技术利用陶瓷膜"亚滤"设备，浓缩、回收 PVA 并加以利用，同时减少废水污染。	上浆、退浆液中 PVA（聚乙烯醇）回收技术的应用，可以大幅度削减 COD 负荷，使印染厂废水处理难度大为降低，同时回收了资源，可以生产产品，达到清洁生产和资源回收目标，具有重要意义。
26	气流染色技术	织物印染	有别于常规喷射溢流染色，气流染色技术采用气体动力系统，织物由湿气、空气与蒸汽混合的气流带动在下专用管路中运行，在无液体的情况下，织物在机内完成染色过程，当中无须特别注液。	与传统喷射染色技术相比，气流染色技术具有超低浴比，大量减少用水、减少化学染料和助剂用量，并缩短染色时间，节省能源，产品质量明显提高。
27	印染业自动调浆技术和系统	纺织印染企业	通过计算和自动配比，用工业控制机自动将对应阀门定位到电子秤上，并按配方要求来控制阀门加料，实现自动调浆，达到高精度配比。	应用此项技术可节省水、能源，减少染化料消耗，降低打样成本，提高生产效率30%。
28	畜禽养殖及酿酒污水生产沼气技术	大型畜禽养殖场，发酵酿酒厂废水处理	经固液分离的畜禽养殖废水、发酵酿酒废水在污水处理厂沉淀后，进行厌氧处理，副产沼气，再经耗氧处理后，达标排放。沼气经气水分离以及脱硫处理以后送储气柜，通过管网引入用户，作为工业或民用燃料使用。	采用此项技术可将沼气收集起来，经处理后储存在储气柜内，通过管网引入用户，作为工业或民用染料使用。同时还有效地减少污水处理中产生沼气（属危害严重的温室气体）排放到大气中的数量。

利用焦化工艺处理废塑料技术

一、所属行业　钢铁

二、技术名称　利用焦化工艺处理废塑料技术

三、技术类型　环保、资源综合利用技术

四、适用范围　钢铁联合企业焦化厂

五、技术内容

1. 技术原理

利用现有成熟的焦化工艺和设备大规模处理废塑料，使废塑料在高温、全封闭和还原气氛下，转化为焦炭、焦油和煤气，使废塑料中有害元素氯，以氯化铵可溶性盐方式进入炼焦氨水中，不产生剧毒物质二噁英（Dioxins）和腐蚀性气体，不产生二氧化硫、氮氧化物及粉尘等常规燃烧污染物，彻底实现废塑料大规模无害化处理和资源化利用。

2. 工艺流程

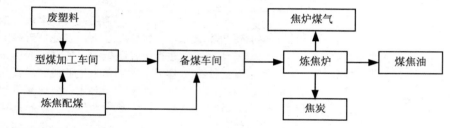

3. 主要设备

该技术的主要装备有：废塑料垃圾专用给料机、废塑料垃圾专用皮带输送机、专用振动筛、除铁器、废塑料垃圾专用打散机、废塑料垃圾专用撕碎机、废塑料垃圾专用破碎机、定量混合设备、专用热熔融机、专用热熔融物料成型机等。

六、主要技术经济指标

首钢开发的技术与日本新日铁技术相比主要具有以下特点：

首钢工艺省略了日本工艺中的细破碎工艺和脱氯工艺、对废塑料原料要求低，可以是任何种类的混合废塑料，只进行简单破碎加工处理，配加 2%的废塑料垃圾后可以增加焦炭反应后强度 3%～8%，并可增加焦炭产量。

七、技术应用情况

焦化工艺处理废塑料技术属创新技术，在国外钢铁企业中，仅有日本新日铁公司成功开发并应用，新日铁工艺废塑料配加量一般控制在 1%以内，采用人工分选，多级破碎、脱氯、挤塑成型和造粒等复杂工艺对废塑料进行预处理，投资较大，相比较首钢技术更适合中国国情，具有综合效益。

八、技术使用单位

首钢技术开发已经完成了项目的实验室研究，小试规模研究，中试规模研究以及工业规模试验，并建立了年生产能力为 10 000 吨的小规模示范工程。通过前期研究和技术开发，首钢已经能够自主提供全套技术参数和主要设备指标。已开发具有我国自主知识

产权的"利用焦化工艺处理废塑料"专利技术，并通过了北京市科委技术成果鉴定。

九、技术推广的建议

废塑料可以用作炼焦原料和高炉喷吹原料，并代替部分优质炼焦煤和高炉喷吹煤粉，煤焦化工艺处理废塑料技术主要应用于焦化生产，利用生产过程的高温特点，可大规模处理城市固体废弃物，体现了循环经济的理念，也表明钢铁工业可为城市发展更好地服务。我国每年废塑料产生量约 500 万～600 万吨，不少废塑料尚未能得到合理处置，市场潜力约在 125 亿～150 亿元。若应用此技术将废塑料进行无害化处理和资源化利用，则可以减少填埋土地 4 500 万～5 400 万平方米，节约炼焦用煤 500 万～600 万吨，同时减少因此带来的环境污染问题。因此，该技术推广具有十分广阔的市场前景，带来十分可观的社会环境效益和一定的经济效益。

此技术还需不断完善，在推广应用过程中，应当充分考虑当地政府有关资源利用及垃圾处理方面的政策，需要保证废塑料来源和质量相对稳定，同时应首先在具备干熄焦技术的焦炉采用。

冷轧盐酸酸洗废液回收技术

一、所属行业 钢铁
二、技术名称 冷轧盐酸酸洗液回收技术
三、技术类型 资源回收技术
四、适用范围 钢铁酸洗生产线
五、技术内容

1. 技术原理

目前盐酸酸洗废液回收方法有高温焙烧法、减压硫酸分解法和氯化法，其中高温直接焙烧法是主导技术。

直接焙烧法以其加热方式不同，又分为两种：逆流加热的为喷雾焙烧法，顺流加热的为流化床焙烧法。

盐酸酸洗废液再生回收原理是盐酸废液直接喷入焙烧炉与高温气体相接触，在高温状态下与水发生化学反应，使废液中的盐酸和氯化亚铁蒸发分解，生成 Fe_2O_3 和 HCl。

2. 工艺流程

流化床法流程：废酸洗液进入废酸贮罐，用泵提升进入预浓缩器，与反应炉产生的高温气体混合、蒸发，经过浓缩的废酸用泵提升喷入流化床反应炉内，在反应炉高温状态下 $FeCl_2$ 与 H_2O、O_2 发生化学反应生成 Fe_2O_3 和 HCl 高温气体。HCl 气体上升到反应炉顶，先经过旋风分离器，除去气体中携带的部分 Fe_2O_3 粉再入预浓缩器进行冷却。经过冷却的气体进入吸收塔，经喷入新水或漂洗水形成再生酸再回到再生酸贮罐。经补加少量新酸，使 HCl 含量达到原酸洗液浓度后送回酸洗线使用。经过吸收塔的废气再送入收水器，除去废气中的水分后通过烟囱排入大气。流化床反应炉中产生的氧化铁到达一定程度后，开始排料，排入氧化铁料仓，再回烧结厂使用。

喷雾焙烧法流程：废酸进入废酸贮罐，用泵提升经废酸过滤器，除去废酸中的杂质，

再进入预浓缩器，与反应炉产生的高温气体混合、蒸发。经过浓缩的废酸用泵提升喷入反应炉，在反应炉高温状态下，$FeCl_2$ 与 H_2O、O_2 产生化学反应，生成 Fe_2O_3 和 HCl 气体（高温气体），HCl 气体离开反应炉先经过旋风分离器，除去气体携带的部分 Fe_2O_3 粉，再进入预浓缩器进行冷却。经过冷却的气体进入吸收塔，喷入漂洗水形成再生酸重新回到酸贮罐，补加少量新酸使 HCl 含量达到原酸洗液浓度时用泵送到酸洗线使用。经过吸收塔的废气再进入洗涤塔喷入水进一步除去废气的 HCl，经洗涤塔后通过烟囱排入大气。反应炉产生的 Fe_2O_3 粉落入反应炉底部，通过 Fe_2O_3 粉输送管进入铁粉料仓，废气经布袋除尘器净化后排入大气，Fe_2O_3 粉经包装机装袋后出售，作为磁性材料的原料。

六、主要设备

流化床法的工艺设备主要有流化床反应炉、旋风除尘器、文氏管循环系统泡罩填料塔、风机以及氧化铁料仓等。

鲁特钠法喷雾焙烧法的工艺设备主要有焙烧炉、旋风分离器、预浓缩器、吸收塔、排风设施与氧化铁收储设施等。

七、主要技术经济指标

盐酸酸洗废液主要由 HCl、$FeCl_2$ 和 H_2O 三部分组成。一般含 $FeCl_2$ 约 100～140g/L，游离酸（HCl）30～40g/L，但含量随酸洗工艺、操作制度、钢材品种不同而异，盐酸回收技术改变了传统废酸中和处理法对废酸资源的浪费，使盐酸再生回收循环利用。流化床焙烧法处理量大，盐酸回收率高，环保效果好。鲁奇法反应温度高（850～890℃），生产的氧化铁含氯量最低（仅 0.02%），但氧化铁粒径较大（大于 0.3 mm 的颗粒占 98.8%），如经特殊研磨后，可生产硬磁铁氧体。但因该工艺生产氧化铁粒径较大，强度较高，超细磨难度大，因此做磁性材料生产专用氧化铁质量较差，目前大都返用烧结工序，酸与铁的回收率均能达到或接近 99%。鲁特钠法反应温度较低，反应时间较长，炉容较大，操作比较稳定，氧化铁呈空心球形，粒径较小，能全部用于磁性材料工业，可生产软磁或硬磁铁氧体，被称作磁性材料工业的专用氧化铁，但含氯量较高（一般小于 0.2%）。

八、技术应用情况

冷轧工序是钢铁工业生产不可缺少的，随着国民经济的建设发展，对钢材品种多样化和高质量的要求，而日显其重要性。酸洗工序是钢铁成材的必需过程，速度快、不过酸而废酸再生回用既解决环境污染，且带来显著经济效益。

九、技术使用单位

1975 年武钢冷轧厂从德国引进了流化床法（鲁奇法）废盐酸再生成套装置（设备），1985 年宝钢从奥地利引进了喷雾焙烧法（鲁特钠法）废盐酸再生装置，之后鞍钢、本钢、攀钢、宝钢三期、上海益昌和天津等钢铁公司先后引进和建成了多套喷雾焙烧法废盐酸再生装置，成都华西化工研究所在武钢硅钢片厂有一套设备。世界各国采用直接焙烧法再生盐酸工艺中，鲁特钠法约占 60%，鲁奇法仅次于鲁特钠法，在我国已知引进装置中，前者约占5～6套。

十、技术推广的建议

酸洗工艺是轧材生产保证产品表面质量的必要手段，其中盐酸法速度快、不过酸，故钢铁生产中采用盐酸酸洗工艺居多，废酸再生回用既解决环境污染，都可获得经济和社会效益。

焙烧法再生盐酸废液是主导该再生技术的代表作，因此适用范围很广，但焙烧法相对投资较高，因此在相关技术应用推广中：

1. 应联合现已引进生产设备企业，以联合或工程总承包形式，将国内的设计、科研、设备制作等力量整合，通过技术吸收、消化手段，提高技术装备的国产化率，降低总投资和工程造价；

2. 紧密跟踪世界废酸回收技术与新发展，争取多途径技术合作，联合开发与技术支持；

3. 通过国家支持的示范工程，完成该技术与设备配套，形成具有自主产权的设计与设备制造的技术队伍。

焦化废水 A/O 生物脱氮技术

一、所属行业　钢铁
二、技术名称　焦化废水 A/O 生物脱氮技术
三、技术类型　环保、节水综合技术
四、适用范围　焦化企业及其他需要处理高浓度 COD、氨氮废水的企业
五、技术内容
1. 技术原理

焦化废水 A/O 生物脱氮是硝化与反硝化过程的应用。硝化反应是指污水处理中，氨氮在好氧条件下，通过好氧菌作用被氧化为亚硝酸盐和硝酸盐的反应；反硝化是在缺氧无氧条件下，脱氮菌利用硝化反应所产生的 NO_2^- 和 NO_3^- 来代替氧进行有机物的氧化分解。

硝化反应是在延时曝气后期进行的，对焦化废水的生物氧化分解，氨氮降解在酚、氰、硫氰化物等被降解之后进行，需要足够的曝气时间，且氨氮的氧化必须补充一定量的碱度，硝化细菌属好氧性自养菌；而反硝化细菌属碱性异养菌，即在有氧的条件下利用有机物进行好氧增殖，在无氧缺氧条件下，微生物利用有机物——碳源，以 NO_2^- 和 NO_3^- 作为最终电子接受体将 NO_2^- 和 NO_3^- 还原成氮气排出，最终达到脱氮之目的。

2. 工艺流程

A/O 内循环生物脱氮工艺即缺氧—好氧处理工艺，其主要工艺路线是缺氧在前，好氧在后，泥水单独回流。缺氧池进行的是反硝化反应，好氧池进行的是硝化反应。焦化废水首先进入缺氧池，在这里反硝化细菌利用原水中的酚等有机物作为电子供体而将回流水中的 NO_3-N、NO_2-N 还原成为气态氮化物（N_2 或 N_2O），反硝化出水流入好氧池，在好氧池内，缺氧池出水残留的有机物被进一步氧化，氨和含氮化合物被氧化成为 NO_3^--N、NO_2^--N。污泥回流的目的在于维持反应器中一定的污泥浓度，即微生物量，防止污泥流失。回流液旨在为反硝化提供电子供体（NO_3^--N、NO_2^--N），从而达到去除硝态氮的目的。该工艺为前置反硝化，在缺氧池以废水中的有机物作为反硝化的碳源和能源，无需补充外加碳源；废水中的部分有机物通过反硝化反应得以去除，减轻了后续好氧池负荷，减少了动力消耗；反硝化反应产生的碱度可部分满足硝化反应对碱度的要求，因而降低了化学药剂的消耗。

六、主要设备

污水处理主要设备包括耐腐蚀泵、液下泵、计量泵，清、污水泵，平流式气浮净水设备，鼓风机及消音器，旋转布水装置，空气过滤器、组合填料、微孔曝气器、中心传动刮泥机、周边传动刮泥机、折浆式搅拌机、加药搅拌装置和撇油机、带式、螺压污泥脱水机。

七、主要技术经济指标

A/O 生物脱氮技术焦化污水处理效率高：该工艺对污水中的有机物、氨氮等均有较高的去除效果，当总停留时间 HRT 大于 30 h，经生物脱氮后，出水各项指标，COD 经 PFS 混凝沉淀后可降至 100 mg/L 以下，达到污水排放标准。总氮的去除率受碳氮比的影响，一般在 40%～60%；技术工艺流程简单，投资省，运行费用较低，降低硝化过程需要的碱耗；缺氧反硝化过程对污染物具有较高的降解效率，如 COD、BOD、SCN^- 的去除率分别为 67%、38%、59%，酚和有机物的去除率分别为 62%、36%；由于硝化段采用强化生化专利技术，反硝化段采用了保持高浓度污泥的膜技术，提高了硝化及反硝化的污泥浓度，具有较高的容积负荷；具有较强的耐负荷冲击能力，操作管理相对简单。

八、技术应用情况

目前国内焦化行业废水处理主要采用 A/O 内循环生物脱氮技术，该技术对焦化废水处理达标外排及处理后回用起到决定性作用。处理装置出口，除 COD 外各项指标均达到国家综合排放一级标准。污水处理后出水指标如下：

COD_{Cr}：100～150 mg/L；   酚：0.5 mg/L 以下；

CN^-：0.5 mg/L 以下；   油：5 mg/L 以下；

氨氮：15 mg/L 以下。

焦化废水处理后达标外排，取得了良好的环境效益和社会效益，采用 A/O 内循环生物脱氮技术处理焦化废水污染物的去除率为：

COD_{Cr} 90%～97.8%、BOD_5 96%～99%、酚 99%～100%、NH_4^+-N 94%～99.5%、有机氮 90%～98%、CN^- 96%～99%、SCN^- ＞99%。

九、技术使用单位

A/O 内循环生物脱氮工艺适用于新建、改扩建焦化工程污水处理及其他含高浓度 COD、氨氮的有机废水处理。

目前国内焦化厂废水处理采用 A/O 内循环工艺的有三十多个，随着钢铁企业焦化工程改扩建及各地对环保要求的提高，焦化行业正陆续进行废水处理装置的新建和改造。在山西省数百座焦化厂中，真正上脱氮工艺处理污水达标的没有几家。预计未来将有五十多个项目将考虑采用类似技术进行工程建设。

十、技术推广的建议

A/O 内循环生物脱氮技术自开发以来，已被广泛应用于国内焦化行业废水处理工程中，并在近 3～5 年内仍将作为焦化废水处理的主导技术。随着人们环保意识的增强和国家对环保要求的提高，焦化行业正在或将对废水处理进行扩建或改造，市场前景良好。

目前 A/O 内循环生物脱氮工艺技术，投资、占地、运行费还较高，应继续不断优化技术，使处理设施、投资、占地等进一步减少，使综合处理成本降至 4 元/m³ 以下。建议停止萃取脱酚，采取萃取脱除污水和粗苯中有机氮（吡啶、喹啉、卡唑等）提高污水中

COD/TN 的比值；改进蒸氨工艺和设备，使蒸氨后污水含 $NH_x\text{-}N<100$ mg/L，耗蒸汽量＞100 kg 蒸汽量/吨污水；处理后的焦化废水尽可能回用于焦化生产，如作熄焦补充水、除尘补充水、煤场洒水等，也可将处理后的废水送高炉冲渣或泡渣，减少外排水量，采取措施减少对环境及设备的影响。

高炉煤气等低热值煤气高效利用技术

一、所属行业　钢铁

二、技术名称　高炉煤气等低热值煤气高效利用技术

三、技术类型　节能、环保及综合利用技术

四、适用范围　钢铁联合企业

五、技术内容

1. 技术原理

近年来燃气轮机循环热效率得到进一步提高，燃气轮机循环吸热平均温度高，纯蒸汽动力循环放热平均温度低，把这两种循环联合起来组成煤气—蒸汽联合循环显然可以提高循环热效率。高炉煤气等低热值煤气燃汽轮机 CCPP 技术是充分利用钢铁联合企业高炉等副产煤气，最大可能地提高能源利用效率，发挥煤气—蒸汽联合循环优势的先进技术。

2. 工艺流程

高炉等副产煤气从钢铁能源管网送来后经除尘器净化，再经加压后与空气过滤器净化及加压后的空气混合进入燃气轮机燃烧室内混合燃烧，产生的高温、高压燃气进入燃气透平机组膨胀做功，燃气轮机通过减速齿轮传递到汽轮发电机组发电；燃气轮机做功后的高温烟气进入余热锅炉，产生蒸汽后进入蒸汽轮机做功，带动发电机组发电，形成煤气—蒸汽联合循环发电系统。

六、主要设备

此技术主要设备有：高炉煤气供给系统、燃气轮机系统、余热锅炉系统、蒸汽轮机系统和发电机组系统组成。主要设备有空气压缩机、高炉煤气压缩机、空气预热器、煤气预热器、燃气轮机、余热锅炉、发电机和励磁机等，一般分为单轴和多轴布置形式。

七、主要技术经济指标

高炉煤气综合利用一直是钢铁企业能源利用的难点，过去作为锅炉的燃料产生蒸汽来驱动汽轮机发电，其热效率只能达 25%左右，或者直接焚烧排放到大气中，造成对大气的污染。高炉煤气等低热值煤气燃汽轮机 CCPP 技术先进，在不外供热时热电转换效率可达 40%～45%，已接近以天然气和柴油为燃料的类似燃气轮机联合循环发电水平；比常规锅炉蒸汽转换效率高出近一倍。相同的煤气量，CCPP 又比常规锅炉蒸汽多发电 70%～90%。且此发电技术 CO_2 排放比常规火力电厂减少 45%～50%，没有 SO_2、飞灰及灰渣排放，NO_x 排放又低，回收了钢铁生产中的二次能源，且为同容量常规燃煤电厂用水量的 1/3 左右。

八、技术应用情况

低热值煤气燃烧不易稳定，低热值煤气体积庞大，煤气压缩功增加，这些都是此技术的难点。目前世界天然气为燃料的大型 CCPP 的热电转换效率高达 50%～58%，而低热值煤气为燃料的 CCPP 只有 45%～52%。低热值煤气燃烧技术只被少数公司掌握，一种是 ABB、新比隆公司及日本川崎成套 ABB 的单管燃烧室燃气轮机技术；另一种是 GE 公司与三菱公司的分管燃烧室的燃机，国内目前已采用此引进或合资联合制造技术设备的有宝山钢铁公司、通化钢铁公司和济南钢铁公司，目前还有不少大型联合企业在进行技术交流和方案比较。

九、技术推广的建议

采用高炉煤气等低热值煤气燃汽轮机 CCPP 技术前提条件是钢铁企业必须具有完善的煤气平衡计划，避免因煤气流量不足而使机组负荷不足，而影响效能发挥。

由于高炉煤气热值低，需要大流量高效率的煤气压缩机，同时高炉煤气中含尘量大，在进入煤气压缩机之前需要进行除尘。与常规燃气轮机相比，燃料系统增加了压缩机、除尘器，因而其调节系统比较复杂，调节的参数多，调节的精度要求高。如热值、压力、H_2 含量、O_2 含量、清洁度等，不允许有很大波动。煤气燃烧后产生烟气也要进行后处理，减少对后部烟道和余热锅炉等发电设备的影响。

如果高炉煤气不足而大量使用焦炉煤气补充，经济上是不合算的，没有低成本的副产煤气燃料和较好的上网电价政策支持，企业经济效益会受严重影响。

转炉负能炼钢工艺技术

一、所属行业　钢铁

二、技术名称　转炉负能炼钢工艺技术

三、技术类型　节能技术

四、适用范围　大中型转炉炼钢企业

五、技术内容

1. 技术原理

转炉实现负能炼钢是衡量一个现代化炼钢厂生产技术水平的重要标志，转炉负能炼钢意味着转炉炼钢工序消耗的总能量小于回收的总能量，即转炉炼钢工序能耗小于零。转炉炼钢工序过程中支出的能量主要包括：氧气、氮气、焦炉煤气、电和使用外厂蒸汽，而转炉回收的能量主要包括：转炉煤气和蒸汽回收。传统"负能炼钢技术"定义是一个工程概念，体现了生产过程转炉烟气节能、环保综合利用的技术集成。

2. 工艺流程

转炉负能炼钢工艺技术在转炉生产流程中体现，能量变化指标从消耗部分与支出部分折算而来。该技术工艺流程包括生产流程和能源支出/回收利用技术工艺流程。

最初提出负能炼钢技术时，转炉炼钢工序定义为从铁水进厂至钢水上连铸平台的转炉生产全部工艺过程。随着炼钢技术发展，炼钢厂增加了铁水脱硫预处理、炉外精炼等新技术，而炉外精炼特别是 LF 炉能耗较高，整体计算,实现负能炼钢难度大大增加，但从提升转炉炼钢整体技术水平出发，评价负能炼钢技术水平应包括炉外精炼等。

六、主要设备

转炉钢生产工艺必需的生产设备铁水预处理炉、顶底复吹转炉、炉外精炼炉等，还应包括转炉煤气净化处理、余热利用及转炉煤气利用等设备。如 OG 法等湿式除尘设备或 LT 法等干式除尘设备、除尘风机、余热锅炉、回收转炉烟气物理热设备及各种转炉煤气利用技术设备等。

七、主要技术经济指标

转炉负能炼钢技术清洁生产指标：煤气平均回收量达到 90 m^3/吨钢；回收煤气的热值应大于 7 MJ/m^3（CO 含量应大于 55%）；蒸汽平均回收量 80 kg/吨钢；排放烟气含尘量 10 mg/m^3。若按全面推广应用转炉负能炼钢技术，单位产品节能 23.6 kg 标煤/吨钢计算，今后若转炉钢生产 2 亿吨左右规模时，全年将节能 236 万吨标煤。转炉煤气回收率大幅提高，不仅可减少 CO 排放使之有效地转化为能源，还可减少烟尘等排放，有效改善厂区环境质量。

八、技术应用情况

我国大型转炉负能炼钢技术已日益成熟，宝钢等企业已达到国际领先水平；中型转炉已逐步实现负能炼钢；小型转炉也初步具备相应生产装备条件，通过加强煤气回收也可实现负能炼钢。

相关企业在应用转炉负能炼钢技术过程中取得的经验有：提高转炉作业率，缩短冶炼周期可降低冶炼电耗；优化二次除尘风机运行参数，实现节电；采用计算机终点控制等技术，降低氧气消耗；加强设备维护，加强煤气回收，减少转炉煤气放散率；采用蓄热燃烧技术烘烤钢包，有效增加转炉煤气用户；缩短冶炼时间，提高生产效率；合理优化工艺流程。

九、技术使用单位

宝钢是我国最早实现"负能炼钢"的钢铁企业，虽然调整品种结构，增加炉外精炼、电磁搅拌等耗能新工艺装备，转炉工序能耗压力加大，但通过深入挖潜，继续保证了转炉负能炼钢技术有效实施。

近年来武钢三炼钢、马钢一炼钢、鞍钢一炼钢、本钢、唐钢等一批中型转炉也都成功应用负能炼钢技术，在莱钢等小型转炉负能炼钢技术也取得突破。但各技术使用单位在负能炼钢涵盖范围方面还不统一，有些企业未将铁水脱硫预处理、炉外精炼等能耗纳入其中。

十、技术推广的建议

为进一步提高转炉负能炼钢技术应用，在提高煤气回收质量和减少蒸汽放散量方面：应优化锅炉设计，提高蒸汽压力和品质；开发真空精炼应用转炉蒸汽的工艺技术，增加炼钢厂本身利用蒸汽能力；发展低压蒸汽发电技术，提高电能转化效率；在优化转炉工艺方面：可采用高效供氧技术，缩短冶炼时间，加快钢包周转；努力降低铁钢比，增加废钢用量；采用铁水"三脱"预处理技术减少转炉渣；优化复合吹炼工艺，降低氧耗，提高金属收得率；采用自动炼钢技术，实现不倒炉出钢；改善铁钢界面，提高铁水温度；采用单一铁水罐进行铁水运输，降低铁水温降损失等。

"负能炼钢"并未全部涵盖炼钢全工艺过程能量转换与能量平衡，不能作为整体评价炼钢工序能耗水平的唯一标准，但国际先进钢铁企业都把实现转炉负能作为重要指标。我国转炉钢比例超过 80%，因此转炉负能炼钢技术全面推广对钢铁行业清洁生产意义重大。

新型顶吹沿没喷枪富氧熔池炼锡技术

一、所属行业　有色金属冶金
二、技术名称　新型顶吹沿没喷枪富氧熔池炼锡技术
三、技术类型　新工艺新设备的开发利用
四、适用领域　金属锡冶炼企业
五、技术内容
1．基本原理

新型顶吹沿没喷枪富氧熔池炼锡技术是一种典型的顶吹沉没喷枪熔池熔炼技术，其基本过程是将一根经过特殊设计的喷枪，由炉顶插入固定垂直放置的圆筒形炉膛内的熔体之中，空气或富氧空气和燃料从喷枪末端直接喷入熔体中，在炉内形成剧烈翻腾的熔池，经过加水混捏成团或块状的炉料可由炉顶加料口直接投入炉内熔池。

本技术的特点是熔池强化熔炼过程。在熔炼过程开始前必须形成一个有一定深度的熔池。在正常情况下，可以是上一周期留下的熔体。若是初次开炉则需要预先加入一定量的干渣，然后插入喷枪，在物料表面加热使之熔化，形成一定深度的熔池，并使炉内温度升高到 1 150℃左右即可开始进入熔炼阶段。

在正常的锡冶炼过程中一般采用三段熔炼：

（1）熔炼阶段。将喷枪插入熔池，控制一定的插入深度和压缩空气及燃料量，通过经喷枪末端喷出的燃料和空气造成剧烈翻腾的熔池。然后由上部进料口加入经过配料并加水润湿混捏过的炉料团块，熔炼反应随即开始。

随着熔炼反应的进行，还原反应生成的金属锡在炉底部积聚，形成金属锡层。由于作业时喷枪被保持在上部渣层下一定深度（约 200 mm），故主要是引起渣层的搅动，从而可以形成相对平静的底部金属层。当金属锡层达到一定深度时，适当提高喷枪的位置，开口放出金属锡，而熔炼过程可以不间断。 如此反复，当炉渣层达到一定深度时，停止进料，将底部的金属锡放完，就可以进入渣还原阶段。熔炼阶段耗时 6 个小时左右。渣还原阶段根据还原程度的不同分为弱还原阶段和强还原阶段。

（2）弱还原阶段。弱还原阶段作业的主要目的是对炉渣进行轻度还原，即不使铁过还原而生成金属铁，在产出合格金属锡的条件下，使炉渣含锡从 10%降低到 4%左右。为此，这一阶段作业炉温要提高到 1 200℃左右。这时要把喷枪定位在熔池的顶部（接近静

止液渣表面），同时快速加入块煤，促进炉渣中 SnO_2 的还原。弱还原阶段作业时间约 20～40 min。作业结束后，迅速放出金属锡，即可进入强还原阶段。

（3）强还原阶段。强还原阶段是对炉渣进一步还原，使渣中含锡降至 1%以下，达到可以抛弃的程度。这一阶段炉温要升高到 1 300℃左右，并继续加入还原煤。由于炉渣中含锡已经较低，因此，不可避免地有大量铁被还原出来，所以，这一阶段产出的是 Fe—Sn 合金。强还原阶段约持续 2～4 小时。作业结束后让 Fe—Sn 合金留在炉内放出大部分炉渣经过水淬后丢弃或堆存。炉内留下部分渣和底部的 Fe—Sn 合金，保持一定深度的熔池，作为下一作业周期的初始熔池。残留在炉内的 Fe—Sn 合金中的 Fe 将在下一周期熔炼过程中直接参与同 SnO_2 或 SnO 的还原反应：

$$SnO_2+2Fe = Sn+2FeO \qquad (1)$$
$$SnO+Fe = Sn+FeO \qquad (2)$$

因此，强还原阶段用于 Fe 的能源消耗最终转化为用于 Sn 的还原。

在特殊情况下，为使炉渣中含锡降至更低的程度，可以继续在同一炉内在强还原阶段结束后放出 Fe—Sn 合金，并将炉温升高到 1 400℃以上，把喷枪深深插入渣池中，同时加入黄铁矿，实际是对炉渣进行烟化处理。

锡精矿还原反应过程主要是 SnO_2 同 CO 之间的气固反应，而控制该反应速度的主要因素是 CO 向精矿表面扩散和 CO_2 向空间的逸散速度和过程。在反射炉熔炼过程中，物料形成静止料堆，不利于上述过程的进行。而在澳斯麦特熔炼过程中，反应表面受到不断地冲刷以及由于燃料在物料表面直接燃烧的高温可形成更高的 CO 浓度，有力地促进了上述的扩散和逸散过程，改善了反应的动力学过程，加快了还原反应的进行。

正如前面的分析那样，由于反射炉熔炼过程中渣相和金属相之间达到平衡，因此，要想得到含铁较低的粗锡而大幅度降低渣中含锡是不可能的，渣中含锡量和金属相中的含铁量成负相关关系，即当平衡情况下，炉渣中的含锡量低于 2%时，粗锡中的含铁量将急剧上升。

在熔炼过程中，由于喷枪仅引起渣的搅动，可以形成相对平静的底部金属相，因此可以在熔炼过程中连续或间断地放出金属锡，破坏渣锡之间的反应平衡。

$$SnO_{渣}+Fe_{金属} = FeO_{渣}+Sn_{金属} \qquad (3)$$

迫使上述反应向右进行，从而可以降低渣中的含锡量。Mc Clelland 等的渣还原过程热力学模型分析结果表明，在熔池中渣锡之间达到完全平衡和不形成平衡的情况下，锡的还原程度和渣中含锡量出现明显区别。本工艺取得的试验数据已经处于平衡曲线以下，即在相同条件下，可以取得更低的渣含锡指标，已接近理论理想指标。

本工艺可以通过调节喷枪插入熔体的深度、喷入熔体的空气过剩量或加入还原剂的量和加入速度，以及通过多次或分批放出金属等手段，达到控制反应平衡和速度的目的，从根本上解决了传统熔池熔炼过程中渣含锡过高的问题。这是由于生成的金属及时排出，破坏了反应（4）和（5）的平衡，迫使两个反应向右进行，除降低了渣含锡之外，还通过单独的渣还原过程，提高温度和快速加入还原剂，使渣表面形成较高的 CO 浓度，促使反应（4）向右进行。尽管随着金属锡的析出会促使平衡反应（5）向左进行，但是据有关研究证明该反应相应较慢，因此可以通过加快反应进程和及时放出锡，阻止上述反应的进行。

$$（SnO）_{渣}+CO = [Sn]_{金属}+CO_2 \tag{4}$$

$$[Fe]_{金属}+（SnO）_{渣} = [Sn]_{金属}+（FeO）_{渣} \tag{5}$$

2. 工艺流程图（理解性示意图）

云南锡业集团有限责任公司的新型顶吹沿没喷枪富氧熔池炼锡技术工艺流程示意图：

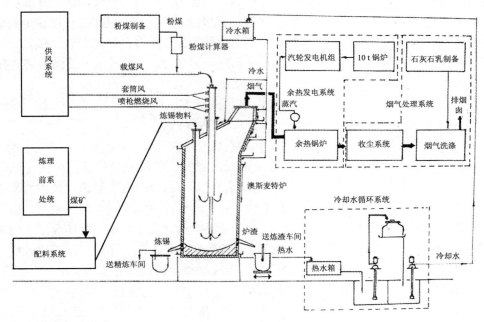

3. 技术评价情况

（1）熔炼效率高、熔炼强度高。本工艺的核心，是利用一根经特殊设计的喷枪插入熔池，空气和粉煤燃料从喷枪的末端直接喷入熔体中，在炉内形成一个剧烈翻腾的熔池，极大地强化了反应的传热和传质过程，加快了反应速度，提高了热利用率，有极高的熔炼强度。单位熔炼面积的物料处理量（炉床指数）是反射炉的15～20倍。

喷枪由经特殊设计的三层同心套管组成，中心是粉煤通道，中间是燃烧空气，最外层是套筒风。喷枪被固定在可沿垂直轨道运行的喷枪架上，工作时随炉况的变化由DCS系统或手动控制上下移动。熔炼过程中，经润湿混捏的物料从炉顶进料口加入，直接跌入熔池，燃料（粉煤）和燃烧空气以及为燃烧过剩的CO、C和SnO、SnS等的二次燃烧（套筒）风均通过插入熔池的喷枪喷入。当更换喷枪或因其他事故需要提起喷枪保持炉温时，则从备用烧嘴口插入、点燃备用烧嘴。备用烧嘴以柴油为燃料。

（2）处理物料的适应性强。由于澳斯麦特技术的核心是有一个翻腾的熔池，因此，只要控制好适当的渣型和合理的操作工艺，对处理的物料就有极强的适应性。

（3）热利用率高。由喷枪喷入熔池的燃料直接同熔体接触，直接在熔体表面或内部燃烧，根本上改变了反射炉主要依靠辐射传热，热量损失大的弊病。据初步计算，与反射炉熔炼相比，每年可减少燃料煤10 000 t以上。此外，由于取代目前的7座反射炉及电炉等粗炼设备，炉内烟气经一个出口排出，烟气余热能量集中可得到充分利用，与现在的反射炉相比每年可多发电2 500万kW·h以上，将使每吨锡的综合能耗有较大幅度下降。

（4）环保条件好。由于集中于一个炉子，烟气集中排出，与反射炉相比烟气总量小，容易解决烟气处理问题。因新熔炼炉开口少,整个作业过程处于微负压状态,基本无烟气泄漏,无组织排放大幅度减少;此外,由于烟气集中,可以有效地进行 SO_2 脱除处理,从根本上解决对环境的污染。

(5)自动化程度高。基本实现过程计算机控制,操作机械化程度高,可大幅度减少操作人员,提高劳动生产率。

(6)产品质量提高减少中间返回品占用。通过调节喷枪插入深度、喷入熔体的空气过剩量或加入还原剂的量及加入速度等手段,控制反应平衡,从而控制铁的还原,制取含铁较低的粗锡。这将大大减少返回品数量,进而减少返回品的处理成本、回收损失和占用资金的利息。

(7)占地面积小、投资省。由于生产效率高,一座新熔炼炉可以取代目前的七座反射炉及电炉等有关粗炼设备,炉子主体仅占地数十平方米,这为不停产改造提供了可能。而且,主体设备简单,投资省。

4. 技术专利和知识产权情况

该技术属澳大利亚澳斯麦特公司的知识产权。云南锡业集团有限责任公司在引进应用中对"澳斯麦特强化熔炼工艺中二次燃烧方法与装置"和"澳斯麦特炉炼锡工艺中的高铁渣型配方"进行了创新性改进,并已申报国家发明专利并得到受理。

(一)技术适用条件

1. 适用于处理含锡品位波动范围很广的各类锡精矿以及冶炼过程中产生的各种返回品。

2. 燃料可以是煤、天然气或各种燃料油。

3. 辅助设备基本上为通用设备,没有特殊要求。

(二)主要技术经济指标

1. 锡冶炼金属平衡率大于 99.3%;

2. 收尘效率大于 99.5%;

3. 尾气粉尘排放浓度小于 100 mg/m^3,SO_2 最终排放浓度≤660 mg/m^3;

4. 燃煤消耗仅为反射炉的 45%;

5. 渣含锡仅为反射炉的 40%;

6. 炉床指数为反射炉的 20 倍。

(三)投资与效益

1. 投资情况

云南锡业集团有限责任公司建设一套新熔炼系统,总投资为 1.7 亿元人民币。

2. 经济效益情况

产生的经济效益,采用相关复合因素合成分离计算法(CSP),通过以下几个方面计算而得:

(1)增量增效(计算公式为:含税增效=增产量×销价×利润率+增值税+附加税):

年份	增加产量/吨	销价/(万元/吨)	利润率/%	不含增值税增效/万元	抵扣后的增值税/万元	附加税/万元	含税增效/万元
2002	4 686	3.987	15.34	2 865.98	1 012.62	101.27	3 979.87
2003	6 950	4.645	16.97	5 478.38	1 749.72	174.97	7 403.07
2004	10 222	8.132	20.12	16 724.81	4 505.39	450.54	21 680.74
合计	21 858	—	—	25 069.17	7 267.73	726.78	33 063.68

（2）提高回收增效（计算公式为：增效=提高回收率×锡单耗×锡原料单价）：

年份	提高回收率/百分点	锡单耗/（吨/百分点）	锡原料单价/（万元/吨）	增效/万元
2002	0.17	191.45	3.243	105.55
2003	0.51	418.94	3.808	813.61
2004	1.22	436.32	6.644	3 536.67
合计	—	—	—	4 455.83

（3）增发电增效[计算公式为：增效=增发电量×（市价－成本）－电单耗上升增加成本]：

年份	增发电量/（万 kW·h）	市场价/（元/kW·h）	成本/（元/kW·h）	电单耗上升增加成本/万元	增效/万元
2002	901.48	0.377	0.206	88.04	66.11
2003	2 845.32	0.391	0.231	260.01	195.24
2004	2 703.86	0.408	0.270	213.22	159.91
合计	—	—	—	—	421.26

（4）粗锡质量提高

（计算公式为：增效=减少熔离析渣量×处理熔离析渣的加工成本）：

年份	减少熔离析渣量/吨	处理熔离析渣的加工成本/（元/吨）	节约成本/万元
2002	1 873	200.41	37.54
2003	2 397	221.30	53.05
2004	2 874	245.65	70.60
合计	—	—	161.19

（5）粉煤代重油增效（计算公式为：增效=重油量×重油价格－粉煤量×粉煤价格）：

年份	重油量/吨	重油价格/（元/吨）	粉煤量/吨	粉煤价格/（元/吨）	节约成本/万元
2002	12 292.40	1 500	19 072.83	290.48	1 290.70
2003	12 923.68	1 550	20 052.33	313.67	1 387.11
2004	15 911.51	1 600	24 688.22	426.78	1 492.20
合计	—	—	—	—	4 170.01

（6）布袋收尘替代电收尘增效[计算公式为：增效=（布袋收尘效率－电收尘效率）×多回收锡的价值]：

年份	布袋收尘效率/%	电收尘效率/%	多回收锡量/吨	多回收锡的价值/（万元/吨）	增效/万元
2002	99.88	99.00	78.94	3.243	256.00
2003	99.89	99.00	97.22	3.808	370.21
2004	99.92	99.00	88.81	6.644	590.05
合计	—	—	—	—	1 216.26

（7）耐火材料增效（计算公式为：增效=反射炉耐火材料成本－澳斯麦特炉耐火材料成本）：

年份	2001 年反射炉耐火材料成本/万元	澳斯麦特炉耐火材料成本/万元	节约成本/万元
2002	187.39	172.54	14.85
2003	187.39	78.87	108.52

年份	2001 年反射炉耐火材料成本/万元	澳斯麦特炉耐火材料成本/万元	节约成本/万元
2004	187.39	122.31	65.08
合计	—	—	188.45

（8）人工费降低增效益（计算公式为：增效=降低的人工费）：

年份	减少人员/人	人工费降低/万元	附加费降低/万元	节约成本/万元
2002	98	121.06	65.13	186.19
2003	98	151.47	70.93	222.40
2004	98	172.45	75.53	247.98
合计	—	—	—	656.57

以上（1）至（8）项，增创经济效益：2002 年为 5 936.81 万元；2003 年为 10 553.21 万元；2004 年为 27 843.23 万元。三年合计共增创经济效益 44 333.25 万元。

上述测算均依据新熔炼炉生产中产量、消耗、成本、费用以及采供、财务、生产等部门提供的相关数据。

（四）技术应用情况

该技术已经成功应用于工业生产。

（五）已成功应用该技术的主要用户

1．中国云南锡业集团有限责任公司冶炼分公司

2．秘鲁明苏公司冯苏冶炼厂

六、推广应用的建议

新型顶吹沿没喷枪富氧熔池炼锡技术是一种典型的顶吹沉没喷枪熔化熔炼技术，是目前世界上在冶金方面最先进技术之一，经济和社会效益明显。其突出特点：一是熔炼效率高，是反射炉的 15～20 倍；二是热利用效率高，每年可节约燃料煤万吨以上；三是环保条件好，烟气总量小，可以有效地进行二氧化硫脱除。该技术具有广泛的适用性，可在有色和黑色冶金行业广泛推广应用。

300 kA 大型预焙槽加锂盐铝电解生产技术

一、所属行业 铝电解

二、技术名称 300 kA 大型预焙槽加锂盐铝电解生产技术

三、技术类型 节能降耗

四、适用领域 大型预焙铝电解槽

五、技术内容

1．基本原理

早在 1886 年霍尔的第一个专利书中，就已提出了锂盐在铝电解上应用的建议，它的主要作用是降低电解质的初晶点，提高电解质导电率，降低电解质密度等，下面从锂盐对电解质体系的影响进行逐一分析。

（1）电解温度

电解温度 T 实际可表示为电解质的初晶温度 t_0 与电解值的过热度 Δt 之和，即

$$T=t_0+\Delta t$$

电解质中添加锂盐后，可使其初晶温度降低，其对初晶温度的影响可从下表看出：

表 1　LiF 对电解质初晶温度的影响

LiF/（wt/%）	0	2	4	6	8	19
初晶温度/℃	955.0	938.5	921.3	905.5	886.7	875.5

锂盐能使电解质初晶温度降低，主要是由于添加锂盐后，在电解质体系中形成了一个稳定的低熔点化合物锂冰晶石（Li_3AlF_6），通过简单的 $LiF-AlF_3$ 二元系相图（见图 1）可以看到，锂冰晶石（Li_3AlF_6）的熔点只有 785℃左右，而冰晶石（Na_3AlF_6）的熔点则为 1 010℃，因此，用部分锂冰晶石代替钠冰晶石可以显著降低冰晶石－氧化铝二元系的熔点。

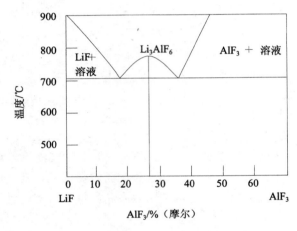

图 1　$LiF-AlF_3$ 二元系相图

（2）电解质的电导率

锂盐添加后将使电解质体系得到改善，增加电解质电导率。

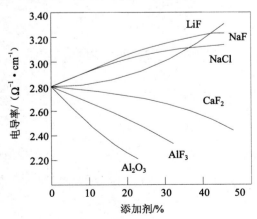

图 2　各种添加剂对冰晶石溶液电导率的影响

　　从图 2 可以看出，LiF 对电解质电导率的影响最强，随着电导率的增加，电解质电阻降低，从而可以达到降低电压的目的，因此 LiF 是铝电解生产优良的添加剂。

（3）对密度的影响

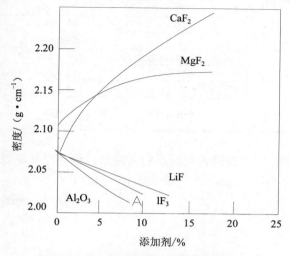

图3　添加剂对冰晶石溶液密度的影响

　　从图 3 可以看出相对 MgF_2 及 CaF_2，LiF 添加剂能降低电解质密度，可使铝液镜面同电解质界面更好地分层，减少二次反应的几率，达到提高电流效率的目的。

（4）对电解质黏度的影响

　　从图 4 可以看出，LiF 对降低电解质黏度的效果最显著，黏度的降低，促进电解质在电解槽内的流动和 CO_2 气体的排除，提高电流效率。

　　从以上分析可以看出，LiF 能够显著改善冰晶石溶液的物理性能。表 2 计算了各种添加剂对电解质物理性能的影响。

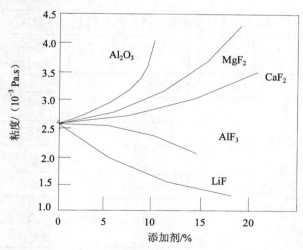

图4　各种添加剂对冰晶石溶液粘度的影响（1010℃）

表2 各种添加剂对电解质物理性能的影响

电解质各种添加剂/%		初晶温度/℃	导电率/ $(\Omega^{-1} \cdot cm^{-1})$	蒸汽压/Pa
Na_3AlF_6		1 011	2.874	534
CaF₂	4	−12	−0.051	−2
	7	−20	−0.099	−3
AlF₃	4	−1	−0.171	+137
	7	−24	−0.439	+593
LiF	1	−9	+0.047	−11
	3	−27	+0.142	−33
MgF₂	1	−5	−0.047	−10
	3			

从表 2 可以看出：锂盐在降低电解质初晶温度，提高电导率以及降低氟化盐消耗方面比其他添加剂都好，因此锂盐应该是铝电解生产的良好添加剂。

2．工艺流程图

3．技术特点

（1）降低电耗

使用该技术后，在极距不变的情况下，电解槽工作电压降低了，从而大大降低了吨铝电耗。使得在铝产量不减的情况下，节约了用电量，特别在用电紧缺时期，节约的电量可以弥补社会其他行业及生活需要。

（2）电解温度的降低

使用该技术后，电解槽槽温随着电解质初晶温度的降低而降低，减少了氟化物的挥发，改善了生产作业环境，同时减少了对环境的污染。

（3）电流效率提高

使用该技术后，由于电解槽槽温的降低，使得电流效率有所提高。

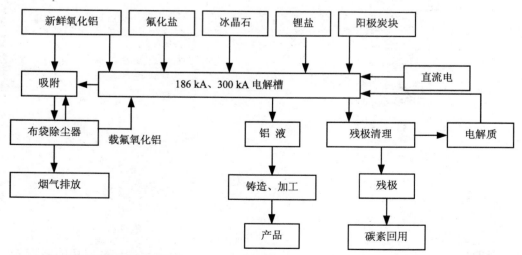

4．技术评审和知识产权情况

此项技术属企业技术革新成果，自主知识产权，已应用在企业的大批量生产中，节能降耗明显，适用于所有大型预焙槽铝电解生产。

六、技术适用条件

1．工艺技术条件

本技术适用于大型预焙槽生产工艺体系，对工艺技术条件无特殊要求。

2．对原料、材料及设备的要求

本技术要求在大型预焙槽上使用，对满足大型预焙槽生产的原料、材料皆适用，无特殊要求。

七、主要技术经济指标

大型预焙槽在添加锂盐后，电流效率明显提高（槽日产提高了 55.69 kg），直流电单耗下降了 368 kW·h/t（Al），氟化铝单耗下降了 8.51 kg/t（Al）如表 3 所示。

表 3　300 kA 系列添加锂盐主要技术经济指标

	槽日产/kg	电耗/[kW·h/t（Al）]	AlF$_3$/[kg/t（Al）]
添加前	2 260	13 400	27
添加后	2 315.69	13 032	18.49
差值	55.69	368	8.51

八、投资与效益

1．节电：300 kA 系列添加锂盐后，直流电耗降低 368 kW·h/t（Al），根据整流效率 98.85%计算出 300 kA 系列吨铝交流电耗为：

$$368÷0.988\ 5=372\ [kW·h/t（Al）]$$

300 kA 系列年产量 20 万吨，按每度电 0.279 4 元计算，全年可创效：

$$372×200\ 000×0.279\ 4÷100\ 00=2\ 078.736（万元）$$

2．提高产量：300 kA 系列添加锂盐后，槽日产增加 55.69 kg，系列 248 台槽 365 天可创效（按吨铝利润 1 689 元计算）：

$$55.69×248×365÷1\ 000×1\ 689÷10\ 000=851.43（万元）$$

3．节约氟化铝消耗部分：300 kA 系列添加锂盐后，吨铝节约氟化铝 8.51 kg，按 300 kA 系列年产量 20 万吨计算（氟化铝价格 5 元/kg）：

$$8.51×200\ 000×5÷10\ 000=851（万元）$$

4．锂盐成本：300 kA 系列单台槽日添加锂盐为 8 kg（碳酸锂），按 28 元/kg 计算，费用为：

$$8×248×365×28=2\ 027.65（万元）$$

5．因此，300 kA 系列每年可多创效：

$$2\ 078.736+851.43+851-2\ 027.65=1\ 753.516（万元）$$

九、已成功应用该技术的主要用户

云南铝业股份有限公司 300 kA 系列、186 kA 系列。

十、推广应用的建议

此项工艺技术是通过加入锂盐铝电介质使预焙槽的生产条件优化，进一步降低了直流电消耗和氧化铝的消耗，技术成熟、先进，已在云南铝业股份有限公司的 300 kV 和 186 kV 大型铝电解预焙槽上应用，使直流电消耗下降了 368 kW·h/t（Al），氧化铝单耗下降了 8.51 kg/t（Al），节能降耗、减轻污染，经济效益和环境效益显著。对现有满足大型预焙槽电解铝生产的原料、材料皆适用，对工艺条件也无特殊要求。

管—板式降膜蒸发器装备及工艺技术

一、所属行业　有色金属

二、技术名称　管—板式降膜蒸发器装备及工艺技术

三、技术类型　新工艺新设备的开发运用

四、适用领域　氧化铝生产行业

五、技术内容

1. 基本原理

我国氧化铝生产工艺有拜耳法、烧结法、混联法等，平均单位产品汽耗和水耗比国际先进水平要高 1 倍。蒸发是氧化铝生产的关键工序之一。主要浓缩铝酸钠溶液，平衡生产系统的水量，排出系统中碳酸钠、硫酸钠等盐类物质。蒸发工序能耗占氧化铝生产的 40%；蒸汽消耗占氧化铝生产的 50%；综合费用占氧化铝生产成本的 30%。

我国铝土矿资源主要以一水硬铝石型铝土矿，占全部铝土矿资源的 99%。其矿物组成复杂，二氧化硅含量，氧化钛含量高，生产技术条件难度大，溶出温度 248℃以上，溶出苛性碱浓度 250g/L 以上，溶出时间 45 分钟以上，配料过程中需添加 10%左右 CaO 作为催化剂，提高溶出速度。造成系统中碳酸盐和铝硅酸盐含量高，溶液在蒸发过程中，换热器生成大量的致密硅酸盐结垢和析出碳酸盐结晶，极大地影响蒸发器的传热效果。这一技术问题已成为我国氧化铝生产技术进步的最大制约环节之一，也是氧化铝生产蒸汽消耗居高不下的根本原因。

目前，我国氧化铝生产蒸发技术主要采用 20 世纪 50 年代从前苏联引进消化设计的列管式外加热自然循环蒸发技术，其特点是：

（1）能耗高。每蒸一吨水需消耗蒸汽 0.4～0.55 吨。

（2）换热面结疤速度快，结疤清理困难，运转率低。蒸发器组运行 4～6 天水清洗一次，20～30 天需要酸洗一次。

（3）传热系数低，传热系数低小于 1 000 W/m·℃·h；蒸发强度低，四效作业时每小时每平方米换热面积蒸水 10.23～11.23 kg。

（4）自动化水平低，操作劳动强度大。

另一种 90 年代初从法国引进的管式降膜蒸发技术。虽然传热系数、蒸发器能力、寿命周期较列管式自然循环蒸发器有较大的进步和提高。但结构复杂，用材高，依赖进口，投资大等不利因素，况且蒸发能力和传热系数仍处于不理想的水平（汽水比 0.32～0.38）。

这两类蒸发技术的致命缺点是无法满足我国矿石资源特点的混联法氧化铝生产技术。

此项技术是在自主开发的自流式外循环降膜板式蒸发器用于氧化铝生产并取得了较显著的效果的基础上，系统创新开发了管—板式降膜蒸发器，并实现了产业化应用，主要创新点是：

（1）开发成功的管排式加热器技术

采取科学的流场和热力场设计，开发应用方管结构，改善了受力状况，提高蒸发效

率的同时大幅度降低制造费用（图1）；

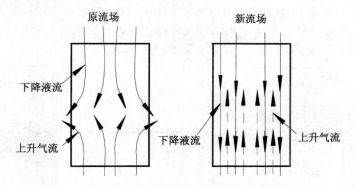

图1　二次蒸汽热交换流场示意图

　　利用碳素钢代替不锈钢，解决了加热器板片在高温效因压力、温度和苛性碱浓度高等恶劣工况条件下使用而产生应力腐蚀破坏且寿命低的重大技术难题（图2）。
　　具有间接加热和二次蒸汽直接加热的双重蒸发过程，增大了液体的自由表面积；在运行过程中加热器结垢能够自动脱落，具有自洁作用（图3）。

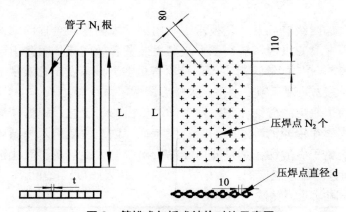

图2　管排式与板式结构对比示意图

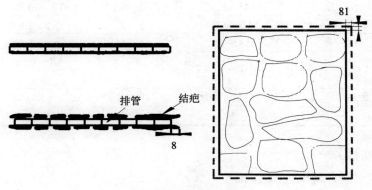

图3　结疤脱落示意图

（2）发明了适应铝酸钠溶液特点的免清理布膜器，利用分散、均化技术，简化布膜器结构，具有排除垢体功能，实现免清理；解决了氧化铝生产铝酸钠溶液蒸发易结疤堵塞及汽、液争流现象而导致布膜不均的世界性技术难题，提高蒸发强度（图4）。

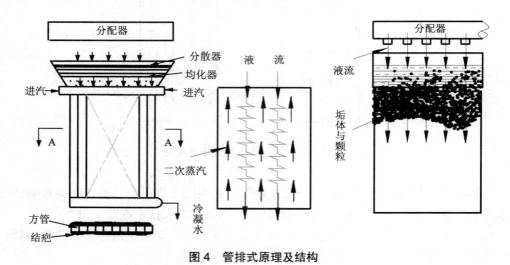

图4 管排式原理及结构

（3）六效蒸发加四级自蒸发工艺技术，利用蒸发表面积和合理的结构配置，使每效因静压造成的温损在 1℃以内，解决了多级蒸发装置各效间流体阻力引起的温度损失难题，有效温差在 3.5～5℃能够正常工作，使原有最多五效蒸发工艺实现了六效蒸发；实现了汽水比 0.21～0.23 的国际领先水平，大幅度降低了系统能耗。

（4）开发应用了避免碳酸钠在蒸发器中结晶析出的新工艺，根据碳酸钠、硫酸钠、铝硅酸钠等盐类物质在铝酸钠溶液中的溶解度特征，创造性地引入外循环系统改变蒸发溶液参数，从而避免了碳酸钠在蒸发器内结晶析出；有效地解决了氧化铝混联法生产中蒸发过程的排盐问题，排盐温度低，效果好，提高了蒸发强度，降低了清理劳动强度。

（5）与国内外同行业蒸发技术指标的对比：

名称 项目	国内外联合法厂家 列管式蒸发器	国内外拜耳法厂家		本项技术
		板式蒸发器	凯斯特拉公司	
每吨水蒸汽消耗/（t/t—水）	0.45～0.55	0.22～0.27	0.32～0.38	0.21～0.24
吨水工艺电耗/（kW·h/t—水）	4.7～6.4	7.5～7.7	7.1～7.8	7.5～7.7
吨水循环水消耗/（t/t—水）	16～18	13～15	13.4～14.3	14～17
吨蒸汽蒸发合格水量/（t/t—汽）	1.2～1.7	3.5～4	3～3.5	4～4.8
使用寿命（I 效）/年	1.8	0.8	5.5	1.5
蒸发传热系数/（W/m²·℃）	700	1 500	1 500	1 550
结疤	重	轻	偏重	轻

2. 技术评审情况

2002 年通过轻金属研究所检测。

2004 年通过中国有色金属工业协会组织的科技成果鉴定。结论为："该项目技术先进，设备实用性强，具有自主知识产权，在处理一水硬铝石在氧化铝生产行业中，其技术装备水平达到了国际领先，具有很好的推广应用价值。"

3. 技术专利和知识产权情况

避免碳酸钠结晶在蒸发器中析出的新工艺　　ZL1998 1 12244.2

消除氧化铝生产中蒸发器内碳酸钠结垢的方法　ZL1998 1 12243.4

用于氧化铝行业的板式蒸发器　　　　　　　ZL2001 2 44981.4

方管式蒸发器加热原件　　　　　　　　　　ZL2004 20033128.X

已受理的专利申请：

板式蒸发器加热原件的加工方法　　　公布（申请）号：03135613.3

六、主要技术经济指标

运转率/%	65	85	92	90
单位投资/（万元/组）	1 056	5 947	6 813	3 460
占地面积/（m²/组）	1 800	990	980	990

七、投资与效益

1. 经济效益

这里仅列出与原使用列管式蒸发器比较节能、降耗给中铝贵州分公司创造的直接经济效益。水、电、汽价格基准值如下表。

名称 \ 项目	回水/吨		电/度	汽/吨
	软水	热能折蒸汽		
单价（元）	7.2	3.89	0.28	49.76
	11.09			

（1）计算公式

年节约蒸汽费=蒸汽价×比较汽水比差×年蒸汽水量

年回水增加收入=回水价×年增加回水量

年增加电费=蒸发系统年增加用电量×电费价格

年新增直接效益=年节约蒸汽费＋年回水增加收入－年增加电费

年新增所得税年新增直接效益×税率（0.33）

（2）新增直接经济效益和所得税

根据上述计算公式和生产考核实际指标，本项目成果已取得的直接经济效益和新增上缴所得税如下表（单位：万元）。

年份 \ 投资总额	23 788.00	回收期/年	6.80
	新增利润	新增税收	节约外汇/（万美元）
2002	2 376.00	784.10	0
2003	3 168.00	1 045.46	28
2004	5 297.88	1 748.29	84
累计	10 841.98	3 577.85	112

（3）降低投资（制造）费用和维护费用

1 580 m² 板式加热原件 Incoloy800 材质造价 780 万元/台，SUS316L 材质造价 380 万元/台；20 g 材质管—板式加热原件造价＜100 万元/台，单组板式加热器 6 效全部改造为管—板式加热器可减少费用 2 480 万元/组。

中铝贵州分公司蒸发器在产能由原来的 42 万吨/年增加到 85 万吨/年的条件下，原来的 9～11 组运行，变到目前的 7～9 组运行，维修费用由原来的年平均 3 488 万元降到目前的 1 348 万元。

2．社会环境效益

本项目产业化实施过程中，已给中铝贵州分公司带来了实实在在的社会环保效益。

（1）降低蒸汽消耗，已减少燃煤用量折合标准煤 28.25 万吨。

年份	2002 年	2003 年	2004 年	2005 年第一季度	合计
减少燃煤/万吨	5.73	8.02	11.6	2.9	28.25

（2）提高回水质量和水循环利用率，已减少取水量 690 万吨，减少排污水 770 万吨。

年份	2002 年	2003 年	2004 年	2005 年第一季度	合计
减少取水/万吨	140	200	280	70	690
减排污水/万吨	150	220	320	80	770

（3）实现了国产材料替代进口和制造本地化，制造材质由碳钢替代不锈钢，有效减少了镍、铬等稀缺资源的用量。

八、技术应用情况

此项技术已成功应用于中铝贵州分公司全部蒸发系统技术升级改造。氧化铝产量由原来的 42 万吨/年，增加到 2004 年的 85 万吨/年；氧化铝的单位汽耗由原来的 6.04 t/Ao.t 降到了 4.10 t/Ao.t。

九、已成功应用该技术的主要用户

中铝山西分公司，中铝山东分公司。

十、推广应用的建议

这是一项成熟的节能降耗生产技术，已经在中铝贵州分公司成功运行 3 年，节能节水效果明显。推广这项技术对促进我国氧化铝清洁生产，缓解资源、能源、环境制约因素，具有重要的现实作用和深远的历史意义。

无钙焙烧红矾钠技术

一、所属行业　化工行业
二、技术名称　无钙焙烧红矾钠技术
三、技术类型　清洁生产技术
四、适用领域　红矾钠生产企业
五、技术内容

1．基本原理

将铬矿、纯碱与铬渣粉碎至 200 目后，按配比进入回转窑在高温下焙烧，使 $FeO \cdot Cr_2O_3$ 氧化成铬酸钠。将焙烧后的熟料进行湿磨、再经旋流器分级后过滤，中和再次过滤除去铝酸盐，将滤液加入硫酸酸化，使铬酸钠转化成红矾钠，并排出芒硝渣，然后蒸发（酸性条件）得到红矾钠产品。

2．工艺流程图（理解性示意图）

3．技术评审情况

20 世纪 70 年代国外工业发达国家就实现了红矾钠无钙焙烧，与有钙焙烧相比，无钙焙烧不产生致癌物铬酸钙，渣中有毒的 Cr^{6+} 只有有钙焙烧的 1/20。但国外对该生产技术严格封锁，因此我国将无钙焙烧生产红矾钠技术列为国家重点攻关项目。天津化工研究设计院经过 20 多年的研究、小试、中试，掌握了浆液旋流分级铬渣、造粒焙烧工艺等关键技术，解决了工程放大、设备结构参数等技术难题。2004 年 2 月在甘肃民乐县建成年产 1 万吨的生产装置，同年 10 月 22 日通过国家环保总局环评司组织的验收，12 月 18 日通过了中国石油和化学工业协会主持的专家鉴定。

六、技术适用条件

主要生产设备有回转窑、锅炉、磨机、冷却机、反应器、蒸发器等。

七、主要技术经济指标

与传统的有钙焙烧红矾钠相比，无钙焙烧工艺不产生致癌物铬酸钙，每生产 1 吨产品排渣量由 2 吨左右降低到 0.8 吨，渣中 Cr^{6+} 含量由 2% 降低到 0.1%。

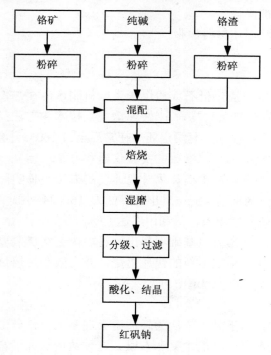

八、投资与效益

按年产 3 万吨无钙焙烧红矾钠测算，投资规模为 1.1 亿元。年可实现销售收入 2.2 亿元，税后利润 1 700 万元。所得税后财务内部收益率为 17%，投资回收期为 6.7 年。

九、技术应用情况

该项技术已经在天津化工研究院和银河公司建设了 3 000 吨/年和 5 000 吨/年的无钙焙烧红矾钠生产线。2003 年 2 月在甘肃省民乐县建成年产 1 万吨无钙焙烧红矾钠，至 2004 年底共生产 13 000 吨红矾钠产品。

十、已成功应用该技术的主要用户

天津化工研究院、银河公司。

十一、推广应用的建议

采用无钙焙烧工艺替代传统的有钙（白云石，石灰石）焙烧工艺，不产生致癌物铬酸钙，使铬渣排放量降低至原工艺的 1/3，渣中 Cr^{6+} 含量只有原工艺的 1/20，是当前国际先进国家大量采用的红矾钠生产工艺。由于技术封锁，国内的铬盐生产大多数均采用落后的有钙焙烧工艺，大量的铬渣堆放和生产排放对环境造成很大危害。目前国内这项技术已成熟，采用这项工艺技术，按年产 1 万吨的装置估算，企业的直接经济效益约为 1 000 万元。此项技术适合在铬盐行业推广使用。

节能型隧道窑焙烧技术

一、所属行业　建筑材料

二、技术名称　节能型隧道窑焙烧技术

三、技术类型　节能降耗

四、适用领域　烧结墙体材料行业

五、技术内容

1. 基本原理

此项技术主要以工业废渣煤矸石或粉煤灰为原料制造砖瓦，使用了宽断面隧道窑专利技术、变频技术、"超热焙烧"技术、"快速焙烧"技术和方法；建立快速焙烧制度的方法和"超热焙烧"技术，建立一套测定坯体在常温至 1 100℃升温过程中弹性模量、热传导系数、膨胀系数和抗折强度等参数的实验仪器和方法；创立一套数据处理和计算抗热冲击值的方法，以及由抗热冲击值计算升温速度的方法。使实际焙烧过程按照设定的程序进行，实现制品焙烧周期由 45～55 小时降低为 16～24 小时，充分利用置换出来的热量，使热工过程节能效率达 40%，热利用率达 67%。

此项新技术及装备是在实验室基础上提出原料的快速焙烧制度，利用"超热焙烧"技术及其他辅助系统，实现指定原料的快速焙烧，并有效利用焙烧余热。其最终形式表现为应用该项技术装备的节能型隧道窑。

2. 工艺流程图

（1）窑顶结构形式：从下到上依次为轻质耐火混凝土板，硅酸铝保温材料，高温密封涂层和支持轻质耐火混凝土板的主梁和农梁。这种结构保证了窑顶耐热、保温、密封的性能。

（2）窑墙结构形式：从里到外依次为黏土质耐火砖、轻质保温砖、硅酸铝保温材料、红砖外墙。窑墙每隔一定距离设有膨胀缝，保证了窑体的自由伸缩。

（3）轻型窑车的结构形式：采用了轻质衬砌材料，降低窑车的蓄热量；窑车之间采用了双重密封槽盒，两侧与窑体采用了砂封，杜绝了窑车面上与车下的气体流动。

（4）密封形式：采用双砂封。即将轻型窑车的 C 型槽钢嵌入窑墙内壁，C 型槽钢下部作为一砂衬槽，窑车上的 T 型钢板插入 C 型槽钢内，形成另一个砂封槽。这种双砂封形式大大减少了热空气窜入窑车底部，密封效果良好。

工艺流程图如下：

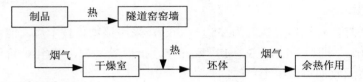

3．技术评价情况

本工艺在研究、开发、推广过程中，创立了"快速焙烧"理论，缩短焙烧周期，降低了焙烧能耗。主要研究内容如下：

（1）建立一套测定影响原料快速焙烧性能参数的实验仪器与方法；

（2）创立一套快速焙烧制度的计算方法，确定各原料的快速焙烧制度。

在推广以及产业化中创造了"超热焙烧"技术，使高含能工业废料制砖成为可能，同时使多余能量获得了充分利用，节约了能源，是解决高含能原料快速焙烧的关键技术。

国内外实践表明，采用煤矸石、粉煤灰制砖是大量消耗这种工业废料最彻底、最稳定的途径之一。该项技术及装备的应用，促进了传统砖瓦产业改变生产工艺和产品结构，对于节约能源、保护耕地、保护环境和自然资源、改善建筑物功能、促进建筑和建材工业的技术进步具有重要意义。

4．技术专利和知识产权情况

本项目属国内自主研究开发的技术，获中国建材协会科技进步奖，不存在知识产权的纠纷。

六、技术适用条件

该项目技术不仅对于含热值工业废料有指导作用，而且同样对于无热值砖瓦原料有指导意义，快速焙烧制度可以精确确定合适的燃料投放点和数量，达到节能的目的。

该技术有待于进一步完善实验方法和计算方法，更有待于在实践中完善和探索实现余热利用和快速焙烧的有效措施。在技术上，对于少数燃点很低的高值煤矸石原料，还不能有效利用这部分能源，使窑炉余热利用和制品快速焙烧、节能、降耗向前迈进一大步。

七、主要技术经济指标

	使用该成果之前	使用该成果之后
能耗	550 kcal/kg	320 kcal/kg
焙烧周期	45~55 hr	18~24 hr

八、投资与效益

以建设一条经济规模为年产 6 000 万块煤矸石或粉煤灰砖生产线为例：

1．节省投资

通常每条煤矸石或粉煤灰生产线，隧道窑及其厂房投资占总投资的 1/3，约 1 000 万元。采用该项目技术，焙烧周期由原传统的 45～55 小时降为 16～24 小时，即降低了 2/5，相应窑炉及厂房的长度和投资也降低到原来的 2/5，每条生产线可节约建设投资 400 万元。

2．节约能源

焙烧所需热量 320 kcal/kg，干燥所需热量 200 kcal/kg 及工厂采暖等所需热量约 150 kcal/kg 均来自于余热，合能原料中近 67%的热量得到充分利用。利用余热 5.25×1 010 kcal/年，折标煤 7 500 吨/年，价值约 220 万元/年。

3．降低能耗

对于燃料消耗，传统焙烧能耗为 550 kcal/kg，采用该项目技术后，能耗 320 kcal/kg，焙烧节能率：40%，即节约能耗 3.3×10^{10} kcal/年，折标煤 4 716 吨/年，价值约 135 万元/年。企业的投资回收期将减少 1 年时间。

九、技术应用情况

该项目建立起来的快速焙烧制度和超热焙烧技术，已能对大部分原料的快速焙烧起到指导作用。经过多条生产线隧道窑"实践—改进—完善"，其可靠性和实用性更高，该技术在国内外砖瓦生产线上有很多成功的应用。

通过国际招投标，该技术已应用到马来西亚德源有限公司烧结砖生产线上，同时改变原生产工艺中的自然干燥为人工干燥，提高了产品质量，有效利用了余热。

十、已成功应用该技术的主要用户

已应用该项目技术的生产线

➢ 石家庄市新型建筑材料工程公司年产 28 000 万块粉煤灰空心砖生产线
➢ 石家庄冀能环保新材料有限公司年产 12 000 万块粉煤灰烧结砖生产线
➢ 山东兖州洁美新型墙材有限公司
➢ 山东省田庄煤矿矸石空心砖厂
➢ 山东裕隆新型墙材有限公司
➢ 淄博矿物局埠村煤矿矸石空心砖厂
➢ 济宁矿业集团科美新型建材有限公司年产 6 000 万块煤矸石生产线
➢ 抚顺华强煤矸石烧结砖有限责任公司年产 6 000 万块空心砖生产

十一、推广应用的建议

该技术是工业废弃物资源利用、节能降耗，保护环境，技术本身已成熟可靠，综合效益明显。以一条年产 6 000 万块砖（煤矸石或粉煤灰）生产线为例：投资为 1 800 万～2 000 万元，节约占地近 3 万平方米、年利用工业废弃物煤矸石 12 万吨或粉煤灰 7.2 万吨。焙烧周期比使用此项技术之前缩短 2/5，减少窑炉及厂房长度，节约建设资金约 400 万元，提高了热效率，降低了能耗，可节约用煤量约 4 700 吨标煤/年，利用煤矸石或粉煤灰的残留炭，减少用煤量约 7 500 吨标煤/年，两项合计年节约用煤 1.22 万吨左右，经济效益、环境效益和社会效益明显。此项技术在技术改造（仅更新隧道窑）或新建生产线都可应用。

煤粉强化燃烧及劣质燃料燃烧技术

一、所属行业　建材

二、技术名称　煤粉强化燃烧及劣质燃料燃烧技术

三、技术类型　新工艺新设备的开发和利用

四、适用领域　建材、冶金及化工行业回转窑煤粉燃烧

五、技术内容

1. 基本原理

HP 强涡流型多通道燃烧器由中心通道、内部的旋流通道、中间的煤流通道、外部的轴流通道构成。煤粉从燃烧器喷出燃烧，除空气输送煤粉本身的预混合外，还要经过三次扰动、混合。三次的扰动与混合都是由于气流的速度、方向和压力的不同造成的，从而使风煤混合更均匀，确保煤粉完全燃烧。改变内外流风的比例，可以调节火焰的形状。

该技术的核心装备——"HP 强涡流型多通道燃烧器"紧跟当今世界工业发展的两大主题"节能和环保"。其主要体现：可烧劣质燃料；耐磨损、耐变形；NO_x 排放低。该技术采用了目前世界上公认的强化煤粉燃烧的两条有效措施，即热回流技术和浓缩燃烧技术，因此可有效地实现"节能和环保"。节能即意味着减少生产过程中污染物的产生和排放，尤其是减少 NO_x 排放可减轻对人类健康和环境的危害。由于强化回流效应，使煤粉迅速燃烧，特别有利于烧劣质煤、无烟煤等低活性燃料，因此可采用当地劣质燃料，促进能源合理使用，提高资源利用效率。一次风量小，节能显著。从以上几个方面可以看出该技术对"清洁生产"有着重要意义。

2. 工艺流程示意图

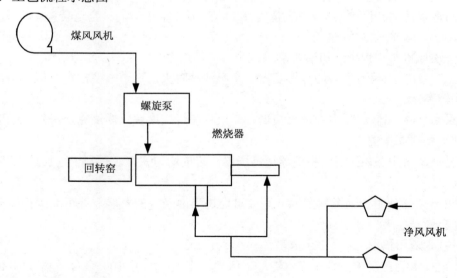

3. 技术评审情况

1998 年 12 月 29 日由安徽省建筑材料工业局组织鉴定。鉴定结论：该结构形式的燃烧器属国内首创。主要技术经济指标属国内领先水平。价格相当于国外同类进口设备的 1/8 左右，可以替代同类进口设备。具有推广应用价值。

4. 知识产权情况

自主知识产权。

5. 技术工艺的成熟度

HP 型燃烧器已在全国各地多家水泥厂、活性氧化钙厂应用 100 余台（套），并出口

国外。在预分解窑（NSP 窑）、预热器窑（SP 窑）、余热发电窑、湿法窑（特别是华新窑）上利用当地烟煤、低挥发分煤、无烟煤、褐煤煅烧水泥熟料，在预热器窑上煅烧活性氧化钙，给企业带来十分显著的经济效益。技术工艺十分成熟。

六、技术适用条件

主要设备有：HP 强涡流型多通道燃烧器、移动装置、油泵、油枪、油量调节总成、风机、煤粉输送泵。

七、主要技术经济指标

1．结构独特，耐磨损不易变形（使用两年无需任何修理），火焰形状完整不跑偏。

2．火焰稳定，燃烧强度高，调节幅度大。

3．对煤种的适应性强。可烧灰分高达 35% 的劣质煤，低挥发分的烟煤、无烟煤及水分大、热值低的褐煤。

4．一次 JxL 量小。一次风量占燃烧空气量小于 7%。

5．NO_x 的排放减少 30% 以上，有利于环境保护。

八、投资与效益

1．以 2 500 t/d 窑为例，应用该技术投资约 50 万元。其经济效益为：

2．采用当地劣质燃料可降低成本。当地劣质燃料与优质烟煤价差 100 元/t，年节约成本 1 100 万元。

3．一次 JxL 量减少、高温二次风用量增加可节约用煤。一次风量由 13% 减少到 7%（一次风与送煤风之和），吨熟料节煤量为 1.3 kg，年节煤 1 070 t（窑运转率 90%），劣质煤价 150 元/t，年节约成本 16 万元。

4．一次风机与送煤 JxL 机装机功率减少可节约用电。

5．采用 HP 强涡流型多通道燃烧器，窑况波动时火焰调节方便，窑头提温快，从而提高窑快转率。

6．采用 HP 强涡流型多通道燃烧器，其煤粉燃烧速度快，燃烧完全，热力强度大，从而有利于熟料质量的提高。

7．另外，采用 HP 强涡流型多通道燃烧器，窑皮均匀完整，有利于延长耐火砖寿命，节约运行费用。

8．由于充分利用当地燃料资源，因此可促进当地经济的发展，并可减少铁路运输压力。其社会效益巨大。

九、技术应用情况

目前该技术已在全国各地多家水泥厂、活性氧化钙厂应用 100 余台（套），并出口国外。在预分解窑（NSP 窑）、预热器窑（SP 窑）、余热发电窑、湿法窑（特别是华新窑）上利用当地烟煤、低挥发分煤、无烟煤、褐煤煅烧水泥熟料，在预热器窑上煅烧活性氧化钙，均给企业带来十分显著的经济效益。

十、已成功应用该技术的主要用户

贵州省毕节天工建材总厂、广东省惠阳双新水泥厂、江西省赣江水泥集团有限公司、江苏省南京大连山水泥厂、内蒙古赤峰元宝山水泥厂、海拉尔蒙西水泥有限公司、越南 Kienkhe 水泥公司、鄂尔多斯市蒙西建材有限公司、四川双马水泥股份有限公司、吉林亚太集团等。

十一、推广应用的建议

目前国内使用的单通道燃烧器存在一次风量大，燃烧不完全，热损失大等弊病，更不适用烧劣质煤的趋势。现使用的老式三通道燃烧器存在易变形，易磨损，一次风量偏大，对劣质煤的适应性不强等弊病。HP 强涡流型多通道燃烧技术先进、成熟、可靠，已经在多个水泥厂和活性氧化钙厂回转炉上应用，煤种适应性强，低品质资源利用率高，减少 NO_x 的形成，与使用该技术之前相比，NO_x 降低 30%，有利于环保。建议现有的回转窑改造，采用 HP 强涡流型燃烧器。

以 2 500 t/d 水泥窑为例，采用该技术需投入 50 万元，以低品质煤和优质烟煤差价每吨 100 元计算，可降低生产成本 1 000 万元，年节煤节电 20 万元。

少空气快速干燥技术

一、所属行业　无机非金属建筑材料
二、技术名称　少空气快速干燥技术
三、技术类型　节能，环保
四、适用领域　陶瓷、电瓷、耐火材料、木材、墙体材料生产企业
五、技术内容
1. 基本原理

陶瓷坯体中含有的水分有 3 种，化学结合水、吸附水、游离水（自由水）。化学结合水在一般的干燥条件（<400℃）下无法排出，所以坯体的干燥排出的是吸附水和游离水，此两种水分一般称为物理水，坯体干燥主要是围绕物理水的排出来进行的。

坯体的水分排出分为两个方面，由坯体表面蒸发水分扩散到周围介质中去的为外扩散；从坯体内部排出水分到坯体表面的为内扩散。水分的内、外扩散属于传质过程，需要吸收必要的热量。

在坯体的干燥过程中，随着供热过程的进行，坯体受热、排水，直至水分达到干燥要求，一般经过四个阶段：预热、等速干燥、降速干燥、平衡状态。

预热阶段，坯体表面受热较快，表面温度大于内部温度，外扩散速度高，内扩散速度低，此时坯体内外排水速度差距较大，坯体收缩不均，极易造成坯体的开裂，所以常规干燥时，预热阶段一般较长。干燥在等速阶段时，坯体内外温度均匀，外扩散、内扩散速度相等，坯体干燥收缩均匀，不易产生坯裂。降速干燥阶段、平衡状态坯体的水分已经接近或达到干燥要求，坯体的收缩完成，因此不会产生坯裂。

由此可以看出，坯体干燥过程影响最大的阶段是预热阶段，由于预热过程占用干燥的时间占整个干燥时间的一半以上，所以如何缩短预热阶段的时间是提高干燥效率的关键所在。少空气干燥技术即通过采用低温高湿的方法，使得湿坯体在低温段由于坯体表面蒸汽压的不断增大，阻碍外扩散的进行，吸收的热量用于提升坯体内部的温度，提高内扩散的速度，使得预热阶段缩短，等速干燥阶段提早进行。等速干燥阶段借助强制排水的方法，进一步提高干燥的效率，最终达到快速干燥的目的。

2．工艺流程图（理解性示意图）

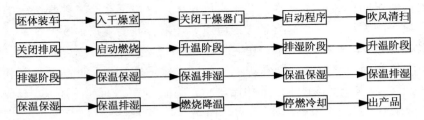

坏体装车 → 入干燥室 → 关闭干燥器门 → 启动程序 → 吹风清扫

关闭排风 → 启动燃烧 → 升温阶段 → 排湿阶段 → 升温阶段

排湿阶段 → 保温保湿 → 保温排湿 → 保温保湿 → 保温排湿

保温保湿 → 保温排湿 → 燃烧降温 → 停燃冷却 → 出产品

3．技术评价情况

该技术已经成熟，并形成系列化产品。2003 年 7 月 25 日通过了陕西省科技厅组织的鉴定。

六、技术适用条件

配备整体烘干设备。

七、主要技术经济指标

1．干燥器规格： ARD-28

2．干燥室容积： 257.09 m³

3．设备装机容量： 30 kW

4．室内容车数： 50 辆（电瓷产品 1 600 件）

5．干燥周期： 9～11 小时/次

6．坯体干燥前含水率： 14%～17%

7．坯体干燥后含水率： ≤1%

8．干燥能耗： 1 200～1 500 kcal/kg 水

9．燃料种类： 石油液化气

八、投资与效益

以 ARD-28 型为例。干燥电瓷产品效率为传统间歇烘房的 5 倍，每周期干燥 1 600 件电瓷悬式绝缘子，干燥水分 1 536 kg。

	烘干方式	少空气干燥器	传统间歇烘房	备注
投资比较	设备投资	60 万元/台	4 万元/台×5＝20 万元	相同产量类比
	基建面积（m²）	110	110×5＝550	
	基建费用（万元）	8.8	44	以 800 元/m² 计
	一次性投资（万元）	68.8	60	相同产量类比
设备运行成本比较	干燥能耗（kcal/kg 水）	1 200	3 000	
	装机容量（kW）	30	5	
	干燥周期（h）	10	50	
	燃料消耗（元）	614.4	1 536	4 元/kg 液化气
	电力消耗（元）	300	250	1 元/kW·h
	运行成本（元/周期）	914.4	1 786	
	年运行次数（次）	660	660	年工作日 330 天，2 次/天
	干燥支出（万元）	60.350 4	117.876 0	
结果分析	由以上比较可以看出，采用少空气快速干燥器，设备一次性投资基本相当，而少空气干燥器的运行成本却远远低于传统间歇式烘房。			

九、技术应用情况

少空气快速干燥器自从 2003 年初在大连电瓷厂首度使用后，反映良好，也给企业带来了良好效益。目前，大连电瓷厂已采用两台 ARD-28 型少空气干燥器，仅每年的节能降耗带来的效益就超过 100 万元。

大连金州向应电瓷厂采用少空气干燥器后，原来的 9 台烘房拆除，改为成型线，在不增加基建投资的前提下，大大提高了生产能力。

苏州电瓷厂大量采用该干燥器的结果是大大节省了基建投入，为企业搬迁以后控制成本，提升市场竞争力做出了很大的贡献。

十、已成功应用该技术的主要用户

1. 大连电瓷厂　　　　　　ARD-28 型　　　　2002 年使用
2. 苏州电瓷厂　　　　　　ARD-11 型　　　　2004 年使用
3. 大连金州向应电瓷厂　　ARD-20 型　　　　2004 年使用

十一、推广应用的建议

此项技术先进、成熟、可靠，已在电瓷、日用瓷和卫生陶瓷等应用，燃料适用性强。以一条年产 60 万件卫生陶瓷为例，年干燥卫生瓷坯体量 72 万件（25 kg/件），干燥蒸发水量 8.4 吨/日。创通干燥工艺：干燥周期 36～48 小时，耗能 2 400 kcal/kg 水。而用少空气干燥工艺：干燥周期缩短至 6～8 小时，耗能 1 200 kcal/kg 水。干燥气缩短 2/3，节能 50% 以上。一次性技术改造投资约 60 万元，每年可节约柴油 300 吨。在电瓷、日用陶瓷和木材干燥应用这项技术，同样取得良好效果。间接经济效益表现在：干燥占地面积减少 1/2，产品合格率提高 5%，减少了烟尘排放。建议在日用陶瓷、卫生陶瓷、木材干燥领域推广。

石英尾砂利用技术

一、所属行业　玻璃原料选矿
二、技术名称　石英尾砂利用技术
三、技术类型　提高矿产资源开采率、共生矿和尾矿利用率
四、适用领域　硅质原料生产企业
五、技术内容

1. 基本原理

浮选药剂研制是本次项目的重中之重，也是难点所在，常规的石英砂浮选一般有氢氟酸法（HF 法）与硫酸法，HF 法所用的活化剂与 pH 调整剂为 HF 酸，虽然选择性较好，但后期的 [F^-] 离子处理及二次污染问题较难解决，为保证不产生新的环境污染问题，本项目决定采用硫酸法浮选。硫酸法浮选分离石英时所用的活化剂与 pH 调整剂通常为 H_2SO_4 与 NaOH（碱类）。硫酸法浮选的选择性一般较 HF 法差，预处理过程比较复杂，目前使用的浮选捕收剂一般为二胺及石钠类混合捕收剂，药剂的耐低温性能较差，水溶性不太好，使用过程中不太方便。

为简化工艺流程中预处理环节，本项目研制了一种耐泥浆性能佳，易溶于水且选择性及耐低温性能均佳的浮选捕收剂，在同等用量的情况下，浮选精砂的产率较低，上浮

的杂质较多，捕收力最强。

2．工艺流程图

分级细砂用装载机给入给料矿仓，经电磁振动给料机及电子皮带称等定量给入高效调浆槽，药剂系统之药剂也经计量泵定量给入调浆槽，石英砂、云母、长石等矿物在此进行表面反应及改性后进入浮选机进行充气浮选，云母、长石及部分杂质矿物以泡沫形式浮出进入云母、长石脱水储存系统，合格精砂经脱水后用皮带运至石英精砂脱水、储存均化库堆存。在此过程中所有含 H_2SO_4 的药剂水进入含 H_2SO_4 水循环处理池循环使用，少量多余（约 5.5 m^3/h）之含 H_2SO_4 水进入废水处理池用 $Ca(OH)_2$ 进行处理，处理后的废水进入现有循环水系统循环使用。

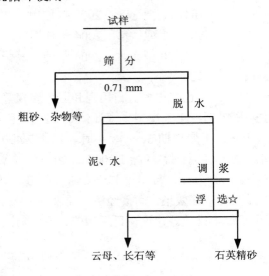

3．技术评价情况

国内大多数硅质原料生产厂家基本未对石英尾砂进行有效的综合利用，能够销售的也只是低档产品，经济效益低，大量的石英尾砂被废弃，占用大量农田堆放，造成严重的环境污染问题；而国外硅质原料生产厂家对石英尾砂的综合利用进行了深入研究，石英尾砂经深加工后得到了广泛的综合利用，能满足不同行业的质量要求；产品附加值高，经济效益好（大部分厂商将此作为主要的经济来源）；极少量废弃，不污染环境。此项技术的关键在于以适当的工艺处理石英细砂，去除杂质矿物，提高石英细砂的内在品质。采用浮选工艺时，应注意泥质胶结物对浮选性能的影响。应用新的"无氟浮选技术"对石英尾砂进行提纯，解决了石英尾砂综合利用的问题，其产品应用前景广阔。

4．技术专利和知识产权情况

自主知识产权，已申请了发明专利"一种石英尾砂的浮选方法及其专用浮选捕收剂"（申请日 2004 年 9 月 16 日，申请号：200410074458.8）。

六、主要技术经济指标

本项目应用新的"无氟浮选技术"对石英尾砂进行提纯，解决了石英尾砂综合利用的问题，其产品应用前景广阔。经 ATM 公司石英尾砂浮选生产线的生产实践证明：该工艺线生产稳定，浮选药剂水溶性、耐低温性能极佳，最终精砂制造成本约为 60 元/t，而售价最低 140 元/t，经济效益、环境效益和社会效益好，市场竞争力强。

七、投资与效益

以该项目为例：在原有老厂中建设，建厂工作从 2003 年 6 月中旬开始，到 10 月底结束，总投资约 170 万元。投资总额及效益分析结果见下表：

投资及效益分析结果：

投资额（万元）	成本（元/t）	年创利税（万元）
170	约 60	320+40 360

注：精砂产品以目前最低售价 140 元/t 计算。

该项目在国内硅质原料生产企业推广应用以后，若以石英尾砂年产量 300 万吨、60% 的硅质原料生产企业采用该项技术、浮选精砂的产率为 85%、浮选精砂生产成本为 60 元/t 和市场售价为 140 元/t 计，年生产可创利税约 1 亿元。

八、技术应用情况

安徽凤阳台玻矿业有限公司的年产 4 万吨浮选精砂的工程于 2003 年 11 月 11 日一次投产成功。随后的生产实践证明：该生产线工艺设计合理，产品质量稳定、可靠，实际生产能力达到了 7～8 t/h（原设计生产能力为 5 t/h），生产成本也满足立项时的要求，甲方对此十分满意，并于 2003 年 12 月 26 日通过验收。

九、已成功应用该技术的主要用户

安徽凤阳台玻矿业有限公司

十、推广应用的建议

该技术利用石英尾砂为原料生产市场上急需的精制石英精砂（粉），可广泛应用于无碱电子玻纤、真空电子管、高白料器皿及装饰玻璃、高级泡花碱和电子级硅微粉等行业，既解决了硅质原料加工企业的石英尾砂综合利用问题，又解决了石英尾砂占用大量农田和随风飞沙所造成的严重环境污染问题。此项技术成熟可靠，不产生二次污染，生产成本低，可大幅度提高石英尾砂的综合利用价值，有利于资源综合利用和保护环境，投资回报率高，有广泛的推广应用价值。

水泥生产粉磨系统技术

一、所属行业　建筑材料

二、技术名称　水泥生产粉磨系统技术

三、技术类型　节能降耗

四、适用领域　水泥原料、熟料、矿渣、钢渣、铁矿石等物料粉磨工艺

五、技术内容

1．基本原理

用两个尺寸相同的压辊各自由电机驱动做等速相向转动，其中一个压辊为浮动压辊，其两轴承座可在机架上进行横向滑动；而另一压辊为固定压辊，其两轴承座是固定在机架上，而不能做横向滑动。加压油缸与浮动压辊的两轴承座的端面相连接，向浮动辊加

压，把浮动压辊推向固定压辊。喂入两辊之间的物料就受到挤压，并随着两压辊的相向转动而排出，从而实现对物料的连续的挤压粉碎。

2．工艺流程图

3．技术评审情况

2003 年通过天津市科学技术委员会鉴定。

4．技术专利和知识产权情况

自主知识产权。专利技术：

➢ 采用"辊压机浮动压辊轴承座的摆动机构"（ZL99204527.4）

➢ "辊压机折页式复合结构的夹板"（ZL99204528.2）

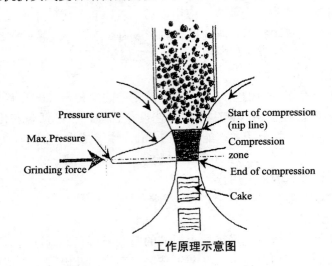

工作原理示意图

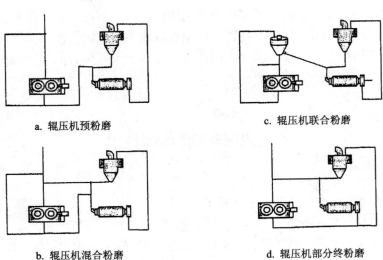

a. 辊压机预粉磨   c. 辊压机联合粉磨

b. 辊压机混合粉磨   d. 辊压机部分终粉磨

辊压机粉磨系统工艺流程

六、技术适用条件

入料粒度：≤50 mm

入料水分：<6%

用于预粉磨时循环负荷≤120%，用于联合粉磨时循环负荷 200%～400%，用于终粉磨时，根据物料品种和产品细度或比表面积确定。

七、主要技术经济指标

同规格首台样机于 2001 年开始用于唐山冀东水泥有限公司第一条 4 000 t/d 熟料的水泥生产线的 2 号水泥粉磨系统中（预粉磨流程），设备运行稳定，增产节能效果显著：提产 50%，节能 10%～15%。整体技术性能达到国际同类设备的先进水平。性能参数如下：

1. 型号：TRP140×100；

2. 能力：400 t/h（通过量）；

3. 压辊公称直径：1 400 mm；

4. 压辊公称宽度：1 000 mm；

5. 有效功率：960 kW；

6. 装机功率：2×630 kW 或 2×560 kW；

7. 允许的喂料粒度：50 mm。

八、投资与效益

以台时产量 160t/h（P.O42.5）的水泥粉磨系统为例		
系统	Φ4.2×13 米圈流球磨系统	Φ1.4×1.4 米辊压机+Φ4.2×13 米球磨机组成的联合磨粉系统
总投资/万元	约 1 600	约 2 700
产量/（t/h）	80	160
提产幅度/%	—	100
年产水泥/（万吨/年）	56	112
单位产品系统电耗/（kW·h/h）	40	32
节电幅度/%	—	20
年节约用电/万度	—	896
年节电费用/万元	—	约 350

九、技术应用情况

冀东水泥磨规格 Φ4.5×15.11（管磨）、装机功率 4 200 kW，装球量 299。增设 TRP140×100、2×560 kW 辊压机改成预粉磨系统以后产量由原来的 120 t/h 提高到 180 t/t 以上，单位电耗下降 5 kW·h/t。

十、已成功应用该技术的主要用户

型号	规格 mm	电极功率 kW	数量	使用厂家
TRP100-60	1 000×600	2×300	2	双阳水泥厂、北京琉璃河
TRP120-45	1 200×450	2×220	1	江西万年青
TRP140-140	1 400×1 400	2×800	8	华新水泥、天津振兴、巴基斯坦
TRP140-100	1 400×1 000	2×630	1	太行邦正
TRP140-100	1 400×1 000	2×560	1	冀东水泥
TRP120-80	1 200×800	2×450	4	河南天瑞
TRP120-80	1 200×800	2×500	1	老挝

十一、推广应用的建议

该技术设备主要用于新型干法水泥生产线配套的大型水泥粉磨系统和原料粉磨系统，亦可用于其他物料如矿渣、钢渣或铁矿石的粉磨，可大幅度降低粉磨电耗，节约能源，改善产品性能。直接经济效益主要体现在节电降低成本，以一条 4 000 t/d 熟料水泥生产线、建设 TRP140×100、2×560 kW 辊压机组成联合为例，水泥产量提高 50%，单位电耗下降 5 kW·h/t 以上，幅度约 20%，年节电 1 000 万 kW·h。

采用该设备时即可以设计为预粉磨系统，也可以设计为联合粉磨系统，比较而言，联合粉磨系统节电效果更明显。该装置整体技术性能达到国际同类设备的先进水平，可完全替代进口产品，节省投资和维护费用。

水泥生产高效冷却技术

一、所属行业　建筑材料

二、技术名称　水泥生产高效冷却技术

三、技术类型　节能降耗

四、适用领域　水泥生产企业

五、技术内容

1．基本原理

将箅床划分成便于冷却的足够小的区域，每个区域又由若干封闭式箅板梁和盒式箅板组成的冷却单元（通称"充气梁"）所组成，再用管道供以相应风量、风压的冷却风。这种配风工艺使冷却效率大为提高，显著降低单位冷却风量和大幅度提高单位箅面积产量。高效的冷却效果还使箅冷机设备薄弱环节箅板的寿命大大提高，从而显著提高了箅冷机的运转率。第三代箅冷机的另一工艺原理是提高箅床阻力，从而降低料层阻力的影响，以达到冷却风合理分布而提高冷却效率的目的。

2．工艺流程图

详见附图。

3．技术评审情况

2002 年通过中国建材协会组织的行业鉴定。

4．技术专利和知识产权情况

自主知识产权。专利技术：

➤　采用"充气箅板"（ZL99205461.3）

➤　"阻力箅板"（ZL99205460.5）

六、技术适用条件

该项块状物料冷却技术装备可适用于水泥厂的水泥熟料生产；电解铝厂氧化铝烧结生产线上的氧化铝冷却；以及发电厂锅炉烧煤炉渣的冷却等，对应用煤、重油、天然气等为燃料的生产线均能适用。

七、主要技术经济指标

整体技术性能应达到国际同类设备的先进水平。应用于水泥熟料生产线的热熟料冷却机的性能参数如下：

1. 产量：5 000 t/d（最大 5 500 t/d）
2. 有效篦面积：119.3 m²
3. 进料温度：1 371℃
4. 出料温度：65℃+环境温度
5. 出料粒度：≤25 mm
6. 最大料层厚度：700～800 mm
7. 冲程次数：18～20 次/分（冲程：130 mm）
8. 三次风温：850～950℃
9. 二次风温：1 050～1 100℃
10. 单位篦面积产量：42～46 t/（m²·d）
11. 单位冷却风量：1.9～2.2 Nm³/kg·d
12. 热回收率：72%～74%

八、投资与效益

应用于水泥熟料生产线，与二代篦冷机相比使系统热耗降低 25～30 kcal/kg·d（熟料）；使熟料总能耗下降约 3%（冷却系统热耗约占熟料总能耗 15%；每公斤熟料能耗为 720～750 kcal），年节标煤近 4 000～8 000 t，合 120～150 万元。篦冷机性能达到国际先进水平，可代替进口产品，其价格为进口同类产品的 1/2。

九、已成功应用该技术的主要用户

国内近 200 家大中型水泥厂采用，国外（第三世界）近 10 家中小型水泥厂应用。此外，在山东铝业集团所属的氧化铝生产厂中也得到成功使用。自 2002 年至今已售出约 65 台，销售产值达 4.29 亿元，取得了显著的经济效益和社会效益。并已进入国际市场如越南、巴基斯坦、伊朗等第三世界国家。

十、推广应用的建议

该技术成熟可靠，已经被国内多家大中型水泥厂采用。与第二代篦冷机相比使系统热耗降低 25～30 kcal/kg·d（熟料）；使熟料总能耗下降约 3%（冷却系统热耗约占熟料总能耗 15%）。以一条 5 000 t/d（150 万 t/a）水泥生产线为例，投资约 620 万元，年节煤近 4 000～4 500 t。篦冷机性能达到国际先进水平，可代替进口产品，其价格为进口同类产品的 1/2。此项技术装备主要适用于水泥生产厂。

水泥生产煤粉燃烧技术

一、所属行业　建筑材料
二、技术名称　水泥生产煤粉燃烧技术
三、技术类型　节能降耗
四、适用领域　新型干法水泥生产线
五、技术内容
1. 基本原理

煤粉燃烧系统是水泥熟料燃烧生产线的热能提供装置，主要用于回转窑及分解炉内的煤粉燃烧。当水泥窑内温度加热到 800℃ 以上时，开始启用燃烧器燃煤系统，此时，煤粉输送空气携带煤粉从煤风通道喷出，在输送过程中实现风、煤的混合，同时，位于煤风道外层的轴流风道、旋流风道及位于煤风道内层的中心风道同时喷出具有不同风速的轴流风、旋流风和中心风。实际生产中，调节中心风和旋流风的强度变化比例关系，可调整和控制中心回流烟气流的强弱，将煤粉气流压缩在一个薄层，使之在内外两个方向上同时被中心风和旋流风引起的烟气回流扰动分散，形成浓淡相对分离状态，达到离开燃烧器后的第一次风煤混合。在旋流风迅速衰减后，煤风道中喷出的含半焦煤粉的气流继续与外层高速轴流风及轴流风携带的卷吸气流——高温二次风进行进一步的风、煤的混合，已被良好预热的煤粉气流和高温二次风的混合保证了煤粉的充分燃烧。燃烧器利用不同风道层间射流强度的变化可以控制在煤粉燃烧不同阶段燃烧用空气的加入量，确保煤粉燃烧在低而平均的过剩系数条件下进行完全燃烧，有效地控制一次风用风量，同时也减少了有害气体氮氧化物的产生。

2．技术评审情况

2003 年通过天津市科学技术委员会鉴定。

3．技术专利和知识产权情况

自主知识产权。国家知识产权局于 2005 年 1 月 26 日授权"一种降低水泥窑氮氧化物排放的方法"发明专利，专利号：ZL03129932.6。

六、技术适用条件

1．专门用于新型干法水泥熟料生产线。

2．适用于低品位的煤质，其挥发分≥3%，热值≥4 500 kcal/kg·coal×4.18 kJ/kg·coal。要求送煤系统配置误差最大不超过 10%。送煤粉的空气中不得含有大颗粒的异物或棉纱等物。

3．相关工艺系统正常，窑头二次风湿约 1 000℃。生料成分波动限在 1%，喂料波动量限制在 1.5%以内，生料水分低于 1%。

七、主要技术经济指标

100 余条水泥生产线的使用证明，在生产线其他配置基本相同的情况下，采用此种技术具有以下优点：

1．可提高水泥熟料产量 5%～10%。

2．可提高水泥熟料早期强度 3～5 MPa。

3．可以减少 5%左右的一次风量。

4．可以降低热耗，节约用煤量。

5．降低有害物质 NO_x 排放，降低幅度 30%，减少环境污染。

八、投资与效益

1．可以取代具有同样技术的进口燃烧器产品，节省设备购置成本。例如，一条 5 000 t/d 生产线需备 2 套燃烧器（50 万元/套），使用国产燃烧器可节约近百万美元。

2．煤耗节省估算：单位熟料节省热耗 15×4.181 6 kJ/kg（约 2%），一条 5 000 t/d 生产线节省标煤约 3 300 t/a。加上低品质煤替代优质烟煤节约的用煤的支出近 400 万元，合计约为 500 万元。

3．水泥熟料的产量和质量得到提高后，增加了熟料利润，燃烧器的贡献率若只按 5%计算，则一条 5 000 t/d 生产线可增加利润约 500 万元。

4．降低 NO_x 的排放量 360 t。

九、技术应用情况

具有水泥生产煤粉燃烧节能降耗技术的多通道煤粉燃烧器开发至今仅七年，已在 100余条水泥熟料生产线上得到应用，且运行情况良好。该煤粉燃烧器性能可靠，设计符合国情特点，节约能源，降低有害物质的排放，且价格远远低于国外同类产品，它的大面积推广使用对推动我国水泥新型干法生产线的技术进步、生产规模大型化、产业及产品结构合理化等方面都有着重要意义，而且可以获得可观的经济效益和社会效益。

十、已成功应用该技术的主要用户

5 000 t/d 水泥熟料生产线：

广东塔牌集团蕉岭鑫达水泥厂

广东亨达利水泥制品有限公司

吉林亚泰明城水泥有限公司

建德红狮水泥股份有限公司

安徽海螺集团广西桂林水泥厂

安徽海螺集团中国水泥厂

浙江三狮集团建德水泥厂

浙江锦龙水泥公司

浙江尖峰登城水泥公司

湖北华新集团阳新水泥厂

十一、推广应用的建议

水泥生产煤粉燃烧节能降耗技术主要适用于新型干法水泥生产线，技术先进、成熟、可靠，对煤质适应性较强，不仅适用于普通烟煤的燃烧，也可使用于各种低品位煤种，如低挥发分煤和无烟煤的燃烧，低品位资源利用率高。采用此项技术需投入约 100 万元（一条 5 000 t/d 生产线的 2 套燃烧器的投资），直接经济效益和降低生产成本约 1 000 万元（包括低品质煤代优质煤的差价和 2%年节煤与一次风的节电等）。在环境保护方面，可减少 NO_x 的形成，降低 NO_x 的排放。

实施建议：此技术的主要应用对象是现有回转窑燃烧系统的改造。

玻璃熔窑烟气脱硫除尘专用技术

一、所属行业　玻璃制造

二、技术名称　玻璃熔窑烟气脱硫除尘专用技术

三、技术类型　工业污染和消费污染的无公害环保处理技术

四、适用领域　浮法玻璃、普通平板玻璃、日用玻璃生产企业

五、技术内容

1．基本原理

湿法烟气脱硫的基本原理主要是利用 SO_2 在水中有中等的溶解度，溶于水后生成 H_2SO_3，然后与碱性物质发生反应，在一定条件下生成稳定的盐，从而脱去烟气中的 SO_2。

烟气脱硫常用的脱硫剂有氧化钙、氧化镁、氢氧化钠、氨水等，本项目经过技术经济比较，脱硫剂采用氧化镁粉，其脱硫反应机理如下：

$$MgO+H_2O \longrightarrow Mg(OH)_2 \tag{1}$$
$$SO_2+Mg(OH)_2 \longrightarrow MgSO_3+ H_2O \tag{2}$$
$$2MgSO_3+O_2 \longrightarrow 2MgSO_4 \tag{3}$$

烟气中的烟尘，借助于雾滴表面的化学作用，在紊流状态下，尘粒相互碰撞、凝结和凝集而沉降，并被洗涤液带走而使烟气净化。

2. 工艺流程图

工艺流程示意图如下：

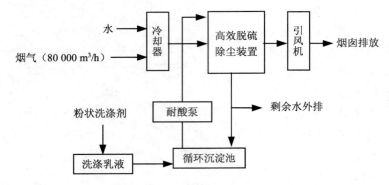

脱硫除尘装置要求进入装置的烟气温度低于 250℃，由于来自熔窑的烟气温度较高（410℃），因此来自熔窑的烟气先进入冷却器进行冷却，在烟气温度低于 250℃时进入脱硫除尘装置进行脱硫除尘处理。烟气在脱硫除尘装置内与来自洗涤液循环系统的碱性洗涤液接触，在一系列复杂的化学、物理作用下，使烟气中的二氧化硫被洗涤液吸收，同时烟气中的烟尘凝集沉降而被洗涤液带走，达到脱硫除尘的目的。经净化后的烟气，在脱硫除尘装置内进行有效的脱水，脱水后的烟气，不会造成引风机的带水、积灰成腐蚀。通过引风机进入烟囱排放。

通过冷却系统和脱硫除尘装置后，烟气的温度已经降低到大约 70～80℃，烟囱的抽力明显降低，加上冷却系统和脱硫除尘装置的阻力，对于窑压产生很大的影响，因此使用变频调速引风机来增加抽力，以抵消上述的不利影响；为了确保窑压系统的稳定，在原有窑压控制系统的基础上，增设了烟道闸板、高质量的执行机构和后备手操系统，与变频调速引风机结合构成了二级窑压稳定系统。

含有烟尘的洗涤液进入洗涤液循环沉淀池，分离出其中的烟尘等沉淀物，洗涤液循环使用。在其与烟气中二氧化硫的反应过程中，洗涤液的 pH 值不断发生变化，系统自动控制洗涤乳液的流量，维持洗涤液的 pH 值在一定的范围内，以保证反应的正常进行。系统正常工作时，该脱硫除尘装置的循环水量（pH≥7）为 90～110 t/h，脱硫除尘装置的阻力损失为 1 000 Pa，脱硫效率＞70%，除尘效率＞90%。

主要特点：

(1) 脱硫除尘系统的运行不对玻璃熔窑的正常生产产生不良影响。

（2）脱硫除尘系统投入运行后，经处理后排放的烟气达到国家标准《工业炉窑大气污染物排放标准》（GB 9078—1996）中二级标准的要求：二氧化硫浓度＜850 mg/m³，烟尘浓度＜200 mg/m³，烟气黑度（林格曼级）1 级。

（3）脱硫除尘系统布置紧凑，占地面积小。

（4）脱硫副产物易于处理，无二次污染。

（5）投资省、运行成本低。

（6）采用先进的自动控制系统，对脱硫除尘系统进行实时监控，根据 pH 值的变化自动控制洗涤液的补加，确保脱硫效率，提高操作水平。

3．技术评审情况

2003 年 4 月，玻璃熔窑烟气脱硫除尘技术通过鉴定，并列入国家科技部应用类科技成果，登记编号：9312003Y0551。

4．技术专利和知识产权情况

中国凯盛国际工程公司自主开发了玻璃熔窑烟气脱硫除尘技术，具有自主知识产权。其中的脱硫装置和窑压控制系统已经申请了实用新型专利并获得授权。（一种玻璃熔窑烟气脱硫除尘装置 ZL200320102943.2、一种玻璃熔窑的窑压控制系统 ZL200320129735.1）。

六、技术适用条件

1．玻璃熔窑的熔化能力为 300～700 t/d。

2．总成品率为 78% 以上，玻璃中 SO_3 含量为 0.3%。

3．熔窑燃料为重油，耗油量为 70～100 t/d，重油含硫量为～3.18%。

4．芒硝用量为 2～3 t/d，纯度为 98%。

5．烟气排放量为 60 000～90 000 m³/h，烟气温度为～410℃。

七、主要技术经济指标

采用玻璃熔窑烟气脱硫除尘技术的广东浮法玻璃有限公司的 550 t/d 浮法玻璃熔窑烟气脱硫除尘项目已于 2002 年 6 月通过深圳市环境监测站的验收监测，其监测结果如下：

项目	处理前	处理后	去除效率	排放标准
烟气量	77 400 m³/h	77 400 m³/h	—	—
二氧化硫	3 000 mg/m³	513 mg/m³	82.9%	850 mg/m³
烟尘	400 mg/m³	26 mg/m³	93.5%	200 mg/m³
林格曼黑度	—	一级	—	—
出口烟气温度	—	70℃	—	—

应用了该技术后，使用变频调速引风机系统替代了该公司原有的喷射风机系统，每小时节约近 80 kW·h 的电耗，每年可节约电费 55 万元。

八、投资与效益

湿法烟气脱硫除尘工艺的主要特点是烟气在高效脱硫除尘装置内与碱性洗涤液接触，使二氧化硫被吸收，而烟尘则凝集沉降被洗涤液带走。其优点是脱硫效率高、建设费用低、操作容易，但如处理不当，将产生腐蚀、结垢等问题。但是，湿法烟气脱硫除尘专用技术采用氧化镁为脱硫剂，具有脱硫效率高、建设费用低、操作简便等优点，又避免了湿法脱硫除尘易腐蚀、结垢的缺点，投资的环境效益和社会效益明显。

国内外玻璃熔窑烟气脱硫除尘技术的比较如下：

项目	欧洲某 600 t/d 浮法玻璃生产线	我国某 550 t/d 浮法玻璃生产线
技术来源	国外	中国凯盛
脱硫除尘工艺	半干法	湿法
废气排放量（m³/h）	80 000	77 400
处理前的 SO$_2$ 浓度 mg/m³	3 500	3 000
处理后的 SO$_2$ 浓度 mg/m³	1 800	513
SO$_2$ 脱除率（%）	48.57	82.9
处理前的烟尘浓度（mg/m³）	350	400
处理后的烟尘浓度（mg/m³）	50	26
烟尘的脱除率（%）	85.71	93.5

从上表中可以看出，我国企业开发的玻璃熔窑烟气脱硫专用技术已经达到国际先进水平。

九、技术应用情况

广东浮法玻璃有限公司采用玻璃熔窑烟气脱硫除尘技术获得成功之后，深圳南方超薄浮法玻璃有限公司浮法二线的熔窑烟气脱硫除尘项目和深圳华晶玻璃厂玻璃熔窑烟气脱硫除尘工程，均通过了深圳市环境监测站的监测，烟气和废水都达标排放，取得了良好的社会效益和经济效益。

十、已成功应用该技术的主要用户

1．广东浮法玻璃有限公司

2．深圳南方超薄浮法玻璃有限公司浮法二线

3．深圳华晶玻璃瓶厂

4．威海玻璃有限公司浮法一线

十一、推广应用的建议

此项技术成熟可靠，主要特点是：采用氧化镁作为脱硫剂，烟气在高效脱硫除尘装置中，与碱性洗涤液接触，SO$_2$ 被吸收，而烟尘则凝集沉降被洗涤液带走，脱硫效率高、建设费用低、操作简便、不易腐蚀和结垢。以广东浮法玻璃有限公司浮法玻璃生产线为例，使用该技术后，每年可减少烟尘排放量 252 吨、减少二氧化硫排放量 1 483 吨，对减轻本地区小环境的酸雨危害、改善环境空气质量，提高健康水平，改善人居环境的作用明显。采用这项技术，对推动我国玻璃行业科技进步、清洁生产和可持续发展，具有重要意义。此外，此项技术还可用于其他行业的烟气脱硫，如陶瓷、水泥以及锅炉等。

干法脱硫除尘一体化技术与装备

一、所属行业　环保行业

二、技术名称　干法脱硫除尘一体化技术与装备

三、技术类型　新工艺新设备的开发和利用

四、适用领域　燃煤锅炉和生活垃圾焚烧炉的尾气处理

五、技术内容

1．基本原理

该技术把烟气的除尘和脱硫在同一工艺过程中完成，是通过对袋式除尘器的改进和创新来实现的，因此称之为除尘脱硫一体化袋式除尘器。

在此项目中研发的袋式除尘器已不单单是用来解决除尘问题，而作为气体反应器，用以处理工业废气中的有害物质；最为典型的应用是：袋式除尘器用以处理垃圾焚烧及干法脱硫的主机设备来用。布袋除尘器作为一种装置，主要依靠其所采用的滤料来除去工业废气中的粉尘，应属固—气分离技术原理。而现在用于燃煤发电厂锅炉和垃圾焚烧布袋除尘器，不仅仍保留有除去工业废气中粉尘（即固—气分离）的功能，还用作为气体反应器能除去废气中的有害气体（属气—气分离技术原理），从这点上看，用于燃煤发电厂锅炉和垃圾焚烧及干法脱硫的袋式除尘器兼固—气分离及气—气分离的功能，不同于一般的袋式除尘器，其创新点在于该项目集脱硫、脱有害气体和除尘于一体处理含尘、含毒废气，满足严格的排放要求。煤中的硫燃烧后主要是以二氧化硫的形态存在，这种呈气态的二氧化硫是无法用任何其他种类除尘器收集和捕捉的。此项技术是通过向含有粉尘和二氧化硫的烟气中喷射熟石灰干粉和反应助剂来实现脱硫的。二氧化硫和熟石灰在反应助剂的辅助下充分发生化学反应，形成固态硫酸钙（$CaSO_4$），附着在粉尘上或凝聚成细微颗粒随粉尘一起被袋式除尘器收集下来。这是一种干法脱硫工艺，其反应式如下：

$$Ca(OH)_2 + SO_2 \longrightarrow CaSO_4 + H_2O$$

2．工艺流程图（理解性示意图）

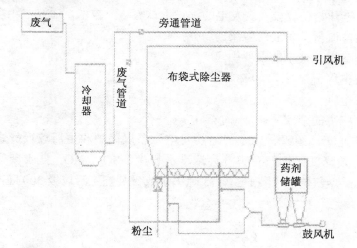

3．技术评审情况

该项目于 2004 年 11 月 22 日通过安徽省科学技术厅鉴定。

六、技术适用条件

主要设备由脱硫专用反应器、袋式除尘器本体及气体自动监测仪构成。反应器配有药剂的计量、喂料装置和提高分散度的分散装置。袋式除尘器本体由上部箱体、袋室、排灰装置及脉冲喷吹清灰系统以及喷吹清灰控制系统组成。气体自动检测仪有二氧化硫含量自动测定装置，自动调节装置控制。脱硫专用反应器本项目的主要任务。

七、主要技术经济指标

（1）粉尘排放浓度：＜50 mg/Nm；

（2）SO_2 排放浓度：＜200 mg/Nm；

（3）NO_x 排放浓度：＜300 mg/Nm；

（4）HCl 及重金属：满足国家排放标准；

（5）滤袋平均使用寿命：二年以上。

八、投资与效益

按年产 100 套计，根据产品方案、生产消耗和有关规定对项目的成本进行估算，其销售收入为 5.5 亿元/年。投资回收期：形成规模后一年。

环境和社会效益：目前，国内各类燃煤锅炉排放的烟气中含有大量的粉尘和二氧化硫等有害气体。烟气的含尘浓度达 30～40 g/Nm，每年排入大气的烟尘量达 3 000 万吨以上，燃用煤中的硫的含量为 2%～5%以硫氧化物的形式排入大气，主要形态表现为二氧化硫，是造成酸雨的罪魁祸首。资料显示，1999 年我国燃煤产生和排入大气的二氧化硫多达 1 800 万吨以上，严重污染了大气，恶化了人们的生存环境，酸雨在我国几十座城市蔓延，对国民经济造成的损失越来越大。此项技术不仅用于新上项目的排污，也可应用于现有袋式除尘器的技术改造。

九、技术应用情况

2000 年开始参与浙江温州第一套国产化的，日处理 150 吨生活垃圾焚烧发电厂尾气处理的设计和调试工作；2001 年参与了绍兴日处理 400 吨生活垃圾焚烧发电厂尾气处理的技术和调试工作以及广东南海卫生发电厂生活垃圾焚烧发电厂尾气处理的设计和调试工作。从 2003 年开始在垃圾焚烧发电的锅炉上试验这一技术，通过一年多的试验，已摸索出宝贵的经验，取得了明显的效果。

十、已成功应用该技术的主要用户

贵州盘县发电厂

江西九江发电厂

十一、推广应用的建议

此项技术在九江、绍兴、广东等地的发电厂燃煤锅炉和生活垃圾焚烧炉的尾气处理系统中应用，有效降低了烟气有害气体浓度，粉尘、SO_2、NO_x、低于国家排放标准。每小时处理 20 万 m^3 烟气（相当于日燃煤 75 吨锅炉或日焚烧生活垃圾 300 吨产生的烟气量），效果良好。

煤矿瓦斯气利用技术

一、所属行业　煤矿，城镇民用燃气

二、技术名称　煤矿瓦斯气利用技术

三、技术类型　资源综合利用

四、适用领域　煤矿瓦斯气丰富的大型矿区

五、技术内容

1．基本原理

煤矿瓦斯气的主要成分是甲烷，属清洁能源。将民用燃煤改为燃气，不但可以顶替大量原煤、减少燃煤产生的环境污染，而且可以有效地减少矿井瓦斯爆炸的机会，同时减少向大气中直接排放温室气体。从技术上讲，都是采用成熟的工业技术，将矿井中抽出的瓦斯气收集存储（过去是向大气直排）、铺设管道系统、调压输送到城镇居民区，为居民生活提供燃气。

2．工艺流程示意图

3．技术评审情况

属于成熟工业技术的新应用。

六、技术适用条件

矿井瓦斯气抽排管网和设备，储气罐，调压泵站，输气管网，控制系统，相关市政服务设施等。

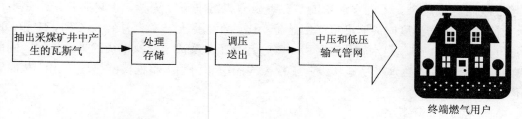

终端燃气用户

七、主要技术经济指标

应根据当地矿井瓦斯气的生产成本和协议供气价格、工程规模和民用燃气的销售价格进行测算。以阳泉市煤矿瓦斯气综合利用项目为例：阳泉市 2000 年每立方米矿井瓦斯气（含甲烷40.8%）的协议购气价格为 0.2 元，燃气价格民用是 0.6 元、公共建筑用户 0.7元、工业用户 0.8 元。

八、投资与效益

需要根据项目所在地的具体情况进行分析。例如：山西阳泉市投资 18 880 万元，可建成新增储气容积 10 万立方米、调压站 41 座、中压输气管道 79 公里、低压输气管道 41公里。年燃气销售收入 6 000 万元。

九、技术应用情况

煤矿瓦斯气的抽排、储存和输送都是成熟的工业技术。

十、已成功应用该技术的主要用户

安徽淮南矿业集团，山西阳煤集团。

十一、推广应用的建议

在煤矿瓦斯气丰富的地区，将矿井抽排瓦斯气与城镇民用燃气工程建设结合起来，既可提高煤矿的清洁生产水平和经济效益，又可减少矿井瓦斯爆炸的机会、提高矿井安全生产水平。同时又可使城镇居民使用清洁燃料，改善大气环境。应用这项工程涉及的范围较大，应周密规划，以保证煤矿与城镇之间的衔接。

柠檬酸连续错流变温色谱提纯技术

一、所属行业　发酵工业柠檬酸行业

二、技术名称　柠檬酸连续错流变温色谱提纯技术

三、技术类型　工业色谱分离技术

四、适用领域　柠檬酸生产企业

五、技术内容

1．基本原理

本清洁生产工艺是采用弱酸强碱两性专用合成树脂吸附分离柠檬酸的错流色谱分离技术。工艺中采用的柠檬酸专用吸附树脂具有对柠檬酸有很强的专一吸附能力，而且温度越低吸附容量越大。不同于通常的酸、碱及有机溶剂解吸洗脱，该树脂是采用热水洗脱。因为水在不同温度时离解度将产生显著变化，当温度从 25℃上升到 85℃时，H^+ 和 OH^- 的浓度可增大 30 倍，热水就代替了酸、碱，起到了改变离子交换平衡的推动作用，因此可以用 80℃左右的热水轻易地从吸附了柠檬酸的饱和树脂上将柠檬酸挤脱下来，从而无任何酸、碱污染。

本工艺具有如下特点。

（1）实现清洁化生产

① 分离过程中使用热量差作为洗脱动力，不使用任何石粉、酸、碱等化学品。

② 消除了二氧化碳废气排放。

③ 消除了硫酸钙、活性炭等废渣排放。

④ 废糖水循环发酵，提高柠檬酸产率，基本消除了废水排放。

（2）缩短生产工艺流程，节省生产场地，减少操作人员，降低生产成本。

（3）固定相利用率提高 2～5 倍。

（4）柠檬酸收率（发酵过滤液到浓缩结晶前）大于 98%。

（5）产品浓度较通常色谱高。

（6）可实现全自动连续化生产，适合于进行大规模工业化生产。

2．工艺流程图

具体技术路线为：发酵液过滤除菌体→室温下两性树脂吸附柠檬酸（发酵废液回发酵罐循环发酵）→高温热水脱附柠檬酸→树脂脱色→浓缩、结晶。

3．技术评审情况

该成果于 2001 年 12 月通过中国轻工业联合会科技成果鉴（中轻科 鉴字[2001]第 010 号），专家一致认为"该技术是柠檬酸生产的重大革新，系国内外首创，居国际领先水平"。

4．技术专利和知识产权情况

该成果已于 2004 年 3 月 10 日获得中国发明专利（授权公告号 CN 1141289），并在 2002 年申请了国际发明专利（申清号 PCT/CN02/00336）。

六、技术适用条件

工艺主要设备为色谱系统和自动控制系统。

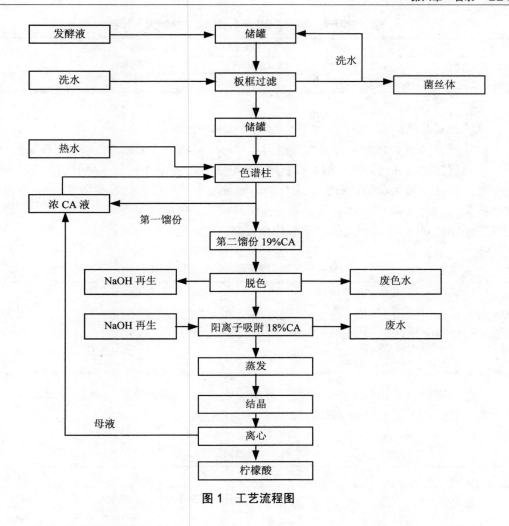

图1 工艺流程图

七、主要技术经济指标

本新工艺与现工艺、技术和装备对比分析，本新工艺可缩短生产流程。提高产品收率（达 10%以上），提取收率将大于 98%；减少生产用地、生产厂房；节省人员编制。减少运输工作量；削减了三废排放（每吨柠檬酸产生的废水由 40 吨下降为 4 吨，并无固体废渣，废气产生），并使生产成本大幅度降低。表1，表2，表3 为具体比较数据。

表1 柠檬酸后提取工艺生产消耗对比（每吨柠檬酸）

	硫酸/t	石粉/t	树脂/元	活性炭/kg	烧碱/kg	盐酸/kg	蒸汽/t	水/t	电/kW	收率/%
现工艺	0.8	0.83	20	13	120	180	0.5	40	200	88～93
新工艺	—	—	50	—	10	5	3.7	7	40	>98

表2 柠檬酸生产中"三废"产生对比（每吨柠檬酸）

	二氧化硫	硫酸钙	废水	活性炭
现工艺	480 kg	2 t	40 t	13 kg
新工艺	—	—	4 t	—

表3　1万吨/年柠檬酸生产后提取工序生产成本比较

	建筑面积/m²	占地面积/m²	生产成本/（元/吨）	人员
现工艺	5 700	6 500	1 100	40
新工艺	800	450	750	9

八、投资与效益

以年产 5 万吨柠檬酸后提取装置投资计算，本清洁生产工艺（色谱法）投资约 2 800 万元，比现行工艺（钙盐法）增加投资约 1 900 万元；本新工艺每年可节约成本 1 800 万元（尚未包括节省的硫酸、石粉等物料的运输费用和"三废"处理费用），一年半内便可收回投资（见表 4）。另外本新工艺还可减少排放二氧化碳 2.4 万吨，废水 180 万吨，硫酸钙废渣 10 万吨。具有很大的经济与社会效益。

表4　色谱法投资测算和投资回收期

色谱工艺总投资（连浓缩）	3 400 万元/套
钙盐法设备和土建投资	1 500 万元/套
色谱法比钙盐法增加投资	1 900.0 万元
色谱法比钙盐法成本节约	1 800 万元/年
增加投资费用回收时间	1.06 年

钙盐法和色谱法消耗不同，对生产成本影响很大。以年产 5 万吨柠檬酸为例，不同工业的消耗、成本比较见表 5 和表 6。

表5　普通钙盐法

	单耗	单位	年耗	单价/（元/t）	费用/（万元/y）
碳酸钙	0.83	t/t	41 500	95.00	394.3
硫酸	0.8	t/t	40 000	600.00	2 400.0
发酵清液总酸费用					14 510.6
电	200	kW·h/t	10 000 000	0.50	500.0
蒸汽	0.5	t/t	25 000	100.00	250.0
年设备折旧费用	1 500 万元/10 年				150
人工费用	80 个×2 万元/个=160 万元/年				160
石膏处理费用	2		100 000	假设为 0	0
钙盐法物料消耗费用合计	18 365.9				

表6　色谱法

	单耗	单位	年耗	单价/（元/t）	费用/（万元/y）
硫酸	0	t/t	0	600	0
树脂消耗（L）	0.3	L/t	15 000	50.00	75
发酵清液总酸费用					13 932.3
去离子水	7	t/t	350 000	5.00	175.0
人工费用	9 个×2 万元/个=18 万元/年				18

	单耗	单位	年耗	单价/（元/t）	费用/（万元/y）
第 1 次蒸发成本（浓缩发酵清液）			1 984.4		
第 2 次蒸发成本（浓缩发酵清液）					
年设备折旧费用		3 400 万元/10 年			340
人工费用		20 个×2 万元/个=40 万元/年			40
色谱法消耗费用合计		16 565.7			
每年可以节约成本（未含节省的运输费用和"三废"处理费用）					1 800.2

九、技术应用情况

应用此项工艺在无锡分离应用技术研究所的高 5 m 直径 0.4 m 的分离柱、年产 200 吨规模的装置上，进行了中试试验，在七个月的中试运行时间中，用新工艺提取柠檬酸共 106 吨，产品质量经检测达到国家标准 GB/T 8269—1998 的优级和 FCC 的标准。

十、已成功应用该技术的主要用户

宜兴协联生化有限公司，使用本技术建设 6 000 吨/年柠檬酸母液色谱分离工程。

十一、推广应用的建议

此项新工艺可缩短生产流程，产品收率将大于 98%；减少生产用地、生产厂房；大量削减三废排放（每吨柠檬酸产生的废水由 40 吨下降为 4 吨，大量减少固体废渣，废气产生），并使生产成本大幅度降低。本工艺可首先在柠檬酸行业进行推广，然后在乳酸以及糖醇等发酵制品等生产中应用。实施时，对现有生产装置进行局部改造，增添部分设备，通过节能降耗、降低成本、减少污染物处理费用等，可在 1～2 年内回收改造投入的资金。

香兰素提取技术

一、所属行业　轻工行业

二、技术名称　香兰素提取技术

三、技术类型　资源综合利用

四、适用领域　香兰素生产

五、技术内容

1. 基本原理

香兰素在国外的应用领域很广，大量用于生产医药中间体，也用于植物生长促进剂、杀菌剂、润滑油消泡剂、电镀光亮剂、印制线路板生产导电剂等。国内香兰素主要用于食品添加剂，近几年在医药领域的应用不断拓宽，已成为香兰素应用最有潜力的领域。目前国内香兰素消费：食品工业占 55%，医药中间体占 30%，饲料调味剂占 10%，化妆品等占 5%。

在压力作用下，利用纳滤膜不同分子量的截止点，使化学纤维浆废液中的低分子量的香兰素（152 左右）几乎全部通过，而使大分子量（5 000 以上）的苏质素磺酸钠和树脂绝大部分留存，把香兰素和木质素分开，进而使香兰素产品纯度提高。

2. 工艺流程图（理解性示意图）

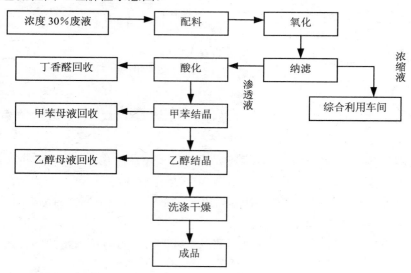

3. 技术评审情况

吉林亚松实业股份有限公司与清华大学合作，开发研制运用纳滤膜技术处理化学纤维浆废液提取香兰素的生产新工艺，经过一年多的时间，进行了小试和中试，并与 2000 年 4 月通过了吉林省科学技术委员会的科技成果鉴定。

4. 技术专利和知识产权情况

自主知识产权。

六、技术适用条件

各种原料的储罐、氧化反应器、纳滤装置、萃取塔、蒸发器、冷凝器、甲苯结晶锅、乙醇结晶锅、真空干燥机等。

七、主要技术经济指标

该技术使原提取、纯化工艺由传统工艺的 18 道简化为 9 道，香兰素提取率从 80% 提高到 95% 以上，香兰素半成品纯度由 65% 提高到 87%。

八、投资与效益

按年产 1 000 吨香兰素测算，投资规模约为 1.5 亿元。年可实现销售收入 1.3 亿元，税后利润 2 000 万元。所得税后财务内部收益率为 20%，投资回收期为 4 年。

九、技术应用情况

吉林亚松实业股份有限公司采用了该技术。

十、推广应用的建议

该技术利用化学纤维浆的废液生产香兰素，有利于化学纤维浆生产企业的清洁生产，有利于资源综合利用和保护环境，市场前景好。

木塑材料生产工艺及装备

一、所属行业　轻工行业

二、技术名称　木塑材料生产工艺及装备

三、技术类型　资源综合利用

四、适用领域　木塑型材、板材的生产

五、技术内容

1．基本原理

木塑材料生产工艺主要是将单组分废旧塑料和木质纤维（木屑、竹粉、稻壳、秸秆等）按一定比例混合，添加特定的助剂，经高温、挤压、成型等工艺生产出木塑复合材料。

生产的木塑复合材料具有同木材相类似的良好加工性能，握钉力明显优于其他合成材料；具有与硬木相当的物理机械性能；可抗强酸碱、耐水、耐腐蚀、不易被虫蛀、不长真菌，其耐用性明显优于普通木质材料。木塑复合材料用途十分广泛，可用于制作托盘、包装箱、集装器具、底铺板、枕木、室外护栏、园林椅、指示牌等产品。

2．工艺流程图

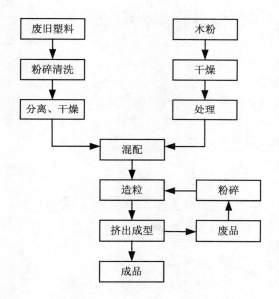

3．技术评审情况

该技术通过中国包装总公司组织的科技成果鉴定。

4．技术专利和知识产权情况

该项技术是在引进和吸收国外木塑材料技术的基础上，通过不断创新与改进，形成的具有自主知识产权的一系列技术，这些技术主要包括：设备设计及改进技术、模具设计及加工技术、添加剂配方技术。该项目从混料至成型挤出各个环节所采用的技术，全部经引进后进行了创新，并具有完全的自主知识产权，技术所有权所属关系明确，并已申报获得发明专利：

➢ 木塑型材挤出成型工艺及设备（专利号：ZL00132561.2）

➢ 实用新型专利：环保型工业托盘（专利号：ZL00245867.5）

六、技术适用条件

主要生产设备有挤出机组、注塑机组、模压机组等，辅助生产设备主要有粉碎机、造粒机、干燥机、空压机、模具等组成。

七、主要技术经济指标

采用的原料 95%以上为废旧材料，实现废物利用和资源保护，所加工的产品也可以回收再利用。

八、投资与效益

此项技术是利用废弃物生产高附加值环保型产品，主要特点是：

➢ 低耗性：用 0.8 吨木粉和 0.2 吨塑料，可生产出 1 吨木塑产品，替代木材，节省资源。

➢ 低投资：年产 2 000 吨就可达到规模效应，国产设备需要投资 200 万元，进口设备需投入 2 000 万元左右。

➢ 资源和环保意义大：生产所需的塑料新旧皆可，而木粉则可用灌木枝条、小径木、木材边角料和废弃杂木，回收利用这些可再生资源。

九、技术应用情况

该项技术已经在河北燕郊经济技术开发区建有生产线。

十、已成功应用该技术的主要用户

燕郊和诚环保材料有限公司

十一、推广应用的建议

在木纤维、农作物剩余物和废旧塑料来源丰富的地区，可采用此项技术生产多品种、多规格的木塑制品，产品可广泛用于包装、建筑、装饰等行业。符合国家节约木材，治理白色污染的发展政策。

超级电容器应用技术

一、所属行业　电池

二、技术名称　超级电容器应用技术

三、技术类型　高功率电化学电源—清洁型动力电源

四、适用领域　可替代铅酸电池，为电动车辆提供动力电源

五、技术内容

1．基本原理

混合型超级电容器可作为城市公交电车的牵引型和启动型电源，也可以替代铅酸电池为货场电动车提供动力电源。

　　混合型超级电容器是利用电容器充放电快、寿命长、无环境污染的特性，采用现代电化学技术，提高电容器的比能量（kW·h/kg）和比功率（W/kg）而制成的高功率电化学电源。原理图如下。

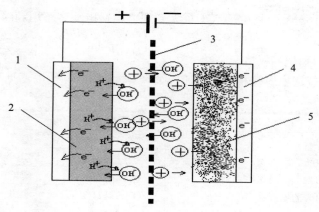

2．工艺流程图

（1）非极化电极制作工艺流程

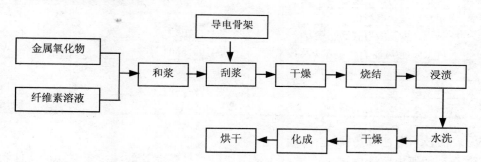

（2）极化电极制作工艺

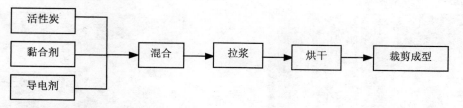

（3）超级电容器制作工艺

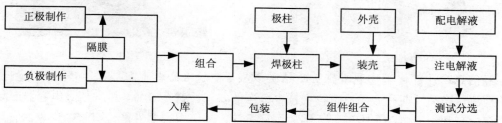

3．技术评价情况

2002 年 12 月，国家 863 计划电动汽车重大专项项目"车用动力超级电容器及其管理模块"课题通过科技部验收。

2004 年 7 月,"车用超级电容器"课题通过上海市科委鉴定,达到国际先进水平。

2004 年 9 月,专利技术二次开发项目"电动公交车用超级电容器"通过上海市科委验收。

2004 年 12 月,863 计划电动汽车重大专项"燃料电池客车用超级电容器"项目通过国家科技部验收。

4．技术专利和知识产权情况

已申请混合型超级电容器相关专利 13 项,其中发明专利 8 项,见下表:

序号	专利名称	申请号	专利类型	法律状态
1	双电层电容器	ZL01118705.0	发 明	授权
2	车用启动型超级电容器	02217073.1	实用新型	授权
3	一种车用动力电源超级电容器	02217074.X	实用新型	授权
4	一种电动轮椅的储能系统	03228121.8	实用新型	初审
5	一种小型电动车的储能系统	03228119.6	实用新型	初审
6	一种太阳能道钉	03228120.X	实用新型	授权
7	一种车用动力电源超级电容器	03114836.0	发 明	实审
8	车用启动超级电容器	03114837.9	发 明	实审
9	一种混合型超级电容器制造方法	03115105.1	发 明	待公开
10	一种太阳能/风能的储存方法及其装置	200410015607.3	发 明	初审
11	一种电器遥控器	200410015606.9	发 明	初审
12	一种新型节能电梯	200410054284.9	发 明	初审
13	无轨电车脱线运行的新方法	200410054285.3	发 明	初审

5．产品技术工艺成熟度

混合型超级电容器中试生产线已在上海建成,具备完整的技术工艺保证文件和质量保证体系,年产超级电容器单体 5 万只,产品成品率达到 95%。

电极生产线 装配生产线

经信息产业部化学物理研究所产品质量监督检验中心、上海技术监督局上海测试中心的检测,产品性能和产品质量符合技术标准的要求。截至 2004 年,超级电容器产品已在公交电车和小型电动车中进行了实际运行考核,超级电容器性能没有衰减现象。

六、技术适用条件

用户应用超级电容的主要设备:超级电容器阵列组及其承载固定装置,专用充电设备、测试和维护工具等。

七、主要技术经济指标

1. 主要技术指标：

牵引型电容器：
比能量　　10 kW·h/kg
比功率　　600 W/kg
循环寿命　大于 50 000 次
充放电效率　大于 95%

启动型电容器：
比能量　　3 kW·h/kg
比功率　　1 500 W/kg
循环寿命　大于 20 万次
充放电效率　大于 99%

2. 经济指标：

目前超级电容的销售价格约为每瓦时 20 元（20 元/W·h）。

八、投资与效益

超级电容器与胶体铅酸电池作为电车电源的应用比较，见下表（数据来源：用户使用评价报告）

项目	超级电容器	胶体铅酸电池
充电时间	2 分钟	6 小时左右
每次输出能量	3.5 kW·h	30.72 kW·h
一次充电的行驶里程	3.3 公里	27.9 公里
充放电循环寿命（次）	30 000	400
累计放出能量	105 000 kW·h	12 288 kW·h
总行驶里程（每千米耗能 1.1kW·h）	95 455 km	11 160 km
重量（kg）	864	992
一次投入成本（万元）	20	2.69
使用成本（元/kW·h）	1.90	2.19
维护性	少维护或免维护	常维护
对环境影响	无污染	报废时有铅酸污染物

九、技术应用情况

已应用在公交无轨电车（主电源）、电动高尔夫球车（主电源）、电动叉车（辅助启动电源）、港口起重机械（辅助启动电源）。

公交无轨电车中的超级电容器

超级电容器驱动的高尔夫球车

十、已成功应用该技术的主要用户

公交电车制造厂；

城市电车公司；

港口机械制造商；

电瓶车制造商；

电动叉车制造商；

军事工程车辆制造商。

十一、推广应用的建议

超级电容器是一种清洁的储能器件，充电快、寿命长，全寿命期的使用成本低，维护工作少，对环境不产生污染，可取代铅酸电池作为电力驱动车辆的电源，提高城市公交电车和港口、站场内短距离运输车辆的清洁生产水平。

对苯二甲酸的回收和提纯技术

一、所属行业　印染行业

二、技术名称　对苯二甲酸的回收和提纯技术

三、技术类型　资源回收

四、适用领域　涤纶织物碱减量工艺

五、技术内容

1. 基本原理

碱减量工艺以涤纶为主要原料的重要工艺，它以 8%碱液在 80℃处理 45 分钟，使涤纶表面不均匀剥落而达到丝绸或毛型感觉的工艺。但碱减量废水 COD 高达 20 000～80 000 mg/L，这类印染厂碱减量废水的水量仅占 5%，而 COD 负荷却占 55%甚至更高。这类厂废水 COD 在 1 400～2 400 mg/L，如废水中对苯二甲酸能回收，一方面资源回收，其二废水 COD 可下降至 1 000 mg/L 左右，有利于处理达标。

酸析法可以回收对苯二甲酸，但由于所生成晶粒太细，分离困难，本法采用在一体化设备内，二次加酸方法达到容易分离，经离心分离后，生成粗对苯二甲酸。粗对苯二甲酸含杂质 12%～18%，经提纯后，含杂量低于 1.5%，可以直接与乙二醇合成制涤纶切片。

2. 工艺流程图（理解性示意图）

3. 技术评审情况

自主开发技术。已通过上海市科委的技术鉴定。

4. 技术专利和知识产权情况

精提、粗提两种技术专利申请书，申请号分别为：200510023356.2 和 200510023357.2。

六、技术适用条件

一体化对苯二甲酸回收设备。

粗对苯二甲酸提纯设备。

七、主要技术经济指标

对苯二甲酸的回收率大于 95%（当浓度以 COD 计大于 20 000 mg/L 时）。

处理每吨废水电耗 1～1.5 kW·h。

处理后尾水酸性，可以中和大量印染废水（碱性）。

八、投资与效益

以规模为 100 吨/天碱减量回收设备为例，设备费用 40 万元，每天处理废水 100 吨，回收粗对苯二甲酸约 2 吨，目前市场价为 1 000 元/吨，扣除电耗、人工费等，约收益 1 600 元/天，投资回收年限为不到一年。每天 COD 削减约 3 吨，而且印染废水的处理将容易，环境效益、社会效益十分明显，并有很大的经济效益。对苯二甲酸的提纯应另外开设工厂集中提纯。

九、技术应用情况

中试成功，已通过鉴定和申请专利，正在浙江恒美实业集团实施。

十、已成功应用该技术的主要用户

浙江恒美实业集团

十一、推广应用的建议

碱减量废水是印染行业最重要污染源之一，以涤纶仿真丝为例，一般碱减量废水水量占全厂废水量的 5%，而 COD 负荷却高达 55%甚至更高。由于对苯二甲酸难以生物降解，处理难度高，已成为我国目前印染行业"老大难"问题。此项技术可回收资源、减少污染，并可生产产品，回用于涤纶，资源环境效益和经济效益良好。

上浆、退浆液中 PVA（聚乙烯醇）回收技术

一、所属行业　纺织、印染行业

二、技术名称　上浆和退浆液中 PVA（聚乙烯醇）回收技术

三、技术类型　资源回收

四、适用领域　纺织上浆、印染退浆工艺

五、技术内容

1. 基本原理

棉纤维在纺织前需要上浆，才能织布；但印染前需要退浆，然后才能染色。上浆废水和退浆废水都是高浓度有机废水，其化学需氧量（COD）高达 4 000～8 000 mg/L，严重污染水体。目前主要浆料是 PVA（聚乙烯醇），它是涂料、浆料、化学糨糊等主要原料，此项技术是利用陶瓷膜"亚滤"设备，浓缩、回收 PVA 并予以利用，同时也减少废水的污染。具有明显的环境效益、社会效益，也有一定的经济效益。

2．工艺流程图（理解性示意图）

退浆废水（60～80℃）。

浓缩液含 PVA 到 3%～5%时，（若是含淀粉的混合浆料需加适量防腐剂）即可成为半成品，按配方添加适量 PVA、色素等成为涂料；或制成化学糨糊等产品。

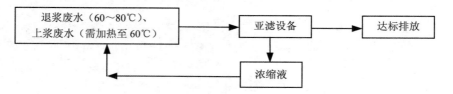

3．技术评审情况

1997 年和 1998 年两次获原中国纺织总会科技进步奖。

4．技术专利和知识产权情况

此项技术获得两项发明专利证书，专利号分别为：

ZL 91107448.1 和 ZL 92108307.6

六、技术适用条件

"亚滤"设备，包括陶瓷膜过滤设备；气、水反冲设备；浓缩液槽等，上浆废水另外增加一套加温设备。

七、主要技术经济指标

处理每吨废水电耗 1～3 kW·h（根据浓缩比而定）；

处理能力 0.5～10.0 吨/小时；

处理后尾水可达到"污水综合排放标准"（GB 8978—1996）一级标准中 COD≤100 mg/L。

八、投资与效益

以规模为 5 吨/小时设备为例，设备费用 30 万元（上浆废水用加热设备另计），每天处理废水 120 吨，排放处理达标尾水 110 吨，得到浓缩液约 10 吨，电耗每天约 300 kW·h。COD 削减率大于 98%，环境效益和社会效益十分明显，并可制成 14 吨左右涂料，有一定经济效益。

九、技术应用情况

在上海原国棉 21 厂应用，对上浆废水处理及回收浆料，并申请了发明专利。对印染退浆废水已在多家印染厂进行中试，已获成功，对于浓缩液制备产品及市场开发正进行中。

十、已成功应用该技术的主要用户

上海国棉 21 厂等多家印染厂。

十一、推广应用的建议

浆料废水是纺织、印染行业重要污染源之一，以棉印染为例，一般浆料废水水量只占全厂废水量的 3%，而 COD 负荷却高达 15%～18%，由于 PVA 难以生物降解，处理难度很高，是一"老大难"问题，上浆、退浆液中 PVA（聚乙烯醇）回收技术的应用，可以大幅削减 COD 负荷，使印染厂废水处理难度大为降低，容易处理达标，同时回收了资源，可以生产产品，达到清洁生产和资源回收目标，具有重要意义。

气流染色技术及设备

一、所属行业　纺织印染
二、技术名称　气流染色技术及设备
三、技术类型　节水、节能、节材、环保型新工艺新设备
四、适用领域　织物印染
五、技术内容

1．基本原理

有别于常规喷射溢流染色机的水力原理，气流染色技术采用气体动力系统。其工作原理是织物被湿气、空气与蒸汽混合的气流带动在单独的管路中运行，由入布开始至过程终结，当中无需特别注液，故此织物可在无液体的情况下在机内完成染色过程，功能效果如下：

➢ 气体动力驱动保证织物运行顺畅，从而防止皱纹或折痕产生；
➢ 具有织物速度控制可减少速差，方便监察织物移动速度，以达至最佳清洗效果；
➢ 独特的连续喷淋清水的冲洗方法，只需很短的时间就能达至清洗的效果；
➢ 无需液体的气体动力织物运行和染料在饱和蒸汽的环境之下，保证色牢度；
➢ 摇折装置确保织物输送流畅；
➢ 由铁佛龙片及棒组成的滑溜底部，令织物表面得到最妥善的处理，并能于储布槽内运行畅顺；
➢ 因染色工艺过程的困难度而需配置较大集水槽时，织物仍会保持在染液之上运行。

2．工艺流程图

系列气流染色机拥有九个主要部件，其功能见图1。

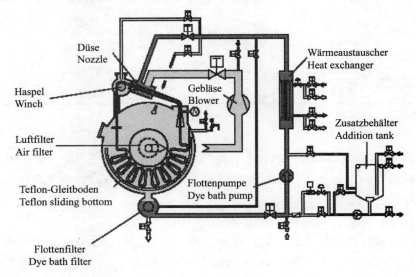

图1

3．技术专利和知识产权情况

国外具有气流染色技术和设备的技术专利。目前可提供技术设备的有多家公司，例如，德国 THEN-AIRFLOW 系列气流染色机等。

六、技术适用条件

a）颜料助剂应在缸底集液槽预先溶解，以保证染色质量，节省颜料助剂。

b）滑溜的铁佛龙铺面。

c）配置铁佛龙部件的特殊喷嘴。

d）变频控制提升装置。

e）于注料与空气管路设置大型过滤筛，以确保主泵及鼓风机运作畅顺。

f）织物运行特制鼓风机。

g）机身与染液接触的部分需用高度抗腐蚀不锈钢材料。

七、主要技术经济指标

1．水消耗低：染棉的浴比是 1∶3.5，染化纤是 1∶2，水消耗量减少。

2．高效节能：风扇马达拥有标准的频率控制，能对过程控制提供灵敏的调控以节省能源消耗。

3．减少污染：浴比低同时可节省染料、化学助剂及辅助物料等污染物的使用。另外，污水中活性染料的盐成分可减少 1/3 或更多。相对地可减少除泡剂的使用，达至环保效益。

4．节省时间：冷水热水清洗过程可连接进行，不需任何时间的停顿。另外，配备高效热交换器或直接蒸汽加热装置，大大缩短升温时间。

八、投资与效益

气流染色机与传统喷射染色机进行成本效益比较，能够节水、节能、节省助剂、提高工效。以下图表是德国 THEN-AIRFLOW 系列气流染色机的一些技术经济指标：

成本计算	传统机型		THEN-AIRFLOW		比率（%）
生产/小时	69.23	kgs/h	112.50	kgs/h	+62.50
生产/日	1662	kgs/d	2 700	kgs/d	+62.45
水量	58	ltrs/kg	27	ltrs/kg	−53.44
电量	0.24	kWh/kg	0.25	kWh/kg	+4.17
加热能量	3.9	kgs/kg	2.6	kgs/kg	−33.33

九、技术应用情况

江苏 AB 针织集团，宁波申洲针织有限公司，俐马工业－苏州，上海三枪集团有限公司，余姚银河印染有限公司，湖北多佳织染有限公司，福建凤竹纺织科技有限公司等多家企业采用了这项技术。

十、推广应用的建议

气流染色技术具有超低浴比，大大减低水的消耗量，减少化学品和助剂用量，节省颜料运用；能够高温排放，大幅缩短染色时间，节省能源；可提高印染企业的清洁生产能力和成本效益，适合在纺织印染整个行业的应用。

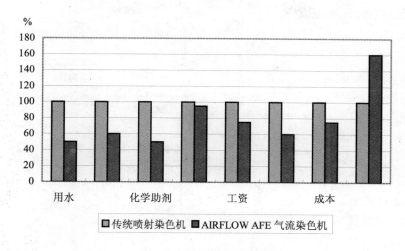

气流型与传统型的效益比较

印染业自动调浆技术和系统

一、所属行业　纺织印染

二、技术名称　印染业自动调浆技术和系统

三、技术类型　节能降耗，减轻印染污染物的排放

四、适用领域　纺织印染企业

五、技术内容

1. 基本原理

本项目产品研究计算机技术、自动控制技术、色彩技术、精密称量技术，结合染整工艺，主要研究色彩空间理论、范例推理、色光—黏度数学模型、数据库、全闭环控制及精密称量技术，应用于印染调浆，N 种母色（比如 20 种，数量可根据客户的需要制定）分别储存与 N 只储罐中。根据确定的处方要求（如颜色、黏度、碱含量、尿素、防染盐等），项目产品通过计算和自动配比，来得到所需的物料及相应的用量，启动浆泵给料，同时开启大流量喷头，实现称料。当选中某种色浆时，工业控制机会自动将对应的阀门定位到电子秤上，此时，工业控制机会按处方要求来控制阀门加料。当选中的物料分配量达到预定切换值时，立即关闭大流量喷头，打开小流量喷头。考虑到料液的冲击和落差，小流量喷头在开启与关闭间切换，以达到高精度配比。小样（中试）工作原理同上。处方数据可以根据客户订单要求通过网络在配方库管理系统中建立，并待分配系统调用。

（1）色彩空间理论和范例推理制定工艺配方

纺织印染企业获得颜色配方的传统做法是得到一个布样或颜色后，依靠工艺员的经验来判断应该由哪些染料来组合生成原色，然后测试，若不行再调整调色或改色，再测试……在这一过程中人为因素和经验非常重要，可能需要来回多次才得到满意的配方。传统的配色方法严重依赖于工艺员的经验，造成产品质量不稳定，且没有依据，并无法确保配方能在规定时间内完成。

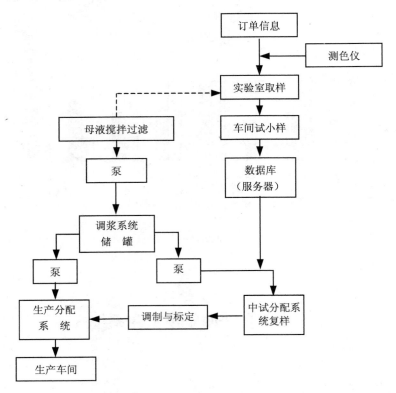

在纺织印染自动调浆软件及系统中，将色彩空间理论应用于印染调浆的颜色分析，利用测色仪（如分光光度仪）将样品的颜色转化为 LAB 颜色数据，通过 LAB 颜色空间与 CYMK 颜色空间之间的相互转换，从光颜色系统转换到染料颜色系统；并利用范例推理、比较等算法，对每种颜色的历史配方数据进行自动化筛选，从而辅助人工准确、快速地制订工艺和染料配方方案。

（2）研究影响配方关键因素，提高配方的准确度

在纺织印染业中，由于影响颜色变化的因素太多，使得颜色失真问题一直成为困扰企业的"老大难"问题。纺织印染自动调浆软件及系统根据染料的发色理论，研究了影响配方的多种因素，包括染料上染特性、坯布组织状态、退煮漂后坯布特性变化、后整理过程对颜色发色、染液、糊料、碱、增稠剂、尿素、防染盐的组分等。根据这些影响因素调整配方，使配方的准确度有显著提高。这既提高了作业的工作效率，也大幅度提高配方生成算法的收敛速度，减少上机试生产的次数。

（3）利用数据库技术、颜色理论、CBR 技术（基于范例的推理）、.NET 技术开发了功能齐备的配方库管理系统

根据国内纺织印染企业工艺条件和染化料特性多变的现状，本项目产品采用小样（中试）与生产系统相配套的工艺思路，将小样（中试）与生产的数据库通过网络实现共享，保证打样与生产的一致性，提高配方的附样率。

该项目通过利用数据库（SQL）技术，在线记录每次实发配方，并保存到历史数据库中，作用于实时改色、重复补浆、辅助新配方的调制等；项目产品具有染化料的消耗

统计和成本核算功能，可对配方按订单、面料、颜色处方等指标进行管理；具有残浆回用功能，对由于过程消耗多配的浆料或者对印网等残浆实行了管理，在制作下一订单时对残浆进行查找并优先选用；利用数据库系统进行配方库的管理，采用网络技术实现数据库的管理与数据资源的共享。

（4）利用精确称量技术保证分配精度

色浆的精确称量直接决定调浆配方的颜色的准确性，但传统手工调浆工艺中使用人工称量方法，色浆配方的准确性较低。本项目产品采用了自主研发的分配系统和高精度的电子秤，实现精确称量、高速调浆。

（5）利用通讯技术、设备驱动技术、NET 技术开发了系统控制软件

控制软件对上连接数据库服务器，对下连接电气控制部件。从数据库读取订单、配方数据、工艺参数、环境参数进行计算，根据计算结果通过电气控制元件来控制硬件系统完成相应功能。控制软件可执行数据库操作、配方计算、关键工艺辅助参数设置、经验参数修正、机器控制、电子秤数据处理等功能，从而实现高精度、快速的调浆。

2．工艺流程图（示意图）

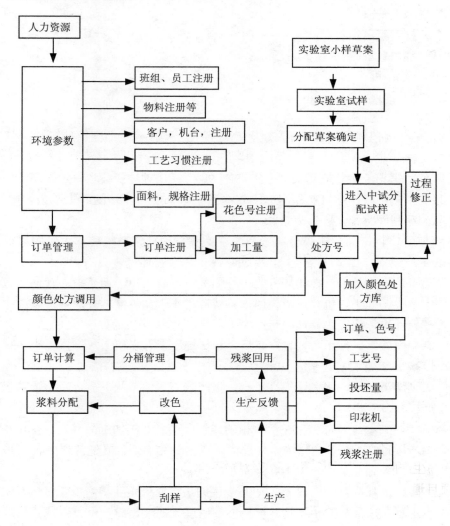

3．技术评审情况

产品通过了浙江省技术监督检测研究院的检验，《检验报告》结论是："依据企业标准 Q/KYP 03—2002，对样品进行检验，所检项目的检验结果均符合标准要求。"产品并于 2003 年 6 月通过浙江省科技厅的科技成果鉴定，《科学技术成果鉴定证书》的鉴定意见认为："整体性能处于国内领先水平，达到国际同类系统先进水平。"项目产品获中国纺织总会的 2004 年科技进步一等奖。

目前样机已经用户试用，并出口到伊朗、巴基斯坦、印度尼西亚用户试用后认为产品的性能达到了设计要求，可以很好地满足用户的需要。

4．技术专利和知识产权情况

拥有自主知识产权，目前已获得 3 项计算机软件著作权：爱丽调浆产品数据库管理系统 V2000、爱丽调浆系统控制软件 V1.0.0、曼赛龙印染调浆系统软件 V1.0；2 项实用新型专利：印染调浆机、印染调浆分配头。

六、技术适用条件

适用进口和国产染化料的自动调浆配液，适用于任何类型的印花机、染色机和其他前后工序的生产设备。

七、主要技术经济指标

1．小样分配精度：±0.01 g

2．生产分配精度：±0.1 g

3．生产分配速度：34 L/min

4．配方修正次数：≤2 次

5．具备染化料消耗统计、成本核算，印花残浆、染色残液的回用功能

八、投资与效益

项目产品的每套价格 150 万元，生产成本 98 万元，预计随着项目进一步研究开发、技术改进和规模化生产，项目产品的单位成本将下降 20%以上，随着系统销售量的上升，该项目产品的净利润将稳定或略有增长。

从已经使用项目产品的印染企业看，使用染整自动调浆系统后，可以明显提高生产效率、降低生产成本、提高产品质量，并明显减少调浆对环境造成的影响。

➢ 提高机台开机效率。按传统方式进行调色配方时，由于调浆效率较低，致使后续的生产设备处于待机状态，使用本系统后，由于调色配方都通过调浆配方数据库管理软件进行配方库管理，可提高机台生产效率 30%左右。

➢ 提高生产效率。使用本项目产品后，与传统手工方式相比，每打 1 个小样，至少可以减少 1 次打样过程；传统手工方式打 500 kg 的浆料需 3 个小时，使用本系统后则即调即用，极大地提高了企业生产效率，使企业更适合于小批量多品种的生产模式。

➢ 降低打样成本。国内 1 家中等规模的纺织印染企业年加工品种在 2 000 个左右，使用本项目产品后，可节省水、能源、染化料等消耗，降低打样成本 500 元/次，则每年可为企业节约成本 100 万元左右。

➢ 降低残浆损耗成本。国内 1 家中等规模的纺织印染企业年产量 2 000 万米左右，使用本项目产品后，由于调浆配色的准确度大幅度提高，可节省残浆损耗约 200

元/万米，即可节省成本 40 万元/年。

➢ 新增产值。国内 1 家中等规模的纺织印染企业年产量 2 000 万米左右，使用本项目产品后，由于机台开台效率及产品质量的大幅度提高，有能力承接以前无法完成的订单。

➢ 提高产品品质和竞争力。本项目产品保证颜色在小样、中试与生产过程中的一致性，极大地提高了纺织印染产品品质和档次，扩大了加工品种，增强了国内纺织印染产品的国际竞争力。

九、技术应用情况

已在国内一些大中型印染企业使用，并出口到伊朗、巴基斯坦、印度尼西亚用户试用后认为产品的性能达到了设计要求，可以良好地满足用户的需要。

十、已成功应用该技术的主要用户

主要用户包括：海城中新印染有限公司、深圳海润实业有限公司、湖州美欣达印染集团股份有限公司、永新印染厂（深圳）有限公司、佛山南方纺织印染股份有限公司、无锡洛社印染有限公司、绍兴海神印染制衣有限公司、普宁丽达纺织有限公司、山东魏联印染有限公司、杭州一棉有限公司、江阴市被单厂、浙江富润印染有限公司、开平奔达纺织有限公司、辽宁华福印染股份有限公司、通州华润印染有限公司、福建协盛协丰印染实业有限公司、华纺股份有限公司、山东嘉达纺织有限公司、大升（赤壁）印染有限公司、山东孚日家纺股份有限公司、无锡市天幕特阔印染有限公司等。

十一、推广应用的建议

此项技术可用于印花、染色，可明显提高产品质量和生产效率，同时节水、节能并降低了染化料消耗量，改善生产环境，具有推广应用价值。

畜禽养殖及酿酒污水生产沼气技术

一、所属行业　环境保护
二、技术名称　畜禽养殖及酿酒污水生产沼气技术
三、技术类型　资源综合利用技术
四、适用领域　大型畜禽养殖场，发酵酿酒厂废水处理
五、技术内容

1. 基本原理

在畜禽（如猪、牛、鸡等）养殖场和发酵酿造酒厂的生产过程中产生大量含有机物的生产废水，为了保护环境、节约用水，许多企业都需要建设污水处理装置。为达到国家规定的排放标准，污水处理需采用厌氧处理工艺，随之产生富含甲烷的沼气。将沼气收集起来，经处理后储存在储气柜内，通过管网引入用户，作为工业或民用燃料使用。

2. 工艺流程简介

经固液分离的畜禽养殖废水、发酵酿酒生产中产生的废水在污水处理场通过沉淀后，进入厌氧装置进行厌氧处理（一般为一级处理，也有二级处理，可以是大型混凝土池式结构，也可以是钢罐式结构），副产沼气，然后经耗氧处理（或氧化塘、沟自然氧化）后，

达标排放。沼气经气水分离以及脱硫处理以后送储气柜，通过管网提供用户使用。

3．技术评审情况

该技术的基础原理和基本流程是成熟可靠的，在国内工程设计资料中都有详细论述和介绍，可以参照使用，并已有部分定型设备（如厌氧发酵罐等）可供选择。但需结合企业的具体情况，经良好设计、施工建设、日常管理，才能获得良好的经济效益和社会效益。

六、技术适用条件

可与相应的畜禽养殖场或发酵酿酒企业的废水处理装置同步设计、施工、投产。或结合废水治理，以及为适应高排放标准，改造现有废水处理装置时实施。

七、主要技术经济指标

1．进水 COD 最低浓度　　≥1 000 mg/L

2．池容产气率　　　　　　0.6～0.8 m³/（m³·d）常温

　　　　　　　　　　　　　1.0～2.0 m³/（m³·d）中温

八、投资与效益

1．单位气量投资　　　2 200 元/m³·d，（规模达 8 000 m³·d）

　　　　　　　　　　　500 元/m³·d，（规模在 500 m³·d 左右）

2．以甲烷当量计算　　1 m³沼气相当 0.83 m³天然气

九、技术应用情况

目前国内厌氧发酵产生沼气技术已应用于酿造、食品、屠宰、木材加工、化工等行业的废水处理工程中，最大的厌氧罐群总体积已超过 11 000 m³，日产沼气超过 30 000 m³，并在西藏地区成功地应用该技术，改变了数千年烧柴、烧牛粪的历史。

十、已成功应用该技术的主要用户

杭州西子养殖场、江苏太仓酒精厂、河南南阳酒精厂、四川鸿志酒业有限公司、海南金椰林酒业有限公司、西藏扎囊中学等。

十一、推广应用的建议

在畜禽（如猪、牛、鸡等）养殖场和发酵酿造酒厂的生产过程中产生大量含有机物的生产废水，处理这些污水需要建设污水处理装置。为达到国家规定的排放标准，污水处理需采用厌氧处理工艺，随之产生富含甲烷的沼气。采用此项技术可将沼气收集起来，经处理后储存在储气柜内，通过管网引入用户，作为工业或民用燃料使用。同时还有效地减少污水处理中产生沼气（属危害严重的温室气体）排放到大气中的数量。应用这项技术的关键条件是废水的 COD 浓度达到一定的要求（≥1 000 mg/L），在废水处理工艺设计时要综合考虑沼气的合理利用，统一规划设计，保证施工达到设计的质量要求。

关于禁止和限制支持的乡镇工业

污染控制的重点企业名录

（1997 年 1 月 6 日　中国农业银行、国家环境保护局文件　农银发[1997]3 号）

一、禁止支持类

（一）年产 5 000 吨以下化学制浆造纸厂（生产宣纸的造纸企业除外）。

（二）年产折牛皮 3 万张以下的制革厂，包括只有后整饰工段的企业（2 张猪皮折 1 张牛皮、6 张羊皮折 1 张牛皮）。

（三）500 吨以下的染料厂，包括 500 吨以下的染料生产企业、500 吨以下染料中间体生产企业、染料和染料中间体总生产能力不超过 500 吨的企业。

（四）采用坑式（馒头焦、堆式焦）和萍乡式炼焦。

（五）采用天地罐和敞开式炼硫磺。

（六）采用马槽炉、马鞍炉等方法炼铅锌。

（七）土法选金指"三小"选金，包括：土氰化（小氰化池、氰化堆侵）、水混汞（汞碾法和汞板法）和溜槽等。

（八）土法农药——产品无一定结构成分，没有通过技术鉴定，没有产品技术标准，没有正常安全生产必需的厂房、设备和工艺操作标准，没有必要检测手段的小型农药原药生产或制剂加工企业。

（九）土法漂染——年生产能力在 1 000 万米以下，所排废水符合下列情况之一的漂染企业。

1．每百米布所产生的废水大于 2.8 吨；

2．COD 大于 100 毫克/升；

3．色度大于 80 倍（稀释倍数）。

（十）土法电镀——电镀废水排放不能达标的电镀企业。

（十一）土法生产石棉制品——采用手工生产石棉制品的企业。

（十二）土法生产放射性制品——未经国家或行业主管部门批准列入规划、计划，未取得建设、运行和产品销售许可证，没有较完整的立项、可行性研究报告及经过国家或行业主管部门批准的环境影响报告书和"三同时"验收报告，没有健全的防护措施和监测计划、设施的炼油等放射性产品生产企业。

（十三）土法炼油企业。

（十四）土法炼汞、土法炼砷企业（具备符合环境保护要求和排放标准的"三废"处理措施，并经省级环境保护行政主管部门审查同意的炼砷企业除外）。

（十五）采用马碲窑烧砖、土（蛋）窑烧水泥的企业。

二、限制支持类

（一）限制支持的行业名录：属"十五小"企业以外的造纸、制革、印染、电镀、化工、农药、酿造、有色金属冶炼等8个行业。

（二）限制支持的具体政策

1. 对新建污染物排放不能稳定达到国家或地方标准的项目，不予贷款。

2. 符合国家规定的上述生产项目的新建、扩建、改建和技术改造，还必须符合区域污染防治规划要求，污染物排放不得突破当地排污总量控制指标，其环境影响报告书（表），必须按国家有关规定由审批机关请上一级环境保护主管部门复核，未经核准的，不予贷款。

三、优先支持类

对于下列促进环境保护、有利于改善生态环境的产业或产品，在符合信贷原则、具有还贷能力的前提下，各行要积极予以贷款支持。

（一）企业为技术改造、推行清洁生产和防治污染、治理"三废"开展的综合利用项目。

（二）农业、农副产品加工业中的推广适用科学技术的项目，农业生态环境保护和治理、恢复退化生态区域、开展生态建设的项目。

（三）企业治理有污染源，改变目前不符合环保要求的工艺、产品及企业的转产。